Vector Operations in the Three Coordinate Systems

Cartesian

$$\nabla a = \frac{\partial a}{\partial x}\mathbf{u_x} + \frac{\partial a}{\partial y}\mathbf{u_y} + \frac{\partial a}{\partial z}\mathbf{u_z}$$

$$\nabla \bullet \mathbf{A} = \frac{\partial A_x}{\partial x} + \frac{\partial A_y}{\partial y} + \frac{\partial A_z}{\partial z}$$

$$\nabla \times \mathbf{A} = \left(\frac{\partial A_z}{\partial y} - \frac{\partial A_y}{\partial z}\right)\mathbf{u_x} + \left(\frac{\partial A_x}{\partial z} - \frac{\partial A_z}{\partial x}\right)\mathbf{u_y} + \left(\frac{\partial A_y}{\partial x} - \frac{\partial A_x}{\partial y}\right)\mathbf{u_z}$$

$$\nabla^2 a = \frac{\partial^2 a}{\partial x^2} + \frac{\partial^2 a}{\partial y^2} + \frac{\partial^2 a}{\partial z^2}$$

Cylindrical

$$\nabla a = \frac{\partial a}{\partial \rho}\mathbf{u}_\rho + \frac{1\,\partial a}{\rho\,\partial \phi}\mathbf{u}_\phi + \frac{\partial a}{\partial z}\mathbf{u_z}$$

$$\nabla \bullet \mathbf{A} = \frac{1}{\rho}\frac{\partial(\rho A_\rho)}{\partial \rho} + \frac{1}{\rho}\frac{\partial A_\phi}{\partial \phi} + \frac{\partial A_z}{\partial z}$$

$$\nabla \times \mathbf{A} = \left(\frac{1}{\rho}\frac{\partial A_z}{\partial \phi} - \frac{\partial A_\phi}{\partial z}\right)\mathbf{u}_\rho + \left(\frac{\partial A_\rho}{\partial z} - \frac{\partial A_z}{\partial \rho}\right)\mathbf{u}_\phi + \frac{1}{\rho}\left(\frac{\partial(\rho A_\phi)}{\partial \rho} - \frac{\partial A_\rho}{\partial \phi}\right)\mathbf{u_z}$$

$$\nabla^2 a = \frac{1}{\rho}\frac{\partial\left(\rho\frac{\partial a}{\partial' \rho}\right)}{\partial \rho} + \frac{1}{\rho^2}\frac{\partial^2 a}{\partial \phi^2} + \frac{\partial^2 a}{\partial z^2}$$

Spherical

$$\nabla a = \frac{\partial a}{\partial r}\mathbf{u}_r + \frac{1}{r}\frac{\partial a}{\partial \theta}\mathbf{u}_\theta + \frac{1}{r\sin\theta}\frac{\partial a}{\partial \phi}\mathbf{u}_\phi$$

$$\nabla \bullet \mathbf{A} = \frac{1}{r^2}\frac{\partial(r^2 A_r)}{\partial r} + \frac{1}{r\sin\theta}\frac{\partial(A_\theta \sin\theta)}{\partial \theta} + \frac{1}{r\sin\theta}\frac{\partial A_\phi}{\partial \phi}$$

$$\nabla \times \mathbf{A} = \frac{1}{r\sin\theta}\left(\frac{\partial(\sin\theta A_\phi)}{\partial \theta} - \frac{\partial A_\theta}{\partial \phi}\right)\mathbf{u}_r$$

$$+ \frac{1}{r}\left(\frac{1}{\sin\theta}\frac{\partial A_r}{\partial \phi} - \frac{\partial(rA_\phi)}{\partial r}\right)\mathbf{u}_\theta + \frac{1}{r}\left(\frac{\partial(rA_\theta)}{\partial r} - \frac{\partial A_r}{\partial \theta}\right)\mathbf{u}_\phi$$

$$\nabla^2 a = \frac{1}{r^2}\frac{\partial\left(r^2\frac{\partial a}{\partial r}\right)}{\partial r} + \frac{1}{r^2\sin\theta}\frac{\partial\left(\sin\theta\frac{\partial a}{\partial \theta}\right)}{\partial \theta} + \frac{1}{r^2\sin^2\theta}\frac{\partial^2 a}{\partial \phi^2}$$

Fundamental Physical Constants

Quantity	Symbol	Value	Unit
Avogadro constant	N_A	6.0221415×10^{23}	mol^{-1}
Boltzmann constant	k	$1.3806505 \times 10^{-23}$	J/K
Planck constant	h	$6.6260693 \times 10^{-34}$	J sec
electron charge	e	$1.60217653 \times 10^{-19}$	C
electron mass	m_e	$9.1093826 \times 10^{-31}$	kg
proton mass	m_p	$1.67262171 \times 10^{-27}$	kg
proton-electron mass ratio	m_p/m_e	1836.15267261	
Gravitation constant	G	6.6742×10^{-11}	$m^3/kg\ sec^2$
standard acceleration of gravity	g_n	9.80665	m/sec^2
permittivity in vacuum	ε_0	$8.854187817 \times 10^{-12}$	F/m
Approx. value ε_0	ε_0	$(1/36\pi) \times 10^{-9}$	F/m
permeability in vacuum	μ_0	$4\pi \times 10^{-7}$	H/m
Approx. value μ_0	μ_0	$12.566370614 \times 10^{-7}$	H/m
speed of light in vacuum	c, c_0	299, 792, 458	m/sec
characteristic impedance in vacuum	Z_0	376.730313461	Ω

Additional physical constants can be found on the National Institute of Standards and Technology (NIST) website at: http://physics.nist.gov/cuu/Constants/

SI Prefixes

10^n	Prefix	Symbol	10^n	Prefix	Symbol
10^{24}	yotta	Y	10^{-1}	deci	d
10^{21}	zetta	Z	10^{-2}	centi	c
10^{18}	exa	E	10^{-3}	milli	m
10^{15}	peta	P	10^{-6}	micro	μ
10^{12}	tera	T	10^{-9}	nano	n
10^{9}	giga	G	10^{-12}	pico	p
10^{6}	mega	M	10^{-15}	femto	f
10^{3}	kilo	k	10^{-18}	atto	a
10^{2}	hecto	h	10^{-21}	zepto	z
10^{1}	deca, deka	da	10^{-24}	yocto	y

전자기학 with MATLAB®

Fundamentals of Electromagnetics with MATLAB®

Second Edition

Karl E. Lonngren • Sava V. Savov • Randy J. Jost 공저
김영학 • 박익모 • 신광호 • 추호성 공역

홍릉과학출판사

Fundamentals of Electromagnetics

with MATLAB

Second Edition

Karl E. Lonngren · Sava V. Savov · Randy J. Jost 공저

김영학 · 박익모 · 신광호 · 추호성 역

서 문

개관

학생들이 왜 전자기학을 공부하여야 하는지에 대하여 의문을 가질 때, 전자기학을 담당하는 교수들은 새로운 교재를 선택할 것인지에 대하여 항상 고민한다. 이러한 의문에 대한 간명한 이유는, 오늘날의 전자기학을 담당하는 교수들이 강의주제를 선정하기 위한 보다 합리적이고 유연하게 수업을 진행할 수 있는 방법이 필요하게 되었다는 것과, 학생들이 그들의 훌륭한 컴퓨터사용 기술을 마이크로일렉트로닉스와 무선통신 등의 분야와 관련한 문제와 응용을 위해서 사용할 수 있을 때 어려운 주제들을 보다 잘 이해할 수 있기를 때문이라는 것이다. 우리는 많은 우수한 교재들을 알고 있지만, 강의를 담당하는 교수와 컴퓨터를 충분히 잘 사용하는 학생들에게 잘 준비된 옵션을 제공하는 교재는 많지 않다.

사실상, 모든 4년제 전기전자공학 및 컴퓨터관련 학과에서 맥스웰방정식을 포함하는 전자기 및 전자파에 대한 강의가 실시되고 있다. 작은 컴퓨터 소자나 대규모의 전력선의 속도를 결정하는 정도의 자연의 법칙을 이해하는 것은 모든 전기전자 엔지니어나 컴퓨터 엔지니어의 기본적 자질이다. 숙련된 엔지니어들은 대학생시절에 집중하지 못했던 것을 후회하면서 끊임없이 이러한 원리들을 정리해 간다. 둘 혹은 그 이상의 필수 교과목들은 강조할 사항이나 차례를 정리하여서 하나의 교과목으로 집중시킬 수 있다. 최근에는 전자기학을 두 교과목으로 가르치거나 적어도 연속되는 두 학기째 강의를 통해서 이해도를 높이고 있는데, 이러한 시도는 무선통신산업에 대해서 학생들이 잘 적응할 수 있도록 하기 위한 것이다. 요즘의 학생들은 컴퓨터와 함께 성장하였다. 그들은 세련된 시뮬레이션과 계산 프로그램을 실제로 놀이처럼 사용하여 왔다. 학습능률을 높이기 위해서, 힘든 노력이나 학교와 개별 강사에 대한 변화, 학생들의 여러 방면의 배경과 능력을 고려할 때, 컴퓨터와 오늘날의 전기공학교육을 위한 최고의 소프트웨어인 MATLAB을 활용하는 전자기학의 교재가 필요한 것이다.

본문과 첨부 CD

이 책은 사실상 하나의 교재 이상의 내용을 담고 있다. 이 책은 원리를 이해할 수 있도록 하는 구조적인 원리, 핵심적인 식, 그림, 문제를 담고 있다. 이러한 내용들과 함께, 강의를 담당하는 교수나 학생을 포함한 독자는 이 책과 함께 제공되거나 인터넷을 통해서 접근할 수 있는 보충자료를 이용할 수 있다. 학습을 위한 모든 패키지가 제공되는 CD, 인터넷 등을 통하여 유기적이고 생동감 있게 사용될 수 있도록 하기 위해서 저자, EM 일러스터, 출판사가 공동으로 노력하였다. 그럼으로, 책을 구매한 후에 사용자등록을 하고 URL(**www.scitechpub.com/lonngren2.htm**)을 등록하기를 권장한다.

MATLAB을 활용한 접근[1]

독자가 전자기학과 관련한 어려운 원리들을 MATLAB을 이용하여 보다 쉽게, 가능하면 즐겁게 배우고 응용할 수 있도록 하는 것이 우리의 기본적인 의도이다. MATLAB을 이용하여 얻어진 수많은 계산결과들이 제공된다. 또한, 가시화될 수 없는 파동에 대한 추상적인 이론들이 MATLAB을 이용하여 잘 표현될 수 있다. 아마, 이 책의 독자는 개인적인 학습이나 선행학습을 통하여 MATLAB에 익숙하고, 전자기학의 학습을 위해서 즉시 이용할 수 있을 것이다. 만약, MATLAB을 잘 사용하지 못한다면, 매우 빠르게 사용법을 익힐 수 있기 때문에 걱정할 필요가 없다. 이 책의 학생용 CD에 MATLAB Tutorial이 제공되고 있으니, 활용하기 바란다. 이 책의 시작은 바로 독자가 확고한 전자기학을 학습하기 위한 시작점을 세우기 위한 필요성을 가지는 것이다. 만약 이 책과 함께 제공되는 CD를 가지고 있지 않거나 쉽게 이용할 수 있는 컴퓨터를 가지고 있지 않다면, 제1장은 MATLAB연산과 벡터해석에 대한 개관으로 활용될 수 있을 것이다. MATLAB을 사용하기 위한 보다 많은 정보들은 SciTech Publishing에서 제공하는 MATLAB학습서와 CD들(부록 F참조)을 이용하여 입수할 수 있으며, 사용자등록을 하면 할인을 받을 수 있다. 만약 본 교재에 CD가 누락되어 제공되었거나 최신의 자료들을 입수하기를 원한다면, 상기의 URL에서 제공되는 모든 파일들에 1년 동안 접근할 수 있는 전자라이센스를 구매할 수 있다.

이 책에서는 MATLAB이 다양한 방법으로 사용되었다. 독자는 항상 어떤 곳에 MATLAB이 사용되었는지, 어떻게 적용될 수 있는지를 MathWork사에서 제공하는 아이콘에 의해서 확인할 수 있다. 이 아이콘이 표시된 부분은 MATLAB프로그램의

[1] MATLAB is a registered trademark of The Math Works, Inc. For MATLAB product information and cool user code contributions, go to www.mathworks.com, write The Math Works, Inc., 3 Apple Hill Dr., Natick, MA 01760-2098 or call (508) 647-7101.

M파일이 학생용 CD에 제공되고 있거나, 수업을 담당하는 교수, 혹은 조교들이 가지고 있다는 것을 알 수 있다. 이러한 M파일은 수업을 담당하는 교수의 판단에 의해서 사용과 학생들에게로 배포가 결정될 수 있다. 강의에 참석하지 않는 독자의 경우, 사용자 등록을 하면 선별된 해답과 M파일을 입수하기 위해서 출판사에 문의할 수 있다.

- *예제* – 교재의 본문에 어떻게 원리들이 증명될 수 있는지 혹은 어떻게 문제들이 풀어질 수 있는지 단계별로 보여주기 위한 예시들이 제공되고 있다. 각각의 예시들은 명확한 표제로 나타내고 있으며, 파란색 박스로 표시되고 있다. MATLAB 아이콘이 표시된 곳은 풀려진 해답과 동일한 M파일이 존재한다. 아래에 예시가 어떤 식으로 표시되고 있는지를 나타내고 있다.

예제 7.3

전송선로를 따라서 전파되고 있는 전압파가 표시된 지점에서 측정되었다. 이 데이터로부터 전압파를 구하여라. 단, z값의 증가에 따라서 정현파인 전압이 증가하고 있음을 유의하여라.

- *그림* – 본문에 MATLAB을 이용하여 작성한 많은 그림들이 사용되었다. 해당하는 M파일을 이용하여 그림들을 도시하거나 조작할 수 있고, 컬러로 표현된 그림들을 CD을 이용하여 도시할 수 있다. 다음 그림은 MATLAB을 이용하여 작성된 그림들이 어떻게 도시되는가를 보여주고 있다.

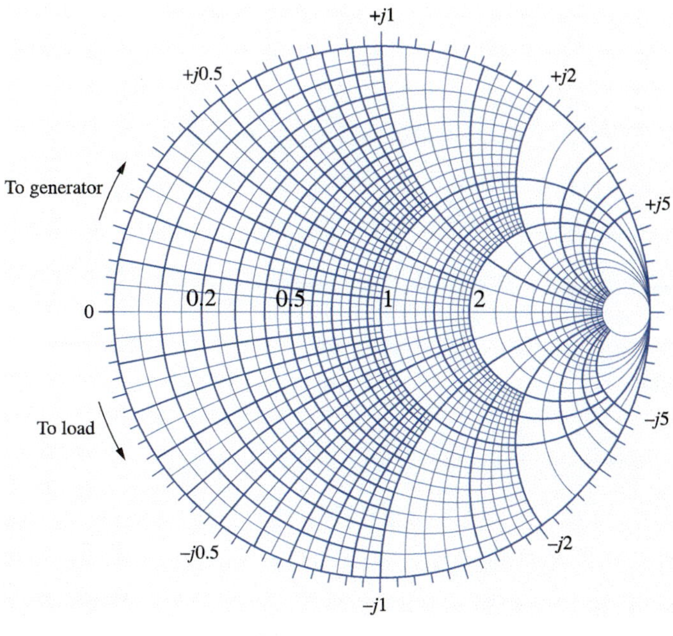

그림 7–9

MATLAB으로 그린 스미스 도표.

- *문제* – 각 장(Chapter)에는 난이도의 차이가 있는 많은 문제들이 포함되어 있다. 문제의 번호는 본문의 소단원에 부합되도록 지정되어 있고, 아이콘으로 표시된 문제는 MATLAB을 이용해서 풀 수가 있다. 몇몇 선택된 문제에 대한 해답이 부록 G에 정리되어 있다.

7.6.1. 스미스 도표를 사용하여, 부하임피던스 $Z_L = (25 + j25)\ \Omega$으로 종단된 50 Ω 동축선로의 입력 임피던스 Z_{in}을 구하여라. 동축선로의 길이는 $3\lambda/8$이다.

7.6.2. 스미스 도표를 사용하여, 부하임피던스 $Z_L = (25 + j25)\ \Omega$으로 종단된 50 Ω 동축선로의 입력어드미턴스 Y_{in}을 구하여라. 동축선로의 길이는 $\lambda/8$이다.

7.6.3. 스미스 도표를 사용하여 50 Ω 동축선로와 연결된 부하임피던스 $Z_L = (25 + j25)\ \Omega$로부터 정규화된 입력어드미턴스 $Y_{in} = 1 + jB_{in}$을 갖게 되는 거리를 구하여라. 단락회로로 종단된 전송선로가 얼마나 길어야 그 전송선로와 정합되겠는가?

7.7.4. 문제 7.7.3의 전송선로에서 $z = \mathcal{L}/2$에서 전류 모양을 $0 < t < 4(\mathcal{L}/v)$의 시간함수로 그려라.

7.7.5. 두 전송선로가 저항 R_L로 결합되어 있다.

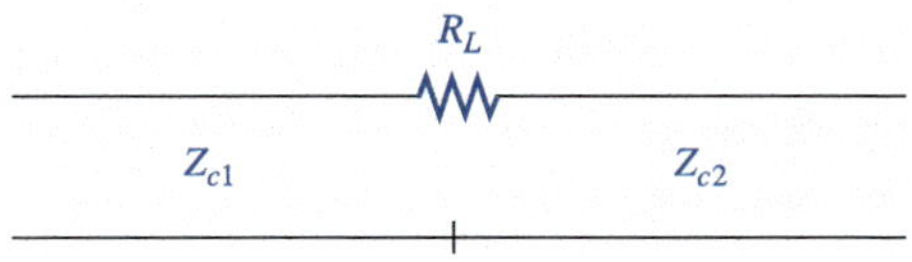

ANIMATIONS

- *애니메이션* – 애니메이션을 이용해서 전자기학 원리를 묘사하는 것이 가능하다. 저자나 강사 뿐 아니라 학생들도 이러한 많은 애니메이션들을 만들고 있다. 그러나 애니메이션으로 표현되는 문제의 결과를 변화시키는 변수들을 조작하여 보면 더욱더 재미있게 공부할 수 있다. 따라서 M파일들은 이러한 조작이나 교육적인 애니메이션 창작을 만들기 위한 시작점이 된다. 이 책의 독자들은 애니메이션을 창작하여서 출판사에 제공할 수도 있다.

학생용 CD

이 교재에 첨부된 학생용 CD는 매우 강력한 자원이다. 이 CD에는 학습에 직접적인 파일들이 들어 있을 뿐 아니라, 풍부한 보충자료와 발전적인 공부를 위한 자료들이 포함되어 있다. 본 교재를 등록함으로써, 새롭게 등록되는 자료들을 웹사이트로부터 다운로드 받을 수 있다. 다음은 학생용 CD에 포함되는 자료들을 설명하는 것이다.

MATLAB 지도서

이 책을 접하는 독자들은 매우 다양하게 MATLAB을 접해 왔을 것이다. 진도에 맞추어서 학습할 수 있는 지도서가 CD에 들어 있다. MATLAB 연산자들과 도구들이 전자기학 주석, 문제, 예제 등에서 소개된다. MATLAB지도서는 독자가 기초적인 부분에서 시작해서 점진적으로 발전해 갈 수 있도록 되어 있어서, 독자는 결국 복잡한 연산, 문제해결, 도시화를 수행할 수 있게 된다. 강사는 나중에 MATLAB을 이용한 다단계 문제해결을 포함하는 프로젝트를 수행하도록 할 수도 있다. 독학으로 공부를 하는 독자들이 이러한 프로젝트를 구하기 위해서는 본 교재를 등록한 후, SciTech사에 접촉하면 된다. 또한 MATLAB에 대한 유용한 도서들과 지도서들이 SciTech사의 웹사이트에서 지속적으로 등록되어 갈 것이다.

부가적인 토픽들

몇몇 대학에서는 전자기학을 두 학기로 강의하거나 적어도 전자기학고급과정을 개설하고 있다. 오늘날의 대부분의 교재들은 한학기로 강의하기에는 많고 두 학기로 강의하기에는 모자란 내용을 포함하고 있다. 그러므로, 두 번째 교재가 필요한 경우가 발생하고 있으며, 비용적인 측면에서의 문제와 첫 번째 교재와 관점이 다른 문제가 생긴다. 이러한 불편은 본 교재와 함께 제공되는 CD의 부가적인 토픽들을 이용해서 극복할 수 있다. 부가적인 토픽들에는 PDF파일의 형태로 제공되며, 완전한 MATLAB의 소개와 문제들이 소개되어 있다. 이 교재와 CD는, 그러므로, 두 학기용 교재로서 손색이 없다고 할 수 있다. 부가적인 토픽들은 의료생체공학, 무선통신, 재료과학, 군사응용 등의 특수한 필요성을 가진 강사들의 제안과 기여에 의해서 지속적으로 추가될 것이다. 새로운 토픽에 대한 제안을 위해서 SciTech사에 접촉해 주기를 바란다.

응용

전자기학원리를 이용하는 실제 응용들을 소개하기 위한 간략한 참고사항들이 교재전반에 제시되고 있지만, 응용들에 대한 긴 설명을 해서 서술의 흐름을 방해하지는 않도록 하였다. 대신, 응용들은 CD에 포함되어 있는 PDF형태로 제공되고 있는데, 3~5페이지정도의 설명을 그래픽과 함께 실었다. 응용들은 마이크로파나 RF, 무선통신, 안테나, 고속 전자회로 등과 관련한 상급교과목로 유용하게 전개해 나가도록 한다.

M파일

학생용 CD에는 몇몇 예제들과 그림, 애니메이션을 위한 M파일들이 들어 있다. 부가적인 MATLAB아이템들은 보통 M파일이 수반되어 있다. 새로운 아이템에 대한 정보를 얻기 위해서 본 교재를 웹사이트에 등록하고 웹사이트를 살펴보라. M코드에 대한 새로운 제출이나 향상을 위한 제안들을 기다릴 것이다.

학생들에 대한 안내

학생들은 전자기학을 공부하기 위해서 수많은 수식들과 마주치게 될 것이다. 이 수식들이 모두 동등한 중요성을 가진 것은 아니라는 것을 알아야 한다. 중요한 수식에는 사각형 박스를 이용해서 강조하였다. "수학적인 표시"는 물리적인 양, 단위 크기, 개념들을 수학적으로 표현하는 것이다. 몇몇 표시들은 물리학에 있어서 단순하고 일반적인 것이지만, 어떤 것들은 독자가 임의로 선택할 수 있는 것들이다. 저자나 강사와 같은 기호의 사용자들은 기호들이 의미하는 것을 명확하게 알고 있다. 만약, 이전에 배운 교재나 강사들이 사용하는 것과 다를 경우, 학생들은 때때로 교재의 표시법에 대해 과도하게 걱정한다. 물리학이나 공학분야에서 표시법의 변화를 받아들이는 것은 학습 과정에 있어서의 한 부분이라고 할 수 있다. 이 교재에 있어서의 표시법을 선정은 널리 사용되는 전자기학 책들을 참고하여 편집자문위원회에서 결정하였다. 표시법에 대한 것은 책의 첫머리에 Notation table에 정리하였고, 기호들이 처음 나올 때에 그 정의를 나타내었다. 사실은 표시법에 있어서의 부족함이 학생들을 혼돈시킬까 걱정하고 있다. 그러나 학생들은 자신의 표시법을 사용함에 있어서 강사나 조교를 따라야 한다. 만약, 이 교재에서 모순이나 불명확한 정의 등이 있으면 출판사에 연락해 주기 바란다.

강사를 위한 자료들

교재와 학생용 CD와는 별개로 강사를 위한 많은 자료들이 준비되어 있고, 지도와 평가를 위한 수많은 툴들을 제공하고자 하였다. 이 책을 사용하는 강사는 다음과 같은 자료들을 사용할 수 있다.

- 모든 연습문제에 대한 *해답*: Step-by-step 워드파일과 MATLAB으로 풀 수 있는 문제.
- 해답과 풀이가 포함된 세 개의 문제들로 구성된 *문제 모음들*.
- 교재에서 사용된 모든 그림들을 모은 *파워포인트 슬라이드*. 여기에는 MATLAB으로 그려진 칼라 그림들이 포함되어 있고, 각 장별로 정리되어 있다.
- *프로젝트* – MATLAB의 사용이 포함되어 있는 복잡한 다단계 문제들. 여기에는 학생평가용지가 포함되어 있다. 프로젝트들은 MATLAB사용을 통해서 원리를 이해하거나 응용하기에 적합한 흥미로운 것들이다.

전자기학관련 쉐어웨어(Shareware in Electromagnetics: SWEM) 프로그램

전자기학 쉐어웨어는 SciTech사에 의해서 강사, 조교, 학생들이 전자기학 원리들을 배우고 응용하기 위한 그들의 아이디어와 학습방법을 공유하도록 하기 위해서 만들어 졌다. 예를 들어, 문제들과 풀이와 같은 몇몇 아이템들은 교재를 채용하거나 구매한 경우에만 접근할 수 있도록 되어 있고, 일부는 공개적으로 공유될 수 있게 되어 있다. 웹링크나 그림과 같은 일반적인 아이디어와 아이템에 대해서는 누구나 사용할 수 있다. 어떠한 경우에서도 쉽게 자신의 아이디어나 아이템을 전자메일 (SWEM@scitechpub.com)로 보낼 수 있다. 사용가능한 쉐어웨어와 자료제출양식에 대해서는 웹사이트(**www.scitechpub.com/lonngren2e.htm**)에서 확인할 수 있다.

일반적인 공학교육과정에서 전자기학을 가르치는 몇 가지 접근방법들이 있다. 이 교재는 전자기학을 가르치기 위한 모든 접근방법이 사용될 수 있도록 만들려고 노력하였다. 모든 과정들은 수학적인 기법과 앞서 배운 수학이나 물리학적 지식을 빠르게 복습할 수 있도록 하였다. 이 과정 후에, 교과과정은 다음과 같은 여러 경로로 접근할 수 있다.

역사적 접근 – 전통적으로 사용되어 온 방법은 역사적인 접근방법이다. 여기서 토픽들은 주제에 대한 역사적인 발전과 유사하게 전개된다. 따라서 보통의 교과과정은 정전기로 시작해서 전자기를 설명하고, 맥스웰방정식, 파동현상과 전송선로, 도파관, 안테나와 같은 응용들이 뒤따르는 구조를 가지고 있다. 이 방법은 아마도 최근까지 사용된 가장 보편적인 방법이며 본 교재도 이 전통적인 접근방법을 유지하고 있다.

맥스웰방정식 접근 – 또 하나의 접근방법은 맥스웰방정식을 먼저 제시하고, 이로부터 파동현상을 전개하고, 그 다음에 정전기와 정자기 및 응용들을 설명하는 방법이다. 이 방법은 학생들의 수학적 논리성을 필요로 하지만, 이 방법은 실험적으로 유추된 법칙들로부터 독립적이기 때문에 강사들에게 인기가 있다.

전송선로 접근 – 사전에 이해된 전자기학과 관련된 높은 수준의 수학 때문에 최근 많은 강사들이 학생들이 이미 친숙한 주제에 기초를 두고 강의를 하는 것을 우선시 하는 경향이 있다. 따라서, 전자기학을 배우기전에 학습한 회로이론의 논리적인 확장으로써 전송선로를 먼저 설명한다. 이 접근 방법은 친숙한 회로해석을 학생들이 물리학적인 통찰력을 가지도록 도와주는 것에 사용하는 것 이외에도 몇 가지 장점을 가지고 있다. 전송선로를 이용함으로써, 학생들은 전자기이론의 응용을 빨리 접할 수 있고, 이것은 학생들이 전자기학을 공부해야 하는 근거를 생각하도록 한다. 두번째로 전송선로는 학생들이 시간지연, 분산, 감쇄 등과 같은 계(Fields)나 파동에 대해서 얘기할 때 가시화하기 어려운 많은 개념들에 대하여 자연스럽게 친숙할 수 있게 한다. 학생들은 전자기학을 배우기 위한 유일한 정답이 없다는 것을 깨달아야

한다. 여러 접근방법은 어떤 접근 방법이라도 지속적인 노력이 이루어진다면 각각의 가치와 기회가 있다. 학생들과 강사들을 위해서, 이 교재는 다양한 커리큘럼 상에서 사용될 수 있도록 충분히 유연하게 제작되었다. 예를 들어, 7장은 다른 장과 독립적으로 전송선로에 대해서 서술되었으며, 최소한의 배경지식만으로 강사들이 전송선로를 우선적으로 강의할 수 있도록 하였다. 한편, 강사와 학생은, 전통적인 방법으로, 이 교재의 차례대로 학습과 교육을 할 수도 있다. 또한 강사는 각 장의 고급 단락을 넘어갈 수 있고, 중요하다고 생각되는 토픽에 대해서 보다 깊이 있게 다룰 수 있다. 따라서, 이 교재는 첨부되어 제공되는 CD를 이용해서 한 학기나 두 학기용으로 사용될 수 있다. 다음은 교과과정의 수업계획을 위한 몇몇 제안들이다.

- 전통적인 4학기제의 한학기용 수업을 위해서는 1장에서 5장까지를 이용해서 정전계와 정자계를 위주로 강조할 수 있다.
- 전통적인 한학기용 수업을 위해서 정전계와 정자계에 대한 비중을 줄이고 전송선로응용을 포함시킨다면 1, 2, 3 장과 4, 5장의 일부(4–1에서 4–6까지, 5–1에서 5–5까지)를 강의하고, 6장과 7장의 일부(7–1에서 7–8)를 강의한다.
- 한학기용 수업으로 전송선로를 먼저 강의하는 접근방법을 택한다면 1장과 7장(7–1에서 7–8)을 먼저 강의하고 2장과 3장, 그리고 4장의 일부(4–1에서 4–6까지)와 5장의 일부(5–1에서 5–5까지)와 6장을 강의하는 것이 바람직하다.

두 번째 학기의 수업에서는 학생용 CD로부터 제공되는 것들과 교재의 남은 부분을 강의할 수 있다. 예를 들어, 전자파와 그 응용을 강조하는 두 번째 학기의 수업은 4장~7장에서 이미 다루었던 내용들과 4장의 남은 부분(4–6에서 4–8까지), 그리고 8장과 전송선로, 도파관, 안테나에 대한 CD의 자료들로 구성될 수 있다.

물론, 이 제안들은 단지 제안일 뿐이다; 실제의 교과내용은 강사의 관심대상과 학생들을 위한 프로그램을 반영하게 될 것이다. 이 교재를 다양한 전자기학 토픽을 다루기 위해서 유연하게 사용할 수 있도록 한 것은 이러한 이유 때문이다. 부가적인 토픽에 대한 독자의 제안과 기여는 언제든지 환영받게 될 것이다.

에러와 제안

완벽한 교재가 완성된 것은 아니며, 몇몇 에러가 있을 것으로 생각된다. 본 교재를 보다 명확하게 하기 위해서 지속적으로 노력하고 있다. 강사, 학생, 개별적인 독자들이 웹사이트의 피드백양식을 통해서 에러 리스트와 권고사항를 보내주기를 기대하고 있다. SciTech사는 웹사이트를 통해서 에러시트와 수정된 PDF파일을 지속적으로 업데이트해 갈 것이며, 교정사항과 제안사항들은 새로 책을 인쇄할 때 반영할 것이다. 우리는 이 프로젝트를 지속적으로 성장하여서 풍부해진다는 관점에서 "유기적으로" 만들어 갈 것임을 약속한다. 만약, 우리의 목표가 성공적으로 달성된다면, 모든 독자와 이 책과 부가적인 자료들의 사용자들은 논리적 치밀함을 가질 수 있을 것이다. 우리는 언제라도 에러와 단점들에 대한 책임을 질 것이고 직접적인 코멘트를 기다릴 것이다.

Karl E. Lonngren
University of Iowa
Iowa City, IA
lonngren@engineering.uiowa.edu

Sava V. Savov
Technical University of Varna
Varna, Bulgaria
svsavov@ms.ieee.bg

Randy Jost
Utah State University
Logan, UT
rjost@engineering.usu.edu

역자 서문

다년간 전자기학을 강의하면서"왜 이렇게 중요한 과목을 열심히 공부하지 않는가?" 하는 나무람을 자주 학생들에게 한 것 같다. 이에 대하여, 대다수의 학생들은 "전자기학은 공부하지 않으면 안되는 과목인 것은 알겠지만 참 어려운 과목인 것 같다" 고 대답한다. 전자기학에서 주로 다루는 전계와 자계에 대한 현상들, 그리고 전자파와 관련된 현상들의 수많은 응용들이 현대사회를 구성하는 산업의 기반이 되고 있음에도 불구하고, 전기나 공학이나 전자공학 혹은 컴퓨터공학이나 정보통신분야의 공학과 공학을 관련된 공부를 하는 학생들조차도 대학에 입학하여 기 전까지, 더 정확하게 말하면 이 과목을 수강하기 전까지는 전자기학과 관련된 현상들을은 인지하거나 이해하며 엄밀히 접해 본 경험이 없기 보지 않았기 때문에 학생들이 어렵게 느끼는 것은 당연하다고 할 수 있다. 어쩔 수 없는 것 같다. 이 점에서 전자기학은 현대 산업의 바탕이 되어 온 또 하나의 축이라고 할 수 있는 역학과 구분될 수 있다. 뉴턴의 운동방정식을 기반으로 하는 역학은 운동방정식을 처음 접하는 학생들에게도 비교적 쉽게 이해시킬 수 있다. 그 이유는, 자명하게도, 그들이 역학과 관련된 많은 현상들을 실생활에서 가시적으로 접하고 있기 때문이다. 그러나 맥스웰방정식으로 표현할 수 있는 많은 전자기 현상과학과 관련된 현상들의 많은 응용들이 실생활에서 이용되어 자신들의 삶을 윤택하게 하고 있음에도 불구하고, 이러한 현상들 혹은 그 응용들은 눈으로 볼 수가 없다. 다시 말해서 전자기학을 이용하는 너무나 많은 현상들이 전기전자산업과 정보통신산업의 기반이 되어 우리 주위에 널려 있음에도 불구하고 눈에 보이지 않기 때문에 익숙하지 않은 것이다. 이 책을 번역한 역자들 또한 동일한 어려움을 겪으면서 전자기학을 공부한 경험을 가지고 있다. 그래서 가끔씩 학생들에게 "전자기학 공부를 잘하는 방법은 현상을 머리 속에서 잘 그리고(상상하고), 그것을 정량적으로 분석하거나 표현하는 것이다"라고 말하지만 돌아서서 생각해 보면 처음 접하는 학생들에게 그것조차도 쉽지 않음을 자인하게 된다.

이러한 관점에서 본 교재는 전자기학과 관련된 수많은 명저들과 차별된다. 즉, 공학분야에서 보편적으로 사용되고 있으며 수치계산과 문제의 도식화에 강력한 기능을 구비한 MATLAB이라는 도구를 적극적으로 활용함으로써 전자기학을 강의하거나 학습하면서 동일하게 겪는 "현상의 가시화"에 대한 어려움을 극복하고 있는 것이다. 뿐만 아니라 본 교재는 전계와 자계의 독립적인 정적인 특성을 다루고, 전계와 자계의 시간적 변화 및 결합에 의해서 나타나는 전자파현상과 시변시간적으로 변화하는 전자계의 실질현실적인 응용인 전송선로 및 와 안테나를 다루는 보편적인 전자기학교재로서 손색이 없다. 특히 본 교재에서는 난해한 전자기학 현상에 대해서 다양한 각도의 해석과 설명으로 설명과 방법으로 학생들의 이해를 돕기 위한 저자들의 노력이 돋보인다. 또한 본이 교재를 사용하게 되면 이용하기 시작하게 되면 학생들은 이 첨부된 CD와 웹사이트를 통해서 전자기학을 공부에하기 위해서 도움이 되는 수많은 자료들이 이 첨부된 CD와 웹사이트를 통해서 이 책과 함께 제공됨을 되고 있다는 것을 알게 될 것이다.

전자기학을 강의하는 교수들의 동일한 바람은 보다 더 많은 학생들이 전자기학 현상을 잘 이해하고 실제 산업현장에서 적극적으로 응용할 수 있는 능력을 가지도록 하는 것이다. 관조적인 입장에서 보면, 이러한 교수들의 바람은 전자기학을 공부하고자 하는, 혹은 전자기학을 필수적으로 공부하여야 하는 학생들의 기대와 다르지 않다. 그렇다면 강의를 하는 입장에서나 학습을 하는 입장에서, 보다 다양한 각도에서 학생들의 이해를 돕고자 하는 효율적인 방법을 택하여야 하지 않을까 생각한다. 아무쪼록 학생들이 본 교재 및 본 교재와 함께 제공되는 다양한 자료들을 통해서 전자기학을 재미있게 공부하고 이해도를 높일 수 있기를 기대한다.

김영학, 박익모, 신광호, 추호성

(가나다 순)

차 례

Notation Table

Coordinate System	Coordinates
Cartesian	(x, y, z)
Cylindrical	(ρ, ϕ, z)
Spherical	(r, θ, ϕ)

Quantity	Symbol	SI Unit	Abbreviations	Dimensions
Amount of substance		mole	mol	
Angle	ϕ, θ	radian	rad	
Electric current	$I; i$	ampere	A	I
Length	$\mathscr{L}, \ell, \ldots$	meter	m	L
Luminous intensity		candela	cd	
Mass	$M; m$	kilogram	kg	M
Thermodynamic temperature		Kelvin	K	K
Time	t, T	second	s	T
Admittance	Y	Siemens	S	$I^2T^3/M/L^2$
Capacitance	C	farad	F	$I^2T^4/M/L^2$
Charge; point charge	$Q; q$	Coulomb	C	IT
Charge density, line	ρ_ℓ	coulomb/meter	C/m	IT/L
Charge density, surface	ρ_s	coulomb/meter^2	C/m^2	IT/L^2
Charge density, volume	ρ_v	coulomb/meter^3	C/m^3	IT/L^3
Conductance	G	Siemens	S	$I^2T^3/M/L^2$
Conductivity	σ	Siemens/meter	S/m	$I^2T^3/M/L^3$
Current density	$\mathbf{J}$	ampere/meter^2	A/m^2	I/L^2
Current density, surface	$\mathbf{J}_\ell$	ampere/meter	A/m	I/L
Electric flux density	$\mathbf{D}$	coulomb/meter^2	C/m^2	IT/L^2
Electric dipole moment	$\mathbf{p}$	coulomb • meter	C • m	ITL
Electrical field intensity	$\mathbf{E}$	Volt/meter	V/m	ML/I/T^3
Electric potential; Voltage	V	Volt	V	ML^2/I/T^3

Quantity	Symbol	SI Unit	Abbreviations	Dimensions
Energy, Work	W	joule	J	ML^2/T^2
Energy density, volume	w	joule/meter^3	J/m^3	$M/L/T^2$
Force	$\mathbf{F}$	Newton	N	ML/T^2
Force density, volume	$\mathbf{f}$	Newton/meter^3	N/m^3	$M/L^2/T^2$
Frequency	f	Hertz	Hz	1/T
Impedance	Z	Ohm	Ω	$ML^2/I^2/T^3$
Inductance	L; M	Henry	H	$ML^2/I^2/T^2$
Magnetic dipole moment	$\mathbf{m}$	ampere • meter^2	A • m^2	IL^2
Magnetic field intensity	$\mathbf{H}$	ampere/meter	A/m	I/L
Magnetic flux	Φ	Weber	Wb	$ML^2/I/T^2$
Magnetic flux density	$\mathbf{B}$	Tesla	T	$M/I/T^2$
Magnetic vector potential	$\mathbf{A}$	Tesla • meter	T • m	$ML/I/T^2$
Magnetic voltage	V_m	ampere	A	I
Magnetization	$\mathbf{M}$	ampere/meter	A/m	I/L
Period	T	second	s	T
Permeability	μ	Henry/meter	H/m	$ML/I^2/T^2$
Permittivity	ε	farad/meter	F/m	$I^2T^4/M/L^3$
Polarization	$\mathbf{P}$	coulomb/meter^2	C/m^2	IT/L^2
Power	P	watt	W	ML^2/T^3
Power density, volume	p	watt/meter^3	W/m^3	$M/L/T^3$
Power density, surface	S	watt/meter^2	W/m^2	$M/L/T^2$
Propagation constant	γ	1/meter	1/m	1/L
Reluctance	Γ_m	1/Henry	1/H	$I^2T^2/M/L^2$
Resistance	R	Ohm	Ω	$ML^2/I^2/T^3$
Torque	$\mathbf{T}$	Newton • meter	N • m	ML^2/T^2
Velocity	$\mathbf{v}$	meter/second	m/s	L/T
Wavelength	λ	meter	m	L

CHAPTER 1

MATLAB과 벡터, 페이저

이 장은 이 책과 함께 제공되는 MATLAB CD를 이용하여 전자계를 MATLAB으로 그려서 설명한다. 책에 CD가 없다면 있는 책으로 바꾸어야 하며, 최신 파일을 원한다면 다음의 사이트 www.scitechpub.com/lonngren2e.htm을 방문하여 다운로드를 받으면 된다. 이 장은 전자계를 설명하기 위해 반드시 필요한 벡터를 이해하기 위해 MATLAB을 어떻게 이용하는 가를 설명한다.

MATLAB은 대학과 산업체에서 널리 사용되고 있으며, 여러 가지 전자기학적 현상을 쉽게 그림으로 나타낼 수 있는 소프트웨어이고 전자계 해석에 필요한 벡터를 다루기 위해 쉽게 이용될 수 있도록 하였다. 이 책은 많은 MATLAB 그림을 제공하고 있으며 그림의 이해를 돕기 위해 직각좌표계를 사용하였다. 다른 좌표계에 대해서는 부록 A를 참조하기 바란다.

전자계를 나타내기 위해서는 벡터가 필요하고, 전자계의 기울기(경사), 발산, 회전은 벡터의 미분방정식을 이용하여 표시된다. 이런 미분방적식을 사용하여 임의의 물체에 적용하여 계산할 때에는 임의의 벡터를 한 좌표계에서 다른 좌표계로 변환할 필요가 생긴다. 이 장에서는 이와 같은 벡터변환에 대해서도 설명한다. 만약 벡터에 아주 익숙한 사람이라면 이 부분을 그냥 생략하더라도 상관이 없다. 벡터표기에 있어 다음 글자와 같이 굵게 표시될 때, **A**와 $\mathbf{u}_A$는 어떤 벡터와 그 벡터의 단위벡터를 나타내는 것이다. 그리고 이 장 마지막 부분에서는 시간적으로 변하는 전자계, 즉 교류에서 필요한 페이저에 관련된 내용도 함께 나타내었다.

1.1 MATLAB을 이용하여 벡터를 이해하기

MATLAB은 대학에서 학생들에게 매우 유용하게 사용될 수 있다. 이런 이유로 MATLAB은 매우 널리 사용되고 있으며 대부분의 교수들도 MATLAB의 사용방법과 이것을 사용함으로써 얻게 되는 이점을 잘 알고 있다. MATLAB은 전자계를 이해하고 공부하는 데 매우 유용한 도구이다. 왜냐하면 우리가 MATLAB으로 전자계를 계산하기 위해 프로그램을 만들 수 있기 때문이다. 여기에 MATLAB의 2차원 혹은 3차원 그래픽 기능을 덧붙이면 전자계를 나타내는 식의 물리적 의미를 쉽게 알게 된다. 여기서 소개하는 프로그램의 몇 가지 기능은 MATLAB으로 전자계를 이해하는 데 매우 유용하다.

MATLAB에는 전자계를 그림으로 나타내는 몇 가지 함수가 있다. 사용자는 단지 M파일에 함수를 이용하여 프로그램을 만들면 된다. MATLAB에 관련된 그림과 문제가 이 책에 포함되어 있으며 이 책에 동봉된 CD안에도 이에 관련된 많은 파일이 있다. 이런 파일은 "example_103"과 "figure_103"과 같은 파일명으로 표시되며 이것은 10장의 세 번째 예제와 세 번째 그림을 의미한다. 그리고 예제와 그림에 MATLAB 기호가 표시되어 있으면 M파일이 있음을 나타낸다. 사용자들은 컴퓨터 화면에 보이는 MATLAB 프롬프트 ">>" 이후에 MATLAB 명령어를 입력하며 만약 입력 중에 모르는 것이 있을 때는 "*help topic*"을 타이핑하면 화면 상에서 해결할 수 있다.

간단한 예로, 프롬프트 뒤에 다음 명령어를 입력하고 "엔터"키를 치면 화면 상에 다음과 같이 나타난다.

```
>>x = 3
x =
      3
>>
```
(1.1)

컴퓨터는 한 번 어떤 변수에 값을 지정하면 이것을 변경하거나 컴퓨터를 끌 때까지 이 값을 기억한다. 예로써 변수에 어떤 값을 주고 그 변수를 입력하면 화면에 바로 그 값을 나타낸다. 그리고 MATLAB은 또 다음 입력을 기다린다. 만약 "$y = 4;$"와 같이 변수에 어떤 값을 줄 때 세미콜론을 사용하면 화면에는 아무것도 나타나지 않는다. MATLAB에서는 몇 가지 특별기호가 있는 데, 이런 특별 기호 중에 하나가 세미콜론 " ; "으로 다음과 같은 예가 있다.

```
>>y = 4;
>>
```
(1.2)

중요한 것은 아니지만 프로그램의 간단한 입력만으로 불필요한 프린터 용지의 소비를 막을 수 있다. x와 y의 두 변수를 이용한 수치연산의 예는 다음과 같다.

Addition	**Subtraction**	**Multiplication**	**Division**
>>z = x + y z = 7 >>	>>z = x − y z = −1 >>	>>z = x * y z = 12 >>	>>z = x / y z = 0.7500 >>

위 표에서 소숫점 이하 4자리까지 표시하지만 소수점의 자릿수는 얼마든지 조절할 수 있다.

또 세미콜론 "; "은 다른 용도로도 쓰인다. 세미콜론은 한 줄에 여러 명령어를 쓸 수 있게 한다. 예로서, 더하기 프로그램을 한 줄에 다음과 같이 세미콜론을 사용하여 나타낼 수 있다.

$$>>x = 3; \quad y = 4; \quad z = x + y; \tag{1.3}$$

이 연산에 대한 해는 "z"를 타이핑하면 얻어진다.

```
>>z
z =
    7
>>
```
(1.4)

이외의 특별기호로는 퍼센터 기호인 %가 있다. 이것은 % 이후에 입력되는 어떤 계산도 무시되도록 한다. 따라서 이 특별기호는 프로그램 내용에 대한 주석을 다는 데 자주 이용된다.

전자계에서는 흔히 필드의 개념을 사용한다. ***필드***가 존재한다는 것은 공간의 한 점에 어떤 전자계의 물리적인 양이 있다는 것이며 일반적으로 필드란 소스의 영향이 미치는 공간을 의미한다. 여기서 말하는 전자계에서 소스의 영향이란 전류나 혹은 전하에 의해 발생하는 힘을 의미한다. 필드에 존재하는 물리량은 그 크기뿐만 아니라 방향도 가질 수 있다. 크기만을 가질 때에는 ***스칼라***라고 하며 에너지, 중량, 속력과 같은 것이 여기에 포함된다. 크기와 방향을 모두 가지는 물리량을 ***벡터***라고 하며 힘, 속도, 가속도와 같은 것이다. 예를 들어 차를 운전할 때, "30 m/h"라고 할 때는 스칼라이며 "북서방향으로 30 m/h"라고 할 때는 벡터가 된다. 이 때, 크기는 30 m/h이고 방향은 북서방향이 된다.

벡터는 좌표계를 사용하건 안하건 현상을 가시화하는 데 편리하다. 좌표계는 필드의 분포를 정확하게 알 수 있도록 하며 좌표계를 선택한 다음에 그 좌표계(직각좌표계, 원통좌표계, 구좌표계)가 가지는 축방향 성분의 크기로 필드의 분포를 나타내게 된다. 앞으로 많은 전자계의 연산은 직각좌표계와 원통좌표계, 구좌표계에서 이루어 질 것이다. 이 세 가지 좌표계가 이 책에서 주로 이용되는데, 이외에도 전자계를 발생시키는 물체의 형태에 따라 이에 맞는 많은 좌표계가 존재할 수 있으며 가장 일반적으로는 직교좌표계가 이용된다. 여기서 "***직교***"는 좌표계 내의 어떤 한 점이 임의의 세 면이 교차하는 점으로 정의되는 것을 의미한다. 이 책에서는 직교좌표계만이 이용된다.

MATLAB에서 벡터는 좌표계의 세 가지 성분으로 나타낼 수 있고 이 성분은 스칼라와 단위벡터로 표시한다. 이때 벡터는 굵은 대문자로 표시하고 그렇지 않은 대문자는 스칼라를 나타낸다. 단위벡터는 크기가 1이고 방향을 나타내는 벡터이다. 예를 들면 직각좌표계에서 벡터 $\mathbf{A} = A_x\mathbf{u_x} + A_y\mathbf{u_y} + A_z\mathbf{u_z}$ 여기서 A_x는 벡터 **A**의 x 방향의 크기인 스칼라이고 $\mathbf{u_x}$는 x 축 방향의 단위벡터이다. 벡터 **A**는 아래 식과 같이 2차원과 3차원으로 나타낼 수 있다.

$$
\begin{aligned}
&>> A = [A_x\ A_y];\\
&>> A = [A_x\ A_y\ A_z];
\end{aligned}
\tag{1.5}
$$

이 벡터는 MATLAB 화면에 표시되는 프롬프트 뒤에 단지 A라고 타이핑함으로써 화면 에 나타나게 된다.

$$
\begin{aligned}
&>> A\\
&A =\\
&\quad A_x\ A_y\ A_z\\
&>>
\end{aligned}
\tag{1.6}
$$

숫자가 표시되는 벡터의 각 성분값 사이에는 반드시 스페이스(스페이스바를 누름)가 필요하다.

세 성분에 대한 성분값을 A = [1 2 3];으로 나타낸다. 두 번째 벡터, $\mathbf{B} = 2\mathbf{u_x} + 3\mathbf{u_y} + 4\mathbf{u_z}$는 다음 식과 같이 된다.

$$
>> B = [2\ 3\ 4]; \tag{1.7}
$$

여기서 다시 공간절약을 위해 세미콜론을 이용하였다.

벡터 **A**와 벡터 **B**를 컴퓨터에 기억시킨 후에 다음 연산을 한다. 두 벡터는 다음과 같이 타이핑하면 덧셈연산을 수행한다.

$$
\begin{aligned}
&>> C = A + B\\
&C =\\
&\quad 3\ 5\ 7\\
&>>
\end{aligned}
\tag{1.8}
$$

연산의 결과는 결국 $\mathbf{C} = 3\mathbf{u_x} + 5\mathbf{u_y} + 7\mathbf{u_z}$의 벡터를 나타내게 된다.

두 벡터는 또한 $\mathbf{D} = \mathbf{A} - \mathbf{B}$와 같은 뺄셈연산도 할 수 있다.

$$
\begin{aligned}
&>> D = A - B\\
&D =\\
&\quad -1\ -1\ -1\\
&>>
\end{aligned}
\tag{1.9}
$$

뺄셈연산에 의해 $\mathbf{D} = -1\mathbf{u_x} - 1\mathbf{u_y} - 1\mathbf{u_z}$의 결과가 나오게 된다. MATLAB으로 덧셈과 뺄셈뿐 만 아니라 전자계에서 중요한 스칼라곱, 벡터곱, 그리고 여러 가지 벡터의 미분연산도 할 수 있다. 이것은 나중에 다시 소개될 것이다.

마지막으로 벡터의 크기는 MATLAB 명령어 ***norm(A)***을 이용하여 계산할 수 있다. 단위벡터 $\mathbf{u_A}$는 크기가 1이고 **A** 벡터의 방향을 정의하므로 단위벡터는 **A** 벡터에 크기를 나눔으로써 구할 수 있다. 이것은 예제 1.1에서 설명한다.

예제 1.1

MATLAB을 이용하여 **C** = **A** + **B**를 계산하라. 벡터 **C**의 크기와 단위벡터 $\mathbf{u}_c$를 구하라. 벡터 **A**, **B**, **C**와 단위벡터 $\mathbf{u}_x$, $\mathbf{u}_y$를 그리고 라벨을 표시하라. 단 $\mathbf{A} = 3\mathbf{u}_x$, $\mathbf{B} = 4\mathbf{u}_y$이고 두 벡터는 좌표점(1,1)에서 출발한다.

답. MATLAB에서 벡터의 크기는 norm(A + B)로 구한다. 벡터의 합은 $\mathbf{C} = 3\mathbf{u}_x + 4\mathbf{u}_y$이다. 크기는 $|\mathbf{C}| = \sqrt{3^2 + 4^2} = 5$이고 단위벡터는 $\mathbf{u}_C = (3\mathbf{u}_x + 4\mathbf{u}_y)/\sqrt{3^2 + 4^2} = 0.6\mathbf{u}_x + 0.8\mathbf{u}_y$ MATLAB에서 계산의 정밀도는 디폴트로 주어지며 사용자가 이 값을 변경할 수 있다. 그림의 제목과 설명은 다른 MATLAB 명령어를 이용하여 그림에 추가할 수 있다.
지금 여기서는 화살표를 가지는 그림으로 벡터를 만드는 기능은 없다. 그러나 Jeff Chang과 Tom Davis는 ***arrow3***이라는 파일을 만들었으며 이것은 *http://www.mathworks.com/MATLABcentral/fileexchange/loadFile.do?objectID=1430*에 있다.

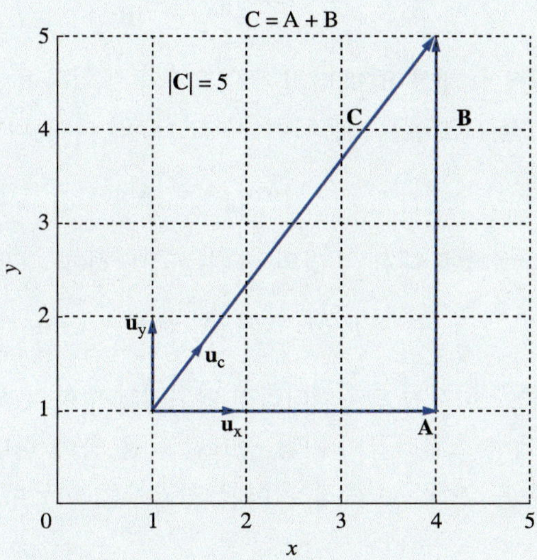

벡터의 곱셈연산에는 두 가지가 있다. 첫 번째는 스칼라곱이고 두 번째는 벡터곱이다. 스칼라곱의 도식적인 연산은 다음 식과 같이 정의된다.

$$\mathbf{A} \bullet \mathbf{B} \equiv |\mathbf{A}||\mathbf{B}|\cos\theta = AB\cos\theta \tag{1.10}$$

스칼라곱은 곱셈의 결과가 스칼라가 되며 그림 1-1에서와 같이 벡터 **A**를 벡터 **B**에 투영하여 얻어진 투영의 크기와 벡터 **B**의 크기를 서로 곱하는 것이다. 스칼라곱의 또 다른 연산방식으로 다음과 같은 대수적인 연산방식이 있다. 이것은 단지 두 벡터의 같은 성분끼리 서로 곱한 다음에 전부 더하는 것으로 도식적인 연산방식이 스칼라곱의 물리적인 의미를 나타낸다면 대수적인 연산방식은 주로 계산에 이용된다.

$$\mathbf{A} \cdot \mathbf{B} \equiv A_x B_x + A_y B_y + A_z B_z \tag{1.11}$$

스칼라곱을 이용하여 두 벡터끼리의 연관관계를 결정할 수 있다. 만약 두 벡터가 서로 수직하다면 식 (1.10)과 같이 사잇각이 90°가 되며 cos(90°) = 0이므로 스칼라곱은 0이 된다. 같은 방법으로 두 벡터가 서로 평행하다면 스칼라곱의 크기는 단지 두 벡터의 크기를 서로 곱한 것과 같게 된다. 그리고 자신의 벡터에 대한 스칼라곱은 다음 식과 같이 자신의 벡터크기를 제곱한 것과 같다.

$$\mathbf{A} \cdot \mathbf{A} = |\mathbf{A}|^2 = A^2 \tag{1.12}$$

스칼라곱은 사잇각이 90° 혹은 0° 이외의 각을 가지는 두 벡터의 연관관계를 설명하는 데에도 이용할 수가 있다. 즉 **B** 벡터에 대한 **A** 벡터의 투영크기는 다음 식과 같이 정의된다:

$$proj_{\mathbf{B}}\mathbf{A} = \frac{\mathbf{A} \cdot \mathbf{B}}{|\mathbf{B}|} \tag{1.13}$$

역으로 **A** 벡터에 대한 **B** 벡터의 투영크기와 동일하며 그림 1−1을 보면 쉽게 이해할 수 있다. 식 (1.10)을 이용하여 식 (1.13)을 다시 나타내면 다음 식과 같다.

$$proj_{\mathbf{B}}\mathbf{A} = |\mathbf{A}|\cos \tag{1.14}$$

A 벡터의 **B** 벡터에 대한 투영의 크기는 간단하게 다음 식과 같이 정의된다.

$$proj_{\mathbf{u}_\mathbf{B}}\mathbf{A} = |\mathbf{A}|\cos\theta = \mathbf{A} \cdot \mathbf{u}_\mathbf{B} \tag{1.15}$$

즉 두 벡터 중에 하나가 단위벡터라면 단위벡터 방향의 성분크기를 구하는 것이 된다.

전자기학에서 스칼라곱의 가장 중요한 응용 중에 하나는 바로 일의 정의이다. 어떤 물체에 힘을 가해 그 물체가 어떤 거리만큼 이동하였다면 우리는 일을 했다고

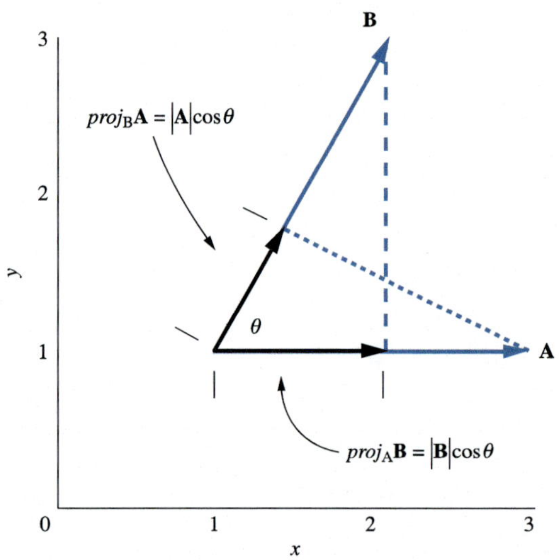

그림 1−1

두 벡터 $\mathbf{A} = 2\mathbf{u}_x + 0\mathbf{u}_y + 0\mathbf{u}_z$와 $\mathbf{B} = 1\mathbf{u}_x + 2\mathbf{u}_y + 0\mathbf{u}_z$의 스칼라곱의 설명. 두 벡터의 스칼라곱은 2이다.

한다. 이때 발생한 일의 크기는 힘과 이동거리의 곱으로 구해진다. 즉 힘 벡터와 거리벡터의 스칼라곱에 의해 방향을 가지지 않는 일이라는 스칼라가 얻어진다. 이것을 수식으로 나타내면 어떤 상자를 힘 **F**를 인가하여 Δx만큼 이동한다면 소비된 일은 다음 식으로 주어진다.

$$W = \mathbf{F} \bullet (\Delta x)\mathbf{u}_x = |\mathbf{F}| \Delta x \cos\theta \tag{1.16}$$

식 (1.16)과 같은 스칼라곱의 연산은 다음 두 경우에 대해 아주 유용하게 이용되게 된다. 첫째는 전계가 형성되어 있는 공간에 전하를 어떤 위치에서 다른 위치로 이동할 때 일이 얼마만큼 필요한가를 계산할 때이고, 둘째는 어떤 벡터가 어떤 임의의 표면을 얼마만큼 통과하는 가를 계산할 때이다. MATLAB에서 스칼라곱의 명령어는 ***dot(A,B)*** 혹은 ***dot(B,A)***이다.

두 벡터의 벡터곱은 다음 식으로 정의된다.

$$\mathbf{A} \times \mathbf{B} \equiv AB\sin\theta\ \mathbf{u}_{\mathbf{A}\times\mathbf{B}} \tag{1.17}$$

벡터곱은 두 벡터를 곱하였을 때, 결과가 벡터가 되며 방향은 오른손 법칙에 따라 결정된다. 오른손 법칙이란 벡터 **A**에서 **B**로 오른손가락을 감았을 때 엄지가 향하는 방향이 벡터곱의 방향이 된다는 것이다. 따라서 이 곱셈의 순서가 바뀌게 되면 방향이 반대가 되므로 순서를 어겨서는 안 되며 순서를 바꿀 때에는 $\mathbf{B} \times \mathbf{A} = -\mathbf{A} \times \mathbf{B}$와 같이 연산을 해야 한다.

직각좌표계에서 벡터곱은 다음과 같은 행렬식 연산에 의해 쉽게 벡터곱의 방법을 기억할 수 있다.

$$\begin{aligned}\mathbf{A} \times \mathbf{B} &= \begin{vmatrix} \mathbf{u_x} & \mathbf{u_y} & \mathbf{u_z} \\ A_x & A_y & A_z \\ B_x & B_y & B_z \end{vmatrix} \\ &= (A_yB_z - A_zB_y)\mathbf{u_x} + (A_zB_x - A_xB_z)\mathbf{u_y} + (A_xB_y - A_yB_x)\mathbf{u_z}\end{aligned} \tag{1.18}$$

MATLAB 명령어는 ***cross(A,B)***이다. 그림 1-2에서 벡터곱을 설명한다.

종종 시험에서 어떤 두 벡터가 서로 수직인가를 묻는 문제가 나오는 경우가 있다. 이를 쉽게 구할 수 있는 방법은 두 벡터의 스칼라곱을 구해보면 된다. 즉 두 벡터가 서로 수직이라면 스칼라곱은 $\mathbf{A} \bullet \mathbf{B} = 0$이므로 두 벡터의 사잇각 $\theta = 90°$가 된다. 그리고 두 벡터의 평행여부는 벡터곱을 계산하면 알 수 있다. 즉, 두 벡터가 서로 같은 방향이거나 반대방향이라면 사잇각은 $\theta = 0°$ 혹은 180°가 되므로 만약 $\mathbf{A} \times \mathbf{B} = 0$이면 $\sin 0° = \sin 180° = 0$이므로 두 벡터는 평행하게 된다.

벡터의 삼중곱에도 두 가지가 있다. 첫 번째는 곱셈의 결과가 스칼라가 되는 ***스칼라 삼중곱***이며 다음 식으로 정의된다.

$$\mathbf{A} \bullet (\mathbf{B} \times \mathbf{C}) = \mathbf{B} \bullet (\mathbf{C} \times \mathbf{A}) = \mathbf{C} \bullet (\mathbf{A} \times \mathbf{B}) \tag{1.19}$$

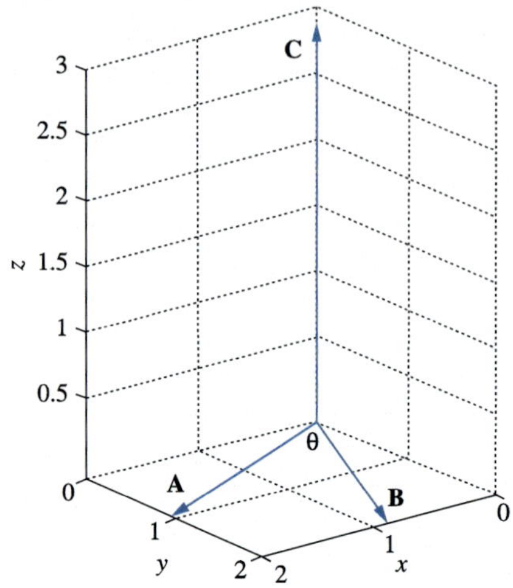

그림 1-2

두 벡터 $\mathbf{A} = 2\mathbf{u_x} + 1\mathbf{u_y} + 0\mathbf{u_z}$와 $\mathbf{B} = 1\mathbf{u_x} + 2\mathbf{u_y} + 0\mathbf{u_z}$의 벡터곱이 주어진다. 두 벡터 **A**와 **B**의 벡터곱은 $\mathbf{C} = 0\mathbf{u_x} + 0\mathbf{u_y} + 3\mathbf{u_z}$이다.

예제 1.2

하나의 평면 내에 있는 두 벡터의 벡터곱의 크기를 두 벡터가 이루는 평행사변형의 면적으로 나타낼 수 있음을 보여라.

답. 벡터곱은 기하학적으로 의미를 가진다. 즉 두 벡터에 대한 벡터곱의 크기는 다음 그림과 같은 평행사변형의 면적을 구하는 데 이용할 수 있다.

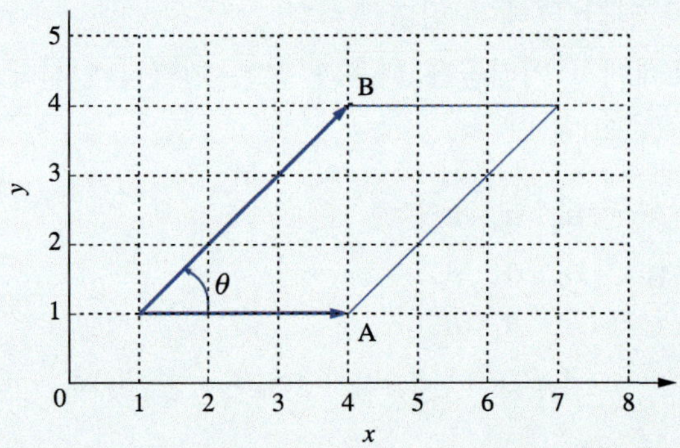

기하학에서 평행사변형의 면적은 "*면적* = $AB\sin\theta$"이다. 이것은 거리가 A와 $B\sin\theta$로 되는 사각형의 면적과 같으므로 이것은 식 (1.17)로 주어지는 벡터곱의 크기에 대한 정의와 같다.

이 식에서 벡터가 들어가는 순서를 이해하면 쉽게 기억할 수 있다. 벡터곱에서는 두 벡터의 자리가 바뀌게 되면 다음 식과 같이 − 부호를 붙여야 하므로 (1.19)식에서 벡터의 자리바꿈에 의해 만들어지는 식의 조합은 많아지게 된다.

$$\mathbf{B} \times \mathbf{C} = -\mathbf{C} \times \mathbf{B} \tag{1.20}$$

두 번째 삼중곱은 연산의 결과가 벡터가 되는 ***벡터 삼중곱***이다.

$$\mathbf{A} \times (\mathbf{B} \times \mathbf{C}) = \mathbf{B}(\mathbf{A} \cdot \mathbf{C}) - \mathbf{C}(\mathbf{A} \cdot \mathbf{B}) \tag{1.21}$$

벡터의 삼중곱에서 괄호는 매우 중요하다. 식의 우변에서 괄호는 두 벡터의 스칼라곱으로 정해지는 수치적인 값이 된다. 이 삼중곱을 기억하기 쉬운 방법으로는 "bac-cab" 규칙이 있다. 이렇게 하면 벡터의 순서를 지키는 방법을 기억할 수가 있다. 이 벡터 삼중곱은 전자파에서 포인팅벡터를 정의할 때 다시 나오게 된다.

예제 1.3

한 점에서 시작하는 세 벡터의 체적 Δv가 세 벡터에 대한 스칼라곱과 벡터곱으로 정의될 수 있음을 보여라.

답. 평행육면체의 미소체적 Δv는 다음 식으로 정의된다.

$$\Delta v = (\text{평행육면체 밑면의 넓이}) \times (\text{평행육면체 높이})$$

$$\Delta v = (|\mathbf{A} \times \mathbf{B}|)(\mathbf{C} \cdot \mathbf{u_n}) = (|\mathbf{A} \times \mathbf{B}|) \cdot \left(\mathbf{C} \cdot \left(\frac{\mathbf{A} \times \mathbf{B}}{|\mathbf{A} \times \mathbf{B}|}\right)\right) = \mathbf{C} \cdot (\mathbf{A} \times \mathbf{B})$$

이것은 **A** = [3 0 0], **B** = [0 2 0], **C** = [0 2 4]로 정의되는 벡터로 설명된다. 계산값 = 24.

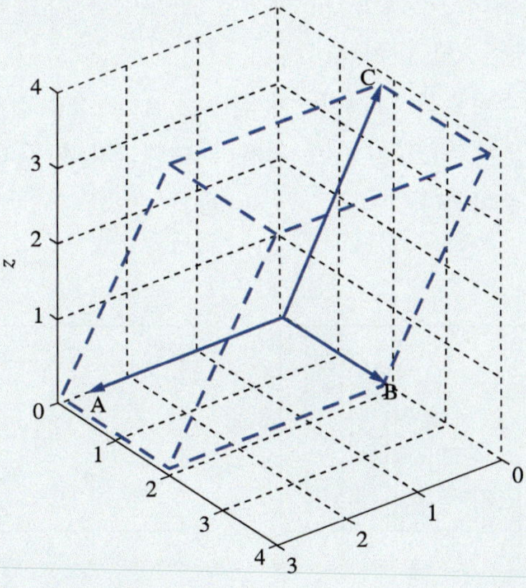

평행육면체의 높이는 벡터 **C**와 밑면에 수직인 ($\mathbf{A} \times \mathbf{B} / |\mathbf{A} \times \mathbf{B}|$)의 단위벡터와의 스칼라곱으로 주어진다.

MATLAB은 2, 3차원 그래픽을 제공한다. 그림의 데이터는 프로그램 내부에서 발생될 수도 있고 외부에서 주어질 수도 있다. MATLAB에 있는 함수를 이용하여 그림을 그릴 때에는 *fplot*를 사용한다. 또 그래프 상에 그림의 라벨이나 제목 그리고 폰트와 글씨체를 그래프 상에 나타낼 수 있다. 어깨글자와 첨자는 "^"와 "_"으로 나타낼 수 있다. 여러 가지 2차원 그림에 대해 몇 가지 예가 주어진다. ***hold*** 명령어를 이용하여 여러 가지 그래프를 동시에 나타낼 수 있다. 또한 그래프의 축을 로그눈금으로 나타낼 수도 있다. 명령어 ***subplot***은 한 페이지에 한 개 이상의 그래프를 옆으로 혹은 아래로 나란히 배치할 수 있다. 명령어 ***subplot(1,2,1)***은 두 그래프를 바로 옆으로 배치하며 왼쪽 그래프가 활성화된다. 그리고 ***subplot(2,1,2)***는 두 그래프가 아래 위로 배치되며 아래쪽이 활성화된다. 이 이외에도 많은 그래프가 있고 다음 예제에서 소개된다.

"(a)"와 같은 텍스트 문자도 먼저 s = '(*a*)'를 프로그램 속에 포함시킨 뒤에 ***s(2) = setstr(s(2) + 1)*** 명령어를 사용하여 그림 1-3과 같이 연속적으로 나타낼 수 있다.

예제 1.4

한 그림에 4개의 부속그림을 그려라.

(*a*) x = 2, 4, 6, 8, 10에서 막대그래프

(*b*) y = 5, 4, 3, 2, 1과 x의 그림

(c) ***fplot***의 명령어를 사용하여 2주기의 sin 파형을 그려라. 그리고 텍스트 형식이나 ***xlabel***에서 명령어 ***\theta***로 기호 θ로 나타내어라.

(*d*) $0 < x < 3$ 범위의 지수함수를 그려라. 이 함수를 Δx = 0.01간격을 이 함수를 계산하라. ***ylabel*** 혹은 문장과 같이 텍스트 항이 첨자나 어깨글자로 나타낼 수 있다. 어깨글자는 "^"로 첨자는 "_"로 주어진다.

답.

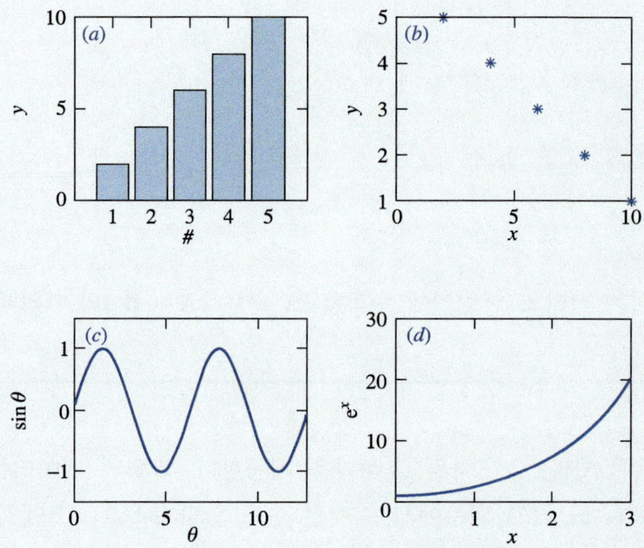

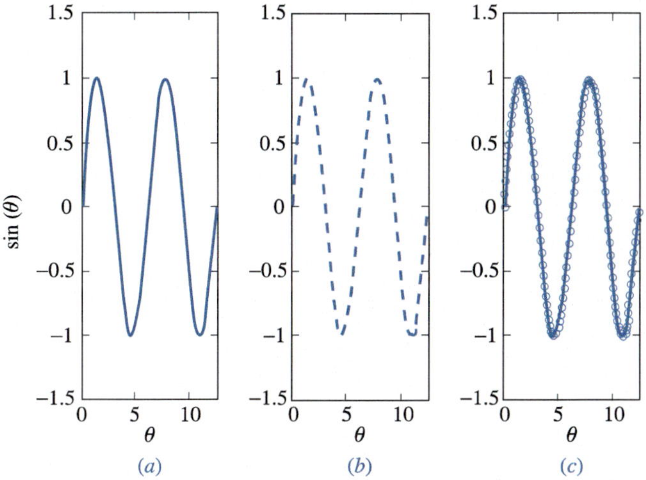

그림 1-3

여러 가지 선 모양의 설명.
(a) 굵은 실선.
(b) 점선.
(c) ‘o−’ 선.

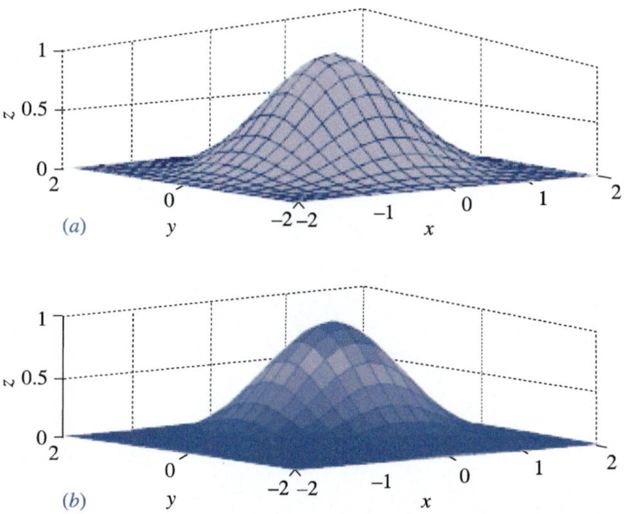

그림 1-4

가우스함수의 3차원 그림.
(a) Mesh 그림.
(b) Surf 그림.

MATLAB은 3차원 그래프도 그릴 수 있다. 수평 공간은 많은 점(x_j, y_k)로 분할할 수 있고 함수 $z = z(x_j, y_k)$는 각 점에서 계산된다. 이렇게 하기 위해 구두점 “.”은 프로그램 내의 독립변수에 찍혀야 한다. 3차원 그래프를 그림 1−4에 나타낸다. 그리고 ***mesh***와 ***surf***와 같은 명령어가 있으며 그래프를 보는 각도를 바꾸는 명령어도 있다.

직각좌표계로 그래프를 그리는 것과 같이 극좌표로도 그릴 수도 있으며 이것은 안테나의 방사패턴을 구하는 데 매우 필요하다. 또한 눈금을 semilog 혹은 log-log로도 그릴 수 있다. 이런 그래프는 실험으로부터 얻어진 데이터를 해석하는 데 있어 $y = x^n$으로 나타낼 수 있는 함수를 구할 때 유용하다. 이런 그림의 예는 그림 1−5에 나타낸다.

위에 언급된 모든 함수는 MATLAB 라이브러리함수에 포함되어 있다. 이 라이브러리에 유저가 직접 만든 함수를 추가시킬 수 있다. 이것은 단지 M파일을 작성하고

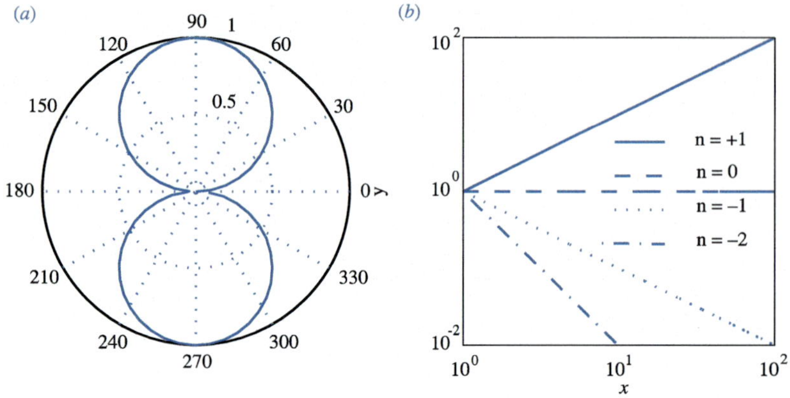

그림 1-5

극좌표와 log-log 그래프.
(a) $0 < \theta < 2\pi$에서 각 θ에 대한 $|\sin(\theta)|$.
(b) $1 < x < 100$의 범위에서 n의 여러 가지 값에 대한 $y = x^n$.

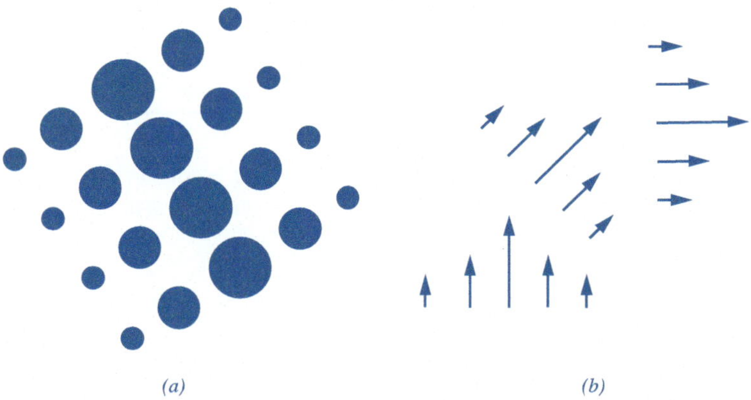

그림 1-6

스칼라와 벡터 필드.
(a) 스칼라의 크기는 원의 크기로 나타냄.
(b) 어떤 점에서 벡터의 크기와 방향은 화살표의 길이와 방향으로 표시.

이 파일에 이름을 부여하면 된다. 예를 들면 *custom.m*과 같이 할 수 있다. M파일을 만들기 위해서는 텍스터 편집 프로그램이 필요하다. 일단 MATLAB 파일을 만들면 사용자 개인의 라이브러리의 일부분이 된다. 이 파일을 이용하기 위해서 프롬프터에서 *custom*이라는 단어를 타이프하면 이 파일이 활성화된다. 이런 파일은 자주 인터넷에서 공유되며 사실 이 책에서 그림과 예제를 만드는 데 사용한 모든 파일은 이 책에서 제공하는 CD나 웹사이트 "www.scitehpub.com/lonngren2e.htm"에서 구할 수 있다.

지금까지 벡터에 대해서만 설명하였는데 이 책에서는 ***벡터필드***와 같은 벡터의 분포를 많이 다루게 된다. 즉 벡터분포란 바람과 같이 어떤 공간에서 각각 다른 크기와 방향의 분포를 나타내는 것이다. 이에 대한 예를 그림 1-6에 나타내었다.

1.2 좌표계

전자계를 설명하는 많은 교재에서 좌표계를 사용하는 경우와 좌표계를 사용하지 않는 경우가 있다. 좌표계를 사용하지 않을 때에는 단지 전자계를 발생시키는 소스와 소스로부터 떨어진 어떤 특정 위치에만 관심이 있는 경우이다. 하지만 해석 또는 측정하고자 하는 모든 공간에 대해 관심을 가지는 경우나 혹은 소스 자체가 이동하는 경우에는 반드시 좌표계가 필요하며 이런 좌표계를 이용하여 전자계를 설명할 수가 있다.

이 책에서는 전자계 문제를 다룬다. 소스가 만드는 전자계를 공간의 한 점에서 전자계의 어떤 물리량을 구하기 위해서는 좌표계를 사용하여야 한다. 3차원 공간에서 좌표계는 공간의 위치를 세 면이 교차하는 점으로 정의하며 직교좌표계는 교차하는 면이 서로 직각을 이룬다. 이 면은 평면일 수 있으며 곡면일 수도 있다. 이것을 그림 1-7에서 설명한다.

직각좌표계에서 세 면은 모두 평면이어서 독립변수 x, y, z가 정의된다. 원통좌표계에서는 두 면이 평면이며 한 면은 원통면이다. 구좌표계에서는 구면과 평면, 그리고 원뿔면으로 이루어진다. 이제부터 좌표계에 대해 상세하게 다룬다. 전자계 문제에서 이용할 수 있는 좌표계는 수없이 많다. 그리고 한 좌표계에서 다른 좌표계로 쉽게 변환할 수 있게 하는 좌표계도 있다.

이 책에서 사용하는 세 가지 좌표계를 그림 1-8의 (*a*), (*b*), (*c*)에 나타낸다. 각좌표계에서 축의 방향은 단위벡터로 나타내며 직각좌표계에서는 ($\mathbf{u}_x$, $\mathbf{u}_y$, $\mathbf{u}_z$), 원통좌표계에서는 ($\mathbf{u}_\rho$, $\mathbf{u}_\phi$, $\mathbf{u}_z$), 구좌표계에서는 ($\mathbf{u}_r$, $\mathbf{u}_\theta$, $\mathbf{u}_\phi$)로 표시한다. 원통좌표계와 구좌표계의 방사방향변수는 매우 자주 사용되며 원통좌표계에서는 원통의 반지름 ρ,

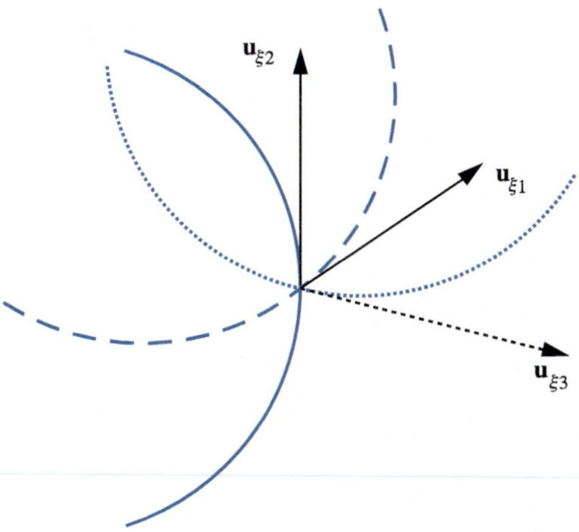

그림 1-7

일반 직교좌표계. 세 면이 한 점에서 교차하고 단위벡터는 그 점에서 서로 직교한다.

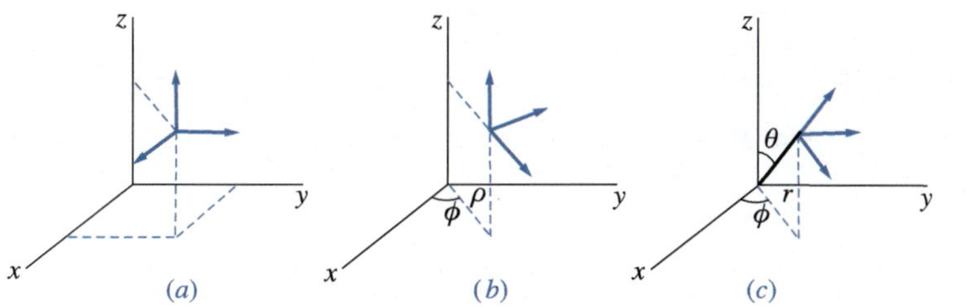

그림 1-8

세 직교 좌표계에서 단위벡터.

(*a*) 직각좌표계.

(*b*) 원통좌표계.

(*c*) 구좌표계.

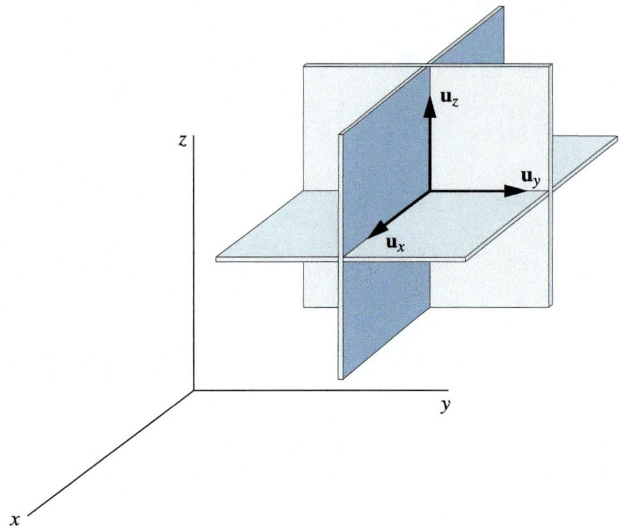

그림 1-9

직각좌표계의 한 점은 세 평면이 교차하는 곳이다. 세 평면은 x = 상수, y = 상수, z = 상수이다. 각 단위벡터는 각 면에 수직이다.

구좌표계에서는 구의 반지름 r을 사용하여 혼돈을 피하고 있다. 그리고 각 좌표계에서는 한 점에서 단위벡터는 반드시 서로 직각이다.

좌표계에서 단위벡터의 방향은 좌표값이 증가하는 방향이다. 직각좌표계에서 각 축의 단위벡터는 좌표계의 어떤 점에 있던 동일한 벡터로 간주되지만 원통 및 구좌표계에서는 좌표점의 위치가 달라지면 다른 벡터가 됨을 명심해야 한다. 예를 들어 구좌표계에서 단위벡터 $\mathbf{u_r}$은 $\theta = 0$일 때 $+z$ 축을 향하고 $\theta = \pi$일 때는 $-z$축을 향하므로 θ의 값에 따라 나타내는 방향이 다르게 된다. 다음 장부터 이 세 가지 좌표계를 중심으로 전자계를 설명하므로 각 좌표계의 중요한 특성을 요약해서 알아 둘 필요가 있다.

1.2.1 직각좌표계

직각좌표계에서 단위벡터는 그림 1-8a와 같이 된다. 이 단위벡터는 그림 1-9에 나타내는 것과 같이 세 면에 대해 수직이다. $\mathbf{u_x} \cdot \mathbf{u_x} = \mathbf{u_y} \cdot \mathbf{u_y} = \mathbf{u_z} \cdot \mathbf{u_z} = 1$과 $\mathbf{u_x} \cdot \mathbf{u_y} = \mathbf{u_x} \cdot \mathbf{u_z} = \mathbf{u_y} \cdot \mathbf{u_z} = 0$과 같은 단위벡터의 스칼라곱과 마찬가지로 단위벡터의 벡터곱도 다음과 같이 적용이 된다.

$$\left.\begin{aligned} \mathbf{u_x} \times \mathbf{u_y} &= \mathbf{u_z} \\ \mathbf{u_y} \times \mathbf{u_z} &= \mathbf{u_x} \\ \mathbf{u_z} \times \mathbf{u_x} &= \mathbf{u_y} \end{aligned}\right\} \tag{1.22}$$

좌표계의 원점에서 어떤 한 점으로 향하는 벡터 $\mathbf{r}$은 $\mathbf{r} = x\mathbf{u_x} + y\mathbf{u_y} + z\mathbf{u_z}$로 주어진다. 그리고 두 벡터 **A**와 **B**에 대한 스칼라곱은 다음식과 같으며 벡터곱은 식 (1.18)에서 정의되었다.

$$\mathbf{A} = \mathbf{A}_x\mathbf{u_x} + \mathbf{A}_y\mathbf{u_y} + \mathbf{A}_z\mathbf{u_z} \tag{1.23}$$

예제 1.5

직각좌표계에서 단위벡터를 나타내는 MATLAB 명령어를 나타내어라. 직교좌표계의 일반적인 특징은 각 축의 단위벡터가 세 면이 교차해서 결정되는 좌표점에서 서로 수직이다.

답. 세 단위벡터에 대한 MATLAB 명령어는 다음과 같이 된다.

$\mathbf{u_x}$: *ux = [1 0 0]*, $\mathbf{u_y}$: *uy = [0 1 0]*, and $\mathbf{u_z}$: *uz = [0 0 1]*

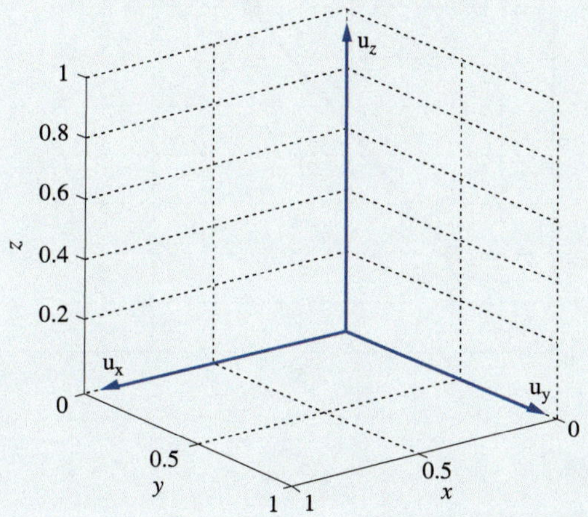

이 책에서는 선적분, 면적분, 체적적분을 다루게 되며 이런 적분을 하기위해서는 미소길이, 미소면적, 미소체적이 정의되어야 한다. 그림 1-10은 직각좌표계에서 정의되는 미소체적을 나타내며 이것은 스칼라이다. 미소체적은 여섯 개의 미소면적을 가지며 이 미소면적은 스칼라가 아닌 벡터이다. 미소면적벡터의 방향은 면에 수직이며 면의 바깥쪽을 향한다. 한 개의 미소면적은 네 개의 미소길이를 가지면 미소길이는 벡터이다.

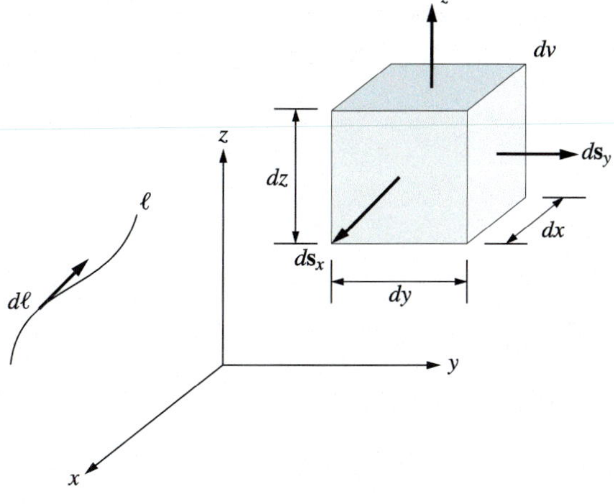

그림 1-10

직각좌표계의 미소체적($dv = dxdydz$)과 세 개의 미소면적($d\mathbf{s}_x = \mathbf{u}_x dydz$, $d\mathbf{s}_y = \mathbf{u}_y dxdz$, $d\mathbf{s}_z = \mathbf{u}_z dxdy$) 그리고 미소길이($d\boldsymbol{\ell} = \mathbf{u}_x \boldsymbol{d}_x + \mathbf{u}_y \boldsymbol{d}_y + \mathbf{u}_z \boldsymbol{d}_z$).

예제 1.6

직각좌표계에서 A점과 B점을 연결하는 벡터 **G**와 단위벡터를 구하라.

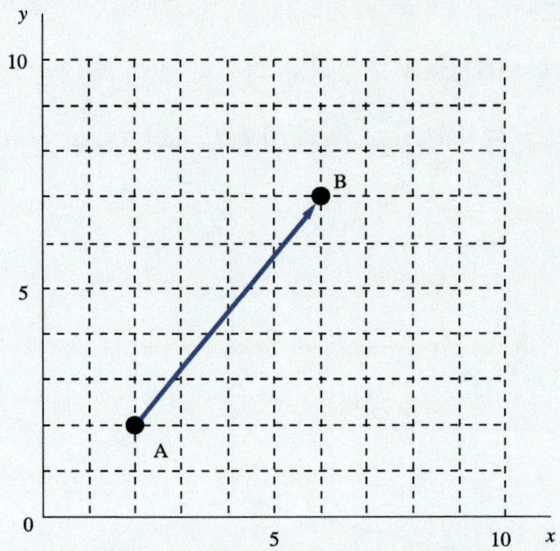

답. 벡터는

$$\mathbf{G}_{AB} = (x_B - x_A)\mathbf{u}_x + (y_B - y_A)\mathbf{u}_y + (z_B - z_A)\mathbf{u}_z$$
$$= (6 - 2)\mathbf{u}_x + (7 - 2)\mathbf{u}_y + (0 - 0)\mathbf{u}_z = 4\mathbf{u}_x + 5\mathbf{u}_y + 0\mathbf{u}_z$$

단위벡터는

$$\mathbf{u}_\mathbf{G} = \frac{4\mathbf{u}_x + 5\mathbf{u}_y + 0\mathbf{u}_z}{\sqrt{4^2 + 5^2 + 0^2}}$$

예제 1.7

직각좌표계에서 다음 두 벡터가 주어진다. 다음을 구하고 여기에 맞는 MATLAB 명령어를 나타내어라. MATLAB에서 두 벡터는 *A = [3 4 0]*, *B = [12 5 0]*으로 주어진다.

(a) 스칼라곱 **A** • **B**

(b) 두 벡터가 이루는 각도

(c) 벡터 **A**의 스칼라곱 **A** • **A**

(d) 두 벡터의 벡터곱 **A** × **B**

답.

(a) 스칼라곱은 다음 식으로 주어진다. $\mathbf{A} \cdot \mathbf{B} = 36\mathbf{u}_x \cdot \mathbf{u}_x + 15\mathbf{u}_x \cdot \mathbf{u}_y + 48\mathbf{u}_y \cdot \mathbf{u}_x + 20\mathbf{u}_y \cdot \mathbf{u}_y$. 주의: 직교하는 두 단위벡터는 0이 되고 서로 평행하면 1이 된다. 따라서 **A** • **B** =

36 + 0 + 0 + 20 = 56이 된다. MATLAB에서는 ***dot(A, B)***으로 표현한다.

(b) 두 벡터가 이루는 각도는 스칼라곱의 정의식으로 구한다.

$$\cos\theta = \frac{\mathbf{A}\bullet\mathbf{B}}{|\mathbf{A}||\mathbf{B}|} = \frac{56}{\sqrt{3^2+4^2}\sqrt{12^2+5^2}} = \frac{56}{65} \text{ or } \theta = 30.5°$$

MATLAB에서는 ***theta = acos(dot(A, B)/(norm(A) * norm(B))) * (180/pi)***

(c) 벡터 **A**의 스칼라곱은 다음 식으로 주어진다. $\mathbf{A}\bullet\mathbf{A} = 9\mathbf{u_x} + 16\mathbf{u_y}\bullet\mathbf{u_y} = 25$. 벡터 **A**의 스칼라곱은 벡터 **A**의 크기를 구하는 데 편리하다. $A = |\mathbf{A}| = \sqrt{\mathbf{A}\bullet\mathbf{A}}$. MATLAB에서는 ***dot(A, A)***로 주어진다.

(d) 두 벡터 A와 B의 벡터곱은 다음 식으로 주어진다.

$$\mathbf{A}\times\mathbf{B} = \begin{vmatrix} \mathbf{u_x} & \mathbf{u_y} & \mathbf{u_z} \\ 3 & 4 & 0 \\ 12 & 5 & 0 \end{vmatrix} = -33\mathbf{u_z}$$

MATLAB에서는 ***cross(A, B)***로 주어진다.

1.2.2 원통좌표계

그림 1-8*b*와 같이 원통좌표계의 단위벡터는 그림 1-11에 있는 세면의 교차점에서 서로 수직을 이룬다. 세 면 중에서 두 면은 평면이고 나머지 한 면은 중심이 z 축인 원통면이 된다. 원통좌표계의 좌표점(ρ, ϕ, z)는 두 개의 평면과 한 개의 원통면이 교차하는 지점이다. ρ는 z축으로부터의 거리, ϕ는 $x-y$ 평면 상에 내려진 투영벡터와 x축과 이루는 각이며 z는 직각좌표계의 z와 같다. 단위벡터는 $\mathbf{u}_\rho$, $\mathbf{u}_\phi$, $\mathbf{u}_z$이며 좌표값이 증가하는 방향을 가진다. 직각좌표계와는 달리 $\mathbf{u}_\rho$와 $\mathbf{u}_\phi$는 좌표점이 달라지면 단위벡터의 방향도 달라진다. 단위벡터 자신에 대한 스칼라곱은 1이 되며 다른 단위벡터와의 스칼라곱은 0이 된다. 단위벡터의 벡터곱은 아래 식과 같이 오른손 법칙에 의해 정의된다.

$$\left.\begin{aligned} \mathbf{u}_\rho\times\mathbf{u}_\phi &= \mathbf{u}_z \\ \mathbf{u}_\phi\times\mathbf{u}_z &= \mathbf{u}_\rho \\ \mathbf{u}_z\times\mathbf{u}_\rho &= \mathbf{u}_\phi \end{aligned}\right\} \tag{1.24}$$

원통좌표계에서 원점으로부터 한 지점을 연결하는 벡터는 다음 식으로 된다.

$$\mathbf{A} = A_\rho\mathbf{u}_\rho + A_\phi\mathbf{u}_\phi + A_z\mathbf{u}_z \tag{1.25}$$

원통좌표계에서 미소길이, 미소면적, 미소체적은 다음 식과 같이 정의된다.

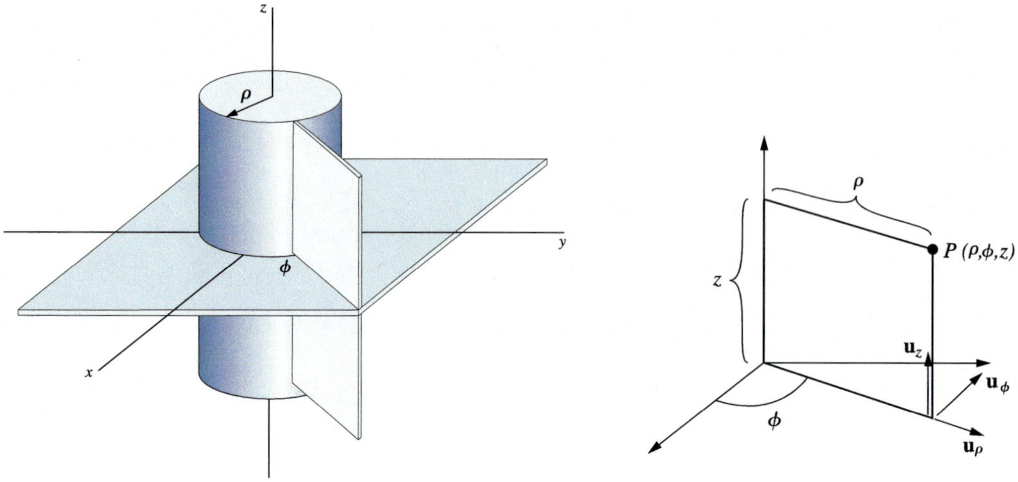

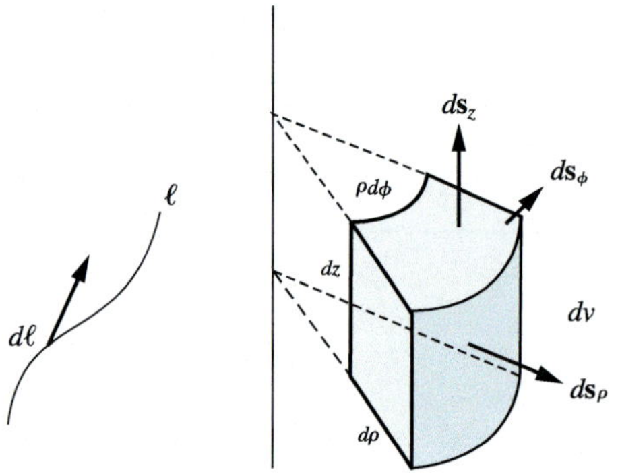

그림 1-11

원통좌표계. 한 점은 두 개의 평면과 한 개의 원통면으로 정의되고 미소체적이 정의된다. 그림에 변수 ρ, ϕ, z와 미소길이 $\boldsymbol{d\ell}$, 미소면적 $\mathbf{ds}_\rho$, $\mathbf{ds}_\phi$, $\mathbf{ds}_z$, 그리고 미소체적 dV가 표시된다.

$$\boldsymbol{d\ell} = \mathbf{u}_\rho d\rho + \mathbf{u}_\phi \rho d\phi + \mathbf{u}_z dz \tag{1.26}$$

$$\begin{aligned} \mathbf{ds}_\rho &= \mathbf{u}_\rho \rho d\phi dz \\ \mathbf{ds}_\phi &= \mathbf{u}_\phi d\rho dz \\ \mathbf{ds}_z &= \mathbf{u}_z \rho d\rho d\phi \end{aligned} \tag{1.27}$$

$$dv = \rho d\rho d\phi dz \tag{1.28}$$

원통좌표계의 벡터는 직각좌표계의 벡터로 변환되며 그 반대로도 변환할 수 있다. 직각좌표계에서 $\mathbf{A} = A_x\mathbf{u}_x + A_y\mathbf{u}_y + A_z\mathbf{u}_z$는 원통좌표계에서 $\mathbf{A} = A_\rho\mathbf{u}_\rho + A_\phi\mathbf{u}_\phi + A_z\mathbf{u}_z$로 변환될 수 있다. 단 단위벡터의 변환방법과 벡터의 각 성분의 변환방법은 다음에서 나타낼 식으로 정의된다.

직각좌표계의 벡터를 원통좌표계의 벡터로 변환은 원통좌표계의 단위벡터를 직각좌표계의 벡터에 스칼라곱을 함으로 이루어진다. 이것은 결국 단위벡터끼리의 스칼라곱 연산이 된다. 그러나 A_z 성분은 두 좌표계에서 동일하므로 변환할 필요가 없다. 원통좌표계의 $\mathbf{A}$ 벡터를 직각좌표계의 벡터로 변환하는데 우선 x성분의 크기 Ax를 구하는 스칼라곱 연산은 다음과 같다.

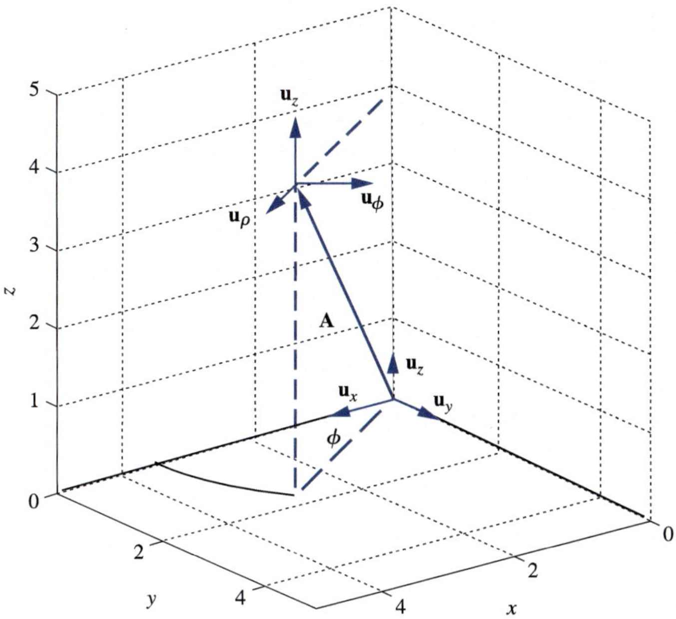

그림 1-12

직각좌표계의 벡터 $\mathbf{A} = 3\mathbf{u_x} + 2\mathbf{u_y} + 4\mathbf{u_z}$를 원통좌표계의 벡터로 변환. 두 좌표계의 단위벡터를 그림에 나타내었다.

$$
\begin{aligned}
A_x = \mathbf{A} \cdot \mathbf{u_x} &= (A_\rho \mathbf{u_\rho} + A_\phi \mathbf{u_\phi} + A_z \mathbf{u_z}) \cdot \mathbf{u_x} \\
&= A_\rho \mathbf{u_\rho} \cdot \mathbf{u_x} + A_\phi \mathbf{u_\phi} \cdot \mathbf{u_x}
\end{aligned}
$$

그림 1-12 혹은 부록 A로부터 각 단위벡터의 스칼라곱은 다음과 같다.

$$
\begin{aligned}
\mathbf{u_\rho} \cdot \mathbf{u_x} &= \cos\phi \\
\mathbf{u_\phi} \cdot \mathbf{u_x} &= -\sin\phi
\end{aligned}
$$

그러므로 (1.29)식과 같이 A_x 성분이 구해진다.

$$A_x = A_\rho \cos\phi - A_\phi \sin\phi \tag{1.29}$$

같은 방법으로 A_y 성분은 다음 식으로 되며

$$
\begin{aligned}
A_y = \mathbf{A} \cdot \mathbf{u_y} &= (A_\rho \mathbf{u_\rho} + A_\phi \mathbf{u_\phi} + A_z \mathbf{u_z}) \cdot \mathbf{u_y} \\
&= A_\rho \mathbf{u_\rho} \cdot \mathbf{u_y} + A_\phi \mathbf{u_\phi} \cdot \mathbf{u_y}
\end{aligned}
$$

그림과 부록 A로부터 단위벡터연산은 다음과 같다.

$$
\begin{aligned}
\mathbf{u_\rho} \cdot \mathbf{u_y} &= \sin\phi \\
\mathbf{u_\phi} \cdot \mathbf{u_y} &= \cos\phi
\end{aligned}
$$

따라서 식 (1.30)과 같이 구해진다.

$$A_y = A_\rho \sin\phi + A_\phi \cos\phi \tag{1.30}$$

그림 1-12에서 벡터 **A**는 벡터의 각 축 성분이 상수이므로 좌표계의 한 점에서

만 정의된다. 실제로는 A_x, A_y, A_z와 같은 성분은 좌표축 변수의 함수로 주어지는 경우가 많으며 이 변수도 변환되어야 한다. 이 변환은 다음과 같이 주어진다.

$$x = \rho\cos\phi$$
$$y = \rho\sin\phi \tag{1.31}$$
$$z = z$$

원통좌표계에서 직각좌표계로 역으로 변환하는 것은 다음 식과 같다.

$$\rho = \sqrt{x^2 + y^2}$$
$$\phi = \tan^{-1}\left(\frac{y}{x}\right) \tag{1.32}$$
$$z = z$$

MATLAB에서는 좌표변환에 대한 명령어가 있다. 또한 ***cylinder*** 명령어는 원통면을 만들게 된다.

1.2.3 구좌표계

그림 1-8*c*에 그려진 구좌표계의 단위벡터는 그림 1-13과 같이 세 면이 교차해서 만들어지는 한 지점에서 서로 수직이다. 세 면 중에 한 면은 평면이며 다른 면은 구면과 원뿔면이다. 이 두 면은 모두 *z*축이 중심이 된다. 구좌표에서 한 점은 이 세 면의 교차점이 된다. 단위벡터 $\mathbf{u}_r$, $\mathbf{u}_\theta$, $\mathbf{u}_\phi$는 각각 구면, 원뿔면, 평면에 대해 수직이다. 구좌표계의 좌표점(r, θ, ϕ)는 구면과 원뿔면, 평면이 교차하는 지점이다. r은 구의

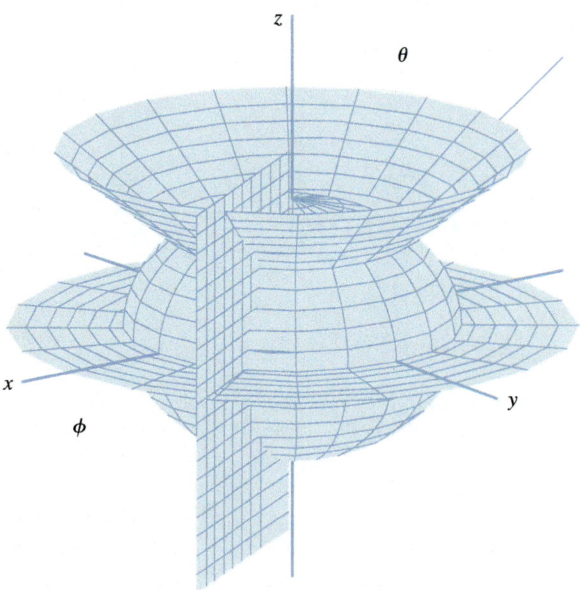

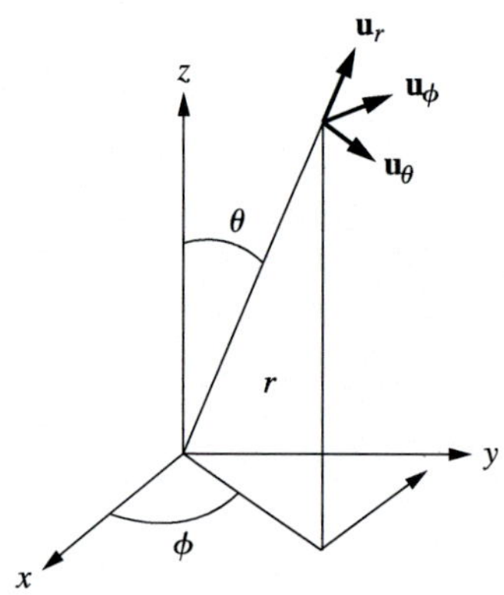

그림 1-13

구좌표계. 한 점은 반경이 r인 구면과 x 축에 대해 ϕ의 각도를 만드는 평면, z 축에 θ의 각도를 이루는 원뿔면이 교차하는 한 점에서 정의된다.

원점에서의 거리, θ는 z축과 이루는 각, ϕ는 원통좌표계와 동일하다. 서로 수직인 단위벡터 $\mathbf{u}_\rho$, $\mathbf{u}_\phi$, $\mathbf{u}_z$의 방향은 좌표값이 증가하는 방향을 가지며 좌표점이 달라지면 단위벡터도 달라진다. 자신의 단위벡터에 대한 스칼라곱은 1이 되며 다른 성분과의 스칼라곱은 0이 된다. 단위벡터의 벡터곱은 아래의 식과 같이 오른손 법칙에 따라 정의된다.

$$\begin{aligned} \mathbf{u}_r \times \mathbf{u}_\theta &= \mathbf{u}_\phi \\ \mathbf{u}_\theta \times \mathbf{u}_\phi &= \mathbf{u}_r \\ \mathbf{u}_\phi \times \mathbf{u}_r &= \mathbf{u}_\theta \end{aligned} \tag{1.33}$$

원점에서 한 점(r, θ, ϕ)를 향하는 벡터 $\mathbf{A}$는 다음 식으로 정의된다.

$$\mathbf{A} = A_r\mathbf{u}_r + A_\theta\mathbf{u}_\theta + A_\phi\mathbf{u}_\phi \tag{1.34}$$

미소길이 $d\boldsymbol{\ell}$, 미소면적 $d\mathbf{s}_r$, $d\mathbf{s}_\theta$, $d\mathbf{s}_\phi$, 미소체적 dv는 아래 식으로 정의된다.

$$d\boldsymbol{\ell} = \mathbf{u}_r dr + \mathbf{u}_\theta r d\theta + \mathbf{u}_\phi r \sin\theta\, d\phi \tag{1.35}$$

$$\begin{aligned} d\mathbf{s}_r &= u_r r^2 \sin\theta d\theta d\phi \\ d\mathbf{s}_\theta &= u_\theta r \sin\theta d\theta r d\phi \\ d\mathbf{s}_\phi &= u_\phi r dr d\phi\theta \end{aligned} \tag{1.36}$$

$$dv = r^2 \sin\theta\, dr d\theta d\phi \tag{1.37}$$

단위는 $d\boldsymbol{\ell}$은 [m], $d\mathbf{s}$는 [m^2], dv는 [m^3]이다.

예제 1.8

구좌표계에서의 어떤 벡터를 직각좌표계의 벡터로 나타낼 수 있음을 보여라.

답. 두 벡터는 직각좌표계에서는 $\mathbf{A} = A_x\mathbf{u}_x + A_y\mathbf{u}_y + A_z\mathbf{u}_z$으로 구좌표계에서는 $\mathbf{A} = A_r\mathbf{u}_r + A_\theta\mathbf{u}_\theta + A_\phi\mathbf{u}_\phi$으로 주어진다. 여기서 직각좌표계로 변환은 직각좌표계의 단위벡터를 구좌표계의 벡터에 대해 스칼라곱을 함으로써 구할 수 있다. 각 직각좌표계의 성분의 크기는 다음 식과 같이 된다.

$$\begin{aligned} A_x &= \mathbf{A} \cdot \mathbf{u}_x \\ &= A_r\mathbf{u}_r \cdot \mathbf{u}_x + A_\theta\mathbf{u}_\theta \cdot \mathbf{u}_x + A_\phi\mathbf{u}_\phi \cdot \mathbf{u}_x \end{aligned}$$

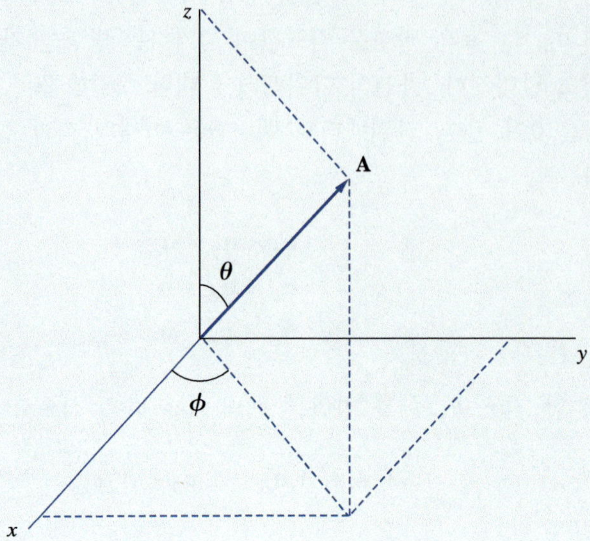

그림에서 다음 식과 같이 된다.

$$\mathbf{u_r} \bullet \mathbf{u_x} = \sin\theta \cos\phi = \frac{x}{\sqrt{x^2 + y^2 + z^2}}$$

$$\mathbf{u}_\theta \bullet \mathbf{u_x} = \cos\theta \cos\phi = \frac{xz}{\sqrt{x^2 + y^2}\sqrt{x^2 + y^2 + z^2}}$$

$$\mathbf{u}_\phi \bullet \mathbf{u_x} = -\sin\phi = -\frac{y}{\sqrt{x^2 + y^2}}$$

비슷한 방법으로

$$\mathbf{u_r} \bullet \mathbf{u_y} = \sin\theta \sin\phi = \frac{y}{\sqrt{x^2 + y^2 + z^2}}$$

$$\mathbf{u}_\theta \bullet \mathbf{u_y} = \cos\theta \sin\phi = \frac{yz}{\sqrt{x^2 + y^2}\sqrt{x^2 + y^2 + z^2}}$$

$$\mathbf{u}_\phi \bullet \mathbf{u_y} = \cos\phi = \frac{x}{\sqrt{x^2 + y^2}}$$

그리고

$$\mathbf{u_r} \bullet \mathbf{u_z} = \cos\theta = \frac{z}{\sqrt{x^2 + y^2 + z^2}}$$

$$\mathbf{u}_\theta \bullet \mathbf{u_z} = -\sin\theta = -\frac{\sqrt{x^2 + y^2}}{\sqrt{x^2 + y^2 + z^2}}$$

$$\mathbf{u}_\phi \bullet \mathbf{u_z} = 0$$

직각좌표계에서 구좌표계로 좌표축의 변수에 대한 변환은 다음 식과 같다(부록 A 참조).

$$r = \sqrt{x^2 + y^2 + z^2}$$
$$\theta = \tan^{-1}\left(\frac{\sqrt{x^2 + y^2}}{z}\right) \tag{1.38}$$
$$\phi = \tan^{-1}\left(\frac{y}{x}\right)$$

구좌표계에서 직각좌표계의 변환은 다음 식과 같다.

$$x = r\sin\theta\cos\phi$$
$$y = r\sin\theta\sin\phi \tag{1.39}$$
$$z = r\cos\theta$$

세 좌표계에서 단위벡터와 미소길이, 미소면적, 미소체적을 표 1-1과 부록 A의벡터식에 나타내었다. 표 1-2는 좌표축 변수에 대한 변환을 나타낸 것이며 MATLAB의 명령어도 같이 표시하였다.

벡터합과 차에 대한 연산방식은 직각좌표계와 원통과 구와 같은 다른 좌표계에서는 다르므로 주의를 요한다. 그리고 벡터의 연산은 동일점에서 수행해야 한다.

표 1-1 직교좌표계

Coordinate system	**Cartesian** (x, y, z)	**Cylindrical** (ρ, ϕ, z)	**Spherical** (r, θ, ϕ)
Unit vectors	$\mathbf{u_x}, \mathbf{u_y}, \mathbf{u_z}$	$\mathbf{u}_\rho, \mathbf{u}_\phi, \mathbf{u_z}$	$\mathbf{u_r}, \mathbf{u}_\theta, \mathbf{u}_\phi$
Differential length **dl**	$dx\,\mathbf{u_x}$ $dy\,\mathbf{u_y}$ $dz\,\mathbf{u_z}$	$d\rho\,\mathbf{u}_\rho$ $\rho d\phi\,\mathbf{u}_\phi$ $dz\,\mathbf{u_z}$	$dr\,\mathbf{u_r}$ $r\,d\theta\,\mathbf{u}_\theta$ $r\sin\theta\,d\phi\,\mathbf{u}_\phi$
Differential surface area $d\mathbf{s}$	$dy\,dz\,\mathbf{u_x}$ $dx\,dz\,\mathbf{u_y}$ $dx\,dy\,\mathbf{u_z}$	$\rho d\phi\,dz\,\mathbf{u}_\rho$ $d\rho dz\,\mathbf{u}_\phi$ $\rho d\rho d\phi\,\mathbf{u_z}$	$r^2\sin\theta\,d\theta d\phi\mathbf{u_r}$ $r\sin\theta\,dr d\phi\mathbf{u}_\theta$ $rdr\,d\theta\,\mathbf{u}_\phi$
Differential volume dv	$dx\,dy\,dz$	$\rho d\rho d\phi\,dz$	$r^2\sin\theta\,dr\,d\theta d\phi$

표 1-2 좌표계 변환

Transformation			MATLAB Command
Cartesian to cylindrical			
$\rho = \sqrt{x^2 + y^2}$	$\phi = \tan^{-1}\left(\frac{y}{x}\right)$	$z = z$	***[φ, ρ, z] = cart2pol(x,y,z)***
Cartesian to spherical			
$r = \sqrt{x^2 + y^2 + z^2}$	$\theta = \tan^{-1}\left(\frac{\sqrt{x^2 + y^2}}{z}\right)$	$\phi = \tan^{-1}\left(\frac{y}{x}\right)$	***[φ, ψ, ρ]= cart2sph(x,y,z)*** ***note*** $\psi = \frac{\pi}{2} - \theta$
Cylindrical to Cartesian			
$x = \rho\cos\phi$	$y = \rho\sin\phi$	$z = z$	***[x,y,z] = pol2cart(φ, ρ, z)***
Spherical to Cartesian			
$x = r\sin\theta\cos\phi$	$y = r\sin\theta\sin\phi$	$z = r\cos\theta$	***[x,y,z] = sph2cart (φ, ψ, ρ)*** ***note*** $\psi = \frac{\pi}{2} - \theta$

1.3 벡터의 적분

벡터적분은 전자계를 도체, 자성체, 유전체와 같은 물질에 대해 설명할 때 필요하다. 벡터적분은 어떤 경로에 대한 선적분, 경로가 둘러싸는 면적에 대한 면적분, 면적으로 둘러싸이는 체적에 대한 체적적분으로 나누어지며 적분하기 전에 먼저 좌표계가 설정되어야 하다. 우선 설명을 간단히 하기 위해 직각좌표계에서 벡터적분의 예를 다룬다. 표 1-3에는 이런 적분에 대한 설명을 나타내었다.

표 1-3 벡터필드와 밀도의 적분

Line integral of a vector field **F** along a prescribed path from the location *a* to the location *b*.	$\int_a^b \mathbf{F} \cdot d\mathbf{l}$
Surface integral of a vector field **F** through a surface **Δs**.	$\int_{\Delta s} \mathbf{F} \cdot d\mathbf{s}$
Volume integral of a density ρ_v over the volume Δv.	$\int_{\Delta v} \rho_v dv$

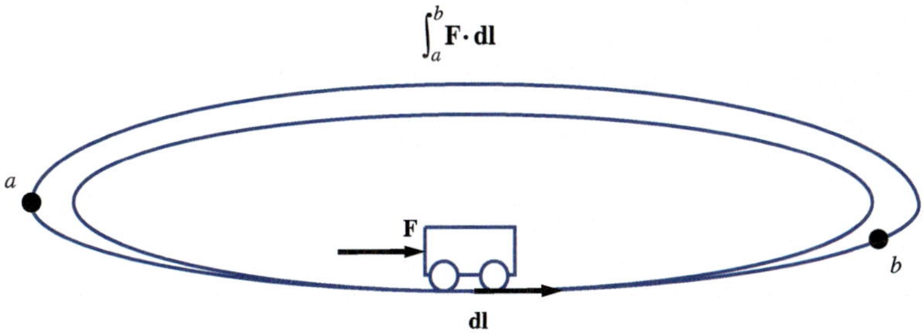

그림 1-14

정해진 경로를 따라 점 a와 b를 이동하는 수레.

1.3.1 선적분

선적분은 경로에 대한 적분이며 그림 1-14와 같이 수레를 a점에서 b점을 이동할 때 필요한 일의 계산을 선적분의 예로써 나타낸다.

이 때 선적분은 다음 식으로 주어진다.

$$\int_a^b \mathbf{F} \bullet \mathbf{dl} \tag{1.40}$$

표 1-1과 같이 미소거리 **dl**에 대한 표현식은 세 가지의 좌표계에서 서로 달라진다. 선적분의 극한 a와 b의 순서는 적분결과의 부호가 + 혹은 −를 결정한다. 만약 힘의 방향과 경로의 방향이 서로 수직을 이룬다면 어떤 일도 소비되지 않는다. 수레의 이동경로가 완전히 한 바퀴 돌아 원래의 위치로 돌아온다면 이것을 ***폐곡선적분***이라고 하며 다음 식과 같이 적분 기호 중간에 원을 붙여 나타낸다.

$$\oint \mathbf{F} \bullet \mathbf{dl} \tag{1.41}$$

이 식을 자세하기 설명하기 위해서, 그림 1-15에 표시된 경로 1을 따라 힘을 가해 수레를 움직일 때, 필요한 일을 계산해보자. 여기서 힘은 다음 식으로 된다.

$$\mathbf{F} = 3xy\mathbf{u_x} + 4xy\mathbf{u_y} \tag{1.42}$$

선적분의 경로는 미소거리 **dl**로 분할하고 분할된 각 경로는 각 좌표축을 변수로 가진다. 따라서 어떤 경로는 축의 변수와 수평이 되기도 하며 수직이 되기도 한다. 그리고 종종 이해하는 데 어렵게 느껴지는 부분이지만 어떤 축의 변수는 다른 축 성분의 함수가 되기도 하며 또한 이런 종속변수들이 시간과 같은 독립변수들의 함수도 될 수 있다. 여기에 대해서는 앞으로 다루겠지만 여기서는 생략하고 단지 선적분에 대한 일반적인 연산방법을 설명한다. 이 예에서의 선적분은 두 경로로 구성되는데 첫 번째 경로는 x 축과 평행하며 나머지 경로는 y 축과 평행하다. 첫 경로에서는 y 축 값의 증분은 0이므로 $dy = 0$이 되고 미소거리는 $\mathbf{dl} = dx\mathbf{u_x}$로 쓸 수 있다. 두 번째 경로에서는 역으로 x 축 값의 증분이 0이므로 $dx = 0$이 되고 $\mathbf{dl} = dy\mathbf{u_y}$가 된다.

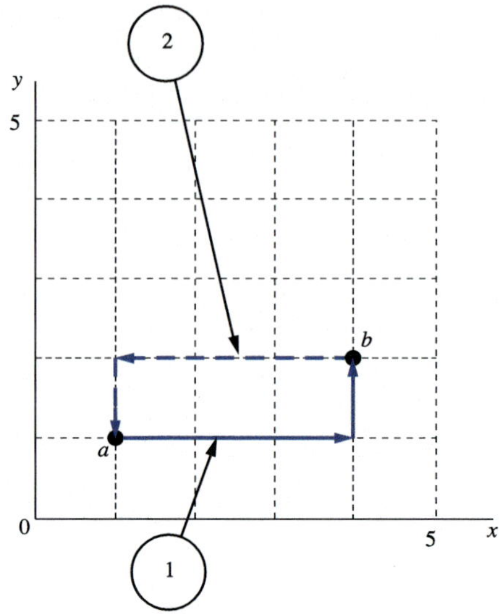

그림 1-15

적분을 계산할 수 있는 다양한 경로 중 두 가지.

결과를 종합하면 다음 식과 같이 쓸 수 있다.

$$\Delta W = \int_{(1,\,1)}^{(4,\,2)} \mathbf{F} \bullet \mathbf{dl} = 3\frac{x^2}{2}\bigg|_1^4 + 16\frac{y^2}{2}\bigg|_1^2 = \frac{93}{2} \tag{1.43}$$

a에서 b로 이동한 경로에서 다시 b에서 a로 돌아가 보자—그림 1-15에서 경로 2. 이 경로를 따라 일을 계산하면 미소거리 **dl**은 방향만 달라지고 나머지는 변함이 없다. 적분의 시점과 종점의 위치변화는 적분결과의 부호의 변화를 가져온다.

$$\begin{aligned}\Delta W &= \int_{(4,\,2)}^{(1,\,1)} \mathbf{F} \bullet \mathbf{dl} \\ &= \int_4^1 (3xy\mathbf{u_x} + 4xy\mathbf{u_y})\big|_{y=2} \bullet dx\,\mathbf{u_x} + \int_2^1 (3xy\mathbf{u_x} + 4xy\mathbf{u_y})\big|_{x=1} \bullet dy\,\mathbf{u_y} \\ &= 6\frac{x^2}{2}\bigg|_4^1 + 4\frac{y^2}{2}\bigg|_2^1 = -51\end{aligned} \tag{1.44}$$

수레를 완전히 한 바퀴 돌리는 데 필요한 일이 항상 0이 될까? 답은 "아니다"이다. 즉 수레가 b에서 a로 되돌아 올 때, 어떤 사람들이 나타나 수레를 밀어줄 수도 있고 오히려 수레에 올라 타 수레의 이동을 방해할 수도 있기 때문이다. 폐경로란 본래의 출발점으로 되돌아오는 경로를 의미하므로 폐경로를 따라 이동할 때 뭔가가 있을 수도 있고 없을 수도 있다. 어떤 폐경로에 대한 적분이 만약 0이 된다면 그 경로에는 "뭔가가 없다"라고 되므로 우리는 이 때 힘 벡터 **F**를 보존계라고 한다. 하지만 0이 되지 않는다면 즉, 경로 상에서 힘 **F**에 더해지거나 아니면 힘 **F**를 방해하는 뭔가가 존재함을 의미하므로 우리는 이 때 힘 **F**를 비보존계라고 한다. 보존계와 비보존계에 대한 물리적인 의미를 간단히 설명하면 ***보존계***[1]는 이동하는 경로의 길이에 상관 없고, 비보존계는 경로의 길이가 크면 클수록 커진다. 따라서 전자계에서는 보존계뿐만 아니라 ***비보존계***로도 존재할 수 있다.

전기, 전자공학을 하는 사람들은 이런 사실을 알지도 못한 채 이런 적분을 다루었을 수도 있다. 전기회로에서 키르히호프 전압법칙에 의하면 회로 내 어떤 폐경로를 따라 전압강하를 전부 합하면 그 값은 0이 된다. 이것이 바로 보존계인 것이다.

예제 1.9

힘이 다음 식과 같이 작용할 때, 수레를 폐경로를 따라 움직이는 데 필요한 일을 계산하라.
$\mathbf{F} = 3\mathbf{u_x} + 4\mathbf{u_y}$.

답. 폐경로에 대한 적분은 다음 4번의 적분의 합으로 된다.

$$\Delta W = \oint \mathbf{F}\cdot d\mathbf{l} = \int_{(1,1)}^{(4,1)} (3\mathbf{u_x} + 4\mathbf{u_y})\cdot dx\mathbf{u_x} + \int_{(4,1)}^{(4,2)} (3\mathbf{u_x} + 4\mathbf{u_y})\cdot dy\,\mathbf{u_y}$$
$$+ \int_{(4,2)}^{(1,2)} (3\mathbf{u_x} + 4\mathbf{u_y})\cdot dx\,\mathbf{u_x} + \int_{(1,2)}^{(1,1)} (3\mathbf{u_x} + 4\mathbf{u_y})\cdot dy\,\mathbf{u_y}$$
$$= [3\times 3] + [4\times 1] + [3\times(-3)] + [4\times(-1)] = 0$$

이 경우, **힘**은 보존계이다.

예제 1.10

힘이 다음과 같이 작용할 때, 점 A에서 점 B로 수레를 움직이는 데 필요한 일을 계산하라.

$$\mathbf{F} = 3xy\mathbf{u_x} + 4x\mathbf{u_y}$$

[1] 필드 벡터 **F**는 예제 1.9와 같이 보존계이다. 공간에서 불균일한 필드로 보존계가 될 수 있다(지구상에 작용하는 중력을 생각해 보라).

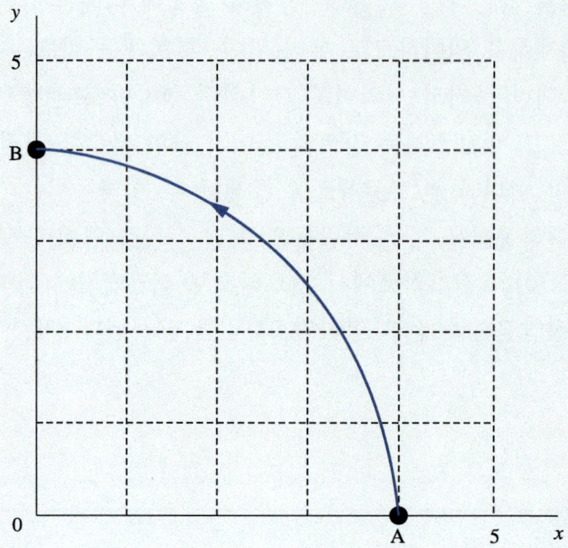

답. 직각좌표계와 원통좌표계에서 적분을 실행한다. 직각좌표계에서는 다음과 같이 된다.

$$\mathbf{F} \bullet \mathbf{dl} = (3xy\mathbf{u_x} + 4x\mathbf{u_y}) \bullet (dx\,\mathbf{u_x} + dy\,\mathbf{u_y})$$
$$= 3xy\,dx + 4x\,dy$$

원의 방정식은 다음 식과 같으므로 $x^2 + y^2 = 4^2$

$$\int_A^B \mathbf{F} \bullet \mathbf{dl} = \int_4^0 3x\sqrt{16 - x^2}dx + \int_0^4 4\sqrt{16 - y^2}dy$$
$$= -(16 - x^2)^{3/2}\Big|_4^0 + 4\left(\frac{y}{2}\sqrt{16 - y^2} + 8\sin^{-1}\left(\frac{y}{4}\right)\right)\Big|_0^4 = -64 + 16\pi$$

원통좌표계에서는 다음 식으로 된다.

$$\mathbf{F} \bullet \mathbf{dl} = (3xy\mathbf{u_x} + 4x\mathbf{u_y}) \bullet (d\rho\,\mathbf{u}_\rho + \rho d\phi\,\mathbf{u}_\phi + dz\mathbf{u_z})$$

지정된 경로에서는 오직 각도 ϕ만이 변하므로 $d\rho = 0$, $dz = 0$이 된다. 그리고 $\rho = 4$이므로 다음 식으로 된다. 표 1-2에서 스칼라곱은 다음 식과 같이 된다.

$$\mathbf{F} \bullet \mathbf{dl} = (3xy\mathbf{u_x} + 4x\mathbf{u_y}) \bullet (4d\phi\,\mathbf{u}_\phi)$$

$$\mathbf{u_x} \bullet \mathbf{u}_\phi = -\sin\phi \text{ and } \mathbf{u_y} \bullet \mathbf{u}_\phi = \cos\phi$$

적분은 다음 식으로 된다.

$$\int_A^B \mathbf{F} \bullet \mathbf{dl} = -64\int_0^{\pi/2} 3[\sin^2\phi\cos\phi - \cos^2\phi]d\phi$$

$$= -64\left(3\frac{\sin^3\phi}{3} - \frac{\phi}{2} - \frac{\sin 2\phi}{4}\right)\Bigg|_0^{\pi/2} = -64 + 16\pi$$

위의 두 계산결과는 예상대로 동일하다.

1.3.2 면적분

면적분은 미소경로가 둘러싸는 면적에 대한 적분이다. 이것은 다음 식으로 나타낸다.

$$\int_{\Delta s} \mathbf{F} \cdot \mathbf{ds} \tag{1.45}$$

여기서 힘 **F**는 벡터이고 **ds**는 미소면적벡터이다. 세 좌표계에서 미소면적의 벡터식은 표 1-1에 나타내며 그림 1-16에 그림으로 나타내었다. 이 그림에서 벡터 **F**를 물의 흐름이라고 생각하자. 어떤 의미로는 그림의 루프는 물이 흐르는 양을 측정하는 것이라고 생각할 수도 있다.

미소면적 **ds**은 방향을 가지는 벡터이다. 벡터 **ds**의 방향은 면의 바깥쪽으로 향하고 면에 대해 수직이다. 이것은 원통면 혹은 구면과 같은 완전히 닫힌 면적을 생각하면 방향을 금방 알 수 있지만 평면과 같이 닫혀 있지 않은 면, 즉 열린 면인 경우에는 바깥 방향을 정하는 것이 어렵다. 이러한 경우에는 오른손 법칙을 사용한다. 오른손의 손가락을 면적의 테두리를 따라 반시계방향으로 감았을 때 엄지 손가락이 향하는 방향으로 미소면적벡터의 방향을 정의한다.

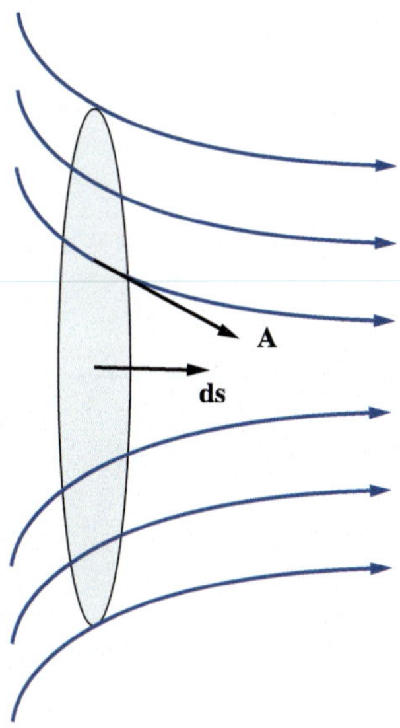

그림 1-16

임의 면에 대한 면적분. 그림에서 주어진 루프 내 임의의 위치에서 루프 면에 수평인 성분은 이 면을 관통하지 못하며 **A • ds**의 면적분에 기여하지 못한다.

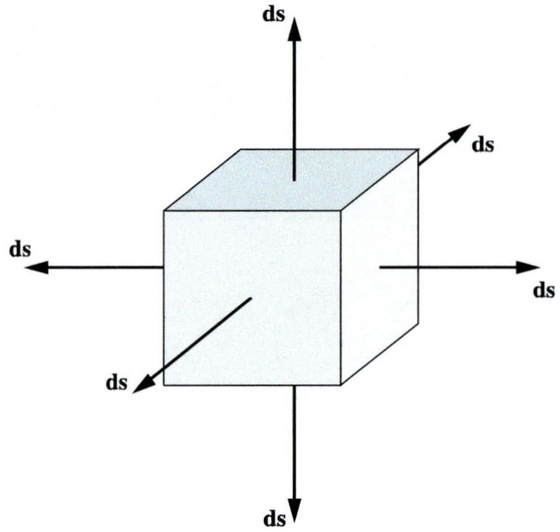

그림 1-17

정육면체에 6개의 미소면적벡터가 있다. 벡터의 방향은 면의 바깥 방향이다.

앞에서 설명한 바와 같이 루프를 관통해서 흐르는 물의 양을 면적분을 이용하여 계산할 수 있다. 면적분은 루프의 면적을 미소면적 **ds**로 분할하여 **ds**를 관통하는 벡터 **A**를 전부 더하는 것이다. 이 때 면적분에 이용되는 벡터를 흔히 속(다발)이라고 한다. 만약 벡터 **A**가 면 밖으로 나오지 못하게 되면 **A** • **ds**의 스칼라곱은 0이 되어 면적을 관통하여 흘러나오는 벡터 **A**는 존재하지 않는다.

닫힌 면적에 대해 폐면적분을 할 때에는 아래와 같은 식을 사용한다.

$$\oint \mathbf{A} \cdot \mathbf{ds} \tag{1.46}$$

나중에 알게 되겠지만 ***폐곡면 적분***은 폐곡면의 면적이 만드는 체적 내에 "소스 있는 가" 아니면 "없는 가"를 판별하는 데 이용된다. 즉 벡터 **A**를 만들어내는 소스가 없으면 폐곡면 적분의 값은 0이 되지만 만약 소스가 존재한다면 0이 아닌 값을 가진다.

그림 1-17의 충분히 작은 육면체에는 미소면적 **ds** 벡터가 6개가 있다. 이 중에서 아래에 나타낸 두 개의 미소면적벡터는 z 축에 수직이며 서로 반대방향을 가진다. 그리고 다른 4개의 미소면적벡터도 x와 y 축에 수직이며 각 축에서 서로 다른 방향을 가진다.

$$\mathbf{ds} = dxdy\mathbf{u_z} \text{ and } \mathbf{ds} = dxdy(-\mathbf{u_z})$$

예제 1.11

임의의 벡터가 구좌표계의 원점을 둘러싸는 영역에 있을 때, 다음의 폐곡면 적분을 계산하라.

답. 폐면적분은 다음 식으로 주어진다.

$$\oint \mathbf{A} \cdot \mathbf{ds} = \int_{\phi=0}^{\phi=2\pi} \int_{\theta=0}^{\theta=\pi} \left(\frac{A_0}{r^2}\mathbf{u_r}\right) \cdot (r^2 \sin\theta \, d\theta d\phi \, \mathbf{u_r}) = 4\pi A_0$$

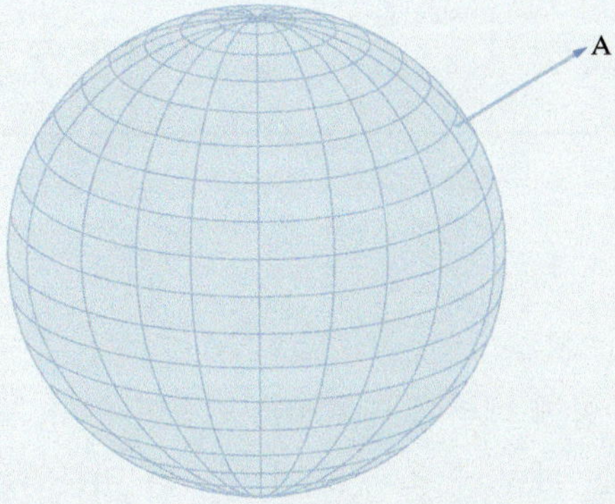

이 적분에서 단위벡터 $\mathbf{u_r}$을 가지는 구좌표계의 미소면적을 이용하였다. 벡터 **A**가 r 방향이 아닌 다른 방향을 가지면 계산결과는 스칼라곱에 의해 결정되므로 0이 된다. MATLAB 명령어로 ***sphere***를 사용한다.

1.3.3 체적적분

마지막으로 체적적분은 선적분과 면적분과는 달리 벡터에 대한 적분이 아니고 체적전하밀도 ρ_v와 같은 스칼라에 대한 적분이다. 체적적분이 이용되는 일반적인 예는 체적전하밀도로부터 총전하를 구하는 것이다. 이것은 다음 식과 같다.

$$Q = \int_{\Delta v} \rho_v \, dv \tag{1.47}$$

세 좌표계에 대한 미소체적은 표 1-1에 나타내었으며 아래의 예로 설명한다.

예제 1.12

반지름이 a이고 길이가 $\mathscr{L}$인 원통의 체적을 구하라.

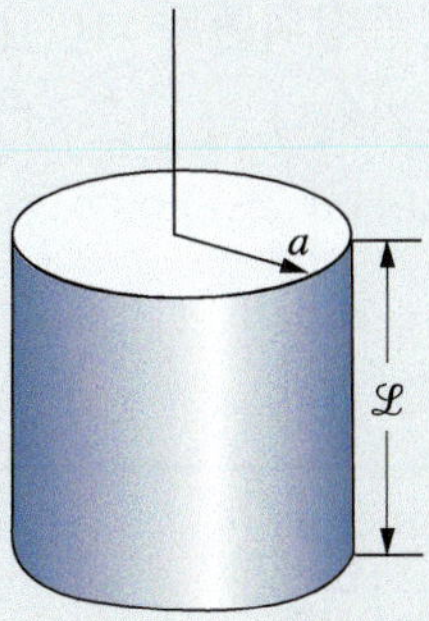

답. 원통의 체적은 다음 식으로 계산된다.

$$\Delta v = \int_{\Delta v} dv = \int_{z=0}^{z=\mathscr{L}} \int_{\phi=0}^{\phi=2\pi} \int_{\rho=0}^{\rho=a} \rho\, d\rho\, d\phi\, dz = \pi a^2 \mathscr{L}$$

1.4 벡터의 미분

벡터의 적분과 함께 벡터에 대한 미분연산이 있다. 벡터의 미분연산은 전자계를 이해하기 위해서는 매우 중요하다. 이 벡터의 미분연산은 세 가지가 있으며, 우리가 생활을 통해서 경험하는 세 가지 물리현상을 벡터의 미분연산으로 나타낼 수 있다. 원래 미분이 의미하는 것은 아주 작은 범위에서의 물리량의 변화이다. 이 변화율을 이용하여 어떤 스칼라량이 공간에 대해 얼마만큼 크고 작게 분포되어 있는가? 즉, 물리량의 공간적인 기울기 얼마인가? 마찬가지로 어떤 벡터가 발산하고 있는가?, 혹은 어떤 벡터가 회전하고 있는가? 를 알 수 있다. 우선 이 벡터의 미분연산을 직각좌표계에서 유도하고 다음에 원통좌표계와 구좌표계에 대해 나타낼 것이다. 표 1-4에 벡터의 세 가지 미분연산을 나타내었으며, 부록 A에는 각 좌표계의 표현식으로 나타내었다.

1.4.1 경사(기울기)

어떤 공간에 분포되어 있는 온도와 같은 스칼라의 경사(온도의경사)를 측정할 수 있다. 어떤 공간에 온도를 측정하면 온도가 높은 곳과 낮은 곳이 나타난다. 이 온도를 측정한 데이터를 이용하여 온도가 같은 점을 연결할 수 있다. 2차원 그림으로 그리면 등온선이 나타나며 이것을 이용하여 공간의 온도를 분석할 수 있다. 예를 들어, 가장 온도변화가 큰 곳과 작은 곳, 아니면 어떤 방향으로 열의 흐름을 측정한다든지 할 수 있다. 지금 우리가 여기서 관심을 가지는 것은 전위 혹은 자위와 같은 스칼라의 공간적 경사로부터 최대공간변화율의 방향과 크기를 계산하는 것이다.

그림 1-18에 두 개의 등전위면을 나타내었다; 하나의 등전위면은 전위 V를 가지고 다른 면은 $V + \Delta V$를 가진다. 점 1은 첫 번째 등전위면에 있고 단위벡터 $\mathbf{u}_n$은 점 P_1이 있는 등전위면에 대하여 수직으로 점 P_2가 있는 두 번째 면을 향한다. 두 점

표 1-4 델연산자의 세 가지 연산

Gradient of a scalar function	∇a
Divergence of a vector field	$\nabla \bullet \mathbf{A}$
Curl of a vector field	$\nabla \times \mathbf{A}$

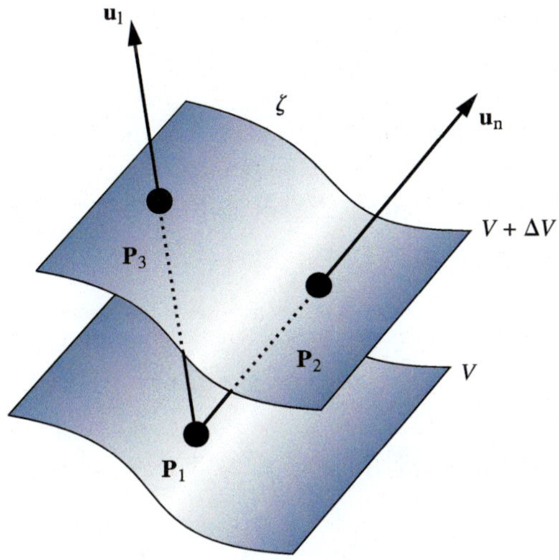

그림 1-18
등전위면.

사이의 거리는 Δn이다. 점 P_3는 두 번째 면에서 있으며 P_2와는 다른 곳에 있다. 점 P_1과 점 P_3를 연결하는 경로의 길이는 Δl, 단위벡터는 $\mathbf{u}_l$이며 $\mathbf{u}_n$과 $\mathbf{u}_l$이 이루는 각은 ζ이다. 거리 Δl은 Δn보다 더 크므로 다음 식과 같이 된다.

$$\frac{\Delta V}{\Delta n} \geq \frac{\Delta V}{\Delta l}$$

이것은 다음의 미분연산을 정의한다.

경사는 스칼라함수 증가에 대한 최대공간변화율로 정의되며 크기와 방향을 가지는 벡터이다. 경사는 측정하는 위치에 따라 다르기 때문에 다르며 공간의 각 위치에서는 경사의 크기와 방향이 모두 틀린다. 그림 1-18에서 기울기는 다음 식으로 정의된다.

$$\text{grad } V = \nabla V \equiv \lim_{\Delta n \to 0} \frac{\Delta V}{\Delta n}\mathbf{u}_n = \frac{dV}{dn}\mathbf{u}_n \tag{1.48}$$

경사를 나타내는 표현식은 경사의 영어표현인 gradient를 줄인 grad와 미분연산자 ∇ ("del")을 사용하지만 편의상 주로 ∇을 사용한다. 여기서 정의되는 표현식에서 주의해야 할 것은 Δ과 ∇은 서로 틀리다는 것이다. ∇은 공간에 대한 미분연산자이며 벡터이고 Δ은 작은 공간이라는 물리량을 의미한다. 두 면 사이의 간격이 작다고 가정하면 $\Delta n \rightarrow dn$이 되므로 미분의 형태로 표시할 수 있다.

그림 1-18에서 기울기의 방향은 $\mathbf{u}_l$이고 다음 식으로 주어진다.

$$\frac{\Delta V}{\Delta l}\mathbf{u}_l \longrightarrow \frac{dV}{dl}\mathbf{u}_l$$

여기서 Δl이 더욱 더 작은 거리로 정의할 때에는 $\Delta l \rightarrow dl$로 표현식을 바꾸어야 한다. 이 식에 대한 연쇄법칙을 적용하면 다음 식이 구해진다.

$$\frac{dV}{dl} = \frac{dV}{dn}\frac{dn}{dl} = \frac{dV}{dn}\cos\zeta = \frac{dV}{dn}\mathbf{u_n}\bullet\mathbf{u_l} = \nabla V\bullet\mathbf{u_l} \tag{1.49}$$

기울기벡터와 단위벡터 $\mathbf{u_l}$의 스칼라곱은 $\mathbf{u_l}$ 방향으로 기울기벡터를 투영하는 것, 즉 $\mathbf{u_l}$ 방향을 가지는 기울기벡터의 크기를 의미한다. (1.49)식은 다음 식으로 나타낼 수 있다.

$$dV = \nabla V\bullet \mathbf{d}l\mathbf{u_l} = \nabla V\bullet\mathbf{dl} \tag{1.50}$$

직각좌표계에서 스칼라함수 $a(x, y, z)$의 기울기는 다음 식으로 주어진다.

$$\nabla a = \frac{\partial a}{\partial x}\mathbf{u_x} + \frac{\partial a}{\partial y}\mathbf{u_y} + \frac{\partial a}{\partial z}\mathbf{u_z} \tag{1.51}$$

이 함수의 원통좌표계에서의 표현식은 다음 식으로 주어진다.

$$\nabla a = \frac{\partial a}{\partial \rho}\mathbf{u}_\rho + \frac{1}{\rho}\frac{\partial a}{\partial \phi}\mathbf{u}_\phi + \frac{\partial a}{\partial z}\mathbf{u_z} \tag{1.52}$$

마찬가지로 구좌표계에서는 다음 식으로 된다.

$$\nabla a = \frac{\partial a}{\partial r}\mathbf{u_r} + \frac{1}{r}\frac{\partial a}{\partial \theta}\mathbf{u}_\theta + \frac{1}{r\sin\theta}\frac{\partial a}{\partial \phi}\mathbf{u}_\phi \tag{1.53}$$

MATLAB으로 경사 연산을 할 수 있다. 이 명령어를 사용하기 위해서는 같은 값을 가지는 지점을 먼저 연결해야 한다.

예제 1.13

다음 식으로 주어지는 표면이 있다.

$$z = e^{-(x^2+y^2)}$$

점 (0,0)에서 ∇z 값을 구하여라. 또 MATLAB을 이용해서 이 면의 모양과 필드(field)를 계산한 후 도시하여라.

답. $\nabla z = -2xe^{-(x^2+y^2)}\mathbf{u_x} - 2ye^{-(x^2+y^2)}\mathbf{u_y}$ 점 (0, 0)에서 $\nabla z = 0$이다. MATLAB에서 함수는 그림 ***(a)***에 보여진다. 같은 값을 가지는 등고선은 서로 연결되며 필드는 그림 ***(b)***로 주어진다. 벡터의 길이와 방향은 공간에서 필드분포를 나타낸다. 명령어 ***gradient***, ***contour***와 ***quiver***를 이용하여 그림이 그려진다.

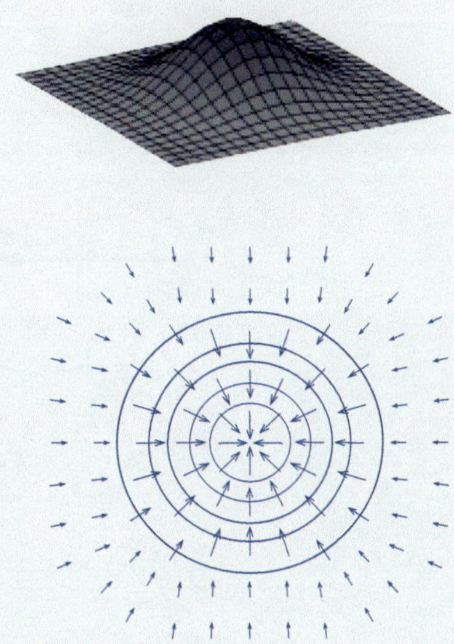

1.4.2 발산

전자계에서 기울기에 이어 두 번째 나오는 미분연산은 발산이다. 발산은 글자에서 의미하는 것과 같이 히터에서 열이 발산한다든지 스트레스를 발산한다든지 하는 발산과 같은 의미이다. 따라서 뭔가가 발산을 하기 위해서는 발산을 만들어내는 원천인 소스가 존재함을 의미하므로, 발산연산자를 이용하여 벡터필드가 존재하는 공간의 임의의 한 지점에서 그 벡터를 만들어 내는 소스가 있는가를 계산할 수 있다. 싱크는 발산의 반대 개념으로 싱크는 "−" 발산을 의미하며 이것은 발산방향이 소스 쪽으로 들어가는 것을 의미한다. 전자계에서 이런 소스와 싱크는 + 혹은 − 부호로 구분되는 전하이다. 이것은 그림 1−19와 같이 물이 흐르는 강으로 예를 들 수 있다. 발산연산은 공간의 한 지점에서 정의되며 (1.54)식으로 정의된다.

$$\text{div}\,\mathbf{A} = \nabla \cdot \mathbf{A} \equiv \lim_{\Delta v \to 0} \frac{\oint \mathbf{A} \cdot d\mathbf{s}}{\Delta v} \tag{1.54}$$

이 식에서 폐곡면 적분 $\oint \mathbf{A} \cdot d\mathbf{s}$는 어떤 체적을 둘러싸는 폐곡면에 대한 적분이다. 여기서 적분값이 존재한다는 것은 폐곡면으로부터 **A** 벡터가 나오거나 들어가는 양이 있다는 것을 의미하므로 발산량을 가지게 된다. 따라서 (1.54)에서 얻어지는 발산량은 스칼라량이 됨을 명심해야 하며 발산이 계산되는 지점은 폐곡면이 만드는 Δv의 중앙점이 된다. 경사에 대한 표현과 같이 발산은 영어표현의 약자인 div보다는 "$\nabla\cdot$"을 주로 사용한다.

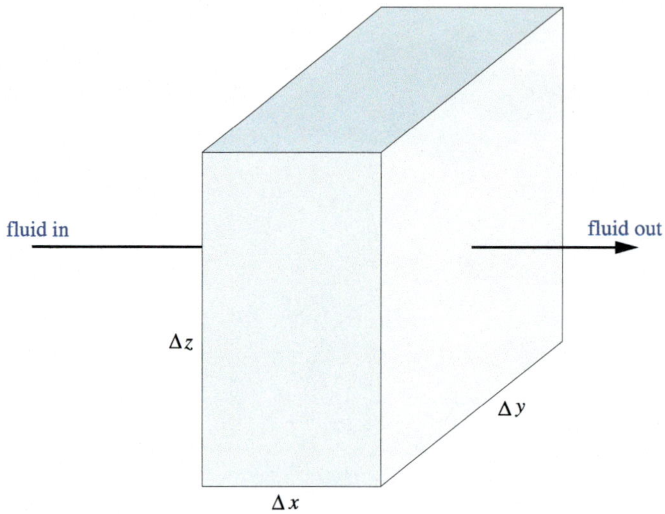

그림 1-19

유체가 흐르는 공간에서 소스와 싱크.

우선 육면체의 여섯 면 중에서 두 면에 대해 발산연산을 적용한다. 나머지 4면은 앞의 두 면에 대한 연산과 같으므로 반복할 필요 없이 결과만을 이용한다. x 방향에 수직인 $\Delta y \Delta z$의 면적을 가지는 두 면 중간에서 체적의 중점에 있는 한 점을 선택하여 이 점에서 벡터 $\mathbf{A} = A_x\mathbf{u_x}$의 A_x성분을 테일러급수로 전개한다. 임의의 함수 $f(x)$에 대한 테일러급수는 다음 식으로 주어진다.

$$f(x) = f(x_0) + \left.\frac{\partial f(x)}{\partial x}\right|_{x_0}(x - x_0) + \left.\frac{\partial^2 f(x)}{\partial x^2}\right|_{x_0}(x - x_0)^2 + \cdots \tag{1.55}$$

테일러급수에서 $(x - x_0)$의 고차항은 매우 작으며 무시할 수 있기 때문에 오직 첫 두 항만을 이용한다.

그림 1-20은 적분되는 두 면을 나타낸 것이다. 직육면체의 체적이 매우 작기 때문에 이 두 면에서 A_x는 거의 일정하다고 할 수 있다. 면적분 연산은 Ax에 $\Delta y \Delta z$를 곱하는 것이다. 그리고 두 면의 방향은 그림과 같이 서로 반대가 된다. 따라서 면적분은 다음 식과 같이 정의된다.

$$\begin{aligned}\oint(A_x\mathbf{u}_x)\bullet d\mathbf{s} &\approx (A_x\mathbf{u}_x|_{x+\Delta x})\bullet(\Delta y\Delta z\mathbf{u}_x) + (A_x\mathbf{u}_x|_x)\bullet(-\Delta y\Delta z\mathbf{u}_x)\\ &\approx \left\{\left[\left(A_x + \Delta x\frac{\partial A_x}{\partial x}\right)\mathbf{u}_x\right]\bullet(\Delta y\Delta z\mathbf{u}_x) + (A_x\mathbf{u}_x)\bullet(-\Delta y\Delta z\mathbf{u}_x)\right\}\\ &= \left(\frac{\partial A_x}{\partial x}\right)(\Delta x\Delta y\Delta z)\end{aligned} \tag{1.56}$$

만약 x가 변하더라도 A_x 값이 변하지 않는다면 A_x의 값은 0이 될 것이다. 이것은 한 면으로 들어오는 물의 흐름이 반대편 면으로 그대로 흘러나가는 것을 의미하며 두

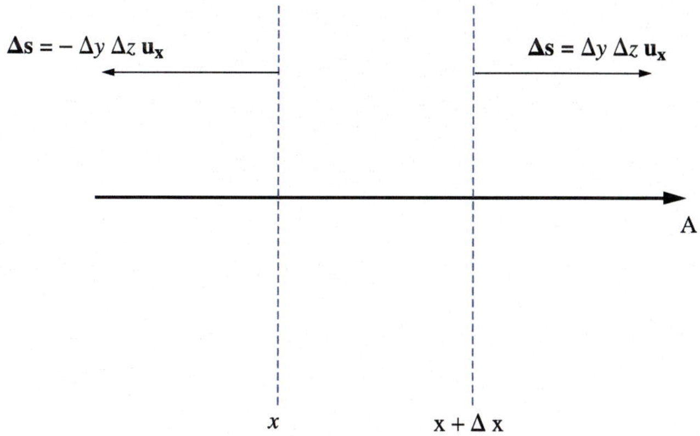

그림 1-20

x와 $x + \Delta x$에 있는 두 면.

면의 중간 지점에서 물이 생기거나 혹은 없어지는 일이 없다는 것을 의미한다.

벡터 **A**의 x 성분의 발산은 식 (1.54)의 정의식에서 식 (1.56)을 이용하면 다음 식으로 정의된다.

$$\nabla \cdot (A_x \mathbf{u}_x) = \lim_{\Delta v \to 0} \frac{\left(\frac{\partial A_x}{\partial x}\right)(\Delta x \Delta y \Delta z)}{(\Delta x \Delta y \Delta z)} = \frac{\partial A_x}{\partial x} \tag{1.57}$$

여기서 체적은 $\Delta v = \Delta x \Delta y \Delta z$이다. 이 계산과정은 나머지 4면에 대해서도 동일하게 적용되므로 6면에 대해 전부 더하면 다음 식으로 된다.

$$\nabla \cdot \mathbf{A} = \frac{\partial A_x}{\partial x} + \frac{\partial A_y}{\partial y} + \frac{\partial A_z}{\partial z} \tag{1.58}$$

벡터 **A**의 발산은 벡터연산자 ∇과 벡터 **A**를 서로 스칼라곱을 함으로써 구하는 것이다. 결론적으로 발산연산은 스칼라곱이므로 연산결과는 스칼라가 된다. 그리고 "$\nabla \cdot$"는 *발산연산자*이며 $\nabla \cdot \mathbf{A} \neq \mathbf{A} \cdot \nabla$이다.

예제 1.14

점 (1, −1, 2)에서 다음 벡터 $\mathbf{A} = 3x\mathbf{u}_x + xy^2\mathbf{u}_y - 2xye^{-z}\mathbf{u}_z$을 구하라.

답. (1.53)식을 이용하면 다음의 식이 구해진다.

$$\begin{aligned}\nabla \cdot \mathbf{A} &= \frac{\partial}{\partial x}(3x) + \frac{\partial}{\partial y}(xy^2) - \frac{\partial}{\partial z}(2xye^{-z}) \\ &= 3 + 2xy + 2xye^{-z}\end{aligned}$$

점 (1, −1, 2)에서 발산은 다음 식과 같이 된다.

$$\nabla \cdot \mathbf{A} = 3 - 2 - 2e^{-2}$$

발산연산의 계산방법은 위에서 설명하였고, 다음은 발산의 물리적인 의미를 설명한다. 만약 벡터 **A**의 발산이 0이라면 벡터 **A**를 발생시키는 소스나 벡터 **A**를 소멸시키는 싱크가 존재하지 않는다. 이것을 위에서 설명한 계산식으로 나타내면 양쪽 면에서의 발산값은 크기가 같고 부호가 서로 반대가 되어 서로 상쇄되게 된다. 즉 발산이 0이 된다는 것은 체적 안으로 들어오는 것이 소멸되지 않고 그대로 체적 밖으로 나가게 된다. 만약 체적 내에 소스나 싱크가 있다면 발산은 0이 되지 않으며 소스라면 계산결과는 +이고 싱크이면 −가 된다. 이와 같은 것을 전자계 이론에서는 체적 내에 + 전하 혹은 − 전하가 존재함을 의미한다. 한 가지 주의해야 할 것은 자계에서는 + 자하 혹은 − 자하가 존재하지 않는다는 것이다.

지금까지 직각좌표계에서 발산을 정의하였지만 원통좌표계에서는 다음 식으로 정의된다.

$$\nabla \bullet \mathbf{A} = \frac{1}{\rho}\frac{\partial(\rho A_\rho)}{\partial \rho} + \frac{1}{\rho}\frac{\partial A_\phi}{\partial \phi} + \frac{\partial A_z}{\partial z} \tag{1.59}$$

그리고, 구좌표계에서는 다음 식으로 정의된다.

$$\nabla \bullet \mathbf{A} = \frac{1}{r^2}\frac{\partial(r^2 A_r)}{\partial r} + \frac{1}{r\sin\theta}\frac{\partial(A_\theta \sin\theta)}{\partial \theta} + \frac{1}{r\sin\theta}\frac{\partial A_\phi}{\partial \phi} \tag{1.60}$$

예제 1.15

다음 2차원 벡터 $\mathbf{A} = e^{-(\rho/\alpha)^2}\mathbf{u}_\rho$의 발산을 MATLAB 명령어 ***divergence*** 함수를 이용하여 구하라(α = const).

답. 그림 (*a*)는 ***quiver*** 함수를 이용하여 그린 2차원 벡터이고 $\nabla \bullet \mathbf{A}$의 등고선은 그림 (*b*)에 나타낸다.

$$\nabla \bullet \mathbf{A} = \frac{1}{\rho}\frac{\partial}{\partial \rho}(\rho A_\rho) = \frac{1}{\rho}\frac{\partial}{\partial \rho}(\rho e^{-(\rho/\alpha)^2}) = \frac{1}{\rho}\left[e^{-(\rho/\alpha)^2} - 2\rho\left(\frac{\rho}{\alpha}\right)e^{-(\rho/\alpha)^2}\left(\frac{1}{\alpha}\right)\right]$$

$$= \frac{e^{-(\rho/\alpha)^2}}{\rho}\left[1 - 2\left(\frac{\rho}{\alpha}\right)^2\right]$$

(*a*)

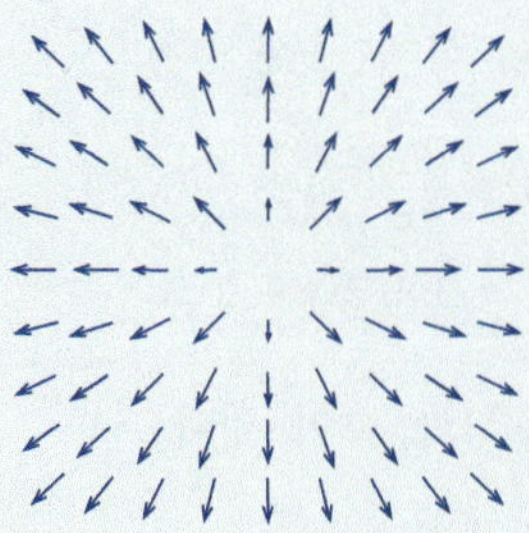

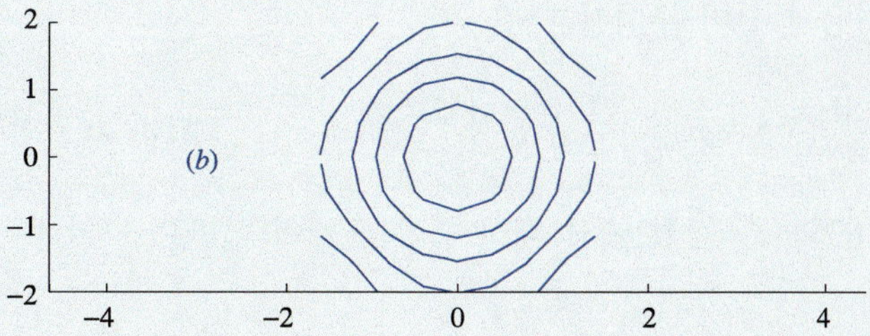

(1.54)식의 발산정의로부터 벡터 A의 체적적분과 체적을 둘러싸는 면적적분 사이에 유용한 관계식을 구할 수 있다. (1.54)식으로부터 다음 식이 정의된다.

$$\oint \mathbf{A} \bullet \mathbf{ds} \approx (\nabla \bullet \mathbf{A})\Delta v \approx \int_{\Delta v} (\nabla \bullet \mathbf{A})dv \qquad (1.61)$$

발산의 정의는 다음 식으로 정의된다.

$$\boxed{\oint \mathbf{A} \bullet \mathbf{ds} = \int_{\Delta v} (\nabla \bullet \mathbf{A})dv} \qquad (1.62)$$

이 정의는 맥스웰방정식에 있어 미분형과 적분형의 변환에 매우 유용하기 때문에 바로 뒤에서 다룰 스토크스의 정리와 함께 반드시 기억해야 한다. 발산의 정리의 수학적인 의미는 체적적분을 폐곡면 적분으로, 혹은 폐곡면 적분을 체적적분으로 변환하는 것이다.

예제 1.16

좌표계의 원점을 중심으로 하는 단위체적에서 다음 벡터 $\mathbf{A} = x\mathbf{u_x}$를 이용하여 발산의 정리가 성립함을 보여라.

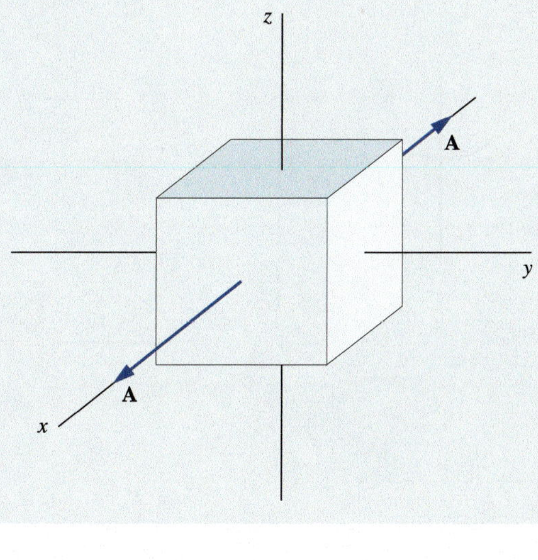

답. 체적적분은 다음과 같이 주어진다.

$$\int_{\Delta v} \nabla \cdot \mathbf{A}\, dv = \int_{x=-1/2}^{x=1/2} \int_{y=-1/2}^{y=1/2} \int_{z=-1/2}^{z=1/2} dz\, dy\, dx = 1$$

폐면적분은 $x = -1/2$와 $x = +1/2$에서 계산되는 두 개의 항만으로 된다.

$$\oint \mathbf{A} \cdot \mathbf{ds} = \int_{y=-1/2}^{y=1/2} \int_{z=-1/2}^{z=1/2} (x|_{x=-1/2})\mathbf{u_x} \cdot (-dz\, dy\mathbf{u_x}) + \int_{y=-1/2}^{y=1/2} \int_{z=-1/2}^{z=1/2} (x|_{x=+1/2})\mathbf{u_x} \cdot (dz\, dy\mathbf{u_x}) = 1$$

예상대로 두 결과는 일치함을 알 수 있다.

1.4.3 회전

회전은 벡터가 회전하는 가를 알기 위해 사용되는 벡터연산이다. 그림 1-21과 같이 강물 위에 작은 물레방아를 넣어보면 회전에 대한 개념을 쉽게 이해할 수 있다. 만약 강폭의 한 가운데에 이 물레방아를 두면 물레방아의 양쪽 날개에 닫는 물의 속도가 같기 때문에 회전하지 않는다. 하지만 강폭의 어느 한 쪽으로 이 물레방아를 이동시켜 놓으면 양 날개에 작용하는 강물의 속도에는 차가 있기 때문에 물레방아는 회전하게 된다. 바로 이것이 회전의 의미이며 어떤 공간에 벡터의 회전이 존재하는 가는 공간 내의 임의의 경로를 따라 그 벡터를 선적분을 해보면 알 수 있다. 경로를 따라 선적분의 연산값이 0이라면 회전은 존재하지 않으며 어떤 값이 존재하면 회전이 발생하고 있다고 판단할 수 있다. 회전연산의 결과는 크기와 방향을 가지는 벡터가 된다.

벡터회전은 다음 식으로 정의된다.

$$\mathbf{u}_n \cdot \text{curl}\,\mathbf{A} = \mathbf{u}_n \cdot (\nabla \times \mathbf{A}) \equiv \lim_{\Delta \mathbf{s} \to 0} \frac{\oint \mathbf{A} \cdot \mathbf{dl}}{\Delta s} \tag{1.63}$$

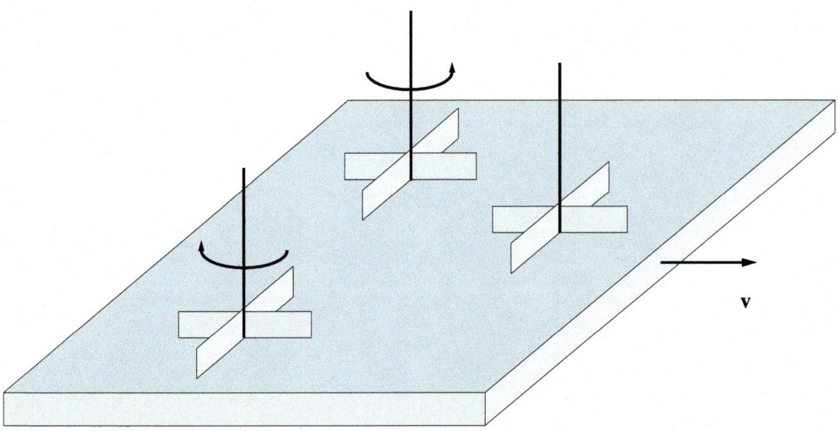

그림 1-21

강물이 흐르는 면에 물레방아를 놓으면 강폭에 가까운 곳에서는 강폭에 인접한 물레방아의 면에 작용하는 힘은 거의 0이기 때문에 회전하지만 강폭의 중간에서는 회전하지 않는다.

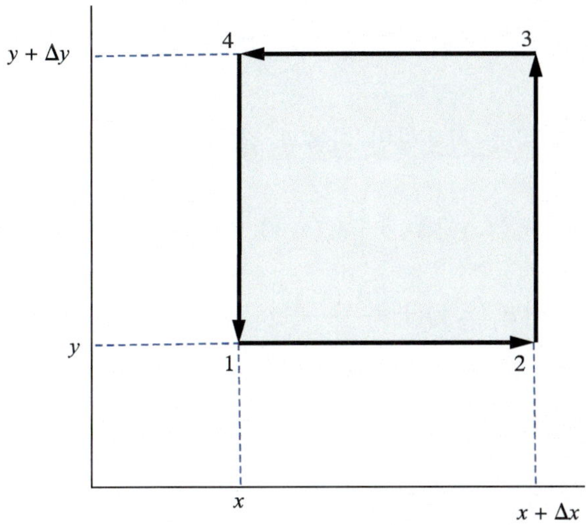

그림 1-22

점 (x, y)에서 벡터의 z 방향 회전성분.

여기서 Δs는 $\mathbf{u_n}$에 수직이며 선적분은 오른손 법칙에서 정한 방향을 따라 수행된다. 그리고 "×" 표시는 벡터가 회전하는 성질을 나타낸 것이다. 그림 1-22에 회전연산에 이용되는 폐경로를 나타내었다.

식 (1.63)을 이용하여 z 방향의 회전벡터를 구한다; 다른 x, y 방향은 z와 같은 방법으로 구할 수 있다. 먼저 그림 1-22에 나타낸 경로를 따라 선적분을 한다.

$$\oint \mathbf{A} \cdot \mathbf{dl} = \int_1^2 \mathbf{A} \cdot \mathbf{dl} + \int_2^3 \mathbf{A} \cdot \mathbf{dl} + \int_3^4 \mathbf{A} \cdot \mathbf{dl} + \int_4^1 \mathbf{A} \cdot \mathbf{dl} \tag{1.64}$$

회전연산의 선적분에서 적분경로의 방향을 오른손 법칙으로 정한다. 경로의 방향이 반시계방향이면 $+\mathbf{u_z}$이고 시계방향이며 $-\mathbf{u_z}$ 방향이 된다. 그림에서 보이는 면적의 크기가 충분히 작다면 면적의 테두리를 따라 벡터 $\mathbf{A}$는 거의 일정하므로 다음 식으로 나타낼 수 있다.

$$\begin{aligned}\oint \mathbf{A} \cdot \mathbf{dl} \approx\ & \mathbf{A}(x, y) \cdot \int_1^2 \mathbf{dl} + \mathbf{A}(x + \Delta x, y) \cdot \int_2^3 \mathbf{dl} \\ & + \mathbf{A}(x, y + \Delta y) \cdot \int_3^4 \mathbf{dl} + \mathbf{A}(x, y) \cdot \int_4^1 \mathbf{dl}\end{aligned} \tag{1.65}$$

각 경로의 선적분은 다음과 같다.

$$\int_1^2 \mathbf{dl} = \mathbf{u}_x \Delta x \qquad \int_2^3 \mathbf{dl} = \mathbf{u}_y \Delta y \tag{1.66}$$

$$\int_3^4 \mathbf{dl} = -\mathbf{u}_x \Delta x \qquad \int_4^1 \mathbf{dl} = -\mathbf{u}_y \Delta y$$

Δs가 충분히 작다면 점(x, y)에서 어떤 함수를 (1.54)식에서 정의한 테일러급수를 계산할 수 있다. 가장 낮은 항만을 고려하면 다음 식이 얻어진다.

$$f(x, y) \approx f(x_0, y_0) + \left.\frac{\partial f(x, y)}{\partial x}\right|_{x_0, y_0} \Delta x + \left.\frac{\partial f(x, y)}{\partial y}\right|_{x_0, y_0} \Delta y \tag{1.67}$$

이것을 (1.65)식의 각 항을 적용하면 다음과 같다.

$$\begin{aligned}\oint \mathbf{A} \cdot \mathbf{dl} &\approx [A_x(x, y)]\Delta x + \left[A_y(x, y) + \left.\frac{\partial A_y(x, y)}{\partial x}\right|_{x, y} \Delta x\right]\Delta y \\ &\quad - \left[A_x(x, y) + \left.\frac{\partial A_x(x, y)}{\partial y}\right|_{x, y} \Delta y\right]\Delta x - [A_y(x, y)]\Delta y \\ &= \left[\frac{\partial A_y(x, y)}{\partial x} - \frac{\partial A_x(x, y)}{\partial y}\right]\Delta x \Delta y\end{aligned} \tag{1.68}$$

벡터 **A**의 z 방향 회전을 구하였으므로 같은 방법으로 다른 방향에 대해서도 같은 방식의 연산을 한 뒤, 구해진 모든 성분을 합하면 벡터 **A**의 회전에 대한 일반식이 구해진다. 벡터곱은 행렬식으로 계산되므로 쉽게 기억할 수 있다.

$$\begin{aligned}\text{curl } \mathbf{A} &= \begin{vmatrix} \mathbf{u_x} & \mathbf{u_y} & \mathbf{u_z} \\ \dfrac{\partial}{\partial x} & \dfrac{\partial}{\partial y} & \dfrac{\partial}{\partial z} \\ A_x & A_y & A_z \end{vmatrix} \\ &= \left(\frac{\partial A_z}{\partial y} - \frac{\partial A_y}{\partial z}\right)\mathbf{u_x} + \left(\frac{\partial A_x}{\partial z} - \frac{\partial A_z}{\partial x}\right)\mathbf{u_y} + \left(\frac{\partial A_y}{\partial x} - \frac{\partial A_x}{\partial y}\right)\mathbf{u_z}\end{aligned} \tag{1.69}$$

원통좌표계에서는 다음 식과 같다.

$$\text{curl } \mathbf{A} = \frac{1}{\rho}\begin{vmatrix} \mathbf{u_\rho} & \rho\mathbf{u_\phi} & \mathbf{u_z} \\ \dfrac{\partial}{\partial \rho} & \dfrac{\partial}{\partial \phi} & \dfrac{\partial}{\partial z} \\ A_\rho & \rho A_\phi & A_z \end{vmatrix} \tag{1.70}$$

구좌표계에서는 다음 식과 같다.

$$\text{curl } \mathbf{A} = \frac{1}{r^2 \sin\theta}\begin{vmatrix} \mathbf{u_r} & r\mathbf{u_\theta} & r\sin\theta\,\mathbf{u_\phi} \\ \dfrac{\partial}{\partial r} & \dfrac{\partial}{\partial \theta} & \dfrac{\partial}{\partial \phi} \\ A_r & rA_\theta & r\sin\theta\,A_\phi \end{vmatrix} \tag{1.71}$$

예제 1.17

MATLAB 명령어 ***curl*** 함수를 이용하여 다음 2차원 벡터 $e^{-(r/\alpha)^2}\omega\mathbf{u} \times \mathbf{r}$의 회전을 구하라. 여기서 $\mathbf{r} = x\mathbf{u}_x + y\mathbf{u}_y$ 그리고 $r^2 = x^2 + y^2$, α = 상수 $1\omega = \omega\mathbf{u}_z$이다.

답. 회전연산에 의해 오직 z 축 성분만을 가지는 **C** 벡터가 만들어진다. 그림 **(a)**는 quiver 함수에 의해 만들어진 2차원벡터이고 그림 **(b)**는 벡터 **A**의 회전인 벡터 **C**의 z 성분의 등고선을 나타낸 것이다.

$$\nabla \times \mathbf{A} = \frac{1}{\rho}\begin{bmatrix} \mathbf{u}_\rho & \rho\mathbf{u}_\phi & \mathbf{u}_z \\ \dfrac{\partial}{\partial\rho} & \dfrac{\partial}{\partial\phi} & \dfrac{\partial}{\partial z} \\ 0 & \rho(\omega\rho e^{-(\rho/\alpha)^2}) & 0 \end{bmatrix}$$

$$= \frac{1}{\rho}\left[(0)\mathbf{u}_\rho + (0)\rho\mathbf{u}_\phi + \frac{\partial}{\partial\rho}(\omega\rho^2 e^{-(\rho/\alpha)^2})\mathbf{u}_z\right]$$

$$= 2\omega e^{-(\rho/\alpha)^2}\left[1 - \left(\frac{\rho}{\alpha}\right)^2\right]\mathbf{u}_z$$

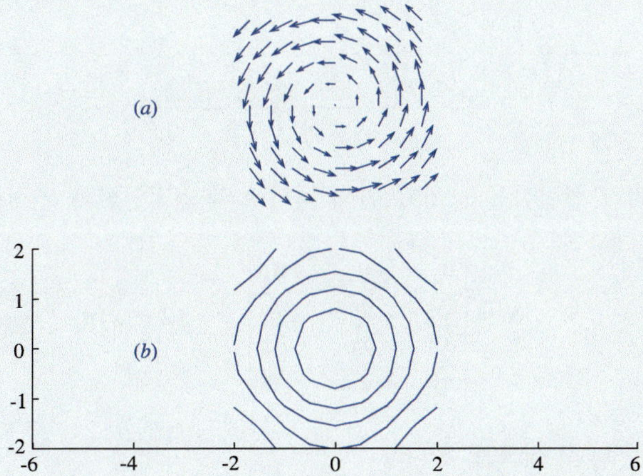

(1.68)식에 주어진 회전의 정의로부터 폐선적분과 면적분 사이에 ***스토크스의 정리***가 구해진다. 발산의 정리를 유도하는 것과 같은 방식으로 다음 식을 나타낼 수 있다.

$$\oint \mathbf{A} \cdot d\mathbf{l} \approx (\nabla \times \mathbf{A})\Delta s \approx \int_{\Delta s} \nabla \times \mathbf{A} \cdot d\mathbf{s} \tag{1.72}$$

이 식은 결국 다음 식으로 된다.

$$\boxed{\oint \mathbf{A} \cdot d\mathbf{l} = \int_{\Delta s} \nabla \times \mathbf{A} \cdot d\mathbf{s}} \tag{1.73}$$

이것이 ***스토크스의 정리***이며 폐곡선적분의 경로와 면적벡터와의 관계는 선적분이 면의 테두리를 따라 실행되므로 오른손 법칙에 따라 오른 손가락이 **dl**의 방향이 될 때, 엄지의 방향이 **ds**의 방향이 된다. 앞에서 언급한 바와 같이 이 정의는 맥스웰방정식의 미분형과 적분형의 변환에 매우 유용하기 때문에 앞에서 설명한 발산의 정리와 함께 반드시 기억해야 한다. 스토크스의 정리의 수학적인 의미로는 면적분을 폐선적분으로, 혹은 폐선적분을 면적분으로 변환하는 것이다.

예제 1.18

다음 벡터 **A**에 대해 반지름이 3인 원의 1/4에 있어서 스토크스의 정리가 성립함을 보여라.

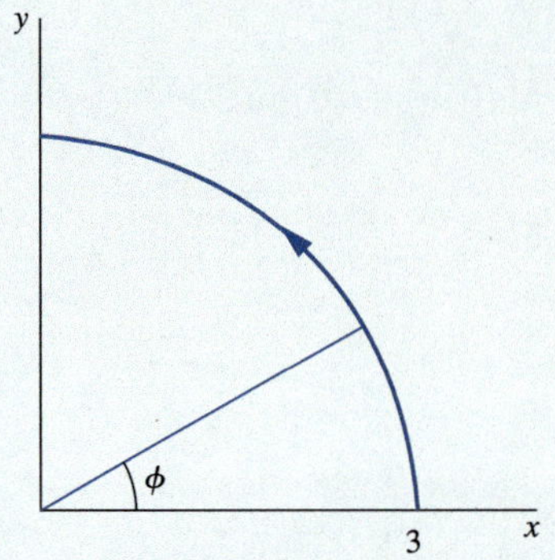

답. 스토크스의 정리가 성립함을 보이기 위해 벡터 **A**의 회전연산과 면적분을 계산해야 한다.

$$\nabla \times \mathbf{A} = \begin{vmatrix} \mathbf{u_x} & \mathbf{u_y} & \mathbf{u_z} \\ \dfrac{\partial}{\partial x} & \dfrac{\partial}{\partial y} & \dfrac{\partial}{\partial z} \\ xy & -2x & 0 \end{vmatrix} = -(2+x)\mathbf{u_z}$$

회전연산과 면적분은 다음 식으로 된다.

$$\begin{aligned} \int_{\Delta s} \nabla \times \mathbf{A} \bullet \mathbf{ds} &= \int_{y=0}^{y=3} \int_{x=0}^{x=\sqrt{9-y^2}} (\nabla \times \mathbf{A}) \bullet dxdy\mathbf{u_z} \\ &= \int_{y=0}^{y=3} \int_{x=0}^{x=\sqrt{9-y^2}} -(2+x)\mathbf{u_z} \bullet dxdy\mathbf{u_z} \\ &= -\int_{y=0}^{y=3} \left[2\sqrt{9-y^2} + \frac{(\sqrt{9-y^2})^2}{2} \right] dy \end{aligned}$$

적분 $\int_{y=0}^{y=3} 2\sqrt{9-y^2}$은 $y = 3\sin\phi$으로 치환과 $\cos^2\phi = \frac{1}{2}(1+\cos 2\phi)$과 같은 삼각함수 공식을 이용하면 다음과 같은 $9\int_0^{\pi/2} (1+\cos^2\phi)d\phi$으로 된다. 따라서 다음의 결과가 얻어진다.

$$-\int_{y=0}^{y=3} \left[2\sqrt{9-y^2} + \frac{(\sqrt{9-y^2})^2}{2} \right] dy = -9\frac{\pi}{2} - \frac{27}{2} + \frac{27}{6} = -9\left(1 + \frac{\pi}{2}\right)$$

폐선적분은 세 가지 축 성분에 대해 이루어지며 적분순서를 오른손 법칙에 따라서 하면 다음 식이 얻어진다.

$$\oint \mathbf{A} \bullet \mathbf{dl} = \int_{x=0,\, y=0}^{x=3,\, y=0} \mathbf{A} \bullet dx\, \mathbf{u_x} + \int_{\mathbf{arc}} \mathbf{A} \bullet \mathbf{dl} + \int_{x=0,\, y=3}^{x=0,\, y=0} \mathbf{A} \bullet dy\, \mathbf{u_y}$$

윗식의 x와 y 축에 대한 선적분은 결과가 0이 되어 원호의 선적분만 결과값을 다음 식과 같이 가진다.

$$\begin{aligned}\oint \mathbf{A} \bullet \mathbf{dl} = \int_{\mathbf{arc}} \mathbf{A} \bullet \mathbf{dl} &= \int_{\mathbf{arc}} (xy\mathbf{u_x} - 2x\mathbf{u_y}) \bullet (dx\, \mathbf{u_x} + dy\, \mathbf{u_y} + dz\, \mathbf{u_z}) \\ &= \int (xy\, dx - 2x\, dy) \\ &= \int_3^0 x\sqrt{9 - x^2}\, dx - 2\int_0^3 \sqrt{9 - y^2} dy = -9\left(1 + \frac{\pi}{2}\right)\end{aligned}$$

예상과 같이 위의 두 결과가 일치함을 알 수 있다.

1.4.4 거듭적분연산

경사, 발산, 회전의 정의를 알면 어떤 벡터에 대해 회전의 발산과 같은 거듭적분연산에 대해 관심을 가지게 된다. 거듭적분연산의 연산에는 여러 가지 접근방법이 있다. 가장 간단한 것은 그냥 기계적으로 직접 연산하는 것이다. 이런 접근은 책의 마지막 연습문제에서 다루기로 한다. 두 번째 접근방식은 직관적인 통찰력을 이용하는 것으로 이렇게 하면 벡터연산에 대한 의미를 더욱 정확하게 알 수 있다.

아래에 세 가지 거듭벡터연산을 나타내었다.

$$\nabla \bullet \nabla \times \mathbf{A} = 0 \tag{1.74}$$

$$\nabla \times \nabla a = 0 \tag{1.75}$$

$$\nabla \bullet \nabla a = \nabla^2 a \tag{1.76}$$

다른 거듭벡터연산은 부록 A에 나타내었다.

(1.74)식은 다음과 같이 해석할 수 있다. 회전연산은 어떤 면에 대해 이루어지므로 임의의 면에서 벡터가 회전하는 크기나 방향을 결정하는 것이다. 이렇게 회전하는 벡터는 그 면에서 벗어나거나 들어올 수가 없다. 하지만 발산연산은 어떤 체적에 대해 이루어지고 체적 내에 있는 소스나 싱크의 크기를 계산하는 것이다. 따라서 회전을 가지는 벡터 **A**는 그 영역으로부터 벗어나거나 들어올 수가 없기 때문에 벡터 **A**의 회전에 대한 발산은 0이 된다. 이것은 소용돌이 치고 있는 물 속에서 회전하고 있는 작은 보트를 생각하면 금방 알 수 있다. 즉, 이 보트는 밖으로 빠져나갈 수가 없다.

(1.75)식은 다음과 같이 설명할 수 있다. 스칼라함수의 경사는 공이 기울어져 있는 면을 따라 내려올 때 공의 진행방향과 경사의 크기를 나타낸다. 따라서 공이 내려오는 경로는 닫혀지지 않는다. 그러나 회전은 반드시 원래의 위치로 되돌아오므

로 새로운 물리법칙이 갑자기 생기지 않는 한 (1.75)식의 거듭벡터연산 값은 0이 되어야 함을 알 수 있다.

세 번째 (1.76)식은 라플라시안 연산이다. 스칼라함수 a에 대한 기울기 ∇a는 벡터필드이다. 이 벡터의 발산은 소스 혹은 싱크가 어떤 점에 존재하는 것을 결정한다. 직각좌표계에서의 ***라플라시안 연산***은 다음 식으로 나타낼 수 있다.

$$\nabla^2 a = \frac{\partial^2 a}{\partial x^2} + \frac{\partial^2 a}{\partial y^2} + \frac{\partial^2 a}{\partial z^2} \tag{1.77}$$

나중에 알게 되겠지만 이 연산은 전하에 의해 만들어지는 공간의 전위분포를 구하는 데 매우 중요하다.

원통좌표계에서는 다음 식과 같다.

$$\nabla^2 a = \frac{1}{\rho}\frac{\partial\left(\rho\frac{\partial a}{\partial \rho}\right)}{\partial \rho} + \frac{1}{\rho^2}\frac{\partial^2 a}{\partial \phi^2} + \frac{\partial^2 a}{\partial z^2} \tag{1.78}$$

구좌표계에서의 라플라시안 연산은 다음 식과 같다.

$$\nabla^2 a = \frac{1}{r^2}\frac{\partial\left(r^2\frac{\partial a}{\partial r}\right)}{\partial r} + \frac{1}{r^2 \sin\theta}\frac{\partial\left(\sin\theta\,\frac{\partial a}{\partial \theta}\right)}{\partial \theta} + \frac{1}{r^2 \sin^2\theta}\frac{\partial^2 a}{\partial \phi^2} \tag{1.79}$$

1.5 페이저

실제 물리량에는 시간을 포함하는 경우가 많다. 예를 들어 회로에서 전압은 시간에 따라 sine 함수와 같이 정현적으로 변하게 된다. 이 전압을 식으로 나타내면 다음과 같이 된다.

$$v(t) = V_0 \cos(\omega t + \phi) \tag{1.80}$$

이 식에서 V_0는 신호의 크기이고, ω는 각주파수($\omega = 2\pi f$, f:주파수(Hz))이며, ϕ는 신호의 위상이다. 이것을 그림 1-23에 나타내었다.

(1.80)식을 다른 방식으로 나타내면 다음과 같다.

$$v(t) = \mathrm{Re}[V(x)] \tag{1.81}$$

여기서 Re{}는 {}괄호 내의 항에서 실수부만 취하는 것이고 $j = \sqrt{(-1)}$이다. (1.80)식을 (1.81)식으로 나타내기 위해서는 다음과 같이 해야 한다.

$$V(x) = V_0\, e^{j\phi} \tag{1.82}$$

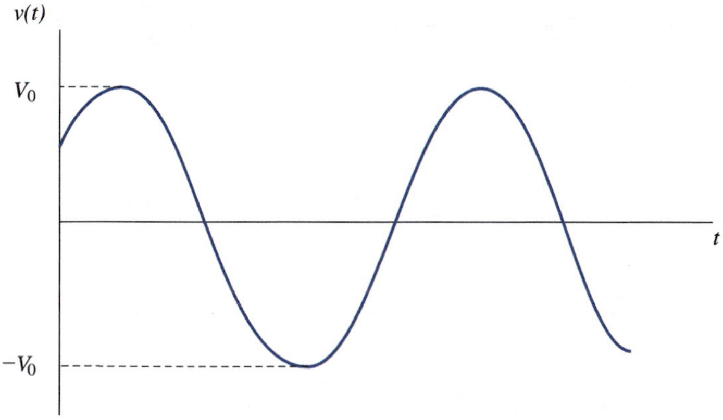

그림 1-23

시간에 따라 변하는 신호 $v(t)$.

따라서 $V = V_o e^{i\phi}$는 $v(t) = v_o \cos(\omega t + \phi)$의 페이저가 된다. 이 두 식의 관계는 다음과 같은 과정에 의해 만들어 진다.

$$v(t) = \mathrm{Re}\{Ve^{j\omega t}\} = \mathrm{Re}\{V_0 e^{j\phi} e^{j\omega t}\} = \mathrm{Re}\{V_0 e^{j(\omega t + \phi)}\}$$
$$= V_0 \mathrm{Re}\{\cos(\omega t + \phi)\} + j\sin(\omega t + \phi)\} = V_0 \cos(\omega t + \phi)$$

이 책에서 페이저는 $V(z) = V_0 e^{-j\beta z}$과 같이 공간에 대한 함수로 주어지므로 식 (1.81)은 공간뿐만 아니라 시간에 대한 함수가 된다:

$$v(z,\ t) = \mathrm{Re}\{Ve^{j\omega t}\} = \mathrm{Re}\{V_0 e^{-j\beta z} e^{j\omega t}\} = \mathrm{Re}\{V_0 e^{j(\omega t - \beta z)}\} = V_0 \cos(\omega t + \omega t - \beta z)$$

이와 같은 것은 전송선로 등에서 다루어질 ***진행파***를 나타내는 식에 포함이 된다.

페이저를 사용하는 주된 이유는 미분과 적분을 간단히 할 수 있기 때문이다. 시간영역 신호와 페이저영역의 신호에 대한 기호표시를 $v(t) \leftrightarrow V$로 하면 시간영역의 미분신호는 식 (1.83)과 같이 $d/dt[v(t)] \leftrightarrow j\omega V$로, 적분신호는 식 (1.84)과 같이 $\int v(t)dt \leftrightarrow (1/j\omega)V$로 페이저 변환된다. 더 간단히 말하면 시간에 대한 미분은 단지 $j\omega$를 곱하면 되고, 적분은 $j\omega$로 나누면 된다.

$$\frac{dv}{dt} = \frac{d}{dt}\mathrm{Re}\{Ve^{j\omega t}\} = \mathrm{Re}\left\{V\frac{d}{dt}e^{j\omega t}\right\} = \mathrm{Re}\{j\omega Ve^{j\omega t}\} \tag{1.83}$$

$$\int v(t)dt = \int \mathrm{Re}\{Ve^{j\omega t}\}dt = \mathrm{Re}\left\{V\int e^{j\omega t}dt\right\} = \mathrm{Re}\{(1/j\omega)Ve^{j\omega t}\} \tag{1.84}$$

페이저로 나타낼 때에는 중요한 규칙이 있다. 신호의 주파수만 같다면 위상을 더하거나 뺄 수 있기 때문에 페이저표시를 사용한다는 것은 같은 주파수, 즉 선형신호에만 적용이 됨을 의미한다. 만약 $\cos\omega t \cos\omega t = 1/2[1 + \cos 2\omega t]$와 같은 비선형신호라면 적용을 할 수 없다. 왜냐하면 두 신호의 곱은 직류에 $2\omega t$를 더한 신호이기 때문이다.

예제 1.19

다음의 시간함수를 페이저의 형태로 바꾸어라.

$$v(t) = 100\cos(120\pi t + 60°)\ [V]$$

답.

$$V = 10\, e^{j(\pi/3)} = 5 + j8.7 \text{ volts}$$

예제 1.20

다음의 시간함수 $v(t) = 3\cos\omega t - 4\sin\omega t$를 위상을 가지는 형태의 식 $A\cos(\omega t + \phi)$로 다시 나타내고 그래프를 그려라.

답. $\cos\omega t$를 기준으로 하여 두 페이저를 더하여 복소수로 표현한다.

$$3\cos\omega t \Rightarrow 3$$

$$-4\sin\omega t = -4\cos\left(\omega t - \frac{\pi}{2}\right) \Rightarrow -4e^{-j\pi/2} = j4$$

이것을 오일러법칙으로 지수함수로 표현할 수 있다.

$$V = 3 + j4 = 5e^{j\tan^{-1}(4/3)} = 5e^{j53°}$$

여기에 $e^{j\omega t}$의 실수부분을 취하면 다음 식으로 된다.

$$v(t) = 3\cos\omega t - 4\sin\omega t = \mathrm{Re}(5e^{j(\omega t + 53°)}) = 5\cos(\omega t + 53°)$$

이 시간함수의 그래프는 아래의 그림과 같이 된다.

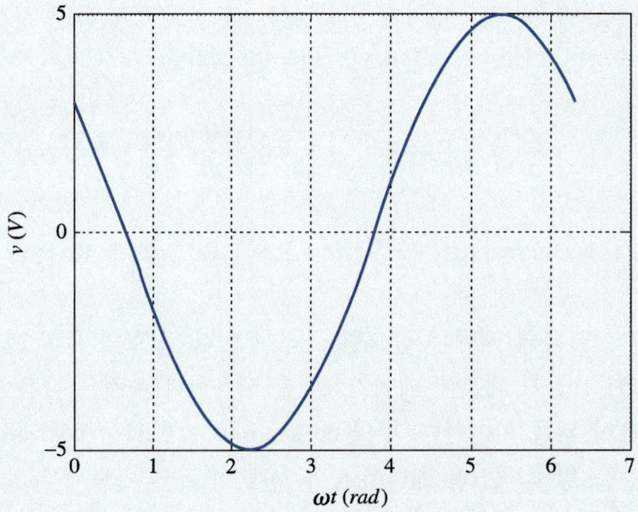

예제 1.21

다음의 *RLC* 직렬회로의 루프방정식을 페이저로 나타내어라. 인가전압은 $v(t) = V_0\cos\omega t$이다. 루프방정식은 다음 식과 같다.

$$L\frac{di}{dt} + Ri + \frac{1}{C}\int i dt = v$$

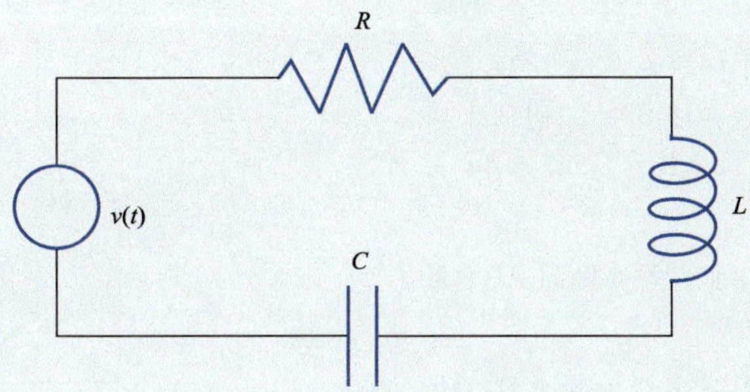

답. 전류 i는 전압을 $\cos\omega t$로 하였기 때문에 다음과 같이 된다. 따라서 미분방정식은 다음 식으로 된다.

$$i(t) = I_0\cos(\omega t + \phi)$$

전압과 전류를 페이저로 나타내면

$$I_0\left[-\omega L\sin(\omega t + \phi) + R\cos(\omega t + \phi) + \frac{1}{\omega C}\sin(\omega t + \phi)\right] = V_0\cos\omega t$$

$$'(t) = V_0\cos\omega t = \mathrm{Re}\,[V_0 e^{j\phi}e^{j\omega t}] = \mathrm{Re}[V(x)^{j\omega t}]$$

과

$$i(t) = \mathrm{Re}\,[I_0 e^{j\phi}e^{j\omega t}] = \mathrm{Re}\,[I(x)e^{j\omega t}]$$

으로 된다.

이 식은 진폭과 페이저 만으로 나타나지게 된다. 미분과 적분은 식 (1.78)에 의해 결정된다. 페이저 형식의 루프방정식은 아래의 식과 같다.

$$\left[R + j\left(\omega L - \frac{1}{\omega C}\right)\right]I(x) = V(x)$$

시간함수 $e^{j\omega t}$는 서로 공통이므로 여기서 생략한다. 이 대수방정식은 쉽게 계산될 수 있으며 이 식에 있는 중괄호의 식은 ***임피던스***를 나타낸다. 전류 i의 시간신호는 전류의 페이저 $I(\mathrm{x})$에 $e^{j\omega t}$를 곱하고 실수부분을 취하면 구해진다.

1.6 결론

이 장에서는 MATLAB, 벡터, 벡터의 적분과 미분이 소개되었다. 또한 스토크스의 정리를 이용하여 표면적분을 폐선적분으로, 발산의 정리를 이용하여 체적적분을 폐면적분으로 변환하는 두 정리가 설명되었다. 이 두 정리는 전자계를 이해하는 데 매우 중요하다. 이것은 나중에 전자계의 기본법칙을 전개하는 데 아주 많이 이용될 것이다.

1.7 연습문제

1.1.1. 다음 **A**, **B** 두 벡터에 대해 **C** = **A** + **B**, **D** = **A** − B를 구하고 MATLAB을 이용하여 그림으로 나타내어라. **A** = $3\mathbf{u_x} + 4\mathbf{u_x} + 5\mathbf{u_z}$, **B** = $-5\mathbf{u_x} + 4\mathbf{u_y} - 3\mathbf{u_z}$

1.1.2. 문제 1.1.1의 두 벡터에 대해 MATLAB으로 벡터곱과 스칼라곱을 계산하라.

1.1.3. 다음 **A**, **B** 두 벡터에 대해 **C** = **A** + **B**, **D** = **A** − **B**를 구하고 MATLAB을 이용하여 그림으로 나타내어라. **A** = $\mathbf{u_x} + \mathbf{u_y} + \mathbf{u_z}$, **B** = $2\mathbf{u_x} + 4\mathbf{u_y} + 6\mathbf{u_z}$

1.1.4. 문제 1.1.3의 두 벡터에 대해 MATLAB으로 벡터곱과 스칼라곱을 계산하라.

1.1.5. MATLAB을 이용하여 섭씨의 온도를 화씨의 온도로 변환하는 프로그램을 짜고 결과를 그림으로 나타내어라.

1.1.6. MATLAB을 이용하여 야드를 미터로 변환하는 프로그램을 짜고 결과를 그림으로 나타내어라.

1.1.7. MATLAB을 이용하여 $y = e^{-x}$를 선형 그래프와 세미로그 그래프로 나타내어라.

1.1.8. MATLAB을 이용하여 $y = \cos(x)$를 선형 그래프와 극좌표 그래프로 나타내어라.

1.1.9. MATLAB을 이용하여 다음의 **A** 벡터를 $-2 < x < 2$, $-2 < y < 2$의 영역에서 그림으로 나타내고 (3,2)에서 이 벡터의 크기를 구하라. **A** = $y2\mathbf{u_x} - x\mathbf{u_y}$

1.1.10. MATLAB을 이용하여 다음의 **A** 벡터를 $0 < x < \pi$, $0 < y < \pi$의 영역에서 그림으로 나타내고 ($\pi/2$, $\pi/2$)에서 이 벡터의 크기를 구하라.

A = $\sin x\mathbf{u_x} - \sin\mathbf{u_y}$

1.2.1. 체적이 a^3인 육면체의 두 대각점을 연결하는 벡터를 구하라. 두 대각점 중 하나는 직각좌표계의 원점에 있다. 그리고 이 벡터의 크기와 단위벡터의 곱으로 표시하라.

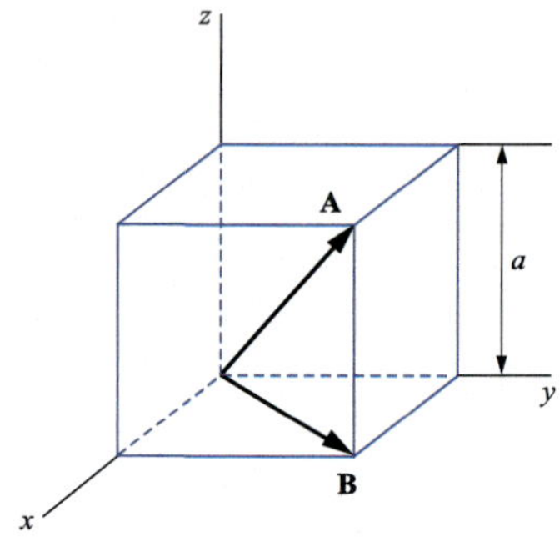

1.2.2. xy 평면에서 원점과 대각점을 연결하는 벡터 **B**를 구하라.

1.2.3. 다음 두 벡터의 스칼라곱과 두 벡터의 사잇각을 구하고 MATLAB을 이용하여 결과를 확인하라.
A = $3\mathbf{u_x} + 4\mathbf{u_y} + 5\mathbf{u_z}$, **B** = $-5\mathbf{u_x} + 4\mathbf{u_y} - 3\mathbf{u_z}$

1.2.4. 다음 두 벡터의 스칼라곱과 두 벡터의 사잇각을 구하고 MATLAB을 이용하여 결과를 확인하라.
A = $\mathbf{u_x} + \mathbf{u_y} + \mathbf{u_z}$, **B** = $2\mathbf{u_x} + 4\mathbf{u_y} + 6\mathbf{u_z}$

1.2.5. 원점과 (1,2,3)점을 연결하는 벡터가 원점과 (2,1,6)점을 연결하는 벡터에 나타나는 투영을 직각좌표계에서 구하라. 그리고 두 벡터의 사잇각을 구하고 이 결과를 MATLAB으로 확인하라.

1.2.6. 다음 두 벡터의 벡터곱을 구하고 MATLAB으로 확인하라.
A = $3\mathbf{u_x} + 4\mathbf{u_y} + 5\mathbf{u_z}$, **B** = $-5\mathbf{u_x} + 4\mathbf{u_y} - 3\mathbf{u_z}$

1.2.7. 다음 두 벡터의 벡터곱을 구하고 MATLAB으로 확인하라. **A** = $\mathbf{u_x} + \mathbf{u_y} + \mathbf{u_z}$, **B** = $2\mathbf{u_x} + 4\mathbf{u_y} + 6\mathbf{u_z}$

1.2.8. 다음 벡터를 원통좌표계로 변환하고 MATLAB으로 확인하라. **A** = $3\mathbf{u_x} + 4\mathbf{u_y} + 6\mathbf{u_z}$

1.2.9. 다음 원통좌표계의 벡터를 직각좌표계로 변환하고 MATLAB으로 확인하라. **B** = $3\mathbf{u}_\rho + 4\mathbf{u}_\phi + 5\mathbf{u_z}$

1.2.10. 다음 벡터를 구좌표계로 나타내고 MATLAB

으로 확인하라. $\mathbf{A} = 2\mathbf{u_x} + 4\mathbf{u_y} + 5\mathbf{u_z}$

1.2.11. 다음 구좌표계의 **B** 벡터를 직각좌표계로 변환하고 MATLAB으로 확인하라.
$\mathbf{B} = 3\mathbf{u_r} + 4\mathbf{u}_{\boldsymbol{\theta}} + 5\mathbf{u}_{\phi}$

1.2.12. 다음 **A**, **B**, **C** 벡터에 대해 다음의 벡터 연산이 성립함을 증명하고 MATLAB으로 확인하라.
$\mathbf{A} = \mathbf{u_x} + \mathbf{u_y} + \mathbf{u_z}$, $\mathbf{B} = 2\mathbf{u_x} + 2\mathbf{u_y} + 2\mathbf{u_z}$, $\mathbf{C} = 3\mathbf{u_x} + 3\mathbf{u_y} + 3\mathbf{u_z}$, $\mathbf{A} \times (\mathbf{B} \times \mathbf{C}) = \mathbf{B}(\mathbf{A} \cdot \mathbf{C}) - \mathbf{C}(\mathbf{A} \cdot \mathbf{B})$

1.2.13. 다음 **A**, **B**, **C** 벡터에 대해 다음의 벡터 연산이 성립함을 증명하고 MATLAB으로 확인하라.
$\mathbf{A} = \mathbf{u_x} + 2\mathbf{u_y} + 3\mathbf{u_z}$, $\mathbf{B} = 2\mathbf{u_x} + 4\mathbf{u_y} + 6\mathbf{u_z}$, $\mathbf{C} = 3\mathbf{u_x} + 4\mathbf{u_y} + 5\mathbf{u_z}$, $\mathbf{A} \times (\mathbf{B} \times \mathbf{C}) = \mathbf{B}(\mathbf{A} \cdot \mathbf{C}) - \mathbf{C}(\mathbf{A} \cdot \mathbf{B})$

1.2.14. 벡터연산을 이용하여 다음 그림의 평행사변형의 면적을 구하고 도형적인 계산결과와 비교하라.

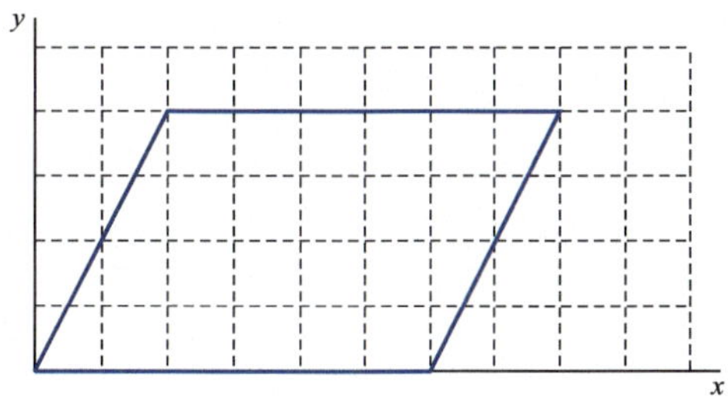

1.2.15. 다음의 벡터연산을 이용하여 두 벡터가 서로 직교함을 보여라. $\mathbf{A} \cdot \mathbf{B} = 0$, $\mathbf{A} \times \mathbf{B} = 0$

1.2.16. **A**, **B**, **C** 벡터에 대해 아래의 벡터연산을 구하라. $\mathbf{A} = -2\mathbf{u_x} + 3\mathbf{u_y} + 4\mathbf{u_z}$, $\mathbf{B} = 7\mathbf{u_x} + 1\mathbf{u_y} + 2\mathbf{u_z}$, $\mathbf{C} = -1\mathbf{u_x} + 2\mathbf{u_y} + 4\mathbf{u_z}$

a. $\mathbf{A} \times \mathbf{B}$

b. $(\mathbf{A} \times \mathbf{B}) \cdot \mathbf{C}$

c. $\mathbf{A} \cdot (\mathbf{B} \times \mathbf{C})$

1.3.1. 아래의 그림에서 *a* 점과 *b* 점을 연결하는 경로를 따라 질량 *m*이 **F** 벡터를 거슬러 이동하는데 필요한 일을 구하라. $\mathbf{F} = 5\mathbf{u_x} + 7\mathbf{u_y}$

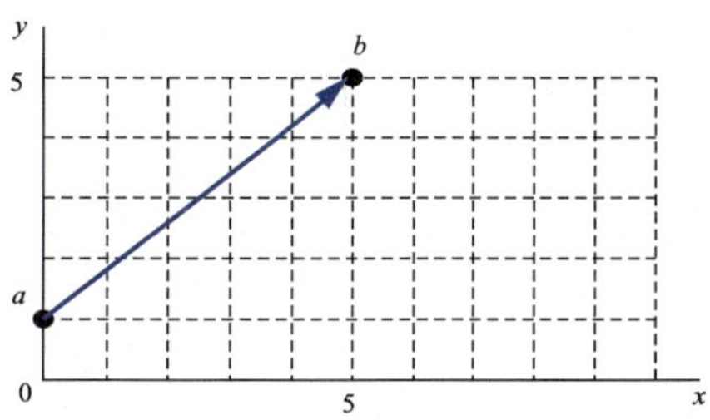

1.3.2. 아래의 그림에서 *a-b-c*를 연결하는 경로와 *a-d-c*의 경로를 따라 질량 *m*이 **F** 벡터를 거슬러 이동하는 데 필요한 일을 구하라. 그리고 이 **F** 벡터는 보존적인가?

$\mathbf{F} = y\mathbf{u_x} + x\mathbf{u_y}$

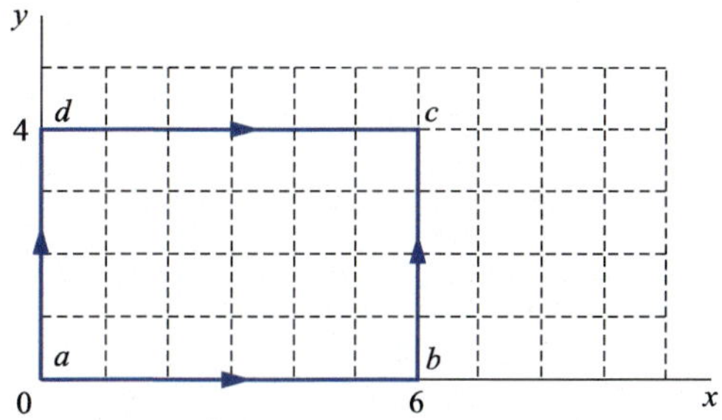

1.3.3. 아래의 그림에서 *a-b-c*를 연결하는 경로를 따라 질량 *m*이 **F** 벡터를 거슬러 이동하는데 필요한 일을 구하라.

$\mathbf{F} = \rho\mathbf{u}_\rho + \rho\phi\mathbf{u}_\phi$

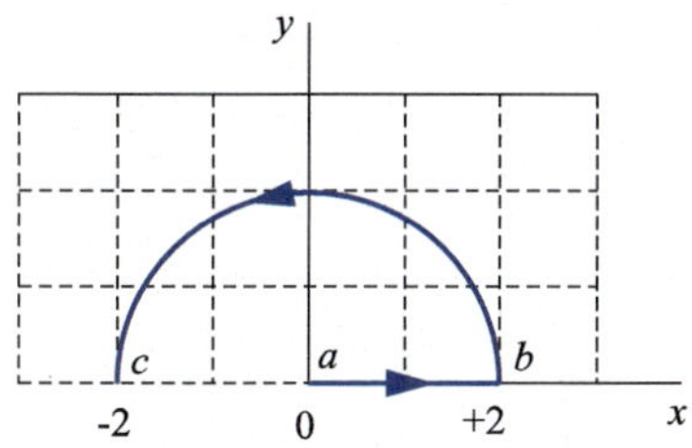

1.3.4. 아래의 그림에서 원의 반지름이 *a*이고 $0 \le \phi \le 2\pi$의 경로를 따라 질량 *m*이 **F** 벡터를 거슬러 이동하는 데 필요한 일을 구하라.

$\mathbf{F} = \rho\phi\mathbf{u}_\phi$

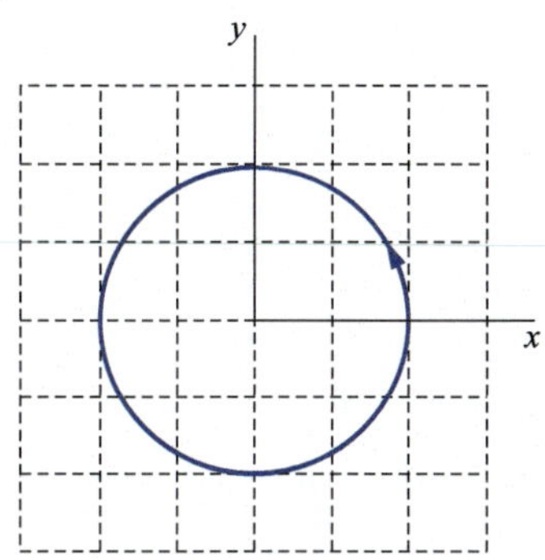

1.3.5. 다음 식과 같이 벡터 **A**와 육면체의 면에 대해 폐면적분을 계산하고 발산의 정리가 적용됨을 보여라.
$\mathbf{A} = x\mathbf{u_x} + y\mathbf{u_y}$

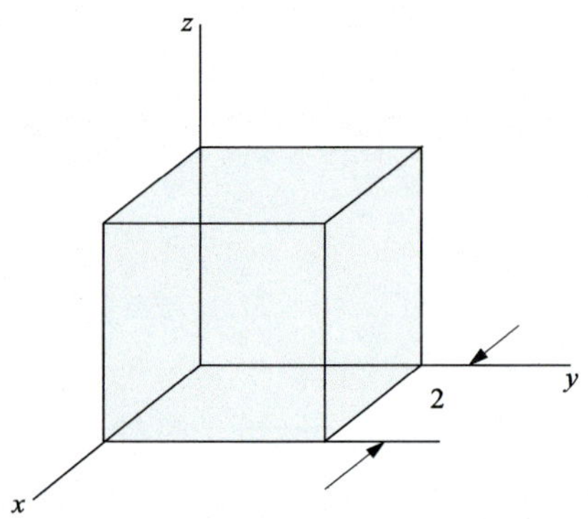

1.3.6. 다음 벡터와 문제 1.3.5의 육면체의 면에 대해 폐면적분을 계산하라. $\mathbf{A} = xyz\mathbf{u_x} + xyz\mathbf{u_y} + xyz\mathbf{u_z}$

1.3.7. 다음 벡터 **A**와 반지름이 a이고 원점에 중심을 가지는 구면에 대해 폐곡면적분을 계산하라.
$\mathbf{A} = 3\mathbf{u_r}$

1.3.8. 폐곡면적분을 이용하여 다음의 원통면의 표면적을 계산하라. 벡터 **A**는 원통면에 대해서는 $\mathbf{A} = \mathbf{u}_\rho$과 같으며 원통의 윗면과 아랫면에 대해서는 $\mathbf{A} = \pm\mathbf{u}_z$과 같다.

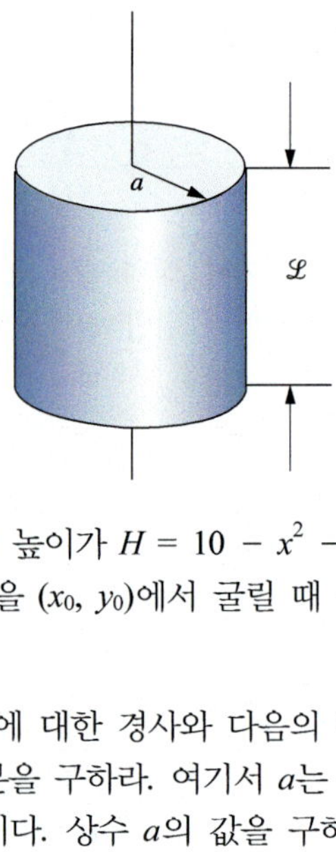

1.4.1. 언덕의 높이가 $H = 10 - x^2 - 3y^2$인 언덕에서 정지한 공을 (x_0, y_0)에서 굴릴 때 굴러가는 방향을 결정하라.

1.4.2. H벡터에 대한 경사와 다음의 단위벡터 방향으로 방향미분을 구하라. 여기서 a는 (1,2,3)에서 정의되는 상수이다. 상수 a의 값을 구하라.
$H = x^2uz,\ \mathbf{u} = a(\mathbf{u_x} + \mathbf{u_y} + \mathbf{u_z})$

1.4.3. 다음 식이 성립함을 보여라.

$$\nabla\left(\frac{1}{R}\right) = -\nabla'\left(\frac{1}{R}\right)$$

여기서

$$R = \sqrt{(x-x')^2 + (y-y')^2 + (z-z')^2}$$

∇'은 x', y', z'에 대한 미분을 나타낸다.

1.4.4. 다음 벡터 **A**를 점(1,1,1)에서 발산을 구하라.
$\mathbf{A} = x^3y\sin(\pi z)\mathbf{u_x} + xy\sin(\pi z)\mathbf{u_y} + x^2y^2z^2\mathbf{u_z}$

1.4.5. 다음 벡터가 아래의 그림에서 발산의 정리가 성립됨을 보여라.

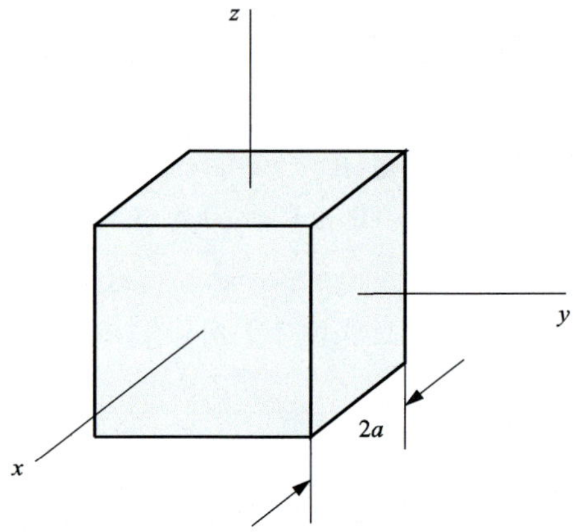

1.4.6. 구좌표계의 원점에서 반지름이 a인 구에 대해 발산의 정리가 성립됨을 보여라. $\mathbf{A} = r\mathbf{u_r}$

1.4.7. $x = 0$, $x = a$의 폭을 가지는 수로를 따라 $\mathbf{v}(x, z) = [(a/2)^2 - (x - a/2)^2]z^2\mathbf{u_y}$의 속도로 물이 흐른다. 강 바닥은 $z = 0$이고 작은 물갈퀴 판을 가지는 수차의 축은 z 축과 평행할 때, 아래의 점에서 회전을 계산하라.

$$\left(x = \frac{a}{4}, z = 1\right), \left(x = \frac{a}{2}, z = 1\right), \text{and} \left(x = \frac{3a}{4}, z = 1\right)$$

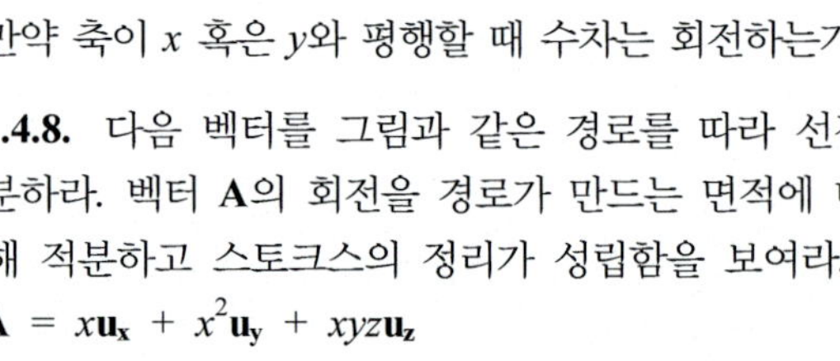

만약 축이 x 혹은 y와 평행할 때 수차는 회전하는가?

1.4.8. 다음 벡터를 그림과 같은 경로를 따라 선적분하라. 벡터 **A**의 회전을 경로가 만드는 면적에 대해 적분하고 스토크스의 정리가 성립함을 보여라.
$\mathbf{A} = x\mathbf{u_x} + x^2\mathbf{u_y} + xyz\mathbf{u_z}$

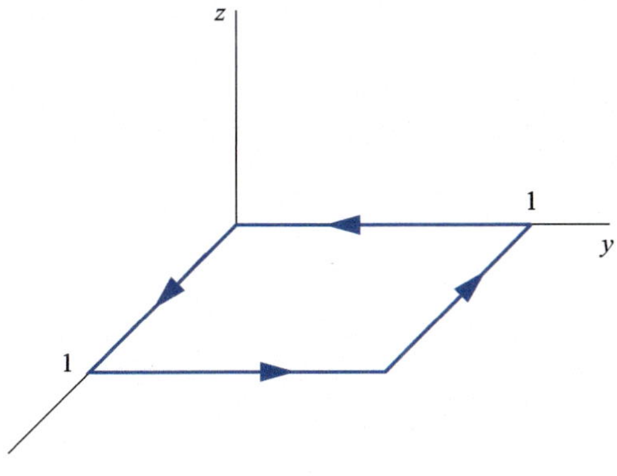

1.4.9. 원통좌표계에서 **A** 벡터가 주어질 때 회전이 0이 됨을 보여라. $\mathbf{A} = 1 / \rho\mathbf{u}_\rho$

1.4.10. 구좌표계에서 **A** 벡터가 주어질 때 회전이 0이 됨을 보여라. $\mathbf{A} = r^2\mathbf{u_r}$

1.4.11. 직각좌표계에서 벡터 **A**에 대해 다음의 벡터 삼중적이 성립함을 보여라.
$\mathbf{A} = x^2y^2z^2\ [\mathbf{u_x} + \mathbf{u_y} + \mathbf{u_z}],\ \nabla \cdot \nabla \times \mathbf{A} = 0$

1.4.12. 직각좌표계에서 벡터 **A**에 대해 다음의 벡터 삼중적이 성립함을 보여라.
$a = 3x^2y + 4x^2x,\ \nabla \times \nabla a = 0$

1.4.13. 직각좌표계에서 벡터 **A**에 대해 다음의 벡터 연산이 성립함을 보여라. $\nabla \times (a\mathbf{A}) = (\nabla a) \times \mathbf{A} + a \nabla \times \mathbf{A}$ 여기서 $\mathbf{A} = xyz[\mathbf{u_x} + \mathbf{u_y} + \mathbf{uz}]$, $a = 3xy + 4zx$

1.4.14. 직각좌표계에서 벡터 **A**에 대해 다음의 벡터 연산이 성립함을 보여라. $\nabla \cdot (a\mathbf{A}) = \mathbf{A} \cdot \nabla a + a\nabla \cdot \mathbf{A}$, 여기서 $\mathbf{A} = xyz[\mathbf{u_x} + \mathbf{u_y} + \mathbf{u_z}]$, $a = 3xy + 4zx$

1.4.15. R이 다음 식과 같이 주어질 때, $R \neq 0$이 아닌 모든 곳에서 $\nabla^2(1/R) = 0$임을 보여라.

$$R = \sqrt{(x - x')^2 + (y - y')^2 + (z - z')^2}$$

1.5.1. 다음의 시간신호를 페이저의 형태로 표시하라. $v(t) = 100\cos(120\pi t - 45°)$

1.5.2. 다음의 페이저가 주어질 때, 60 Hz의 시간신호로 나타내어라. $V = 10 + j5$

1.5.3. 다음 시간신호의 페이저를 구하라.
$v(t) = \cos(120\pi t - 60°) - \sin(120\pi t - 45°)$

1.5.4. 다음 회로에서 전압신호 $v(t) = 10\cos(120\pi t)$가 주어질 때 전류 $i(t)$를 구하고 그림으로 나타내어라.

1.5.5. 전압신호가 다음과 같이 주어질 때 문제 1.5.4를 반복하라. $v(t) = 10\cos(120\pi t + 45°)$

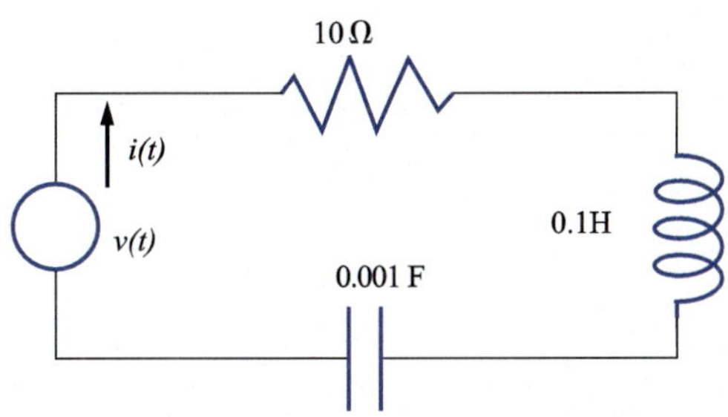

CHAPTER 2

전 계

이 장에서는 시간에 따라 변하지 않는 정전계에 대해 설명한다. 다룰 내용으로는 두 전하 사이에 작용하는 힘, 전계의 개념, 전계의 에너지, 그리고 전계를 계산하는 절차이다. 또한 정전용량은 전하와 전위에 의해 정의되고 전계 내에 존재하는 유전체의 효과도 여기에 포함된다.

2.1 쿨롱의 법칙

정전계에 대한 기본현상은 고대로부터 알려져 왔다. 기원전 600년에 그리스 도시국가 밀레투스의 철학자 탈레스는 천에 호박을 문지르면 호박에 가벼운 물체들이 붙는 것을 관찰하여 기록하였다. 고대 그리스 과학자들이 이용한 이 호박은 현재 전기공학[1] 분야, 특히 ***전자기학***이라는 과목의 첫 부분에 나오는 영광을 가지게 되었다. 그리스의 과학자들은 그리스 말로 호박인 "***전자***(electron)"라는 용어를 탄생시켰다. 호박을 제외한 물질도 전기를 띠게 할 수 있으며 오늘날에는 비단에 유리봉을 문지를 때나 혹은 실로 짠 옷을 벗을 때 같은 효과가 발생한다. 이런 봉이나 천은 작은 솜털을 끌어당긴다. 전하는 질량, 길이, 시간과 같이 근본이 되는 물리량이며 음 또는 양의 극성으로 존재한다. 이 책에서는 전하, 질량, 길이, 시간의 기호를 각각 Q, M, L, T로 나타내며 이것을 기본단위라고 부른다. 이렇게 기호를 나타내는 것은 우리가 계

[1] 지금은 흔히 전기 컴퓨터 공학이라고 한다.

산하는 식의 차원을 검토하는 데 매우 유용하다. 이것은 18세기 중엽 많은 과학자들이 여러 가지 전기현상을 설명하는 데 큰 공헌을 하였다: 벤자민 플랭크린, 조셉 프리스틀리, 마이클 패러데이, 헨리 카벤디시, 찰스 오거시틴 더 쿨롱. 일련의 실험을 통하여 전하가 서로 다르면 당기고 같으면 밀어 내는 힘이 있다는 것을 알아내었다. 이 힘은 중력과도 비슷하고 이 두 힘은 물체의 거리 R과 전기적인 힘인 경우에는 각 전하의 전하량, Q_j 그리고 중력인 경우에는 질량 m_j에 의존하였다. 많은 실험을 통해 이 전기적인 힘의 크기는 다음 식으로 나타낼 수 있음을 알아내었다.

$$F \propto \frac{Q_1 Q_2}{R^2} \tag{2.1}$$

정성적으로 표현 하자면 이 힘은 각 전하의 크기의 곱에 비례하고 두 전하 사이의 거리의 제곱에 반비례한다는 것이다. 이 식은 흔히 역자승법칙이라고도 하며 물리적인 세계에서는 아주 흔한 현상이다. 중력과 전기력 말고도 전류가 흐르는 두 전선, 플래쉬로부터 퍼져 나가는 빛 혹은 휴대전화기의 안테나에 발생하는 에너지에도 적용이 된다.

그림 2-1은 초기에 사용되었던 실험 장치를 나타낸 것이다. 유리봉을 천에 문질러 유리봉을 두 공에 동시에 접촉하면 두 공에는 저절로 전하가 생긴다. 이와 같이 전하가 생기는 것을 전하가 유도되었고 하며 이런 현상을 정전유도현상이라고 한다. 그림 (*a*)에서 전기를 띤 유리봉은 전하를 고정된 두 공에 전달하고 각 공에 전달된 전하의 부호는 서로 같아서 두 공에는 서로 밀어내는 힘이 작용하게 된다. 그림 2-1의 실험에서 실험자는 아래의 각 항목을 정확하게 측정할 수 있다고 가정하고 있다.

(a) 전하의 크기와 부호
(b) 힘의 벡터방향과 크기
(c) 두 공사이의 거리
(d) 두 공의 질량

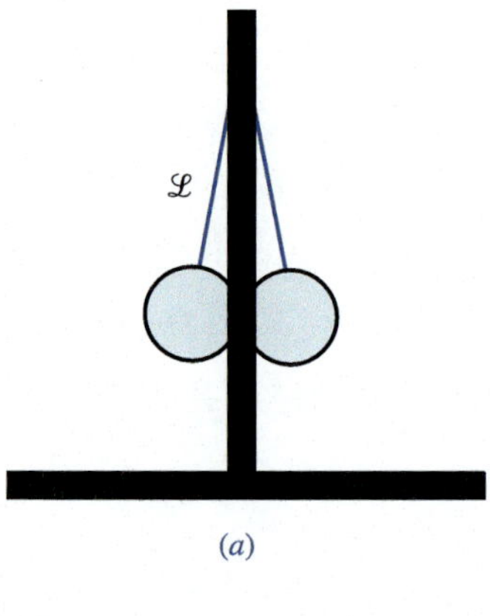

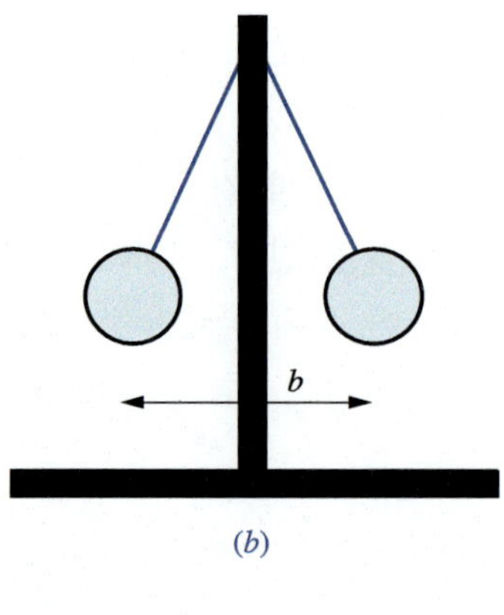

그림 2-1

정전력을 설명하기 위해 사용된 실험.
(a) 전하를 갖지 않은 두 공이 수직 줄에 매달려 있다. 줄의 길이는 $\mathscr{L}$이며 이 공에는 수직으로 중력이 작용하고 있다.
(b) 똑 같은 부호의 전하가 각 공에 분포되고 난 이후 각 공은 서로 밀어내는 쿨롱력이 작용하여 수평으로 거리 b만큼 유지하고 있다.

전하의 크기는 전자의 전하량의 정수배이다. 만약 두 공에 유도되는 전하가 서로 다른 부호라면 공은 밀어내지 않고 서로 당긴다.

이 실험으로부터 이 힘을 ***정전력*** 혹은 ***쿨롱력***이라고 한다.

$$\boxed{\mathbf{F} = \frac{Q_1 Q_2}{4\pi\varepsilon_0 R^2}\mathbf{u_R} \ \ (\mathrm{N})} \tag{2.2}$$

힘의 단위는 [N], 전하량의 단위는 [C], 두 전하 사이의 거리는 [m] 그리고 $\mathbf{u_R} = (\mathbf{r} - \mathbf{r}')/|\mathbf{r} - \mathbf{r}'|$은 $Q_1(\mathbf{r}')$에서 $Q_2(\mathbf{r})$로의 방향을 갖는 단위벡터이다. 전자의 전하량은 다음 식과 같다.

$$Q_e \approx -1.602 \times 10^{-19}\ \mathrm{C} \tag{2.3}$$

그리고 한 개의 양성자의 전하량은 다음과 같다.

$$Q_p \approx +1.602 \times 10^{-19}\ \mathrm{C} \tag{2.4}$$

전자와 양성자는 서로 반대 극성의 전하를 가지지만 질량은 양성자가 전자에 비해 1836배 더 크다. 이 두 전하는 자연계에 존재하는 전하이며 모든 전하는 이 전하량의 *정수배*이다.

이런 내용은 1785년에서 1791년 사이에 French Academy of Science에서 쿨롱이 발표한 것으로 비틀림 저울을 이용하여 전기력의 방정식을 증명한 것이다. 또한 그는 조그만 자석을 이용하여 자석의 극성에 따라 당기거나 밀어 내는 힘을 증명하였다. 자기력에 대해서는 이 책의 다음 장에서 다룰 것이다.

1쿨롱의 전기량은 엄청나게 큰 양이다. 예를 들면 번개가 한 번 칠 때, 발생하는 전하를 전부 끌어 모으면 약 10에서 20쿨롱 정도의 전하량이 될 것이다. 번개가 번쩍하면서 내려치는 데에 비하면 그렇게 큰 것이 아닌 것처럼 보이지만 N개의 전기를 띤 입자가 있다고 하면 전하량은 다음 식으로 계산된다.

$$N = \left(\frac{10}{1.602 \times 10^{-19}} \approx 6 \times 10^{19}\ \text{particles}\right) \tag{2.5}$$

식 (2.2)에서 상수 ε_0는 ***공기중의 유전율***이라고 한다. 이것의 크기는 다음과 같다.

$$\varepsilon_0 \approx \left(8.854 \times 10^{-12} \approx \frac{1}{36\pi} \times 10^{-9}\ \mathrm{F/m}\right) \tag{2.6}$$

근사값인 $1/36\pi \times 10^{-9}$의 숫자는 기억해 두는 것이 좋다. 왜냐하면 이 값을 외워두면 계산기의 도움 없이도 수치적인 결과를 구할 수 있다. 나중에 나오겠지만 이 값은 전자파를 다룰 때 매우 유용하며 이 값으로부터 빛의 속도 3×10^8 m/s라는 근사값이 나온다.

우리는 (2.2)식을 ***쿨롱의 법칙***이라 한다. 우리는 전기를 띠는 현상을 매일 경험할 수 있다. 실로 짠 천을 감쌀 때나 혹은 누군가의 몸에 접촉을 할 때 정전기 스파크에 의해 깜짝 놀란다든지, 빗으로 머리를 빗고 난 뒤에 빗이 종이조각을 끌어 올리는 현상을 매일 경험할 수 있다. 밖에 나가서 번개를 맞는 그런 경험은 할 필요가 없다. 나중에 실험이나 혹은 TV에서도 볼 수 있겠지만 번개를 맞으면 땅에서부터 머리 끝까지 같은 부호를 가진 전하가 몸 속으로 들어와 머리카락이 쭈뼛 서게 된다. 이렇게 되면 머릿카락이 서로 갈라지고 하늘에서 당신의 몸을 경유해서 땅까지 전하가 흐르게 된다. 따라서 이와 같은 경험은 할 필요가 없다. 당신의 몸이 쇠가 아니라면 그렇게 좋은 일은 일어나지 않을 것이다. 따라서 번개가 치면 바로 피난처를 찾던지 아니면 땅에 엎드려 있는 것이 좋다.

예제 2.1

쿨롱력을 이용하여 자유공간의 유전율의 단위를 결정하라.

답. 힘은 질량 × 가속도 혹은 $M(L/T^2)$과 같다. 그러므로 (2.2)식의 쿨롱의 법칙으로부터 공기 중의 유전율 ε_0는 다음과 같이 구해진다.

$$\mathbf{F} = \frac{Q_1 Q_2}{4\pi\varepsilon_0 R^2}\mathbf{u_R} \Rightarrow M\frac{L}{T^2} = \frac{Q^2}{L^2}\frac{1}{\varepsilon_0} \Rightarrow \varepsilon_0 = \frac{Q^2 T^2}{ML^3}$$

4와 π는 어떤 단위를 가지지 않는 상수임을 명심해라. 그리고 단위벡터도 단위가 없다.

전하 2에 의해 전하 1에 작용하는 힘의 방향은 두 전하 사이의 직선거리 방향이다. 이 방향을 단위벡터 $\mathbf{u_R}$로 표시한다. 전하 1과 2 사이의 쿨롱력의 벡터방향은 두 전하의 부호에 의해 결정된다. 두 전하가 같은 부호를 가지면 서로 밀어내게 되며 다른 부호를 가지면 서로 끌어당긴다. 그림 2-1의 실험에서 봉에 있던 같은 부호를 가진 전하가 그대로 두 공에 전달되어 두 공은 서로 반발하게 된다.

전계는 이 쿨롱력의 식으로부터 정의된다. 전하라는 새로운 물리적 실체가 전자기학을 다른 학문과 구별하게 한다. 운동 중의 전하는 전류를 만들며 전류에 의해 자계가 만들어진다. 자계는 다음 장에서 다루게 될 것이다. 상대성이론에 의해 다른 전자계의 법칙들이 쿨롱력으로부터 유도된다. 따라서 이 간단한 식이 나중에 많은 결실을 가져오게 할 것이다. 상대성이나 상당한 수학적인 노력에 전념하기에 앞서, 우리 앞을 걸어간 훌륭한 과학자들의 자취를 먼저 따라 갈 것이다.

예제 2.2

수소원자에서 전자와 양성자 사이에 존재하는 쿨롱력의 크기를 구하라. 그리고 이 힘을 두 입자 사이에 작용하는 중력과 비교하라. 이 두 입자는 거의 1Å = 1×10^{-10} m 떨어져 있다.

답. 쿨롱력의 크기는 식 (2.2)로 구할 수 있다.

$$F_{\text{Coulomb}} = \frac{Q^2}{4\pi\varepsilon_0 R^2} \approx \frac{(1.602 \times 10^{-19})^2}{4\pi\left(\frac{1}{36\pi} \times 10^{-9}\right)(10^{-10})^2} \approx 2.3 \times 10^{-8}\ \text{N}$$

중력상수

$$G = 6.67 \times 10^{-11}\ \text{N-m}^2/\text{kg}^2$$

$$\begin{aligned} F_{\text{gravitational}} &= G\frac{m_{\text{electron}}M_{\text{proton}}}{R^2} \\ &= (6.67 \times 10^{-11})\left(\frac{(9.11 \times 10^{-31})(1836 \times 9.11 \times 10^{-31})}{(1 \times 10^{-10})^2}\right) \\ &= 1.02 \times 10^{-47}\ \text{N} \end{aligned}$$

두 힘의 비는

$$\frac{F_{\text{Coulomb}}}{F_{\text{gravitational}}} = 2.27 \times 10^{39}$$

쿨롱력이 중력에 비해 매우 크다는 사실은 왜 원자 간, 분자 간, 화합물 간의 화학적인 결합이 물질을 결합시킬 만큼 충분히 큰지를 설명한다.

2.2 전계

우리가 체중을 잴 때 지구의 질량이나 자신의 질량 그리고 지구 중심과 자신의 중심 거리에 대해 상세한 계산은 하지 않는다. 단지 우리가 있는 자리에 중력이 있고 그 중력이 우리의 질량에 곱해지도록 저울을 보정한다. 아래에 나타내는 전계도 마찬가지이다.

전하 Q가 만드는 전계 $\mathbf{E}$는 다음과 같이 정의된다.

$$\boxed{\mathbf{E} \equiv \frac{\mathbf{F}}{q}\ \ (\text{N}/\text{C})} \tag{2.7}$$

여기서 $\mathbf{F}$는 두 전하 사이에 작용하는 쿨롱력이다. 전하 q는 전하 Q가 만드는 필드의 방향을 결정하는 시험전하이다. 관습적으로 크기가 1쿨롱인 양전하로 정의한다. 이 시험전하에 의해서 우리가 전계를 구하고자 하는 공간, 즉 관측점에 두고 전하 Q로부터 관측점으로 향하는 방향의 단위벡터를 결정할 수 있다. 여러 지점에 시험전하를 둠으로써 전하 Q에 의한 전계를 나타내는 그림을 그릴 수 있다. 전계벡터는 $\mathbf{E}$로 표시한다. 시간에 따라 변하지 않는 전계를 정전계라고 하고, 전하 Q에 의한

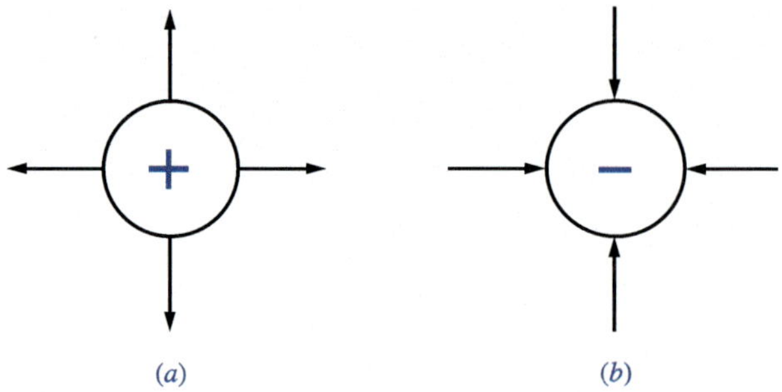

그림 2-2

전계:
(*a*) 양전하로부터 나오며
(*b*) 음전하에서 끝난다.

정전계는 다음 식과 같다.

$$\mathbf{E} = \frac{Q}{4\pi\varepsilon_0 R^2}\mathbf{u_R} \tag{2.8}$$

전계의 단위는 V/m이다.

그림 2-2에는 양전하와 음전하에 의한 전계를 나타내었다. 전계의 방향은 전하의 부호에 따라 달라진다. 중력은 오로지 두 질량을 서로 끌어 당기도록 하는 힘이 작용한다. 중력장과 같이 전계에 의한 힘은 전계에 시험전하의 전하량을 곱함으로써, 즉 $\mathbf{F} = q\mathbf{E}$로 구해진다. 이 사실은 진공관에서와 같이 전하의 궤적운동을 공부할 때 중요한 개념이다.

지금 이 단계에서는 개념적인 것을 먼저 알아둘 필요가 있다. (2.2)식과 (2.8)식을 잘 비교해 보면 전계는 미분의 형태로 정의할 수 있다. 잘 알다시피 미분의 정의는 다음과 같다.

$$\mathbf{E} \Rightarrow \frac{d\mathbf{F}}{dq} \equiv \lim_{\Delta q \to 0} \frac{\mathbf{F}(q + \Delta q) - \mathbf{F}(q)}{\Delta q} \tag{2.9}$$

이 미분식은 분명하게 수학적으로 나타낼 수 있다. 그러나 자연계에 존재하는 최소의 전하인 전자와 양성자의 전하량이 1.602×10^{-19} C이 되므로, 전계는 이 식과 같이 정의할 수 없다. 왜냐하면 전하는 연속적으로 0의 값에 가깝게 접근할 수 없기 때문에 위의 미분식에서 요구하는 극한은 계산될 수 없다. 양자전자기학에서는 이 값의 1/3을 가지는 입자가 있다고 가정하지만 식에 나타나 있는 수학적인 극한연산은 결국 실패하게 된다. 따라서 전계는 $\mathbf{E} \equiv \mathbf{F}/q$로 정의해야 한다.

예제 2.3

양성자로부터 1 μm 떨어진 거리에서 전계를 구하라.
이 지점에 두 번째 전자를 둘 때 이 전자에 작용하는 쿨롱력을 구하라.

답. 식 (2.8)로부터 전계는 다음과 같이 구해진다.

$$\mathbf{E} = \frac{Q}{4\pi\varepsilon_0 R^2}\mathbf{u_R} = \frac{1.602 \times 10^{-19}}{4\pi\left(\frac{1}{36\pi} \times 10^{-9}\right)(10^{-6})^2}\mathbf{u_R} = 1440\,\mathbf{u_R}\ \text{V/m}$$

콜롱의 힘은

$$\mathbf{F} = -q\mathbf{E} = (-1.602 \times 10^{-19}) \times (1440)\mathbf{u_R} = -2.3 \times 10^{-16}\mathbf{u_R}\,\text{N}$$

이 계산에서 자유공간의 유전율을 이용하였다.

2.3 중첩의 원리

중첩의 원리란 다수에 의해 만들어지는 것은 각각에 의해 만들어지는 것의 합과 같다는 원리이다. 공기 중에서 많은 전하가 존재할 때, 이런 전하가 만드는 전계는 중첩의 원리에 의해 각 전자가 만드는 전계의 벡터합으로 된다. 공기는 선형공간이며 중첩의 원리는 선형공간에만 적용이 된다. 중첩의 원리를 적용하는 데 있어 벡터와 스칼라가 다른 점은 벡터는 방향을 고려해야 한다는 것이다. N개의 전하가 만드는 전계의 벡터합은 다음 식과 같이 된다.

$$\mathbf{E_T} = \mathbf{E}_1 + \mathbf{E}_2 + \mathbf{E}_3 + \cdots = \sum_{n=1}^{N} \mathbf{E}_n \tag{2.10}$$

그림 2-3과 같이 두 전하가 만드는 전계는 각 전하가 만드는 전계의 벡터 합으로 전계가 구해지며 (2.11)식으로 주어진다.

$$\mathbf{E_T} = \mathbf{E}_1 + \mathbf{E}_2 = \frac{Q_1}{4\pi\varepsilon_0 R_1^2}\mathbf{u}_{\mathbf{R}_1} + \frac{Q_2}{4\pi\varepsilon_0 R_2^2}\mathbf{u}_{\mathbf{R}_2} \tag{2.11}$$

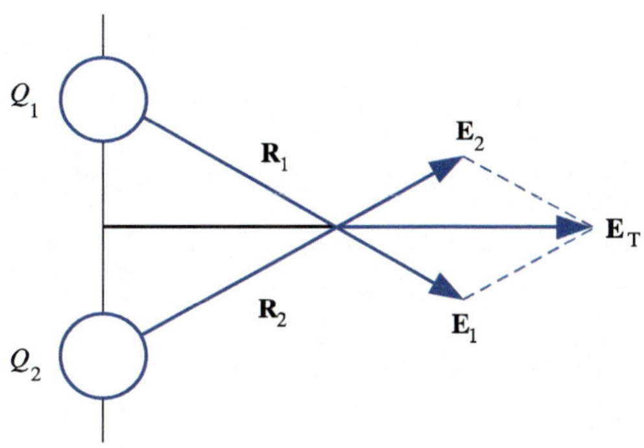

그림 2-3

두 전하로부터 발생하는 전계는 각각의 전하로부터 발생하는 전계의 벡터 합이다.

여기서 $\mathbf{u}_{\mathbf{R}_j}$는 각 전하에서 전계를 구하는 지점으로 향하는 거리벡터의 단위벡터이다. 두 지점 사이의 거리는 R_j로 주어진다. 이 벡터합은 아래 두 예제를 풀면 쉽게 이해가 될 것이다.

예제 2.4

Q_1 = +4 C과 Q_2 = −2 C의 두 전하가 다음 그래프와 같이 놓여 있다. 그래프의 단위는 미터이다. 좌표계의 원점에서 전계를 구하라.

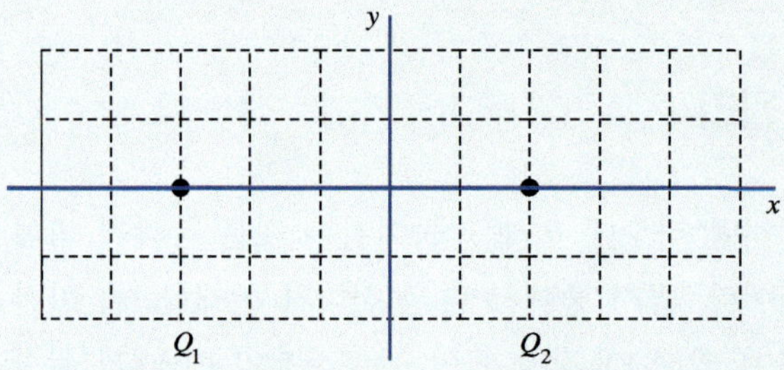

답. 전계 **E**는 식 (2.11)과 같이 구해진다.

$$\mathbf{E_T} = \mathbf{E}_1 + \mathbf{E}_2 = \frac{Q_1}{4\pi\varepsilon_0 R_1^2}\mathbf{u}_{\mathbf{R}_1} + \frac{Q_2}{4\pi\varepsilon_0 R_2^2}\mathbf{u}_{\mathbf{R}_2}$$

전계의 벡터 방향은 전하1에서 전하 2로 향한다. 그래프에서 주어지는 전하값과 거리를 이용하여 전계는 아래와 같이 구해진다.

$$\mathbf{E_T} = \mathbf{E}_1 + \mathbf{E}_2 = \frac{4}{4\pi\varepsilon_0 3^2}\mathbf{u_x} + \frac{-2}{4\pi\varepsilon_0 2^2}(-\mathbf{u_x})$$
$$= \frac{1}{4\pi\varepsilon_0}\left(\frac{4}{9} + \frac{2}{4}\right)\mathbf{u_x} = \frac{1}{4\pi\varepsilon_0}\left(\frac{34}{36}\right)\mathbf{u_x} \quad \text{V/m}$$

두 전하에 의한 전계는 각 전하에 의한 전계가 원점에서 더해진다.

예제 2.5

세 전하 Q_1 = +1 C, Q_2 = +2 C, Q_3 = +3 C이 아래 그래프의 위치에 있다. P점에서 전계를 구하라.

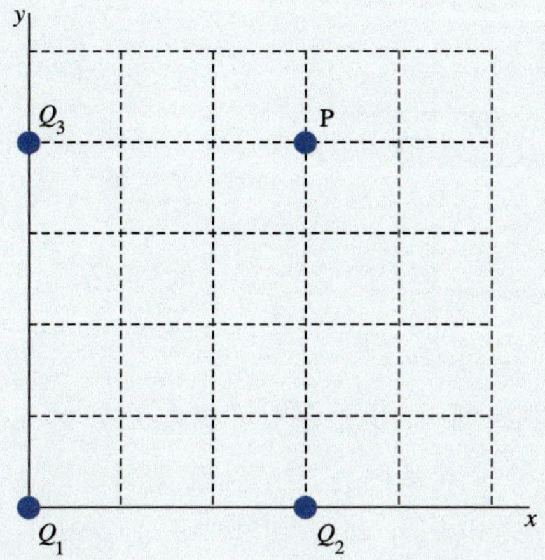

P점에서 전계는 각 전하가 만드는 전계의 중첩에 의해 구해진다.

$$\begin{aligned}\mathbf{E}(3,4) &= \mathbf{E}_1(3,4) + \mathbf{E}_2(3,4) + \mathbf{E}_3(3,4)\\ &= \frac{Q_1}{4\pi\varepsilon_0 R_1^2}\mathbf{u}_{\mathbf{R}_1} + \frac{Q_2}{4\pi\varepsilon_0 R_2^2}\mathbf{u}_{\mathbf{R}_2} + \frac{Q_3}{4\pi\varepsilon_0 R_3^2}\mathbf{u}_{\mathbf{R}_3}\\ &= \frac{1}{4\pi\varepsilon_0 5^2}\frac{3\mathbf{u_x} + 4\mathbf{u_y}}{5} + \frac{2}{4\pi\varepsilon_0 4^2}\mathbf{u_y} + \frac{3}{4\pi\varepsilon_0 3^2}\mathbf{u_x}\\ &= \frac{1}{4\pi\varepsilon_0}\left[\left(\frac{3}{125} + \frac{3}{9}\right)\mathbf{u_x} + \left(\frac{4}{125} + \frac{2}{16}\right)\mathbf{u_y}\right] \text{ V/m}\end{aligned}$$

윗 식을 정리하면 다음 식과 같다.

$$\mathbf{E}(3, 4) = (3.212\ \mathbf{u_x} + 1.411\ \mathbf{u_y}) \times 10^9 \text{ V/m}$$

지금까지 정전계를 구하기 위해서 각 전하가 만드는 전계의 벡터합을 구하는 것이 필수적임을 알 수 있었다. 하지만 10^{15}개의 하전입자로 이루어진 체적 내에서 중첩의 원리를 계산하려면 엄청난 노력을 필요로 할 것이다. 따라서 이와 같은 문제는 수치계산을 이용하여 해결한다.

만약 어떤 아주 작은 영역 내에 엄청나게 많은 전하가 분포하고 있을 때, 분포된 전하를 그 영역에서 적분함으로써 전계를 수치적으로 구할 수 있다. 아래에 특정 형태로 분포하는 전하에 의해 만들어지는 전계를 나타내었다.

미소체적 Δv 내에 분포하고 있는 전하의 합이 Q일 때, 미소체적 Δv가 거의 0으로 되는 극한($\Delta v \rightarrow 0$)을 고려하면 그림 2-4a에서와 같이 체적전하밀도 ρ_v를 정의할 수 있다.

$$\boxed{\rho_v = \frac{\Delta Q}{\Delta v} \ \ (\text{C/m}^3)} \tag{2.12}$$

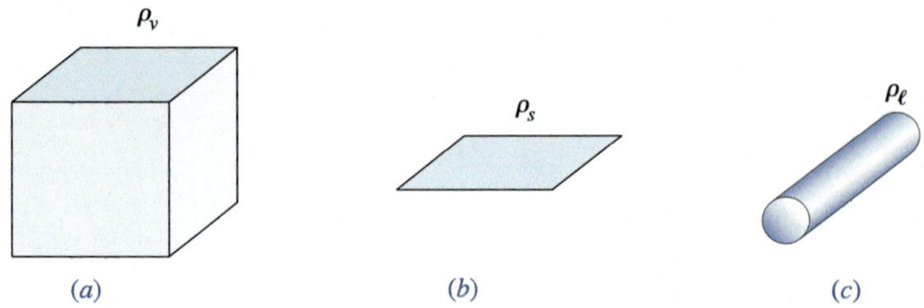

그림 2-4

분포전하밀도.
(**a**) 전하는 체적 Δv에 분포되고 체적전하밀도 ρ_v가 정의된다.
(**b**) 전하는 체적 Δs에 분포되고 면전하밀도 ρ_s가 정의된다.
(**c**) 전하는 체적 $\Delta \ell$에 분포되고 선전하밀도 ρ_ℓ이 정의된다.

이 전하밀도가 미소체적 내에 균일하게 분포할 수도 있고 불균일하게 분포할 수 있다. 만약 불균일하게 분포하는 경우라면 전하밀도는 거리벡터 r의 함수가 되므로 $\rho_v = \rho_v(r)$이 된다. 하지만 이 책의 대부분에서 균일한 전하분포를 고려하므로 이 때는 계산하기가 훨씬 쉬워진다.

전하가 체적이 아닌 어떤 면적에 분포하는 경우라면, 즉 어떤 미소면적 Δs 상에 분포하면 그림 2-4*b*에서와 같이 면전하밀도 ρ_s를 정의할 수 있다.

$$\boxed{\rho_s = \frac{\Delta Q}{\Delta s} \ \ (\mathrm{C/m^2})} \tag{2.13}$$

이 식에서 $\Delta s \to 0$의 극한을 취한다. 그리고 앞에서와 마찬가지로 이 전하밀도가 미소면적 내에 불균일하게 분포하면 $\rho_s = \rho_s(r)$이 된다. 균일하게 분포되는 경우는 표면전하밀도는 거리와 관계없는 상수로 된다.

전하는 미소거리 $\Delta\ell$과 같이 선의 형태로 분포될 수 있다. 이것은 그림 2-4*c*에서와 같이 ***선전하밀도*** ρ_ℓ로 나타낸다.

$$\boxed{\rho_\ell = \frac{\Delta Q}{\Delta \ell} \ \ (\mathrm{C/m})} \tag{2.14}$$

이 식에서 $\Delta\ell \to 0$의 극한을 취한다. 앞에서와 같이 전하는 선의 길이를 따라 균일 또는 불균일하게 분포될 수 있다.

앞에서 전하밀도에 관한 세 가지의 정의식은 이후의 계산에서 매우 유용하게 사용된다. 또한 (2.13)과 (2.14)에서 정의한 전하밀도를 가지는 무한히 긴 선과 무한히 넓은 면에 대해서도 다루게 된다. 이것은 무한히 많은 전하가 무한히 긴 선과 무한히 넓은 면에 분포하는 것으로 단위길이당 전하밀도, 단위면적당 전하밀도가 이용된다.

어떤 형태의 전하분포가 만드는 전계를 계산하기 위해 식 (2.10)과 그림 2-5에서 나타내는 중첩의 원리를 이용할 수 있다. 그림 2-5를 보면 알 수 있듯이 대부분의 전하분포가 만들어내는 전계를 계산하기 위해서는 수치적인 해석기법이 필요하다. 다행히 이 책에서는 수치적인 해석기법의 이해를 돕기 위해 몇 가지의 예가 다루어질 것이다.

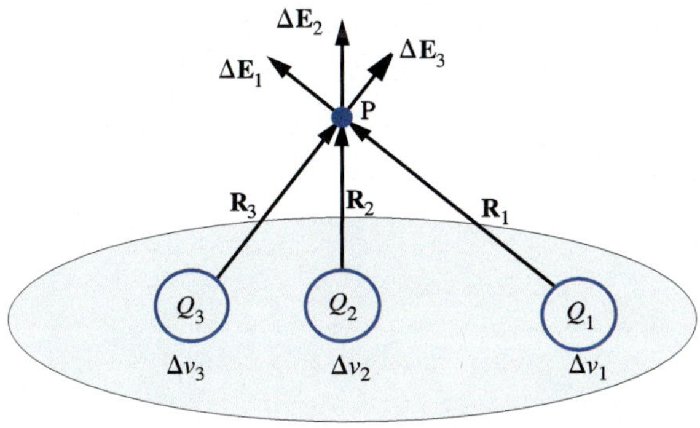

그림 2-5

점 P에서 전계를 계산하기 위해 미소체적 Δv에서의 전하에 의해 만들어지는 미분전계 $\Delta \mathbf{E}_j$는 벡터적으로 서로 더해진다.

만약 각각의 미소체적 Δv_j가 아주 작고 그리고 미소체적의 개수가 아주 많다면 중첩의 원리에 의한 합은 전체체적 Δv에 걸쳐 이루어지는 적분의 형태로 계산된다. 이 때 적분식은 아래와 같다.

$$\mathbf{E} = \frac{1}{4\pi\varepsilon_0}\int_{\Delta v}\frac{\rho_v(r')}{R^2}\mathbf{u_R}\,dv' \tag{2.15}$$

식 (2.15)는 미소체적 내에 있는 전하가 만드는 전계는 체적전하밀도를 전체 체적에 대해 적분함에 의해 구해짐을 의미한다. 따라서 적분을 할 때에는 전하밀도가 가지는 형태에 맞는 좌표계를 선택해야 하고 계산의 시간과 양을 줄이기 위해 대칭성을 고려해야 한다. 만약 대전된 물체의 형태가 구라면 이 문제는 구좌표계에서 풀어져야 하고 대전체가 긴 원통 혹은 선의 형태를 가진다면 원통좌표계가 이용되어야 한다.

적분변수들은 다음과 같이 정의된다. 적분변수 R은 측정점과 전하의 미소체적소 사이의 거리이다. 직각좌표계에서는 식 (2.16)과 같다.

$$R = \sqrt{(x-x')^2 + (y-y')^2 + (z-z')^2} \tag{2.16}$$

여기서 x'과 y', z'은 그림 2-5에서와 같이 전하가 존재하는 미소체적소 내의 위치이며 x와 y, z는 전계를 구하려고 하는 측정점인 점 P의 위치를 나타낸다. 단위벡터 $\mathbf{u_R}$의 방향은 전하로부터 점 P로 향하는 방향이며 적분과정에서 $\mathbf{u_R}$의 위치는 변하게 된다. 즉, 적분은 미소체적의 세 축성분에 대해 따로 따로 실행된다.

좌표계에 맞추어 적분식을 세우고 각 항을 정리하는 절차를 설명하기 위해서 유한길이에 분포하는 전하에 의한 전계를 계산한다. 그림 2-6과 같이 선전하밀도는 $\rho(z')$로 나타낸다. 이 그림에서 dz에서 관측점 P로 향하는 단위벡터는 식 (2.17)로 주어진다.

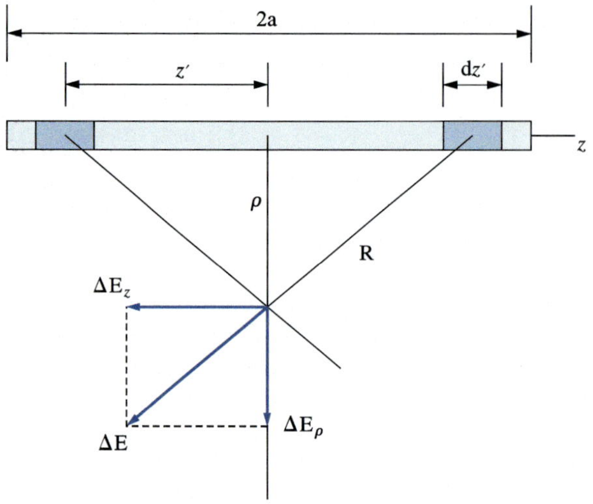

그림 2-6

균일하게 분포된 선전하에 의한 전계계산 방사축은 선전하의 중심에 있다. 이 때문에 전계의 접선성분 $\Delta\mathbf{E}_z$은 상쇄된다.

$$\mathbf{u_R} = \frac{-z'\mathbf{u}_z + \rho\mathbf{u}_\rho}{\sqrt{(z')^2 + \rho^2}} \tag{2.17}$$

앞에서 언급한 바와 같이 단위벡터 $\mathbf{u_R}$은 z'의 위치에 따라 바뀌는 것을 (2.17)과 그림 2-6에서 알 수 있다. 이 계산에서 관측점이 선전하의 중간에 위치되도록 하여 대칭성을 반영하고 있다. 그러므로 $+z'$의 미소선전하소는 $-z'$의 미소선전하소와 같다. 이런 대칭성 때문에 $\pm z$ 방향으로 향하는 전계 성분은 전부 상쇄($\Delta E_{z+} = \Delta E_{z-}$)된다. 만약 선전하의 길이가 무한히 길다면 좌표계의 중심은 z 축 어느 부분에도 올 수 있다.

전계의 방사성분은 식 (2.18)과 같이 주어진다.

$$dE_\rho = dE\cos\theta = dE\frac{\rho}{R} = dE\frac{\rho}{\sqrt{\rho^2 + (z')^2}} \tag{2.18}$$

여기서 미소전계의 크기 **dE**는 미소선전하길이 $\rho_\ell dz'$으로 계산된다. 그러므로 식 (2.15)는 식 (2.19)로 된다.

$$dE = \frac{\rho_\ell dz'}{4\pi\varepsilon_0(\rho^2 + (z')^2)} \tag{2.19}$$

전체 방사성분은 공기가 선형매질이고 중첩의 원리가 적용되므로 미소성분 dE_ρ의 합으로 주어진다. 이 합은 선전하밀도를 전체길이에 대해 적분하여 얻어진다. 해석적으로는 다음 식과 같이 구해진다.

$$E_\rho = \frac{1}{4\pi\varepsilon_0}\int_{-a}^{a} \frac{\rho_\ell\rho}{(\rho^2 + (z')^2)^{3/2}}\mathrm{d}z' = \frac{\rho_\ell}{2\pi\varepsilon_0\rho}\frac{a}{\sqrt{\rho^2 + a^2}} \tag{2.20}$$

이 적분은 $z' = \rho\tan\theta$를 이용하여 치환적분으로 계산된 것이다. 선의 길이가 아주 길어지면($2a \rightarrow \infty$) 전계의 방사성분의 크기는 단지 선전하로부터의 거리가 멀어질수록 작아지는, 즉 거리에 반비례하게 된다. 이것은 점전하에 의한 전계가 거리의 제곱에 반비례하는 것과 대조를 이룬다.

$$E_\rho = \frac{\rho_\ell}{2\pi\varepsilon_0\rho} \tag{2.21}$$

그림 2-6과 예제 2.6에서 보인 대칭성 때문에 (2.15)의 적분식을 이용하여 두 가지 형태의 전하가 만드는 전계를 수치적으로 구하였다. 앞에서 설명한 것과 같이 식 (2.21)과 같이 점전하에 의한 전계는 점전하의 위치로부터 $1/R^2$에 비례하고 선전하는 $1/R$에 비례하며 면전하의 경우는 예제 2.6의 결과와 같이 거리와 관계없이 일정하다.

대칭성을 이용하여 이 두 가지의 예를 쉽게 계산할 수 있었다. 그러나 실제로는

예제 2.6

무한 평면에 대해 전계를 계산하라. 평면은 그림과 같이 평행한 무한개의 선으로 구성된다.

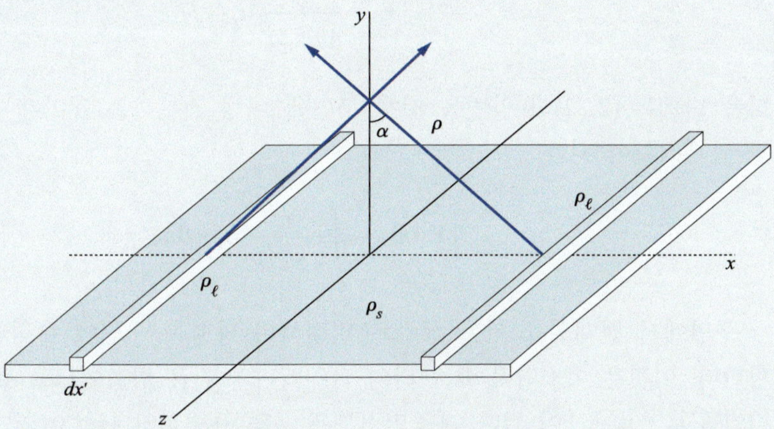

답. 무한 평면은 무한개의 선의 배열로 볼 수 있다. 따라서 식 (2.21)을 사용할 수 있으며 이 식에서 $R = \sqrt{(x')^2 + y^2}$. 선형전하밀도 ρ_ℓ의 선전하의 폭은 dx'이며 $\rho_\ell = \rho_s dx'$이다. 대칭성 때문에 평면과 접선을 이루는 전계 성분은 모두 상쇄된다. 그러므로 평면에 수직인 성분의 합을 구하면 된다.

$$E_y = \int_{-\infty}^{+\infty} dE\cos\alpha\, dx' = \int_{-\infty}^{+\infty} \frac{\rho_s}{2\pi\varepsilon_0\sqrt{(x')^2 + y^2}}\frac{y}{\sqrt{(x')^2 + y^2}}dx'$$

$$= \frac{\rho_s}{2\pi\varepsilon_0}\int_{-\infty}^{+\infty} \frac{y}{\sqrt{(x')^2 + y^2}}dx' = \frac{\rho_s}{2\pi\varepsilon_0}\tan^{-1}\left(\frac{x'}{y}\right)\Bigg|_{-\infty}^{+\infty} = \frac{\rho_s}{2\varepsilon_0}$$

무한히 넓은 평면에서 발생하는 전계는 평면으로부터 거리에 관계없이 전계는 동일하다.

대칭성을 가지지 못하는 경우가 훨씬 더 많다. 따라서 이런 경우는 적분을 수치적으로 풀 수 밖에 없으며, 이것은 전위를 다룬 후에 MATLAB으로 계산해 볼 것이다. 특히 전위는 벡터가 아니기 때문에 문제가 매우 간단하며 이와 같은 대칭성문제는 앞으로 계속 다루게 된다.

2.4 가우스법칙

앞에서 적분에 의해 전계를 구했지만 적분 없이 간단하게 구할 수 있는 방법이 있다. 단, 이 방법을 이용하기 위해서는 풀려고 하는 문제가 반드시 대칭성을 가져야 한다는 것이다. 그림 2-7과 같이 반경이 a인 구안에 총전하량이 Q가 되는 체적전하밀도가 $\rho_v = Q/(4\pi a^3/3)$로 균일하게 분포되어 있다고 가정하자. 구면에 수직으로 퍼져나가는 방사성분의 전계는 분포전하에 의해 만들어지며 이 때, 분포되어 있는 전하밀도를 단지 점전하 Q가 구 중심에 있다고 가정한다. 그러면 식 (2.8)은 (2.22)로 된다.

$$\mathbf{E} = \frac{Q}{4\pi\varepsilon_0 a^2}\mathbf{u_r} \tag{2.22}$$

다음 단계는 (2.22)의 양변을 전체 구면에 대해 적분하는 것이다. 이것은 (2.23)과 같은 폐적분이 된다.

$$\oint \mathbf{E} \cdot \mathbf{ds} = \oint \frac{Q}{4\pi\varepsilon_0 a^2}\mathbf{u_r} \cdot \mathbf{ds} \tag{2.23}$$

구면에서 전계의 크기는 상수로 일정하며 방향은 구면에 수직인 방사방향으로 향한다. 이것은 미소면적 **ds** 벡터의 단위벡터와 같은 방향이므로 두 단위벡터의 스칼라곱 $\mathbf{u_r} \cdot \mathbf{u_r} = 1$이 된다. 폐곡면적분은 구의 표면적인 $4\pi a^2$이 되므로 식 (2.23)은

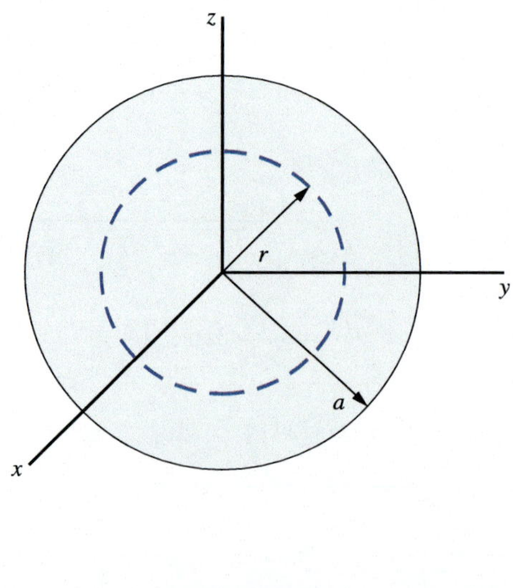

그림 2-7

전하 Q는 반경 a인 구 내에 균일하게 분포하고 있다.

식 (2.24)로 된다.

$$\boxed{\oint \mathbf{E} \bullet \mathbf{ds} = \frac{Q_{\text{enc}}}{\varepsilon_0}} \tag{2.24}$$

여기서 $Q = Q_{\text{enc}}$는 구 표면 내부의 전하를 나타낸다. 이것이 ***가우스법칙***이다. 그리고 닫힌면적 면을 흔히 ***가우스면***이라고 부른다.

식 (2.24)는 앞서 1장에서 다루었던 발산의 정리를 이용함으로써 식 (2.25)와 같이 구표면 내부의 전하를 전하밀도 ρ_v로 나타낼 수 있다.

$$\oint_{\Delta s} \mathbf{E} \bullet \mathbf{ds} = \int_{\Delta v} \nabla \bullet \mathbf{E} dv = \frac{\int_{\Delta v} \rho_v dv}{\varepsilon_0} \tag{2.25}$$

식 (2.25)에서 두 체적적분은 서로 같기 때문에 식 (2.26)과 같이 나타낼 수 있다.

$$\boxed{\nabla \bullet \mathbf{E} = \frac{\rho_v}{\varepsilon_0}} \tag{2.26}$$

식 (2.24)와 식 (2.26)은 정전계의 특성을 표현하는 기본식이다. 이 두 식은 각각 가우스법칙의 적분식과 미분식으로 매우 널리 사용된다.

식에서와 같이 전계는 식 (2.24)를 이용하여 구할 수 있다.

그림 2-7과 같은 구의 체적을 고려하자. 전하 Q는 구의 체적 $\Delta v = 4\pi a^3/3$ 안에 균일하게 분포되어 있다. 체적전하밀도 ρ_v는 아래식과 같다.

$$\rho_v = \frac{Q}{\Delta v} = \frac{Q}{\left(\frac{4\pi a^3}{3}\right)} \tag{2.27}$$

구의 체적 내부의 총 전하 Q_{enc}는 다음 식과 같다.

$$Q_{\text{enc}} = \int_{\Delta v} \rho_v dv \tag{2.28}$$

체적적분의 변수 r은 구의 반경인 a보다 크거나 작을 수 있으므로 구의 체적 안과 밖에서 전계의 방사성분을 구할 수 있다.

먼저 r이 a보다 큰 경우에 대해 전계를 구한다. 이 경우에는 $Q_{\text{enc}} = Q$이므로 아래와 같이 된다.

$$Q = \int_{\Delta v} \rho_v dv \tag{2.29}$$

미소면적벡터의 단위벡터는 방사방향이므로 전계는 오직 방사성분만 가지고 폐면적분을 실행하면 다음 식과 같이 된다.

$$\oint_{\Delta s} \mathbf{E} \cdot \mathbf{ds} = 4\pi r^2 E_r \tag{2.30}$$

그러므로 식 (2.24)의 가우스법칙을 이용하고 식 (2.29)와 식 (2.30)을 같다고 놓으면 식 (2.31)이 된다.

$$4\pi r^2 E_r = \frac{Q}{\varepsilon_0} \tag{2.31}$$

$r > a$의 영역에서 전계의 방사성분의 크기 E_r은 아래식과 같이 된다.

$$E_r = \frac{Q}{4\pi\varepsilon_0 r^2} \tag{2.32}$$

$r < a$의 영역에서는 이 안에 포함되는 총전하는 다음 식으로 주어진다.

$$\frac{Q_{\text{enc}}}{\varepsilon_0} = \frac{\int_{\Delta v} \rho_v dv}{\varepsilon_0} = \frac{1}{\varepsilon_0}\frac{Q}{\left(\frac{4\pi a^3}{3}\right)}\left(\frac{4\pi r^3}{3}\right) = \frac{Q}{\varepsilon_0}\left(\frac{r}{a}\right)^3 \tag{2.33}$$

식 (2.33)에서 미소면적 dv를 구좌표계에서 정의하였다. 이 전하를 둘러싸는 폐면적분은 (2.30)식에서 주어진다. 따라서 대전된 구 내에서 방사방향의 전계는 이 두 식을 같다고 놓음으로써 아래 식과 같이 된다.

$$4\pi r^2 E_r = \frac{Q}{\varepsilon_0}\left(\frac{r}{a}\right)^3 \tag{2.34}$$

구 내부에서 방사방향의 전계를 구하기 위해 아래 식을 계산한다.

$$E_r = \frac{Qr}{4\pi\varepsilon_0 a^3} \tag{2.35}$$

이 식에서 전계는 r에 비례해서 선형적으로 증가한다. 이것은 r이 증가함에 따라 팽창하는 가우스면 안에 포함되는 전하가 더욱 많아지기 때문이다. 그림 2–8은 전계를 반경에 대한 함수로서 나타낸 것이다.

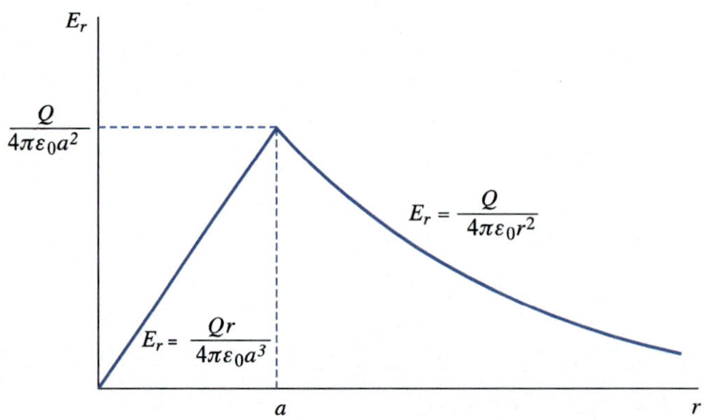

그림 2–8

균일하게 전하가 분포하고 있는 구 내부와 외부에서의 전계.

형태가 조금 다른 미분을 도입하여 가우스법칙의 물리적 의미를 좀 더 강조하고 가우스면 내에 둘러싸이는 전하 Q_{enc}라는 용어의 의미를 좀 더 명확히 하자. 이 방법은 대칭성과 식 (2.36)에서와 같이 단 한 개의 축 성분만을 가지는 문제에 적용된다.

예제 2.7

전하가 원통의 원주방향으로 균일하게 대전된 경우 선전하밀도 $+\rho_\ell$은 원통의 내부표면에 $-\rho_\ell$은 원통의 외부표면에 분포한다. 가우스법칙을 이용하여 내부와 외부 사이의 공간에서 전계를 구하라.

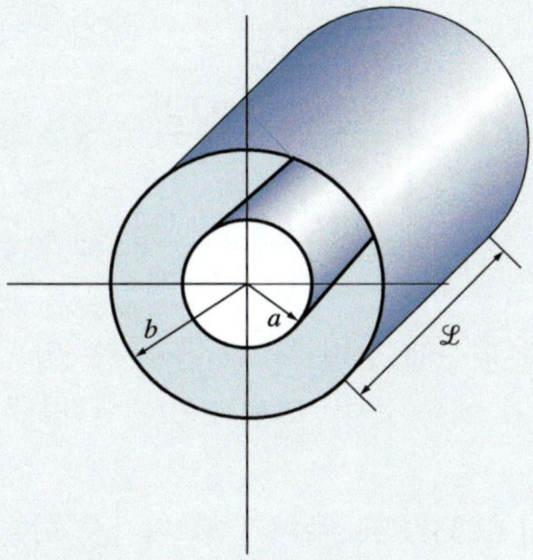

답. 원통의 대칭을 이용하여 가우스폐곡면도 원통면이 된다. $\rho < a$의 영역에서는 가우스폐곡면 내에 포함되는 전하가 없다. 따라서 여기서는 전계가 0이 된다. $a < \rho < b$의 영역에서는 내부원통면이 원통 중심에 선전하밀도 ρ_ℓ이 집중되어 있는 선전하로 대체할 수 있다. 길이 $\mathscr{L}$에 분포된 총전하는 $+\rho_\ell\mathscr{L}$이 된다. 그러므로 (2.24)식의 가우스법칙으로부터 다음 식으로 된다.

$$\oint \mathbf{E} \cdot \mathbf{ds} = \int_{\phi=0}^{\phi=2\pi} \int_{z=0}^{z=\mathscr{L}} E_\rho dz d\phi = E_\rho(2\pi\rho\mathscr{L}) = \frac{Q_{enc}}{\varepsilon_0} = \frac{+\rho_\ell\mathscr{L}}{\varepsilon_0}$$

위 식에서 첫 번째 적분은 2π가 되고 두 번째 적분은 $\mathscr{L}$이 된다. 따라서 $a < \rho < b$의 영역에서의 방사성분의 전계는 다음 식과 같다.

$$E_\rho = \frac{+\rho_\ell}{2\pi\varepsilon_0\rho}$$

이것은 (2.21)과 같은 결과이다. $\rho > b$의 영역에서는 총 전하는 $\{+\rho_\ell\mathscr{L} - \rho_\ell\mathscr{L}\} = 0$이 된다. 따라서 위부원통의 외부에서의 전계는 0이다.

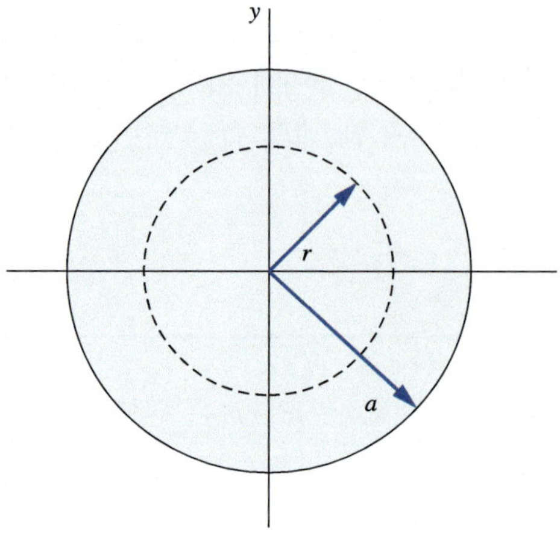

그림 2-9

전하는 반경이 a인 구체적 안의 체적에 분포된다. 전하 Q_{enc}는 반경이 r인 구 내부에 있는 전하가 된다.

$$\nabla \cdot \mathbf{E} = \begin{cases} \dfrac{dE}{dx} = \dfrac{\rho_v(x)}{\varepsilon_0} & \text{직각 좌표계} \\ \dfrac{1}{\rho}\dfrac{d(\rho E)}{d\rho} = \dfrac{\rho_v(\rho)}{\varepsilon_0} & \text{원통 좌표계} \\ \dfrac{1}{r^2}\dfrac{d(r^2 E)}{dr} = \dfrac{\rho_v(r)}{\varepsilon_0} & \text{구 좌표계} \end{cases} \tag{2.36}$$

이로써 편미분 대신에 상미분을 사용할 수 있으며 체적전하밀도 ρ_v도 이 축 성분의 함수가 된다. 예를 들어, 그림 2-9에 나타낸 것은 체적 내에 분포하는 전하이다.

전하 Q_{enc}는 식 (2.33)으로 주어진다. 여기서 다른 축 성분에 대한 적분값은 4π가 되며 아래 식과 같이 방사성분에 대한 적분만 실행하면 된다.

$$Q_{enc} = 4\pi\int_0^{\rho} \rho_v(\tilde{r})\tilde{r}^2 d\tilde{r} \tag{2.37}$$

여기서 $\tilde{r}$은 적분변수이다. 식 (2.36)의 좌변은 식 (2.38)과 같이 된다.

$$\begin{aligned} \frac{1}{r^2}\frac{d(r^2E_r)}{dr} &= \frac{1}{r^2}\frac{d(r^2E_r)}{dQ_{enc}}\frac{dQ_{enc}}{dr} \\ &= \frac{1}{r^2}\frac{d(r^2E_r)}{dQ_{enc}}[4\pi r^2\rho_v(r)] \\ &= \frac{d(r^2E_r)}{dQ_{enc}}[4\pi\rho_v(r)] \end{aligned} \tag{2.38}$$

여기서 라이프니찌규칙을 이용하여 적분에 대한 미분을 정의하였다.[2] $4\pi r^2\rho_v(r)$ 항

[2] 적분에 대한 미분은 라이프니치규칙이라고 알려져 있는 식으로 주어진다.

$$\frac{d\left(\int_{a(x)}^{b(x)} f(x,y)dy\right)}{dx} = \int_{a(x)}^{b(x)}\frac{df(x,y)}{dx}dy + f(x,b(x))\frac{db(x)}{dx} - f(x,a(x))\frac{da(x)}{dx}$$

은 이 정의를 적용함에 의해 생긴 것이다. $\rho_v(r)$은 식의 양변에서 공통이므로 상쇄되어 식 (2.36)은 식 (2.39)로 된다. 이 식은 쉽게 적분되며 식 (2.40)이 된다.

$$4\pi\frac{d(r^2E)}{dQ_{\text{enc}}}=\frac{1}{\varepsilon_0} \tag{2.39}$$

$$E=\frac{Q_{\text{enc}}}{4\pi\varepsilon_0 r^2} \tag{2.40}$$

식 (2.40)에 의해 구표면 밖의 전계는 표면 내에 둘러싸이는 Q_{enc}에 의해 결정된다. 이것이 가우스법칙의 물리적인 의미이다.

역시 마찬가지로 이 방법은 균일한 전하밀도를 가지는 구 내부의 전계를 구하는 데에도 이용된다.

$$\rho_v=\frac{Q}{\left(\frac{4\pi a^3}{3}\right)} \tag{2.41}$$

$4\pi r^3/3$ 구체적 내에 둘러싸이는 전하 Q_{enc}는 아래 식으로 정의된다.

$$Q_{\text{enc}}=\int_{\Delta v}\rho_v dv=\int_0^{\pi}\sin\theta d\theta\int_0^{2\pi}d\phi\int_0^r\frac{Q}{\left(\frac{4\pi a^3}{3}\right)}r'^2dr'=Q\left(\frac{r}{a}\right)^3 \tag{2.42}$$

이것을 (2.40)에 대입하면 아래 식과 같이 된다.

$$E=\frac{Q_{\text{enc}}}{4\pi\varepsilon_0 r^2}=\frac{Q\left(\frac{r}{a}\right)^3}{4\pi\varepsilon_0 r^2}=\frac{Qr}{4\pi\varepsilon_0 a^3} \tag{2.43}$$

(2.43)은 (2.35)의 결과식이다. 가우스법칙을 이용하는 데 있어서 대칭성을 사용하였다. 이로써 한 가지 축성분 만을 계산에 고려하여 문제를 간단히 할 수 있었다. 가우스폐곡면이 전하를 둘러싸는 구면보다 더 크다면 구면 내부에 분포하고 있는 전하를 구 내부의 중심에 점전하 Q로 가정하여 전계를 계산하여도 양자 사이에 오차가 거의 없는 매우 정확한 근사치가 구해진다.

2.5 에너지와 전위

우리가 산 위로 올라 갈 때, 높이에 따른 위치에너지를 가지는 것과 같이 그림 2-10에서 하전입자가 전계를 거슬러 이동을 할 때, 하전입자는 에너지를 가지게 된다. 이 때문에 하전입자는 전계에 의한 힘을 극복해야 하므로 일을 해야만 한다.

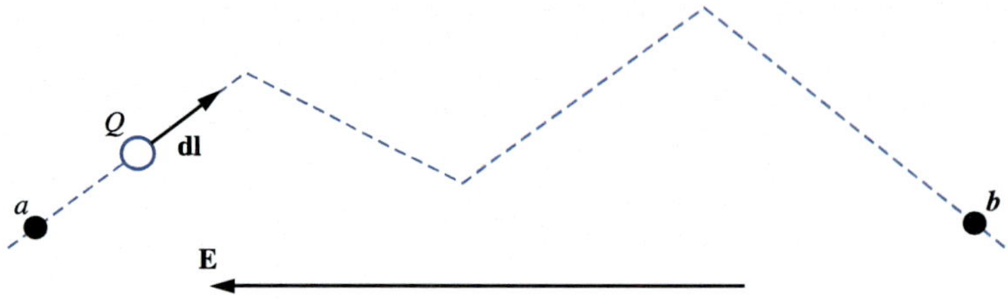

그림 2-10

전계를 거슬러 a점에서 b점으로 전하 Q를 이동하면 전하의 전위가 바뀐다.

하전입자의 에너지 ΔW_e [J]는 다음 식과 같이 선적분으로 표시된다.

$$\Delta W_e = \int_a^b \mathbf{F} \cdot \mathbf{dl} = -Q\int_a^b \mathbf{E} \cdot \mathbf{dl} \text{ (J)} \tag{2.44}$$

이 식은, − 부호를 가질 수 있으며, 전하의 부호가 +이면 전계에 의한 힘을 극복하기 위한 일이 된다. 그리고 이 식에서 에너지는 반드시 보존되며, 양의 전하는 (2.44)식의 계산과 같은 에너지를 가지게 되고 이 에너지는 증가하게 된다. 음의 전하의 경우에는 역으로 에너지가 감소될 것이다. 이 선적분에서 스칼라곱을 하게 되므로 경로의 방향과 수직으로 작용하는 힘에 대해서는 어떤 일도 발생하지 않는다. 이 사실은 앞으로 중요하게 다루어 질 것이다.

다음의 사고실험[3]에서 공간에 축적되는 정전에너지를 정의한다. 실험을 시작하기 전에 모든 전하는 $x = -\infty$ 있고 ***실험공간***에는 전계가 없는 상태라고 가정한다. 이 말은 다른 전하들은 무한히 먼 곳에 있어 이 전하 사이에는 어떤 쿨롱의 힘도 작용하지 않는다는 것을 의미한다. 즉, $x = -\infty$에 있는 전하로부터 발생하는 어떤 전계도 그 전하로부터 무한히 떨어져 있는 실험공간에서는 0으로 감쇠된다.

그림 2-11과 같이 무한히 떨어져 있는 전하를 푸른색으로 칠해진 실험공간으로 가져오는 데 필요한 에너지를 계산하자. 첫 번째 전하 Q_1을 가져오는 데에는 어떤 전계의 방해도 받지 않으므로 일이 필요하지 않다. 따라서 $W_1 = 0$이다. 그러나 두 번째 전하 Q_2가 실험공간으로 이동할 때는 첫 번째 전하가 만드는 전계 때문에 두 번째 전하에는 이동을 방해하는 힘이 작용하게 된다. 따라서 Q_2가 이동하기 위해서는 이 힘을 거슬러야 하므로 일이 필요다. 따라서 아래 식에서 − 부호가 표시된다.

$$W_2 = -\int_{-\infty}^{x_b} \frac{Q_1Q_2}{4\pi\varepsilon_0(x - x_a)^2}dx = \frac{Q_1Q_2}{4\pi\varepsilon_0|x_b - x_a|} = Q_2V_1 \tag{2.45}$$

식 (2.45)에서와 같이 일은 전하가 이동하는 경로의 길이에 따라 변하게 된다. 이 식은 Q_2와 나머지 부분의 곱으로 표시할 수 있으므로 이 나머지 부분이 Q_1에 의한

[3] 사고실험이란 생각을 통해서 실험을 하는 것이다.

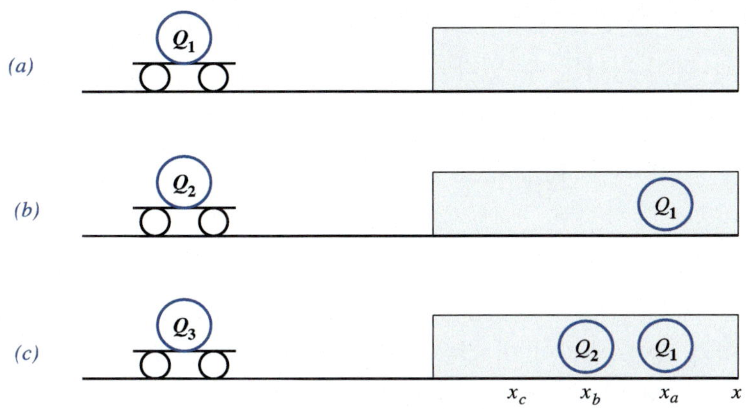

그림 2-11

전하를 $x = -\infty$에서 정의된 공간으로 이동하는 필요한 일의 계산.
(a) 첫 번째 전하 Q_1은 어떤 일도 필요하지 않는다.
(b) 두 번째 전하 Q_2는 첫 번째 전하 Q_1이 전계를 만들기 때문에 이동하는데 일이 필요하게 된다.
(c) 세 번째 전하 Q_3는 이미 두 전하가 존재하므로 더 큰 일이 필요하게 된다.

영향을 나타내게 된다. 이 영향을 우리는 절대전위라고 하며 아래 식과 같이 나타낸다. 전위의 단위는 볼트[V]이다.

$$V_1 = -\int_{-\infty}^{x_b} \frac{Q_1}{4\pi\varepsilon_0(x - x_a)^2}dx = \frac{Q_1}{4\pi\varepsilon_0|x_b - x_a|} \quad \text{(V)} \tag{2.46}$$

그림 2-11과 같이 모든 전하에는 번호가 붙여져 있다. 그림에서 x_a에 있는 Q_1 앞 지점 x_b에 Q_2를 가져왔지만 역으로 Q_2 앞에 Q_1을 가져온다면 에너지에 있어 어떤 차이가 있을까? 라는 의문이 생긴다. 그 대답은 "차이가 없다"이다. 식 (2.45)는 Q_1V_2로 똑 같이 표시할 수 있다. 우리는 앞으로 이것을 일반화할 것이다.

그림 2-11과 같이 실험공간에 Q_3 전하를 가져오자. 이미 이 공간에 존재하는 Q_1과 Q_2에 의한 전계 때문에 일을 하게 된다.

$$W_3 = -\int_{-\infty}^{x_c} \frac{Q_1Q_3}{4\pi\varepsilon_0(x - x_a)^2}dx - \int_{-\infty}^{x_c} \frac{Q_2Q_3}{4\pi\varepsilon_0(x - x_b)^2}dx \tag{2.47}$$

위 식은 다음 식과 같이 정리할 수 있다.

$$W_3 = \frac{Q_1Q_3}{4\pi\varepsilon_0|x_c - x_a|} + \frac{Q_2Q_3}{4\pi\varepsilon_0|x_c - x_b|} = Q_3V_1 + Q_3V_2 \tag{2.48}$$

실험 공간에 세 개의 전하를 가져오는 데 필요한 일은 다음 식으로 주어진다.

$$W_{\text{total}} = W_1 + W_2 + W_3 = 0 + Q_2V_{12} + Q_3V_{13} + Q_3V_{23} \tag{2.49}$$

V_{ij}의 이중첨자는 i 번째 전하가 만드는 전계 내에 j 번째 전하가 놓여지는 지점의 전위를 의미한다.

전하 전부를 가져오는 데 필요한 에너지는 공간에 축적되므로 이것을 정전축적 에너지, 혹은 ***정전에너지***라고 하고 따라서 이 에너지는 일을 할 수 있는 잠재력을 가지게 된다.

위에서 세 전하가 있을 때 일을 구하는 과정은 N개의 전하에 대해서도 똑 같이 적용되므로 아래 식과 같이 나타낼 수 있다.

$$W_{\text{total}} = \frac{1}{2}\sum_{i=1}^{N}\sum_{j=1}^{N(j\neq i)} \frac{Q_i Q_j}{4\pi\varepsilon_0 |x_{ij}|} \tag{2.50}$$

여기서 $|x_{ij}|$는 전하 Q_i와 Q_j 사이의 거리이고 식에서 표시되는 1/2은 합의 연산이 2번 사용되기 때문이다. 예를 들어 $i = 6$과 $j = 8$의 첨자를 가지는 항은 $i = 8$과 $j = 6$의 첨자를 가지는 항과 같다. 따라서 이 값은 합의 연산에서 두 번 계산되는 셈이다. $i = j$일 때 N개는 이 합 연산에서 제외된다.

다른 전하에 의한 i 번째 전하가 놓여지는 지점의 전위는 아래 식과 같이 주어진다.

$$V_i = \sum_{j=1}^{N(j\neq i)} \frac{Q_j}{4\pi\varepsilon_0 |x_{ij}|} \tag{2.51}$$

따라서 정전에너지는 다음 식으로 주어진다.

$$W_e = W_{\text{total}} = \frac{1}{2}\sum_{i=1}^{N} Q_i V_i \tag{2.52}$$

정전에너지를 W_e로 표시하였다. 나중에 자계에서 첨자 m을 사용하여 W_m의 표시를 사용하는데 이것은 자기에너지를 나타낸다. 1차원으로 정의되는 정전에너지는 3차원에서도 똑 같이 적용이 된다.

예제 2.8

식 (2.50)에 1/2이 필요한 이유를 세 개의 전하 ($N = 3$)를 이용하여 설명하라. 첫 번째 전하를 이동하는 데에는 어떤 에너지도 필요치 않는다.

답. $N = 3$에 대해 (2.50)을 확장하면 다음과 같다.

$$W_{\text{total}} = \frac{1}{2}\left(\frac{Q_1Q_2}{4\pi\varepsilon_0|x_{12}|} + \frac{Q_1Q_3}{4\pi\varepsilon_0|x_{13}|} + \frac{Q_2Q_1}{4\pi\varepsilon_0|x_{21}|} + \frac{Q_2Q_3}{4\pi\varepsilon_0|x_{23}|} + \frac{Q_3Q_1}{4\pi\varepsilon_0|x_{31}|} + \frac{Q_3Q_2}{4\pi\varepsilon_0|x_{32}|}\right)$$

$x_{jk} = x_{kj}$이고 $Q_jQ_k = Q_kQ_j$이므로 아래 식과 같다.

$$W_{\text{total}} = \frac{Q_1Q_2}{4\pi\varepsilon_0|x_{12}|} + \frac{Q_1Q_3}{4\pi\varepsilon_0|x_{13}|} + \frac{Q_2Q_3}{4\pi\varepsilon_0|x_{23}|} = Q_2V_{12} + Q_3V_{13} + Q_3V_{23}$$

이것은 (2.49)에서 구한 식과 같은 결과이다.

만약 전하가 어떤 체적 내에 분포된다면 체적 Δv 내에서 에너지는 다음과 같이 일반화된다. (2.52)에서 전하 Q_i는 $\rho_v dv$, 각 전하에 의한 전위 V_i는 V, 합은 체적적분으로 바뀐다. 이 때 정전에너지는 식 (2.53)으로 나타낼 수 있다.

$$\boxed{W_e = \frac{1}{2}\int_{\Delta v} \rho_v V dv \text{ (J)}} \tag{2.53}$$

여기서 전체 정전에너지를 W_e로 다시 정의한다.

전위 또는 ***전압***에 대한 물리적인 의미는 다음과 같다. 전계가 존재하는 공간의 두 점 a와 b 사이에 전하 Q를 이동할 때 필요한 일을 전하량 Q로 나눈 것을 두 점 a와 b의 전위차 V_{ab}라고 한다. 이 식을 절대전위로 나타내면 아래 식과 같다.

$$V_a - V_b = \Delta V_{ab} = \frac{1}{Q}\left\{\int_{-\infty}^{a} \mathbf{F} \bullet \mathbf{dl} - \int_{-\infty}^{b} \mathbf{F} \bullet \mathbf{dl}\right\}$$

$$= \frac{1}{Q}\left\{Q\int_{-\infty}^{b} \mathbf{E} \bullet \mathbf{dl} - Q\int_{-\infty}^{a} \mathbf{E} \bullet \mathbf{dl}\right\}$$

또는

$$\boxed{\Delta V_{ab} = \int_{a}^{b} \mathbf{E} \bullet \mathbf{dl} \text{ (V)}} \tag{2.54}$$

에너지의 단위는 줄[J]이며 이것은 우리가 다루게 될 전하량을 고려하면 너무 큰 단위이다. 따라서 흔히 전자 1개가 1 volt ≡ 1 joule/1 coulomb의 전위차를 가지는 두 지점을 지날 때 가지게 되는 에너지의 단위인 [eV]가 주어진다.[4]

(2.54)식의 계산을 설명하기 위해 그림 2-12와 같이 $r = b$에서 $r = a$까지 전하 q가 이동하는 데 필요한 일(일 = 전하량 × 전위차)을 계산한다. 전하 Q는 구의 중심에 있다. 그림 2-12에서 동심구 사이의 전계는 다음 식으로 주어진다.

$$\mathbf{E} = \frac{Q}{4\pi\varepsilon_0 r^2}\mathbf{u_r} \tag{2.55}$$

두 구면 사이의 전위차는 다음 식으로 계산된다.

$$\Delta V_{ab} = \int_{a}^{b} \frac{Q}{4\pi\varepsilon_0 r^2}\mathbf{u_r} \bullet dr\mathbf{u_r} = -\frac{Q}{4\pi\varepsilon_0 r}\bigg|_{a}^{b} = \frac{Q}{4\pi\varepsilon_0}\left(\frac{1}{a} - \frac{1}{b}\right) \tag{2.56}$$

만약 이 식에서 반경 b가 무한대로 커지면($b \to \infty$) 이 식은 $r = \infty$와 $r = a$ 사이의 전위차가 된다. $r = \infty$의 전위는 0으로 정의되므로 우리는 흔히 이것을 그라운드 전위라고 한다. 110 V 전원선이 보통 두 가닥이지만 가끔 세 가닥인 경우가 있다.

---
[4] 1 eV = 1.6 × 10^{-19} J.

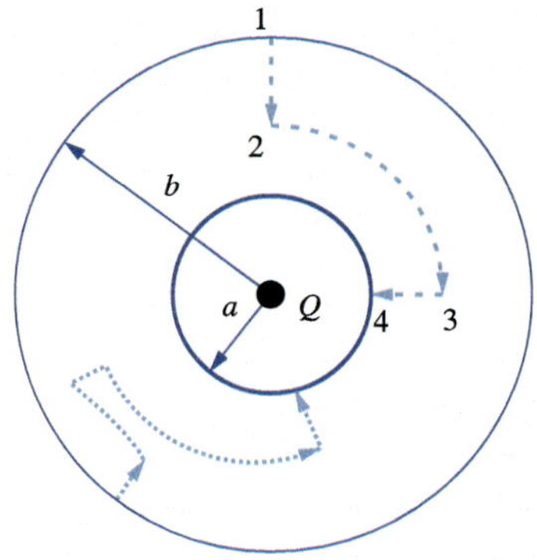

그림 2-12

전하 Q를 둘러싸는 두 개의 동심구. 점선은 두 구 사이의 전위를 구하기 위해 선택되는 경로를 나타낸다. 두 번째 점선은 다른 경로이다. 어느 경로를 이용하더라도 전위차는 동일한 값을 가진다.

이 여분의 한 선은 대지와 같은 그라운드, 흔히 수도관에 연결된다. 이 수도관은 안전을 위해 0전위를 가지는 대지에 연결된다. $r = a$의 전위는 전하의 부호에 따라 양일 수도 음일 수도 있다. 그라운드전위를 기준으로 하는 전위는 절대전위로서 정의된다.

그림 1-12(경로 $1 \rightarrow 2$와 $3 \rightarrow 4$)에서와 같이 두 구면 사이에는 전위차가 있다. 만약 구표면을 따라 (경로 $2 \rightarrow 3$) 원주방향으로 전하가 이동하면 **E**와 **dl**은 서로 수직이므로 어떤 일도 필요하지 않다. 즉 구표면은 ***등전위면***이므로 하전입자의 이동에 영향을 줄 수 있는 일은 0이 된다. 그림 2-12의 점선과 같은 두 번째 경로를 따라 이동하여도 결과는 같다. 왜냐하면 그림에서와 같이 등전위면의 경로를 제외하면 이동거리는 같기 때문이다. 이것은 책의 나머지 부분에서 다시 다룰 것이며 실제 상황에서도 볼 수가 있다. 예를 들면 전기기기를 담든 금속 함은 등전위면이고 안전을 위해 반드시 그라운드전위가 되어야 한다. 전기선의 세 번째 선도 대지에 연결되어야 한다. 만약 우리가 함에 손을 댄다든지 혹은 선의 연결이 잘못되어 순간적인 전기감전이 일어나면 가정에 두기에는 안전하지 못하다는 것을 의미한다. 따라서 수도관이나 전기선의 세 번째 선은 땅에 제대로 연결되어야 한다.

예제 2.9

내부원통의 전위가 V_0이고 외부 원통의 전위가 0인 경우 두 동심원통 사이의 전위의 변화를 계산하라.

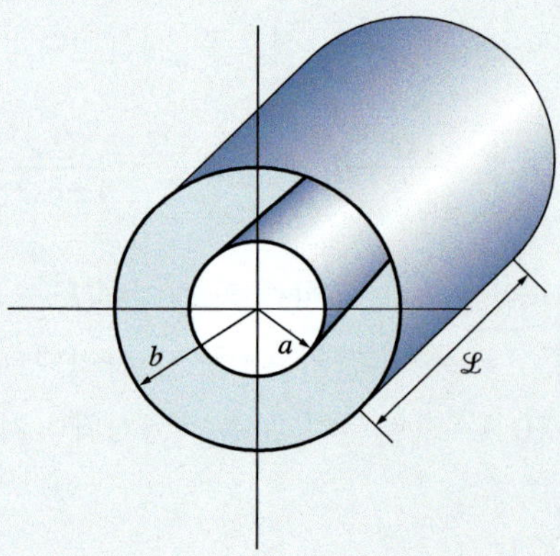

답. 예제 2.7로부터 내부원통 외부표면에 균일한 전하밀도 ρ_ℓ C/m를 가지는 무한히 긴 원통으로부터의 전계의 방사성분은 $E_\rho = \rho_\ell/2\pi\varepsilon_0\rho$이다. 이 전하밀도는 예제에서는 나타나지 않고 계산되어야 한다. 오직 두 원통면 사이의 전위차만이 주어진다. 원통면 사이의 전위의 공간분포는 전계를 구하여 (2.54)를 이용하여 구하면 다음과 같다.

$$V(\rho) = -\int_b^\rho E_\rho d\tilde{\rho} = -\int_b^\rho \frac{\rho_\ell}{2\pi\varepsilon_0\tilde{\rho}} d\tilde{\rho} = -\frac{\rho_\ell}{2\pi\varepsilon_0}\ln\left(\frac{\rho}{b}\right)$$

이것은 $\rho = b$에서 전위가 0이라는 조건을 만족한다. 이 경우에, 적분상수는 전하밀도 속에 포함된다. 이 상수를 계산하기 위해서 $\rho = a$에서 전위가 V_0가 되도록 하면 다음과 같다.

$$V_0 = -\frac{\rho_\ell}{2\pi\varepsilon_0}\ln\left(\frac{a}{b}\right)$$

두 원통 사이의 전위분포를 구하기 위해 두 식의 선전하밀도 ρ_ℓ을 제거한다.

$$V(\rho) = V_0 \frac{\ln\left(\frac{\rho}{b}\right)}{\ln\left(\frac{a}{b}\right)}$$

이 전위는 경계조건을 만족한다. $\rho = b$일 때, ln(1) = 0이 됨을 주의하라. $\rho = a$일 때, 분자와 분모는 상쇄된다.

두 등전위면의 간격이 매우 작고 전위차도 매우 작을 경우 두 등전위면의 미소전위차는 (2.57)로 주어진다.

$$dV \approx -\mathbf{E}\cdot\mathbf{dl} = -E_x dx - E_y dy - E_z dz \tag{2.57}$$

x, y, z의 세 변수에 대한 연쇄법칙에 따라 (2.58)로 나타낼 수 있다.

$$dV = \frac{\partial V}{\partial x}dx + \frac{\partial V}{\partial y}dy + \frac{\partial V}{\partial z}dz \tag{2.58}$$

(2.57)과 (2.58)을 비교하면 전계를 다음 세 항으로 나타낼 수 있다. 따라서 전계를 벡터로 나타내면 (2.59)로 된다.

$$\boxed{\mathbf{E} = -\frac{\partial V}{\partial x}\mathbf{u_x} - \frac{\partial V}{\partial y}\mathbf{u_y} - \frac{\partial V}{\partial z}\mathbf{u_z} \ \ (\mathrm{V/m})} \tag{2.59}$$

만약 이 등전위면의 위치와 크기를 알게 된다면 전계 벡터의 크기와 방향을 계산할 수 있다. (2.59)식으로부터 전계는 전위의 최대변화율의 방향에서 정의되고 전계의 단위는 공간길이에 대한 미분연산을 고려하면 다음과 같다.

$$\text{volts / meter} = \text{V / m}$$

(2.59)는 직각좌표계의 세 축에 대해 전위의 *경사연산*을 나타낸 것이다. 따라서 전계는 아래 식과 같이 정전위의 − 기울기를 구함으로써 수치적으로 구할 수 있다. 여기서 "−"를 붙이는 이유는 경사벡터의 방향은 낮은 곳에서 높은 곳으로 향하지만 전계는 높은 곳에서 낮은 곳으로 향하기 때문이다.

$$\boxed{\mathbf{E} = -\nabla V \quad (\text{V / m})} \tag{2.60}$$

공간에서 전위를 측정하는 것은 쉽기 때문에 이 식은 매우 중요하다. 공간 여러 지점에서 전위를 측정하면 같은 전위를 가지는 지점을 연결할 수 있다. 따라서 같은 전위를 가지는 등전위선이나 등전위면이 결정되고 이로부터 공간에서의 전계의 크기나 방향을 결정할 수 있다.

예제 2.10

전위는 공간의 여러 지점에서 측정된다. 전위가 같은 지점을 선으로 연결하면 그래프와 같은 등전위선이 얻어진다. P 점에서 전계를 구하라. 이 그래프는 5 m × 5 m이다.

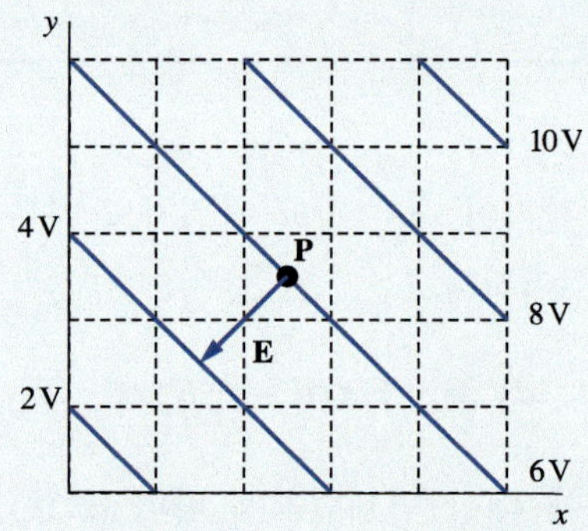

답. 전계는 $\mathbf{E} = -\nabla V$로 구한다. 측정된 등전위선은 굵은 실선으로 표시되며 $\sqrt{1^2 + 1^2} = \sqrt{2}$ m 만큼 떨어져 있다. P 점의 전계는 다음 식과 같다.

$$\mathbf{E} = -\nabla V = -\frac{\partial V}{\partial x}\mathbf{u_x} - \frac{\partial V}{\partial y}\mathbf{u_y} \approx -(\mathbf{u_x} + \mathbf{u_y}) \ \ (\text{V/m})$$

전계는 전위가 높은 곳에서 낮은 곳을 향하는 벡터이다. 여러 실제적인 경우에서는 MATLAB을 이용하여 도면적으로 구하게 된다.

식 (2.60)의 전계를 식 (2.26)에 대입하면 전계가 전하밀도의 변화에 의해 어떻게 변하는지 알 수 있다.

$$\nabla \bullet (-\nabla V) = \frac{\rho_v}{\varepsilon_0}$$

또는

$$\nabla^2 V = -\frac{\rho_v}{\varepsilon_0} \ (\text{V/m}^2) \tag{2.61}$$

이 식을 ***포와송방정식***이라 한다. 전하밀도 ρ_v가 0이면 이것을 ***라플라스방정식***이라 한다. 이 두 식은 전위와 전계를 구하는 데 이용된다. 이 두 식을 해석적 혹 수치적으로 구하는 문제는 나중에 상세하게 다룬다. 이 두 식은 반드시 다시 다루게 될 것이다.

전하가 미소체적 Δv 내에 분포하는 경우의 전위를 구할 수 있었다. 이 경우에서 식 (2.51)에 있는 각 전하가 기여하는 몫의 합은 전하가 분포하고 있는 공간에 대해 적분으로 대체된다.

절대전위의 정의로부터 직각좌표계의 원점이 아닌 곳에 존재하는 체적전하분포가 만드는 전위는 다음 식으로 구해진다.

$$V(x, y, z) = \frac{1}{4\pi\varepsilon_0}\int_{\Delta v} \frac{\rho_v(x', y', z')}{R} dx'dy'dz' \ (\text{V}) \tag{2.62}$$

여기서 거리 R은 $R = \sqrt{(x-x')^2 + (y-y')^2 + (z-z')^2}$로 주어진다. 직각좌표계외의 다른 좌표계에서의 거리에 대한 식은 부록 A에 주어진다. 여기서 정의되는 거리는 그림 2-13에서와 같이 두 벡터 **r'**과 **r**의 벡터 차의 크기와 같다. MATLAB에서는 "***norm***" 명령어를 사용하다.

경사 연산은 원점에서 관측점까지 거리 **r**에 대해 실행되며 **r**과 **r'**은 서로 독립된 변수이다. 따라서 **r**에 대한 기울기 연산 ∇은 **r**에 대해 실행되고 이것은 **r'**에 대한 적분식 안에 포함될 수 있다. 다음 식이 성립함을 증명하는 것이 문제로 주어질 것

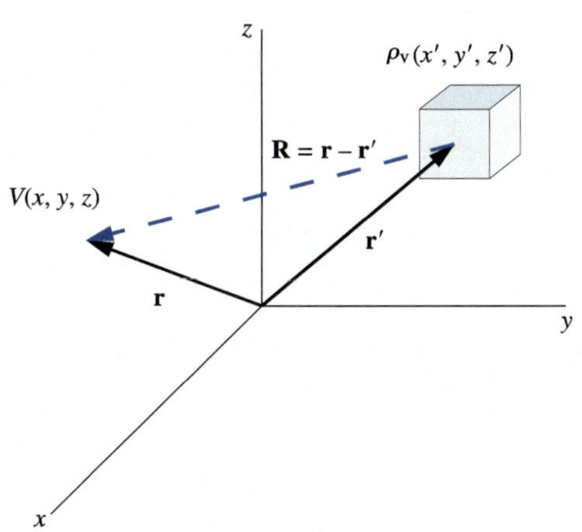

그림 2-13

공간의 (x, y, z)의 한 지점의 전위는 (x', y', z')의 위치에 있는 체적전하분포에 발생한다. 체적전하밀도가 존재하는 곳과 측정점 사이의 거리는 두 벡터 **r**과 **r'**의 차로 구해진다.

이다.

$$\nabla\left(\frac{1}{R}\right) = -\frac{\mathbf{u_R}}{R^2} \tag{2.63}$$

여기서 $\mathbf{u_R} = (\mathbf{r} - \mathbf{r}')/|\mathbf{r} - \mathbf{r}'|$은 단위벡터이다. 따라서 일단 전위만 알게 되면 (2.60)식으로부터 전계를 구할 수 있다. 적분연산 식 (2.62)을 이용하여 정전계를 구하는 데에는 몇 가지 이점이 있다. 식 (2.62)에서 오직 한 번만 적분하면 된다는 것과 스칼라적분이라는 것이다. 식 (2.15)의 체적전하분포가 만드는 전계를 계산하는 것은 벡터적분이다. 이것은 전계의 세 축성분을 구하기 위해서는 세 축방향으로 적분을 해야 한다.

식 (2.53)에서 Δv 내에 축적되는 정전에너지를 계산하였다. (2.26)식을 이용하여 체적전하밀도 ρ_v를 대체함으로써 정전에너지에 대한 새로운 식이 아래에 주어진다.

$$W_e = \frac{1}{2}\int_{\Delta v} \rho_v V dv = \frac{1}{2}\int_{\Delta v} (\varepsilon_0 \nabla \cdot \mathbf{E}) V\, dv \tag{2.64}$$

이 식은 전계의 발산과 전위의 곱으로 되며 부록 A에서와 같이 다음과 같이 주어진다.

$$\nabla \cdot (a\mathbf{B}) = \mathbf{B} \cdot \nabla a + a\nabla \cdot \mathbf{B}$$

(2.64)식을 다시 나타내면 아래 식과 같이 된다.

$$W_e = \frac{\varepsilon_0}{2}\int_{\Delta v} [\nabla \cdot (V\mathbf{E}) - \mathbf{E} \cdot \nabla V]\, dv \tag{2.65}$$

(2.65)식 우변의 첫 번째 항은 발산의 정리를 이용하여 폐면적분으로 변환된다:

$$\int_{\Delta v} \nabla \cdot (V\mathbf{E})\, dv = \oint_{\Delta s} V\mathbf{E} \cdot \mathbf{ds} \tag{2.66}$$

이 경우에 면적 Δs는 체적 Δv를 둘러싸는 면적이 된다. 이것은 구의 형태를 가지는 체적이면 전하는 구 중심에 집중된다고 가정한다. 구 표면에서의 전계와 전위는 $1/R$과 $1/R^2$에 비례하여 변하게 된다. 구 표면의 표면적은 구의 반경이 커짐에 따라 R^2에 따라 비례하여 증가한다. 그러므로 (2.66)은 $R \to \infty$가 되면 0으로 된다.

전체 정전에너지는 다음과 같은 식으로 주어진다.

$$W_e = \frac{\varepsilon_0}{2}\int_{\Delta v} (-\mathbf{E} \cdot \nabla V)\, dv = \frac{\varepsilon_0}{2}\int_{\Delta v} (\mathbf{E} \cdot \mathbf{E})\, dv$$

또는

$$\boxed{W_e = \frac{\varepsilon_0}{2}\int_{\Delta v} E^2 dv \text{ (J)}} \tag{2.67}$$

여기서 전계는 (2.60)의 스칼라전위의 기울기 연산으로부터 유도된다. 그리고 정전에너지는 전계의 스칼라 제곱으로 정의된다. 나중에 (2.67)식을 다시 다룰 것이다.

다음 예는 중첩의 원리를 이용하여 유전체에 대해 설명한다. 유전체는 많은 원자로 구성된다. 보어의 수소원자 모형에 따르면 원자의 중심에 양의 전하가 있고 중심에서 10^{-10} m 떨어진 지점에 음의 전하가 있다. 이 간격은 매우 작아 거리의 단위로 옴스토롱(Å)을 사용하며 1Å = 10^{-10} m이다.

예제 2.11

크기가 같고 부호가 서로 다른 두 전하가 진공 중에서 거리 d 만큼 떨어져 있을 때, 전위 V를 구하라. 전위가 결정되는 지점이 두 전하 사이의 거리보다 훨씬 멀리 떨어져 있는 경우 이것을 ***전기쌍극자***라고 한다. MATLAB을 이용하여 등전위면과 전계를 그려라.

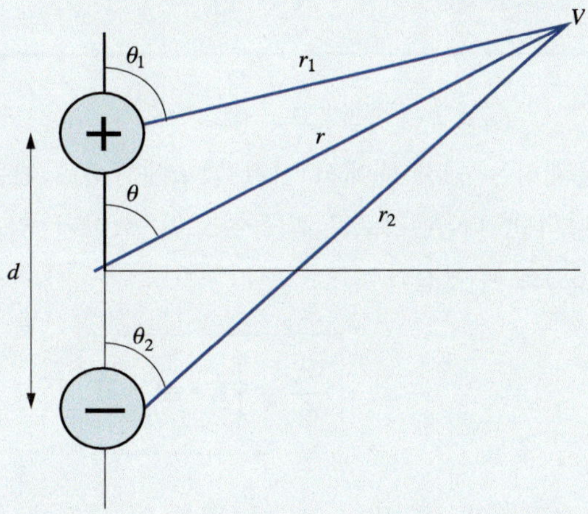

답. 아래 식과 같이 중첩의 원리가 적용된다.

$$V = \frac{Q}{4\pi\varepsilon_0 r_1} - \frac{Q}{4\pi\varepsilon_0 r_2}$$

$r >> d$이므로 거리 r, r_1, r_2는 거의 수평이며 각도 θ, θ_1, θ_2는 거의 같다고 가정한다. 이 가정에 따라서 r_1은 다음과 같다.

$$r_1 \approx r - \frac{d}{2}\cos\theta \text{ and } r_2 \approx r + \frac{d}{2}\cos\theta$$

이런 가정으로부터 전위는 아래 식으로 계산된다.

$$V \approx \frac{Q}{4\pi\varepsilon_0\left(r - \frac{d}{2}\cos\theta\right)} - \frac{Q}{4\pi\varepsilon_0\left(r + \frac{d}{2}\cos\theta\right)}$$

$$= \frac{Q}{4\pi\varepsilon_0 r\left(1 - \frac{d}{2r}\cos\theta\right)} - \frac{Q}{4\pi\varepsilon_0 r\left(1 + \frac{d}{2r}\cos\theta\right)}$$

거리 $d/2r$은 매우 작기 때문에 전위는 다음과 같이 근사적으로 정의된다.

$$V \approx \frac{Q}{4\pi\varepsilon_0 r}\left(1 + \frac{d}{2r}\cos\theta - 1 + \frac{d}{2r}\cos\theta\right) = \frac{Qd}{4\pi\varepsilon_0 r^2}\cos\theta$$

음의 전하에서 양의 전하로 향하는 ***전기쌍극자 모멘트*** 벡터 $\mathbf{p} = Q\mathbf{d}$를 정의한다. 또한 단위벡터 $\mathbf{u_r}$은 두 전하의 중심에서 관측점으로 향하는 방향으로 정의된다. $Qd\cos\theta$는 이 두 벡터의 스칼라곱이 된다. 전위분포는 아래의 그림과 같다.

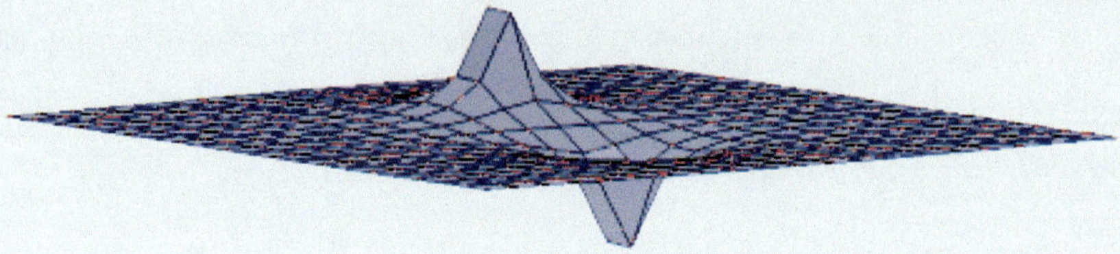

전계가 존재하는 공간 내에서 어떤 점 a에서 b로 이동할 때 일을 소비하며 그림 2-14에서 나타낸 다른 경로로 되돌아오면 소비된 일을 다시 얻게 된다. 이 때, (2.45)는 (2.68)로 주어진다.

$$\boxed{\frac{W_e}{Q} = \oint \mathbf{E} \cdot d\mathbf{l} = 0} \tag{2.68}$$

여기서 폐곡선적분이 정의된다. 식 (2.68)은 이 과정에서 어떤 에너지도 소비되거나 생성되지 않는다는 것을 나타낸다. 이런 정전계를 ***보존계***라 한다. 그리고 (2.68)식은 "폐루프 내에서 전압강하의 합은 0이다"라는 키로히호프의 전압법칙과 같다.

식 (2.68)은 적분형으로 나타내는 정전계의 특성이다. 이 식은 스토크스의 정리에 의해 면적분 형태로 변환될 수 있다.

$$0 = \oint \mathbf{E} \cdot d\mathbf{l} = \int_{\Delta s} \nabla \times \mathbf{E} \cdot d\mathbf{s} \tag{2.69}$$

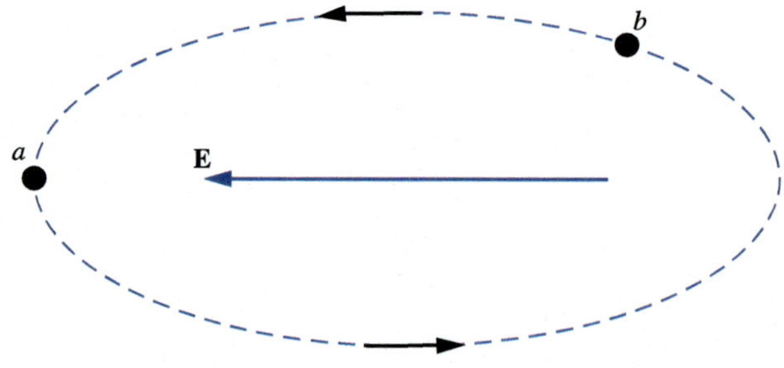

그림 2-14

a에서 b를 거쳐 다시 a로 돌아오는 폐경로. 두 점 a와 b를 둘러싸는 영역에 전계가 있다.

적분이 임의의 면에서 0이 되기 위해서는 피적분상수는 0이 되어야 하며 정전계의 특성이 다음 식과 같이 미분의 형태로 유도된다.

$$\boxed{\nabla \times \mathbf{E} = 0} \tag{2.70}$$

위 식은 정전계가 ***비회전적*** 즉, 회전하지 않는다는 것을 나타낸다. 정전계의 이런 특성은 시변계에서 다시 다루어질 것이다.

예제 2.12

전계 $\mathbf{E} = 3\mathbf{u_x}$가 공간에 있을 때, 전하 $Q = 2\text{C}$를 폐경로를 따라 옮기는 데 필요한 일을 계산하라.

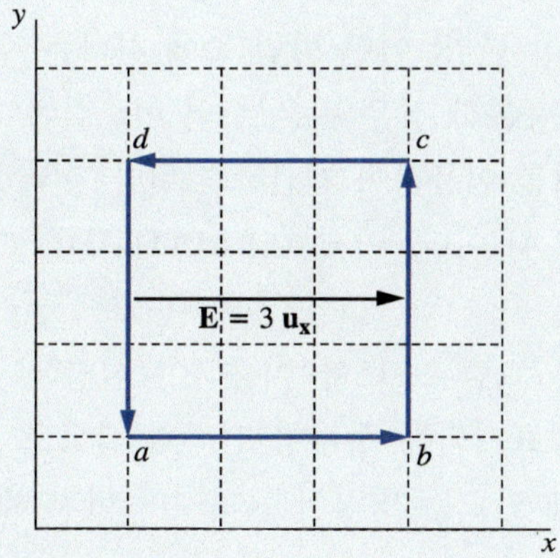

폐곡선적분에 의해 계산되는 일은

$$\begin{aligned}
W_e &= Q\oint \mathbf{E} \bullet d\mathbf{l} \\
&= Q\left(\int_a^b \mathbf{E} \bullet d\mathbf{l} + \int_b^c \mathbf{E} \bullet d\mathbf{l} + \int_c^d \mathbf{E} \bullet d\mathbf{l} + \int_d^a \mathbf{E} \bullet d\mathbf{l}\right) \\
&= 2\left(\int_{(1,1)}^{(4,1)} 3\mathbf{u_x} \bullet dx\mathbf{u_x} + \int_{(4,1)}^{(4,4)} 3\mathbf{u_x} \bullet dy\mathbf{u_y}\right. \\
&\qquad \left. + \int_{(4,4)}^{(1,4)} 3\mathbf{u_x} \bullet dx\mathbf{u_x} + \int_{(1,4)}^{(1,1)} 3\mathbf{u_x} \bullet dy\mathbf{u_y}\right) \\
&= 2(9 + 0 - 9 + 0) = 0
\end{aligned}$$

각 적분에 포함되는 극한은 이 폐루프에 대한 적분의 부호를 결정한다. 그리고 전계는 보존계이다.

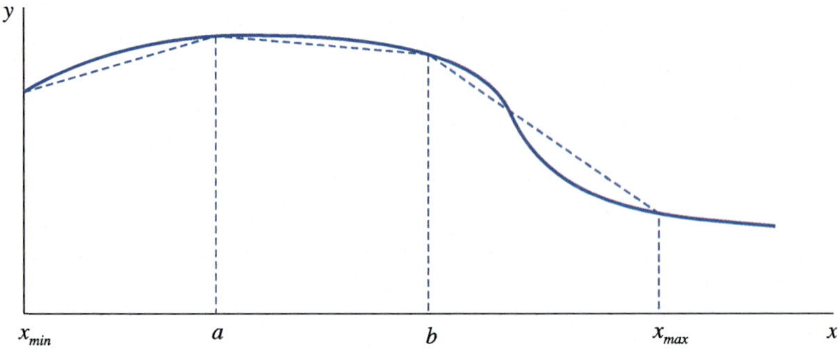

그림 2-15

$y = y(x)$의 곡선 아래의 면적은 이 면적을 작은 사다리꼴 면적으로 분할하여 각 사다리꼴 면적을 더 함으로 구한다.

2.6 수치적분

앞 절에서는 분포된 전하밀도에 의한 전위를 구하였고 전위를 구하기 위해 대칭성이 요구되었다. 그러나 실제로는 대칭성이 없는 경우가 더 많고, 이 때는 조금 다른 방법으로 다루어야 한다. 이런 방법 중에 하나는 수치적으로 정전계를 구하는 것이다. 적분은 단지 충분히 작은 많은 수의 미소길이, 미소면적, 미소체적의 합으로 되므로 이를 컴퓨터를 이용하여 계산하면 된다. 이러한 경우 매우 유용하게 사용될 수 있는 것이 MATLAB이다. 이제부터 MATLAB의 명령어를 사용하기 전에 먼저 과정을 살펴보자.

일차원 적분을 그림 2-15를 이용하여 설명한다. 그림에서 곡선 아래에 놓이는 면적은 점선으로 표시되는 사각형 면적의 합으로 근사된다. MATLAB은 자동적으로 이런 사각형을 만드는 명령어를 가지며 단지 세 개의 명령어로 계산할 수 있다.

x min: Dx = b − a: x max; y(x); z = *trapz* (x, y) (2.71)

*Dx*는 임의값이며 계산의 정확도와 계산속도에 맞추어 선택할 수 있다. 부가적으로 이 적분은 심슨의 법칙을 이용하여 계산할 수 있다.

quad(func, x min, x max)

dblquad(func, x min, x max, y min, y max) (2.72)

triplequad(func, x min, x max, y min, y max, z min, z max)

예를 들어 다음 함수는 (2.73)식에서 주어지는 x, y, z 세 변수의 곱이 된다.

func = inline('x. *y. *z') (2.73)

이 함수에 대한 정의식에서 첫 번째와 두 번째의 변수 뒤에는 "."을 두어야 한다.

예제 2.13

$y = x^2$의 곡선 아래의 면적을 $0 \le x \le 4$의 범위에서 해석적 계산과 수치적 계산을 비교하라. ***trapz***와 ***quad*** 명령어를 이용하라.

답. 분석적 적분으로 구한 결과는 다음과 같다.

$$\text{area} = \int_0^4 x^2 dx = \frac{x^3}{3}\bigg|_0^4 = \frac{64}{3} = 21.3333$$

trapz 명령어를 이용하면 다음과 같다.

$$x = 0{:}\ 0.001{:}\ 4; y = x.\ \hat{}2;$$
ztrapezoidal = ***trapz(x, y)***;

ztrapezodial으로 타이핑하면 21.3333의 값이 나온다.
quad 명령어는 아래의 함수를 정의한다.

func = ***inline('x. ^2')***;
zquadrature = ***quad(func, 0, 4)***;

zquadrature를 타이핑하면 21.3333의 값이 나온다.

이 예제에서 해석적인 해를 구할 수 있었다. 그리고 ***trapz*** 명령어를 이용하여 Δx의 다른 값에 대한 수치계산의 수렴을 구할 수 있다.

그림 2-16과 같은 유한한 크기를 가지는 물체에 의한 전위를 구한다. 임의의 크기의 전하가 만드는 전위는 식 (2.62)에 의해 구해지고 편의상 식 (2.74)와 같이 다시 나타낼 수 있다.

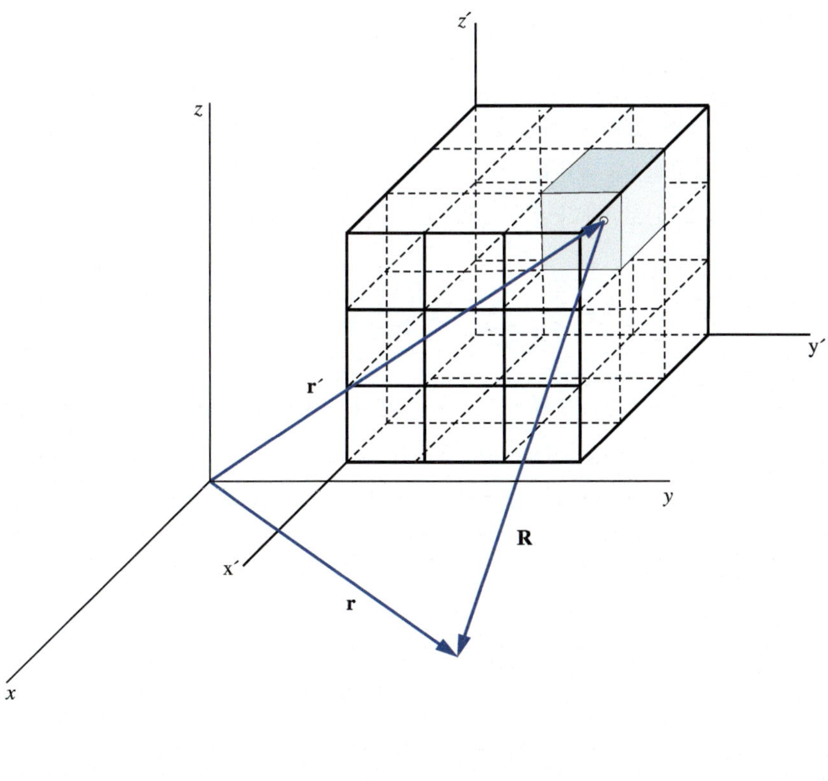

그림 2-16

전하는 x', y', z'으로 정의되는 좌표계의 체적 내에 분포된다. 전위는 x, y, z로 정의되는 좌표계 공간에서 결정된다. 벡터 **R**은 전하에서 관측점으로 향한다.

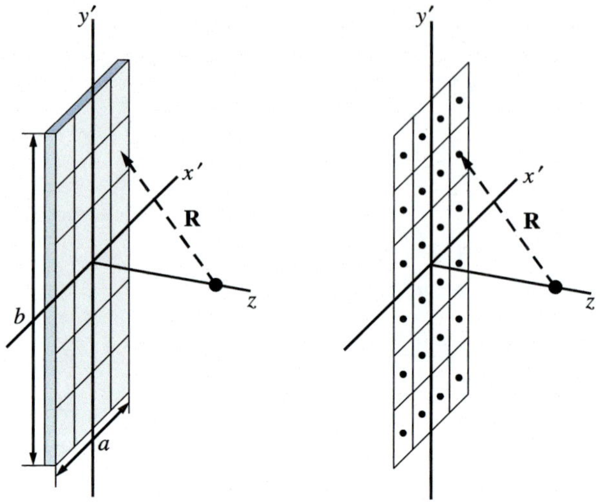

그림 2-17

전하를 포함하는 면적은 많은 수의 작은 면적으로 분할된다. 각 분할면적에는 분할된 전하가 존재하게 된다.

$$V(x, y, z) = \frac{1}{4\pi\varepsilon_0}\int_{\Delta v} \frac{\rho_v(x', y', z')}{R} dx' dy' dz' \text{ (V)} \tag{2.74}$$

MATLAB 프로그램에서 거리는 명령어 ***norm*(*r* - *r*′)**으로 구한다. **r**′은 전하의 위치를 말하며 **r**은 전위를 구하려고 하는 지점 흔히 관측점이라고 말한다. 전하를 가지는 물체와 전위를 구하고자 하는 점은 좌표계의 원점이 아닌 지점에 있어야 한다.

여기서 수치적으로 적분을 계산하는 과정이 상세하게 설명될 것이며 (2.71)에서 주어진 명령어 중 하나를 사용한다. 유한 전하 Q가 $z' = 0$의 지점에 있는 얇고 유한한 시트에 균일하게 분포한다고 하자. 그러면 시트 표면에는 ρ_s의 표면전하밀도가 균일하게 분포된다. 이 시트가 그림 2-17에서와 같이 직각좌표계의 중심에 사각형 모양을 하고 있다. 이에 대한 계산과정은 먼저 이 시트를 작은 면적으로 분할한다. 그러므로 균일하게 분포된 전하를 아주 많은 유한개로 나눈다. 이와 같은 분할에 의해 적분을 덧셈으로 변환할 수 있다.

그러므로 (2.74)는 (2.75)로 나타낼 수 있다.

$$V(x, y, z) = \sum_{j=1}^{N-1} \sum_{k=1}^{M-1} \frac{\rho_s(j, k)\Delta x' \Delta y'}{4\pi\varepsilon_0 R} \tag{2.75}$$

여기서 사각형 시트는 $(N - 1) \times (M - 1)$로 분할되고 각 분할면적은 $\Delta x'\Delta y'$이 된다. 분할면적 중심에서의 전하는 $\rho_s(j, k)\Delta x'\Delta y'$이다. 전하밀도는 전체 시트에서 균일할 필요는 없지만 분할면적 내에서는 균일하여야 한다. 시트는 직각좌표계의 중심, 즉 $z' = 0$에 두는 것이 편리하다. 이런 가정하에서 식 (2.74)는 식 (2.76)과 같은 이중 적분으로 된다.

$$V(x, y, z) = \int_{-b/2}^{b/2} \int_{-a/2}^{a/2} \frac{\rho_s}{4\pi\varepsilon_0 R} dx' dy' \tag{2.76}$$

여기서 ρ_s는 균일하게 분포된 면전하밀도이다. 거리 R에 대한 정의로부터 식 (2.77)과 같이 되며

$$V(x, y, z) = \int_{-b/2}^{b/2} \int_{-a/2}^{a/2} \frac{\rho_s}{4\pi\varepsilon_0 \sqrt{(x-x')^2 + (y-y')^2 + (z)^2}} dx'dy' \tag{2.77}$$

전위는 z 축을 따라 결정되므로 (2.78)과 같이 된다.

$$V(0, 0, z) = \int_{-b/2}^{b/2} \int_{-a/2}^{a/2} \frac{\rho_s}{4\pi\varepsilon_0 \sqrt{(x')^2 + (y')^2 + (z)^2}} dx'dy' \tag{2.78}$$

대칭성은 계산에 필요한 시간을 줄여 주기 때문에 적분은 표면의 1/4, 즉 $0 \le x' \le a/2$, $0 \le y' \le b/2$만 계산하고 이 적분값에 4를 곱하면 된다. 다음 식은 이것을 나타낸 것이다.

$$V(0, 0, z) = 4\int_{0}^{b/2} \int_{0}^{a/2} \frac{\rho_s}{4\pi\varepsilon_0 \sqrt{(x')^2 + (y')^2 + (z)^2}} dx'dy' \tag{2.79}$$

(2.79)를 수치적으로 계산하기 위해서는 먼저 시트의 1/4면적을 작은 면적으로 분할한 다음 분할된 면적 테두리를 정의할 필요가 있다. 왼쪽 아래점을 (j = 1, k = 1)로 표시하고 오른쪽 윗점을 (j = N, k = M)으로 표시한다. 그러면 (N − 1) × (M − 1)개의 작은 면적이 생긴다. 각 분할면적은 다음과 같이 나타낼 수 있다.

$$\Delta A = \frac{a}{(N-1)} \frac{b}{(M-1)} = h_x h_y \tag{2.80}$$

각 분할면적의 전하 ΔQ는 다음 식으로 나타낼 수 있다.

$$\Delta Q = \rho_s \Delta A = \rho_s h_x h_y \tag{2.81}$$

그리고 이 전하는 분할면적 중심에 집중되어 있다고 가정한다. 만약 전하가 불균일하게 분포된다면 표면전하밀도 ρ_s는 각 분할면적에서 서로 다른 값을 가질 것이다. 분할면적 중심에 집중된 전하에 의한 전위 $V_{j,k}$는 j,k의 첨자로 식별되며 다음 식과 같이 나타낼 수 있다.

$$\Delta V_{j,k} = \frac{1}{4\pi\varepsilon_0} \left(\frac{\Delta Q}{\sqrt{\left(jh_x - \frac{h_x}{2}\right)^2 + \left(kh_y - \frac{h_y}{2}\right)^2 + z^2}} \right) \tag{2.82}$$

또, 특정 분할면적은 다음 식으로 주어진다.

$$\left[\left(jh_x - \frac{h_x}{2}\right), \left(kh_y - \frac{h_y}{2}\right)\right] \tag{2.83}$$

이제 계산을 위해 필요한 것은 중첩의 원리를 적용하고 각 전하가 만드는 전위를 더하는 것이다.

$$V = 4\sum_{j=1}^{N-1}\sum_{k=1}^{M-1}\Delta V_{j,k} \tag{2.84}$$

또는

$$V = 4\frac{1}{4\pi\varepsilon_0}\sum_{j=1}^{N-1}\sum_{k=1}^{M-1}\left(\frac{\Delta Q}{\sqrt{\left(jh_x - \frac{h_x}{2}\right)^2 + \left(kh_y - \frac{h_y}{2}\right)^2 + z^2}}\right) \tag{2.85}$$

따라서 (2.79)의 이중 적분은 (2.85)의 이중 합으로 변환된다. 분할면적의 크기와 개수는 계산시간과 계산의 정확도에 의해서 정해져야 한다.

예제 2.14

면적이 a^2인 사각평면에 전하 Q가 균일하게 분포되어 있다. $z = a$에서 전위를 구하라. z 축은 사각형의 중심을 관통하며 대칭성을 가진다.

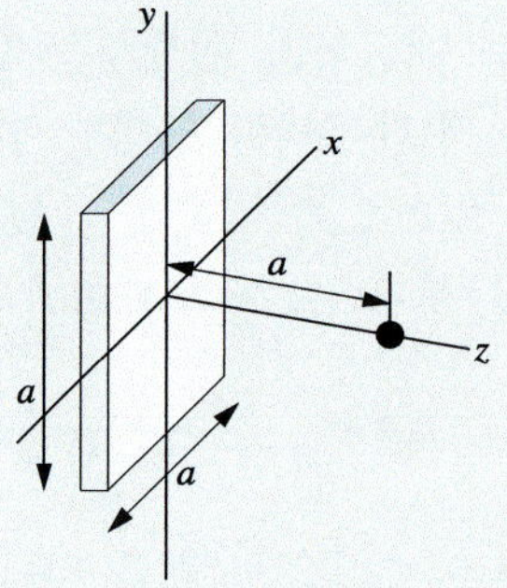

답. 전하는 사각면적의 중심에 집중되며 첫 번째 반복에서 식 (2.46)으로부터 아래 식으로 구해진다.

$$V = \frac{Q}{4\pi\varepsilon_0 a}$$

두 번째 반복에서 (2.85)식을 이용하여 구할 수 있다. 전위를 계산하면 다음 식과 같다.

$$V = 4\frac{1}{4\pi\varepsilon_0}\left(\frac{\left(\frac{Q}{a^2}\right)\left(\frac{a^2}{4}\right)}{\sqrt{\left(\frac{a}{2} - \frac{\frac{a}{2}}{2}\right)^2 + \left(\frac{a}{2} - \frac{\frac{a}{2}}{2}\right)^2 + a^2}}\right)$$

$$= \frac{Q}{4\pi\varepsilon_0 a}\left(\frac{1}{\sqrt{\frac{1}{16} + \frac{1}{16} + 1}}\right) = (0.9428)\frac{Q}{4\pi\varepsilon_0 a}$$

이런 해석적인 과정을 계속한다. 그러나 이것은 컴퓨터에 맡기는 것이 편리하다. MATLAB을 이용하면서 전위와 분할면적의 수 n에 대한 다음의 상수를 얻는다. 결과는 ***dblquad*** 명령어로 위의 과정을 통해 구해진다.

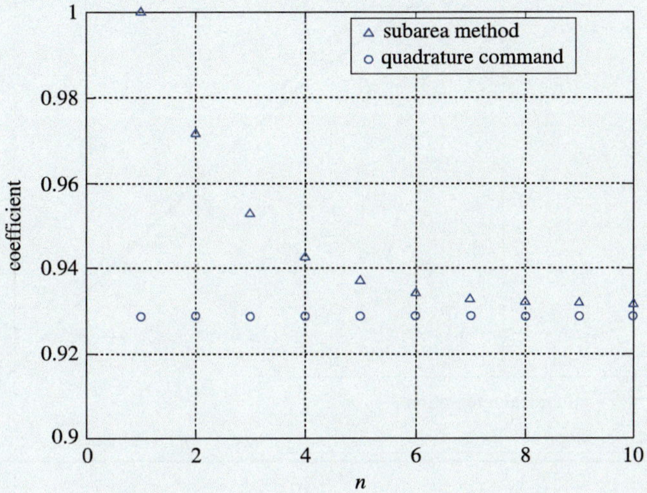

면적을 분할하여 많은 수의 작은 면적으로 나눈다던지 혹은 체적을 많은 수의 작은 체적으로 분할하는 과정은 앞으로 계속될 것이다. 예제 2.13의 수치적인 계산결과에는 큰 오차가 발생한다는 것을 알 수 있다. 그래서 다음 계산에서는 (2.72)에서 주어지는 MATLAB 명령어를 사용할 것이다.

특히 다음의 질문에 주의를 기울이자: "만약 우리가 한 물체에서 멀리 떨어지게 되면 한 점에 집중된 전하는 안보이지 않는가?" 비록 태양이 하늘에서는 작은 공같이 보이지만 태양은 지구보다 더 크다. 이 질문에 대한 대답은 균일하게 전하가 분포된 시트로부터 조금씩 멀어지면서 전위를 측정하는 것이다. 이것을 예제로 설명한다.

예제 2.15

전계에 대한 상수를 표면전하밀도 ρ_s를 가지는 평면으로부터의 거리 z에 대한 함수로 그려라.

답. 전계는 (2.72)에 주어지는 명령어로 계산된다. 이 경우에 추가되는 변수 z가 있다.

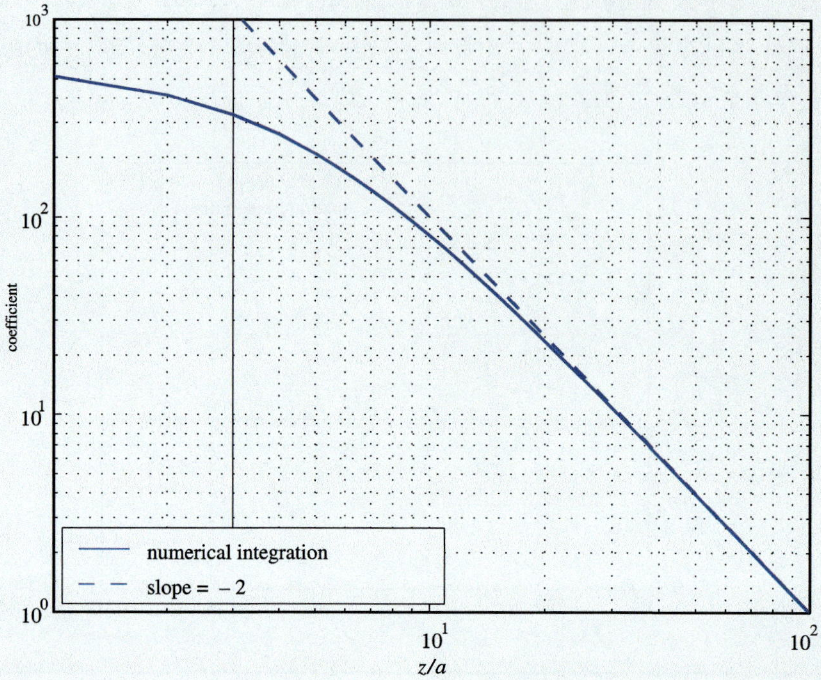

계산된 결과를 log-log 그래프를 이용하여 그려서 전계 상수의 공간의존성에 대한 점근값을 이용하여 이해할 수 있다. 점선의 기울기는 −2이다. 이 식은 (2.8)의 점전하에 대한 전계에서 얻어지는 것과 동일하다.

이 예제에서 분명히 전위는 거리에 따라 작아지며 균일한 전하밀도를 가지는 단위면적은 거의 점전하같이 보일 것이다.

예제 2.16

y = 0에 10 m의 균일하게 전하가 분포된 선전하에 의한 전계를 x−y 평면 x > 0에서 구하라. ***quad*** 함수를 이용하여 적분을 연산하라.

답. MATLAB에서 ***inline*** 명령어로 정의된다. 'for x = 1 : 20'으로 연산되므로 ***inline*** 명령어로 포함될 스트링변수로 변환되어야 한다. 이것은 ***num2str*** 명령어로 할 수 있으며 계산결과는 아래와 같다.

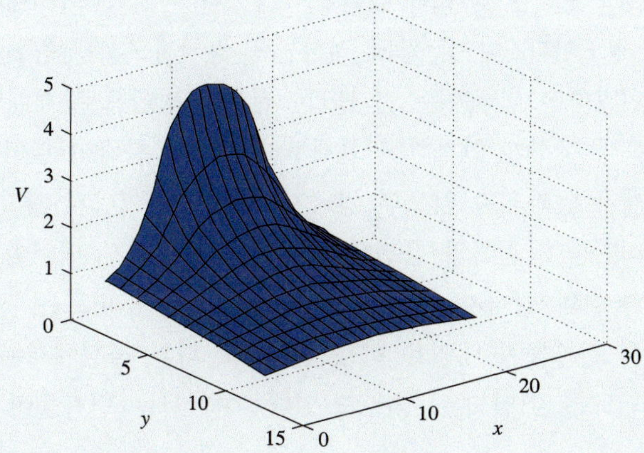

정전계에서는 수치적인 방법이 요구되는 많은 문제들이 있지만 여기서는 설명의 범위를 넘어서므로 생략한다.

2.7 유전체

지금까지 정전계를 자유공간에서 계산하였다. 결과는 동일하지만 유전체와 같은 물질 내부에서의 정전계는 어떻게 될지 궁금하다. 고전압 선을 만질 때에는 고무장갑을 끼는 것이 바람직하다. 캐패시터 혹은 반도체의 집적회로에는 산화물과 같은 유전체가 상부도체와 하부도체의 절연을 위해 삽입된다. 이런 유전체가 정전계에서는 어떻게 작용할까? 여기서, 이 질문에 대한 몇 가지 답을 제공하고자 한다.

앞에서 말한 바와 같이 물질은 많은 원자로 구성되며 간단한 모델로 표현하면 그림 2-18에서와 같이 원자들이 제각각으로 분극방향을 가지는 집합체로 생각할 수도 있다.

또 ***분극분자***라고 하는 분자들은 대개는 원자의 중심에 양극의 원자핵과 음극의

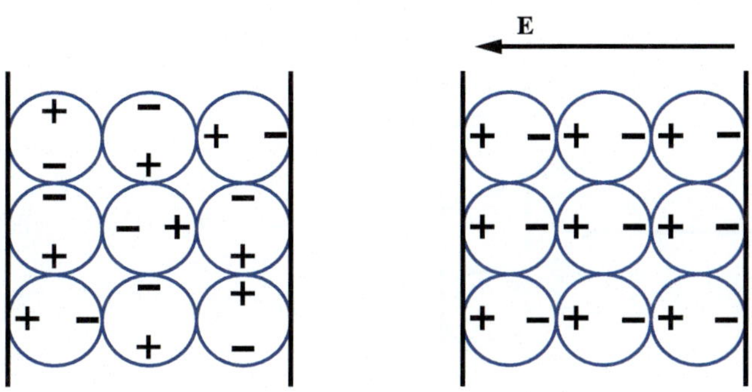

(*a*) (*b*)

그림 2-18

거리 *d*를 가지는 평행평판 콘덴서 양극판 사이에 유전체가 삽입되어 있다. 양극판 사이에 전계가 인가된다.
(*a*) 전계가 인가되기 전에 원자의 분극 방향은 랜덤하다.
(*b*) 전계가 인가되고 난 뒤에는 원자의 분극 방향이 전계의 인가방향으로 배열된다.

전자가 영구분극된 상태로 있을 수도 있다. 이러한 두 개의 전하 사이의 거리는 10^{-10} m 정도이다. 이 한 쌍의 전하들은 쌍극자로서 행동한다. 외부에서 이 물질에 전계를 인가하면 쌍극자는 인가되는 전계의 방향으로 재배열하게 된다. 그리고 전계를 더욱더 강하게 인가하면 실제로 부가적인 분극이 일어난다. 비 유전체는 외부에서 전계가 인가되지 않으면 쌍극자 배열이 일어나지 않고 전계가 인가된 이후에 어떤 거리만큼 양전하와 음전하가 분리되어 쌍극자 배열이 일어난다.

어떤 물질의 쌍극자는 외부 자계와 쌍극자가 만드는 전계가 합해지도록 물질 내의 많은 원자들이 배열을 하게 된다. 또 다른 물질에서는 반대로 인가되는 전계가 감소되도록 배열되는 경우도 있다. 여기서는 원자들이 만드는 쌍극자 전계를 다룬다.

그림 2-18*b*와 같이 전계가 두 극판 사이에 인가되면 원자는 분극방향으로 배열이 일어난다. 양극판 내에서 인접하고 있는 두 원자끼리는 서로 반대극성이 마주보게 되어 결국 서로 상쇄되는 것과 같은 효과를 가져오게 된다. 이렇게 되면 그림 2-19와 같이 전하의 부호를 나타낼 수 있다. 이것은 금속판 물질의 표면에 아주 얇은 층의 반대부호의 전하가 남게 된다. 전계의 인가에 의해 발생하는 이런 전하를 ***분극전하***라고 한다. 따라서 분극전하는 유전체의 체적 내부에는 절대 있을 수 없고 이것은 배터리에서 흘러 나오는 전하와는 다른 성질의 전하이다. 분극전하밀도 ρ_p는 단위체적 당 분극전하로 정의한다.

그림 2-19에서 두 점선 사이의 영역에서는 한 원자의 원자핵의 양극과 인접원자의 전자가 쌍을 이루게 되어 양극과 음극이 서로 중복되게 된다. 그러나 왼쪽극판과 점선 사이의 영역에서는 양극을 가진 입자들이 매우 많고 오른쪽 극판과 점선 사이의 영역에서는 음극을 가진 입자들이 매우 많이 있다. 이것은 유전체 양표면에는 서로 다른 부호를 가진 전하층이 있다는 것을 의미한다. 이 두 면 사이에 중성 전하영역이 존재한다. 이런 분극전하는 원자로부터 분리될 수 없고 물질에 구속되게 된다. 이것을 분극전하라 한다. 이 표면분극전하는 ρ_p로 표시하며 그림 2-18*b*에 나타낸

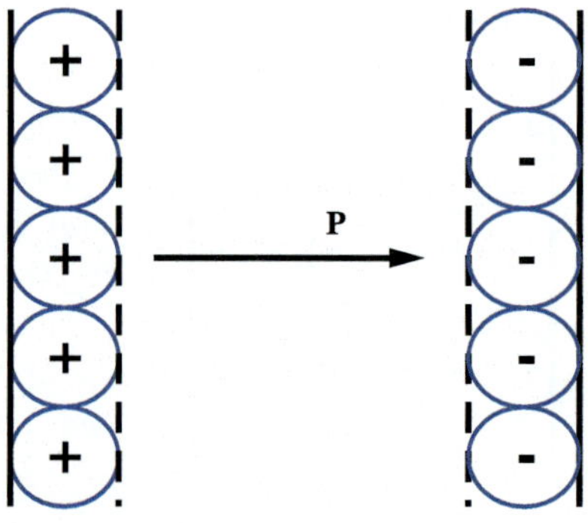

그림 2-19

전계에 의한 원자의 분극방향 배열은 양극판에 전하밀도 ρ_p의 분극전하를 발생시킨다. 이 분극전하는 분극전계 **P**를 발생시킨다.

다. 이 분극전하는 ***분극벡터*** **P**를 발생시키고 단위체적당 쌍극자모멘트로 정의한다. 이 분극 벡터는 다음 식으로 나타낸다.

$$\mathbf{P} = \lim_{\Delta v \to 0} \left\{ \frac{1}{\Delta v} \sum_{j=1}^{N} \mathbf{p}_j \right\} \tag{2.86}$$

여기서 $\mathbf{p}_j = Qd\mathbf{u_d}$는 각 쌍극자의 쌍극자모멘트이고 단위는 C/m^2이다. 체적 Δv 내에 N개의 원자가 있다. (2.86)식에서 Δv가 0으로 축소되기 때문에 분극벡터는 위치에 따라 달라진다. 그림 2-19에서 이것은 분극전하의 얇은 층 사이의 거리가 0으로 줄어드는 것을 의미한다. 가우스법칙과 같이 분극전하밀도 ρ_p도 전계와 관련지을 수 있다. 이 전계를 분극벡터 **P**라고 할 수 있고, 다음 식과 같이 정의된다.

$$\rho_p = -\nabla \bullet \mathbf{P} \tag{2.87}$$

분극전하밀도 ρ_p를 체적전하밀도 ρ_v에 더하자. 이 체적전하밀도는 배터리에서 나오는 실제 전하이다. 따라서 식 (2.26)은 바뀌게 된다.

$$\nabla \bullet \mathbf{E} = \frac{\rho_v + \rho_p}{\varepsilon_0} \tag{2.88}$$

식 (2.88)에 있는 분극전하밀도를 식 (2.87)에 대입하면 결국 식 (2.89)가 얻어진다.

$$\boxed{\nabla \bullet \mathbf{D} = \rho_v} \tag{2.89}$$

여기서

$$\boxed{\mathbf{D} = \varepsilon_0 \mathbf{E} + \mathbf{P} \quad (\mathrm{C/m^2})} \tag{2.90}$$

이 식은 유전체 내에서 ***전속밀도***를 정의한 식이다. 총 전속 ψ_e는 전속밀도를 Δs의 표면에 대해 적분한 것이다.

$$\boxed{\psi_e = \int_{\Delta s} \mathbf{D} \bullet d\mathbf{s} \ (\mathrm{C})} \tag{2.91}$$

전속밀도는 분극을 일으키는 물질에서는 매우 크지만 진공 중에서는 단지 전계에 ε_0를 곱한 것에 불과하다.

진공 중에서 전계를 계산하기 위해 사용되었던 가우스법칙은 전속밀도를 계산하는 데에도 사용된다. 이것은 (2.89)의 적분에서 바로 구해진다. 전속밀도의 발산에 대한 체적적분은 발산의 정의를 이용하여 폐면적분으로 변환된다. 이것은 다음 식으로 주어진다.

$$\oint_{\Delta s} \mathbf{D} \bullet d\mathbf{s} = Q_{\mathrm{enc}} \tag{2.92}$$

그러므로 폐면적 Δs 상에서 시작하거나 끝나는 총전속은 이 표면 내에 있는 총 전하와 같다.

유전체는 아주 쉽게 분극이 일어난다. 많은 물체에서 이 분극은 전계가 충분히 작다면 인가된 전계에 따라 선형적으로 발생한다. 이런 경우에 $\mathbf{P} = \varepsilon_0 \chi_e \mathbf{E}$이며 여기서 χ_e는 전기감수율이다. 마지막으로 다음 식이 얻어진다.

$$\mathbf{D} = \varepsilon_0(1 + \chi_e)\mathbf{E} = \varepsilon_0 \varepsilon_r \mathbf{E} = \varepsilon \mathbf{E} \tag{2.93}$$

ε_r은 각 물체가 가지는 ***상대유전율***이다. 여러 물체에 대한 상대유전율 ε_r의 표는 부록 B에 주어진다. 진공중에서는 $\chi_e = 0$ 그리고 $\varepsilon_r = 1$이다.

식 (2.93)은 오직 선형이고 등방성의 유전체에만 적용이 된다. 하지만 비선형적이고 이방성을 가지는 물체는 많다. 예로서 이온화된 가스는 등방성이지만 여기에 외부전계를 인가하면 이방성을 가지게 된다. 크기가 큰 전계를 물체에 인가하면 물체는 비선형특성을 가지게 된다. 이런 경우는 유전상수가 변하기 때문에 발생하는데 이런 비선형물체는 흔히 존재하며 과학과 공학적인 측면에서 아주 많이 연구되고 있다. 하지만 우리는 선형물체에만 국한시킬 것이다.

예제 2.17

평행평판 콘덴서 양 극판 사이에 유전체가 삽입된다. 콘덴서의 양 극판에는 배터리가 연결된다. 극판면적은 A이며 각 극판의 전하는 $\pm Q$이다. 극판간격은 d이다. 다음을 그림으로 그려라.

(a) 표면전하밀도 ρ_s

(b) 전속밀도 $\mathbf{D}$

(c) 전계 $\mathbf{E}$

(d) 분극 $\mathbf{P}$

(e) 분극표면전하밀도 ρ_{ps}

답.

(a) 자유전하 Q는 배터리로부터 나와 극판표면에 표면전하밀도 $\rho_s = Q/A$로 분포된다.

(b) 전속밀도 D는 배터리로부터 공급되는 자유전하에 의해 결정된다. 따라서 극판 사이가 공기이던 유전체이던 상관없고 가우스법칙 $D = \rho_v$를 따른다.

(c) 전계 $E = D/\varepsilon_0\varepsilon_r$이므로 전계는 유전체 내에서는 $\varepsilon_r > 1$이므로 작아진다.

(d) 분극전계 $\mathbf{P}$는 유전체 내에 존재하며 이 값은 (2.90)으로 구해진다.

(e) 구속전하밀도 ρ_{ps}는 아래 식으로 구해진다.

$$\rho_{\mathrm{ps}} = \frac{Q_p}{A} = -\frac{\mathbf{P} \bullet \mathbf{A}}{A} = \frac{\left(\dfrac{\varepsilon_r - 1}{\varepsilon_r}\right)Q}{A}$$

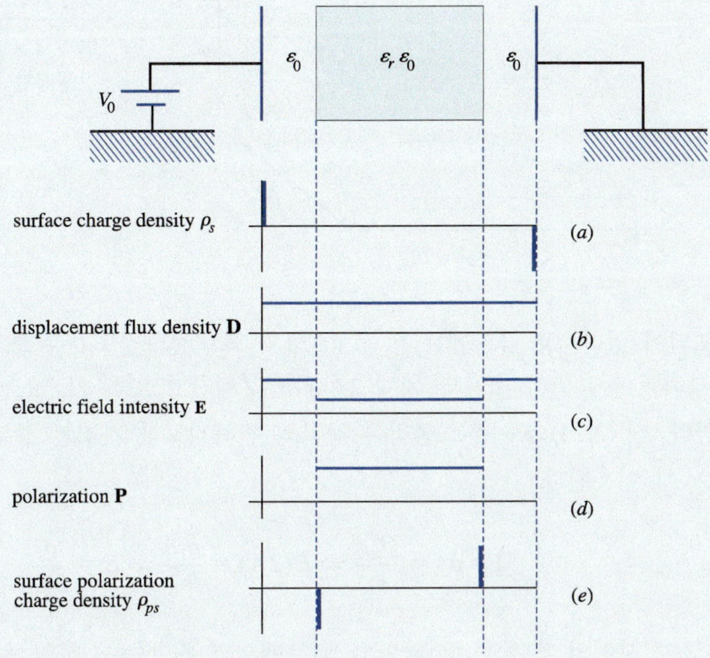

2.8 정전용량

공간에서 두 물체 사이의 정전용량은 전하와 두 물체 사이의 전위차의 비로 정의된다. 이것을 식으로는 다음과 같이 나타낸다.

$$C \equiv \frac{Q}{\Delta V} \text{ (F)} \tag{2.94}$$

단위는 [F]이며 F = C/V로 정의된다. 그리고 형상이 아주 복잡한 물체에 대한 정전용량을 수치적으로 계산할 수 있다. 오직 두 물체만이 고려될 때에는 ***자기정전용량***이 되고 두 개 이상의 물체에 대해서는 ***상호정전용량***으로 일반화 될 수 있다. 이것은 집적회로에서 정전용량을 구한다던지 아니면 홀수개의 물체에 대한 정전용량을 구하는 데 많이 이용되고, 7장에서 소개될 전송선로에 대한 여러 가지 모델을 계산하는 데에도 매우 유용하다. 이 장에서는 단지 매우 간단한 물체에 대해서 계산한다.

정전용량은 전기회로에서 평행평판에 대해 처음으로 다루었을 것이다. 이 책에서는 평행평판에 대한 정전용량에 관한 식을 처음부터 유도할 것이다. 극판 면적은 $A = w \times \Delta z$와 같고 두 극판은 그림 2-20과 같이 거리 d만큼 떨어져 있다. 상부 극판에는 Q의 전하가 균일하게 분포되어 있고 하부 극판에는 $-Q$의 전하가 균일하게

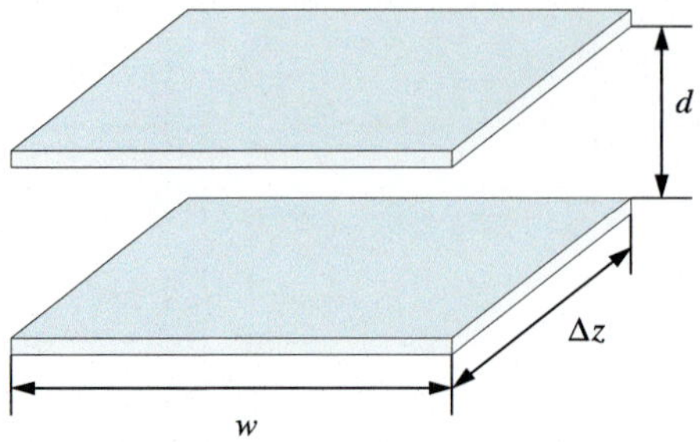

그림 2-20

면적 $A = w \times \Delta z$이고 거리 d인 평행평판 콘덴서.

분포되어 있다. 양 극판에는 $\rho_s = \pm Q/A$의 표면전하밀도가 분포된다.

무한평면에 의한 전계는 예제 2.6에서 구해졌고 또한 가우스법칙을 이용하여 구하였다. 식 (2.24)의 가우스법칙은 양극의 전하밀도를 가지는 상부극판의 전계를 구하는 데 이용된다.

$$\oint_{\Delta s} \mathbf{E} \cdot \mathbf{ds} = \frac{Q_{\text{enc}}}{\varepsilon_0} \Rightarrow E(2A) = \frac{\rho_s A}{\varepsilon_0} \Rightarrow E = \frac{\rho_s}{2\varepsilon_0} \tag{2.95}$$

두 극판 사이의 전계와 두 극판의 외부에서의 전계는 중첩의 원리를 이용하여 구한다. 두 극판의 외부에서의 전계는 0이 된다. 왜냐하면 두 극판이 만드는 전계는 크기는 갖고 방향이 서로 반대이기 때문에 서로 상쇄된다. 두 극판 사이의 영역에서 극판 테두리에서는 외연효과에 의한 필드가 존재한다. 이 전계는 두 극판 사이에 존재하는 전계에 비해 매우 작을 경우에는 무시할 수 있다(극판 면적에 비해 극판 간격이 충분히 클 때). 중첩의 원리를 이용하여 두 극판 사이의 전계는 다음 식과 같다.

$$E = \frac{\rho_s}{\varepsilon_0} \tag{2.96}$$

외연효과가 없으며 극판 사이의 전하분포가 균일하다는 가정이 필요하다. 실제 전하는 극판에 불균일하게 분포하므로 이것에 대해서는 나중에 다시 다룰 것이다.

전위는 (2.54)식을 이용하여 다음 식으로 구해진다.

$$V_{ab} = \int_a^b \mathbf{E} \cdot \mathbf{dl} = Ed \tag{2.97}$$

그러므로 평행평판 정전용량은 (2.94)식의 정의를 이용하여 다음 식으로 구해진다.

$$C = \frac{Q}{V} = \frac{\rho_s A}{\left(\dfrac{\rho_s}{\varepsilon_0} d\right)} = \frac{\varepsilon_0 A}{d} \tag{2.98}$$

(2.98)식은 앞에서 다루었던 식이다. 대부분의 정전용량은 두 극판 사이에 유전체를 가지기 때문에 ε_0 대신에 $\varepsilon(= \varepsilon_0 \varepsilon_r)$을 사용해야 한다.

예제 2.18

반지름이 a이고 속이 빈 금속구의 정전용량을 계산하라.

답. 구의 중심에 전하 Q가 있다고 하면 반지름 a에서 절대전위는 식 (2.56)을 이용하여 다음 식과 같이 구할 수 있다.

$$V = \frac{Q}{4\pi\varepsilon_0 a}$$

정전용량은 식 (2.94)로부터 다음 식으로 계산된다.

$$C = \frac{Q}{V} = \frac{Q}{\left(\frac{Q}{4\pi\varepsilon_0 a}\right)} = 4\pi\varepsilon_0 a$$

지구의 정전용량도 위의 예와 같이 구할 수 있다. 즉 위의 결과에 지구의 반지름을 대입하면 다음 식으로 계산된다.

$$C = 4\pi\varepsilon_0 a = 4\pi\left(\frac{1}{36\pi} \times 10^{-9}\right)(6.37 \times 10^6) \approx 7 \times 10^{-4}\ \mathrm{F}$$

주의:정전용량의 [F]은 매우 큰 단위이다.

반도체 집적회로 공정에서 먼지는 최종적인 제품의 완성단계에서 매우 좋지 않은 영향을 미친다는 것은 잘 알려져 있는데 위에서와 같이 속이 빈 금속구의 예는 먼지를 모델화하는데 이용된다. 이런 먼지에는 10,000개 이상의 자유전자가 부착된다. 또한 이와 같은 대전된 먼지 입자들은 목성을 둘러싸는 띠 속에도 존재한다. 음으로 대전된 먼지 입자들은 양으로 대전된 이온입자보다 더 큰 질량을 가진다. 즉, 이 때문에 매우 활발한 연구영역으로 인식되고 있다.

예제 2.19

길이가 $\mathscr{L}$이며 내부도체의 반지름이 a이고 외부도체 반지름이 b인 동축케이블의 정전용량을 계산하라. 두 도체 사이에는 상대유전율이 ε_r인 유전체로 절연되어 있다.

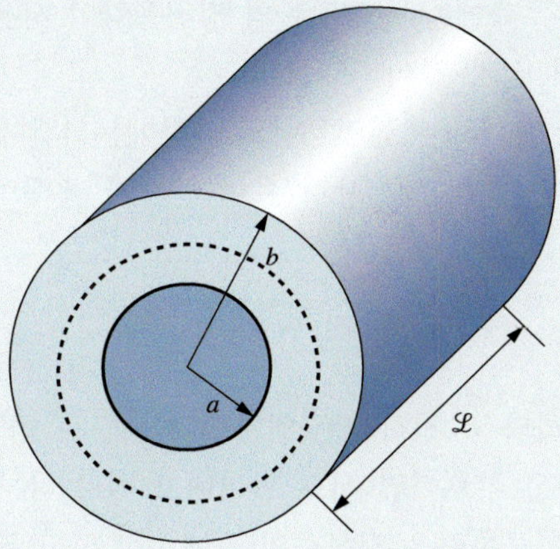

답. 동축케이블은 중심축을 중심으로 대칭이기 때문에 두 도체면 사이의 전속밀도는 식 (2.92)의 가우스법칙으로 구할 수 있다. 내부도체에 선전하밀도 ρ_ℓ가 있다고 가정하면 식 (2.92)로부터 전속밀도는 다음 식으로 구해진다.

$$\oint \mathbf{D} \bullet \mathbf{ds} = Q_{\text{enc}} \longrightarrow D(2\pi\rho\Delta\mathcal{L}) = \rho_\ell \mathcal{L}$$

내부도체와 외부도체 사이의 전위차는 식 (2.54)로부터 다음과 같이 구해진다.

$$V_{ab} = \int_a^b \mathbf{E} \bullet \mathbf{dl} = \int_a^b \frac{\rho_\ell}{2\pi\varepsilon\rho} d\rho = \frac{\rho_\ell}{2\pi\varepsilon} \ln\left(\frac{b}{a}\right)$$

동축케이블의 총전하는 $Q = \rho_\ell \mathcal{L}$이며 식 (2.94)로부터 다음과 같이 된다.

$$C = \frac{Q}{V_{ab}} = \frac{\rho_\ell \mathcal{L}}{\frac{\rho_\ell}{2\pi\varepsilon}\ln\left(\frac{b}{a}\right)} = \frac{2\pi\varepsilon}{\ln\left(\frac{b}{a}\right)}\mathcal{L}$$

평행평판의 정전용량과 함께 두 극판 사이에 축적되는 정전에너지를 구할 수 있다. 이것을 구하기 위해 (2.67)의 적분식을 이용하는데 이것은 다음 식과 같다.

$$W_e = \frac{\varepsilon_0}{2} \int_{\Delta v} E^2 dv \tag{2.99}$$

식 (2.99)는 두 물체 사이에 축적되는 정전에너지에 대한 일반식이다. 실제 경우에서는 체적 Δv는 두 평행평판 사이의 체적이다. 두 평판 사이의 전계는 균일하므로 정전에너지를 구할 수 있다.

$$W_e = \frac{\varepsilon_0}{2}\left(\frac{V}{d}\right)^2 (Ad) = \frac{1}{2}\left(\frac{\varepsilon_0 A}{d}\right) V^2 = \frac{1}{2} C V^2 \tag{2.100}$$

(2.100)식의 맨 우측에는 평행평판의 정전용량이 사용되고 있으며, 따라서 평행평판의 에너지가 이 식과 같이 구해진다.

도체 사이에 발생하는 정전용량의 계산에는 4장에서 다루게 될 수치적인 방법을 이용될 것이다. 덧붙혀 정전용량은 여러 가지 형태의 전송선로에서 구해질 것이다.

2.9 결론

정전계는 + 전하와 − 전하라는 입자를 기본으로 하고 있다. 이런 입자들은 쿨롱의 법칙에 따라 같은 부호이면 서로 밀어내고 서로 다른 부호이면 서로 끌어당기는 성질을 가진다. 이 쿨롱력은 전하량의 곱에 비례하고 두 전하 사이의 거리제곱에 반비례한다. 매질이 아닌 진공중에서는 정전계는 중첩의 원리가 적용된다. 정전계는 전위의 기울기로 정의되는 벡터량이다. 유전체를 알기 위해서는 원자의 전기분극을 이해할 필요가 있고 두 도체 사이의 정전용량은 이런 정전계를 바탕으로 하고 있다.

2.10 연습문제

2.1.1. 자유공간에서의 유전율의 단위를 질량 M, 길이 L, 시간 T, 그리고 전하량 Q로 나타내어라.

2.1.2. 다음과 같은 지점에 전하가 존재할 때, 점 (6, 3)에 있는 전하 $Q = -3$ C에 작용하는 힘을 구하라. $Q_1(2, 0) = +2$ C, $Q_2(2, 3) = -4$ C, 그리고 $Q_3(2, 6) = -3$ C

2.1.3. 문제 2.1.2의 전하에 대해 Q_2에 작용하는 힘을 구하라.

2.1.4. 전하량이 같은 전하 Q가 한 변이 a인 사각형의 대각점에 있을 때, 각 전하에 작용하는 힘을 구하라.

2.1.5. 아래 그림과 같이 같은 전하량으로 대전된 두 플라스틱 공의 중심에 실이 관통하고 있다. 한 공이 실에 고정되었을 때 쿨롱력에 의한 두 공의 거리를 구하라.

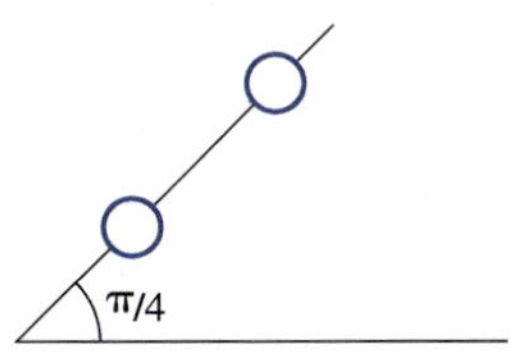

2.2.1. 전기장 **E**의 단위를 질량 M, 길이 L, 시간 T, 그리고 전하량 Q로 나타내어라.

2.2.2. $Q_1(1, 4) = +2$ C, $Q_2(1, 1) = +4$ C의 전하에 의한 점 P(5, 1)의 전계를 구하라.

2.2.3. $Q_1(1, 4) = +2$ C, $Q_2(1, 1) = -4$ C의 전하에 의한 점 P(5, 1)의 전계를 구하라.

2.2.4. 전하량이 같은 전하 Q가 한 변이 $a = 1$m인 사각형의 대각점에 있을 때, $z = 2a$, a에서 전계의 크기를 구하라. 단, 사각형은 직각좌표계의 원점에 중심을 가진다.

2.2.5. 전하량이 $Q = 2(4\pi\varepsilon_0)$ C이고 부호가 반대인 두 전하가 점 (1, 2)와 점 (5 2)에 각각 있다. $x = 3$에서 전계벡터 **E**를 구하고 결과를 $-4 < y < 8$영역에 대해서 MATLAB으로 그림을 그려라.

2.2.6. 전위차를 측정할 수 있는 두 개의 프루브는 거리가 $\Delta\ell$만큼 서로 떨어져 있다. 이런 프루브를 가지고 어떤 전하에 의해 발생하는 전자계공간에서 전위분포를 측정할 수 있다. 또 프루브의 위치를 반대로 하면 전계의 방향도 알 수 있다. 다음의 두 가지 실험으로부터 +전하 Q의 위치를 결정하라. (1) 원점에서 전계는 $\mathbf{u_x} - 3\mathbf{u_y}$의 방향으로 최대이다. (2) 프루브를 (0, 1)로 이동하면 $\mathbf{u_x} - \mathbf{u_y}$에서 전계가 최대가 된다.

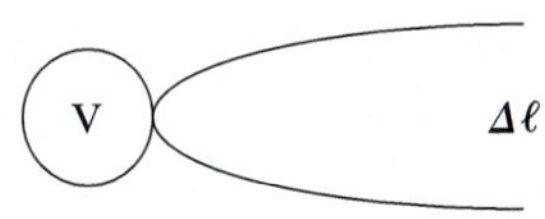

2.3.1. 길이가 2ℓ인 선을 따라 전하량 $Q = (4\pi\varepsilon_0)$ C이 균일하게 분포되어 있을 때 선의 중심에서 수직방향의 경로에 따른 전계의 식을 구하라.

2.3.2. 문제 2.3.1을 MATLAB으로 적분을 하고 결과를 그림으로 나타내어라.

2.3.3. $a \le \rho \le b$에 있는 링에 전하량 Q가 균일하

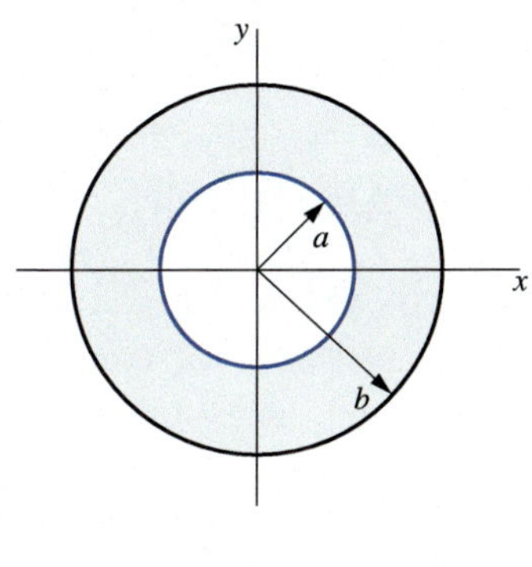

게 분포하고 있을 때, z 축을 따라 변하는 전계의 식을 나타내어라. 그리고 전계분포를 MATLAB을 이용하여 그림으로 나타내어라.

2.3.4. 반경 a인 원판에 전하가 균일하게 분포되어 있을 때, z 축을 따라 전계식을 구하라. 그리고 전계분포를 그림으로 나타내어라.

2.3.5. 무한평면에 전하가 균일하게 분포할 때 평면에 수직한 전계를 문제 2.3.3에서 주어진 링의 결과를 이용하여 적분식을 세우고 적분을 계산하라.

2.3.6. 반지름 a인 원형루프에 균일하게 전하가 분포하고 있을 때, 루프의 z 축에 대해 전계식을 구하고 전계분포를 그림으로 나타내어라.

2.3.7. 무한대에서 전위가 0일 때, 문제 2.3.6의 원형루프의 z 축을 따라 전위식을 구하고 전위분포를 그림으로 나타내어라.

2.4.1. 전하가 $\rho_v = \rho_0 r / a$로 구의 반경 내에서 불균일하게 분포하고 있을 때, 가우스법칙을 이용하여 $r < a$,와 $r > a$에서 전계를 계산하라. 그리고 전계의 세기를 그림으로 나타내어라.

2.4.2. 다음의 그림과 같은 동축케이블에서 $+Q$ C의 전하가 $0 \le \rho \le a$에서, $-Q$ C의 전하가 $b \le \rho \le c$에서 전하가 균일하게 분포되어 있을 때, 모든 영역에서 전계를 구하고 결과를 그림으로 나타내어라.

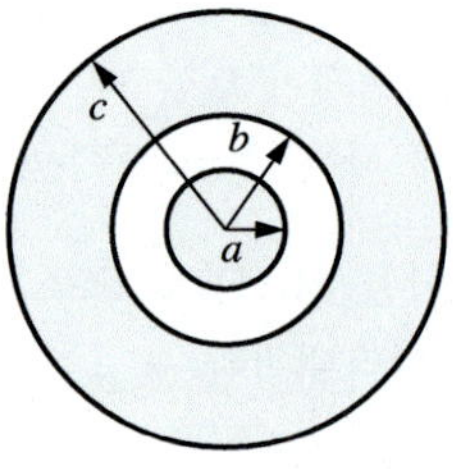

2.4.3. 문제 2.4.2에서 $+2Q$ C의 전하가 $0 \le \rho \le a$에서, $-Q$ C의 전하가 $b \le \rho \le c$에서 전하가 균일하게 분포되어 있을 때, 모든 영역에서 전계를 구하고 결과를 그림으로 나타내어라.

2.4.4. 거리 d만큼 떨어져 있는 무한 평행평판에서 윗판에 ρ_s C/m^2, 아래판에 $-\rho_s$ C/m^{2}의 전하가 균일하게 분포하고 있다. 가우스법칙을 이용하여 모든 영역에서 전계를 구하라.

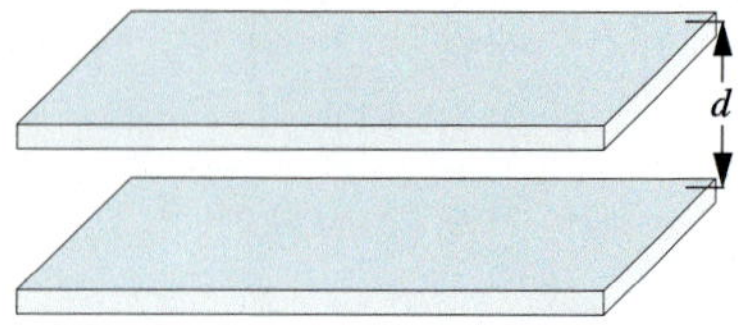

2.4.5. 반지름 $a < b < c$의 관계인 속이 빈 동심구에 $Q(r = a) = 2$ C, $Q(r = b) = -4$ C, $Q(r = c) = 4$ C의 전하가 있을 때 $r \ge 0$인 모든 영역에서 전계를 그림으로 나타내어라.

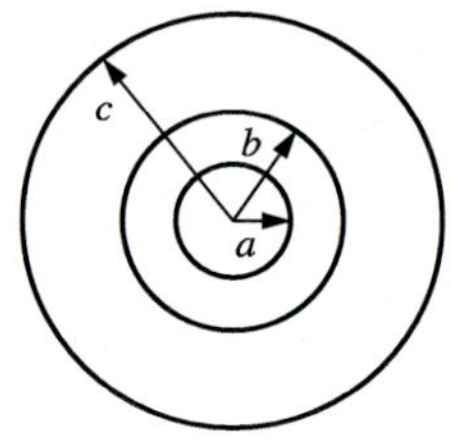

2.4.6. 문제 2.4.5에서 두 개의 작은 전극 A, B가 있다. A는 $r = 0$에 고정되어 있고, B는 $r = a$, b, c에 있을 때 두 전극 사이의 전위차를 구하라.

2.5.1. 전하 $Q_1(2, 2) = +2(4\pi\varepsilon_0)$ C과 $Q_2(4, 5) = -4(4\pi\varepsilon_0)$ C에 의한 점 P $(x, y, z = 0)$에서 절대전위를 구하라. 그리고 이 결과를 MATLAB을 이용하여 $0 < x < 6$, $0 < y < 7$에서 그림으로 나타내어라.

2.5.2. 공간의 한 점에 점전하가 있다. $r = 1$에서 $\mathbf{E}_r = 1$ V/m, $V = 1$ V일 때, $\mathbf{E}_r$과 V를 점전하로부터 거리의 함수로 그림으로 나타내어라.

2.5.3. $x = 0$에 있는 y-z 평면에 ρ_s C/m^{2}의 균일전하를 가지는 무한평면이 있을 때, 아래 그림의 경로를 따라 전하 Q를 이동하는 데 필요한 일을 구하라.

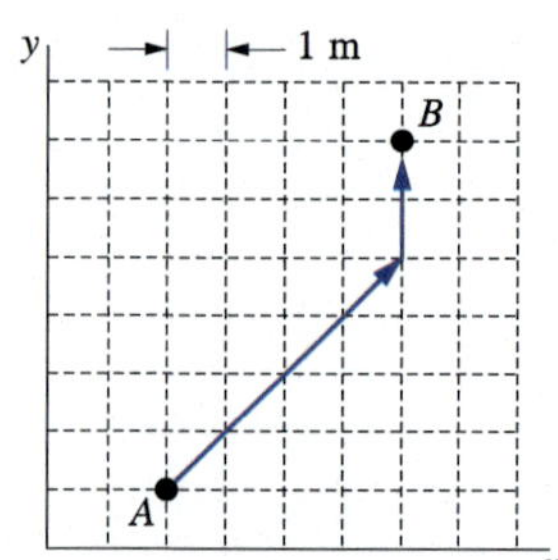

2.5.4. 공간에 전계 $\mathbf{E} = 4x\mathbf{u_x} - 2y\mathbf{u_y}$ V/m이 있을 때, 점 $A(2, 0)$과 점 $B(0, 2)$ 사이의 전위를 다음의 경로를 따라 적분하여 구하라. (a) 직선경로 AB, (*b*) $O(0, 0)$일 때, AOB

2.5.5. 반지름이 $a < \rho < b$인 두 개의 동축원통이 있다. $b - a$가 0으로 접근할 때, 두 동축원통의 전계가 상수로 접근함을 보여라.

2.5.6. 반지름이 $a < r < b$인 두 개의 동심구가 있다. $b - a$가 0으로 접근할 때, 두 동심구의 전계가 상수로 접근함을 보여라.

2.5.7. 피뢰침은 대전된 구름으로부터 전하를 대지로 방전시킨다. 피뢰침 끝에서의 전계를 중심으로 피뢰침의 전계분포를 그려라.

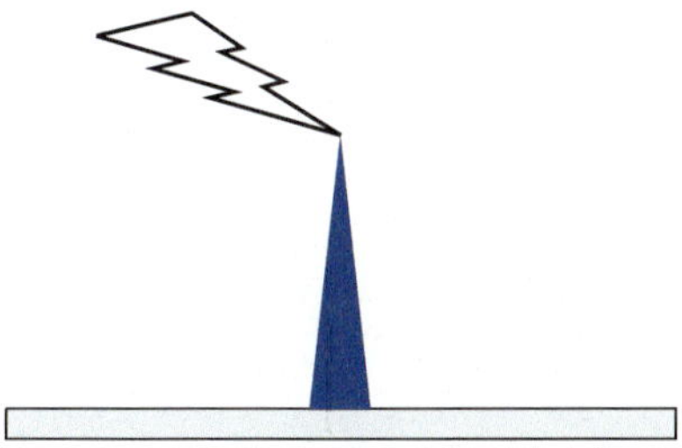

2.5.8. 점전하, 쌍극자, 사극자의 전위를 전하로부터 거리의 함수로 전위를 그림으로 그려서 비교하라. MATLAB을 이용하고 전하로부터 거리가 1m인 지점에서 전위가 1V라고 가정하라.

2.6.1. MATLAB을 이용하여 다음 적분을 구하고 이를 계산하여 구한 결과를 서로 비교하라.

$$z = \int_0^1 (1 - x)dx$$

2.6.2. MATLAB을 이용하여 다음 적분을 구하고 이를 계산하여 구한 결과를 서로 비교하라.

$$z = \int_{y=0}^{y=1} \int_{x=0}^{x=1} xydxdy$$

2.6.3. MATLAB을 이용하여 다음 적분을 구하고 이를 계산하여 구한 결과를 서로 비교하라.

$$w = \int_{z=0}^{z=2} \int_{y=0}^{y=3} \int_{x=0}^{x=4} xyzdxdydz$$

2.6.4. MATLAB을 이용하여 다음 적분을 구하고 이를 계산하여 구한 결과를 서로 비교하라.

$$w = \int_0^{\frac{\pi}{2}} \sin(x)dx$$

2.6.5. MATLAB을 이용하여 면적 1 m^2의 정사각형 평판의 총 전하량을 계산하라. 평판의 한 꼭짓점은 직각좌표계의 원점에 있고 전하밀도는 다음과 같이 불균일하다.

$$\rho_s = (1 - x^2)(1 - y^2)$$

이 결과를 계산결과와 서로 비교하라.

2.7.1. 물의 비유전율이 80일 때, 물의 유전율을 구하라.

2.7.2. 길이가 20 cm인 동축케이블이 있다. 이 케이블의 내부도체의 지름은 5 cm, 외부도체는 10 cm이다. 내부도체와 외부도체 사이에는 비유전율이 10인 유전체로 채워져 있고 이 두도체 사이에 다음의 전계가 인가되고 있을 때, 축적되는 정전에너지를 계산하라.

$$E = \frac{10^6}{\rho} V/m.$$

2.7.3. 어떤 유전체에 100 V/m의 전계가 인가된다. 비유전율이 5일 때, 유전체에 발생하는 전속밀도를 구하라.

2.7.4. 진공 중에서 전속밀도가 $1/36\pi$ C/m^2일 때 전계를 구하라.

2.8.1. 반지름이 a인 원형판의 자기정전용량을 구하라. 전하는 원형판에 균일하게 분포하고 있다.

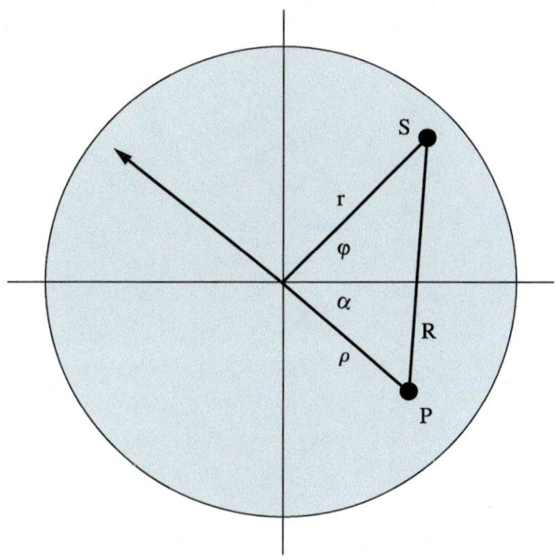

2.8.2. 문제 2.8.1에서 전하분포가 다음 식과 같이 불균일할 때, 자기정전용량을 구하라.

$$\rho_s(r) = \frac{\rho_s 1}{\sqrt{1-(r/a)^2}}$$

2.8.3. 극판 간격이 d이고 반지름이 a인 두 장의 원형판에 대해 상호정전용량을 구하라. 단, 외연효과는 무시한다.

2.8.4. 두 극판의 간격이 $3d$이고 면적이 A인 평행평판에 대해 총정전용량을 계산하라. 단 이 극판 사이에 두께가 A인 유전체가 극판 중심에 위치하고 외연효과는 무시한다.

2.8.5. 길이가 8 km인 동축케이블의 정전용량을 계산하라. 내부도체의 지름은 10 mm이고 외부도체의 지름은 15 mm이다.

2.8.6. 크기가 1 mm × 1 mm이고 도체간격이 2 mm인 평행사각 도체판의 상호정전용량을 계산하라. 이 도체판 사이에 들어가는 유전체의 비유전율은 2이다.

2.8.7. 문제 2.7.2에서 두 도체 사이가 진공일 때, 정전용량을 구하고 인가전압을 구하라.

CHAPTER 3

자 계

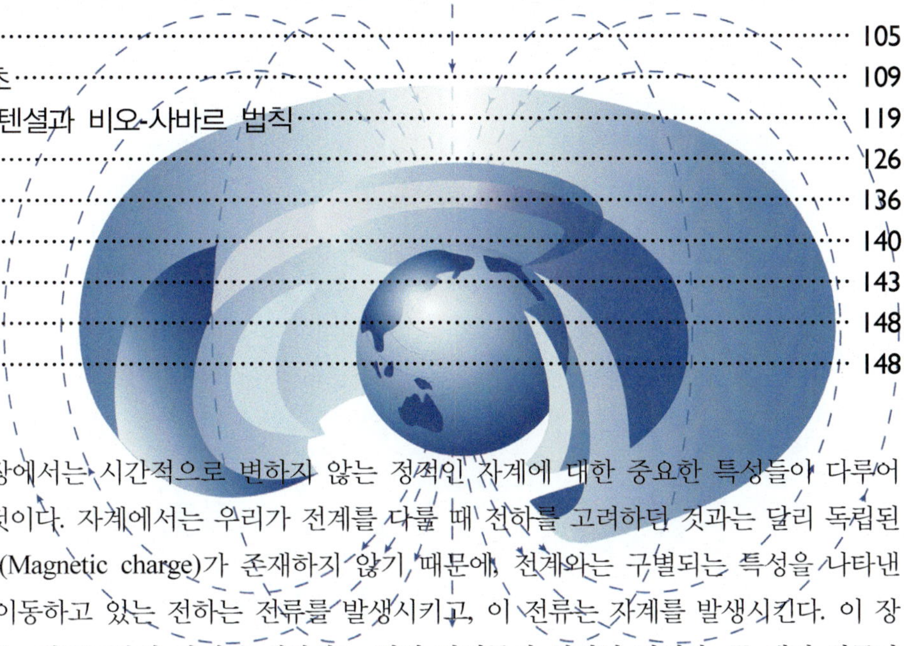

이 장에서는 시간적으로 변하지 않는 정적인 자계에 대한 중요한 특성들이 다루어 질 것이다. 자계에서는 우리가 전계를 다룰 때 전하를 고려하던 것과는 달리 독립된 자하(Magnetic charge)가 존재하지 않기 때문에, 전계와는 구별되는 특성을 나타낸다. 이동하고 있는 전하는 전류를 발생시키고, 이 전류는 자계를 발생시킨다. 이 장에서는 전류로부터 자계를 계산하는 몇몇 과정들이 설명될 것이다. 두 개의 전류가 흐르는 도선 사이에는 자기력이 작용한다. 어떤 물질들은 자계의 특성에 복잡한 영향을 미치기도 한다. 마지막으로, 인덕턴스라고 불리는 전기소자와 자기회로가 소개될 것이다.

3.1 전류

그림 3-1a와 같이, 어떤 금속 도선이 배터리와 저항에 연결되어 있다고 하자. 금속 도선에서 이온들은 정지되어 있고 전자들의 일부분은 자유롭게 움직일 수 있다. 금속 도선 내에서 실지로 움직이는 것은 전자(음의 전하)임에도 불구하고, 벤자민 플랭크린이 전류의 방향으로써 양의 전하가 움직이는 방향으로 정한 것을 우리는 따르고 있다. 배터리의 두 단자 사이에는 전계가 생성될 것이고 전계에 의해서 전자들이 가속될 것이다. 도선의 전도율이 공기의 전도율보다 훨씬 높기 때문에 가속된 전자들은 도선을 따라서만 흐른다. 이렇게 회로를 따라서 흐르는 전류를 ***전도전류(Conduction current)***라고 부른다. 나중에 우리가 시간적으로 변하는 전계를 배우게 되면, 전도전류와는 구분되는 ***변위전류(Displacement Current)***에 대하여 알게 될 것

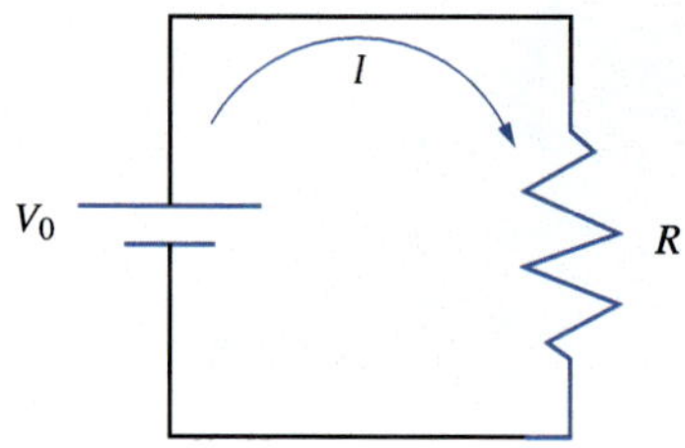

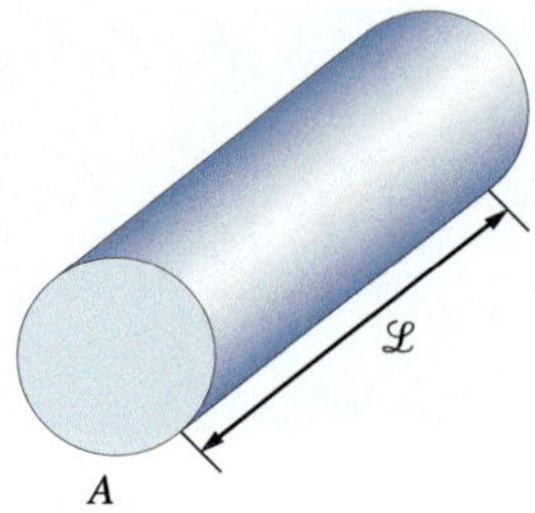

그림 3-1

(a) 배터리와 저항으로 구성된 간단한 전기회로.
(b) 단면적 A = πa^2인 도선을 따라 흐르는 전류 I, a는 도선의 반경.

이다.

그림 3-1b와 같이 도선을 따라 흐르는 전류는 옴의 법칙을 이용하여 계산할 수 있다. 전류를 전류밀도 $J = I/A$로 나타내고 도선의 길이 $\mathscr{L}$에 걸리는 전압차를 ΔV라고 하면, 도선의 ***저항*** R은 도선의 도전율을 σ라고 할 때, $R = \mathscr{L}/(\sigma A)$이다. 이러한 저항은 길이에 비례하고 단면적에 반비례한다. 그러므로 도선의 전류밀도는 옴의 법칙에 의해서 다음과 같이 나타낼 수 있다.

$$J = \frac{I}{A} = \frac{\left(\frac{\Delta V}{R}\right)}{A} = \frac{\Delta V}{\mathscr{L}}\frac{\mathscr{L}}{A}\frac{1}{R} = \sigma E$$

$$\mathbf{J} = \sigma\mathbf{E}\ (\mathrm{A/m^2}) \tag{3.1}$$

이 식은 옴의 법칙을 일반화한 것이다. 임의의 지점에서 1 암페어(A)의 전류는 1 초간 1 쿨롱(C)의 전하가 흐를 때의 전류이다. 식 (3.1)에서 변수들은 다른 변수의 크기와 상관없다고 가정한다. 비선형적인 물질에서는 임의의 파라미터는 다른 파라미터의 크기에 의존하는 일이 종종 발생한다. 저항에 흐르는 전류가 커지면 열이 발생해서 저항의 저항값이 높아질 수 있다. 이러한 비선형 효과는 실용적으로는 중요하지만 여기서는 고려하지 않도록 한다.

전류밀도가 $\mathbf{J} = \rho_v v_{\mathrm{drift}}$라고 한다면, 정의에 의해서, 도전율 σ가 유도될 수 있다. 여기서, ρ_v는 전자의 체적전하밀도이고 v_{drift}는 전자의 평균 드리프트 속도(Average electron drift velocity)이다. 전자의 드리프트 속도는 전계 $\mathbf{E}$에 비례하며, 매질내에서의 전자의 이동도(Mobility) μ_m과 비례하는 상수이다. 따라서,

$$\mathbf{J} = \rho_v \mathbf{v}_{\mathrm{drift}} = \rho_v \mu_m \mathbf{E} = \sigma\mathbf{E}\ \ (\mathrm{A/m^2}) \tag{3.2}$$

이고, 여기서 $\sigma = \rho_v \mu_m$이다. 도선을 흐르는 전류 I는 도선의 단면적 ΔA에 대하여 전류밀도 $\mathbf{J}$를 적분함으로써 구할 수 있다. 전류밀도 $\mathbf{J}$는 크기와 방향을 함께 가지는 벡터량이다.

$$I = \int_{\Delta A} \mathbf{J} \cdot \mathbf{ds} \text{ (A)} \tag{3.3}$$

만약, 전류가 반경이 a인 원통형의 도선 내에서 균일하게 분포하고 있다면, 이 적분은 다음과 같이 될 수 있다.

$$I = J\pi a^2 \tag{3.4}$$

따라서 전류는 전류밀도와 단면적의 곱이라는 것을 쉽게 알 수 있다. 그러나 만약 전류가 도선내에서 불균일하게 분포하고 있다면, 이 적분은 예제 3.1에서 나타낸 것처럼 보다 더 주의해서 풀어야 한다. 나중에 우리는 전류의 흐름이 어떤 물체의 표면으로 제한되는 경우를 직면하게 될 것이다. 이러한 전류를 표면전류라고 한다. 우리는 여기서 전류밀도와 단면적으로 전류에 대한 기본적인 특성을 이해함으로써 전류에 의해서 발생하는 자계의 여러 가지 특성들을 탐구할 수 있게 될 것이다.

예제 3.1

다음과 같이 불균일한 전류밀도가 주어졌을 때, 사각형의 표면을 $\mathbf{u_x}$ 방향으로 통과하는 전류를 구하여라. 사각형 표면은 $1 \le y \le 2$, $1 \le z \le 2$로 주어진다.

$$\mathbf{J} = (3y^2 z\mathbf{u_x} - 2x^3 z\mathbf{u_y} + z\mathbf{u_z})$$

답. 사각형 표면의 미소면적은 $\mathbf{ds} = dydz\mathbf{u_x}$로 정의될 수 있으므로, 전류밀도의 스칼라적과 미소면적을 이용하여 $\mathbf{u_x}$ 방향의 전류를 구할 수 있다. 즉,

$$I = \int_A \mathbf{J} \cdot \mathbf{ds} = \int_{y=1}^{y=2} \int_{z=1}^{z=2} 3y^2 z dz dy = \frac{3y^3}{3}\bigg|_{y=1}^{y=2} \frac{z^2}{2}\bigg|_{z=1}^{z=2}$$
$$= 10.5 \text{ A}$$

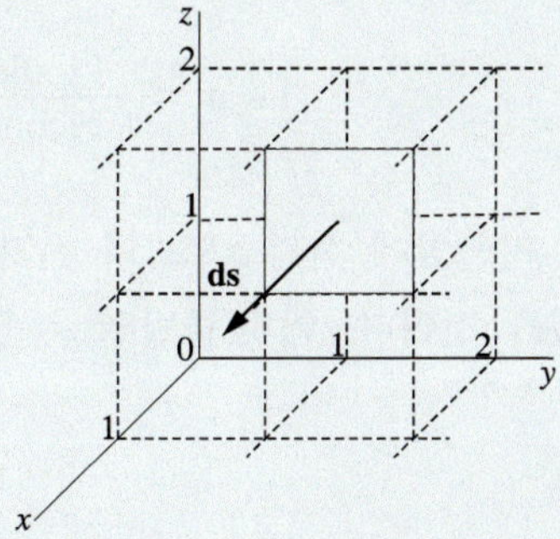

예제 3.2

반경이 a인 도선을 따라 흐르는 전류를 계산하여라. 이 때, 전류밀도는 불균일하고 다음과 같

이 주어진다.

$$\mathbf{J} = I_0\left(\frac{\rho}{a}\right)\mathbf{u_z}$$

불균일한 전류는 고주파응용에서 "표피효과"라는 개념으로 중요하게 다루어진다.

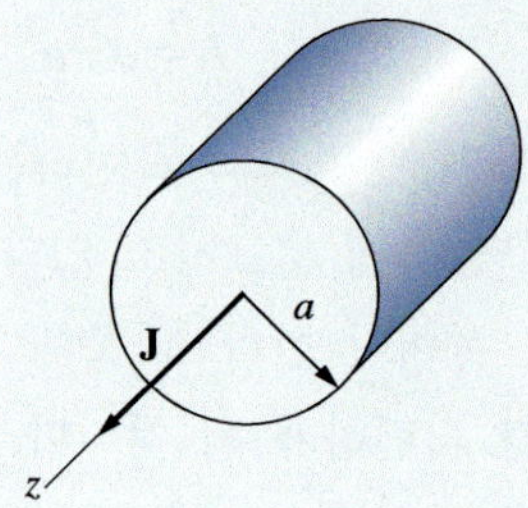

답. 전류는 다음과 같은 적분으로 구할 수 있다.

$$I = \int_{\phi=0}^{\phi=2\pi}\int_{\rho=0}^{\rho=a} I_0\left(\frac{\rho}{a}\right)\mathbf{u_z} \cdot \rho d\rho d\phi \mathbf{u_z} = I_0(2\pi)\left(\frac{a^2}{3}\right)$$

도전성 매질 내에서 소모되는 전력은 전계와 지금까지 다루어 온 전류밀도를 이용하여 계산할 수 있다. 특정한 체적 내에서의 ***전력밀도***는 다음과 같이 정의된다.

$$p = \mathbf{J} \cdot \mathbf{E} \ (\mathrm{W/m^3}) \tag{3.5}$$

체적 내에서 소모되는 전력은 식 (3.5)를 체적 Δv에서 적분함으로써 구할 수 있다. 이 전력은 다른 종류의 에너지형태인 열로 변환되고 이것을 ***줄발열(Joule heating)***이라고 한다. 이것은 SI단위로 다음과 같이 측정될 수 있다.

$$1\,\mathrm{watt} \equiv \frac{1\ \mathrm{joule}}{1\ \mathrm{second}}$$

우리는 아마도 추운 겨울밤에 전기스토브나 전기히터 옆에서 줄발열에 의해서 따뜻해지는 것을 경험했을 것이다. 이것(줄발열)은 많은 실용적인 응용에 있어서 매우 중요한 효과이다.

예제 3.3

균일한 도전율 σ를 가진 저항 내에서 소모되는 전력을 계산하여라. 저항의 두 단자에 걸리는 전압은 ΔV이고, 저항에는 I의 전류가 흐른다.

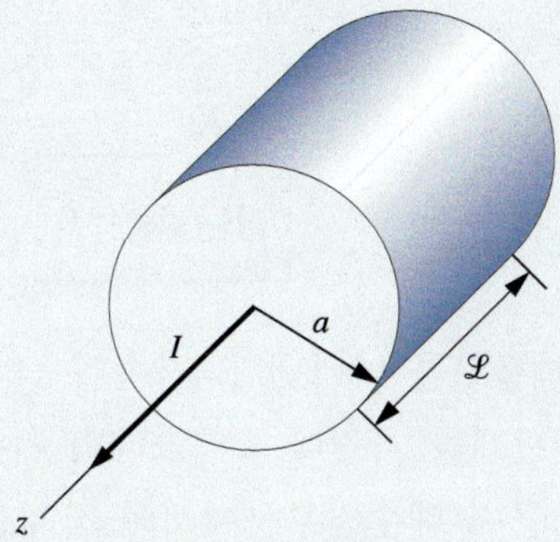

답. 식 (3.5)로부터 우리는 전력밀도를 구할 수 있다. 전력손실은 전력밀도를 체적 적분함으로써 구할 수 있다.

$$P = \int_{\Delta v} \mathbf{J} \cdot \mathbf{E} dv = \int_{z=0}^{z=\mathscr{L}} \int_{\phi=0}^{\phi=2\pi} \int_{\rho=0}^{\rho=a} \left(\frac{I}{\pi a^2}\right)\left(\frac{\Delta V}{\mathscr{L}}\right) \rho d\rho d\phi dz = \Delta VI$$

3.2 자계의 기초

자계의 효과는 거의 3000년 전 철을 끌어당기는 돌(자철광, Lodestones)이 소아시아의 마그네시아(Magnesia)지방에서 발견되면서부터 알려져 왔다. 흥미로운 성질을 가진 이 광물은 그 후 마그네타이트(Fe_3O_4)라고 알려지게 되었다. 예전부터 항해자들은 이 광물이 북쪽과 남쪽을 가리키는 특성을 이용해 왔다. 자성(Magnetism)에 대한 첫 번째 과학적인 연구는 1600년대에 길버트(William Gilbert)에 의한 것이고, 그 후 에르스테드(Hans Christian Oersted)가 19세기에 도선에 흐르는 전류가 자석으로 만들어진 나침반의 침을 움직이게 한다는 것을 밝힐 때까지 괄목할 만한 연구는 없었다. 이 결과는 그 후 암페어, 가우스, 헨리, 패러데이 등의 연구결과들과 함께 자계에 대한 연구를 전계와 동등한 수준의 분야로 끌어올리는 것에 기여를 하였다. 이러한 자계에 대한 연구수준의 진보에 맥스웰의 이론적인 연구가 결정적인 역할을 한 것에 대하여서도 언급하지 않을 수 없다.

전계를 공부하면서, 우리는 양의 전하와 음의 전하는 서로 분리될 수 있다는 것을 알았다. 이렇게 분리될 수 있는 자기적인 극(Magnetic poles)이 존재할까? 지구를 적도에서 잘라서 단자극(Magnetic monopole)을 가지도록 분리할 수 있을까? 이 책에서 서술하고 있는 것처럼, 자연계에서 "단자극은 존재하지 않는다". 이것이 바로 *자계와 전계의 중요한 차이점*이다.

단자극이 존재하지 않기 때문에 우리는 자기력선이 항상 연속이며 한 지점에서 시작될 수도 없고 끝날 수도 없다. 어떤 영역내의 전자속은 Ψ_m로 표시되고 단위는 웨버(Wb)이다. 임의의 지점을 포함하는 폐곡면에서, 우리는 다음과 같이 자속을 나타낼 수 있다.

$$\oint \mathbf{B} \cdot \mathbf{ds} = 0 \tag{3.6}$$

여기서, **B**는 ***자속밀도***를 나타낸다. 자속밀도의 SI 단위는 테슬라(T)이고, 이것은 $1\ \text{T} = 1\ \text{Wb/m}^2$의 관계를 가진다. 1테슬라의 자속밀도는 현실적으로 매우 큰 양이다. 예를 들어, 적도근처 해수면부근에서의 자계강도는 대략 0.5×10^{-4} 테슬라이다. 자속밀도의 또 다른 단위는 가우스(G)이고 $1\ \text{G} = 10^{-4}\ \text{T}$의 관계를 가진다.

우리는 식 (3.6)을 발산의 정리를 이용하여 미분형으로 나타낼 수 있다. 발산의 정리는 폐곡면적분과 체적적분과의 관계를 나타내는 것이며, $\oint \mathbf{B} \cdot \mathbf{ds} = \int_{\Delta v} \nabla \cdot \mathbf{B}\, dv$이다. 이 식의 좌변에서 나타낸 폐곡면적분이 임의의 체적 Δv에 대하여 0이 되도록 하기 위해서는 우변의 적분은 반드시 0이 되어야 한다. 따라서,

$$\nabla \cdot \mathbf{B} = 0 \tag{3.7}$$

식 (3.6)과 (3.7)은 자계는 닫혀있게 되고 고립된 단자극에 의해서 시작되거나 혹은 끝나지 않는다는 것을 나타낸다. 만약 막대자석의 그림 3-2와 같이 자르더라도 N극과 S극은 분리되지 않고 다만 두 개의 작은 자석으로 분리될 뿐이다. 이러한 자계에 대한 첫 번째 원리는 전계에 대한 원리와 비교될 수 있다.

$$\nabla \cdot \mathbf{E} = \frac{\rho_v}{\varepsilon_0}$$

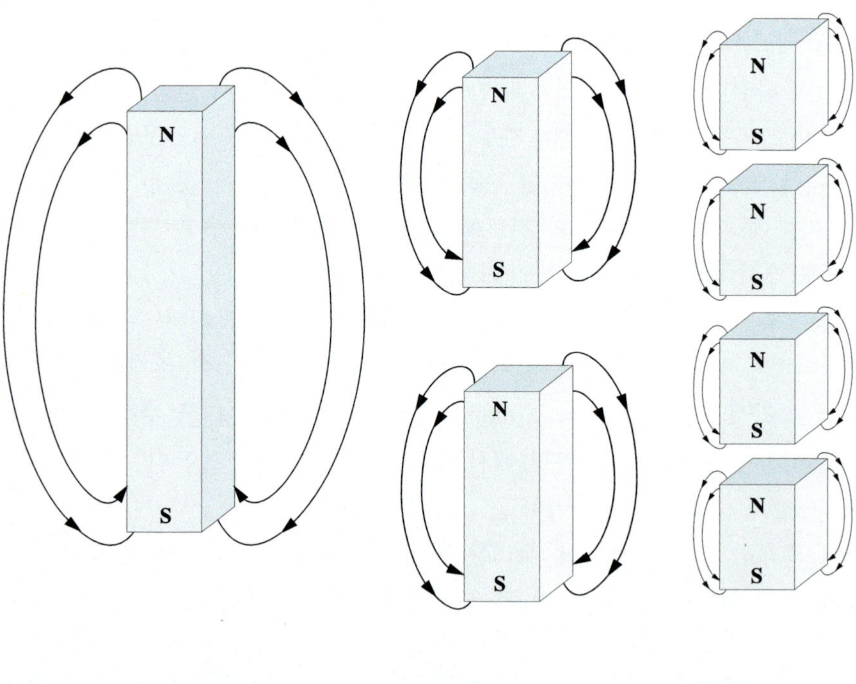

그림 3-2

큰 자석을 자르면 작은 자석들로 분리된다. N극과 S극으로 분리하는 것은 불가능하다.

양의 전하와 음의 전하는 서로 분리될 수 있다는 것을 상기하라.

정적인 자계에 대한 두 번째 특성은 에르스테드(Hans Christian Oersted)에 의해서 1820년에 발견되었다. 그는 전류가 흐르는 도선의 주위에서 나침반의 바늘이 움직인다는 것을 발견하였고, 이것은 전류에 의해서 자계가 발생하였기 때문이라고 생각하였다. 양의 전하를 가진 핵주위를 전자가 회전하고 있다는 원자 모델이 암시하는 바를 상기하라. 그것은 하나의 전기쌍극자로 나타낼 수 있었다. 움직이는 전자는 전류로 나타낼 수 있다. 그러므로 원자는 작은 전기쌍극자와 작은 자기쌍극자로 생각할 수 있다.

실험적 결과로부터 다음 식과 같이 표현할 수 있다.

$$\oint \mathbf{B} \cdot \mathbf{dl} = \mu_0 I_{enc} \tag{3.8}$$

여기서, I_{enc} 폐루프내에 포함된 전류이고, μ_0는 자유공간에서의 투자율이다. SI단위계에서 μ_0는 다음과 같은 값으로 정의된다.

$$\mu_0 \equiv 4\pi \times 10^{-7} \quad (\text{H/m}) \tag{3.9}$$

실험에 의해서 얻어진 ε_0가 8.854×10^{-12} F/m로 주어지고 근사적인 $(1/36\pi) \times 10^{-9}$ F/m로 표현되지만, μ_0에 대하여서는 식 (3.9)가 정확한 표현이며 근사적으로 12.566×10^{-7} F/m로 표현된다.

자속밀도는 전류밀도에 대하여 수직이고 "오른손 법칙"에 따른다. 그림 3-3과 같이, 오른손의 엄지손가락이 전류의 방향을 가리키고 있을 때 나머지 손가락들은 자속밀도의 방향을 나타낸다.

자유공간에서의 투자율값과 식 (2.6)에서 근사적으로 표현하였던 유전율값을 이용해서

$$\varepsilon_0 \approx \frac{1}{36\pi} \times 10^{-9} \text{ F/m} \tag{3.10}$$

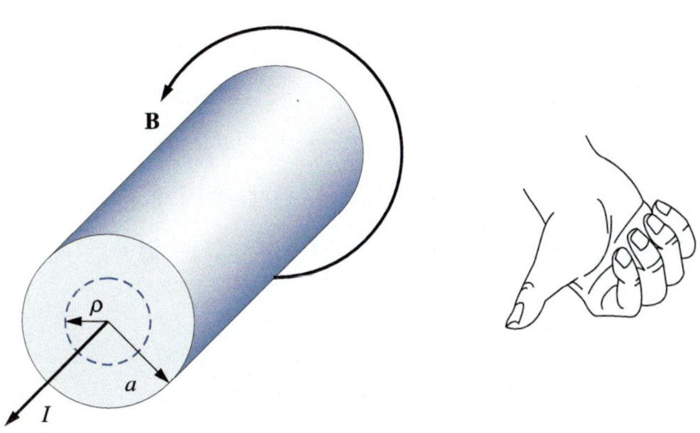

그림 3-3

원통형 도선에 흐르는 전류 I에 의해서 자속 밀도 **B**가 발생한다. 오른손의 엄지손가락이 전류의 방향을 나타낼 때 나머지 손가락들은 자속의 방향을 나타낸다.

우리는 $1/\sqrt{\mu_0\varepsilon_0}$ 를 이용하여 계산한 수치적인 값에 흥미를 가질 수 있다. 이 값은 광속과 같은 값을 가지며, 뒤에서 다시 설명할, 광속과 같은 차원을 가진다. 우리는 또한 나중에 이러한 일치가 매우 유용하다는 것과 이것이 중요한 기초가 된다는 것을 알게 될 것이다.

식 (3.8)은 ***암페어의 주회법칙*** 혹은 ***암페어법칙***이라고 불리며, 다음에 살펴보게 되겠지만, 이 식을 이용하여 대칭성이 있는 많은 경우에 자속밀도를 계산할 수 있다. 따라서, 우리는 암페어법칙이 자계에 대하여서 대칭성을 가진 경우에 문제를 단순화시킴으로써 전계에 있어서의 가우스법칙과 같은 역할을 한다는 것을 알게 될 것이다. 이 법칙은 전류에 의해서 발생한 자속을 계산하는 기본적인 방법이기 때문에 몇몇 예를 통하여 자세하게 설명할 것이다

식 (3.8)은 벡터연산자를 이용해서 다른 형태로 나타낼 수 있다. 식 (3.8)의 좌측은 스토크스의 정리를 이용하여 면적분으로 나타낼 수 있다.

$$\oint \mathbf{B} \cdot \mathbf{dl} = \int_{\Delta s} (\nabla \times \mathbf{B}) \cdot \mathbf{ds} \tag{3.11}$$

그러므로, 식 (3.8)과 (3.11)에서 나타낸 두 개의 폐곡면적분을 계산한 후에 우리는 다음의 식을 얻을 수 있다.

$$\int_{\Delta s} (\nabla \times \mathbf{B}) \cdot \mathbf{ds} = \mu_0 \int_{\Delta s} \mathbf{J} \cdot \mathbf{ds} \tag{3.12}$$

임의의 표면에 대하여 상기의 두 적분이 같아지기 위해서는 피적분함수도 같아야만 한다. 따라서,

$$\boxed{\nabla \times \mathbf{B} = \mu_0 \mathbf{J}} \tag{3.13}$$

이 식은 암페어법칙의 미분형을 나타낸다. 암페어법칙의 적분형과 미분형은 모두 전자계를 계산하기 위해서 사용된다.

식 (3.8)을 이용해서 그림 3-3에서 나타낸 도선에서 발생하는 자계를 구해보자. 여기서, 도선은 무한히 직선으로 뻗어 있다고 가정한다. 이 경우, 자계는 $\mathbf{u}_\phi$ 방향의 성분만을 가진다고 가정한다. *오른손 법칙*에 의해서, 전류가 오른손 엄지손가락 방향이라고 한다면 자속밀도는 나머지 손가락의 방향이 될 것이다.

식 (3.8)의 선적분은 대칭성이 있는 특별한 경우 쉽게 풀리게 된다. 그림 3-4와 같이, 적분경로를 반경 ρ로 하는 원통대칭으로 고려할 수 있는 경우, 적분식은 다음과 같이 나타낼 수 있다.

$$\oint \mathbf{B} \cdot \mathbf{dl} = \int_0^{2\pi} B_\phi \mathbf{u}_\phi \cdot \rho d\phi \mathbf{u}_\phi = 2\pi\rho B_\phi \tag{3.14}$$

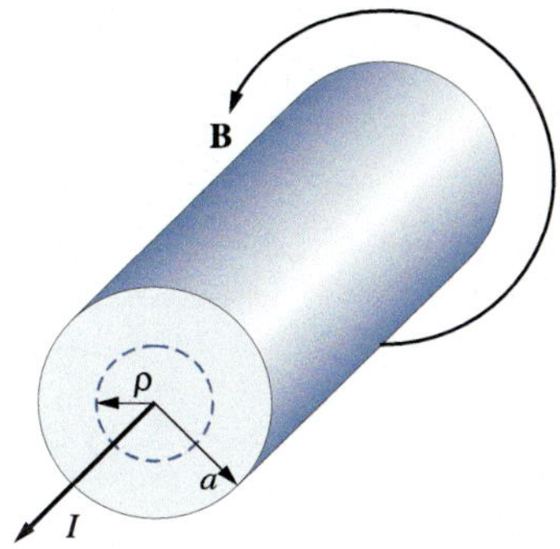

그림 3-4

원통형 도체에 전류 I가 흐르면, 반경 ρ에 대한 자속밀도를 구할 수 있다.

식 (3.8)의 우변에 대한 면적분은 식 (3.14)에서 주어진 것과 같은 반경 ρ에 의해서 정의되는 표면 내에 흐르는 전류에 μ_0를 곱함으로써 구할 수 있다. 우선 우리는 임의의 반경 ρ가 도선의 반경 a보다 커서 도선을 따라 흐르는 모든 전류 I는 반경 ρ에 의해서 정의되는 표면 내에서만 흐른다고 가정한다. 따라서, 식 (3.8)의 우변의 적분은 $\mu_0 I$가 되고, 도선외부의 자속밀도는 다음과 같이 계산된다.

$$B_\phi = \frac{\mu_0 I}{2\pi\rho} \ (\mathrm{T}) \tag{3.15}$$

같은 방법으로, 우리는 도선 내부의 자속밀도도 구할 수 있다. 계산과정은 도선 외부의 자속밀도를 구한 것과 같다. 먼저 반경이 ρ인 원의 내부에서 흐르는 전류를 구한다. 만약 전류가 도선에 균일하게 분포되어 있다면, 전류밀도는 다음과 같다.

$$\mathbf{J} = \frac{I}{\pi a^2}\mathbf{u_z} \ (\mathrm{A/m^2})$$

구해진 전류밀도를 이용하여 반경이 ρ인 원의 내부에서 흐르는 전류는 다음과 같이 주어진다.

$$\int_{\Delta s} \mathbf{J} \cdot \mathbf{ds} = \int_{\phi=0}^{\phi=2\pi} \int_{\rho'=0}^{\rho'=\rho} \left(\frac{I}{\pi a^2}\right)\rho' d\rho' d\phi = \left(\frac{\rho}{a}\right)^2 I \tag{3.16}$$

여기서, ρ' 계산과정을 용이하게 하기 위해서 도입한 변수이다. 이 전류와 μ_0의 곱이 식 (3.14)에서 표현된 것과 동일하기 때문에, 우리는 결과적으로 도선 내부의 자속밀도를 다음과 같이 구할 수 있다.

$$B_\phi = \frac{1}{2\pi\rho}\left[\mu_0\left(\frac{\rho}{a}\right)^2 I\right] = \frac{\mu_0 I}{2\pi}\left(\frac{\rho}{a^2}\right) \tag{3.17}$$

도선의 표면($\rho = a$)에서, 식 (3.15)와 (3.17)에서 구해진 두 개의 결과는 서로 일치한다. 그림 3-5에서 자속밀도를 나타내고 있다. 도선의 중심($\rho = 0$)에서, 자속밀도는 반경이 영(0)인 원내부에 흐르는 전류가 없기 때문에 영(0)이다. 반경이 도선의 표면($\rho = 0$)까지 증가할수록, 보다 많은 전류가 반경 내에 포함되기 때문에 자속

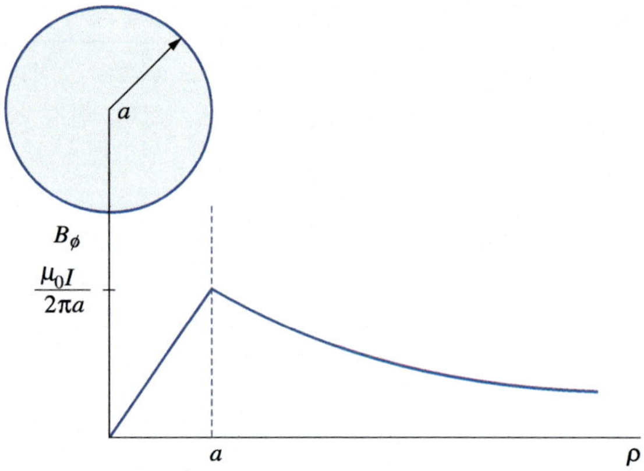

그림 3-5

반경 ρ에 따르는 자속밀도전류는 도선의 단면을 균일하게 분포되어 있다고 가정하여 식 (3.15)와 식 (3.17)을 이용하여서 계산하였다.

밀도는 증가하게 된다. 반경 ρ가 도선의 반경 a 보다 큰 경우, 반경 ρ가 커지더라도 전류는 증가하지 않으므로, 자속밀도는 $1/\rho$에 비례하여 감소하게 된다.

예제 3.4

도선을 흐르는 전류가 지면의 밖으로 향하고 있을 때, 도선의 내부와 외부에 형성되는 자속밀도를 구하여라.

답. 자속밀도는 식 (3.15)와 (3.17)을 이용하여 구할 수 있다. 그 결과는 다음의 그림과 같고, 화살표의 길이는 자속밀도의 크기를 나타낸다.

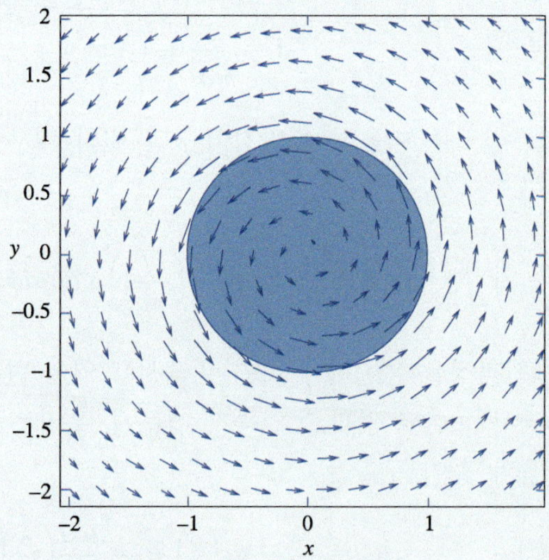

예제 3.5

동축케이블의 내부도체에 I_0의 전류가 $+\mathbf{u_z}$ 방향(지면의 바깥방향)으로 흐르고 있고, 이 전류는 외부도체에 의해서 귀환된다. 동축케이블의 내부와 외부에서 발생하는 자속밀도를 계산하여라.

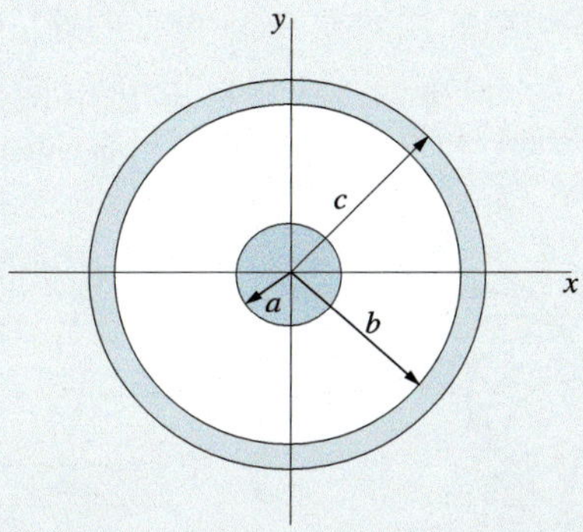

답. 동축케이블의 영역을 분리해서 식 (3.8)에서 나타낸 암페어법칙을 적용한다. 대칭성에 의해서 식 (3.8)의 좌변은 항상 식 (3.14)에서 나타낸 것($2\pi\rho B_\phi$)같이 될 것이다. 따라서, 영역 $0 \le \rho \le a$에 대하여,

$$2\pi\rho B_\phi = \mu_0\int_{\Delta s} \mathbf{J} \cdot \mathbf{ds} = \mu_0\int_{\phi=0}^{\phi=2\pi}\int_{\rho'=0}^{\rho'=\rho}\left(\frac{I_0}{\pi a^2}\right)\rho' d\rho' d\phi' = \mu_0 I_0\left(\frac{\rho}{a}\right)^2$$

$$B_\phi = \frac{\mu_0 I_0 \rho}{2\pi a^2} \quad (\mathrm{T})$$

영역 $a < \rho \le b$에 대하여,

$$2\pi\rho B_\phi = \mu_0\int_{\Delta s} \mathbf{J} \cdot \mathbf{ds} = \mu_0 I_0$$

$$B_\phi = \frac{\mu_0 I_0}{2\pi\rho} \quad (\mathrm{T})$$

영역 $b < \rho \le c$에 대하여,

$$\begin{aligned} 2\pi\rho B_\phi &= \mu_0\int_{\Delta s} \mathbf{J} \cdot \mathbf{ds} \\ &= \mu_0 I_0 - \mu_0\int_{\phi=0}^{\phi=2\pi}\int_{\rho'=b}^{\rho'=\rho}\left(\frac{I_0}{\pi(c^2-b^2)}\right)\rho' d\rho' d\phi = \mu_0 I_0\left(1 - \frac{(\rho^2-b^2)}{(c^2-b^2)}\right) \end{aligned}$$

$$B_\phi = \frac{\mu_0 I_0}{2\pi\rho}\left(1 - \frac{(\rho^2-b^2)}{(c^2-b^2)}\right) \quad (\mathrm{T})$$

영역 $\rho > c$에 대하여,

$$2\pi\rho B_\phi = \mu_0\int_{\Delta s} \mathbf{J} \cdot \mathbf{ds} = 0$$

$$B_\phi = 0$$

와 같이 된다.

예제 3.6

암페어법칙을 이용해서 솔레노이드의 자계를 구하여라. 솔레노이드는 아래의 그림 (*a*)와 같이 막대모양의 원통에 권선이 균일하게 감겨져 있는 모양이다. 솔레노이드의 길이방향으로 N 턴의 권선이 감겨 있다. 솔레노이드의 길이 d는 반경 a에 비하여 충분히 크다고 가정하자.

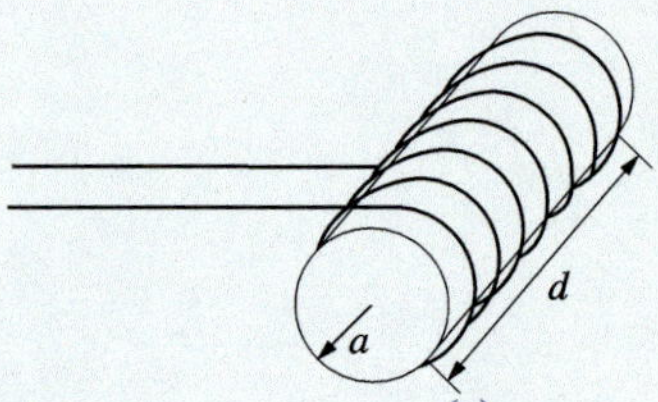

(*a*)

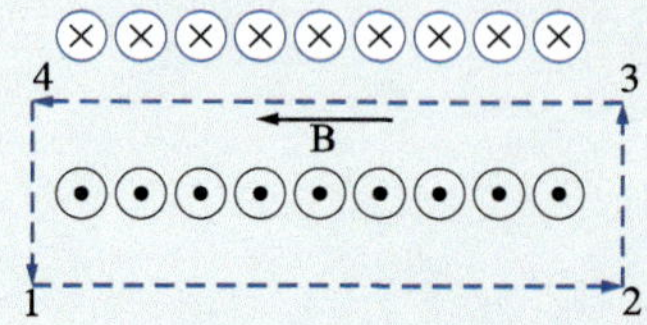

(*b*)

답. 그림 (b)와 같이, 식 (3.8)의 암페어법칙을 지면을 튀어나오는 방향으로 흐르는 전류를 둘러싸는 폐곡선에 적용해보자. 폐곡선의 경로는 [1 → 2, 2 → 3, 3 → 4, 4 → 1]과 같이 4개의 성분으로 나눌 수 있고, 이 경로들은 식 (3.8)에서의 선적분의 경로가 된다. 솔레노이드의 길이가 반경보다 충분히 크기 때문에, 즉, $d >> a$, 우리는 솔레노이드의 양끝에서의 자속의 누설을 무시할 수 있게 된다. 그러므로 선적분은 오로지 두 개의 성분 [1 → 2, 3 → 4]에 의해서만 필요하게 된다. 즉, 솔레노이드의 반경방향으로는 자계가 존재하지 않는다는 의미이다. 폐곡선적분의 근사적인 결과는

$$\oint \mathbf{B} \cdot \mathbf{dl} \approx B_z(2d)$$

와 같다.

암페어법칙의 표면적분(우변)을 통해서 루프 내에 포함된 전류를 구할 수 있다. 근사적인 표현으로, 루프 내에 포함된 전류를 지면을 뚫고 나오는 판에 흐르는 무한 전류로 대체해서 생각할 수 있다. 그러면, 경로 1 → 2의 적분과 3 → 4의 적분의 결과는 동일하게 된다. 전류 I가 흐르는 권선의 수가 N이기 때문에 면적분의 결과는

$$\mu_0 \int_{\Delta s} \mathbf{J} \cdot \mathbf{ds} = \mu_0 NI$$

이다.

두 표현을 같다고 놓고 계산하면 솔레노이드의 중심부분에서의 자속밀도를 구할 수 있다.

$$B_z = \frac{\mu_0 NI}{2d} \ \text{(T)}$$

솔레노이드의 윗부분의 전류에 대해서도 동일한 과정으로 계산을 하면 동일한 방향과 크기를 가지는 자속밀도가 구해진다. 중첩의 원리를 적용해서, 솔레노이드의 중심부분에서 발생하는 총 자속밀도를 구할 수 있다.

$$B_z = \frac{\mu_0 NI}{d} \ \text{(T)}$$

보다 정확한 계산을 통해서, 이러한 과정을 통해서 중심부분에서 구한 자속밀도는 정확하다는 것을 알 수 있고, 솔레노이드의 양쪽 끝부분에서의 자속밀도는 대칭성이 없어지기 때문에 50% 정도 차이가 있다는 것을 알 수 있다.

예제 3.7

단면적이 A인 토로이드 내에서 발생하는 자속밀도를 근사적으로 구하여라. 단면적 A는 토로이드의 평균반경에 비해서 충분히 작다고 가정하자. 이 가정을 통해서 토로이드의 단면에 분포되는 자속밀도는 균일하다고 할 수 있다. 토로이드의 권선은 N턴으로 균일하게 감겨져 있다.

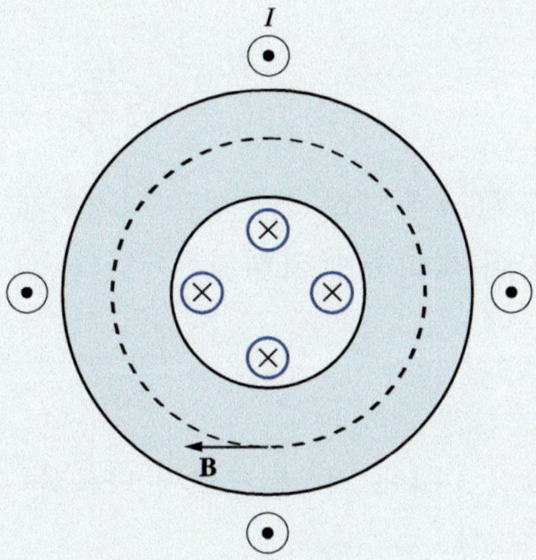

답. 길이가 $\mathscr{L}$인 평균 원주 내에서, 전류는 NI이다. 식 (3.8)에서 나타낸 암페어 법칙에 의해서,

$$B_\phi \mathscr{L} \approx \mu_0 NI$$

이다. 따라서, $B_\phi = \mu_0 NI/\mathscr{L}$를 얻을 수 있다.

임의의 영역 내에서 흐르는 전류 주위에 발생하는 자속밀도는 오로지 영역 내의 전류에만 의존한다는 것을 강조하기 위해서, 우리는 암페어법칙을 앞에서 정전계해석을 위해서 가우스법칙에 적용하였던 것처럼 라그랑제 질량변수를 이용하여 계산해 본다. 임의의 반경 ρ에 둘러싸인 전류는 다음과 같이 주어진다.

$$I_{\text{enc}} = \int_{\Delta s} \mathbf{J} \cdot d\mathbf{s} = \int_{\phi=0}^{\phi=2\pi} \int_{\rho'=0}^{\rho'=\rho} J_z(\rho')\rho' d\rho' d\phi = 2\pi \int_{\rho'=0}^{\rho'=\rho} J_z(\rho')\rho' d\rho' \quad (3.18)$$

식 (3.18)에서, ρ'는 적분변수이고, 우리는 전류가 오로지 방사방향으로만 변화한다고 가정한다. 전류는 z 방향으로 흐르고 있다. 회전방향의 변수 ϕ가 2π가 되도록 적분을 수행하고, 미분전류 dI_{enc}는 다음과 같이 주어진다.

$$dI_{\text{enc}} = 2\pi\rho J_z(\rho)d\rho \tag{3.19}$$

우리는 지금 자속밀도가 오로지 ρ 방향에만 의존하고 있고 자속밀도는 $\mathbf{u}_\phi$ 방향인 경우를 다루고 있다. 따라서, 식 (3.13)은 다음과 같이 된다.

$$\frac{dB_\phi}{d\rho} = \mu_0 J_z(\rho) \tag{3.20}$$

연쇄법칙을 식 (3.20)에 적용하고 식 (3.19)를 이용하여서,

$$\frac{dB_\phi}{d\rho} = \frac{dB_\phi}{dI_{\text{enc}}}\frac{dI_{\text{enc}}}{d\rho} = \frac{dB_\phi}{dI_{\text{enc}}}[2\pi\rho J_z(\rho)] = \mu_0 J_z(\rho)$$

또는

$$\frac{dB_\phi}{dI_{\text{enc}}} = \frac{\mu_0}{2\pi\rho} \tag{3.21}$$

여기서, 전류밀도 $J_z(\rho)$에 대한 의존성은 사라지게 된 것을 알 수 있다. 식 (3.21)의 적분은 다음과 같이 명확하게 표현될 수 있다.

$$B_\phi = \frac{\mu_0 I_{\text{enc}}}{2\pi\rho} \tag{3.22}$$

식 (3.22)를 그림 3-4에 적용함으로써 다음과 같은 결과를 얻을 수 있다. 전 전

예제 3.8

속이 비어 있고 중심이 동일한 두 개의 금속 원통이 있다. 지면을 뚫고 나오는 방향(+z 방향)을 따라 내부의 원통에 I의 전류가 흐르고 지면속을 향하는 방향(−z 방향)으로 외부의 원통을 따라 같은 크기의 전류가 흐를 때, 모든 공간에서의 자속밀도를 계산하여라.

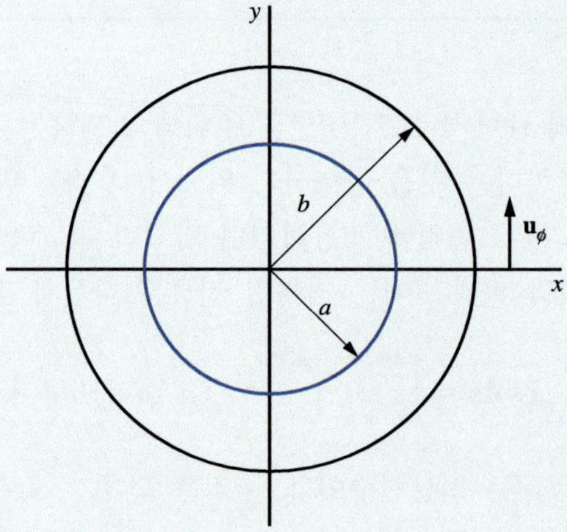

답. 반경 $\rho < a$인 공간 내에 포함되는 전류는 영(0)이다. 따라서, 안쪽 원통 내부의 자속밀도는 영(0)이 된다. 반경이 $\rho < a < b$인 영역에서의 전류는 $I_{enc} = I$이다. 식 (3.22)로부터, 이 영역의 자속밀도가 $B_\phi = \mu_0 I / (2\pi\rho)$인 것을 알 수 있다. 반경이 $\rho < b$인 영역에서, 전류의 총합이 영(0)이므로 자속밀도도 존재하지 않는다.

류 I는 반경 $\rho > a$인 원내부에 포함되게 될 때, 우리는 식 (3.15)와 같은 결과를 얻을 수 있다. 전전류 I의 일부가 반경 ρ 내에 포함되게 될 때, 즉 $\rho < a$일 때, $I_{enc} = (\rho/a)^2 I$이다. 이 때 우리는 식 (3.17)과 같은 결과를 얻을 수 있다. 이러한 계산을 통하여, 암페어법칙의 계산에서 전류는 반드시 폐곡선적분 내에 포함되어야 한다는 것을 알 수 있다.

암페어법칙을 이용한 계산은 대칭성이 있어야 한다는 것을 다시 한 번 주목할 필요가 있다. 불행히도, 대칭성이 없는 경우의 계산에는 몇 가지 문제점들이 있다. 이러한 경우, 우리는 특정한 문제를 풀기 위해서 보다 복잡한 해석적 방법을 동원하거나 수치적인 방법을 이용하게 될 것이다. 이러한 방법 중에 몇 가지를 이어지는 단락에서 소개할 것이다.

3.3 자기벡터포텐셜과 비오-사바르 법칙

현실적으로, 전류밀도를 이용하여서 자속밀도를 구하기 매우 어려운 경우가 많다. 특히, 앞 절에서 다루었던 암페어법칙을 응용하기 위해서 대칭성을 이용하기 어려운 경우에는 전류밀도로부터 자속밀도를 구하는 것은 매우 어렵게 된다. 이 절에서, 우리는 임의의 형상을 가지는 전류분포로부터 자속밀도를 구하는 방법에 대하여 소개할 것이다. 이 방법은 수학적인 관계와 물리적인 고려를 바탕으로 한 것이며, 이것은 비오-사바르법칙에서 유도되는 자기벡터포텐셜이라고 하는 새로운 양을 포함한다.

단자극이 존재하지 않기 때문에 자속밀도는 식 (3.7)을 만족한다. 이것을 계산의 편의를 위해서 식 (3.23)에 다시 나타내었다.

$$\nabla \cdot \mathbf{B} = 0 \tag{3.23}$$

이 식은 자속밀도의 발산을 나타낸 것이고, 자속밀도의 또 다른 특성을 검토해 볼 수 있다. 여기서, 우리는 회전연산자를 취하여서 자속밀도 **B**가 되는 새로운 벡터 **A**를 정의한다.

$$\mathbf{B} = \nabla \times \mathbf{A} \tag{3.24}$$

이 벡터는 테슬라-미터(T-m) 혹은 웨버/미터(Wb/m)의 단위를 가진다. 이것을 우리는 ***자기벡터포텐셜*** 혹은 ***벡터포텐셜***이라고 부른다. 식 (3.24)을 (3.23)에 대입함으로써 다음의 식을 얻을 수 있다.

$$\nabla \cdot \nabla \times \mathbf{A} = 0 \tag{3.25}$$

우리는 자속밀도와 벡터포텐셜의 관계가 전계를 스칼라포텐셜에 경사연산자를 취함으로써 구해지는 것과 매우 유사하다는 것을 알 수 있다. 스칼라포텐셜은 전하의 분포로부터 구할 수 있었다. 자속밀도(혹은 자계)와 전류밀도의 관계는 식 (3.13)에서 나타낸 암페어법칙의 미분형에서 알 수 있었다.

$$\nabla \times \mathbf{B} = \mu_0 \mathbf{J} \tag{3.26}$$

식 (3.24)를 이용하여 자속밀도에 벡터포텐셜의 회전을 대입함으로써 우리는 벡터포텐셜을 자속밀도로부터 구할 수 있다는 것을 알 수 있다.

$$\nabla \times \nabla \times \mathbf{A} = \mu_0 \mathbf{J} \tag{3.27}$$

부록 A에서 설명한 벡터항등식을 이용하여서,

$$\nabla(\nabla \cdot \mathbf{A}) - \nabla^2 \mathbf{A} = \mu_0 \mathbf{J} \tag{3.28}$$

을 구할 수 있다.

이 식에서 하나의 벡터는 그 벡터의 발산연산자와 회전연산자로부터 정의될 수 있다는 것을 알 수 있다. 벡터 **A**의 회전은 식 (3.24)에서 정의되었다. 우리는 여기서 벡터 **A**의 발산이 영(0)이 되도록 선택하였다. 이것을 물리학에서는 쿨롱게이지(Coulomb gauge)라고 부르고, 관련된 세부사항은 이 교재의 범위를 넘어서기 때문에 자세하게 언급하지 않도록 한다.

식 (3.28)은 다음의 식으로 단순하게 표현될 수 있다.

$$\boxed{\nabla^2 \mathbf{A} = -\mu_0 \mathbf{J}} \tag{3.29}$$

이 식은 전위와 전하밀도의 관계를 나타내는 포와송방정식 (2.61)과 유사하다. 그러나, 식 (3.29)이 포와송방정식과 구별되는 매우 중요한 것은 이 식은 벡터로 표현된다는 것이다. 벡터포텐셜 **A**는 전류밀도 **J**와 같은 방향이며, 이것은 분리된 벡터포텐셜의 각 성분에 대한 포와송방정식의 분리된 스칼라방정식과 같다는 것을 의미한다. 때로는, 전류는 한 방향으로만 흐르고, 이 때 벡터포텐셜의 성분은 오로지 하나이다. 우리는 여기서 계산에 있어서 중간단계를 이용하는 것이 유리할지도 모른다는 것을 알 수 있을 것이다. 이는 그림 3-6에서 확인할 수 있다. 직각좌표계에서 식 (3.29)는 다음과 같이 표현될 수 있다.

$$\nabla^2 A_x = -\mu_0 J_x, \qquad \nabla^2 A_y = -\mu_0 J_y, \qquad \nabla^2 A_z = -\mu_0 J_z \tag{3.30}$$

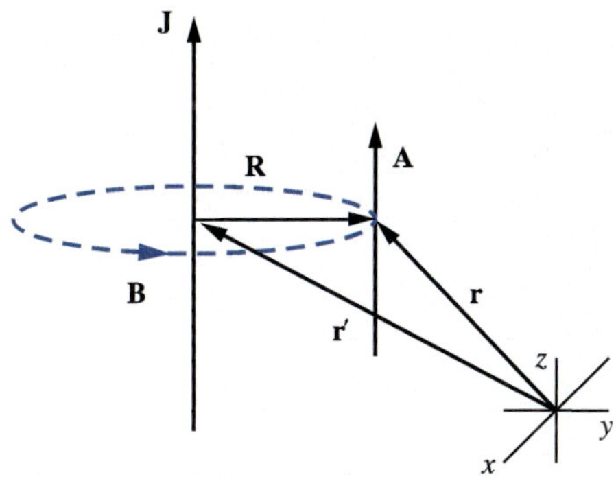

그림 3-6

자기벡터포텐셜 **A**(**r**)과 전류소 **J**(**r′**)을 둘러싸고 있는 자속밀도**B**(**r**).

우리는 정전계에서 배운 지식들을 이용할 수 있고, 식 (3.30)에서의 각 성분에 대한 해답을 구할 수 있다.

식 (2.62)에서 나타낸 전위로부터의 유추를 통하여, 벡터포텐셜에 대한 해를 다음과 같이 나타낼 수 있다.

$$\mathbf{A}(\mathbf{r}) = \frac{\mu_0}{4\pi}\int_{\Delta v} \frac{\mathbf{J}(\mathbf{r}')}{R} dv' \tag{3.31}$$

여기서, $R = \sqrt{(x-x')^2 + (y-y')^2 + (z-z')^2}$ 은 전류와 벡터포텐셜이 구해지는 지점까지의 거리이다. 이 식에서 적분은 전류를 포함하고 있는 체적 Δv에 대하여 이루어지고 있다. 식 (3.31)은 세 개의 전류성분들에 대한 세 개의 스칼라포텐셜로 이루어진 벡터포텐셜이다. 이것은 그림 3-7에서 나타내었으며, **r**과 **r′**는 각각 벡터포텐셜의 방향과 전류밀도의 방향을 나타낸다. 이 두 벡터사이의 거리는 $R = |\mathbf{r} - \mathbf{r}'|$로 구해진다.

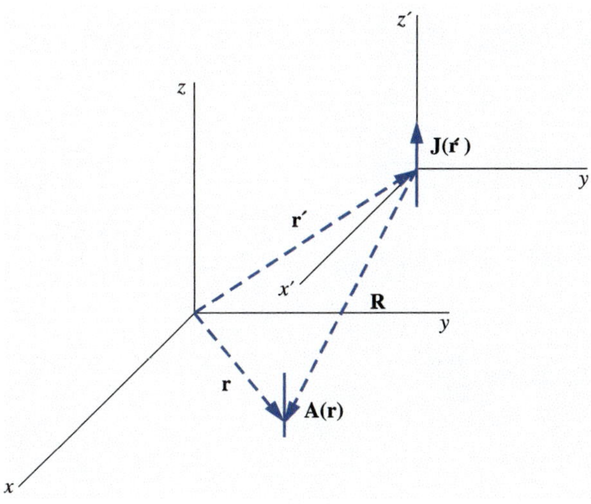

그림 3-7

전류소(Current element)의 위치와 벡터포텐셜의 위치.

예제 3.9

길이 $2a$인 도선을 따라 전류 $I\mathbf{dl}' = Idz'\mathbf{u_z}$가 흐를 때, 도선의 수직선상에서의 벡터자기포텐셜 **A**와 자속밀도 **B**를 구하여라. 단, 도선에 의한 영향은 무시하여라.

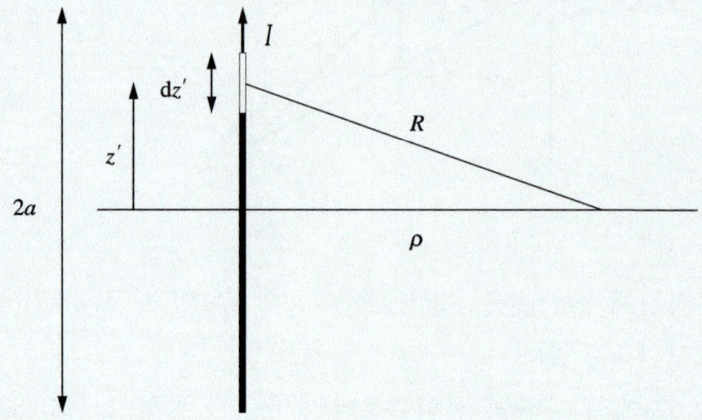

답. 자속밀도는 도선의 중심점에서 구해지기 때문에 대칭성을 이용할 수 있으며, 이는 해석적으로 계산할 수 있다. 도선으로부터 거리 R만큼 떨어진 곳에서의 벡터자기포텐셜은 식 (3.31)을 이용하여 구할 수 있다. 체적적분은 전류가 도선의 단면에 균일하다고 가정하기 때문에 선적분으로 바꿀 수 있다. 즉,

$$\mathbf{J}\,dv' = \mathbf{J}\,ds'\,dz' = I\,dz'\mathbf{u_z}$$

이다.

식 (3.31)의 적분은 다음과 같이 된다.

$$\mathbf{A} = \mathbf{u_z}\frac{\mu_0 I}{4\pi}\int_{-a}^{a}\frac{dz'}{\sqrt{z'^2+\rho^2}} = \mathbf{u_z}\frac{\mu_0 I}{4\pi}\ln\left(\frac{\sqrt{a^2+\rho^2}+a}{\sqrt{a^2+\rho^2}-a}\right)$$

자속밀도는 $\mathbf{B} = \nabla \times \mathbf{A}$의 관계를 이용하여 구할 수 있다. 벡터자기포텐셜은 오로지 $\mathbf{u_z}$ 성분만을 가지고 있고 변수 ρ에만 의존한다. 원통좌표계에서의 회전(부록A)을 이용하면, 영(0)이 되지 않는 성분은 $-\mathbf{u}_\phi(\partial A_z/\partial\rho)$뿐이다. 그러므로, 유한길이의 전류가 흐르는 도체의 자속밀도는 다음과 같이 된다.

$$\mathbf{B} = \mathbf{u}_\phi\frac{\mu_0 I}{2\pi\rho}\left(\frac{a}{\sqrt{a^2+\rho^2}}\right)$$

$a \gg \rho$의 관계에 있는 극히 긴 도선의 경우, 괄호안의 부분은 근사적으로 1이 되며 자속밀도는 다음과 같이 된다.

$$\mathbf{B} = \mathbf{u}_\phi\frac{\mu_0 I}{2\pi\rho}$$

이것은 앞에서 암페어 법칙을 이용하여 구한 결과와 같다.

벡터포텐셜의 적분식 (3.31)을 자속밀도를 나타내는 식 (3.24)에 대입하면 다음의 식을 얻을 수 있다.

$$\mathbf{B}(\mathbf{r}) = \nabla \times \mathbf{A}(\mathbf{r}) = \nabla \times \left(\frac{\mu_0}{4\pi}\int_{\Delta v} \frac{\mathbf{J}(\mathbf{r}')}{R}dv'\right) \tag{3.32}$$

이 식에서는 전류가 분포되어 있는 부분과 떨어져 있는 지점에서의 벡터포텐셜이 계산된다. 이는, 회전연산은 자속밀도를 구하고자 하는 지점에서 이루어져야 하고, 전류가 흐르는 부분과는 상관없다는 뜻이다. 따라서, 우리는 변수 **r**과 **r′**가 서로 의존하지 않는다고 생각할 수 있다. 그래서 회전연산자는 식 (3.32)의 적분기호 안으로 들어 갈 수 있다.

$$\mathbf{B}(\mathbf{r}) = \frac{\mu_0}{4\pi}\int_{\Delta v} \nabla \times \left(\frac{\mathbf{J}(\mathbf{r}')}{R}\right)dv' \tag{3.33}$$

이 식은 벡터항등식(부록A 참고) 나중에 벡터의 회전과 스칼라량의 곱이 식 (3.34)에서 나타낸 것과 같은 형태로 간단히 나타낼 수 있다.

$$\nabla \times (a\mathbf{B}) = \nabla a \times \mathbf{B} + a\nabla \times \mathbf{B} \tag{3.34}$$

식 (3.34)에서, a는 스칼라량이고, **B**는 벡터량이다. 식 (3.34)의 벡터항등식을 식 (3.33)에 적용할 때,

$$a = \frac{1}{R} \qquad \text{and} \qquad \mathbf{B} = \mathbf{J}(\mathbf{r}')$$

와 같이 된다는 것을 알 수 있다.

전류는 변수 **r′**와 $\nabla \times \mathbf{J}(\mathbf{r}') = 0$로 결정되기 때문에, 다음의 식을 얻을 수 있다.

$$\begin{aligned}\mathbf{B}(\mathbf{r}) &= \frac{\mu_0}{4\pi}\int_{\Delta v} \nabla\left(\frac{1}{R}\right) \times \mathbf{J}(\mathbf{r}')dv' = -\frac{\mu_0}{4\pi}\int_{\Delta v} \frac{\mathbf{u_R}}{R^2} \times \mathbf{J}(\mathbf{r}')dv' \\ \mathbf{B}(\mathbf{r}) &= \frac{\mu_0}{4\pi}\int_{\Delta v} \frac{\mathbf{J}(\mathbf{r}') \times \mathbf{u_R}}{R^2}dv'\end{aligned} \tag{3.35}$$

어느 지점에서의 미분연산은 다음의 관계를 이용하여서 단순화될 수 있다.

$$\nabla\left(\frac{1}{R}\right) = -\frac{\mathbf{u_R}}{R^2}$$

다음의 벡터적의 특성 역시 유도과정에 이용된다.

$$\mathbf{A} \times \mathbf{B} = -\mathbf{B} \times \mathbf{A}$$

단위벡터 $\mathbf{u_R}$은 전류요소에서 계산하고자 하는 지점으로 향하는 방향을 나타낸다.

만약 도선을 흐르는 전류가 집중되어 있다고 한다면, 식 (3.35)에서 나타낸 체적적분은 다음과 같이 간단히 나타낼 수 있다.

$$\mathbf{B}(\mathbf{r}) = \frac{\mu_0}{4\pi}\oint\frac{I\mathbf{dl}' \times \mathbf{u_R}}{R^2} \tag{3.36}$$

여기서, 도선을 흐르는 전류가 닫힌 루프를 흐르고 있기 때문에 폐곡선적분이 사용되었다는 것에 주목하여야 한다. 예를 들어, 배터리의 한쪽 단자로부터 도선을 통하여 다른 단자로 전류가 흘러들어 가는 것과 같이 전류는 닫힌 루프를 흐르는 것이다. 식 (3.36)을 ***비오-사바르법칙***이라고 부른다.

예제 3.10

비오-사바르법칙을 이용하여 전류소 $I\mathbf{dl}' = Idz'\mathbf{u_z}$를 가진 유한길이의 도선으로부터 발생하는 자속밀도를 도선의 수직선상에서 구하여라.

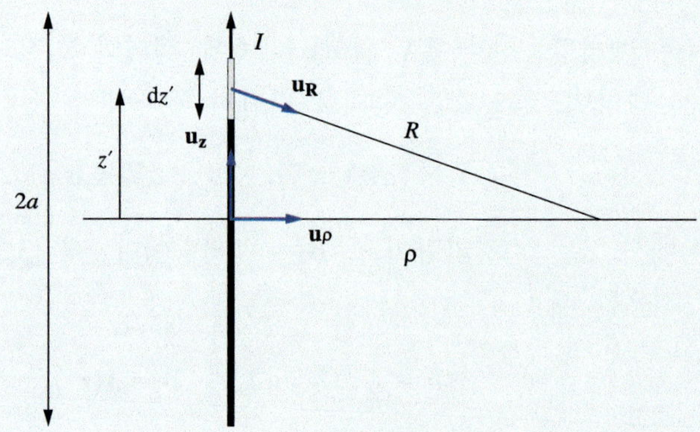

답. 적분식을 만들기 전에, 벡터적을 미리 계산해보자.

$$\mathbf{dl}' \times \mathbf{u_R} = dz'\mathbf{u_z} \times \left(\frac{\rho\mathbf{u_\rho} - z'\mathbf{u_z}}{\sqrt{\rho^2 + (z')^2}}\right) = \frac{\rho dz'}{\sqrt{\rho^2 + (z')^2}}\mathbf{u}_\phi$$

여기서, 단위벡터들 중에 하나는 음(−)의 부호를 가진다는 것에 주의하라. 적분경로를 전류소로부터 관측점까지 주의하여 설정하여야 한다. 그러면 자속밀도는 식 (3.36)에서 나타낸 비오-사바르법칙을 이용하여서 계산할 수 있다.

$$\mathbf{B}(\boldsymbol{\rho}) = \frac{\mu_0 I}{4\pi}\int_{-a}^{a}\frac{\rho dz'}{\left(\rho^2 + (z')^2\right)^{3/2}}\mathbf{u}_\phi$$

이 적분은 $z' = \rho\tan\theta$을 대입하여 계산할 수 있으며, 결국

$$\mathbf{B}(\boldsymbol{\rho}) = \mathbf{u}_\phi\frac{\mu_0 I}{4\pi}\frac{z'}{\rho\sqrt{\rho^2 + (z')^2}}\Bigg|_{-a}^{a} = \mathbf{u}_\phi\frac{\mu_0 I}{2\pi\rho}\frac{a}{\sqrt{\rho^2 + a^2}}$$

와 같이 된다. 예상한 것과 같이, 이 결과는 예제 3.9에서 구한 것과 같다.

예제 3.11

비오-사바르 법칙을 이용하여서, 전류가 흐르는 원형 루프가 구성하는 면의 수직선상에서의 자속밀도를 구하여라.

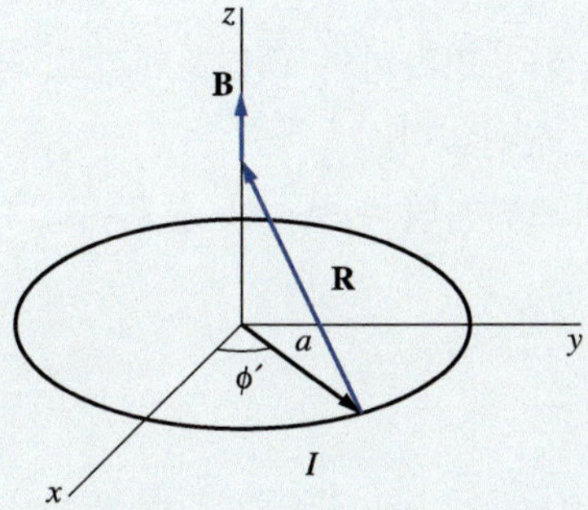

답. 우선 식 (3.36)의 비오-사바르법칙에서 나타나는 성분들을 정리하여야 한다. 즉, $\mathbf{dl}' = ad\phi'\mathbf{u}_\phi$, $\mathbf{R} = -a\mathbf{u}_\rho + z\mathbf{u_z}$, and $R = \sqrt{a^2 + z^2}$이다. 그러므로,

$$\mathbf{B}(z) = \frac{\mu_0 I}{4\pi}\oint\frac{(ad\phi'\mathbf{u}_\phi)\times(-a\mathbf{u}_\rho + z\mathbf{u_z})}{(a^2+z^2)^{3/2}} = \frac{\mu_0 I}{4\pi}\oint\frac{(a^2 d\phi'\mathbf{u_z} + azd\phi'\mathbf{u}_\rho)}{(a^2+z^2)^{3/2}}$$

대칭성에 의해서, 단위벡터 $\mathbf{u}_\rho$과 같이 기술된 부분은 자속밀도의 발생에 기여하지 않는다. 적분은 도선의 경로를 따라서 수행된다.

$$\mathbf{B}(z) = \frac{\mu_0}{2\pi}\frac{I\pi a^2}{(a^2+z^2)^{3/2}}\mathbf{u_z} = \frac{\mu_0}{2\pi}\frac{\mathbf{m}}{R^3}$$

이 결과는 전류 루프의 면적을 포함하는 형태로 나타내었다. 여기서 우리는 자기쌍극자모멘트 $\mathbf{m} = I\pi a^2\mathbf{u_z}$를 정의할 수 있다. ***자기쌍극자모멘트***의 크기는 원형 루프 도선에 흐르는 전류와 루프 면적의 곱과 같다. 그리고 단위벡터는 루프의 표면에 법선방향이고 오른손 법칙을 이용하여 정의된다.

예제 3.11에서 나타낸 전류루프는 사실 원자의 단순화한 모델과 유사한 것이다. 원자는 양의 전하를 가진 핵과 그 주위를 정해진 반경 a로 회전하는 전자로 구성되어 있다. 이러한 전류루프를 ***자기쌍극자***라고 한다. 이 원자의 단순화한 모델에 대하여서 우리는 이미 예제 2.11에서 다룬 바가 있고, 이를 통하여서 우리는 원자가 하나의 ***전기쌍극자***라는 것을 알게 되었다. 이러한 논의들로부터 우리는 전계 **E**와 자속밀도 **B** 사이의 유사성에 대하여 이해할 수 있다. 전기쌍극자 **p**는 자기쌍극자 **m**과 유사하다. 전계와 자속밀도는 모두 전하밀도나 전류밀도를 체적적분함으로써 구해진다. 또한 전계와 자속밀도는 모두 포텐셜(전계는 스칼라포텐셜, 자속밀도는 벡

터포텐셜)로부터 얻어진다.

우리는 전류요소로부터 공간중의 자속밀도를 구하는 세 가지 방법에 대하여 살펴보았다.

1. 대칭성을 이용할 수 있는 경우, 암페어법칙의 적용
2. 벡터포텐셜의 명확화와 벡터포텐셜로 자속밀도의 계산, 이 경우 대칭성이 없더라도 상관없다.
3. 비오-사바르법칙의 이용, 이 경우에도 대칭성을 이용하지 않아도 된다.

3.4 자기력

우리는 앞장에서 전하들 간에 작용하는 쿨롱력에 대하여서 살펴보았다. 이 힘은 전하 q를 가진 입자가 전계 $\mathbf{E}$에 놓아질 때 작용하고 다음과 같이 표현할 수 있다.

$$\mathbf{F}_{\text{electric}} = q\mathbf{E} \tag{3.37}$$

만약 입자가 전계만이 작용하는 공간에서 일정한 속도 $\mathbf{v}$로 움직이고 있다면, 입자는 움직이고 있음에도 불구하고 역시 식 (3.37)에서 나타낸 쿨롱력만 받게 될 것이다. 그러나, 만약 입자가 자속밀도 $\mathbf{B}$인 자계 내에서 속도 $\mathbf{v}$로 움직이고 있다면, 입자가 받는 힘은 다음과 같이 주어진다.

$$\mathbf{F}_{\text{magnetic}} = q(\mathbf{v} \times \mathbf{B}) \tag{3.38}$$

자기력 $\mathbf{F}$는 자속밀도 $\mathbf{B}$와 속도 $\mathbf{v}$의 방향과 각각 수직이라는 것이 벡터연산의 성질로부터 알 수 있다. 그림 3−8에서, 양의 전하로 충전된 입자와 음의 전하로 충전된 입자가 균일한 자계 내에 존재하고 있을 때의 자기력을 나타내고 있다. 두 입자에 충전된 전하의 부호가 다르기 때문에 결과적으로 작용하는 힘의 방향도 반대가 된다. 만약 전하가 충전된 입자가 균일한 속도 $\mathbf{v}$로 균일한 전계와 자계가 존재하는 공간에서 움직인다면 입자에 작용하는 힘은 다음과 같이 나타낼 수 있다.

$$\boxed{\mathbf{F} = q(\mathbf{E} + \mathbf{v} \times \mathbf{B})\ (\text{N})} \tag{3.39}$$

이것은 ***로렌츠력(Lorentz force)***이라고 부르고, 전기력과 자기력을 합쳐놓은 것이다.

전계가 영(0)인 영역에서, 전하가 충전된 입자들은 식 (3.38)에서 나타낸 것과 같은 자기력만을 받게 될 것이다. 이 때, 입자는 그림 3−9에서 나타낸 것과 같이 회전궤도 운동을 하게 될 것이다.

전하가 충전된 입자가 움직임에 대한 곡률반경은 다음과 같은 방법으로 구할 수 있다. 입자는 M_j의 질량을 가지고 있고, 다음 식에서 나타낸 것과 같은 구심력을 받게 된다.

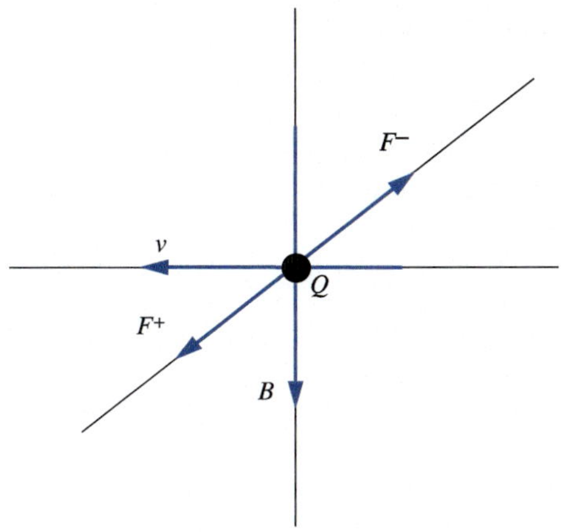

그림 3-8

균일한 자계에 들어온 하전입자가 받는 힘은 식 (3.38)에 의해서 구해진다. 하전입자가 받는 힘의 방향은 오른손 법칙에 의해서 구해지고 전하의 극성에 따라 바뀌게 된다.

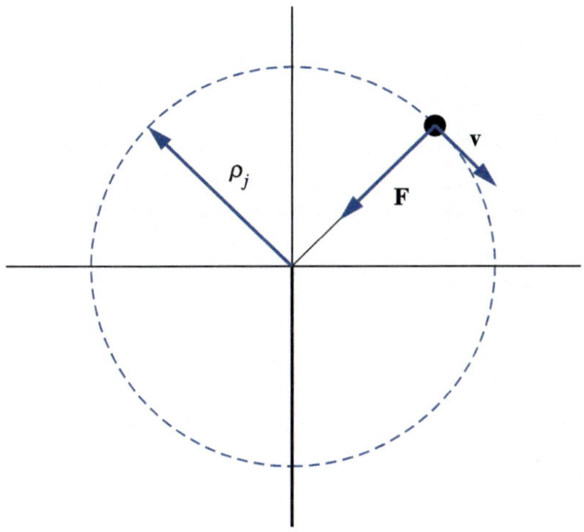

그림 3-9

균일한 자계 내에서 일정한 속도로 움직이고 있는 하전입자는 자기력을 받아서 회전 궤도 운동을 하게 된다. 이 그림은 양전하로 충전된 입자가 지면 밖으로 나오는 방향의 자계에 놓였을 때이거나, 음전하로 충전된 입자가 지면 안쪽으로 향하는 자계에 놓였을 때를 나타낸다.

$$F_j = M_j a_j = M_j \frac{v_j^2}{\rho_j} \tag{3.40}$$

여기서, ρ_j는 곡률반경을 나타내고, $a_j = v_j^2/\rho_j$는 j 번째 입자의 가속도를 나타낸 것이다. 여기서 하전된 입자는 양의 이온이 양의 전하로 충전된 입자일 수 있고, 전자나 음의 이온이 음의 전하로 충전된 입자일 수 있다. 모두 곡률반경은 입자의 질량에 의존하게 된다. 식 (3.38)에서 주어진 자계에 의해 작용하는 힘의 크기는 다음과 같다.

$$F_{\text{magnetic}} = q v_j B \tag{3.41}$$

식 (3.40)과 (3.41)에서 나타낸 힘이 서로 같다고 놓고 곡률반경 ρ_j를 구하면 다음과 같이 된다.

$$\rho_j = \frac{M_j v_j}{qB} \tag{3.42}$$

이것을 충전된 입자의 ***라머반경(Larmor)*** 혹은 ***자이로반경(Gyroradius)***이라고 한다.

같은 속도와 같은 크기의 자계에서라면 전자의 경우가 이온의 경우보다 라머반경이 작다는 것을 알 수 있다. 그 이유는 질량의 차이 때문이다.

$$\frac{m_e}{M_j} = \left(\frac{1}{1836}\right) \times \left(\frac{1}{\text{atomic mass}}\right) \tag{3.43}$$

라머반경이 입자의 질량에 의존하는 것은 재료의 질량을 분석하는 방법으로 사용될 수 있다. 측정하고자 하는 재료를 이온화시키고, 그 이온을 균일한 자계에서 균일한 속도로 움직이게 하면 라머반경을 측정할 수 있고 이로부터 재료의 질량을 측정할 수 있다. 이러한 장치를 ***질량분석기(Mass spectrometer)***라고 한다. 이 장치는 동위원소를 분석하기 위해서도 사용된다.

예제 3.12

0.01 T의 자속밀도를 통과하는 전자와 아르곤이온에 대한 라머반경(Larmor radius)을 계산하여라. 두 입자는 1 볼트의 전위차에 의해서 가속되고 있다.

답. 각 입자의 라머반경을 계산하기 전에, 각 입자의 속도를 계산하여야 한다. 입자들은 $q_eV = 1\ \text{eV} = 1.602 \times 10^{-19}$ J의 에너지를 얻게 되고, 이 에너지는 동적인 에너지로 나타나게 된다. 따라서,

$$q_e\Delta V = \frac{m_e v_e^2}{2} = \frac{M_{Ar} v_{Ar}^2}{2}$$

$$v_e = \sqrt{\frac{2q_e\Delta V}{m_e}} \qquad \text{and} \qquad v_{Ar} = \sqrt{\frac{m_e}{M_{Ar}}}\sqrt{\frac{2q_e\Delta V}{m_e}}$$

가 된다. 아르곤 원자량이 40이므로, 질량비는,

$$\frac{m_e}{M_{Ar}} = \left(\frac{1}{1836}\right) \times \left(\frac{1}{40}\right)$$

이다. 전자에 대한 라머반경은 식 (3.42)를 이용하면,

$$\rho_e = \frac{m_e v_e}{q_e B} = \frac{m_e\sqrt{\dfrac{2q_e\Delta V}{m_e}}}{q_e B}$$

$$= \frac{(9.1 \times 10^{-31})\sqrt{\dfrac{2(1.602 \times 10^{-19})(1)}{(9.1 \times 10^{-31})}}}{(1.602 \times 10^{-19})(10^{-2})} = 3.4 \times 10^{-4}\ \text{m}$$

와 같이 구할 수 있다. 아르곤 이온의 속도는 전자의 속도를 이용하여 나타낼 수 있다.

$$v_{Ar} = \sqrt{\frac{m_e}{M_{Ar}}}\sqrt{\frac{2q_e\Delta V}{m_e}} = \sqrt{\frac{m_e}{M_{Ar}}}\,v_e$$

그러므로, 아르곤 이온의 라머반경은 식 (3.42)로부터 구할 수 있고, 이는 전자의 라머반경으로 나타낼 수 있다.

$$\rho_{Ar} = \frac{M_{Ar}v_{Ar}}{q_e B} = \frac{M_{Ar}\sqrt{\dfrac{2q_e\Delta V}{M_{Ar}}}}{q_e B} = \left(\frac{M_{Ar}}{m_e}\right)\left(\frac{m_e\sqrt{\dfrac{2q_e\Delta V}{m_e}}}{q_e B}\right)\left(\sqrt{\frac{m_e}{M_{Ar}}}\right)$$

$$= \sqrt{\frac{M_{Ar}}{m_e}}\,\rho_e = \sqrt{40\times 1836}\,\rho_e = 9.2\times 10^{-2}\ \text{m}$$

두 개의 라머반경을 비교해 보면 전자는 자속밀도에 비교적 크게 편향되어 있고 이온은 그렇지 않다. 따라서, 몇몇 응용에서 전자는 자화되었다고 하고 이온은 자화되지 않았다고 한다.

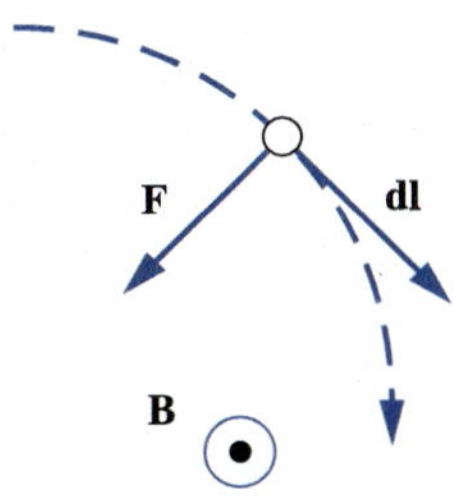

그림 3-10

균일한 자속밀도 **B** 내에서 일정한 속도 **v**로 거리 **dl** 만큼 움직이는 양의 전하

자계에서 움직이는 충전된 입자에 의한 일을 계산해보자. 일 ΔW는 다음과 같은 선적분으로 구할 수 있다.

$$\Delta W = \int_a^b \mathbf{F}\cdot d\mathbf{l} \tag{3.44}$$

그림 3-10과 식 (3.38)에서 나타낸 것과 같이, 힘은 이동방향에 대하여 수직방향으로 작용한다. 따라서 식 (3.44)에 의해서 계산되는 일은 영(0)이 될 것이다.

지구와 몇몇 행성들은 위에서 설명한 충전된 입자의 운동에 대한 힘이 효과를 설명하기 위한 좋은 예이다. 그림 3-11을 살펴보자. 입자들은, 태양풍(이온화된 입자가 태양으로부터 흘러오는 흐름)과 지구자계의 상호작용 때문에 발생하는 복잡한 가속뿐만 아니라, 높은 에너지의 우주선(Cosmic ray)과 지구주위에서 낮은 에너지의 입자들이 충돌해서 생긴다. 이러한 충전된 입자들은 지구자계에 의해서 갇히게

예제 3.13

균일한 자속밀도 B = $B_0\mathbf{u_y}$인 공간에서 증분 거리 $\Delta x\mathbf{u_x}$를 속도 $\mathbf{v} = v_0\mathbf{u_x}$로 움직이는 양의 전하 Q의 증분 일 ΔW가 영(0)임을 보여라.

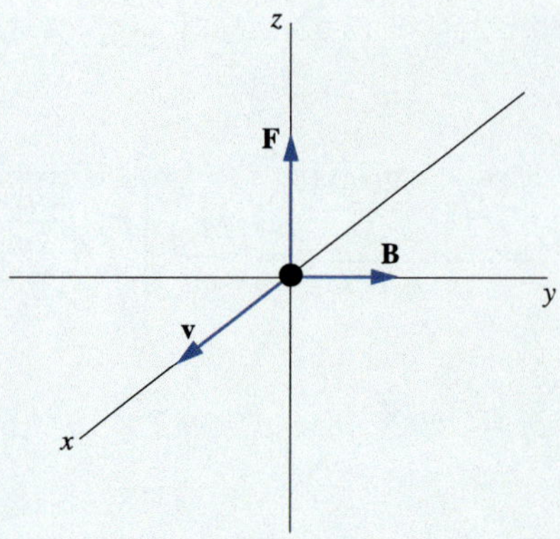

답. 식 (3.44)와 (3.38)로부터

$$\Delta W = \mathbf{F} \cdot \Delta x \mathbf{u_x} = Q(\mathbf{v} \times \mathbf{B}) \cdot \Delta x \mathbf{u_x}$$
$$= Q(v_0 \mathbf{u_x} \times B_0 \mathbf{u_y}) \cdot \Delta x \mathbf{u_x} = Q v_0 B_0 [(\mathbf{u_x} \times \mathbf{u_y}) \cdot \mathbf{u_x}] = 0$$

임을 알 수 있다. 위의 식에서 사각형 괄호내의 부분은 영(0)이다.

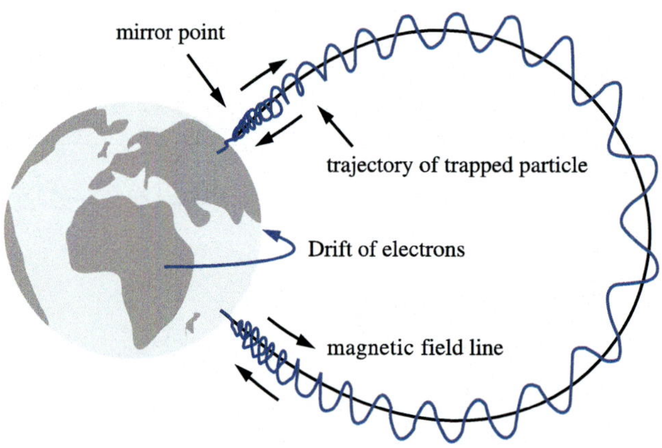

그림 3-11

방사선대의 개념도. 이러한 하전입자의 움직임에 대한 첫 번째 실험은 1985년 *익스플로러(Explorer) 1* 인공위성에 의해서 실시되었다.

된다. 이렇게 충전된 입자들이 갇히게 되는 영역을 방사선대(Radiation belt)라고 한다. 지구로부터 태양계의 먼 곳까지 12년 이상 여행하고 있는 보이저호에 의해서 확인된 것처럼, 몇몇 행성[1]들은 자계를 가지고 있고, 태양으로부터 오는 충전된 입자들을 포획한다. 이 영역에는 거의 동일한 수의 전자와 양의 이온이 존재할 것으로 예상할 수 있기 때문에, 전기적으로 중성이라는 것을 알 수 있다. 그리고 충전된 입

[1] *보이저호*에 의해서 목성, 토성, 천왕성, 해왕성에 방사선대가 존재한다는 것이 확인되었다. 그리고 금성과 화성에는 사용한 계측장치의 감도 내에서 방사선대가 없는 것으로 나타났다. 이것은 행성들에서 자계가 존재하거나 존재하지 않는다는 것을 나타내는 것이기도 하다. 2006년 왜소행성(Dwarf planet)으로 강등된 명왕성에서의 자계의 존재 유무는 아직 밝혀지지 않았다. 2003년에 인공위성은 태양계의 끝까지 도착하였다.

자의 유동체를 ***플라즈마***라고 한다. 지구의 방사선대는 반앨런대(Van Allen belt)라고도 하며, 이는 1958년 인공위성 *익스플로러(Explorer) 1호*를 이용하여서 방사선대의 존재를 확인한 Van Allen교수의 업적에 의해서 밝혀졌다.

이 절을 처음 시작할 때, 식 (3.38)과 같이 균일한 자계에서 움직이는 충전된 입자가 받는 힘에 대하여 서술하였다. 일정한 속도로 움직이는 미분전하 $dQ = \rho_v dv$로 전류가 구성된다. 만약 이 전류가 폐경로를 따라 흐른다면, 식 (3.38)은 다음과 같이 표현할 수 있다.

$$\mathbf{dF}_{\text{magnetic}} = dQ(\mathbf{v} \times \mathbf{B}) = \rho_v(\mathbf{v} \times \mathbf{B})dv = \mathbf{J} \times \mathbf{B}dsdl = I\mathbf{dl} \times \mathbf{B} \tag{3.45}$$

힘 $\mathbf{F}_{\text{magnetic}}$는 미분힘 $\mathbf{dF}_{\text{magnetic}}$을 적분함으로써 계산된다.

$$\mathbf{F}_{\text{magnetic}} = -\int \mathbf{B} \times I\mathbf{dl} \tag{3.46}$$

여기서, 음(−)부호는 벡터적의 결과로부터 유추될 수 있다.

만약, 자속밀도가 일정하다고 가정한다면, 음의 부호는 적분기호 밖으로 나가게 될 것이다. 그러면, 폐곡선적분이 되어서 결과는 영(0)이 된다. 이것은 폐루프는 직선적으로 움직이지 않는다는 의미이다. 자계가 공간 중에서 균일하지 않다면 힘은 영(0)이 아닐 수도 있다. 균일 자계가 존재하는 공간에서 힘은 영(0)이지만, 루프에 토크가 걸릴 수 있고 이 토크에 의해서 루프가 회전할 수 있다. 루프에 가해지는 토크를 검토하기 전에, 우선 그림 3−12에서 나타낸 것과 같이 전류가 흐르는 두 개의 평행 도선에 걸리는 힘에 대해서 검토해보자. 여기서 우리는 두 개의 평행 도선에 걸리는 힘을 계산하려고 한다. 식을 유도하는 것을 보여 주기 전에 두 개의 도선에 걸리는 힘의 특성에 대해서 생각해보자. 두 개의 도선은 x-z 평면에 놓여있다고 하자. 첫 번째 경우는 전류가 그림 3−12a에서 나타낸 것과 같이 같은 방향으로 향하고 있다. 도선 1에 의해서 발생한 자계는 도선 2가 있는 위치에서 보면 $+\mathbf{u}_y$ 방향을 향할 것이다. 도선 2에 걸리는 힘은 식 (3.46)으로부터 $\mathbf{F}_2 = -B_1\mathbf{u}_y \times I_2dl\mathbf{u}_z$와 같이 계산할 수 있으며 $-\mathbf{u}_x$ 방향이다. 따라서 도선 1은 도선 2을 당기게 된다. 유사하게, 도선 2에 의해서 발생한 자계에 의해서 도선 1에 가해지는 힘도 계산 할 수 있으며, 도선 2는 도선 1을 당기는 결과가 된다. 만약 그림 3−12b에서 나타낸 것과 같이 전류가 각각의 도선에서 반대방향으로 흐른다면 식 (3.64)에서 나타낸 자기력은 도선들이 서로 미는 방향으로 작용하게 될 것이다.

이러한 힘은 다음과 같은 관점으로도 설명할 수 있다. 그림 3−12a에서 두 도선 사이의 영역에서 두 도선에서 발생한 자계는 서로 반대방향이 되어서 상쇄되고, 두 도선의 바깥 영역에서는 두 도선으로부터 발생한 자계가 합쳐지게 될 것이다. 따라서, 자계가 빈공간을 채우기 위해서 두 도선 사이에는 "압력(Presure)"이 작용하게 될 것이다. 이것은 "자연은 빈공간을 싫어한다(nature abhors a vacuum)"는 자명한

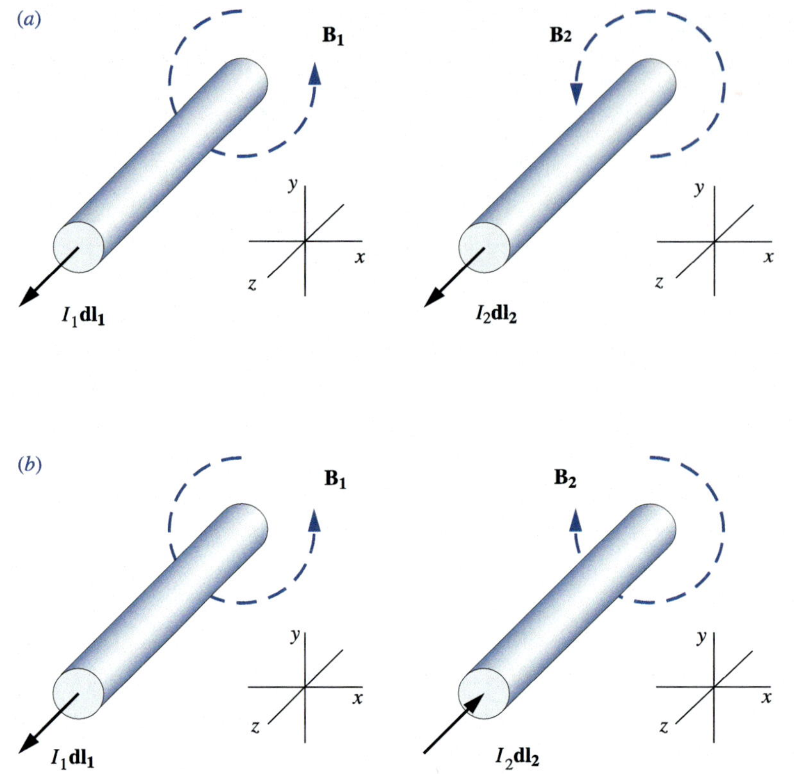

그림 3-12

전류는 길이가 각각 dl_1과 dl_2인 두 개의 평행한 도선을 따라 흐른다.
(a) 전류가 같은 방향으로 흐른다(인력).
(b) 전류가 서로 반대방향으로 흐른다(척력).

이치에 부합한다. 같은 방법의 설명을 통해서, 그림 3-12*b*에서의 상황도 설명할 수 있다. 두 도선의 바깥쪽에 자계가 상쇄되므로 도선이 바깥으로 향하게 되는 것이다.

예제 3.14

피뢰침은 번개를 끌어들여서 접지로 연결된 도선을 통해서 방전되도록 하여서 건물을 안전하게 해 주는 장치이다. 피뢰침으로 번개를 끌어들이기 위해서, 낮은 전기저항을 가져야 한다. 그러나, 피뢰침을 통해서 번개가 방전되기 시작한 다음에는 피뢰침을 보호하기 위해서 전기저항이 급격하게 증가하여야 한다. 값이 비싸지 않은 부품을 이용하여 이렇게 할 수 있는 방법에 대하여 논의하여라.

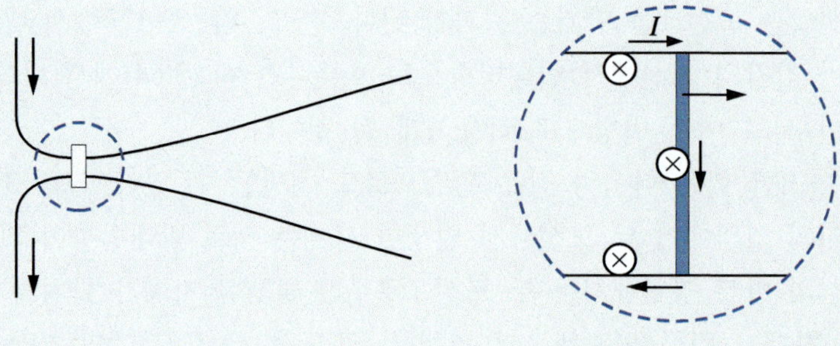

(*a*) (*b*)

답. 피뢰침에 번개가 치면 그림 (*a*)에서의 두 금속도체사이의 가장 짧은 경로를 통해서 방전될 것이다. 이 방전은 가변 길이 도체와 같이 작용하고 그림 (*b*)에서 나타낸 것처럼 두 금속도체사이에 국부적인 자계가 발생한다. 그러면 식 (3.45)로부터 ($I\mathbf{dl} \times \mathbf{B}$)의 힘이 발생하고 원호(Arc)를 발생시켜서 전류가 흐르는 경로가 길어지도록 오른쪽으로 움직이게 할 것이다. 경로의 길이가 원호가 움직이면서 커지게 되기 때문에 전기저항 또한 커지게 된다. 이러한 장치를 ***피뢰기(Lightening arrestor)***라고 한다. 여기서 서술한 기구(Mechanism)는 ***레일건(Rail gun)***이라고 하는 장치에도 동일하게 이용된다. 레일건은 플라즈마탄(Plasma bullets)을 발사하기 위해서 이러한 방법을 이용한다.

이제 우리는 그림 3-12에서 나타낸 것과 같이 두 개의 평행한 전류가 흐르는 도체사이에 작용하는 힘을 계산하려고 한다. 식 (3.46)에서 힘을 표현하기 위한 자속밀도는 식 (3.36)에서 나타낸 비오-사바르 법칙에 의해서 구할 수 있다. 도선 2에 흐르는 전류에 의해서 발생한 자속밀도 때문에 도선 1에 미치는 힘은 다음과 같이 된다.

$$\mathbf{F_{12}} = -I_1 \oint_{L_1} \mathbf{B}_{12} \times \mathbf{dl}_1 \tag{3.47}$$

비오-사바르 법칙을 이용해서, 우리는 도선 2에 흐르는 전류 때문에 발생한 자속밀도를 도선 1의 위치에서 구할 수 있다.

$$\mathbf{B}_{12} = -\frac{\mu_0 I_2}{4\pi} \oint_{L_2} \frac{\mathbf{u}_{\mathbf{R}_{21}} \times \mathbf{dl}_2}{R_{21}^2} \tag{3.48}$$

식 (3.48)을 식 (3.47)에 대입하여서 힘에 대한 식을 유도하면 ***암페어의 힘 법칙 (Ampere's force law)***을 구할 수 있게 된다.

$$\boxed{\mathbf{F}_{12} = \frac{\mu_0 I_1 I_2}{4\pi} \oint_{L_1} \oint_{L_2} \frac{(\mathbf{u}_{\mathbf{R}_{21}} \times \mathbf{dl}_2) \times \mathbf{dl}_1}{R_{21}^2} \text{ (N)}} \tag{3.49}$$

도선 2에 미치는 힘도 앞에서 서술한 방법과 동일하게 구할 수 있다.

식 (2.49)에서 나타낸 것을 2장에서 기술한 쿨롱의 힘과 비교해 보는 것도 의미가 있을 것이다. 암페어의 힘과 쿨롱의 힘 사이에는 명확하게도 유사성이 있다. 쿨롱의 힘이 Q_1과 Q_2에 비례하는 것처럼 암페어의 힘도 $I_1\mathbf{dl}_1$과 $I_2\mathbf{dl}_2$에 비례한다. 두 식들은 거리의 제곱에 반비례한다. 이것은 두 물체 사이의 거리에 반비례하는 중력과도 유사하다. 전류요소는 분리될 수 없기 때문에 식 (3.49)에서는 폐곡선적분이 사용된다. 그림 3-12에서 나타낸 것과 같이 평행한 도선들에 대하여서는 무한히 먼 곳에서 접속되어 있다고 본다. 그림 3-13에서 나타낸 것과 같이 전류가 흐르는 루프를

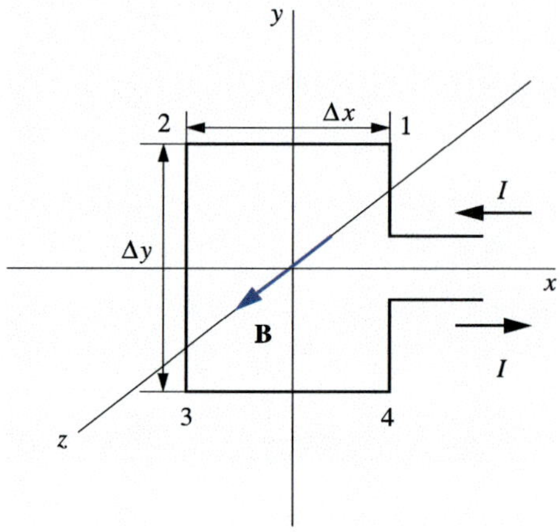

그림 3-13

사각형의 전류루프가 균일한 자계 내에 놓여 있다. 전류는 반시계 방향으로 흐른다.

고려해보자. 단순하게 생각하기 위해서, $\mathbf{B} = B_0\mathbf{u_z}$라고 가정한다. x 축과 가장 가까운 두 도선 사이의 거리는 충분히 작다고 가정한다. 우리는 반대방향의 전류가 흐르는 두 개의 평행한 도선들을 고려할 수 있다. 또한 나머지 두 도선도 반대방향의 전류가 흐른다. 그림 3-13에서, 반대방향의 전류가 흐르는 두 평행 도선들에 서로 미는 힘이 작용한다는 것을 알 수 있었다. 그러므로, 폐루프에 작용하는 힘은 각 변에서 작용하는 힘의 총합과 같고 결국 영(0)이 된다. 이것은 폐루프는 어떤 방향으로도 움직이지 않는다는 것을 의미한다.

예제 3.15

앞에서 그림 3-13에서 나타낸 것처럼 사각형 루프에 작용하는 힘의 합이 결국 영(0)이 되고 루프가 어떤 방향으로도 움직이지 않는다는 것을 정량적으로 증명하여라.

답. 자속밀도는 $\mathbf{B} = B_0\mathbf{u_z}$이다. 식 (3.46)에서 나타낸 자기력의 정의를 이용하여서, 루프의 네 변에 작용하는 힘의 합을 구할 수 있다.

$$\begin{aligned}\mathbf{F}_{\text{magnetic}} &= -\int_1^2 \mathbf{B}\times I d\mathbf{l} - \int_2^3 \mathbf{B}\times I d\mathbf{l} - \int_3^4 \mathbf{B}\times I d\mathbf{l} - \int_4^1 \mathbf{B}\times I d\mathbf{l} \\ &= -\int_{+\Delta x/2}^{-\Delta x/2} IB_0\mathbf{u_z}\times dx\mathbf{u_x} - \int_{+\Delta y/2}^{-\Delta y/2} IB_0\mathbf{u_z}\times dy\mathbf{u_y} \\ &\quad -\int_{-\Delta x/2}^{+\Delta x/2} IB_0\mathbf{u_z}\times dx\mathbf{u_x} - \int_{-\Delta y/2}^{+\Delta y/2} IB_0\mathbf{u_z}\times dy\mathbf{u_y} = 0\end{aligned}$$

적분의 기호는 적분구간에 의해서 결정된다.

힘들의 합이 영(0)이 되더라도, 루프를 회전하도록 하는 토크는 작용할 수 있다. 도선 1과 도선 3에 작용하는 힘은 그림 3-14에서 나타낸 것과 같이 반대방향이

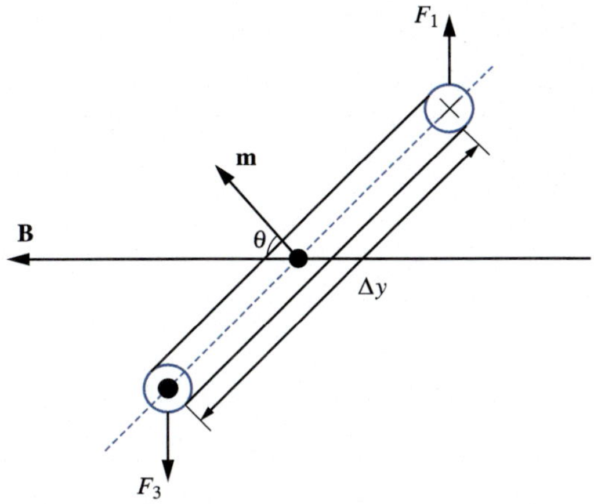

그림 3-14

자계 내에서 회전하는 사각형 루프의 두 모서리. 루프의 다른 두 모서리는 자계와 평행하기 때문에 영향을 받지 않는다.

다. 만약 루프의 단면에 대한 법선방향이 인가되는 자계에 대하여 만큼 작은 각도를 이루고 있다면, 루프에 걸리는 토크를 계산할 수 있다. 이 토크를 단순하게 계산하기 위해서, 루프가 하나의 축에 대해서만 회전한다고 가정하자. 그러면 토크는 다음과 같이 구해진다.

$$\text{Torque} = F_1 \sin\theta\left(\frac{\Delta y}{2}\right) + F_3 \sin\theta\left(\frac{\Delta y}{2}\right) \tag{3.50}$$

여기서,

$$F_1 = IB_0\Delta x \qquad \text{and} \qquad F_3 = IB_0\Delta x$$

이고, 이것을 통해서 다음을 알 수 있다.

$$\text{Torque} = IB_0(\Delta x\Delta y)\sin\theta \tag{3.51}$$

루프의 면적은 $\mathbf{\Delta s} = (\Delta x\Delta y)\mathbf{u_n}$와 같고, 단위벡터는 표면적에 대하여 법선 방향이다. 만약, 이 면적과 전류 I를 곱하면, 예제 3.11에서 설명한 자기쌍극자모멘트와 같다는 것을 알 수 있다. 결과적으로, 우리는 식 (3.51)을 벡터형식으로 기술할 수 있다.

$$\mathbf{T} = \mathbf{m} \times \mathbf{B} \tag{3.52}$$

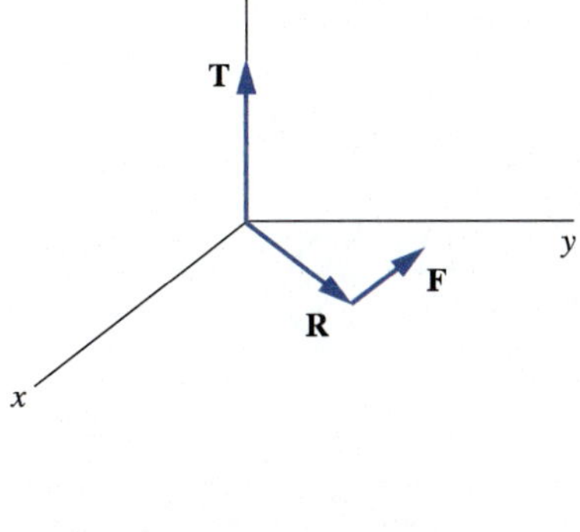

그림 3-15

힘 **F**와 길이 **R**로 정의되는 토크 **T**.

여기서, $\mathbf{T} = \mathbf{R} \times \mathbf{F}$(Nm)는 그림 3-15에서 나타낸 것과 같이 사각형 루프가 회전하도록 하는 토크이다. 우리는 원형루프를 사각형 루프로 변경한 자기쌍극자모멘트의 정의를 이용하였다. 이것은 우리가 다음 절에서 재료의 자기적인 특성을 논할 때 유용하게 이용될 것이다.

3.5 자성재료

원자 내에서 전자가 회전하면서 형성하는 것을 포함하여서, 루프에 흐르는 전류로부터 자계를 계산해 본 경험을 토대로 우리는 이제 매우 많은 수의 원자와 원자가 형성하는 자기쌍극자로 이루어진 재료의 특성에 대하여 조사할 것이다. 자기쌍극자는 그림 3-16에서 나타낸 것처럼 무작위로 분포하고 있는 것으로 가정하면서 논의를 시작한다. 물리학적으로는, 양의 전하를 가진 핵의 주위를 회전하는 전자 때문에 발생한 자기쌍극자모멘트와 함께, 전자가 스스로 자전하면서 발생하는 자계도 함께 고려되어야 하지만 이 교재에서 이해해야 하는 범주를 뛰어넘기 때문에 다루지 않도록 한다.

물질에 자계가 인가될 때 각각의 원자로부터 발생하는 자계는 어떻게 될까 하는 물음에 대한 답을 이 절에서 하게 될 것이다. 그 해답은 재료의 종류에 따라 틀려진다는 것이다. 재료의 종류는 크게 외부자계의 영향에 따라서 자기쌍극자가 어떻게 재정렬하는 가에 따라서 세 가지로 나누어진다. 첫 번째는 ***반강자성체***라고 하는 재료이다. 이 재료에 외부에서 자속밀도 **B**인 자계가 인가되면 자기쌍극자모멘트 **m**은 외부자계에 대해서 반대방향으로 정렬하게 된다. 외부 자계가 인가되지 않을 때에는 전자가 핵주위를 회전하면서 발생하는 원자의 자기모멘트가 전자의 스핀에 의해서 발생하는 자계를 상쇄시킨다. 따라서, 작은 원자에서 자기모멘트가 렌츠의 법칙에 따라서 발생하게 되고, 이것은 인가되는 자계에 반대방향이 된다. ***렌츠의 법칙***에 대하여서는 다음에 자세하게 설명할 것이다. 이렇게 원자를 재정렬시키는 척도를 ***자화율(Magnetic susceptibility)*** χ_m라고 한다. 반강자성체의 자화율은 대략 $\chi_m \approx -10^{-5}$ 정도의 크기를 가진다. 반자성체에는 비스무스, 구리, 다이아몬드, 게르

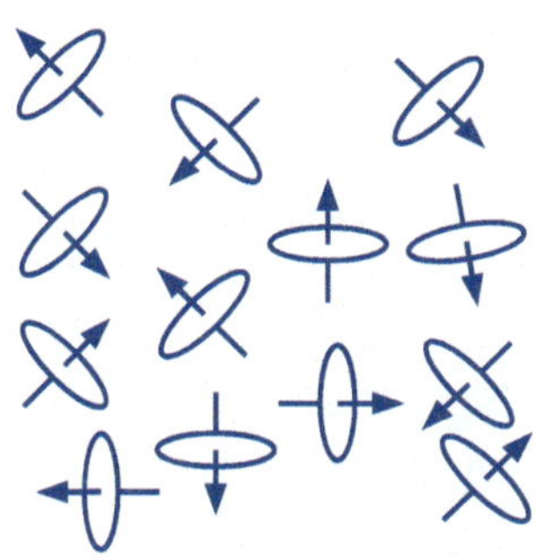

그림 3-16

자기쌍극자의 무질서한 배열.

마늄, 금, 납, 수은, 은, 실리콘, 그리고 몇몇 불활성 가스들이 포함된다. 이 재료들은 영구적인 내부자계를 가지지 않는다.

두 번째는 ***상자성체***이다. 이 재료에서, 전자가 핵주위를 회전하면서 발생하는 자기모멘트와 전자의 자전에 의해서 발생한 자기모멘트는 완전하게 상쇄되지 않는다. 따라서, 원자는 조그만 자기모멘트를 가진다. 이 재료에 외부자계가 인가되면 자기모멘트가 인가된 자계의 방향으로 정렬된다. 이 효과는 영구적이지도 않고 매우 작다. 이 재료의 자화율은 양의 값을 가지지만 $\chi_m \approx +10^{-5}$ 정도로 매우 작은 값을 나타낸다. 상자성체에는 알루미늄, 마그네슘, 산소, 티타늄, 텅스텐, 그리고 이트륨산화물 등이 포함된다.

세 번째는 ***강자성체***이다. 강자성체를 이해하기 위해서는 반자성체나 상자성체와는 다른 설명이 필요하다. 강자성체에는 철, 니켈, 코발트 등이 포함되고, 니켈은 $\chi_m \approx 250$ 정도의 값을 가지고 순철은 $\chi_m \approx 4{,}000$ 정도의 값을 가지며 특수한 합금의 경우 $\chi_m = 100{,}000$인 경우도 있다. 강자성체를 이해하기 위해서 자기분역(Magnetic domain)에 대해서 설명하도록 한다. 강자성체는 자기분역으로 구성되어 있고, 자기분역의 크기는 수 μm에서 1 mm 정도이며, 10^{15}에서 10^{16}개 정도의 원자를 포함하고 있다. 각각의 자기분역은 그림 3-17에서 나타난 것과 같이, 외부자계가 없더라도 동일한 방향으로 정렬된 자기모멘트들로 구성되어 있다. 하나의 자기분역과 이웃하는 자기분역들과의 경계에는 두께방향으로 약 100개정도의 원자로 구성된 자벽(Domain wall)이 있다. 무질서하게 정렬된 자기분역들의 자화(Magnetization)의 합은 영(0)이다.

외부자계가 인가되면, 외부자계와 동일한 방향으로 정렬되어 있는 자기분역이 다른 자기분역을 침범하면서 성장한다. 만약 인가된 자계가 작다면, 이 과정은 자계의 인가가 멈추어지면 역전하게 된다. 그러나 인가된 자계가 충분히 클 때에는 자기분역은 인가된 자계의 방향으로 회전하게 되고 자기분역의 정렬방향은 인가자계가 없어져도 남아 있게 된다.

이러한 자기분역의 정렬은 자계가 반대방향으로 정렬시키기 위해서 인가될 때까지 유지된다. 따라서, 충분히 큰 자계에 의해서만 자기분역이 반전되는 것은 저장효과(Memory effect)를 나타내게 된다. 이러한 원리를 이용하는 저장소자(Memory)는

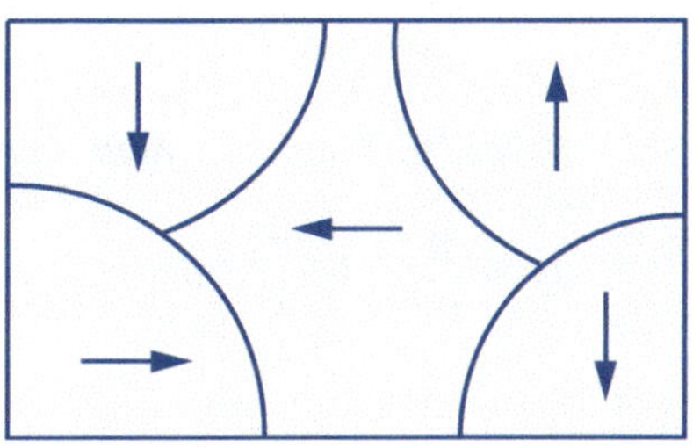

그림 3-17

강자성체의 자기분역 구조. 각 자기분역 내에서 모든 원자들의 자기모멘트는 동일한 방향으로 정렬되어 있다.

실지로 컴퓨터응용에서 저장장치를 구성하기 위해서 사용될 수 있다. 이러한 과정을 설명하기 전에, 우리는 재료의 자화(Magnetization)에 대해서 설명한다. 강자성체의 자기분역 혹은 반자성체나 상자성체의 원자들은 $\mathbf{m}_j$와 같이 표현되는 자기모멘트를 가진다. 만약 온도가 상승하여서 큐리온도(Curie temperature)이상이 되면 강자성체는 상자성체가 될 것이다. 우리는 이 온도 이하에서의 거동에 대해서 논의를 할 것이다. 전 자화(Total magnetization $\mathbf{M}$)는 임의의 체적 Δv에서 재료의 단위체적당 자기쌍극자모멘트를 말하고 다음과 같이 정의된다.

$$\mathbf{M} \equiv \lim_{\Delta v \to 0} \frac{1}{\Delta v} \sum_{j=1}^{j=n} \mathbf{m}_j \tag{3.53}$$

자화의 단위는 A/m이다. 자화는 원자에 속박되어 있는 전류 I_m를 발생시킨다. 자기분역이나 원자에 대한 암페어의 주회법칙은 다음과 같이 기술할 수 있다.

$$I_m = \oint \mathbf{M} \cdot d\mathbf{l} = \int_{\Delta s} \mathbf{J}_m \cdot d\mathbf{s} \tag{3.54}$$

이 적분식에서, 자화 $\mathbf{M}$의 폐곡선적분은 루프내부의 자화전류 I_m과 같다는 것을 알 수 있다. 자화전류 I_m는 실제로 존재하는 전류가 아니다. 그러나 우리는 이 전류의 효과를 해석할 수 있다. 스토크스의 정리에 의해서,

$$\int_{\Delta s} \nabla \times \mathbf{M} \cdot d\mathbf{s} = \int_{\Delta s} \mathbf{J}_m \cdot d\mathbf{s} \tag{3.55}$$

이다. 그러므로 자화는 자화전류와 연관 지을 수 있다. 식 (3.55)에서 나타난 두 개의 적분은 어떤 임의의 표면 Δ에 대하여서도 유용하기 때문에, 다음이 성립한다.

$$\nabla \times \mathbf{M} = \mathbf{J}_m \tag{3.56}$$

자화전류밀도를 식 (3.13)에서 나타낸 암페어법칙의 미분형에서 나타난 전류밀도에 더해보자.

$$\frac{1}{\mu_0} \nabla \times \mathbf{B} = \mathbf{J} + \mathbf{J}_m = \mathbf{J} + \nabla \times \mathbf{M} \tag{3.57}$$

이것은 다음과 같이 다시 적을 수 있다.

$$\nabla \times \left(\frac{\mathbf{B}}{\mu_0} - \mathbf{M} \right) = \mathbf{J} \tag{3.58}$$

지금 우리는 새로운 양인 ***자계강도*(*Magnetic field intensity*, H)**를 정의한다.

$$\mathbf{H} = \frac{\mathbf{B}}{\mu_0} - \mathbf{M} \ (\text{A/m}) \tag{3.59}$$

이 식을 이용하면 암페어의 법칙은 다음과 같이 적을 수 있다.

$$\oint \mathbf{H} \cdot d\mathbf{l} = I_{enc} \tag{3.60}$$

자계강도 혹은 ***H* 필드**는 전류에 의해서 발생될 수 있고, 재료가 근접해 있는 것과는 무관하다. 이러한 특성은 전속밀도가 유전체와 무관하다는 것과 유사하다. 진공에서 자화 **M**은 영(0)이고, 자속밀도는 자계강도에 직접적으로 비례한다. 자성체에서 자화는 자계강도 **H**에 비례하고, χ_m이 자화율이라고 할 때 $\mathbf{M} = \chi_m \mathbf{H}$와 같이 나타낼 수 있다. 식 (3.59)는 다음과 같이 다시 나타낼 수 있다.

$$\mathbf{B} = \mu_0(1 + \chi_m)\mathbf{H} = \mu_0 \mu_r \mathbf{H} = \mu \mathbf{H} \tag{3.61}$$

여기서, μ_r은 ***상대투자율***이라고 한다. 강자성체인 철, 니텔, 코발트를 제외하고 상대투자율은 거의 1에 가깝다. 몇몇 재료에 대한 상대투자율을 부록B에 열거하고 있다.

예제 3.16

상대투자율이 $\mu_r = 50$인 자성체에서 자속밀도가 $B = 0.05$T였다. 이 때의 자화율 χ_m과 자계강도 **H**를 구하여라.

답. 자화율은 다음과 같이 구해진다.

$$\chi_m = \mu_r - 1 = 50 - 1 = 49$$

그리고, 자계강도는 다음과 같다.

$$H = \frac{B}{\mu_r \mu_0} = \frac{0.05}{50 \times 4\pi \times 10^{-7}} = 796 \text{ A/m}$$

강자성체는 큰 투자율을 가지는 것과 동시에 자속밀도와 자계강도의 관계가 비선형적이라는 흥미로운 특성을 가진다. 또, 강자성체는 이전에 인가되었던 자속밀도가 남게 된다. 이러한 사실은 그림 3-18*a*에서 설명될 수 있다. 이 그림에서 자속밀도 **B**를 자계강도 **H**에 대해서 그리고 있고, 이러한 특성은 실험으로 얻을 수도 있다. 자계강도는 **H** = 0에서 시작해서, 자속밀도를 측정하면서 증가한다. 초기에는 자속밀도는 선형적으로 증가한다.

원점에서 출발해서 천천히 자계강도를 증가시켜 보자. 이 자계강도는 식 (3.61)을 이용해서 계산할 수도 있고, 자계를 발생시키기 위해서 강자성체 주위를 균일하게 감은 권선을 이용하여 측정할 수도 있다. **H**가 작을 때에는, 자속밀도 **B**는 자계에 비례해서 증가한다. **H**가 증가하면, 거의 완전한 자기분역의 자화가 회전하고 자벽(Magnetic domain wall)이 이동되어서 ***포화***(Saturation)되게 된다. 만약 자계강도를 감소시키고 결국에는 방향을 반대로 하여서 증가시키면 자속밀도의 값은 초기곡

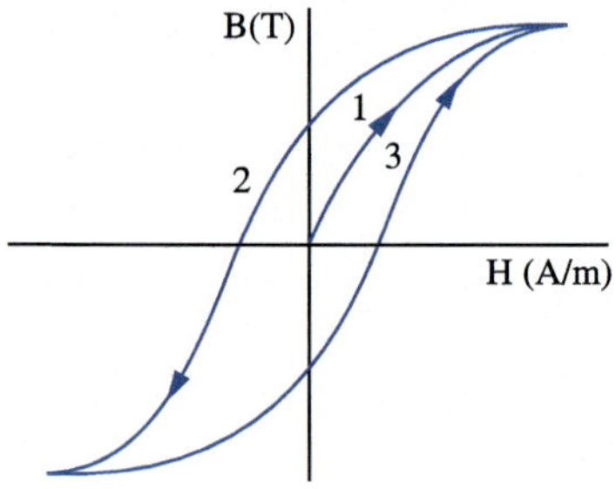

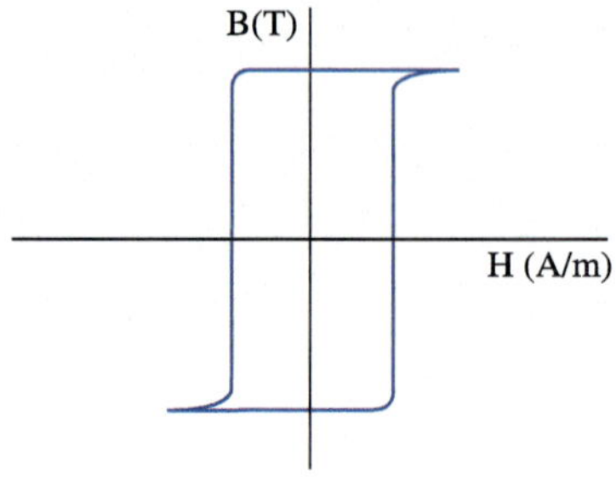

그림 3-18

(*a*) 강자성체의 B-H면에 나타낸 히스테리시스 곡선. 이 곡선은 원점에서 출발하여서 포화될 때까지 곡선 1을 따라 증가한다. 곡선 2는 자계가 감소하여서 반대방향으로 포화될 때까지를 그린 것이다. 곡선 3은 다시 자계가 증가할 때를 나타낸다. **(*b*)** 컴퓨터 저장소자를 위한 이상적인 히스테리시스 곡선.

선을 따르지 않고 다른 경로를 따르게 된다. 이 현상을 ***히스테리시스(Hysteresis)***라고 하며, 이 말은 그리스어로서 "지연된다"는 의미이다. 자계강도가 **H** = 0이라고 하더라도 자속밀도는 남는다. 결국 자속밀도는 반대방향으로도 포화될 것이다. **H**를 다시 감소시키고 방향을 반대로 하는 것으로 원래의 포화지점으로 되돌릴 수도 있다. 이 곡선으로부터, 상대투자율은 자계강도 **H**에 의존한다는 것을 알 수 있다. 일반적으로 상대투자율은 평균값이 실제로는 사용되고 몇몇 재료에 대한 값들을 부록 B에 나타내었다. 이러한 전 곡선을 히스테리시스곡선(Hysteresis curve)이라고 한다.

자성체에는 **H** = 0일 때, 자속밀도의 크기와 방향이 기억되어 있기 때문에, 이것은 논리회로의 메모리소자로 사용될 수 있다. 이러한 값들을 결정하는 중요한 인자는 자계강도 **H**의 변화의 방향이다. 재료를 연구하는 공학자들과 과학자들은 그림 3-18*b*에서 나타낸 것과 같이 히스테리시스곡선을 최적화해서 거의 사각형으로 만들 수도 있다. 이것은 특히 컴퓨터에 사용되는 자기기록장치와 같은 응용에서 흥미로운 것이다. 이러한 응용에서 히스테리시스곡선의 크기도 중요하게 된다.

3.6 자기회로

강자성체의 상대투자율이 주위의 영역에 있는 매질에 비하여 매우 크기 때문에 우리는 자계가 자성체 내부에 집중되는 것으로 고려할 수 있다. 이것은 전기회로에서 전류가 공기로 둘러싸여 있고, 공기보다 도전율이 비교할 수 없을 만큼 큰 도체에 집중되어서 흐르는 것과 유사하다. 자기회로에 대하여서 전압과 전류, 저항과 유사한 양들이 있다. 이것들은 전기회로이론에서 이미 배운 것인지도 모른다. 키르히호프법칙은 다음과 같이 적용될 수 있다. 전기회로에서 도선의 도전율이 전류가 흐르는 방향이나 전류의 크기에 대하여 일정하다고 가정하는 것이 접합할지는 모르지만, 자기회로에서는 보다 더 주의를 기울일 필요가 있다. 그림 3-18*a*에서 나타낸 것과 같은 히스테리시스 곡선으로부터, 우리는 자기회로의 계산에 있어서 자속의 방향과 크기에 따라서 상대투자율이 변화할 수 있다는 것에 주목하여야 한다.

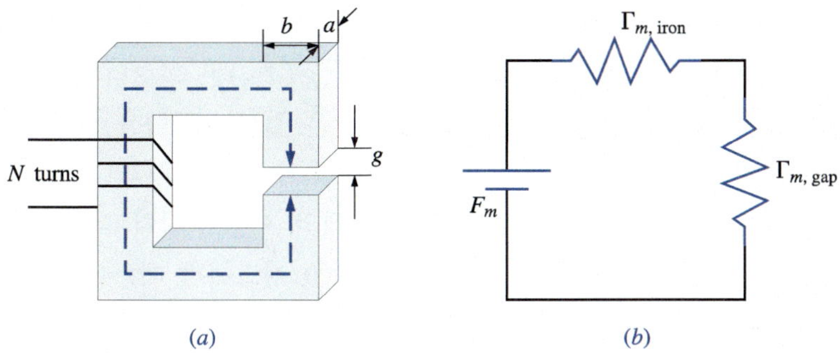

그림 3-19

(*a*) 자기회로 $\mathscr{L}$이고 공극의 간격은 g이다. 철심의 단면적은 $A = a \times b$이다.
(*b*) 자기회로의 등가회로. F_m은 기자력이고, $\Gamma_{m,\text{ iron}}$과 $\Gamma_{m,\text{ gap}}$은 각각 철심과 공극의 릴럭턴스를 나타낸다.

이 개념을 설명하기 위해서, 우리는 그림 3-19에서 나타낸 것과 같은 자기회로에 대하여 생각해 보기로 한다. 이 그림에는 N 턴으로 감긴 도선이 철심을 감고 있고, 철심의 상대투자율은 $\mu_r >> 1$이다. 따라서, 우리는 전기회로에서 전류가 도전율이 높은 도선에만 흐르는 것처럼, 자계가 자성체내에만 한정되어서 형성된다는 것을 가정한다. 만약 자기회로에서 자성체와 주위의 매질과의 상대투자율, 혹은 전기회로에서 도선과 주위의 매질과의 도전율을 비교해 본다면, 자기회로나 전기회로 이론이 틀리지 않다는 것을 알 수 있을 것이다.

또 하나의 가정은 자성체에는 매우 작은 공극(Gap)이 존재한다는 것이다. 그리고 공극의 단면적이 자성체의 단면적과 같다고 가정한다. 이것은 자속밀도가 철심의 단면에서 균일하게 분포되어 있어서, 공극에서의 자속밀도는 일정하다는 것을 가정하는 것이다. 또 우리는 철심과 공극구조의 중심을 자속이 지나가는 것으로 가정하여서 폐곡선적분을 할 것이다. 그림 3-19에서 나타낸 것처럼 식 (3.60)에서 나타낸 암페어의 주회법칙을 자기회로에 적용해보자. 적분경로가 선택되었기 때문에 우리는 벡터를 굳이 사용하지 않아도 된다.

$$H(\mathscr{L} + g) = I_{\text{enc}} = NI \tag{3.62}$$

도선이 권선수 N으로 감겨 있기 때문에, 전류는 $I_{\text{enc}} = NI$와 같이 폐곡선을 흐른다고 할 수 있다. 이 때 자속밀도 Ψ_m는 자기회로를 흐르게 된다. 자속밀도는 $\Psi_m = BA$에 의해서 결정되고, $A = ab$는 철심의 단면적이다. 자속밀도 **B**는 자계강도 **H**와 밀접한 관계가 있고, $B = \mu_0\mu_r H$로 나타낼 수 있다. 그러므로, 식 (3.62)는 다음과 같이 나타낼 수 있다.

$$\frac{B}{\mu_0\mu_r}\mathscr{L} + \frac{B}{\mu_0}g = \Psi_m\left(\frac{\mathscr{L}}{A\mu_0\mu_r} + \frac{g}{A\mu_0}\right) = NI \tag{3.63}$$

여기서, NI는 ***기자력(magnetomotive force; mmf)***이고 F_m으로 나타낸다. 기자력의 단위는 ***암페어-턴***(AT)이이며, 자속 Ψ_m을 발생시킨다. 기자력의 원천은 자기회로 밖에서 공급되는 에너지이다. 따라서, 우리는 식 (3.63)이 자기회로에 적용하는 옴의 법칙이라고 생각할 수 있다. 이 식에서 $\mathscr{L}/(A\mu_0\mu_r) + g/(A\mu_0)$는 회로의 ***릴럭턴스(reluctance)*** $\Gamma_{m,\ \text{iron}} + \Gamma_{m,\ \text{gap}}$라고 불린다. 이 경우, 자속은 철심과 공극을 따라 흐르고, 두 개의 릴럭턴스가 직렬로 연결되어 있다고 생각할 수 있다. $\Gamma_{m,r}$의 단위는 때때로 ***rels***의 단위로 주어진다. 이 상황은 배터리와 두 개의 저항이 직렬로 연결된 전기회로와 매우 유사하다. 철심의 상대투자율이 대략 1000 정도이기 때문에, 릴럭턴스의 주요한 요인은 좁은 공극이라는 것을 알 수 있다.

예제 3.17

그림 3-19에서 철심과 공극의 릴럭턴스가 동일하다고 가정하자. 철심의 상대투자율은 $\mu_r = 1000$이다. 공극의 길이를 철심의 길이의 비로 나타내어라.

답. 두 영역의 릴럭턴스는 각각 $\Gamma_{m,\ \text{iron}} = \mathscr{L}/A\mu_0\mu_r$와 $\Gamma_{m,\ \text{gap}} = g/A\mu_0$.로 정의된다. 따라서, 공극 g는 $g = \mathscr{L}/\mu_r = \mathscr{L}/1000$로 구할 수 있다.

예제 3.18

아래의 그림 (a)에서 나타낸 것과 같은 결합회로에 대한 식들을 적어라. 철심의 단면적은 A이고 상대투자율은 μ_r이다. 그림 (b)에 등가회로를 나타내었다.

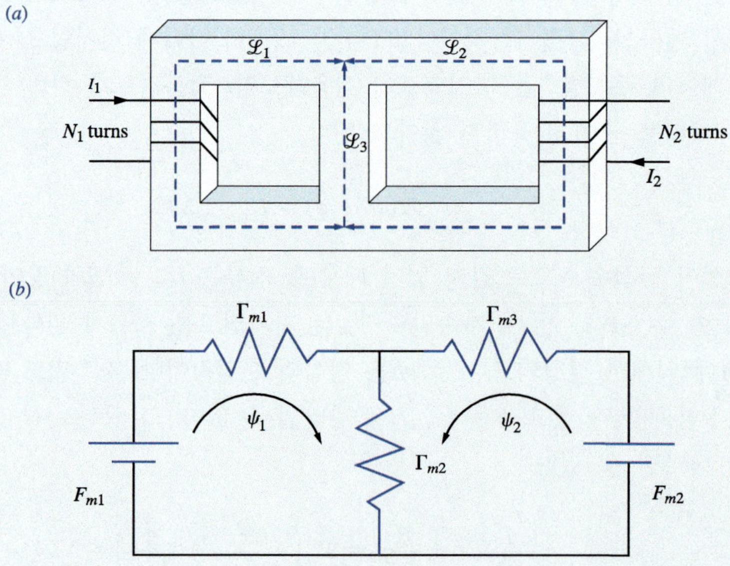

답. 이 회로에서 평균거리들은 $\mathscr{L}_1$, $\mathscr{L}_2$, $\mathscr{L}_3$이다. 그림 (a)로부터 등가회로 (b)를 그릴 수 있고, 이 등가회로에는 다음과 같은 양들이 이용되었다.

$$\Gamma_{m1} = \frac{\mathscr{L}_1}{\mu_r \mu_0 A_1}, \qquad \Gamma_{m2} = \frac{\mathscr{L}_2}{\mu_r \mu_0 A_2}, \qquad \Gamma_{m3} = \frac{\mathscr{L}_3}{\mu_r \mu_0 A_3},$$

$$F_{m1} = N_1 I_1, \qquad F_{m2} = N_2 I_2$$

철심에 감긴 권선과 이 권선을 흐르는 전류의 방향에 의해서 두 권선에서 발생하는 자속밀도는 철심의 중간부분에서 합쳐지게 된다. 따라서, 키르히호프 법칙을 이용해서 다음 식들을 구할 수 있다.

$$F_{m1} = \Psi_1(\Gamma_{m1} + \Gamma_{m2}) + \Psi_2 \Gamma_{m2}$$

$$F_{m2} = \Psi_1 \Gamma_{m2} + \Psi_2(\Gamma_{m2} + \Gamma_{m3})$$

여기서 알 수 있듯이, 자기회로의 계산은 전기회로의 계산과 매우 유사하다. 전기회로의 경우, 전류는 도전율이 매우 높은 도선을 따라 흐르고, 자기회로의 경우, 자속은 투자율이 매우 높은 철심을 따라 흐른다.

3.7 인덕턴스

인덕턴스는 어떤 물체를 ***쇄교***하는 자속 Λ을 그 물체를 따라 흐르는 전류로 나눈 것이다. 쇄교하는 자속은 물체와 연결된 모든 자속 Ψ_m으로 정의할 수 있다. 자속의 쇄교와 전자속이 다른 경우가 있다. 예를 들어, 이 두 양들은 아래에서 나타낸 것과 같이 솔레노이드에서는 서로 다르게 된다. 그리고 이 두 양들이 같은 경우도 있다. 예를 들면, 평행한 도선에 전류가 흐를 때에는 전 자속과 쇄교하는 자속이 같게 된다. 인덕턴스의 정의를 이용해서, 우리는 전자회로에서 중요한 몇몇 예에서 인덕턴스를 구할 수 있게 될 것이다.

인덕턴스는 다음과 같이 나타낼 수 있고 단위는 헨리(H)이다.

$$\boxed{L_{jk} \equiv \frac{\Lambda_j}{I_k} \text{ (H)}} \tag{3.64}$$

여기서 아래첨자 j는 자속이 쇄교하는 물체를 나타내고, k는 전류가 흐르는 물체를 나타낸 것이다. 만약 전류가 흐르는 물체와 자속이 쇄교하는 물체가 같다면, 즉 $j = k$, 이것을 ***자기인덕턴스(Self inductance)***라고 한다. 또 전류가 흐르는 물체와 자속이 쇄교하는 물체가 다르다면 이것을 ***상호인덕턴스(Mutual inducatance)***라고 한다. 자기인덕턴스와 상호인덕턴스는 각각 L과 M으로 나타낸다.

그림 3-20에서 나타낸 것과 같이, 철심을 감고 있는 솔레노이드의 자기인덕턴스를 구해보자. 솔레노이드의 길이 d는 반경 a에 비하여 충분히 길다고 가정하자. 이

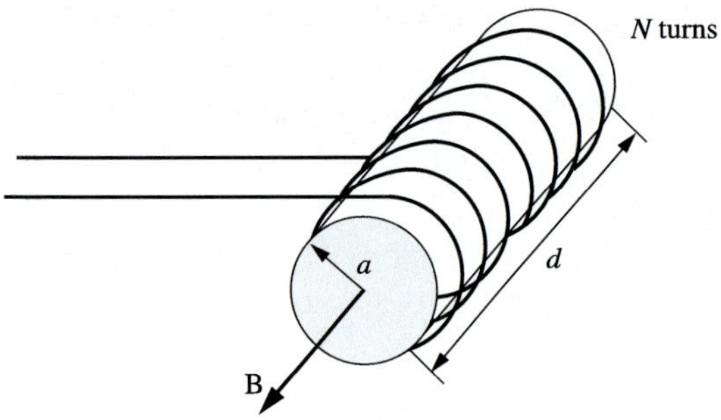

그림 3-20

솔레노이드는 길이가 d이고 반경이 a인 코어 주위를 균일하게 N번 감은 권선으로 구성된다.

가정에 의해서 자속밀도는 단면에서 균일하다고 할 수 있다. 권선수가 N인 도선이 균일하고 분산되어 철심에 감겨있다. 이 철심은 공기일 수 있고 자성체일수도 있다. 솔레노이드의 중심부분의 자속밀도는 예제 3.6에서 구해졌고 다음과 같이 나타낼 수 있다.

$$B_z = \frac{\mu NI}{d} \tag{3.65}$$

여기서, 투자율 $\mu = \mu_r \mu_0$이다. 자속은 자속밀도와 솔레노이드의 단면적 πa^2의 곱으로 구해진다.

$$\Psi_m = \frac{\mu NI}{d} \pi a^2 \tag{3.66}$$

자속의 쇄교량 Λ는 자속이 모든 권선에 쇄교하므로

$$\Lambda = N\Psi_m = \frac{\mu N^2 I}{d} \pi a^2 \tag{3.67}$$

이고, 솔레노이드의 자기인덕턴스는 식 (3.64)로부터

$$L = \frac{\mu N^2}{d} \pi a^2 \ \ (\mathrm{H}) \tag{3.68}$$

가 된다. 이 식으로부터 우리는 인덕턴스가 권선수의 제곱에 비례해서 증가한다는 것을 알 수 있다.

전송선로(7장에서 배우게 됨)에서 다루어질 동축케이블의 자기인덕턴스도 쉽게 구할 수 있다. 이 경우, 자속의 쇄교량 Λ는 자속 Ψ_m과 같다. 그림 3-21에 나타낸 것과 같이 동축케이블의 길이는 Δz이고, 내부도체와 외부도체의 반경은 각각 a와 b이다. 두 도체사이는 진공으로 채워져 있다고 하자. 우리는 동축케이블의 내부도체에서 전류가 $+\mathbf{u_z}$ 방향으로 흐르고 외부도체에서 반대방향으로 흐른다고 가정한다. 이 전류는 식 (3.64)의 분모로 나타난 전류와 같고, 인덕턴스의 최종적인 결과로는 나타나지 않을 것이다. 두 개의 도전체사이의 빗금 친 부분을 통과하는 자속은 자속밀도를 이 빗금 친 영역에 대해서 적분함으로써 구해진다. 동축케이블에 적용하는

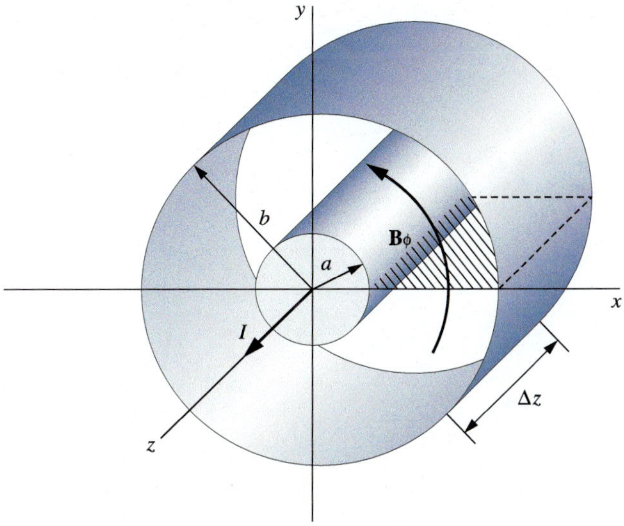

그림 3-21

동축케이블의 단면.

좌표계가 원통좌표계이기 때문에, 우리는 두 도체사이의 자속밀도를 구하기 위해서 식 (3.8)에서 나타내었던 암페어법칙을 적용할 수 있다.

우리는 내부도체 바깥에 존재하는 자속밀도에 관심이 있기 때문에, 식 (3.15)에서 구했던 결과를 적용할 수 있다.

$$B_\phi = \frac{\mu_0 I}{2\pi\rho} \tag{3.69}$$

그림 3-21에서 나타낸 빗금 친 영역을 통과하는 자속은 다음과 같이 주어진다.

$$\Lambda = \Psi_m = \int_{z=0}^{z=\Delta z}\int_{\rho=a}^{\rho=b} \frac{\mu_0 I}{2\pi\rho} d\rho dz = \frac{\mu_0 I}{2\pi}\ln\left(\frac{b}{a}\right)\Delta z \tag{3.70}$$

식 (3.70)을 인덕턴스의 정의와 관련된 식 (3.64)에 대입하면 우리는 동축케이블의 자기인덕턴스를 구할 수 있다.

$$L = \frac{\mu_0}{2\pi}\ln\left(\frac{b}{a}\right)\Delta z \text{ (H)} \tag{3.71}$$

인덕턴스의 값은 동축케이블의 길이 Δz가 증가함에 따라 커지게 될 것이다.

솔레노이드의 인덕턴스를 구했던 것과 같은 방법으로 톨로이드의 인덕턴스를 계산할 수 있다. 이것은 연습문제에서 해 보도록 하자. 두 개의 평행한 도선에서의 인

예제 3.19

두 평행평판사이의 자기인덕턴스를 구하여라. 두 판사이의 거리 d는 판의 넓이 w에 비하여 충분히 작다고 고려하여라.

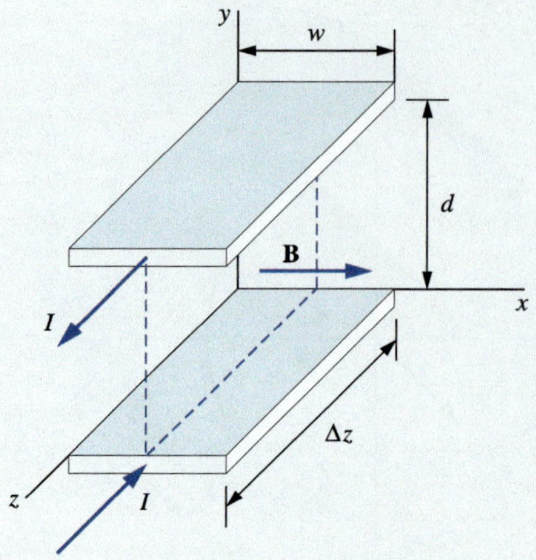

답. 각 도체에 흐르는 전류는 서로 반대방향이기 때문에, 두 판사이의 자계는 같은 방향이 된다. 자계는 거리 d와 길이 Δz에 의해서 결정되는 사각형의 면적을 통과하게 된다. 두 도체 사이의 자속밀도의 근사치는 식 (3.8)에서 나타낸 암페어 법칙에 의해서 구해진다. 하나의 판에 대해서는 $2wB \approx \mu_0 I$이고, 중첩의 원리를 적용하면 자속은 여기서 구한 것에 두 배가 될 것이다. 판의 넓이 w가 거리 d에 비해서 충분히 크기 때문에 두 판사이의 자속밀도는 균일할 것이라고 가정할 수 있다. 그러므로, 전자속 Ψ_m는 다음과 같이 주어진다.

$$\Psi_m = \int_{z=0}^{z=\Delta z} \int_{y=0}^{y=d} \frac{\mu_0 I}{w} dydz = \frac{\mu_0 I}{w} d\Delta z$$

이 경우, 전자속은 자속쇄교량과 같게 된다. 식 (3.64)를 이용하여서 계산한 인덕턴스는 다음과 같이 된다.

$$L = \mu_0 \frac{d}{w} \Delta z \text{ (H)}$$

덕턴스를 계산하는 과정에 대해서는 몇몇 수학적인 근사와 수치적인 기법이 필요하므로 부록 D에 나타내었다. 이것은 전송선로이론에서 중요하다는 것을 기억해 두자.

예제 3.20

각각의 길이가 d이고 단면적인 s_1과 s_2인 두 개의 원형 솔레노이드사이의 상호인덕턴스를 계산하여라. 두 솔레노이드는 x만큼 떨어져 있고 $x \ll d$이다. 자속밀도는 두 솔레노이드에 대해서 평행하고 솔레노이드 내에서는 일정하다고 가정한다. 두 솔레노이드의 권선수는 각각 N_1과 N_2이다.

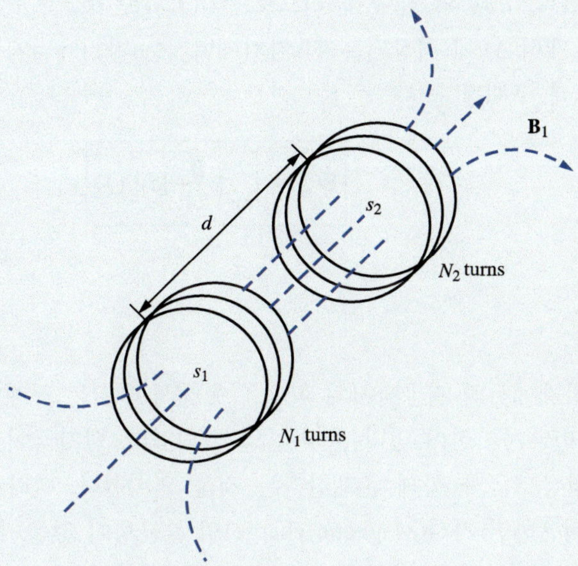

답. 첫 번째 솔레노이드에서 발생하는 자속밀도는 식 (3.6)에서 나타낸 것과 같이, $B_1 = \frac{\mu_0 N_1 I_1}{d}$ 이다. 첫 번째 솔레노이드로부터 발생하는 전자속은 $B_1 s_1$이다. 두 번째 솔레노이드에서도 자속이 같은 크기를 가진다고 한다면, 두 번째 솔레노이드를 쇄교하는 전자속은 $\Lambda_2 = N_2 B_1 s_1$이다. 따라서, 상호인덕턴스는 다음과 같이 구할 수 있다.

$$M = \frac{\Lambda_2}{I_1} = \frac{N_2 \frac{\mu_0 N_1 I_1 s_1}{d}}{I_1} = \frac{\mu_0 N_1 N_2 s_1}{d} \text{(H)}$$

상호인덕턴스의 계산은 변압기를 이해하기 위해서 중요하다.

구성되는 회로소자에 저장되는 자기에너지는 전기회로시간에서 다룬 재료에 대한 개념을 이용해서 설명될 수 있다. 이 경우, 전류발생원이 인덕턴스에 연결되어 있고, 전류 I는 시간에 따라 증가한다고 가정한다. 인덕턴스의 단자에는 전압 V가 발생할 것이다. 자기에너지 W_m은 전력의 시간 적분과 같다.

$$W_m = \int_{t'=0}^{t'=t} p dt' = \int_{t'=0}^{t'=t} IV dt' = \int_{t'=0}^{t'=t} I \left(L \frac{dI}{dt'} \right) dt' = L \int_{t'=0}^{t'=t} I dI = \frac{1}{2} L I^2 \quad (3.72)$$

솔레노이드에 대하여서 자기에너지는 다음과 같이 표현된다.

$$W_m = \frac{1}{2} \left(\frac{\mu N^2}{d} \pi a^2 \right) \left(\frac{B_z d}{\mu N} \right)^2 \quad (3.73)$$

여기서, 식 (3.65)를 이용하여 전류 I 대신 자속밀도를 사용하였다. 솔레노이드내부의 체적 Δv는 $d\pi a^2$와 같다. 그러므로, 식 (3.73)은 $W_m = 1/2\ B_z^2 \Delta v/\mu$과 같이 표현될 수 있다. 체적 Δv에 저장되는 전 자기에너지는 자기에너지밀도를 체적에 대하여 적분함으로써 구해진다.

$$W_m = \int_{\Delta v} \left(\frac{B^2}{2\mu}\right) dv \ (\mathrm{J}) \tag{3.74}$$

3.8 결론

시불변 자계에서의 지금까지의 학습을 통해서 우리는 전계와 자계사이에는 몇몇 유사성과 몇몇 차이점이 있다는 것을 알게 되었다. 단자극이 존재하지 않는다는 것은 N극은 항상 S극과 함께 존재한다는 것을 의미한다. 따라서, 가우스법칙을 자계에 대하여 적용하면 자하(Magnetic charge)의 불균형이 있을 수 없기 때문에 결과는 항상 영(0)이 될 것이다. 전계에서의 쿨롱력과 자계에 대한 암페어력은 전하나 전류요소의 크기에 비례하고 거리의 제곱에 반비례한다. 전계에 대한 소스는 전하이고 자계에 대한 소스는 일정한 속도로 움직이는 전하 즉 전류이다. 자속밀도는 대칭성이 있는 경우, 암페어법칙을 이용하여서 직접 구해질 수 있었다. 자속밀도문제는 또한 벡터포텐셜을 구해서도 풀 수가 있었고, 비오-사바르법칙을 이용한 적분으로도 구할 수 있었다. 원자에 대한 단순한 모델로부터 원자가 하나의 작은 자기쌍극자라는 것을 알았다. 외부에서 가해지는 자계에 대한 자기쌍극자의 거동은 자기회로를 개발하거나 인덕턴스를 가진 전기회로를 개발하는 것과 같은 실용적인 응용에 이용될 수도 있다는 것을 알았다.

3.9 연습문제

3.1.1. 그림에서 표시된 표면을 통과하는 전 전류를 구하여라. 전류밀도는 $\mathbf{J} = 3x\mathbf{u_x} + 4x\mathbf{u_y}$ A/m^{2}이다.

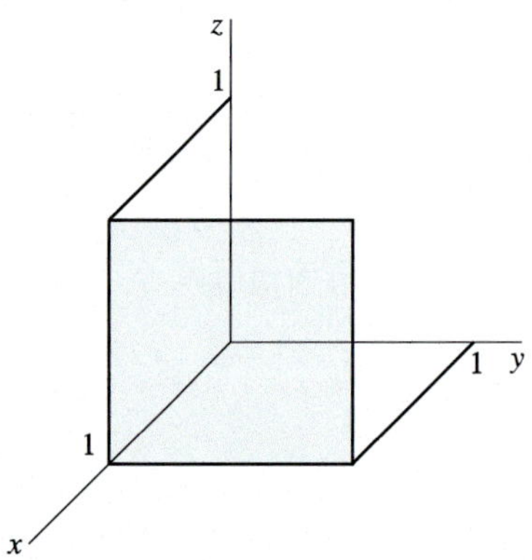

3.1.2. 그림에서 표시된 표면을 통과하는 전 전류를 구하여라. 전류밀도는 $\mathbf{J} = 3x\mathbf{u_x} + 4x\mathbf{u_z}$ A/m^{2}이다.

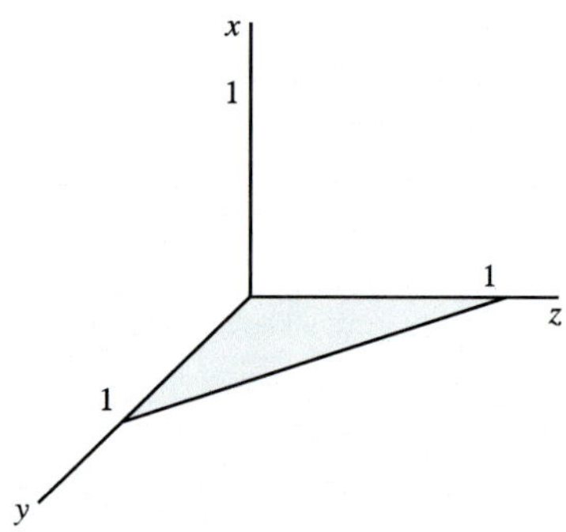

3.1.3. 반경이 a인 원통형 도선에 흐르는 전류밀도

가 다음과 같이 주어진다.

$$\mathbf{J} = J_0\left(1-\frac{\rho^2}{a^2}\right)\mathbf{u_z}$$

도선에 흐르는 전류를 구하여라.

3.1.4. I = 10 kA의 전류를 가진 번개가 기둥에 떨어졌다. 그 옆에 있던 사람의 두 다리 사이에 걸리는 전압을 계산하여라. 그 사람은 기둥으로부터 a = 5 m떨어져 있다. 그 사람의 보폭이 $\mathscr{L}$ = 0.6 m이라고 하고 땅의 도전율은 σ = 0.02 S/m로서 균일하다고 가정하라.

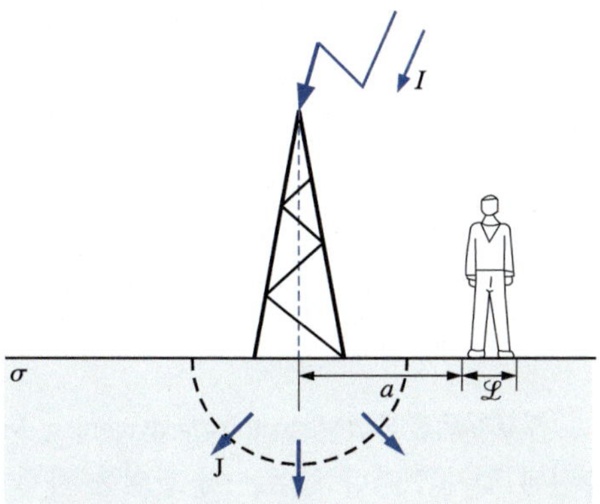

3.2.1. 질량 M, 길이 L, 시간 T, 그리고 전하량 Q의 단위로서 진공투자율 μ_0의 단위를 구하여라.

3.2.2. 질량 M, 길이 L, 시간 T, 그리고 전하량 Q의 단위로서 $1/\sqrt{\mu_0\varepsilon_0}$가 속도와 같은 차원을 가진다는 것을 보여라.

3.2.3. 중공원통에 대해서 반경에 대한 자속밀도를 계산하고 도시하여라. 전류는 $I(a) = I$와 $I(b) = -2I$가 흐른다.

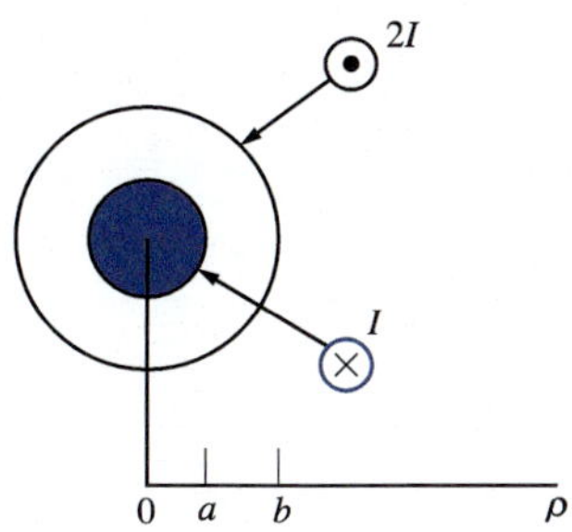

3.2.4. 중공원통에 대해서 반경에 대한 자속밀도를 계산하고 도시하여라. 전류는 $I(a) = 4I$와 $I(b) = -2I$가 흐른다.

3.2.5. 재료의 도전율이 불균일하기 때문에 도선의 전류도 불균일한 분포를 가진다. $0 \le \rho \le a$에 대하여서는 $\mathbf{J} = J_0(1 - \rho^2/a^2)\mathbf{u_z}$의 전류밀도를 가지고 $\rho > a$에 대하여서는 $\mathbf{J} = 0$이다. 반경에 대한 자속밀도를 계산하여라.

3.2.6. 전기저항이 1 Ω인 길고 똑바른 도선이 1 V의 배터리에 연결되어 있다. 자속밀도가 1 T라가 되는 거리를 계산하여라.

3.2.7. 실험자들은 자계가 존재하지 않는 공간을 만들고 싶어 한다. 100턴의 권선이 10 V의 전원에 연결된 솔레노이드를 이용해서 지구자계 0.5 $G = 5 \times 10^{-5}$ T를 상쇄시킬 수 있는 영역의 길이를 계산하여라. 솔레노이드를 구성하는 권선의 저항은 0.1 Ω이다.

3.3.1. $\Delta(1/R) = -\mathbf{u_R}/R^2$을 증명하여라. 여기서, $\mathbf{u_R}$은 전류소와 관측점을 잇는 방향의 단위벡터이다.

3.3.2. 질량 M, 길이 L, 시간 T, 그리고 전하량 Q의 단위로서, 벡터자기포텐셜 **A**와 자속밀도 **B**의 단위를 구하여라.

3.3.3. 두 개의 무한길이의 전류소가 x 축 상에서 $2a$의 거리를 두고 놓여 있다. $y = b$인 P점에서 벡터자기포텐셜 **A**와 자속밀도 **B**를 구하여라.

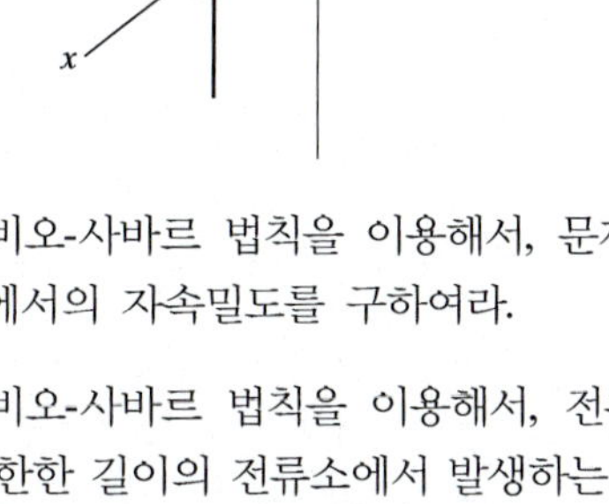

3.3.4. 비오-사바르 법칙을 이용해서, 문제 3.3.3에서 P점에서의 자속밀도를 구하여라.

3.3.5. 비오-사바르 법칙을 이용해서, 전류 I가 흐르는 유한한 길이의 전류소에서 발생하는 자속밀도가 다음과 같이 된다는 것을 보여라.

$$B = \frac{\mu_0 I}{4\pi\rho}(\cos\theta_1 - \cos\theta_2)$$

$\theta_2 = \pi - \theta_1$인 경우의 자속밀도를 구하여라. 그리고, 무한히 긴 도선에서 발생하는 자속밀도를 구하여라.

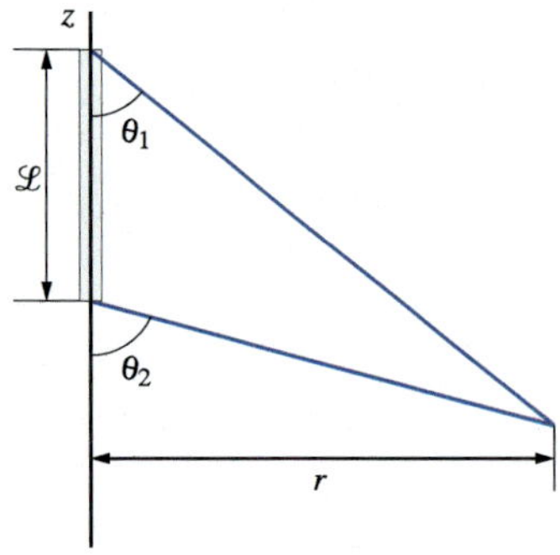

3.3.6. 반대방향으로 전류 I가 흐르는 두 개의 무한히 긴 편행선에서의 벡터자기포텐셜 **A**가 다음과 같다는 것을 나타내어라.

$$\mathbf{A} = \frac{\mu_0 I}{2\pi}\ln\left(\frac{\rho_2}{\rho_1}\right)\mathbf{u_z}$$

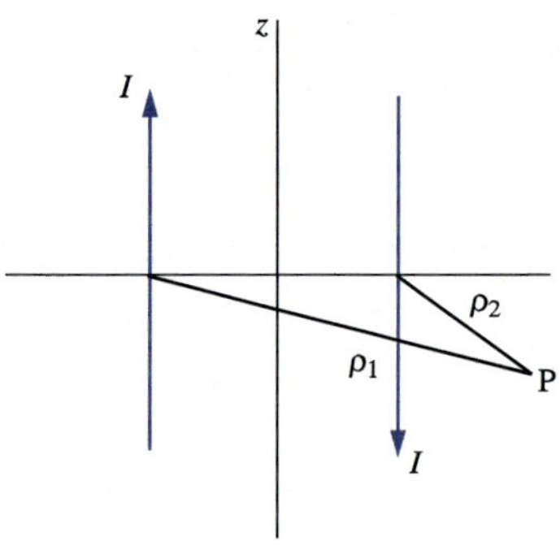

3.3.7. 문제 3.3.6에서의 P점에서의 자속밀도를 비오-사바르 법칙을 이용하여서 구하여라.

3.3.8. 작은 사각형 루프에 흐르는 전류 때문에 발생한 z 축 방향의 자계를 구하여라.

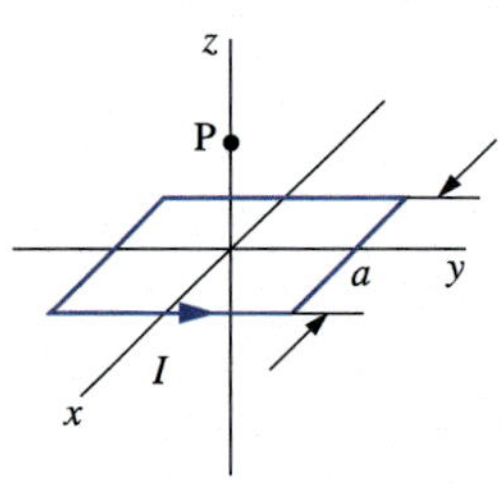

3.3.9. 전류 I가 흐르는 사각형 루프의 중심에서 발생하는 자계를 근사적으로 구하여라.

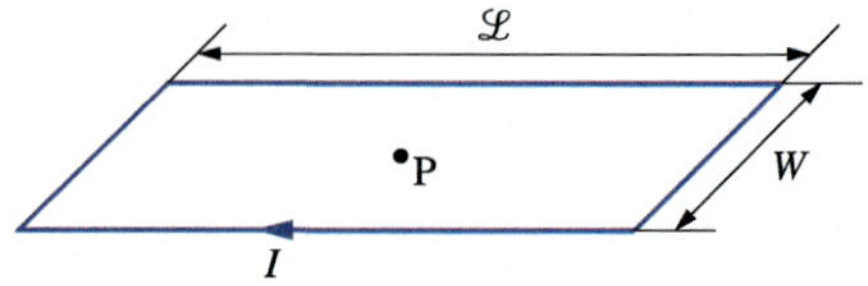

3.3.10. 전류가 흐르는 두 개의 두선이 평행하게 놓여있다. 그림에서 표시한 원의 중심에서의 자속밀도를 구하여라.

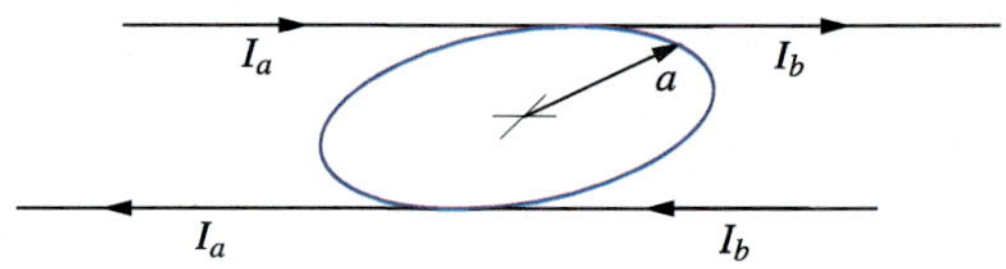

3.4.1. 10 A의 전류가 흐르는 도선이 x 축 상에 놓여 있다. 이 공간에는 $\mathbf{B} = 5\mathbf{u_x} + 10\mathbf{u_y}$ T의 균일한 자속밀도가 형성되어 있다. 단위길이당 도선에 걸리는 힘을 구하여라.

3.4.2. ***전자기유체역학***(Magnetohydrodynamics, MHD)은 충전된 입자(전자나 양이온)가 균일한 자계 $\mathbf{B} = B_0\mathbf{u_x}$를 속도 $\mathbf{v} = v_0\mathbf{u_z}$로 지나갈 때의 현상에 기반을 두고 있다. 이 때, 충전된 입자들은 전하가 다르기 때문에 분리될 것이다. 로켓 엔진의 배출구에 놓인 두 전극 사이의 전압(***홀전압***)을 구하여라.[2]

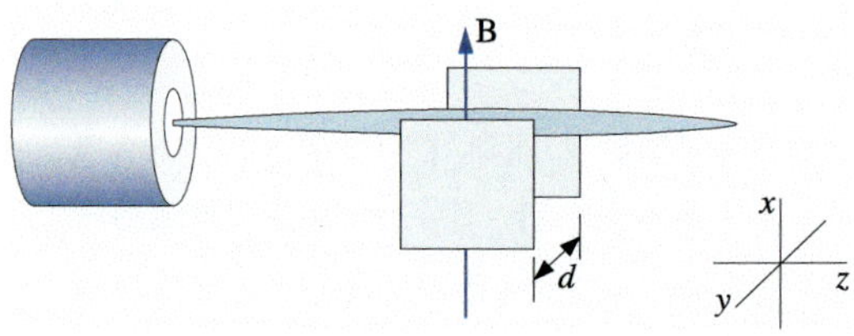

3.4.3. 하나의 전자가 균일한 자계 $\mathbf{B}_0$로 분사되었다. 전자가 전자총으로부터 d만큼 떨어져 있고 자계의 끝부분에 달려 있는 검출자에 포획되기 위한 가속전위 V_0를 구하여라.

[2] 홀 전압은 1 T의 자속밀도를 나타내는 자계를 따라서 어떤 장난감 로켓 모터가 지나갈 때 측정될 수 있다. C-60 모델과 전자관용 자석을 이용하면 대략 2초 동안 0.5 V의 전압이 발생한다.

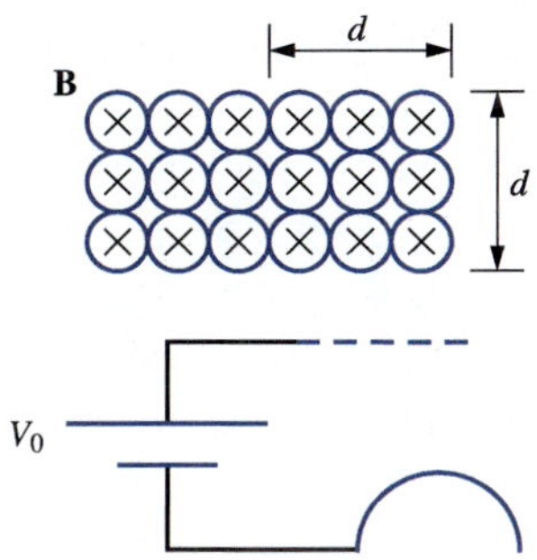

3.4.4. 입자에 작용하는 힘의 합이 영(0)이 되는 균일한 전계와 자계에서 하전 입자의 움직임을 설명하여라.

3.4.5. 아래의 그림과 같이, 네 개의 무한히 긴 도선이 있고 이 도선들에는 각각 전류 I가 지면쪽으로 흐른다. 도선 1이 받는 힘의 방향을 구하여라.

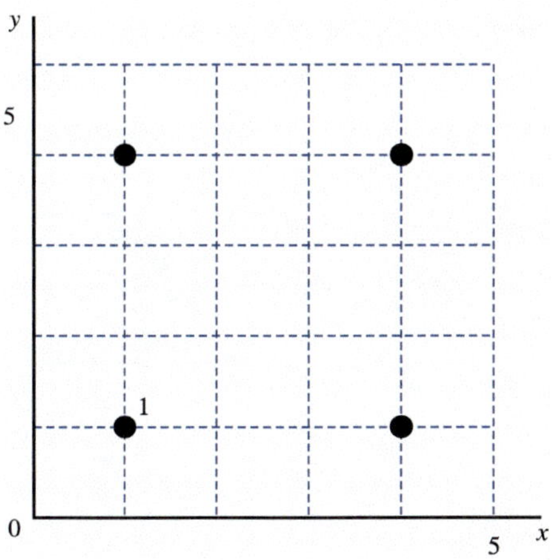

3.4.6. 아래의 그림과 같이, 무게 M을 가진 바퀴축이 마찰이 없는 경사면을 올라가는 것이 예상된다. 경사면이 있는 곳에 균일한 수직방향의 자계가 존재한다고 하면, 바퀴축이 경사면을 올라가도록 하기 위해서 필요한 전압은 얼마인가?

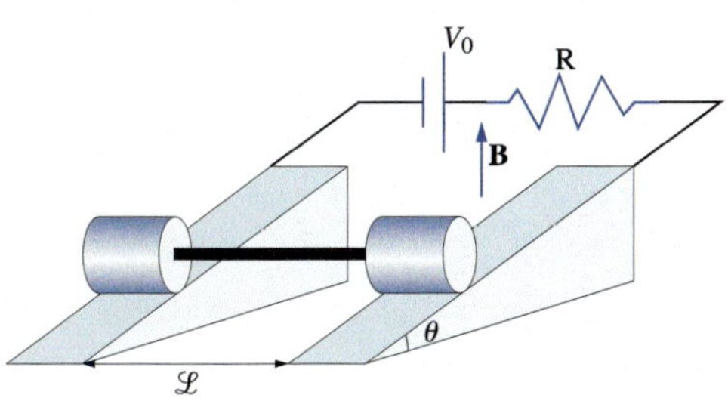

3.4.7. 두 개의 금속판이 그림과 같이 놓여 있고 전류 I_0가 서로 다른 방향으로 흐르고 있다. $b >> d$라고 한다면 두 판 사이에 작용하는 힘은 얼마인가?

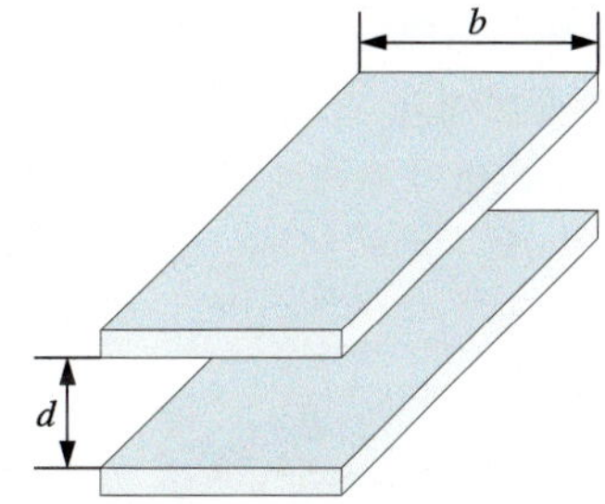

3.5.1. 모든 공간에서의 자속밀도가 $\mathbf{B} = 0.1\mathbf{u_x}$ T라고 하고, 상대투자율은 $|x| \leq 1$일 때 $\mu_r = 2$이고 $|x| > 1$일 때 $\mu_r = 1$이다. 모든 공간에서의 $\mathbf{B_x}$, $\mathbf{M_x}$와 $\mathbf{H_x}$를 도시하여라.

3.6.1. 그림과 같은 자기회로에서, 공극(Gap)에서의 자속밀도를 구하여라. 자심(Magnetic core)의 단면적과 상대투자율은 각각 A와 $\mu_r >> 1$이다.

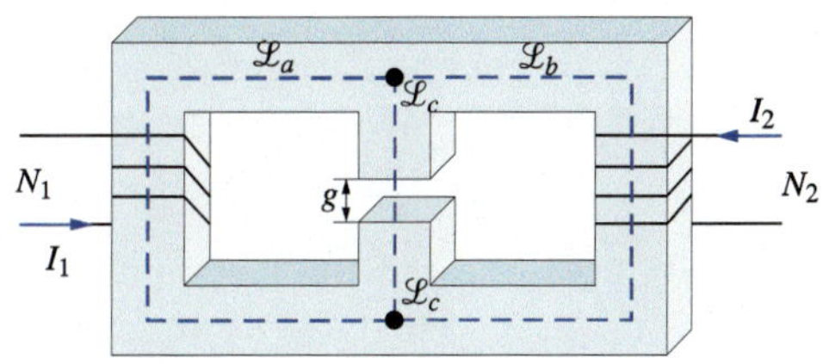

3.6.2. 그림과 같은 사각형의 단면을 가진 자심이 있다. 공극에서의 전 권선수가 200 A-turns이라고 할 때 자속밀도를 구하여라. 단, 강자성체의 상대투자율은 일정하고 $\mu_r = \mu/\mu_0 = 4000$이라고 하자. 자심의 크기는 $\mathscr{L}_z = \mathscr{L}_b = 1$ m, $\mathscr{L}_c = 0.34$ m, $\mathscr{L}_g = 0.76$ mm이다. 단, 공극에서 자속이 누설되는 것은 무시한다.

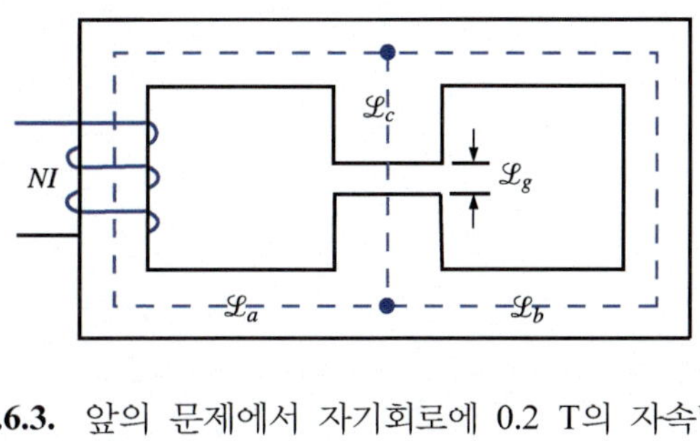

3.6.3. 앞의 문제에서 자기회로에 0.2 T의 자속밀도가 공극에서 발생한다고 할 때, 기자력(mmf)을 구하여라. 기자력은 전류와 권선수의 곱이다.

3.6.4. 문제 3.6.2의 자기회로에서 외부 경로 $\mathscr{L}_b$를 통해서 흐르는 자속 Ψ_b를 구하여라.

3.7.1. 아래의 그림에서 나타낸 토로이드의 자기인덕턴스 L을 구하여라. 토로이드의 자기인덕턴스가 $L = [\mu N^2 A]/\text{length}$의 형태로 나타남을 보여라. $\mu = 100\mu_0$, N = 100, $\mathscr{L}$ = 10 cm, A = 1 cm^{2}일 때의 L값을 계산하여라.

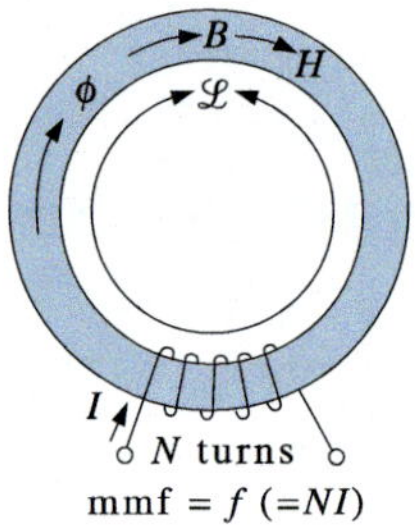

3.7.2. 오른쪽 그림에서 나타낸 자기회로에서 자기인덕턴스 L을 구하여라. 그리고, $\mu = 1000\mu_0$, N_1 = 100, $\mathscr{L}$ = 10 cm, $\mathscr{L}_\theta$ = 0.1 cm, A = 10cm^{2}일 때의 L값을 구하여라.

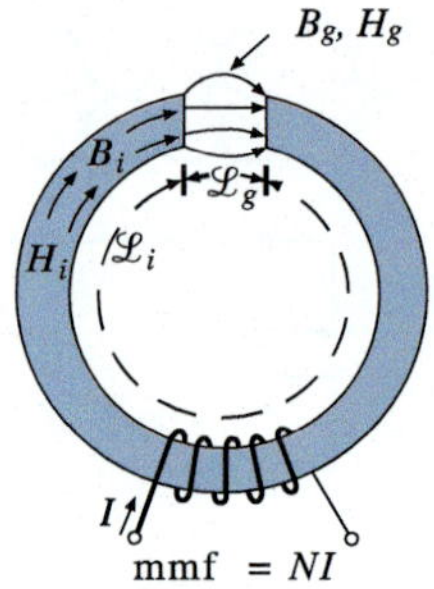

3.7.3. 아래의 그림에서 나타낸 변압기에서, 자기인덕턴스 L과 상호인덕턴스 M을 구하여라. μ_r = 1000, N_1 = 100, N_2 = 1000 l = 10 cm 그리고 A = 10 cm^{2}일 때의 L_{11}, L_{22}과 M을 구하여라. 결합계수 k를 구하여라. 결합계수는 상호인덕턴스 M과 두 개의 자기인덕턴스의 제곱근의 비를 말한다.

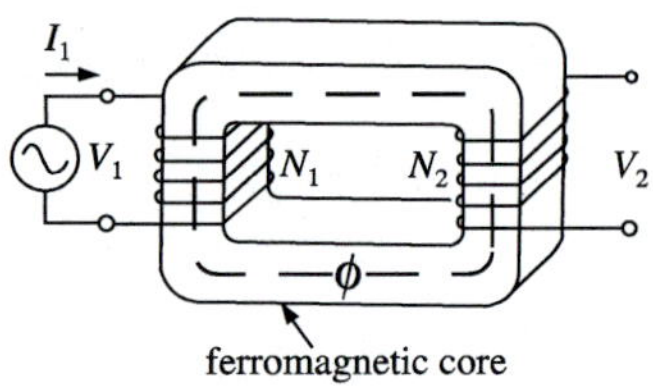

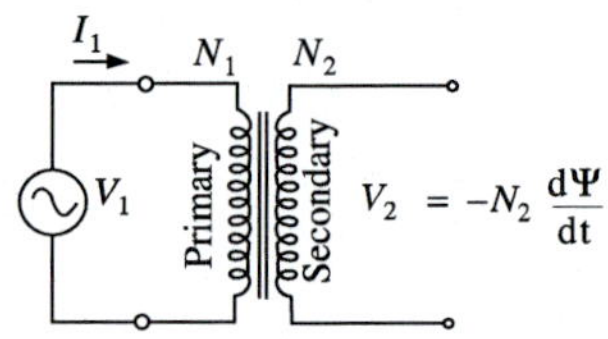

CHAPTER 4

MATLAB을 이용한 경계조건 해석

지금까지 우리는 무한한 공간에서의 전계와 자계를 다루어 왔다. 그러나 실용적으로는 전계나 자계가 유한한 공간에서 서로 다른 전기적 혹은 자기적 성질을 가진 영역으로 변위하거나 특수한 경계를 통과하는 경우가 많다. 우리는 이 장에서 전계와 자계가 하나의 영역에서 다른 영역으로 변위하는 것을 설명하고, 경계값 문제를 해석하는 방법들에 대하여 다룬다. 우리는 특히 전계에 초점을 맞추어서 이해를 해나갈 것이지만 이러한 방법들은 자계에 대하여서도 적용될 수 있는 것들이다.

2장에서 우리는 정적인 전계는 전하분포에 의해서 발생한다는 것을 알게 되었고, 정적인 전계는 스칼라포텐셜 V로부터도 설명할 수 있다는 것을 알게 되었다. 또, 스칼라포텐셜 V는 ***포와송방정식(Poisson's equation)***이라는 편미분방정식을 통해서 전하분포 ρ_V로부터 직접적으로 구할 수 있다는 것도 알게 되었다. 만약 공간 내에 전하밀도가 영(0)일 때 포와송방정식은 ***라플라스방정식(Laplace's equation)***으로 대체된다. 이 장에서, 스칼라포텐셜 V가 하나의, 혹은 두 개의 좌표에 의존할 때, 포와송방정식과 라플라스방정식을 풀기위한 일반적인 과정이 소개될 것이다. 이 장에서는 복잡한 문제를 다루기 위한 해석적인 방법과 수치적인 방법이 소개될 것이다. 또한 전자계 문제를 다루기 위한 현대적인 수치적 방법들(Method of Moments, Finite Element Method, Finite Difference Method)도 이 장에서 소개될 것이고, 이러한 과정에서 MATLAB을 집중적으로 사용하게 될 것이다. 우리가 다루게 될 문제들은 수학적인 계산을 단순하게 하기 위해서 대부분의 문제들은 직각좌표계에 국한된 것들이 될 것이다. 이 책에서 사용된 몇몇 MATLAB 프로그램(M-파일)들은 독자들이 유용하게 사용할 수 있도록 하기 위해서 관련웹사이트(*http://www.scitechpub.com/*

lonngren2.htm)에서 제공되고 있다. 사용자는 자신의 편이나 필요에 따라 이 프로그램들을 수정하거나 사용자가 원하는 컴퓨터언어로 바꾸어 사용할 수 있다. 이 프로그램들은 특정한 문제를 해결하기 위해서 만들어 진 것이 아니지만 유용하게 사용될 수 있을 것으로 기대한다.

4.1 전계와 자계에 대한 경계조건

우리가 유도하게 될 경계조건들은 시불변전자계(Time-independent electromagnetic fields)와 시변전자계(Time-dependent electromagnetic fields)에서 모두 유용하게 사용될 수 있다. 또한 수치적으로 단순하게 하기 위해서, 우리는 2차원적인 직각좌표계에서의 경계조건을 유도하게 될 것이지만 이것은 3차원공간이나 다른 좌표계에 대하여서도 확장될 수 있다. 전자계는 경계면에 대하여 수직인 성분과 수평인 성분으로 분리될 수 있다. 따라서, 그림 4-1에서 나타낸 것과 같이, 하나의 좌표성분은 경계면에 대하여 수직이고 또 하나의 좌표성분은 경계면에 대하여 수평인 2차원 좌표계에 대하여 다루는 것은 경계조건을 이해하는 것에 타당한 것이라고 할 수 있다. 전속밀도의 성분들과 자속밀도의 성분들은 앞선 두 개의 장(Chapter)에서 알게 된 지식을 바탕으로 각각 얻어질 수 있다.

경계면에 대하여 전속밀도 **D**와 자속밀도 **B**의 수직성분을 포함하는 경계조건이 그림 4-2에 나타나 있다. 경계면은 단면적이 Δs인 작은 상자에 포함되어 있고, 이때 상자의 두께는 충분히 작다($\Delta z \rightarrow 0$). 우선 전속밀도에 대하여 고려해보자. 여기서 경계면의 양쪽면에 분포되어 있는 전하의 밀도는 ρ_s(C/m^2)라고 가정한다. 경계면을 포함해서 가우스법칙을 적용하면 전속밀도의 법선방향의 경계조건을 구할 수 있다. 가우스법칙을 다시 적어보면,

$$\oint \mathbf{D} \cdot \mathbf{ds} = Q_{\text{enc}} \tag{4.1}$$

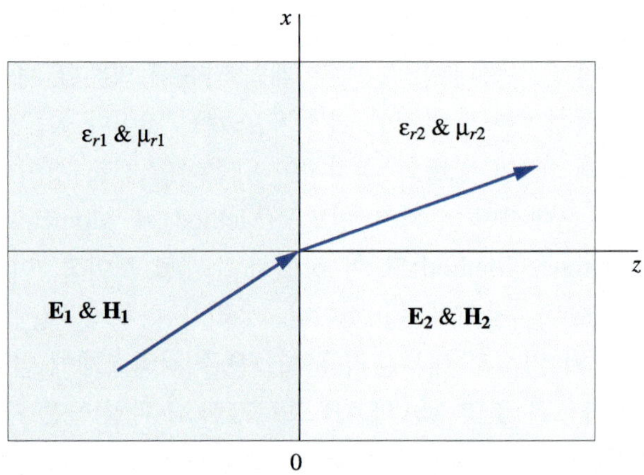

그림 4-1

접촉해 있는 두 매릴. 상대 유전율과 상대 투자율이 각각의 매질에 대하여 주어져 있다. 한 영역에서의 전자계는 다른 영역에서의 전자계와 연관되어 있다. 경계면은 $z = 0$에 위치한다.

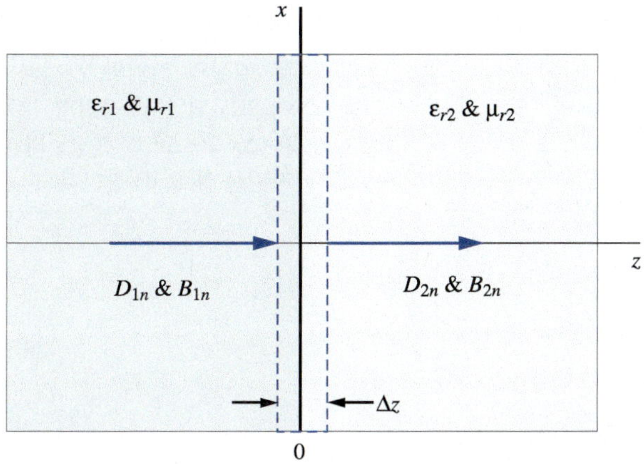

그림 4-2

두 매질의 경계면이 두께가 $\Delta z \to 0$이고 단면적이 Δs인 사각형 내에 포함되어 있다. 경계면에 분포하는 면 전하밀도 ρ_s (C/m^2)이 존재할 수 있다.

그림 4-2에서 점선으로 나타낸 상자내의 전하는 $Q_{\text{enc}} = \rho_s \Delta S$이고, 여기서 ρ_s는 위치에 상관없이 균일하게 분포된 표면 전하밀도이다. 폐곡면적분을 하기 위해서 미분표면 Δs과 전속밀도의 법선성분을 스칼라적할 필요가 있다. 즉, 결과적으로 $(D_{2n} - D_{1n})\Delta s$가 얻어진다. 그러므로, 식 (4.1)을 풀고 양변에서 표면적 Δs를 소거하면 다음과 같은 전속밀도의 법선성분의 경계조건을 구할 수 있다.

$$D_{2n} - D_{1n} = \rho_s \tag{4.2}$$

이 식으로부터 전속밀도의 법선성분은 두 매질의 경계면에 존재하는 표면전하밀도 만큼의 차이를 가진다는 것을 알 수 있다. 만약 표면전하밀도가 영(0)이라면 경계면의 양쪽의 전속밀도의 법선성분은 서로 같게 된다. 이 때 우리는 전속밀도의 법선성분은 연속이라고 말할 수 있다.

매질의 유전율에 의존하는 전속밀도와 전계의 세기와의 관계를 이용해서 식 (4.2)는 다음과 같이 나타낼 수 있다.

$$\varepsilon_{r2}\varepsilon_0 E_{2n} - \varepsilon_{r1}\varepsilon_0 E_{1n} = \rho_s \tag{4.3}$$

자속밀도의 법선성분에 대한 경계조건을 구하기 위해서도 유사한 방법을 사용할 수 있다. 이 경우, 단자극은 존재하지 않는다는 것을 이용한다. 즉,

$$\oint \mathbf{B} \cdot \mathbf{ds} = 0 \tag{4.4}$$

식 (4.4)를 그림 4-2에 적용하면,

$$B_{2n} - B_{1n} = 0 \tag{4.5}$$

여기서, 우리는 양면의 Δs를 소거하였다. 이 식에 의해서, 공간상의 모든 지점에서 자속밀도의 법선성분은 항상 연속이라는 것을 알 수 있다.

자속밀도는 매질의 투자율과 자계의 세기의 곱에 비례한다. 따라서, 식 (4.5)는 다음과 같이 나타낼 수 있다.

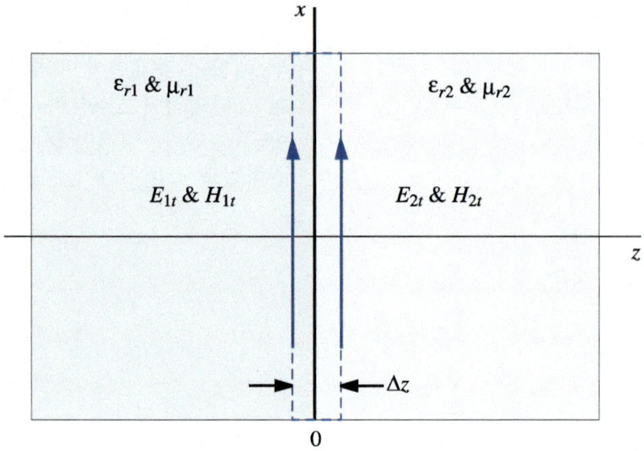

그림 4-3

두 매질의 전계와 자계의 접선성분이 표시되었다. 사각형 루프의 크기는 Δx 와 Δz로 결정된다. y 방향은 지면을 밖으로 향한다.

$$\mu_{r2}\mu_0 H_{2n} - \mu_{r1}\mu_0 H_{1n} = 0 \tag{4.6}$$

우리는 그림 4-3에서 나타낸 것과 같이 전계와 자계에 대한 접선방향에 대한 경계조건을 구하려고 한다. 전계의 접선성분의 경계조건을 구하기 위해서, 우리는 폐경로를 따라서 움직일 때의 일을 계산하여 본다. 이것은 다음 식과 같이 나타낼 수 있다.

$$\oint \mathbf{E} \cdot \mathbf{dl} = 0 \tag{4.7}$$

식 (4.7)을 그림 4-3에 적용하면 윗부분과 아랫부분의 면적(Δz)은 경계면에 대한 접선성분의 전계와 수직이기 때문에 무시될 수 있다는 것을 알 수 있다. 전계와 수직이라면 등전위면이 되기 때문에 전계의 선적분결과는 영(0)이 되는 것이다. 이 경계면을 따라서 계산된 일은 영(0)이 된다. 그러나, 나머지 두 변에서의 적분은 다음의 결과로 나타낼 수 있다.

$$(E_{2t} - E_{1t})\Delta x = 0$$

또는

$$E_{2t} - E_{1t} = 0 \tag{4.8}$$

식 (4.8)에서 전계의 접선성분은 경계면에서 연속이라는 것을 알 수 있다.

식 (4.8)은 다음과 같이 전속밀도로도 나타낼 수 있다.

$$\frac{D_{2t}}{\varepsilon_{r2}} = \frac{D_{1t}}{\varepsilon_{r1}} \tag{4.9}$$

이 식에서 자유공간에서의 유전율 ε_0은 양변에서 삭제되었다.

자계의 세기 **H**의 접선성분에 대한 경계조건도 그림 4-3에서 고려할 수 있다. 이 경우, 그림 4-3의 사각형 루프 내에 포함된 표면전류 $\mathbf{J_s} \cdot \mathbf{u_y}$는 지면의 바깥쪽으로 향하고 있을 수 있다. 그러므로, 우리는 다음과 같이 암페어의 주회법칙(Ampere's circuital law)을 적용할 수 있다.

$$\oint \mathbf{H} \bullet \mathbf{dl} = I_{\text{enc}} \tag{4.10}$$

루프 내부에 포함된 전류는 다음과 같이 정의된다.

$$I_{\text{enc}} = J_s \Delta x \tag{4.11}$$

그리고, 이것은 두 매질사이의 경계에만 존재한다. 두 매질사이의 경계면에 존재하는 ***표면전류***가 $\mathbf{u_x}$ 방향으로 향하고 있다면, 그림에서의 사각형 루프를 통과하지 않을 것이고, 이것은 자계의 세기에 영향을 미치지는 않는다. 그래서 우리는 사각형의 윗부분과 아랫부분의 적분을 무시할 수 있다. 적분의 결과는 다음과 같이 된다.

$$(H_{2t} - H_{1t})\Delta x = J_s \Delta x$$

또는

$$H_{2t} - H_{1t} = J_s \tag{4.12}$$

이 식은 두 매질의 자계의 세기의 접선성분은 표면전류밀도만큼 차이가 있다는 것을 의미한다. 만약 표면전류밀도가 영(0)이거나 루프를 통과하지 않는다면, 자계의 세기의 접선성분은 연속이 된다. 이것은 자속밀도로 다시 표현될 수 있다.

$$\frac{B_{2t}}{\mu_{r2}} - \frac{B_{1t}}{\mu_{r1}} = \mu_0 J_s \tag{4.13}$$

예제 4.1

아래의 그림에서 나타낸 것과 같이 두 유전체사이의 경계면을 지나가는 전계의 변화를 계산하여라.

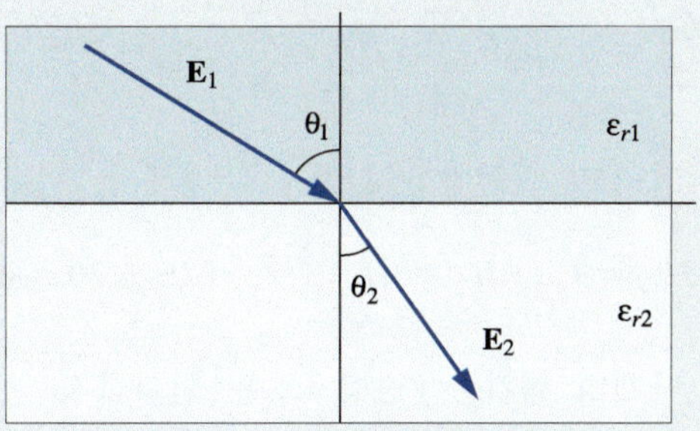

답. 경계면에 표면전하가 존재하지 않기 때문에 전속밀도의 법선성분은 연속이라는 것을 알 수 있다.

$$\varepsilon_{r1} E_1 \cos\theta_1 = \varepsilon_{r2} E_2 \cos\theta_2$$

따라서, 전계의 접선성분은 다음과 같이 주어진다.

$$E_1 \sin\theta_1 = E_2 \sin\theta_2$$

그리고, 위 식에서의 두 각도는 다음의 관계에서 구할 수 있다.

$$\frac{\tan\theta_1}{\tan\theta_2} = \frac{\varepsilon_{r1}}{\varepsilon_{r2}}$$

이 예제는 전계는 유전율이 서로 다른 두 매질의 경계를 통과할 때, 굽어진다는 것을 나타낸다. 이렇게 빛을 포함한 전자파가 굽어지는 것을 굴절(Refraction)이라고 하고 우리가 계산해낸 관계를 ***스넬의 법칙(Snell's law)***이라고 한다.

예제 4.2

두 개의 균일하며 선형적이고 등방적인 자성재료가 $x = 0$에서 경계면을 이루면서 접해 있다. 경계면에서는 $\mathbf{J_s} = 20\mathbf{u_y}$ A/m의 표면전류가 흐르고 있다. $x < 0$인 영역에서 상대투자율은 $\mu_{r1} = 2$이고, 자계의 세기는 $\mathbf{H_1} = 15\mathbf{u_x} + 10\mathbf{u_y} + 25\mathbf{u_z}$ A/m이다. $x > 0$인 영역에서의 상대투자율은 $\mu_{r2} = 5$이다. 영역 $x > 0$인 영역에서 자계의 세기를 구하여라.

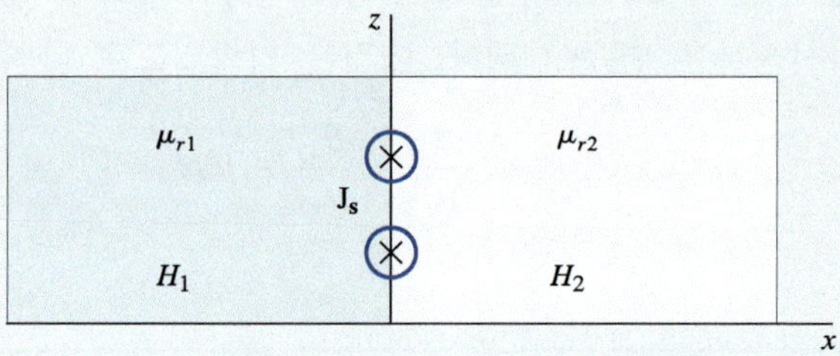

답. 자계는 접선방향성분과 법선방향성분으로 구분될 수 있고, 경계조건은 각 성분에 대해서 독립적으로 적용될 수 있다. 법선방향의 성분에 대해서,

$$\mu_{r2}\mu_0 H_{2n} = \mu_{r1}\mu_0 H_{1n} \Rightarrow H_{2x} = \frac{\mu_{r1}}{\mu_{r2}} H_{1x} = \frac{2}{5}15 = 6 \text{ A/m}$$

와 같이 나타낼 수 있다. 그리고, 접선방향의 성분에 대해서,

$$H_{2t} - H_{1t} = J_s \Rightarrow H_{2z} = H_{1z} + J_y = 25 + 20 = 45 \text{ A/m}$$

와 같이 나타낼 수 있다. 자계의 세기는 y방향으로는 변화하지 않기 때문에

$$\mathbf{H_2} = 6\mathbf{u_x} + 10\mathbf{u_y} + 45\mathbf{u_z} \text{ A/m}$$

가 된다.

만약, 매질 중 하나가 완전도체라면, 전계의 접선성분은 매우 극적인 모양으로

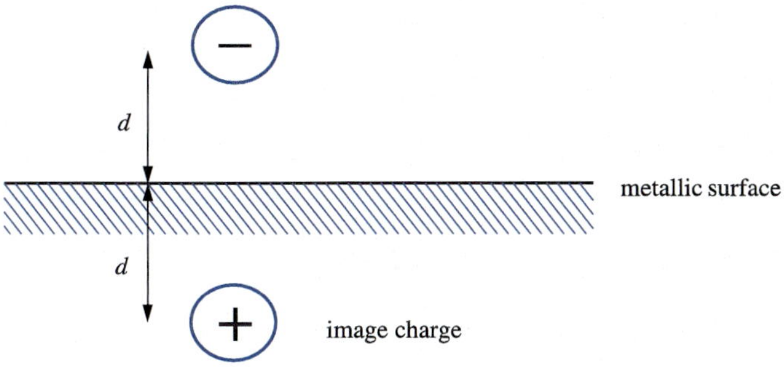

그림 4-4

접지된 금속판 위 거리 d의 위치에 놓인 전하는 금속 표면에 불균일한 전하 분포를 야기한다. 전위와 전계는 금속 표면의 아래에 영상 전하가 존재하고 있고 금속판이 없다고 가정함으로써 계산할 수 있다.

나타나게 된다. 전계의 접선성분이 연속이라야 하기 때문에, 완전도체의 표면에 전계의 접선성분이 존재할 수 있다. 옴의 법칙을 적용하면, 완전도체의 도전율이 무한대이기 때문에 매우 큰 접선성분의 전류가 흐르게 된다. 그러면 무한대의 전력손실이 완전도체에서 발생하는 것이 되지만 이것은 있을 수 없는 일이다. 이 문제를 해결하기 위해서 완전도체의 표면에서 접선성분의 전류*밀도*에 대하여 고려해 보아야 한다. 완전도체의 표면은 등전위면이기 때문에 접선성분의 전계는 영(0)이 되어야 한다. 따라서, 완전도체의 표면에서의 전류밀도도 영(0)이 되어야 한다.

전계의 접선성분이 영(0)이 되어야 한다는 것은 매우 중요한 결론일 수 있다. 예를 들어, 그림 4-4와 같이, 완전도체 위에 음의 전하가 놓여진다면 어떤 일이 발생할까? 앞서 배운 전계에 대한 지식을 토대로, 전계의 방향은 방사선 방향이 되어야 한다. 이것을 다시 표현하면,

$$\mathbf{E} = \frac{Q}{4\pi\varepsilon_0 r^2}\mathbf{u}_r \tag{4.14}$$

식 (4.14)에 따라, 전계의 접선성분은 그림 4-4에서 나타낸 것과 같이 전하가 있는 바로 밑부분에만 영(0)이 될 것이다. 그렇다면 표면의 다른 부분은 어떻게 될까?

이 질문에 대한 해답은 양의 부호를 가진 전하가 완전도체의 표면에 불균일하게 분포하고 있다는 것으로 주어질 수 있다. 일반적으로 이러한 전하의 분포를 계산하는 것은 쉽지가 않지만, 영상전하(Image charge)법을 이용하면 비교적 쉽게 계산할 수도 있다. 이 방법은 양의 전하를 가진 부가적인 전하가 완전도체의 표면 밑부분에 존재한다고 가정하는 것이다. 이것을 우리는 ***영상전하(Image charge)***라고 하고, 이것은 원래의 음의 부호를 가진 전하와 같은 크기의 전하량을 가진 양의 전하이다. 전기력선을 계산하기 위해서, 완전도체가 없다고 가정하고 중첩의 원리를 사용한다. 그러면, 전계의 접선 성분은 영(0)이 된다는 것을 확인할 수 있을 것이다.

영상전하는 시변 전계에서도 사용할 수 있다. 접지판 아랫부분에 영상안테나(Image antennas)를 가정함으로써 시변 전자계를 해석할 수 있다. 이 때, 접지판의

전도율은 안테나로부터 방사방향(Radial direction)으로 퍼져나가는 형태로 구리선을 땅에 묻어서 높일 수 있다.

예제 4.3

두 개의 접지된 반무한평면의 금속판이 직각좌표계의 x 축과 y 축에 접해져 있고, 양의 전하 $4\pi\varepsilon_0$는 지점(a, a)에 놓여있다. MATLAB을 사용해서 이 전하를 포함하는 등전위곡선과 전계를 도시하여라.

답. 두 개의 음의 전하가 $(a, -a)$와 $(-a, a)$에 각각 놓여질 것이다. 또 금속의 모든 모서리는 전위는 영(0)이 되어야 하기 때문에, 금속의 양의 전하가 $(-a, -a)$에 놓여질 것이다. 이렇게 네 개의 전하들로 구성된 구조를 ***사중극자(quadrupole)***라고 한다. 계산된 결과를 아래의 그림에 나타내었다. 이 결과로부터 전계는 항상 금속 표면으로부터 수직방향을 가진다는 것을 알 수 있다. 이것은 금속의 표면은 등전위면이고 값들은 영(0)이 된다는 것을 의미한다.

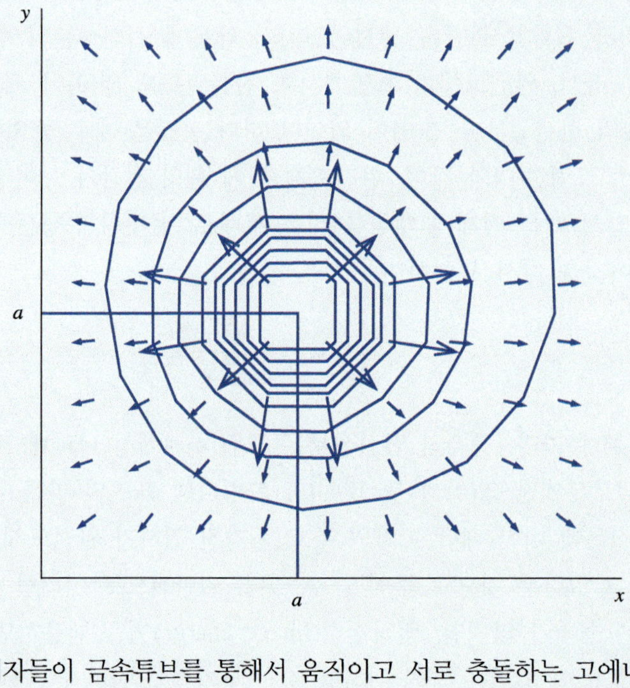

전하가 충전된 입자들이 금속튜브를 통해서 움직이고 서로 충돌하는 고에너지 입자실험에서, 실험자들은 영상전하에 대해서 주의 깊게 고려하여야 한다. 영상전하는 모서리가 2π의 약수인 각도를 가진 경우에 대해서만 구해질 수 있다.

경계조건은 벡터로 표현될 수도 있다. 경계조건에 대한 요약을 표 4-1에서 나타내었다. 이 표에서 단위벡터 $\mathbf{u_n}$은 경계면에서 법선 방향을 나타낸다.

표 4-1 시불변계와 시변 전자계에 대한 경계조건의 요약. 단위 벡터 u_n 은 두 매질 사이의 경계면에 대하여 법선 방향이다.

전력 **E**의 접선성분	$(\mathbf{E}_2 - \mathbf{E}_1) \times \mathbf{u_n} = 0$
전속밀도 **D**의 법선성분	$(\mathbf{D}_2 - \mathbf{D}_1) \cdot \mathbf{u_n} = \rho_s$
자속밀도 **H**의 법선성분	$(\mathbf{H}_2 - \mathbf{H}_1) \times \mathbf{u_n} = \mathbf{J_L}$
자속밀도 **B**의 법선성분	$(\mathbf{B}_2 - \mathbf{B}_1) \cdot \mathbf{u_n} = 0$
금속면에서 전계 **E**의 접선성분. 이 조건은 첫 번째 경계조건을 만족하고 이상적인 도체 내부의 전하는 영(0)이라는 사실과 일치한다.	$\mathbf{E} \times \mathbf{u_n} = 0$

4.2 포와송방정식과 라플라스방정식

진공 중에서 정적인 전계 **E**는 체적전하의 분포에 의해서 존재하게 된다. 이 물리적인 현상은 편미분방정식을 이용해서 표현할 수 있다. 우리는 이 편미분방정식을 벡터로 표현할 수 있다.

$$\nabla \cdot \mathbf{E} = \frac{\rho_v}{\varepsilon_0} \tag{4.15}$$

이 식은 이미 알고 있는 것처럼, ***가우스법칙***의 미분형이다. 여기서, 우리는 ***델연산자***(∇)를 이용한 벡터의 미분계수들에 대하여 살펴보도록 한다. 직각좌표계에서 델연산자는,

$$\nabla \equiv \frac{\partial}{\partial x}\mathbf{u_x} + \frac{\partial}{\partial y}\mathbf{u_y} + \frac{\partial}{\partial z}\mathbf{u_z} \tag{4.16}$$

로 나타낼 수 있다.

정적인 전계는 보존계이다. 따라서, 다음과 같이 표현될 수 있다.

$$\nabla \times \mathbf{E} = 0 \tag{4.17}$$

이것은 정전계는 스칼라포텐셜 V의 경사로 표현될 수 있다는 것을 의미한다. 즉,

$$\mathbf{E} = -\nabla V \tag{4.18}$$

이다. 벡터항등식을 이용하면,

$$\nabla \times \nabla V = 0$$

과 같이 나타낼 수 있으므로, 식 (4.15)와 (4.18)을 합쳐서 생각하면,

$$\boxed{\nabla^2 V = -\frac{\rho_v}{\varepsilon_0}} \tag{4.19}$$

을 구할 수 있다. 여기서, $\nabla \cdot \nabla = \nabla^2$이다. 식 (4.19)를 포와송방정식이라고 부른다. 만약, 전하밀도 ρ_v가 영(0)이라면, 포와송방정식은 다음과 같이 표현될 수 있다.

$$\boxed{\nabla^2 V = 0} \tag{4.20}$$

이 식을 ***라플라스방정식***이라고 부른다. 라플라스방정식과 포와송방정식은 몇몇 물리적인 현상들을 명확하게 설명할 수 있게 하기 때문에 중요하게 취급되어 왔다.

식 (4.19)혹은 (4.20)에서, 우리는 ∇^2의 사용에 대하여 고려해 볼 수 있다. 이 연산자는 ***라플라스연산자***라고 부르고, 두 개의 벡터연산자 ∇를 스칼라적을 취한 것이다($\nabla^2 = \nabla \cdot \nabla$). 우리는 벡터연산자 ∇의 결과가 1차미분이기 때문에 ∇^2의 결과가 2차 미분이라는 것을 짐작할 수 있다.

라플라스연산자는 좌표계에 따라 다음과 같이 표현된다.

1. 직각좌표계 $(x,\ y,\ z)$

$$\nabla^2 V = \frac{\partial^2 V}{\partial x^2} + \frac{\partial^2 V}{\partial y^2} + \frac{\partial^2 V}{\partial z^2} \tag{4.21}$$

   직각좌표계에서의 델연산자 ∇의 정의(식 4.16)를 이용해서,

$$\nabla \cdot \nabla V = \left(\frac{\partial}{\partial x}\mathbf{u_x} + \frac{\partial}{\partial y}\mathbf{u_y} + \frac{\partial}{\partial z}\mathbf{u_z}\right) \cdot \left(\frac{\partial}{\partial x}\mathbf{u_x} + \frac{\partial}{\partial y}\mathbf{u_y} + \frac{\partial}{\partial z}\mathbf{u_z}\right) V$$

   이 식의 결과로는, 단위벡터의 스칼라적에 대한 정의 ($\mathbf{u_x} \cdot \mathbf{u_x} = 1$, $\mathbf{u_x} \cdot \mathbf{u_y} = 0$, 등)로부터, 식 (4.21)에서 나타낸 세 개의 성분만 남게 된다.

2. 원통좌표계 $(\rho,\ \phi,\ z)$

$$\nabla^2 V = \frac{1}{\rho}\frac{\partial}{\partial \rho}\left(\rho\frac{\partial V}{\partial \rho}\right) + \frac{1}{\rho^2}\frac{\partial^2 V}{\partial \phi^2} + \frac{\partial^2 V}{\partial z^2} \tag{4.22}$$

3. 구좌표계 $(r,\ \theta,\ \phi)$

$$\nabla^2 V = \frac{1}{r^2}\frac{\partial}{\partial r}\left(r^2\frac{\partial V}{\partial r}\right) + \frac{1}{r^2 \sin\theta}\frac{\partial}{\partial \theta}\left(\sin\theta\frac{\partial V}{\partial \theta}\right) + \frac{1}{r^2\sin^2\theta}\frac{\partial^2 V}{\partial \phi^2} \tag{4.23}$$

라플라시안연산자를 계산에 적용하기 위해서 문제에 적용할 수 있는 좌표계를 대칭성을 고려하여서 선택하여야 한다. 예를 들어, 둥근 공의 포텐셜을 계산하기 위해서 $\nabla^2 V$는 다른 좌표계보다 구좌표계에서 적용되어야 선택되어야 한다. 라플라시안연산자에 대한 정의들은 위에서 열거하지 않은 다른 좌표계에서도 존재한다. 일

반적인 직교좌표계에서의 정의도 있을 수 있다. 복잡한 형상 혹은 매우 어려운 문제에 대하여서는, 수치적인 방법이 적용되어야 한다. 이것은 현실적으로 매우 자주 사용되는 방법이기도 하다. 우리는 다음 절에서 이러한 방법들에 대하여 배우게 될 것이다.

포와송방정식이나 라플라스방정식과 유사한 방정식을 자계에 대하여서 적용할 수 있다. 이 때에는 전기스칼라포텐셜 V 대신 자기벡터포텐셜 **A**에 대한 연산이 되어야 한다. 단자극이 존재할 수 없기 때문에,

$$\nabla \bullet \mathbf{B} = 0 \tag{4.24}$$

이 식에 의해서, 자속밀도 **B**는 다른벡터의 회전으로 표시될 수 있다는 것을 암시한다. 기호 **A**로 표현되는 ***자기벡터포텐셜***(혹은 ***벡터포텐셜***)이 바로 그것이며, 다음의 결과는 벡터항등식이기도 하다.

$$\nabla \bullet \nabla \times \mathbf{A} = 0$$

전계는 ***스칼라포텐셜***을 이용하여 쉽게 계산될 수 있다는 것을 알았다. 이 계산은 스칼라포텐셜에 경사를 취함으로써 이루어진다. 자계는 회전연산을 통해서 전류밀도 **J**와의 관계가 이루어지고, 전계가 전하밀도와 발산을 통해서 관계가 명확히 되는 것보다 훨씬 더 복잡하다. 그러므로 우리는 구하고자 하는 벡터자기포텐셜이 또한 매우 복잡하다는 것을 짐작할 수 있다. 벡터포텐셜 **A**는 소스 전류밀도 **J**와 *같은 방향*을 가지고 있다. 벡터자기포텐셜은 매우 요용한 개념이다. 우리는 지금부터 **A**의 몇몇 사용법에 대하여 탐구할 것이다.

자속밀도 **B**는 벡터포텐셜 **A**로부터 다음과 같이 구해진다.

$$\mathbf{B} = \nabla \times \mathbf{A} \tag{4.25}$$

여기서, **A**의 단위는 테슬라-미터(T-m)이다. 이 식을 다음의 ***암페어법칙***의 미분형과 병합시키면,

$$\nabla \times \mathbf{B} = \mu_0 \mathbf{J} \tag{4.26}$$

결과적으로 다음의 식을 얻을 수 있다.

$$\nabla \times \nabla \times \mathbf{A} = \mu_0 \mathbf{J} \tag{4.27}$$

식 (4.27)에서 좌변의 연산은 벡터항등식을 이용하여서 다음과 같이 단순화될 수 있다.

$$\nabla(\nabla \bullet \mathbf{A}) - \nabla^2 \mathbf{A} = \mu_0 \mathbf{J} \tag{4.28}$$

논리를 진행하기 전에, 두 가지 중요한 언급을 하여야 한다. 첫 번째, 어떤 벡터의 회전과 발산이 정해지면 그 벡터는 완전하게 정해진다. 우리는 식 (4.25)에서 $\nabla \times \mathbf{A}$를 정의했다. 벡터 **A**의 발산은 *어떤* 값이라도 가질 수 있기 때문에 우리는 계산

을 쉽게 하기 위해서 다음과 같이 선택한다.

$$\nabla \cdot \mathbf{A} = 0 \tag{4.29}$$

이것은 소위 ***쿨롱게이지***라고 불린다. 두 번째, $\nabla^2\mathbf{A}$ 연산자는 라플라시안연사자는 벡터포텐셜 **A**의 모든 세 개의 벡터성분에 대하여 연산되고 각 성분은 전류밀도 **J**의 해당 벡터성분과 동일하게 정해진다는 것이다. 그러므로, 식 (4.29)와 (4.28)은 다음과 같이 단순화 될 수 있다.

$$\boxed{\nabla^2\mathbf{A} = -\mu_0\mathbf{J}} \tag{4.30}$$

이 식은 식 (4.19)에서 나타낸 포와송방정식과 유사하다. 자계의 경우, 식 (4.30)은 세 개의 독립된 ***스칼라***방정식으로 나타낼 수 있다. 직각좌표계에서 이 세 개의 방정식은

$$\nabla^2 A_x = -\mu_0 J_x \quad \nabla^2 A_y = -\mu_0 J_y \quad \nabla^2 A_z = -\mu_0 J_z$$

이다. 현 단계에서 우리는 지금 1차미분방정식들 대신 풀어야 할 2차미분방정식을 가지고 있기 때문에 벡터조작을 통해 얻어진 것들에 대하여 걱정하고 있을 지도 모른다. 다행스럽게도 벡터포텐셜과 전류밀도는 *동일한* 방향이다. 이것은 벡터포텐셜의 각 성분들이 분리되어서 풀어질 수 있다는 것을 의미한다. 또 우리는 세 개의 ***스칼라***방정식을 풀면 된다. 그러나, 라플라시안은 직각좌표계에서만 성분별로 분리해서 풀어질 수 있다는 것에 주의하여야 한다. 이 교재에서 사용하고 있는 다른 좌표계에서는 라플라시안이 성분별로 분리되지 않는다. 원통좌표계와 구좌표계에 대한 라플라시안의 사용에 대하여서는 부록 A를 참고하라.

예제 4.4

2차원의 전위분포는 근사적으로 다음과 같은 2차식으로 표현될 수 있다.

$$V = -\frac{\rho_v}{4\varepsilon_0}(x^2 + y^2)$$

이 함수가 식 (4.19)에서 나타낸 포와송방정식을 만족한다는 것을 보여라. 그리고, 전하와 전위분포를 그래프로 나타내어라.

답. 직각좌표계에서의 라플라스방정식을 이용해서, $\partial^2 V / \partial x^2 = \partial^2 V / \partial y^2 = -\rho_v / 2\varepsilon_0$을 구할 수 있고 이것은 식 (4.19)에서 나타낸 포와송방정식이 된다. 아래의 그림은 전압분포와 전하분포를 2차원적으로 나타낸 것이다.

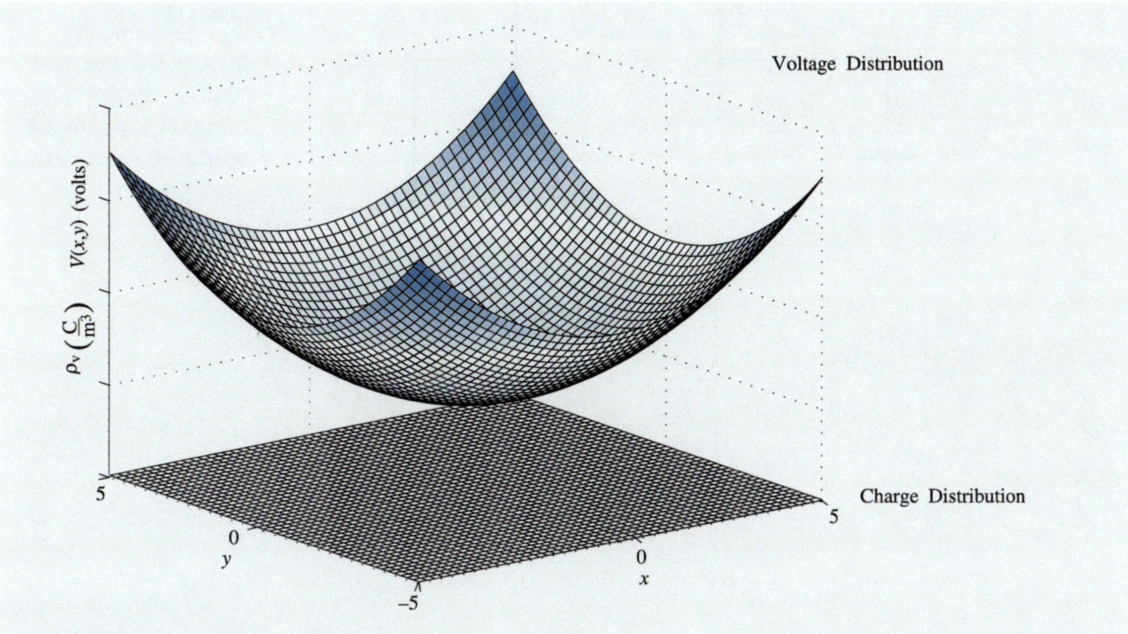

3차원좌표계에서 유도된 포와송방정식과 라플라스방정식과 세 개의 좌표계에 대한 ∇^2에 대한 정의를 이용해서 우리는 이 방정식의 해를 구해 볼 것이다. 일반적인 3차원 해를 구하기보다는, 우리는 포텐셜이 하나의 좌표축에 대해서만 의존한다고 가정하여 논의를 간단히 할 것이다. 이러한 단순한 문제에서 우리가 기술할 과정은 다음에 보다 더 복잡한 계산에 사용될 수 있다. 그러나, 꽤 어려운 시작을 통하여 몇몇 중요한 결과들이 얻어질 것이다. 이러한 보다 복잡한 문제들을 풀기 위해서 적절한 기법들이 다음 절에서 설명될 것이다.

4.3 1차원 해석-직접 적분법

이 방법을 개념화시키기 위해서, 우리는 그림 4-5*a*에서 나타낸 것과 같이 진공에 위치한 두 개의 무한히 크고 평행한 금속판사이의 전위변화를 계산해 볼 것이다. 이 계산을 위해서 1차원의 라플라스방정식을 풀어야 하고, 평행평판 캐패시터의 전위분포를 근사적으로 표현하는 결과를 얻을 수 있을 것이다. 이 때, 평행평판의 간격은 폭에 비해서 충분히 작다. 평행평판이 무한히 넓다고 가정하였기 때문에, 그리고 금속판의 도전율이 대단히 높기 때문에, 표면은 등전위면이라고 가정할 수 있다. 우리는 또 금속판의 저항이 영(0)이고 손실이 없다고 가정한다. 따라서, y 방향과 z방향으로 다음을 정의할 수 있다.

$$\frac{\partial V}{\partial y} = \frac{\partial V}{\partial z} = 0$$

(*a*)

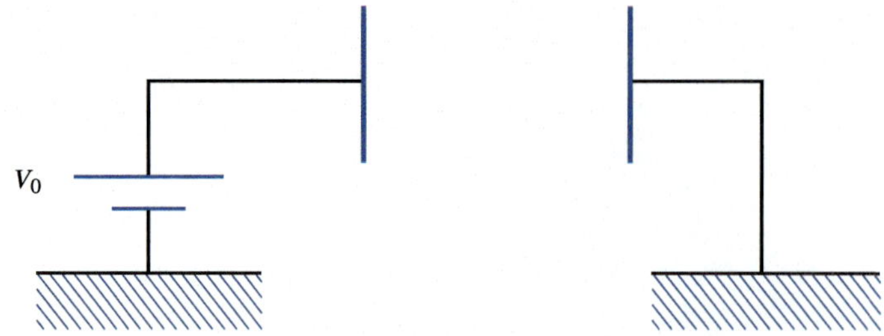

(*b*)

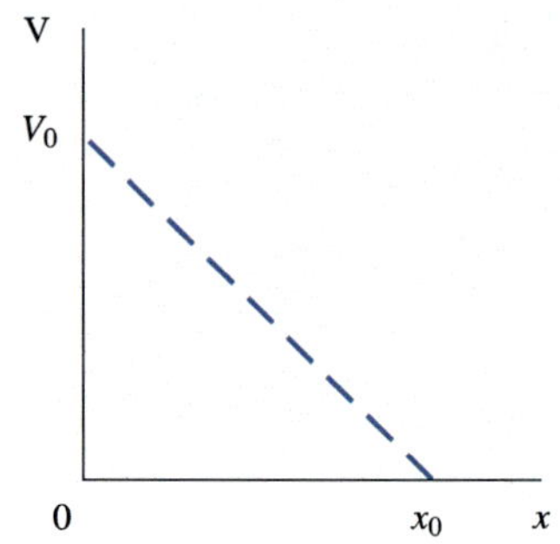

그림 4-5

(*a*) $x = 0$과 $x = x_0$에 위치한 두 개의 무한평판. **(*b*)** 식 (4.33)을 이용해서 계산된 두 평판 사이의 전위 분포.

세 개의 독립변수 중에서 두 개의 변수에 대하여서는 포텐셜이 변화가 없기 때문에, 라플라스방정식이 편미분방정식에서 상미분방정식의 형태로 나타난다는 것을 알 수 있다.

$$\frac{d^2V}{dx^2} = 0 \tag{4.31}$$

$x = 0$에서 전위가 $V = V_0$이 된다고 가정하자. 또 $x = x_0$에서 금속판은 그라운드에 연결되어 있어서 $v = 0$라고 가정하자. 이것들이 이 문제에 있어서의 경계조건이다.

식 (4.31)의 해는 이 식을 두 번 미분함으로써 구해진다.

$$\frac{dV}{dx} = C_1$$

$$V = C_1x + C_2 \tag{4.32}$$

여기서, C_1과 C_2는 적분상수이다. 이러한 상수들은 적분의 각 단계에서 해석되어야 하고, 문제에서 주어진 경계조건으로부터 구해진다. 식 (4.32)는 두 개의 적분상수를 가지고 있으며 식 (4.31)에서 나타낸 상미분방정식의 가장 일반적인 해이다.

배터리($x = 0$에서 $V = V_0$)와 그라운드($x = x_0$에서 $V = 0$)에 의해서 정의되는 경계조건에 대해서,

$$V_0 = C_1(0) + C_2$$

$$0 = C_1(x_0) + C_2$$

이다. 이 두 개의 대수방정식을 풀면 $C_1 = -V_0/x_0$와 $C_2 = V_0$를 구할 수 있다. 그러

므로, 특수한 경계조건을 만족시키는 두 개의 평행판의 전위를 구할 수 있다.

$$V = V_0\left(1 - \frac{x}{x_0}\right) \tag{4.33}$$

그림 4–5*b*에서 전위분포를 나타내었다. 이것은 정전위이기 때문에, 식 (4.18)을 이용해서 전계를 계산할 수 있다.

$$\mathbf{E} = -\frac{dV}{dx}\mathbf{u_x} = \frac{V_0}{x_0}\mathbf{u_x} \tag{4.34}$$

이 결과는 가우스법칙을 이용해서도 구할 수 있다.

이 해를 구하는 과정은 모델링될 수 있는 다른 물리적인 상황에도 동일하게 적용될 수 있다. 따라서, 우리는 열전도성 막대의 한쪽 끝부분에 있는 열방생원으로부터의 열을 모델링할 수 있다. 이 열전도성 막대는 균일한 매질로 이루어져 있고 외부와는 완전하게 절연되어 있으며, 또 다른 끝부분은 낮은 온도로 유지되어 있다.

경계에서 전위 V를 규정할 수 없는 경우도 있으나, 경계에 대한 법선방향의 전계는 정의할 수 있다. 전계는 식 (4.18)과 같이 주어지기 때문에, 1차원에서의 전계는 경계에서 $\mathbf{E} = -(dV/dx)\mathbf{u_x}$와 같은 값이 된다.

예제 4.5

그림 4–5에서, $x = 0$인 표면에서 법선방향의 전계는 $E_0 = -dV/dx$와 같이 정해진다. $x = x_0$인 지점에서의 전위가 $V = 0$라고 할 때, 판 사이의 전위분포를 구하여라.

답. 식 (4.32)로부터, 상수 $C_1 = -E_0$와 $C_2 = -C_1x_0 = E_0x_0$를 알 수 있다. 그러므로, 전위 V는

$$V = E_0(x_0 - x)$$

이다. 이 결과는 그림 4–5*b*와 유사하다는 것을 알 수 있다.

위에서 설명한 계산과 예제에서, 평행판 사이에 추가적인 전하가 존재하지 않는다고 가정하였다. 이제, 평행판 사이에 전하가 균일하게 분포되어 있고, 이 전하는 *일정한* 전하밀도 ρ_v를 가진다고 가정해보자. 실제로는 이러한 전하밀도에 대하여 다른 공간적인 분포도 생각할 수 있으나, 지금은 문제를 단순화시키기 위해서 이와 같은 가정에 대해서만 논의해보자. 문제를 규정하기 위해서, 우리는 아래와 같은 1차원의 포와송방정식을 풀어야 한다.

$$\frac{d^2V}{dx^2} = -\frac{\rho_v}{\varepsilon_0} \tag{4.35}$$

여기서, 평행판이 무한히 넓고 등전위면이라고 가정하기 때문에 우리는 y 방향과 z

방향의 변화에 대해서는 무시할 수 있다. 위 식은 상미분방정식으로 해석되어야 하고, 식 (4.35)의 두 단계의 적분을 통해서 다음을 구할 수 있다.

$$\frac{dV}{dx} = -\frac{\rho_v}{\varepsilon_0}x + C_3$$

$$V = -\frac{\rho_v}{\varepsilon_0}\frac{x^2}{2} + C_3x + C_4 \tag{4.36}$$

여기서, C_3와 C_4는 적분상수이다. 이 상수들은 경계조건과 대수적인 방정식을 풀어서 구할 수 있다.

$$V_0 = -\frac{\rho_v}{\varepsilon_0}\frac{(0)^2}{2} + C_3(0) + C_4$$

$$0 = -\frac{\rho_v}{\varepsilon_0}\frac{(x_0)^2}{2} + C_3(x_0) + C_4$$

이고, 이 두 방정식을 풀면 다음의 상수를 구할 수 있다.

$$C_3 = -\frac{1}{x_0}\left(V_0 - \frac{\rho_v}{\varepsilon_0}\frac{x_0^2}{2}\right)$$

그리고, $C_4 = V_0$이다. 이 상수들을 식 (4.36)에 대입함으로써 전위함수를 구할 수 있다.

$$V = V_0\left(1 + \frac{\rho_v}{\rho_c}\frac{x}{x_0}\right)\left(1 - \frac{x}{x_0}\right) \tag{4.37}$$

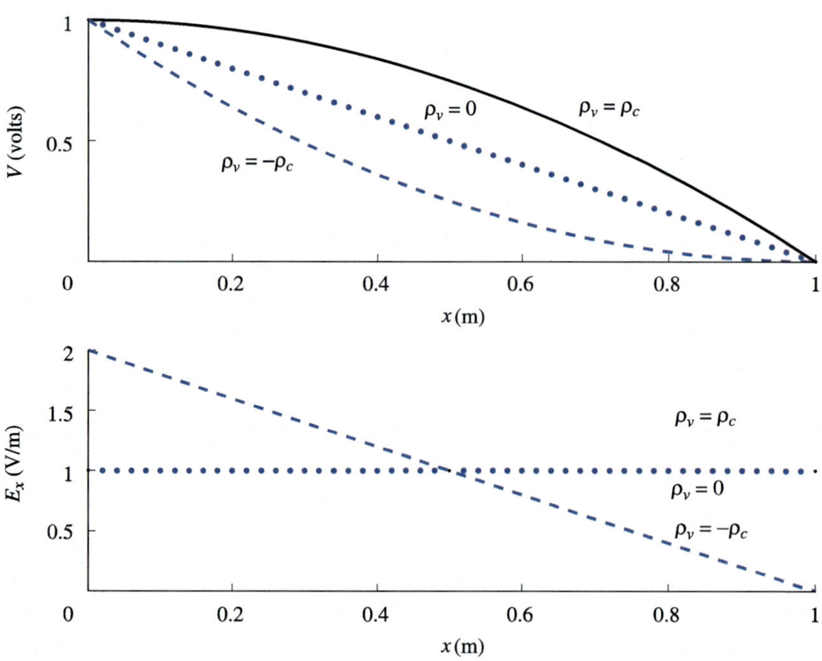

그림 4-6

식 (4.37)과 (4.38)을 이용해서 계산된, 세 전하밀도 ρ_v에 대한 전위와 전계.

여기서, $\rho_c = 2\varepsilon_0 V_0 / x_0^2$이다. 전계는 식 (4.34)로부터 구해진다.

$$\mathbf{E} = \frac{V_0}{x_0}\left(1 - \frac{\rho_v}{\rho_c}\left(1 - 2\frac{x}{x_0}\right)\right)\mathbf{u_x} \tag{4.38}$$

전위와 전계는 그림 4–6에서 세 가지의 전하밀도에 대하여 나타내었다.

예제 4.6

pn 정션에서의 ***고갈층***과 매우 유사한 플라즈마에는 시스(Sheath)가 있다. 플라즈마는 이온화된 가스로 음의 전하를 가진 전자 n_e와 동일한 밀도를 가진 양의 전하를 가진 이온 n_i을 가지고 있다. 예를 들어, 형광성 진공관에 들어 있는 어떤 전도성 물질은 플라즈마로 생각할 수 있다. 시스는 플라즈마와 금속벽과 같은 외부의 물체를 연결한다. 전자와 이온의 밀도는 서로 같기 때문에 플라즈마내부의 전계는 영(0)이라고 생각할 수 있다. 만약 플라즈마가 떨어진 지점에서 그라운드와 연결되어 있다면, 플라즈마의 절대전위 또한 영(0)으로 고려할 수 있다. 이러한 상황은 자연계에서 흔히 있는 것으로, 우주의 99%는 플라즈마 상태이다.

플라즈마에 금속판이 들어 있고 이 금속판에 $t = 0$인 시점에 갑자기 음의 전위가 인가되었다고 가정해보자. 스위치가 닫힌 후 $t = 0^+$인 시점에서 금속판에 인접한 전자들은 플라즈마 속으로 흘러 들어가게 될 것이다. 이온들은 전자에 비해서 무겁기 때문에, $M_i \geqslant 1836\mathrm{m}_e$(여기서 m_e는 전자의 질량), 초기에는 움직이지 않을 것이다. ***디바이 시스(Debye sheath)***라는 또 다른 짧은 안정한 상태의 플라즈마의 시스도 있다. 디바이 시스는 금속판으로부터의 플라즈마와 양의 전하밀도를 가진 좁은 영역을 차폐한다. 이 예제에서는 디바이 시스는 무시한다. 그러면 전자가 놓여 있는 영역의 모서리에서 경계조건을 정할 수 있다. 즉, $x = x_0$에서 $V = 0$이고 $\mathbf{E} = 0$이다. 그러나, x_0의 크기는 알려져 있지 않고 계산되어야 한다. 결과적인 전위와 전계분포를 도시하여라.

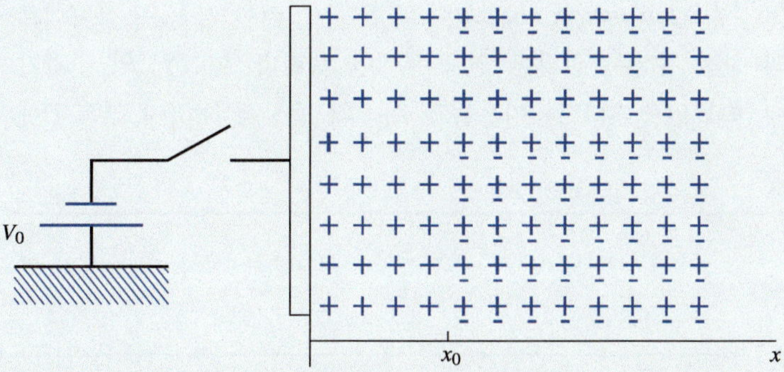

답. 이 구조는 $0 \leqslant x \leqslant x_0$의 영역에서 1차원의 포와송방정식으로 모델링된다. 전자들이 사라지기 때문에 이 영역 내에는 균일한 전하밀도 $\rho_v = n_i q$를 가진 이온의 구름만이 존재한다. 이 모델을 표현하는 식은

$$\frac{d^2V}{dx^2} = -\frac{n_i q}{\varepsilon_0}$$

이다. 이 식을 두 번 적분하면 다음의 식을 얻을 수 있다.

$$V = -\frac{n_i q}{\varepsilon_0}\frac{x^2}{2} + Ax + B$$

여기서, A와 B는 적분상수이다. 여기서, 알려지지 않은 세 개의 상수가 있다. A, B 그리고 x_0가 그것들이다. 우리는 x_0가 어디인지 *모른다는 것*을 기억해라. 우리는 단지 그 부분에 적용할 수 있는 경계조건을 알고 있을 뿐이다. 세 개의 경계조건은,

$$V(x=0) = -V_0 \Rightarrow -V_0 = B$$

$$V(x=x_0) = 0 \Rightarrow 0 = -\frac{n_i q}{\varepsilon_0}\frac{x_0^2}{2} + Ax_0 + B$$

$$E_x(x=x_0) = 0 \Rightarrow 0 = \frac{n_i q}{\varepsilon_0}x_0 - A$$

이다. 위의 대수방정식을 풀면 x_0를 구할 수 있다.

$$x_0 = \sqrt{\frac{2\varepsilon_0 V_0}{n_i q}}$$

플라즈마물리학에서는 이 x_0를 ***과도 시스(Transient sheath)***라고 한다. 이온의 움직임을 물리적으로 표현하기 위해서, 시간이 경과하고 이온이 움직이기 시작하면서부터는 비선형 유체 방정식들을 *수치적*으로 풀어야 한다. 이 방정식들은 전자들의 분포와 중성화되지 않는 이온에 대한 포와송방정식을 가정해서, 이온들에 대한 연속성과 움직임에 대한 방정식들로 구성되어 있다. 플라즈마처리 응용에서 플라즈마 이온들은 금속표면을 파고들게 되는데, 그 크기를 ***이온매트릭스 시스(Ion matrix sheath)***라고 한다. 이러한 응용은 집적회로 공정에서 사용된다. 이 시스의 진전 현상은 활발한 연구 분야에 속한다. 이 현상의 결과가 실용적으로 중요하기 때문에 금속표면을 파고든 이온들과 시스의 팽창에 대하여 부록 E에서 자세하게 설명하고 있다.

예제 4.7

두 개의 긴 동축 원통사이의 전위분포를 도시하여라. 실린더의 길이는 $\mathscr{L}$이고, 경계조건은 $V(\rho = a) = V_0$이다.

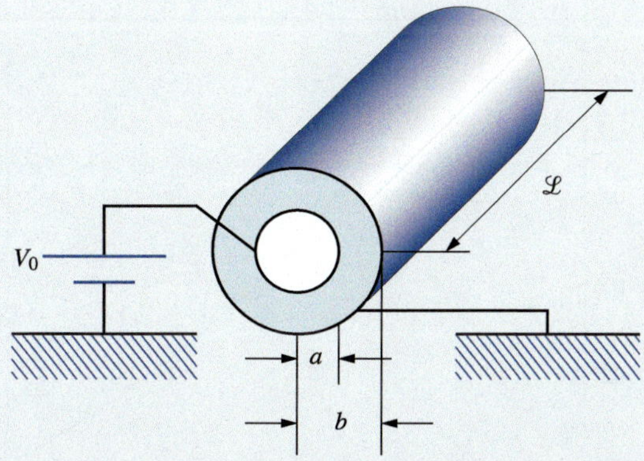

답. 대칭성에 의해서, 원통좌표계에서의 라플라스방정식을 사용할 수 있다. 실린더의 길이가 무한하고 $\partial V / \partial z = 0$라고 가정할 수 있다. 또한, ϕ 방향으로는 의존하지 않기 때문에 $\partial V / \partial \phi = 0$이다.

우리는 1차원의 라플라스방정식을 원통좌표계에서 풀어야 한다. 이것은 독립변수 ρ에 대한 상미분방정식이 된다.

$$\frac{1}{\rho}\frac{d}{d\rho}\left(\rho\frac{dV}{d\rho}\right) = 0$$

이 식의 양변에 ρ를 곱하면 첫 번째 적분의 결과는 다음과 같이 된다.

$$\frac{dV}{d\rho} = \frac{C_1}{\rho}$$

여기서, 음의 부호를 가지는 전계의 방사 방향성분이다. 두 번째 적분의 결과는 다음과 같이 된다.

$$V = C_1 \ln \rho + C_2$$

경계조건을 적용하면,

$$V(\rho = a) \Rightarrow V_0 = C_1 \ln a + C_2$$
$$V(\rho = b) \Rightarrow 0 = C_1 \ln b + C_2$$

이 된다. 적분상수 C_1과 C_2는 위의 두 방정식을 풀어서 구할 수 있다.

$$C_1 = \frac{V_0}{\ln(a/b)} \qquad \text{and} \qquad C_2 = -C_1 \ln b$$

두 원통사이의 전위분포는 결국 다음과 같이 된다.

$$V = V_0\left(\frac{\ln(\rho/b)}{\ln(a/b)}\right)$$

여시서, $a < \rho < b$이다. 반경 $b = 4a$일 때 전위의 변화를 아래의 그림에 나타내었다. 내부 원통의 안쪽에서는 전위가 일정하다는 것에 주목하여라.

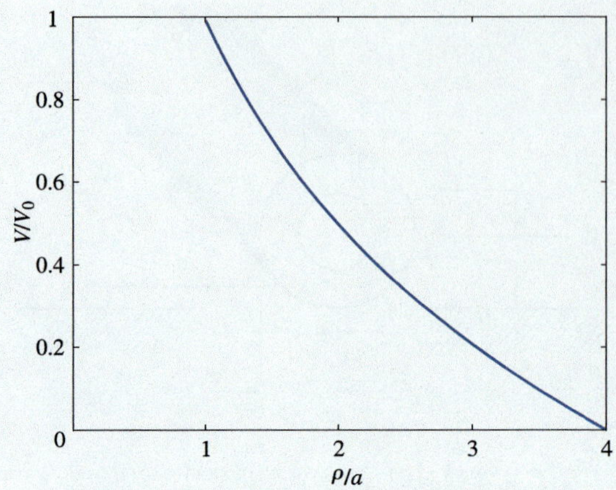

예제 4.8

플라즈마와 관련된 연구에서 발생하는 문제는 자연적인 플라즈마에 부가적인 전하를 도입하는 효과를 계산하여야 한다. 전자밀도 n_e는 부분 전위 V에 비례하고 맥스웰-볼츠만 분산에 의해서 표현될 수 있다.

$$n_e(r) = n_0 e^{-\frac{qV(r)}{k_B T_e}}$$

여기서, $k_B T_e$는 전자의 랜덤한 열적 에너지를 말한다(볼츠만 상수 k_B = 1.38 × 10^{-23} J/K이고 T_e는 K단위로 나타낸 전자의 온도이다). 이온 밀도 $n_i = n_0$이다. 하나의 양전하를 자연적인 플라즈마에 도입했을 때의 전위분포를 구하여라. 일반적인 손실이 없다고 한다면, 부가적인 전하를 이 영역에 도입하기 전에, 우선 순전하(Net charge)를 가지지 않는 구형 입자구름이라고 가정할 수 있다.

답. 구좌표계의 대칭성에 의해서, 두 좌표축(θ, ϕ)에 대해서는 전위의 변화를 무시할 수 있고, 식 (4.23)을 참고하여서 방사방향 r에만 의존하는 구좌표계에서의 포와송방정식을 적을 수 있다. 전하의 분포는 다음과 같이 주어진다.

$$\rho_v(r) = (n_e(r) - n_0)q$$

$$\frac{1}{r^2}\frac{d}{dr}\left(r^2\frac{dV}{dr}\right) = -\frac{\rho_v}{\varepsilon_0} \equiv -\frac{n_0 q\left(e^{-\frac{qV(r)}{k_B T_e}} - 1\right)}{\varepsilon_0}$$

이 방정식은 비선형이고, 일반적으로는 *수치적*인 방법으로 계산되어야 한다. 수치적인 방법에 대해서는 다음 절에서 논의하게 된다. 이 문제를 해석적으로 풀기 위해서, 우리는 비선형 미분방정식을 선형화할 것이다. 그러기 위해서, 우리는 어떤 지점 혹은 영역에서 방정식을 선형화한다. 이렇게 하기 위한 많은 방법들이 있다. 예를 들면, 우리는 어떤 지점에서 테일러급수 전개를 이용할 수 있다. 대부분의 일반적인 경우에 이러한 방법들을 이용해서는 정확한 답을 얻을 수는 없지만, 선형화된 영역의 지점에 근접할수록 결과가 정확해 진다. 이 경우, 위의 식에서 지수함수부분 선형적인 표현을 구해낼 수 있고, 그것을 해석적으로 풀 수가 있다.

$$-\frac{\rho_v}{\varepsilon_0} = -\frac{n_0 q}{\varepsilon_0}\left\{\left[1 - \frac{qV}{k_B T_e} + \cdots\right] - 1\right\} = \frac{n_0 q^2}{\varepsilon_0 k_B T_e} V$$

또는

$$\frac{1}{r^2}\frac{d}{dr}\left(r^2 \frac{dV}{dr}\right) = \frac{V}{\lambda_D^2}$$

여기서, $\lambda_D = \sqrt{\varepsilon_0 k_B T_e / n_0 q^2}$는 디바이 길이(Debye length)이다. 우리는 지수함수부분을 작은 전위의 전개로 표현하였다. 즉, $\exp(\pm x) \approx 1 \pm x$. 이 방정식의 해는 새로운 변수 $W = rV$를 도입함으로써 용이하게 계산된다. 이 변수를 위의 식에 대입하면 다음을 얻을 수 있다.

$$\frac{d}{dr}\left(r\frac{dW}{dr} - W\right) = \frac{rW}{\lambda_D^2}$$

또는

$$\frac{d^2 W}{dr^2} = \frac{W}{\lambda_D^2}$$

$\rho \to \infty$일 때 정의되는 이 방정식의 해는 다음과 같다.

$$W = e^{-\frac{r}{\lambda_D}} \qquad \text{or} \qquad V = \frac{1}{r} e^{-\frac{r}{\lambda_D}}$$

이것은 디바이 길이의 몇 배에 해당하는 거리에서 부가적인 전하의 효과는 차단된다는 것을 의미한다. 다른 말로, 작은 양의 과잉 전하는 큰 중성 영역에 넣을 수 있으나 큰 영역 전체의 균형을 깨뜨릴 수는 없다는 것이다. 이러한 과정을 이해하는 것은 우리가 반도체에 도핑을 할 때에 일어나는 과정을 이해하는 것에 매우 유용하다.

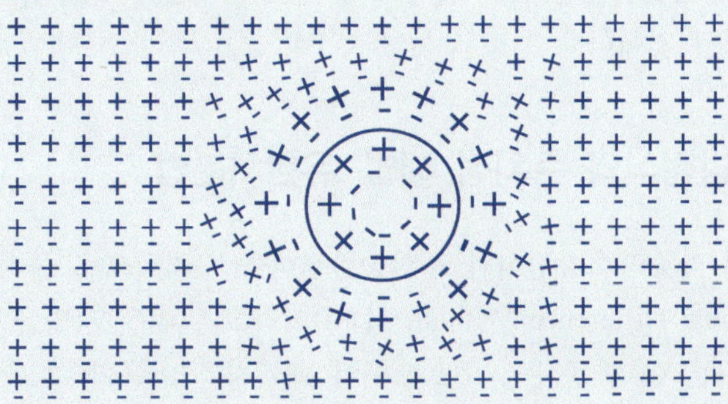

우리는 디바이 길이를 전기회로에서의 시정수(Time constant)와 유사한 것으로 생각할 수 있다.

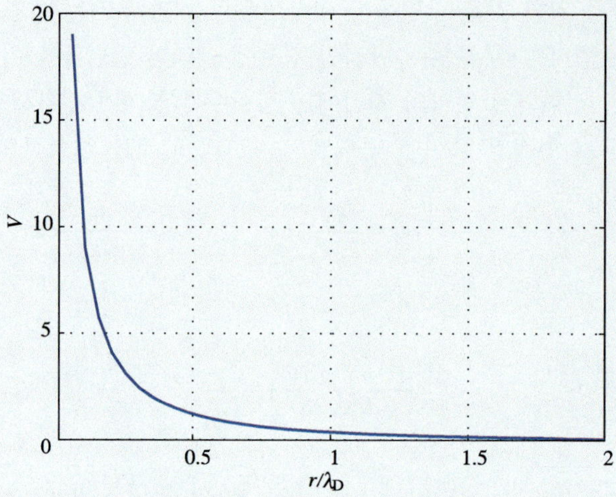

위의 세 개의 예제들은 포와송방정식이나 라플라스방정식을 1차원에 적용하여서 해석적으로 풀기 위한 방법론적인 과정을 보여주고 있다.

1. 문제를 풀기 위해서 대칭성에 바탕을 두어서 라플라시안 ∇^2을 선택하여야 한다. 대칭성에 의해서 어떤 도함수는 영(0)이 될 수도 있다.
2. 문제를 표현하는 가장 일반적인 해를 얻기 위해서 미분방정식을 적분하여야 한다. 이 때, 임의의 적분상수들을 모두 포함하도록 주의하여야 한다.
3. 전위의 표현이 전위를 문제의 경계조건을 만족시킬 수 있도록 하여야 한다. 이것은 2단계에서 얻어낸 임의의 적분상수들을 만족시켜야 한다.

해석적으로 풀 수 있는 대부분의 정전계 문제들은 이미 풀렸다는 것을 짐작할 수 있다. 그리고 해석방법과 해답들은 몇몇 교재들의 예제나 연습문제에서 잘 나타나 있다. 정전계의 전위문제의 다음 단계는 2차원과 3차원구조에서 문제를 푸는 것일 수 있다. 이것들은 다음에 다루게 될 변수분리법과 같은 수치적인 기법들을 이용해서 수행될 것이다.

4.4 1차원방정식의 수치적 해법-유한차분법

1차원의 라플라스방정식과 포와송방정식을 수치적으로 풀기 위해서 우리는 ***유한차분법***(Finite Difference Method; FDM)이라고 알려진 기법을 사용할 것이다. 이를 위해서, 다른 여러 종류의 소프트웨어 패키지를 이용할 수도 있지만, 우리는 여기서 MATLAB을 이용하게 될 것이다. FDM을 사용하기 위해서, 우리는 미분방정식들을 차분형태로 나타낼 것이다. 도함수의 정의에 대한 이해를 위해서 그림 4-7을 보자.

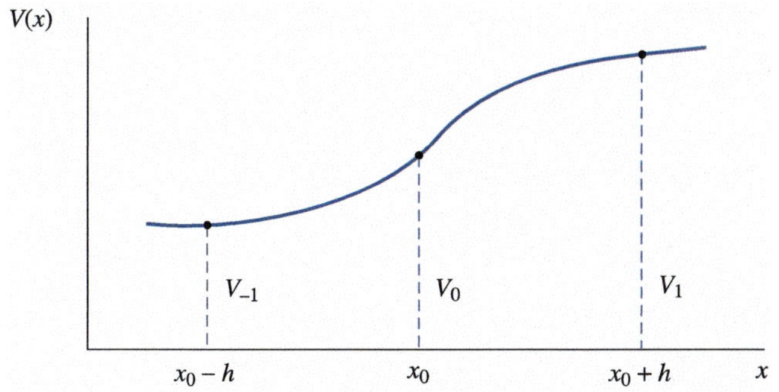

그림 4-7

위치에 따르는 전압. 유한 차분 방정식은 이 그림을 참고로 해서 유도될 것이다.

어떤 함수 $f(x)$의 도함수에 대한 정의 중 하나는, x의 차이가 영(0)에 근접할 때에 함수의 두 값의 차이를 x의 차이로 나눈 것이다.

$$\lim_{h \to 0} \frac{f(x+h) - f(x)}{h}$$

이것은 함수 $f(x)$의 곡선의 기울기를 구하는 것과 같은 것이다. 따라서, 우리는 곡선의 각 지점에서의, 함수값의 차이를 곡선상의 두 지점사이의 거리로 나누어서 도함수 혹은 곡선의 기울기를 구할 수 있다. 그러므로, 이론적으로는 도함수의 차분근사는 우리가 원하는 만큼 정밀하게 될 수 있다.

$$\left.\frac{dV}{dx}\right|_{x_0} = \frac{V_1 - V_0}{h} \qquad \text{(전방차분법)} \tag{4.39}$$

$$\left.\frac{dV}{dx}\right|_{x_0} = \frac{V_0 - V_{-1}}{h} \qquad \text{(후방차분법)} \tag{4.40}$$

$$\left.\frac{dV}{dx}\right|_{x_0} = \frac{V_1 - V_{-1}}{2h} \qquad \text{(중심차분법)} \tag{4.41}$$

중심차분법은 다른 두 방법의 평균이라는 것을 알 수 있다. 이 중에서 어떤 방법이 *좋은지* 알기 위해서, 각 방법에서 발생할 수 있는 오차에 대하여 조사해 본다. 오차는 x_0에서 전위를 ***테일러급수 전개***하여서 조사할 수 있다.

$$V(x_0 + h) = V(x_0) + \frac{h}{1!}\left.\frac{dV}{dx}\right|_{x_0} + \frac{h^2}{2!}\left.\frac{d^2V}{dx^2}\right|_{x_0} + \frac{h^3}{3!}\left.\frac{d^3V}{dx^3}\right|_{x_0} + \cdots \tag{4.42}$$

만약 세 번째 이상의 고차항을 무시한다면,

$$\left.\frac{dV}{dx}\right|_{x_0} = \frac{V(x_0 + h) - V(x_0)}{h} - \frac{h}{2}\left.\frac{d^2V}{dx^2}\right|_{x_0} \tag{4.43}$$

식 (4.43)을 (4.39)과 비교하면 이것이 다음의 부가적인 부분을 가지면서 전방차분법과 동일하다는 것을 알 수 있다.

$$\frac{h}{2}\frac{d^2V}{dx^2}\bigg|_{x_0} \tag{4.44}$$

이 부분이 오차에 해당한다. 물론 이러한 논의에서 고차항들이 포함될 수 있다. 고차항들은 h의 차수승이 곱해진 형태로 나타난다. 만약 h가 충분히 작다고 한다면, 식 (4.43)은 유용하다고 할 수 있다.

비슷한 방법으로, $V(x_0 - h)$에 대한 테일러급수 전개를 나타내 본다.

$$V(x_0 - h) = V(x_0) - \frac{h}{1!}\frac{dV}{dx}\bigg|_{x_0} + \frac{h^2}{2!}\frac{d^2V}{dx^2}\bigg|_{x_0} - \frac{h^3}{3!}\frac{d^3V}{dx^3}\bigg|_{x_0} + \cdots \tag{4.45}$$

식 (4.45)로부터 우리는 후방차분법에 대하여 다음과 같이 계산할 수 있다.

$$\frac{dV}{dx}\bigg|_{x_0} = \frac{V(x_0) - V(x_0 - h)}{h} + \frac{h}{2}\frac{d^2V}{dx^2}\bigg|_{x_0} \tag{4.46}$$

식 (4.46)에서 오차는 고차항에 포함되어 있다.

식 (4.42)에서 (4.45)를 빼면 다음과 같은 식을 얻을 수 있다.

$$V(x_0 + h) - V(x_0 - h) = 2h\frac{dV}{dx}\bigg|_{x_0} + 2\frac{h^3}{6}\frac{d^3V}{dx^3}\bigg|_{x_0} \tag{4.47}$$

또는

$$\frac{dV}{dx}\bigg|_{x_0} = \frac{V(x_0 + h) - V(x_0 - h)}{2h} - \frac{h^2}{6}\frac{d^3V}{dx^3}\bigg|_{x_0} \tag{4.48}$$

식 (4.48)에서 오차는 h^2에 비례한다. 이것은 중심차분법에 대한 것이고, 다른 방법과 비교해서, 오차가 가장 작다는 것을 알 수 있다. 따라서 이 장의 나머지 부분에서는 이 방법을 이용할 것이다.

중심차분법을 이용해서, 우리는 2차도함수를 구할 수 있다.

$$\frac{d^2V}{dx^2}\bigg|_{x_0} = \frac{\frac{dV}{dx}\Big|_{x_0 + \frac{h}{2}} - \frac{dV}{dx}\Big|_{x_0 - \frac{h}{2}}}{h} = \frac{\frac{V_1 - V_0}{h} - \frac{V_0 - V_{-1}}{h}}{h}$$

또는

$$\left.\frac{d^2V}{dx^2}\right|_{x_0} = \frac{V_1 - 2V_0 + V_{-1}}{h^2} \tag{4.49}$$

예제 4.9

$V(x = 0) = 0$이고 $V(x = 1) = 3$이라고 할 때, 두 표면 사이의 전위분포를 구하여라. $0 \leq x \leq 1$인 공간에는 전하분포가 없다고 하자.

답. 계산을 위한 첫 단계로 $x_0 = 0$, $x_1 = 0.5$ 그리고 $x_2 = 1$을 이용하자. 스텝크기를 $h = 0.5$를 이용한 중심차분법을 이용하여서, 라플라스방정식을 다음과 같이 기술할 수 있다.

$$\left.\frac{d^2V}{dx^2}\right|_{x_1} = \frac{V_2 - 2V_1 + V_0}{0.5^2} = 0$$

경계조건은 $V_0 = V(x_0 = 0) = 0$ 그리고 $V_2 = V(x_2 = 1) = 3$과 같다. 따라서,

$$V_1 = 0.5(V_0 + V_2) = 1.5$$

이다. 이것은 x_1 지점에 대한 평균값의 원리를 나타낸다. 다음 스텝은 보다 더 작은 스텝 크기 $h = 0.25$를 이용해서 같은 간격을 가진 5개의 점에 대해서 이루어진다. 경계조건, $V_0 = 0$ 그리고 $V_4 = 3$에 의해서 다음의 세 개의 방정식이 구해진다.

$$V_1 = 0.5(V_0 + V_2); \qquad V_2 = 0.5(V_1 + V_3); \qquad V_3 = 0.5(V_2 + V_4)$$

이 경우, 경계조건에 의해서 V_0와 V_4가 결정되고 V_2는 앞의 단계에서 계산되었다. 세 개의 중간점에 대한 해와 두 개의 끝점에 대한 해는 다음과 같다.

$$V_0 = 0; \qquad V_1 = 0.75; \qquad V_2 = 1.50; \qquad V_3 = 2.25; \qquad V_4 = 3$$

이 계산값들을 예제 4.6에서 구한 해석적 방법의 결과 $V(x) = 3x$와 비교해 보면 잘 일치한다는 것을 알 수 있다. MATLAB을 이용하여 다음과 같은 결과도 얻을 수 있다.

V =	0	NaN	1.5000	NaN	3.0000
V =	0	0.7500	1.5000	NaN	3.0000
V =	0	0.7500	1.5000	2.2500	3.0000

전압분포는 다음과 같다.

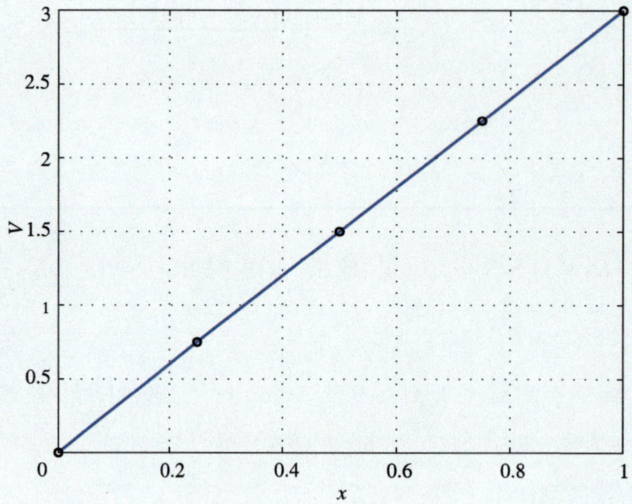

예제 4.10

$0 \leq x \leq 1$의 공간에서 균일한 전하분포 $\rho_v = -4\varepsilon_0$가 주어졌을 때, 예제 4.9의 계산을 수행하여라. $V(x = 0) = 0$이고 $V(x = 1) = 3$이라고 할 때 두 표면 사이의 전위분포를 구하여라.

답. 중심차분법을 이용해서 다음과 같이 포와송방정식을 구할 수 있다.

$$\left.\frac{d^2V}{dx^2}\right|_{x_1} = \frac{V_2 - 2V_1 + V_0}{0.5^2} = 4$$

첫 번째 반복계산을 위해서, 경계조건은 $V_0 = V(x = 0) = 0$과 $V_2 = V(x = 1) = 3$이 주어지고

$$\frac{V_2 - 2V_1 + V_0}{0.5^2} = 4(3 - 2V_1 + 0) = 4 \Rightarrow V_1 = 1$$

을 구할 수 있다.

경계조건 $V_0 = V(x = 0) = 0$와 $V_4 = V(x = 1) = 3$을 이용하여서 두 번째 반복계산을 수행하면 다음을 구할 수 있다.

$$4(V_2 - 2V_1 + V_0) = 4; \qquad 4(V_3 - 2V_2 + V_1) = 4; \qquad 4(V_4 - 2V_3 + V_2) = 4$$

세 개의 점들과 두 끝부분에 대한 결과는 다음과 같다.

$$V_0 = 0; \qquad V_1 = 0.375; \qquad V_2 = 1; \; V_3 = 1.875; \qquad V_4 = 3$$

여기서, $V_2 = 1$은 앞의 반복단계에서 구해진 것이다.

예제 4.6에서 사용한 해석적인 방법을 적용하면, 정확한 결과를 구하기 위해서, $V(x) = 2x^2 + x$를 구할 수 있다. 다시, 수치적으로 구한 근사적인 결과는 해석적인 결과와 일치함을 볼

수 있다. MATLAB을 이용하여 계산한 결과는 다음과 같다.

$V =$	0	NaN	1	NaN	3
$V =$	0	0.3750	1.0000	NaN	3.0000
$V =$	0	0.3750	1.0000	1.8750	3.0000

이 결과를 도시하면 다음과 같다.

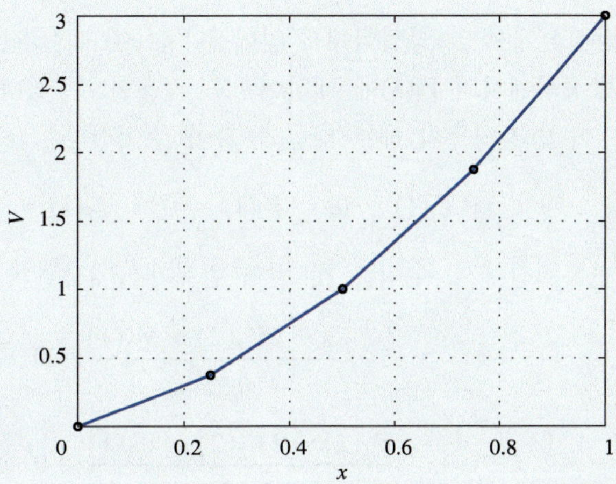

메쉬 크기에 대한 제한은 첫 번째 점은 중심이 되어야 하고 그 값은 두 개의 경계에서의 값으로부터 구해진다. 그래서 다음의 규정에 따라서 규정된 특정한 값을 가지기 위해서 내부의 점수 N은 제한된다.

$$1; \quad 3; \quad 7; \quad 15; \quad 31; \quad 63; \quad ...[2N - 1]$$

우리는 식 (4.49)의 이용에서 길이 h가 0.5에서 0.25로 바뀐다는 것을 알 수 있다. 다음 단계에서, 이것은 0.125로, 그 다음단계에서 0.0625로 바뀌어갈 것이다. 우리는 식 (4.49)의 수치를 구해낼 수 있고 h의 값을 이전의 값으로 유지시킬 수 있다. 그러나 앞으로 우리가 알게 될 것처럼, 계산은 몇 번의 반복을 통해서 이루어진다. 수치들은 해답에 수렴하게 될 것이다.

이 방법을 소개하기 위해서, $h = 0$이라는 가정으로 1차원의 라플라스방정식에 대한 계산을 다시 해 볼 것이다. 우리는 고정된 경계 내에 초기결과가 영(0)이 되도록 세 개의 값을 설정한다.

$$V_1(0) = 0; \quad V_2(0) = 0: \quad V_3(0) = 0$$

경계값은 반복계산 중에도 일정하게 유지될 것이다.

첫 번째 반복계산에서 식 (4.49)를 이용해서

$$\frac{V_0 - 2V_1(1) + V_2(0)}{0.25^2} = 0$$

$$\frac{V_1(1) - 2V_2(1) + V_3(0)}{0.25^2} = 0$$

$$\frac{V_2(1) - 2V_3(1) + V_4}{0.25^2} = 0$$

두 번째 방정식에서 앞 방정식에서 얻어진 $V_1(1)$에 대한 값을 포함시킨다. 유사하게 세 번째 방정식에서의 $V_3(1)$에 대하여서도 적용할 수 있다. 사실, 이것은 일반적인 방법이다. 이 방정식들의 해는 다음과 같이 주어진다.

$$V_1(1) = 0; \quad V_2(1) = 0; \quad V_3(1) = 1.5$$

두 번째 반복계산에서, 우리는 첫 번째 반복계산에서 얻어진 값을 이용한다.

$$\frac{V_0 - 2V_1(2) + V_2(1)}{0.25^2} = 0$$

$$\frac{V_1(2) - 2V_2(2) + V_3(1)}{0.25^2} = 0$$

$$\frac{V_2(2) - 2V_3(2) + V_4}{0.25^2} = 0$$

이것들로부터, 우리는 다음과 같이 계산을 할 수 있다.

$$V_1(2) = 0; \quad V_2(2) = 0.75; \quad V_3(2) = 1.875$$

세 번째 반복계산은

$$\frac{V_0 - 2V_1(3) + V_2(2)}{0.25^2} = 0$$

$$\frac{V_1(3) - 2V_2(3) + V_3(2)}{0.25^2} = 0$$

$$\frac{V_2(3) - 2V_3(3) + V_4}{0.25^2} = 0$$

이고, 그 결과 다음을 얻는다.

$$V_1(3) = 0.375; \quad V_2(3) = 1.125; \quad V_3(3) = 2.0625$$

우리는 정확한 값을 구하기 위해서 계산을 계속 진행해야 하지만, 방법을 설명하기 위해서는 여기까지만 보여 준다. 보다 더 재미있는 질문이 있을 수 있다. 계산결과는 *정확한가*? 우리는 변수 h를 2로 나누는 것으로 계산결과에 대한 정확성을 쉽게 조사할 수 있다. 여기서 만약 반복적으로 계산한 결과가 같거나 같은 결과에 접근해 간다면 계산은 끝난 것이다.

예제 4.11

1차원의 라플라스방정식의 해를 FDM으로 구하기 위한 첫 6단계의 반복계산을 수행하고 결과를 도시할 수 있는 MATLAB프로그램을 구성하여라. 경계조건은 $V(1) = 0$과 $V(5) = 3$이다.

답. 반복계산은 정수 k에 의해서 지시된다. 해석적인 해 $V(x) = 0.75(x - 1)$는 아래의 그림에서 비교를 위해서 점선으로 표시되었다. 이 경우, 6번의 반복계산으로 충분히 정확한 결과를 얻을 수 있다는 것을 알 수 있다.

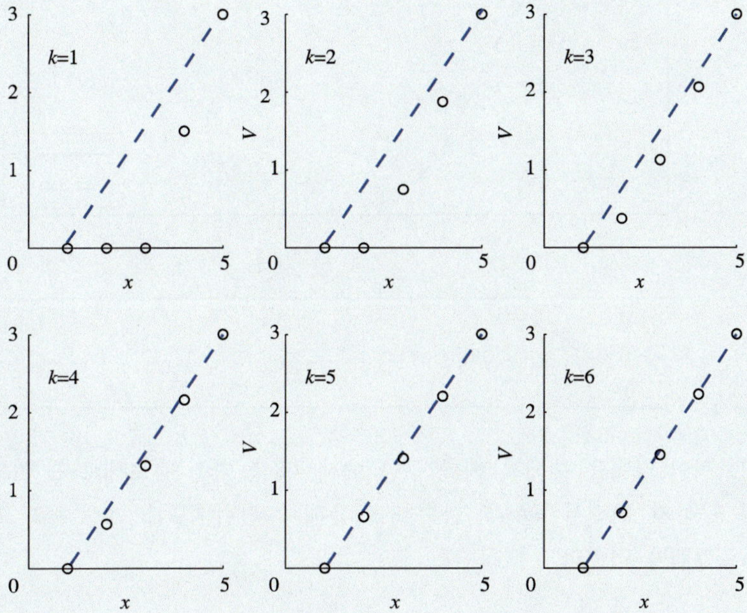

예제 4.12

MATLAB을 이용해서 전압 $V(x) = e^{-x^2}$과 전계 $E_x(x) = -dV/dx$를 $-3 \leq x \leq 3$의 영역에서 x의 함수로 도시하여라.

답. 미분연산자 ***diff(V)./diff(x)***는 연속적으로 수행되고 값들을 저장해 간다.

$$\left\{\frac{V(2) - V(1)}{h}, \frac{V(3) - V(2)}{h}, \ldots, \frac{V(n) - V(n-1)}{h}\right\}$$

미분계수는 $(n - 1)$에 대한 값들만 있다. 그러므로, x_a에서 x_b까지의 영역에서 h의 증가에 따른 전압 V과 $x_a + h/2$ to $x_b - h/2$의 영역에서 dV/dx를 도시한다. 전위와 전계에 대한 도시는 다음의 그림과 같다.

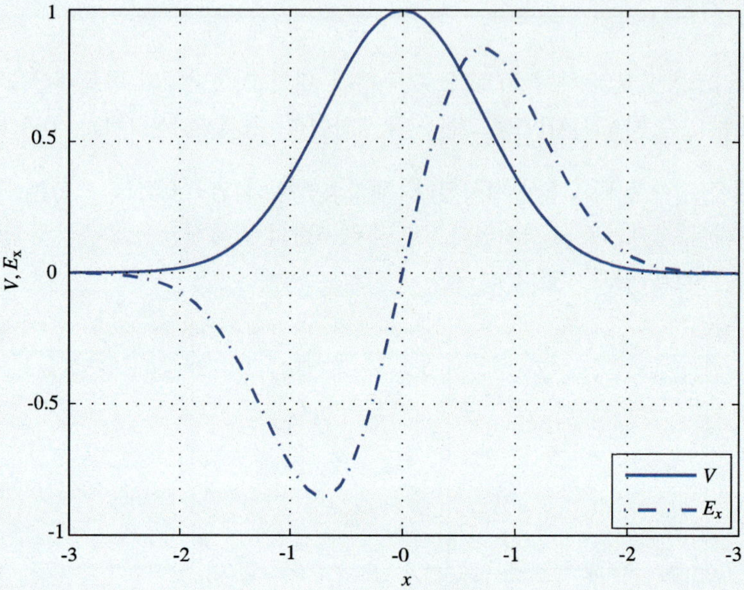

예제 4.13

선형화와 해석적인 방법을 통해서 해를 구한 예제 4.8을 다시 검토해보자. 미분방정식의 수치적인 해를 구하기 위해서 ***ode45*** 함수를 이용해서 전위분포를 계산하고 도시하기 위한 MATLAB프로그램을 적어라.

답. 우선 포와송방정식을 $dV/dr = U$를 대입하여서 표준 형태로 변환시켜보자. 이 결과는 1차미분방정식의 쌍으로 나타난다.

$$\frac{dV}{dr} = U$$

$$\frac{dU}{dr} = -\frac{2}{r}U + D(e^{-CV} - 1)$$

여기서, $C = q/k_BT_e$이고, $D = n_0q/\varepsilon_0$이다. $C = 0.25$와 $D = 4$를 선택하여서 디바이 길이를 $\lambda_D = 1/\sqrt{CD} = 1$로 규격화한다. $r = 0$에서 전위의 값 V가 10이라고 가정하고, 같은 지점에서 전계 $E = -dV/dr$의 값이 1이라고 가정하면, 공간중의 전위분포를 수치적으로 계산할 수 있다.

수치적인 계산결과는 다음과 같다.

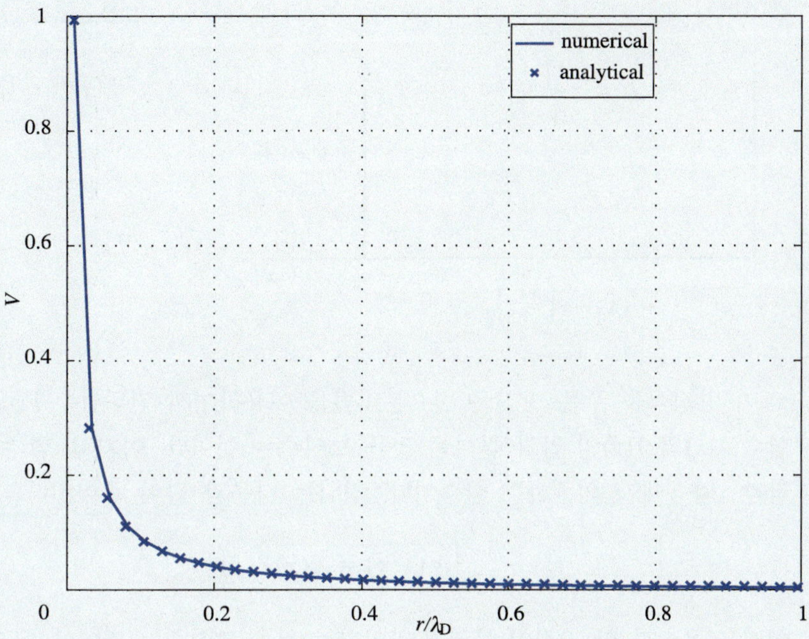

4.5 2차원방정식의 해석적 해법-변수분리법

이 절에서는 고차원에서 포와송방정식이나 라플라스방정식과 관련한 문제의 해에 방법적 과정이 미치는 영향에 대하여 논하게 될 것이다. 해를 구하기 위해서 적용되는 기법은 ***푸리에 급수 전개***를 이용하는 ***변수분리법***이라는 강력한 방법이다.

이 방법을 간단한 예를 이용하여 자세하게 설명하는 것은 교육학적으로 편리한 방법이다. 우선적으로 우리가 다루어볼 문제는 그림 4-8에서 나타낸 것과 같이 전하가 없는 무한한 영역 내에서의 전위분포를 계산하는 것이다. 여기서 전위는 모든 4개의 변에서 주어져 있다. 이 예에서, 우리는 두 변에서의 포텔션이 영(0)이라는 것을 알 수 있고, 하나의 변에서 전위는 $y \to \infty$에 접근함에 따라 영(0)에 근접하고 있다는 것을 알 수 있다. 4번째 변에서의 전위는 특정한 분포를 가진다.

내부영역에서 전하가 없기 때문에 라플라스방정식 (4.20)을 풀어야 한다. 대상구조가 사각형이기 때문에 z축과는 상관이 없다. 따라서, 직각좌표계에서의 라플라스 방정식 (4.21)은 다음과 같이 사용될 수 있다.

$$\nabla^2 V = \frac{\partial^2 V}{\partial x^2} + \frac{\partial^2 V}{\partial y^2} = 0 \tag{4.50}$$

식 (4.50)에서 적고 있는 것과 같이, 전위함수 $V = V(x, y)$는 x 축과 y 축에 의존한다는 것을 알 수 있다.

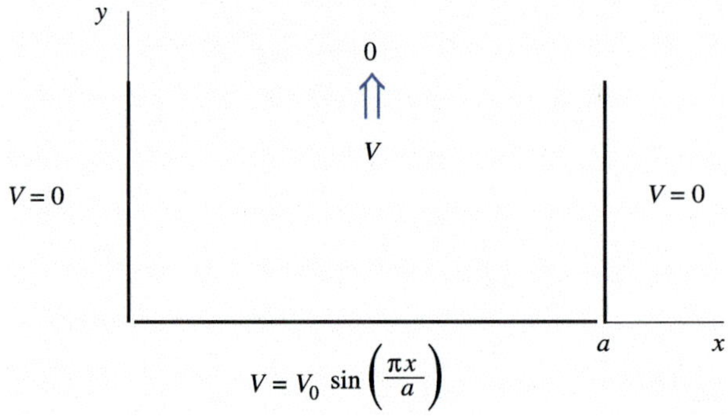

그림 4-8

모든 경계에서 전위가 주어진 속박되지 않은 사각 영역.

이 방정식을 푸는 방침은 변수분리법을 이용하여서 전위함수 $V(x, y)$가 두 개의 함수 $X(x)$와 $Y(y)$의 곱과 같다는 것을 보여주는 것이다. 여기서, 함수 $X(x)$와 $Y(y)$는 각각 x와 y에만 의존하는 함수이다. 전위는 다음과 같이 주어진다.

$$\boxed{V(x, y) = X(x)Y(y)} \tag{4.51}$$

이것은 우리가 한 가정이 틀리지 않았다는 것을 보여주는 것이다. 우리는 이 단계에서 다른 함수의 형태로 문제를 풀지 있지 않을까 생각할 수 있다. 그것은 가능할 수도 있고 그렇지 않을 수도 있다. 다른 조합에 의해서 얻어진 물리적으로 정확하게 설명될 수 없거나 경계조건을 만족시키지 않는다. 그러므로 우리는 식 (4.51)을 사용하게 될 것이다.

식 (4.51)을 (4.50)에 대입하여서, 다음의 식을 얻을 수 있다.

$$Y(y)\frac{d^2X(x)}{dx^2} + X(x)\frac{d^2Y(y)}{dy^2} = 0 \tag{4.52}$$

여기서, 오로지 하나의 독립변수만으로 구성된 미분형태로 나타나 있다는 것에 주목하여야 한다. 따라서, 편미분 도함수는 상미분 도함수로 교체될 수 있다.

다음 단계는 이 방정식의 양변을 $V(x, y) = X(x)Y(y)$로 나누는 것이다. 수학자들은 이러한 방법에 대하여 반감을 가질지도 모른다. 뒤에 알게 되겠지만, 공간 내의 한 지점에서 혹은 여러 지점에서 이 방정식의 한 부분은 영(0)이 될 수도 있다. 계산기나 컴퓨터를 이용하는 계산에서 영으로 나누어질 때 문제가 발생할 수 있다. 우리가 진행하고 있는 계산에 의한 결과에 대하여 살펴보자.

$$\frac{1}{X(x)}\frac{d^2X(x)}{dx^2} + \frac{1}{Y(y)}\frac{d^2Y(y)}{dy^2} = 0 \tag{4.53}$$

좌변의 첫 번째 항은 변수 y에 대하여 ***독립***이다. 변수 y에 대하여서 $-k_y^2$ 상수로 생각할 수 있다. 비슷한 관점에서 좌변의 두 번째 항은 변수 x에 대하여 독립적이라는 것을 알 수 있고, 이것은 $+k_x^2$로 다시 나타낼 수 있다. 그러므로, 식 (4.53)은 두 개의 상미분방정식과 하나의 대수방정식으로 나타낼 수 있다.

$$\frac{d^2X(x)}{dx^2} + k_x^2 X(x) = 0 \tag{4.54}$$

$$\frac{d^2Y(y)}{dy^2} - k_y^2 Y(y) = 0 \tag{4.55}$$

$$k_x^2 - k_y^2 = 0 \tag{4.56}$$

수학자들의 관점에서는, 위의 세 개의 방정식은 영(0)으로 나누어지는 문제를 피하기 위해서 면밀한 조사를 통해서 기술된 것이다.

두 개의 2차상미분방정식은 쉽게 풀어질 수 있다.

$$X(x) = C_1 \sin(k_x x) + C_2 \cos(k_x x) \tag{4.57}$$

$$Y(y) = C_3 e^{k_y y} + C_4 e^{-k_y y} \tag{4.58}$$

여기서, C_1과 C_4는 우리가 구해야 하는 상수이다. 그림 4-8에서 설정된 경계조건을 이용해서 이 상수들을 구해보자. 식 (4.51)로부터, 전위함수 $V(x, y)$는 $X(x)$와 $Y(y)$를 곱함으로써 구해진다는 것을 알 수 있다. 그러므로, 우리는 각각의 상수를 분리해서 조사할 수 있다. $x = 0$에서 y의 값에 대하여서, 전위 $V(0, y)$는 영(0)이다. 이러한 조건을 만족시키는 유일한 방법은, $\cos 0 = 1$이기 때문에, 상수 $C_2 = 0$으로 두는 것이다. $\sin 0 = 0$이기 때문에, 이 경계조건 상수 C_1에 대하여 계산을 시작하지 않는 것이다. 임의의 x값에 대하여 그리고 $y \to \infty$에 대하여, 전위함수는 $V(x, y \to \infty) = 0$이다. 이것을 통해서 $y \to \infty$일 때 $\exp(k_y y) \to \infty$이기 때문에 $C_3 = 0$이 된다는 것을 알 수 있다. 상수 C_4는 아직까지 구해지지 않았다는 것을 염두에 두어야 한다. 세 번째 면에서 전위함수 $V(a, y)$는 $x = a$에서 정의될 수 있고, $\sin(n\pi) = 0$이기 때문에, $k_x = n\pi / a$이다. 식 (4.56)으로부터, 우리는 $k_y = k_x$라는 것을 알 수 있다. 지금까지 구한 상수값들을 가지고 $V(x, y) = X(x)Y(y)$는 다음과 같이 된다는 것을 알 수 있다.

$$V(x, y) = C_1 C_4 e^{-\frac{n\pi y}{a}} \sin\left(\frac{n\pi x}{a}\right) \tag{4.59}$$

이 예에서, 정수 n은 $y = 0$에서의 네 번째 경계조건을 만족시키기 위해서 $n = 1$의 값을 가질 것이다. 마지막으로 C_1과 C_4의 곱은 V_0와 같다진다는 것을 알 수 있다. 그래서 전위함수는 다음과 같이 구해진다.

$$V(x, y) = V_0 e^{-\frac{\pi y}{a}} \sin\left(\frac{\pi x}{a}\right) \tag{4.60}$$

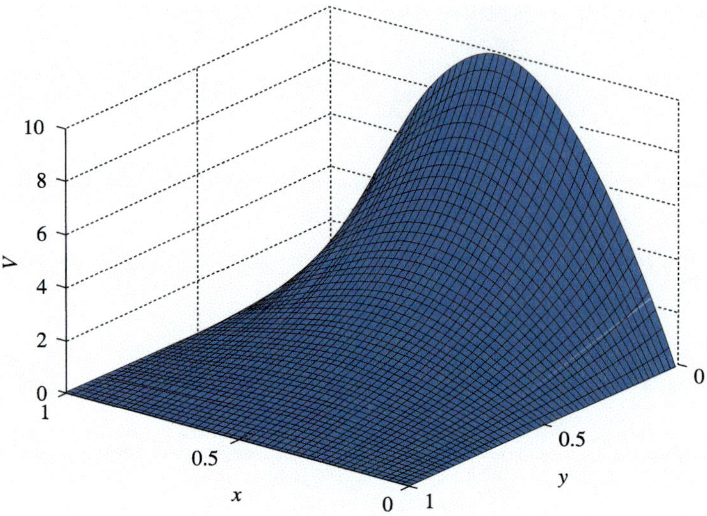

그림 4-9

그림 4-8에서 나타낸 경계조건에 의한 영역 내의 전위분포.

공간상에서 이 전위함수의 변화를 그림 4-9에서 나타내었다. 이 때 $a = 1$, $V_0 = 10$으로 주어졌다.

그림 4-9의 결과를 통해서, 전위함수에 대한 중요한 물리적인 현상을 발견할 수 있다. 첫 번째로, 전위 V는 $y \to \infty$로 갈 때 영(0)에 근접한다. 두 번째, $x = 0$와 $x = a$에서의 경계조건은 이 경우, 전위 V가 영(0)이라는 것이다. 2장에서 배운 $E_y = -\partial V / \partial y$라는 현상을 생각해보자. 이것에 의해서, 전계성분 E_y는 두 면을 따라 영(0)이 되어야 한다는 것을 의미한다. 따라서, 우리는 등전위면에서 전계의 접선성분은 항상 영(0)이 되어야 한다는 것을 알 수 있다. 이 결론은 차후의 계산에서도 중요하게 다루어질 것이다.

지금까지 우리가 진행해 왔던 계산과정은 편미분방정식의 해를 구하기 위한 것이었다. 보다 어려운 문제를 접하기 전에 지금까지의 계산과정에 대하여 요약해보자.

1. 관심의 대상이 되는 좌표계에서 라플라스연산자 $\nabla^2 V$의 적절한 형태를 선택하였다. 여기서 문제의 대칭성과 경계조건이 고려되어야 한다.
2. 두 개의 독립변수에 의존하는 전위 $V(x, y)$ 함수는 각각 독립변수 중에 하나에 의존하는 두 개의 종속변수로 분리되었다. 이것을 통해서, 우리는 편미분방정식을 상미분방정식과 대수적 방정식으로 변환시킬 수 있었다.
3. 각 상미분방정식들을 풀면서 몇 개의 적분상수가 도출되었다. 상미분방정식의 해는 편미분방정식의 일반해를 구하기 위해서 곱해졌다.
4. 상미분방정식을 풀 때 도출되었던 적분의 임의의 상수들은 경계조건을 만족시키는 것으로 구할 수 있었다. 이를 통해서, 주어진 문제의 해를 구할 수 있었다. 이 단계는 1차원문제를 해석할 때와 유사하였음에 주목하라.

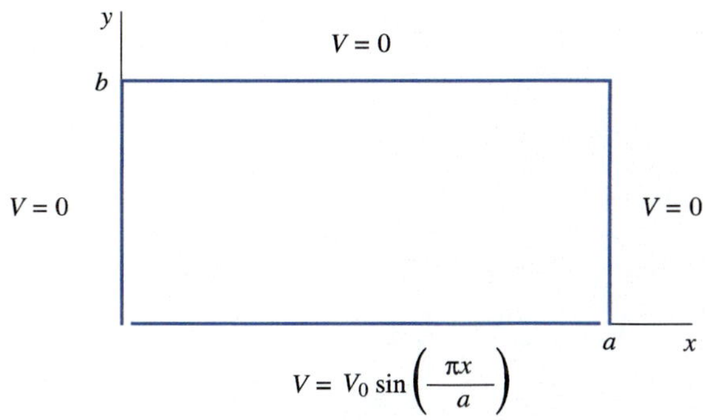

그림 4–10

경계면에 대한 경계값 문제.

그림 4–10에서 주어진 경계가 있는 공간에서의 전위분포에 대해서 검토해보자. 계산과정은 앞에서 다루었던 경계가 없는 경우와 동일할 것이다. 이 경우, 전위는 세 개의 경계에서 영(0)이 되어야 하고, 나머지 경계에 대하여서는 정현함수로 변한다는 것을 알 수 있다. $X(x)$와 $Y(y)$의 라플라스방정식의 해는 식 (4.57)과 (4.58)에 의해서 주어진다.

우리는 기본적인 ***고유함수***의 특성에 대하여 알고 있다. K_x와 k_y에 대한 값을 ***고유치*** 혹은 특성치라고 부른다. 이 경우, 고유치는 $k_y = k_x$라는 것을 식 (4.56)으로부터 알 수 있다.

상수들은 다시 한 번 경계조건에 의해서 구해진다. 식 (4.57)로부터 $x = 0$에서 $V = 0$이기 때문에 $C_2 = 0$라는 것을 알 수 있다. $x = a$에서 $V = 0$이기 때문에 상수 $k_x = n\pi / a$ $(n = 0, 1, 2, ...)$이다. 이것들을 문제의 고유치라고 한다. 식 (4.58)로부터, $y = b$에서 전위 $V = 0$이기 때문에, 우리는 다음과 같이 적을 수 있다.

$$C_3 e^{k_y b} + C_4 e^{-k_y b} = 0$$

이식은 C_3와 C_4의 관계를 나타내 준다. 그러므로, 그림 4–10에서의 영역 내에의 전위는 다음과 같이 나타낼 수 있다.

$$V = \left[C_1 C_3 e^{\frac{n\pi b}{a}} \right] \left[e^{\frac{n\pi(y-b)}{a}} - e^{-\frac{n\pi(y-b)}{a}} \right] \sin\left(\frac{n\pi x}{a}\right)$$

또는

$$V(x, y) = \left[2C_1 C_3 e^{\frac{n\pi b}{a}} \right] \sinh\left(\frac{n\pi(y-b)}{a}\right) \sin\left(\frac{n\pi x}{a}\right) \tag{4.61}$$

네모 괄호 안에 표시한 상수들은 $y = 0$에서의 경계조건을 이용하여서 구할 수 있다.

$y = 0$에서의 경계조건은 $0 \leqslant x \leqslant a$에 대하여 $V = V_0 \sin(\pi x / a)$이다. 따라서, $n = 1$일 때,

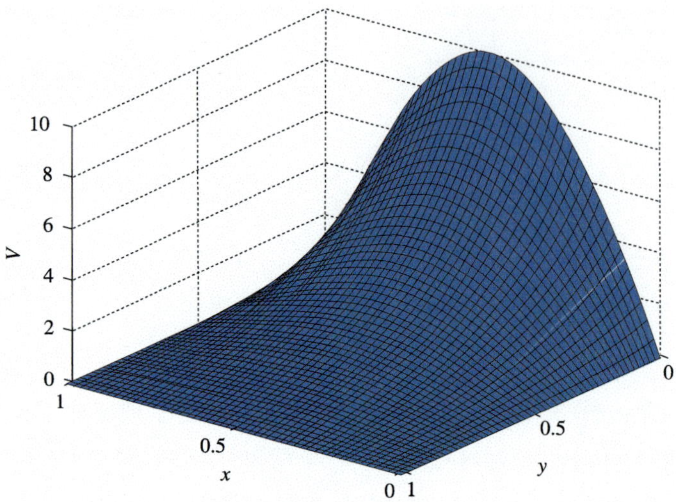

그림 4-11

그림 4-10에서 나타낸 영역 내부의 균일화한 전위분포. 세 개의 모서리에 대한 전위가 영(0)이 되는 것에 주목하라.

$$C_1C_3 = \frac{V_0}{2e^{\frac{\pi b}{a}}\sinh\left(-\frac{\pi b}{a}\right)} \tag{4.62}$$

이다. 그리고 전위는 다음과 같이 표현된다.

$$V = \frac{V_0\sinh\left(\frac{\pi(b-y)}{a}\right)\sin\left(\frac{\pi x}{a}\right)}{\sinh\left(\frac{\pi b}{a}\right)} \tag{4.63}$$

이 결과는 그림 4-11에서 나타내었다. 세 개의 경계면에서 전위는 영(0)이라는 경계조건을 만족하고 있음을 주목하라.

위에서 다룬 두 개의 예에서, 우리는 $y = 0$에서의 경계조건이 불균일한 전위분포를 가진다고 가정하였다. 이 경계조건은 실용적인 것이라기보다는 학술적으로 흥미롭다고 할 수 있다. 그래도 우리는 복잡한 수학을 도입하지 않고도 자세하게 문제를 해결할 수 있었다. 그러나, 실지로는 그림 4-12의 $y = 0$에서 보다 더 현실적인 전위분포를 가지고 있다는 것, 즉 전위가 일정하다는 것 $V = V_0$을 자주 발견하게

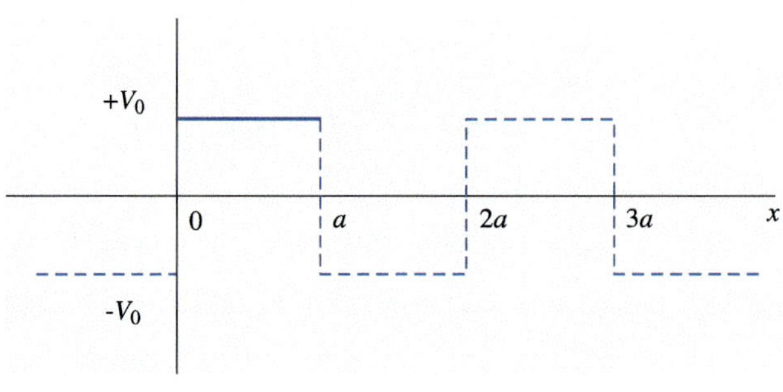

그림 4-12

$0 \le x \le a$인 영역에서 $V = V_0$인 전위의 주기.

될 것이다. 다른 세면에서의 경계조건은 현실적인 상황에서도 같을 때가 많다. 이러한 특수한 경계조건에 대하여 문제를 상세하게 검토해보자.

다른 경계조건이 앞서서 검토한 문제와 동일하기 때문에, 라플라스방정식의 일반해는 라플라스방정식의 선형성에 의해서, n이 정수일 때 식 (4.53)에서 나타낸 해들을 중첩시켜서 구할 수 있다.

$$V(x, y) = \sum_{n=1}^{\infty} d_n \frac{\sinh\left(\frac{n\pi(b-y)}{a}\right)\sin\left(\frac{n\pi x}{a}\right)}{\sinh\left(\frac{n\pi b}{a}\right)} \tag{4.64}$$

정현함수의 무한급수의 합으로 이 식을 표현함에 있어서, 각각의 부분들이 $x = 0$과 $x = a$에서 $V = 0$이라는 경계조건을 만족하지는 않는다. 급수의 무한합이 경계조건을 만족하게 될 것이다. 계수 c_n은 나머지 경계조건을 가장 잘 맞도록 선택될 것이다.

우리는 식 (4.64)가 ***푸리에 사인 급수***이고 상수 d_n은 ***푸리에 계수***라는 것을 인식할 수 있다. 계수 c_n과 d_n은 주기 L에 대한 일반 주기함수 $F(x) = V(x, 0)$이다.

$$F(x) = \frac{c_0}{2} + \sum_{n=1}^{\infty}\left(c_n \cos\left(\frac{2n\pi x}{L}\right) + d_n \sin\left(\frac{2n\pi x}{L}\right)\right) \tag{4.65}$$

여기서,

$$c_n = \frac{2}{L}\int_{-L/2}^{L/2} F(x)\cos\left(\frac{2n\pi x}{L}\right)dx, \quad d_n = \frac{2}{L}\int_{-L/2}^{L/2} F(x)\sin\left(\frac{2n\pi x}{L}\right)dx \tag{4.66}$$

전위 V는 $0 \leq x \leq a$의 영역에서 상수값을 가진다. 이 영역 밖에는 전위가 정의되지 않고 또 수학적인 어려움을 해소하기 위해서 어떤 값이라도 가질 수 있다. 이 경우, 정현함수의 주기는 $L = 2a$이다. 경계에서 전위에 대한 우리의 선택은 변수 x에서 ***기수(odd)***함수라고 가정하는 것이다. 이것은 오로지 사인 함수만이 있다는 것을 의미한다. 그러므로, $c_n = 0$이다. 변수 d_n는

$$d_n = 2\frac{V_0}{a}\int_0^a \sin\left(\frac{n\pi x}{a}\right)dx$$

그림 4-12를 참조하여서 이 적분을 풀면 다음과 같이 된다.

$$d_n = \begin{cases} \dfrac{4V_0}{n\pi} & n = \text{odd} \\ 0 & n = \text{even} \end{cases} \tag{4.67}$$

전위는 식 (4.67)에서 정의된 계수들과 (4.65)에 의해서 주어진다.

$$V(x, y) = \frac{4V_0}{\pi} \sum_{n=1, 3, 5, \ldots}^{\infty} \frac{\sinh\left(\frac{n\pi(b-y)}{a}\right)\sin\left(\frac{n\pi x}{a}\right)}{n\sinh\left(\frac{n\pi b}{a}\right)} \tag{4.68}$$

예제 4.14

그림 4-12에서 나타낸 전위 소스에 대한 2차원의 전위분포를 계산하고 도시하기 위한 MATLAB프로그램을 작성하라. 전위를 계산하기 위해서 푸리에 급수의 5개까지의 항을 이용하여라.

답. 아래의 그래프는 그림 4-12의 전위를 나타내는 푸리에 급수의 5개의 항을 합쳐서 구한 전위분포를 나타내고 있다.

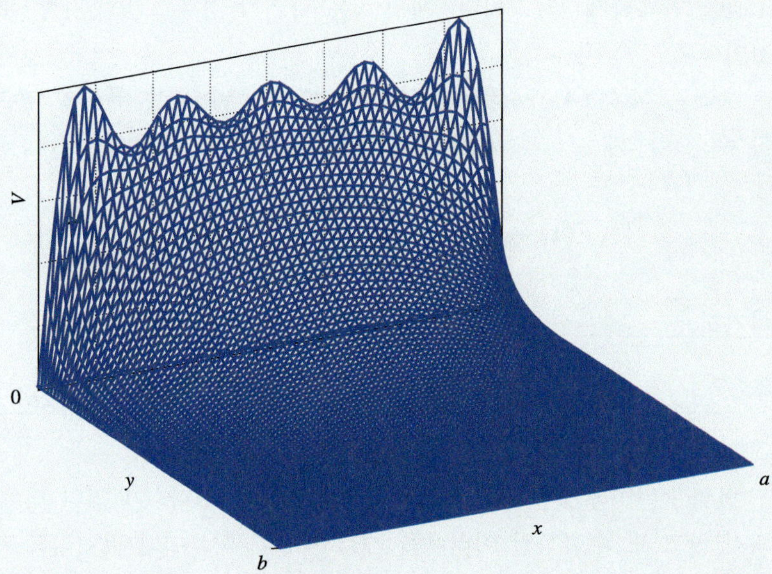

앞의 예제에서 얻어진 전위의 변화가 그림으로 도시되어 있다. 더 높은 차수의 항들이 포함되어 있다면 $y = 0$에서 상수값을 맞추는 것이 유리하다. $x = 0$와 $x = a$에서 수치를 맞추는 것은 함수가 double-valued이기 때문에 불가능하다. 그러나, $y = 0$에서는 $V = V_0$이다. 만약 푸리에 급수 전개에서 보다 많은 항들이 포함되어 있다면, $y = 0$ 선을 따라 $x = 0$와 $x = a$ 근처에서 매우 급한 진동을 나타내게 될 것이다. 이 효과를 ***깁스현상(Gibb's phenomenon)***이라고 하고 이것은 보다 고차원적인 계산을 배우는 과정에서 다룬다.

이 절에서, 우리는 전위함수를 표현하기 위해서 푸리에 급수의 모든 항들을 합치는 것이 유용하다는 것을 알았다. 일반적으로, 보다 많은 항들이 합쳐질수록 전위를 보다 자세하게 표현할 수 있다. 여기서 한 가지 의문이 생길 수 있다. "푸리에 급수의 각 항들을 특정 짓는 것은 없을까? 우리는 이 물음에 대하여, 트램펠린을 뛰어넘는 사람을 보면서 답을 할 수 있을 것이다. 이 사람이 트램펠린의 중간부분에서 뛸 때와 가장자리에서 뛸 때 트램펠린의 천의 요동은 서로 다른 형태로 나타날 것이다. 이것은 진동에서 서로 다른 ***모드***가 존재하기 때문이다. 프램펠린의 천의 움직임을 표현하는 방정식의 수학적인 해는 모든 ***푸리에 모드***를 포함한다.

4.6 MATLAB을 이용한 유한차분법

2차원의 라플라스방정식과 포와송방정식을 수치적으로 풀기 위한 여러 종류의 방법들이 있다. 이 중에서 몇몇 방법들은 앞에서 소개한 미분방정식에 바탕을 두고 있다. ***유한차분법***(Finite Difference Method; FDM)이 여기서 검토될 것이고, ***유한요소법***(Finite Element Method; FEM)에 관하여서는 다음 장에서 다루게 될 것이다. 다른 방법들은 ***모멘트법***(Method of Moments; MoM)과 같이 경계값문제의 적분방정식에 바탕을 둔 것들이다. 경계치 문제는 유전체로 구성된 경계면이 존재할 때 보다 더 복잡하게 된다.

여기서 다루는 유한차분법은 이미 1차원문제를 해석할 때 사용했던 방법의 연장선상에 있는 것이다. 이 책에서, 이 방법은 경계조건 해석에서 MATLAB을 직접적으로 활용하도록 하고 있다. 우리는 예제 4.14에서 다룬 것과 유사한 문제를 가지고 이 방법에 대하여 설명할 것이다. 또한 우리는 행렬방정식의 형태로 나타나는 연동방정식(Coupled equation)들을 풀기 위해서 이 방법에 대하여 설명할 것이다.

우리가 사용하는 알고리즘은 직각좌표계의 2차도함수를 위한 식 (4.49)에서의 근사에 바탕을 두고 있다. 이 경우, 우리는 2차원계산의 두 방향에 대하여, 크기 h를 가진 사각형의 격자를 가정할 것이다.

$$\nabla^2 V(x, y) = \frac{1}{h^2}[V(x+h, y) + V(x-h, y) + V(x, y+h) + V(x, y-h) - 4V(x, y)]$$

이로써 그림 4-13에서 나타낸 것처럼 2차원 라플라스방정식 (4.51)에 대한 별모양이 생성된다.

$$V_0 = \frac{V_1 + V_2 + V_3 + V_4}{4} \tag{4.69}$$

중심부분에서의 전위는 별모양의 네 개의 끝점들의 전위의 *평균*으로서 근사될 수 있다. 3차원에서는, 사각형 대신 육면체나 7개의 점을 가진 체적으로 대체될 것이다. 이 경우, 식 (4.69)의 계수 1/4는 6/1로 바뀌어야 한다.

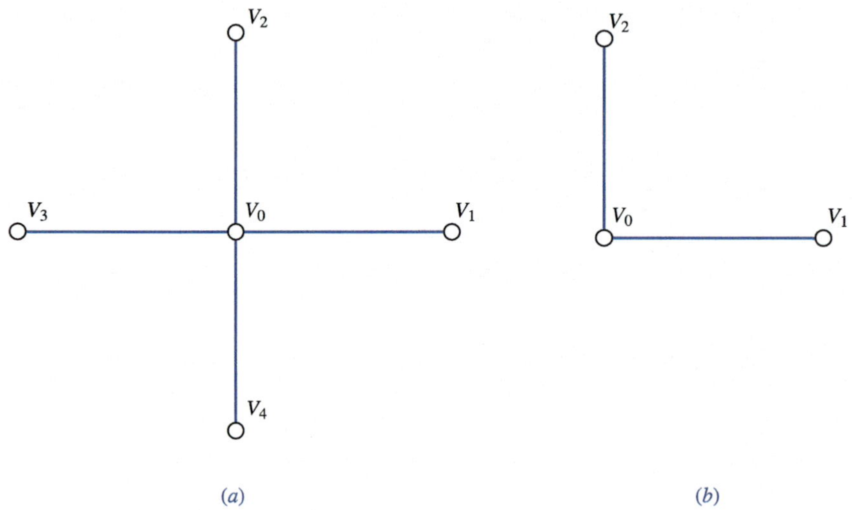

그림 4-13

(*a*) 일반적인 5점 구조.
(*b*) 모서리에서의 3점 구조.

끝점의 특별한 경우로, 5개의 점으로 이루어진 구조를 그림 4-13a와 같이 3점구조로 변경할 수도 있다. 이 경우, 평균치는 다음과 같이 쉽게 구해진다.

$$V_0 = \frac{V_1 + V_2}{2} \tag{4.70}$$

이 원리는 그림 4-14에서 나타낸 것과 같은 4각형의 격자들의 각 지점에서 전위를 계산하기 위해서 점진적으로 적용될 수 있다. 첫 번째 계산 후, 우리는 9개의 점내부에 있는 다른 지점의 전위를 구한다. 이러한 과정을 두 번 더 거쳐서 그림 4-15에서 나타낸 것과 같은 결과를 얻는다. 두 번째 반복계산에서 그림 4-15a에서 원 ●으로 나타낸 지금의 전위가 계산되게 된다. 그림에서 사각형 ■으로 나타낸 지점의 값이 이 과정에서 식 (4.69)를 이용하여 계산된다. 세 번째 반복계산과정에서 ●와 ■로 나타낸 지점의 전위값들은 앞에서 계산한 결과나 초기치를 이용해서 계산된다. 다시 식 (4.69)을 적용해서, ◆로 표시한 지점의 전위들이 계산된다. 이 격자에서, 경계에서의 전위값은 이미 알려져 있다고 가정한다. 따라서, 그림 4-15b에서 나타낸 ○지점에서의 전위 또한 계산된다.

이러한 반복과정은 격자의 크기를 감소시켜서 각 지점들이 서로 충분히 가까워질 때까지 계속된다. 계산의 ***정확도***는 초기 격자의 크기를 다르게 함으로써 개선될 수 있다. 여기서 사용한 것과 다른 모양과 위치를 가진 격자도 계산을 위해서 사용될 수 있다. 이렇게 격자의 모양을 변경할 수 있는 것은 불특정한 모양을 포함하는 계산을 수행함에 있어서 특히 유용하다. 특정한 격자를 사용하기 위해서 다양한 크기로 확대하거나 축소하는 것도 물론 가능하다.

첫 번째 지점이 그 중심에 있어야 하는 사각형의 크기는 중요한 ***제한***사항이 된다. 이 점은 사각형의 4개의 경계값으로부터 구해질 수 있다. 이것은 사각형 내부의 점수가 다음과 같이 되도록 한다.

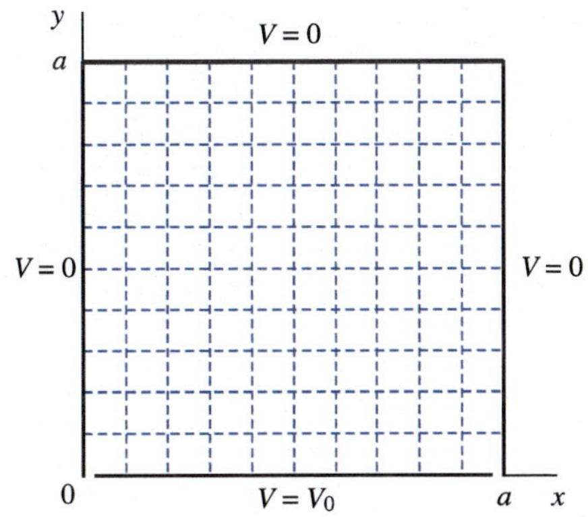

그림 4-14

직각 좌표계에서 2차원 사각형 격자.

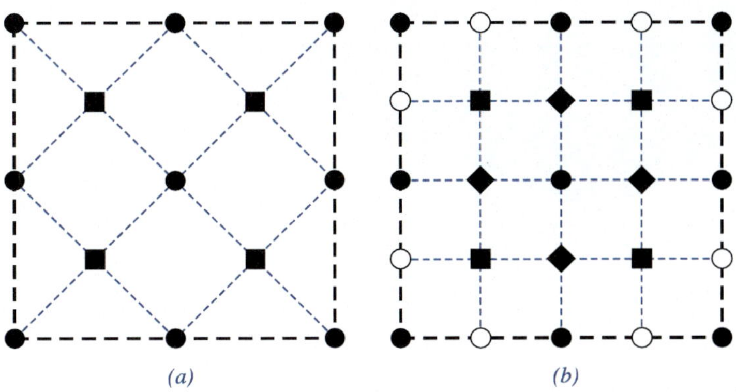

그림 4-15

두 번째와 세 번째 반복 계산.
(a) ●으로 표시한 전위의 값들은 경계 조건이나 첫 번째 계산의 결과로부터 구해진다. ■으로 표시한 값들이 두 번째 계산으로 구해진다.
(b) ○으로 표시한 경계면에서의 전위들이 예측된다.◆로 표시한 지점의 전위들은 세 번째 반복 계산에서 구해진다.

$$1^2; \quad 3^2; \quad 7^2; \quad 15^2; \quad 31^2; \quad 63^2; \quad \ldots[2^N - 1]^2$$

이것을 ***배열크기(Array size)***라고 한다.

예제 4.15

사각형 영역의 4개의 모서리에 대한 전위가 $V(a, y) = V(x, a) = 0$, $V(x, 0) = V_0 = 10$ V로 주어졌을 때, 경계 내부의 전위를 도시하여라. 배열크기는 31 × 31로 하여라. 식 (4.70)으로부터 4개의 모서리에 대한 전위는 (0, 0, 5, 5)라는 것을 알 수 있다.

답. 수치적인 계산결과를 다음에 나타내었다. 결과가 경계조건과 모서리에 대한 값들을 만족시키고 있다는 것에 주목하라.

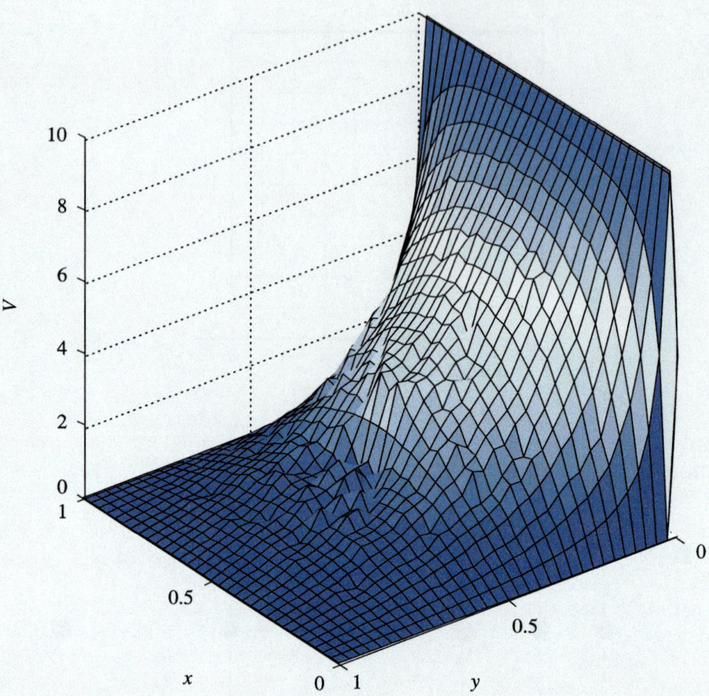

이상의 설명에서 우리는 영역이 사각형이고 식 (4.69)에서 주어진 별모양을 사용한다고 가정하였다. 이 기법은 아마도 잘 활용될 수 있을 것이다. 또한 이 기법은 보다 복잡한 모양을 가진 영역에도 적용될 수 있다. 해석을 위해서, 수렴도를 높이기 위한 기법들도 있다. 예를 들어, 경계중의 하나가 일정하지 않은 값을 가지고 있다면 다른 격자를 사용하는 것이 좋을 수도 있다.

지금까지 설명했던 것에서, 우리는 전위가 전위를 수치적으로 계산해야 하는 균일한 유전체 영역에서 규정된다고 가정했다. 그림 4-16에서 나타낸 것처럼, 영역이 두 개의 유전체를 포함하고 있다면, 우리는 유전체의 경계면에서의 전위를 구할 수 있는 알고리즘을 만들어야 한다. 이것은 이 장의 첫 번째 절에서 설명한 재료에 관한 것과 연관성이 높다.

예제 4.16

$0 \leq x \leq 2$과 $0 \leq y \leq 2$로 결정되는 영역에서의 전위가 $V(x, y) = V_0\exp[-(x^2 + y^2)]$로 표현된다. 이 때, 체적전하밀도 $\rho_v(x, y)$를 계산하고 도시하여라. 이것은 $\varepsilon_0 = 1$로 가정함으로써 포와송방정식을 이용해서 계산될 수 있다.

답. ***del2*** 함수가 사용되었다. 결과는 아래에 도시하였다.

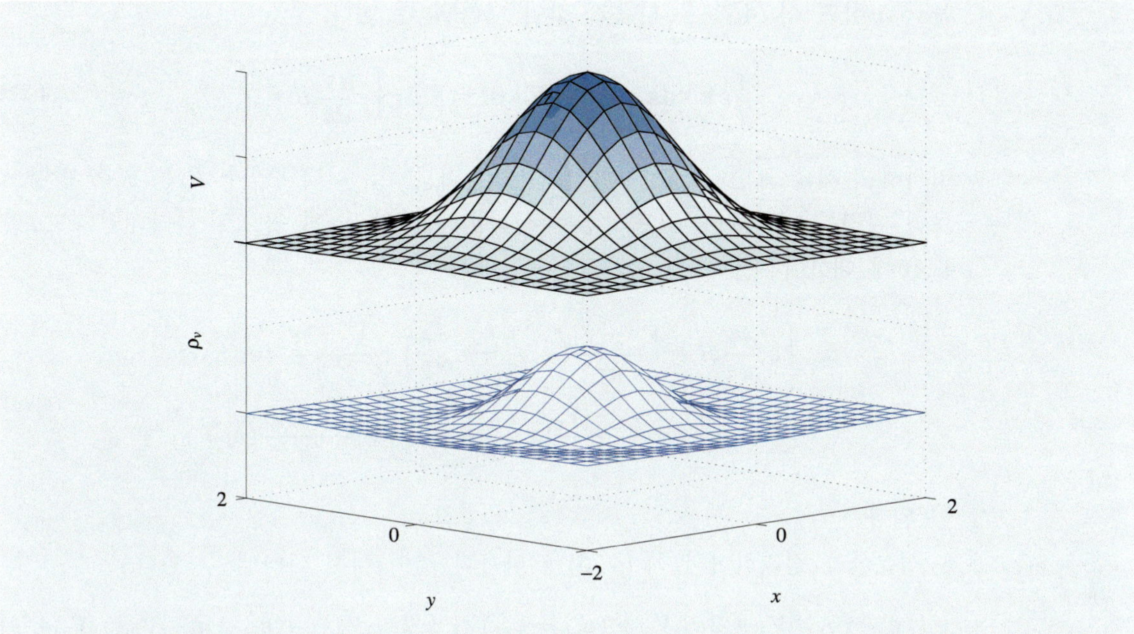

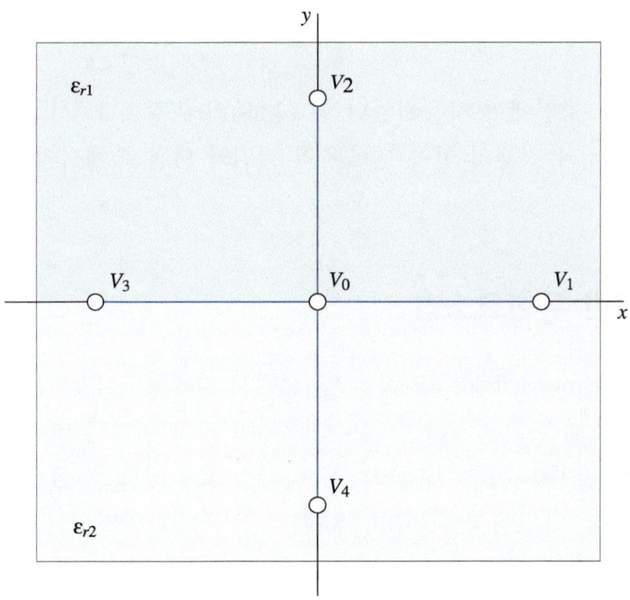

그림 4-16

두 유전체의 경계. 두 유전체 내에 별모양을 이루는 5개의 점들이 있다.

두 유전체의 경계면에 대한 경계조건을 계산하기 위해서, 가우스법칙을 사용한다.

$$\oint \varepsilon \mathbf{E} \cdot \mathbf{ds} = Q_{\text{enc}} = 0 \tag{4.71}$$

여기서, 우리는 경계면에는 표면전하가 존재하지 않는다고 가정하였다. 그림 4-16

을 참고하면 식 (4.71)은 다음과 같이 나타낼 수 있다.

$$\oint \varepsilon \mathbf{E} \cdot \mathbf{ds} = \Delta z \oint \varepsilon \mathbf{E} \cdot \mathbf{dl} = -\Delta z \oint \varepsilon \frac{dV}{dn} dl = 0 \tag{4.72}$$

여기서 전계를 표면에 법선방향인 전위의 미분으로 나타내었다. Δz는 z 축 방향으로의 거리를 나타낸다. 표면적분은 선적분과 거리 Δz의 곱으로 나타내었다. 그림 4-16에 대하여서는

$$\begin{aligned}\oint \varepsilon_r \frac{dV}{dn} dl = {} & \frac{V_1 - V_0}{h}\left(\varepsilon_{r2}\frac{h}{2} + \varepsilon_{r1}\frac{h}{2}\right) + \frac{V_2 - V_0}{h}(\varepsilon_{r1}h) \\ & + \frac{V_3 - V_0}{h}\left(\varepsilon_{r2}\frac{h}{2} + \varepsilon_{r1}\frac{h}{2}\right) + \frac{V_4 - V_0}{h}(\varepsilon_{r2}h)\end{aligned} \tag{4.73}$$

이 된다.

성분들을 정리하여서 식 (4.73)을 다음과 같이 다시 나타낼 수 있다.

$$(\varepsilon_{r1} + \varepsilon_{r2})V_1 + 2\varepsilon_{r1}V_2 + (\varepsilon_{r1} + \varepsilon_{r2})V_3 + 2\varepsilon_{r2}V_4 - 4(\varepsilon_{r1} + \varepsilon_{r2})V_0 = 0 \tag{4.74}$$

또는

$$V_0 = \frac{1}{4(\varepsilon_{r1} + \varepsilon_{r2})}[(\varepsilon_{r1} + \varepsilon_{r2})V_1 + 2\varepsilon_{r1}V_2 + (\varepsilon_{r1} + \varepsilon_{r2})V_3 + 2\varepsilon_{r2}V_4] \tag{4.75}$$

이 식은 $\varepsilon_{r1} = \varepsilon_{r2}$인 조건에서 사용되었던 식 (4.69)의 확장이다. 식 (4.75)에서의 알고리즘을 이용하여서, 유전체의 한쪽 면에서의 전위와 다른 쪽에서의 전위사이의 관계를 알 수 있다.

4.7 MATLAB을 이용한 유한요소법

유한요소법(Finite Element Method; FEM)은 앞 절에서 다루었던 유한차분법과 유사하다. 그러나, 유한요소법은 유한차분법과는 다른 물리적인 원리에 바탕을 두고 있다. 계산하고자 하는 영역을 작은 사각형으로 나누어가는 대신, 유한요소법에서는 영역을 작은 삼각형으로 나누어 갈 것이다. 우리는 삼각형 내의 전위가 삼각형의 노드(Node)에서의 전위로부터 확정될 수 있다. 삼각형 이외의 다른 형상들도 유한요소법에서 사용될 수 있다. 그러나 우리는 여기서 오로지 삼각형에만 초점을 맞출 것이다. 앞으로 우리가 알게 되겠지만, 이 방법은 응용에서 유연하게 사용될 수 있다. 예를 들어, 중심을 공유하는 두 개의 금속성 표면 사이 영역에서의 전위함수를 계산할 때 이 기법을 사용할 수 있다. 이 기법은 행렬연산을 이용해서 강력하게 사용될 수 있다.

그림 4-17*a*에서 사각형의 동축선 단면의 1/4부분이 나타나 있다. 그림 4-17*b*는

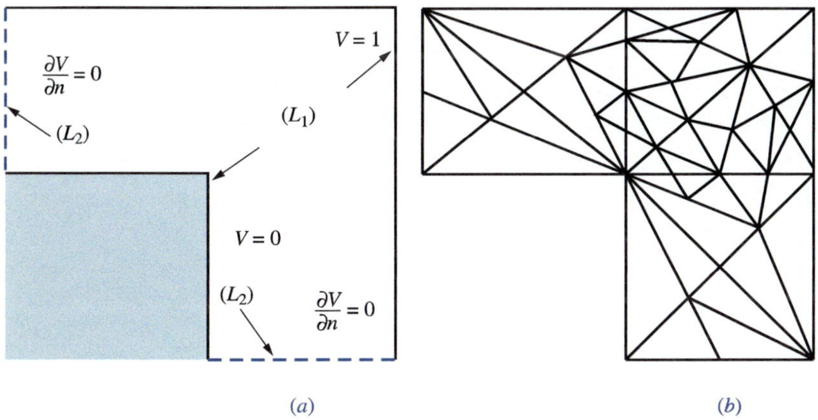

그림 4-17

(a) 사각형 동축선의 1/4 단면이 도시되었다.
(b) 유한 요소 메쉬가 사각형 동축선을 반할하기 위해 사용되었다.

유한한 삼각형 요소를 이용한 계산 과정을 나타내고 있다. 이 격자는 전위의 변화가 심한 구석부분에 조밀하게 설정될 수 있다. 두 개의 도전체 사이의 스칼라포텐셜 V는 식 (4.14)에서 나타낸 라플라스방정식을 만족시킨다.

$$\boxed{\nabla^2 V = 0} \tag{4.76}$$

그리고 우리는 영역 S를 정의할 것이다.
경계에는 두 가지 조건이 있다.

1. 경계면 $L = L_1 + L_2$에서, 전위가 정의된다. 이것은 ***디리클레경계조건(Dirichlet boundary condition)***이라고 불린다.
2. 이 문제에서의 고유한 대칭성 때문에, 우리는 대칭면에서 전위의 법선방향의 도함수는 영(0)이 되어야 한다. 이것을 ***노이만경계조건(Neumann boundary condition)***이라고 한다.

식 (4.76)의 해는

$$\boxed{V^{(e)}(x, y) = a + bx + cy} \tag{4.77}$$

여기서, 세 개의 알려지지 않은 계수(a, b, c)가 있고, 첨자표시는 이 전위는 삼각형 내부의 전위이라는 것을 나타내는 것이다. 이 해는 삼각형내부의 전위가 평판한 분포를 가진다는 것을 보여준다. 만약 우리가 삼각형 대신 다른 형태를 선택하였다면, 우리는 유용한 해로서 알려지지 않는 계수가 보다 복잡하게 표현되는 해를 가지게 될 것이다. 이 해는 라플라스방정식을 만족해야 한다.

이 계수들을 구하기 위해서, 우리는 그림 4-18에서 삼각형의 세 개의 노드(1, 2, 3)에 알려진 전위를 이용한다. 이 근사를 통해서, 선형보간(Linear interpolation)에 바탕을 둔 평탄화함수(Smooth function)로 현실적인 해를 구할 수 있도록 해준다. 만약, 노드의 좌표를 알 수 있다면, 계수(a, b, c)는 주어진 ***노드의 전위***(V_1, V_2, V_3)

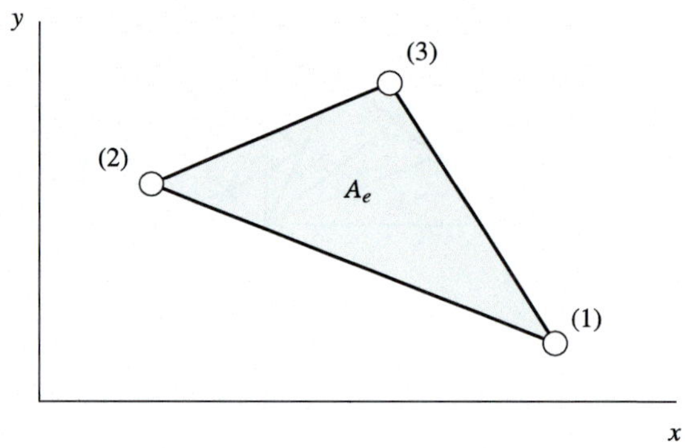

그림 4-18
삼각형 요소.

로부터 구해진다.

노드의 전위를 알고 있다고 해보자.

$$V^{(e)}(x_j, y_j) = V_j \quad (j = 1, 2, 3) \tag{4.78}$$

이것은 행렬로 다시 표현될 수 있고, 이 때 계수(*a*, *b*, *c*)는 미지이다.

$$\begin{bmatrix} 1 & x_1 & y_1 \\ 1 & x_2 & y_2 \\ 1 & x_3 & y_3 \end{bmatrix} \begin{bmatrix} a \\ b \\ c \end{bmatrix} = \begin{bmatrix} V_1 \\ V_2 \\ V_3 \end{bmatrix} \tag{4.79}$$

식 (4.79)에서 나타낸 정방행렬(Square matrix)의 행렬식의 크기는 삼각형 $2A_e$의 면적의 두 배이다. 식 (4.79)에서 나타낸 연립방정식의 해를 식 (4.77)에 대입하면 다음과 같은 식을 얻을 수 있다.

$$V^{(e)}(x, y) = [1 \; x \; y] \begin{bmatrix} 1 & x_1 & y_1 \\ 1 & x_2 & y_2 \\ 1 & x_3 & y_3 \end{bmatrix}^{-1} \begin{bmatrix} V_1 \\ V_2 \\ V_3 \end{bmatrix} \tag{4.80}$$

삼각형내부의 전위는 삼각형을 구성하는 세 개의 노드의 위치에서 전위로부터 구해지는 계수들을 이용해서 정해진다.

앞부분의 두 개의 행렬의 연산을 수행한 후, 삼각형 내부 임의의 지점에서의 전위에 대하여 다음의 식을 구할 수 있다.

$$\boxed{V^{(e)}(x, y) = \sum_{i=1}^{3} V_i \alpha_i(x, y)} \tag{4.81}$$

여기서, 노드의 위치와 관측점의 좌표에 의존하는 계수들은 다음과 같이 된다.

$$\left.\begin{aligned}\alpha_1(x, y) &= \frac{1}{2A_e}[(x_2y_3 - x_3y_2) + (y_2 - y_3)x + (x_3 - x_2)y] \\ \alpha_2(x, y) &= \frac{1}{2A_e}[(x_3y_1 - x_1y_3) + (y_3 - y_1)x + (x_1 - x_3)y] \\ \alpha_3(x, y) &= \frac{1}{2A_e}[(x_1y_2 - x_2y_1) + (y_1 - y_2)x + (x_2 - x_1)y]\end{aligned}\right\} \tag{4.82}$$

명확하게 표현해서, 우리는 이 세 개의 선형함수들이 다음의 보간 기준을 만족한다는 것을 알 수 있다.

$$\alpha_i(x_j, y_j) = \begin{cases} 0, & i \neq j \\ 1, & i = j \end{cases} \tag{4.83}$$

예제 4.17

(a) 삼각형의 세 꼭지점에서의 전압이 $V_1 = 8$ @ (4, 0); $V_2 = 0$ @ (0, 0); 그리고 $V_3 = 0$ @ (4, 3)라고 할 때, 삼각형 내부의 전압분포를 구하여라.

(b) 세 개의 노드에 의해서 결정되는 삼각형의 면적을 구하여라.

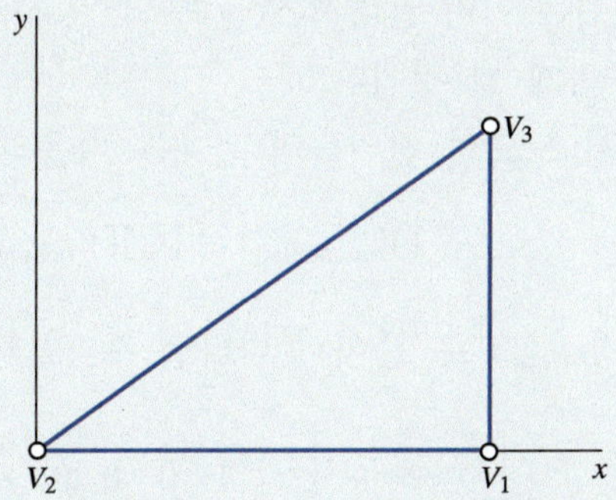

답. (a) 식 (4.80)을 이용해서 삼각형요소 내부의 전압분포를 구할 수 있다.

$$V_{1,2,3}^{(e)}(x, y) = [1\ x\ y]\begin{bmatrix}1 & 4 & 0\\1 & 0 & 0\\1 & 4 & 3\end{bmatrix}^{-1}\begin{bmatrix}8\\0\\0\end{bmatrix} = [1\ x\ y]\begin{bmatrix}0 & 1 & 0\\1/4 & -1/4 & 0\\-1/3 & 0 & 1/3\end{bmatrix}\begin{bmatrix}8\\0\\0\end{bmatrix}$$

$$= [1\ x\ y]\begin{bmatrix}0\\2\\-8/3\end{bmatrix} = 2x - \frac{8}{3}y$$

이 결과는 식 (4.76)의 라플라스방정식과 식 (4.78)의 경계조건을 만족시킨다.

(b) 삼각형의 면적은 식 (4.79)에서 나타낸 정방행렬의 행렬식의 크기로부터 알 수 있다.

$$A_e = \frac{1}{2}\begin{vmatrix} 1 & 4 & 0 \\ 1 & 0 & 0 \\ 1 & 4 & 3 \end{vmatrix} = 6$$

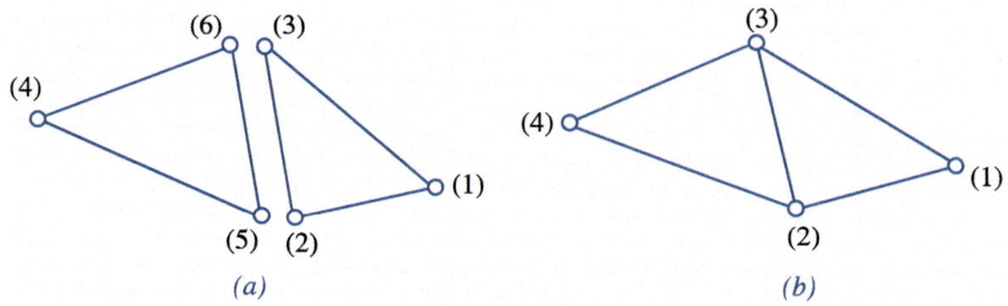

그림 4-19

두 개의 삼각형 요소가 서로 결합되었다.
(*a*) 결합 전.
(*b*) 결합 후.

이 방법을 적용하기 위해서, 우리는 먼저 그림 4-19a에서 나타낸 것과 같은 두 개의 삼각형이 있을 때에 대하여 조사하여야 한다. 세 개의 노드(1, 2, 3)에서의 전위는 이미 알려져 있고, 이것은 특정한 삼각형내의 전위분포를 구하기 위해서 사용된다. 그림 4-19*b*와 같이, 두 번째 삼각형은 첫 번째 삼각형과 결합된다.

노드 5, 6에서의 전위는 노드 2, 3의 전위와 동일하다는 것을 알 수 있다. 그러나, 노드 4에서의 전위는 이미 알려져 있을 수도 있고 알려지지 않았을 수도 있다. 우리는 이 전위를 구하게 될 것이다.

그림 4-19에서 노드의 전위들의 관계는 다음과 같이 표현할 수 있다.

$$[V_{\text{uncoupled}}] = [C][V_{\text{coupled}}] \tag{4.84}$$

이것은 다음의 방정식으로 풀어서 나타낼 수 있다.

$$\begin{bmatrix} V_{\text{uncoupled 1}} \\ V_{\text{uncoupled 2}} \\ V_{\text{uncoupled 3}} \\ V_{\text{uncoupled 4}} \\ V_{\text{uncoupled 5}} \\ V_{\text{uncoupled 6}} \end{bmatrix} = \begin{bmatrix} 1 & 0 & 0 & 0 \\ 0 & 1 & 0 & 0 \\ 0 & 0 & 1 & 0 \\ 0 & 0 & 0 & 1 \\ 0 & 1 & 0 & 0 \\ 0 & 0 & 1 & 0 \end{bmatrix} \begin{bmatrix} V_{\text{coupled 1}} \\ V_{\text{coupled 2}} \\ V_{\text{coupled 3}} \\ V_{\text{coupled 4}} \end{bmatrix} \tag{4.85}$$

예제 4.18

두 개의 삼각형이 결합한 영역 내에서의 전위분포를 구하여라. 모든 노드에서의 전위는 다음과 같다.

$V_1 = 8$ @ (4, 0); $V_2 = 0$ @ (0, 0); $V_3 = 0$ @ (4, 3); 그리고 $V_4 = 8$ @ (0, 3)

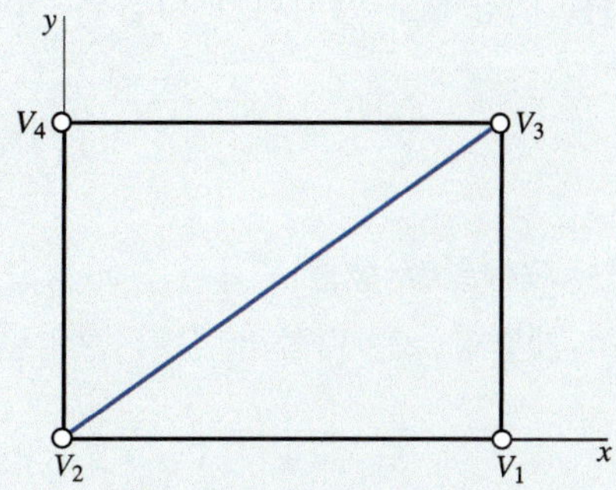

답. 삼각형 (1, 2, 3)에서의 전압분포는 예제 4.17에서 $V^{(e)}_{1,2,3}(x, y) = 2x - (8/3)y$과 같이 구해졌다. 결합된 삼각형 (2, 3, 4)의 전위분포는 다음과 같다.

$$V^{(e)}_{2,3,4}(x, y) = [1\ x\ y]\begin{bmatrix} 1 & 0 & 0 \\ 1 & 4 & 3 \\ 1 & 0 & 3 \end{bmatrix}^{-1}\begin{bmatrix} 0 \\ 0 \\ 8 \end{bmatrix} = [1\ x\ y]\begin{bmatrix} 1 & 0 & 0 \\ 0 & 1/4 & -1/4 \\ -1/3 & 0 & 1/3 \end{bmatrix}\begin{bmatrix} 0 \\ 0 \\ 8 \end{bmatrix}$$

$$= [1\ x\ y]\begin{bmatrix} 0 \\ -2 \\ 8/3 \end{bmatrix} = -2x + \frac{8}{3}y$$

예제 4.17과 4.18에서 구한 결과는 그리 놀랄만한 것이 아니다. 이 두 예제에서, 우리는 삼각형내부의 전위를 구하기 위해서 실지로 계산을 수행하기 전에 각 노드에서의 전위를 정하였다. 그러나 이러한 값을 정할 수 없는 경우도 있다. 예를 들어, 두 개의 기지의 전위 사이에 있는 점의 전위는 알 수 없다는 것이다. 이 경우, 우리는 조금 다른 과정을 거쳐서 전위분포를 구해야만 한다.

이러한 경우에는 삼각형내부의 정전에너지를 조사하여야 한다. 단면적 A_e에 저장되는 정전에너지는 2장에서 다루었던 것처럼,

$$W = \int_{A_e} \frac{\varepsilon}{2} |\nabla V|^2 ds \tag{4.86}$$

부록 C에서 이 적분 혹은 함수가 경계치문제의 해를 위한 *최소값*을 가진다는 것을 알 수 있다. 최소값을 가지기 *위한 조건*은 영역 A_e 내에서의 전위 V를 구하기 위한 라플라스방정식을 필요로 한다. 우리는 식 (4.86)에서 나타낸 에너지관계를 뒤에 유한요소법을 설명하기 위해서 사용할 것이다.

식 (4.81)에서 주어진 전위의 경사는,

$$\nabla V^{(e)}(x, y) = \sum_{i=1}^{3} V_i \nabla \alpha_i(x, y) \tag{4.87}$$

그리고, 식 (4.86)을 이용해서 에너지가 다음의 정방행렬식을 만족해야 한다.

$$W^{(e)} = \frac{1}{2}\sum_{i=1}^{3}\sum_{j=1}^{3} S_{i,j}^{(e)} V_i V_j \tag{4.88}$$

이 식에서, 우리는 ***디리클레 행렬***$[S^{(e)}]$혹은 S-행렬이라고 알려진 행렬을 소개하고 있다. 이 행렬에서 개별항들은 다음과 같이 정의된다.

$$S_{i,j}^{(e)} = \varepsilon\int_{A_e} \nabla\alpha_i \bullet \nabla\alpha_j \, \mathbf{ds} \tag{4.89}$$

$S_{i,j}^{(e)}$로 표시되는 디리클레행렬은 8장에서 소개될 산란행렬 $S_{i,j}$과는 구분되어야 함을 명심하여야 한다.

우리는 유전율 $\varepsilon = \varepsilon_r\varepsilon_0$이 A_e의 면적을 가지고 있는 요소 내에서 일정하다고 가정한다. 이 항들에 대한 정확한 표현에 대하여서는 부록 C를 참조하기 바란다. 이 요소들에서, 식 (4.88)의 정전에너지는 다음과 같이 표현될 수 있다.

$$W^{(e)} = \frac{1}{2}[V]^T[S^{(e)}][V] \tag{4.90}$$

여기서 첨자 T는 V-행렬로 변형해야 한다는 것을 의미하고 있다.

예제 4.19

예제 4.17에서의 삼각형 요소내의 정전계 에너지를 구하여라. 세 개의 노드에서의 전압값은 다음과 같다. $V_1 = 8$ @ (4, 0); $V_2 = 0$ @ (0, 0); 그리고 $V_3 = 0$ @ (4, 3)

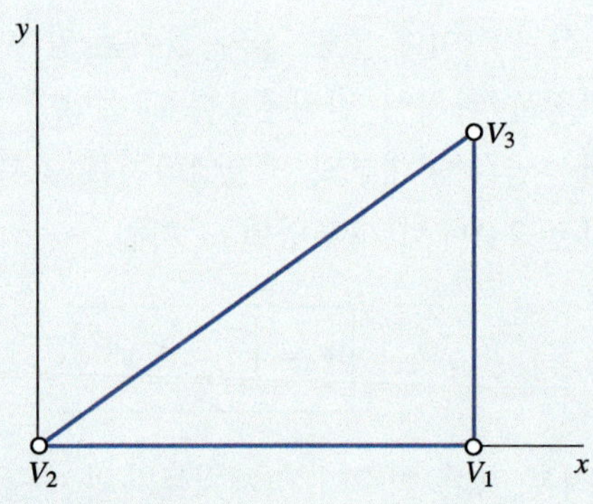

답. 에너지를 계산하기 위해서, $[S^{(e)}]$ 행렬요소에 대한 정확한 표현식에 대한 수치적인 값들을 먼저 계산하여야 한다. 삼각형에 둘러싸인 면적은 $A_e = 6$이다.

$$S_{1,1}^{(e)} = \frac{\varepsilon}{4A_e}[(y_2 - y_3)^2 + (x_2 - x_3)^2] = \frac{\varepsilon}{4\times 6}[(0-3)^2 + (0-4)^2] = \frac{25\varepsilon}{24}$$

$$S_{1,2}^{(e)} = S_{2,1}^{(e)} = \frac{\varepsilon}{4A_e}[(y_2 - y_3)(y_3 - y_1) + (x_2 - x_3)(x_3 - x_1)]$$

$$= \frac{\varepsilon}{4 \times 6}[(0-3)(3-0)+(0-4)(4-4)] = -\frac{9\varepsilon}{24}$$

$$S_{1,3}^{(e)} = S_{3,1}^{(e)} = \frac{\varepsilon}{4A_e}[(y_3-y_2)(y_2-y_1)+(x_3-x_2)(x_2-x_1)]$$

$$= \frac{\varepsilon}{4 \times 6}[(3-0)(0-0)+(4-0)(0-4)] = -\frac{16\varepsilon}{24}$$

$$S_{2,2}^{(e)} = \frac{\varepsilon}{4A_e}[(y_3-y_1)^2+(x_3-x_1)^2] = \frac{\varepsilon}{4 \times 6}[(3-0)^2+(4-4)^2] = \frac{9\varepsilon}{24}$$

$$S_{2,3}^{(e)} = S_{3,2}^{(e)} = \frac{\varepsilon}{4A_e}[(y_3-y_1)(y_1-y_2)+(x_3-x_1)(x_1-x_2)]$$

$$= \frac{\varepsilon}{4 \times 6}[(3-0)(0-0)+(4-4)(4-0)] = 0$$

$$S_{3,3}^{(e)} = \frac{\varepsilon}{4A_e}[(y_1-y_2)^2+(x_1-x_2)^2] = \frac{\varepsilon}{4 \times 6}[(0-0)^2+(4-0)^2] = \frac{16\varepsilon}{24}$$

이것을 다음과 같이 대칭행렬로 나타낼 수 있다.

$$[S^{(e)}] = \frac{\varepsilon}{24}\begin{bmatrix} 25 & -9 & -16 \\ -9 & 9 & 0 \\ -16 & 0 & 16 \end{bmatrix}$$

식 (4.80)으로부터 에너지를 계산할 수 있다.

$$\frac{W_e}{\varepsilon} = \frac{1}{2\varepsilon}[V]^T[S^{(e)}][V] = \frac{1}{2}[8\ 0\ 0]\begin{bmatrix} 25/24 & -9/24 & -16/24 \\ -9/24 & 9/24 & 0 \\ -16/24 & 0 & 16/24 \end{bmatrix}\begin{bmatrix} 8 \\ 0 \\ 0 \end{bmatrix}$$

$$= \frac{1}{2}[8\ 0\ 0]\begin{bmatrix} 25/3 \\ -3 \\ -16/3 \end{bmatrix} = \frac{100}{3} = 33.333$$

격자에서 모든 삼각형 요소들의 전 에너지는 각 요소들의 에너지를 합치는 것으로 구할 수 있다.

$$\boxed{W = \sum_e W^{(e)}} \tag{4.91}$$

부가적인 삼각형요소를 더하는 것은 전체적인 구제에서의 정전에너지가 변화하게 할 것이다. 이 과정에 대하여서는 앞에서 설명한 것과 같다. 우리는 합쳐진 구조 전체를 표현하는 S-행렬을 구할 것이다. 공통이 노드에서의 전위는 같다는 것을 상기하자.

우리는 그림 4-19에서 나타낸 것처럼 $[S^{(1)}]$과 $[S^{(2)}]$의 격자의 S-행렬을 각각 구하는 과정을 개발할 것이다. 이 때 분리된 전위는 열(Column)행렬로 나타낼 수 있다. 이 행렬의 변형은 다음과 같이 나타낼 수 있다(그림 4-19*a*).

$$[V]_d = [V_1, V_2, V_3, V_4, V_5, V_6]_d^T,$$

여기서, 첨자 d는 분리되었다는 의미로 사용되었다. 만약, S-행렬의 요소가 $[S^{(1)}] = [S_{i,j}](i,j = 1, 2, 3)$인 요소와 $[S^{(2)}] = [S_{i,j}](i,j = 4, 5, 6)$라면, 분리된 구조에서의 전체적인 S-행렬은 다음과 같이 대각행렬로 나타낼 수 있다.

$$[S^{(e)}]_d = \begin{bmatrix} [S^{(1)}] & [0] \\ [0] & [S^{(2)}] \end{bmatrix} \tag{4.92}$$

그림 4-19*b*와 같이 결합된 구조의 전위의 열행렬은

$$[V] = [V_1, V_2, V_3, V_4]^T$$

그림 4-19로부터 경계조건은 식 (4.85)에서 나타낸 결합행렬 $[C]$를 이용해서 나타낼 수 있다.

$$[S] = \begin{bmatrix} S_{1,1}^{(1)} & S_{1,2}^{(1)} & S_{1,3}^{(1)} & 0 \\ S_{2,1}^{(1)} & S_{2,2}^{(1)} + S_{5,5}^{(2)} & S_{2,3}^{(1)} + S_{5,6}^{(2)} & S_{5,4}^{(2)} \\ S_{3,1}^{(1)} & S_{3,2}^{(1)} + S_{6,5}^{(2)} & S_{3,3}^{(1)} + S_{6,6}^{(2)} & S_{6,4}^{(2)} \\ 0 & S_{4,5}^{(2)} & S_{4,6}^{(2)} & S_{4,4}^{(2)} \end{bmatrix} \tag{4.93}$$

여기서, 두 종류의 첨자들이 사용되고 있다는 것에 주의하라. 하나는 분리된 요소(아래첨자)에 대한 것이고 또 하나는 결합된 요소(위첨자)에 대한 것이다.

결합된 전위 $[V]$는 알려지지 않은 전위 $[V]_u$와 *알려진* 전위 $[V]_k$로, 두 개의 부분으로 나눌 수 있다.

$$[V] = [[V]_u \; [V]_k]^T \tag{4.94}$$

같은 방법으로 행렬 $[S^{(e)}]$을 네 개의 부분으로 분리할 수 있다.

$$[S^{(e)}] = \begin{bmatrix} [S]_{u,u} & [S]_{u,k} \\ [S]_{k,u} & [S]_{k,k} \end{bmatrix} \tag{4.95}$$

우리는 알려진 전위와 알려지지 않은 전위의 관계를 발견하기 위해서 부록 C에서 유도된 에너지의 최소화를 이용한다.

$$\frac{\partial W^{(e)}}{\partial [V_j]_u} = \frac{\partial\left(\frac{1}{2}[V]^T[S^{(e)}][V]\right)}{\partial [V_j]_u} = 0 \tag{4.96}$$

알려지지 않은 전위는 만약 S-행렬이 유일하지 않다면 다음과 같이 표현될 수 있다.

$$[V]_u = -[S]_{u,u}^{-1}[S]_{u,k}[V]_k \tag{4.97}$$

이 행렬식은 알려지지 않은 전위는 알려진 전위의 선형적인 결합으로 표현될 수 있다는 것을 보여준다. 이 때, 계수들은 격자구조에 민감하게 의존한다는 것에 명심하여야 한다.

예제 4.20

예제 4.19의 결과를 이용해서, 미지의 전위 V_4를 구하여라. 다른 세 개의 전위는 알려져 있다.

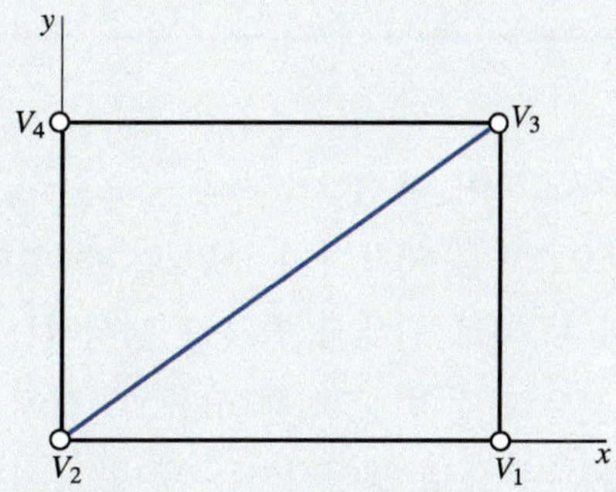

답. 예제 4.19로부터 첫 번째 삼각형의 S-행렬을 구할 수 있다.

$$[S^{(1)}] = \frac{\varepsilon}{24}\begin{bmatrix} 25 & -9 & -16 \\ -9 & 9 & 0 \\ -16 & 0 & 16 \end{bmatrix}$$

같은 과정들을 통해서, 두 번째 삼각형의 S-행렬을 구할 수 있다.

$$[S^{(2)}] = \frac{\varepsilon}{24}\begin{bmatrix} 25 & -16 & -9 \\ -16 & 16 & 0 \\ 9 & 0 & 9 \end{bmatrix}$$

이런 특정한 경우에 대하여 식 (4.93)을 직접 적용하기 위해서, 다음과 같이 행렬 지수들을 변화시켜야 한다: (1, 2, 3, 4, 5, 6) → (3, 2, 1, 3, 4, 2). 이것을 통해서, 삼각형(1, 2, 3)과 삼각형(2, 3, 4)로 구성된 사각형의 결합된 S-행렬을 구할 수 있다.

$$[S^{(e)}] = \begin{bmatrix} [S]_{kk} & [S]_{ku} \\ [S]_{uk} & [S]_{uu} \end{bmatrix} = \frac{\varepsilon}{24}\begin{bmatrix} S_{33}^{(1)} + S_{33}^{(2)} & S_{32}^{(1)} + S_{32}^{(2)} & S_{31}^{(1)} & S_{34}^{(2)} \\ S_{23}^{(1)} + S_{23}^{(2)} & S_{22}^{(1)} + S_{22}^{(2)} & S_{21}^{(1)} & S_{24}^{(2)} \\ S_{13}^{(1)} & S_{12}^{(1)} & S_{11}^{(1)} & 0 \\ S_{43}^{(2)} & S_{42}^{(2)} & 0 & S_{44}^{(2)} \end{bmatrix}$$

$$= \frac{\varepsilon}{24}\begin{bmatrix} 25 & -9 & -16 & 0 \\ -9 & 25 & 0 & -16 \\ -16 & 0 & 25 & -9 \\ 0 & -16 & -9 & 25 \end{bmatrix}$$

식 (4.97)을 적용하면, 미지의 전위 V_4를 구할 수 있다.

$$V_4 = -\frac{24}{25\varepsilon}\frac{\varepsilon}{24}[0 \ \ -16 \ \ -9]\begin{bmatrix} 8 \\ 0 \\ 0 \end{bmatrix} = 0 \text{ V}$$

이 계산된 전위는 삼각형 요소내의 전위분포를 계산하기 위해서 사용된다.

유한차분법과 비교하여, 유한요소법의 중요한 장점은 유연하다는 것이다. 이것은 여러 구조에 유한요소법을 적용하여 보면 알 수 있다. 계산하고자 하는 영역은 삼각형으로 덮히게 된다. 이로 인해서 격자를 생성하는 것이 어느 정도 복잡하게 된다. 유한요소법의 이것은 단점의 중 하나이다. 이 책에서는 문제를 푸는 과정을 설명하기 위해서 격자를 수동으로 생성시키는 방법을 설명했다. 그러나 자동으로 격자를 생성시킬 수 있는 여러 가지 방법들이 있다. COMSOL Mulltiphysics와 같은 상용화된 소프트웨어패키지를 구매해서 사용할 수도 있고 인터넷상에서 소프트웨어를 입수할 수도 있다. 이것들은 각각의 도구들이나 불균일 매질을 다룰 수 있는 것과 같은 사용성에 따라서 성능이 구별될 수 있다. 또 속도나 복잡한 구조의 격자를 생성할 때의 용이성에 따라서도 구별될 수 있다. 기계공학자들이나 항공관련 엔지니어들은 이 방법을 오랫동안 사용해 왔고, 이 방법을 더 잘 사용하기 위해서 필요한 방대한 양의 자료들이 존재한다.

유한요소법을 사용하여서 계산을 수행하는 것은 다음의 다섯 단계로 요약할 수 있다.

1. 격자의 생성
2. 표면소스와 체적소스의 포함
3. 각 요소들의 행렬생성
4. $[S^{(e)}]$-행렬의 모든 요소들을 수집

5. 행렬식의 결과에 대한 해

유한요소법을 설명하기 위해서 다음의 예를 다루어 본다.

예제 4.21

FEM을 이용해서 지점 1에서의 전위를 구하여라.

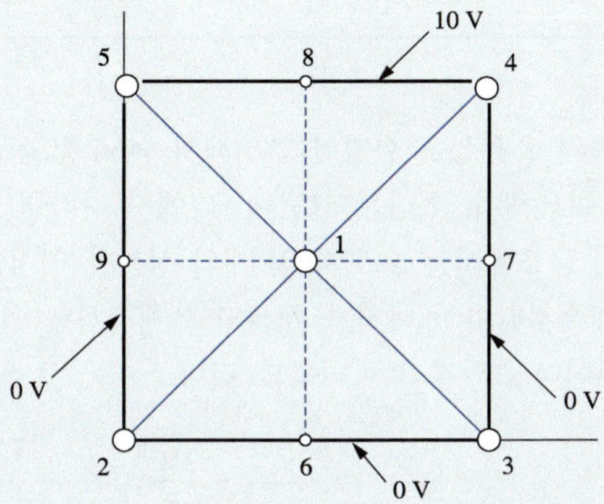

답. FEM을 이용해서 이 문제를 풀기 위해서, 문제의 대칭성을 고려하여라. 그리고 $N_N = 5$ 노드들이 # = 1. 2. 3. 4. 5와 $N_E = 4$개의 동일한 삼각형 요소 #1-4-5, 1-2-5, 1-2-3 그리고 1-3-4로 결정되는 영역을 정하여라. 다른 네 개의 전위가 다음과 같은 값을 가지기 때문에 미지의 전위는 V_1이다.

$V_2 = V_3 = 0$

$$V_4 = V_5 = \frac{10 + 0}{2} = 5\ \text{V}$$

우선 FEM을 사용해서, 지점 # = 2, 3, 4, 5에서 알려진 전위를 이용해서 행렬을 계산한다. 계산을 위한 글로벌 서브행렬들(Global sub-matrices)은 다음과 같다.

$$[S]_{u,u} = [4S_{1,1}]; \quad [S]_{u,k} = [2S_{1,2},\ 2S_{1,3},\ 2S_{1,4},\ 2S_{1,5}]$$

국부 $[S^{(e)}]$ 행렬의 요소들이 계산된다. 각 삼각형 요소의 면적은 1과 같고, 노드점의 좌표는 그림에서 구할 수 있다. 결과적으로 다음을 얻을 수 있다.

$$S_{1,1} = \varepsilon; \qquad S_{1,2} = S_{1,3} = S_{1,4} = S_{1,5} = -\frac{\varepsilon}{2}$$

이것을 통해서,

$$[A] = -\frac{1}{4\varepsilon}[-\varepsilon, -\varepsilon, -\varepsilon, -\varepsilon] = \frac{1}{4}[1, 1, 1, 1]$$

을 얻을 수 있고, $[V]_n = [V_1]$이고, $[V]_k = [V_2,\ V_3,\ V_4,\ V_5]^T$이기 때문에, 우리는 다음을 얻을 수 있다.

$$V_1 = \tfrac{1}{4}(V_2 + V_3 + V_4 + V_5) = \tfrac{1}{4}(0 + 0 + 5 + 5) = 2.5\text{ V}$$

이 문제는 FDM을 이용해서도 구해질 수 있다. 점 1에서의 전위를 다른 네 개의 점들(# = 6, 7, 8, 9)에서의 전위의 평균으로써 구할 수 있다.

$$V_1 = \tfrac{1}{4}(V_6 + V_7 + V_8 + V_9) = \tfrac{1}{4}(0 + 0 + 10 + 0) = 2.5\text{ V}$$

이 결과는 앞에서 얻은 결과와 동일하다.

유한요소법의 유용성을 설명하기 위해서, ***사각형 동축선***을 검토해 본다. 이 문제의 대칭성을 이용해서, 우리는 그림 4-17에서 나타낸 것처럼 동축선의 1/4만 고려할 것이다. 이 구조에서는 오로지 몇 개의 성분만 있지만, 손으로 계산하는 것은 매우 어렵다. 캐패시터의 에너지가 계산되고 캐패시턴스는 $W = (1/2)C_0V^2$의 관계에서 구해질 것이다. 그 결과는 다음과 같다.

$$C_0 = \frac{2W}{V^2} \tag{4.98}$$

예제 4.22

MATLAB프로그램을 작성하여라.

1. 세 개의 자유로운 노드들 # = 4, 5, 9에서의 전위를 계산하여라.

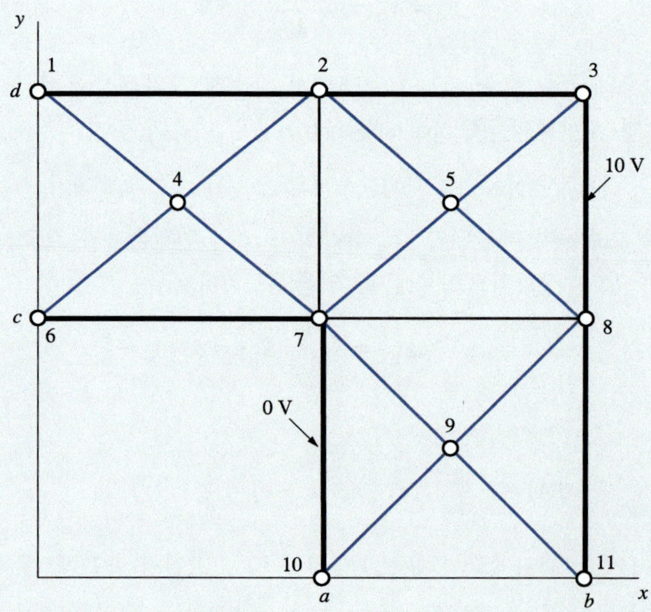

2. 평행판 사이에 축적되는 정전계 에너지 W를 계산하여라. 그리고, 1 m의 선의 캐패시턴스 C_0를 계산하여라. 그림에서 나타낸 단순한 메쉬를 사용하고 다음의 값들을 파라미터로 사용하여라. $a = c = 1$ cm, $b = d = 2$ cm이고 외부도체에서의 전위는 $V = 10$V이고 내부도체에서의 전위는 $V = 0$V이다. 이 경우, $N_N = 11$개의 노드들과 $N_E = 12$개의 요소들이 있다.

답.

1. 수동적으로 생성된 메쉬를 이용해서 식 (4.97)을 풀어서 전위를 구할 수 있다. MATLAB을 이용하여서 계산한 미지의 전위는 다음과 같다.

$$V_4 = 5\text{V}; \quad V_5 = 7.5\text{V}; \quad V_9 = 5\text{V}$$

2. 식 (4.98)을 이용해서 계산한 단위길이당 규격화 캐패시턴스 $C = C_0 / \varepsilon_0$는 $C = 11.0$이다. $b = 2a$인 사각형 동축선의 캐패시턴스는 $C = 10.2341$라는 것을 여러 자료들로부터 알 수 있다. 계산의 정확도는 노드와 요소의 수를 늘임으로써 높일 수 있고, 이것은 다음 예제에서 설명된다.

예제 4.23

앞의 예제와 동일한 경계조건값 문제를 풀어라. 단, 다음 그림에서 나타낸 것처럼 보다 조밀한 메쉬를 이용하여라. $N_N = 21$개의 노드들과 $N_E = 24$개의 삼각형 요소들이 있다. 또한, 두 표면사이의 등전위선과 전계를 도시하여라.

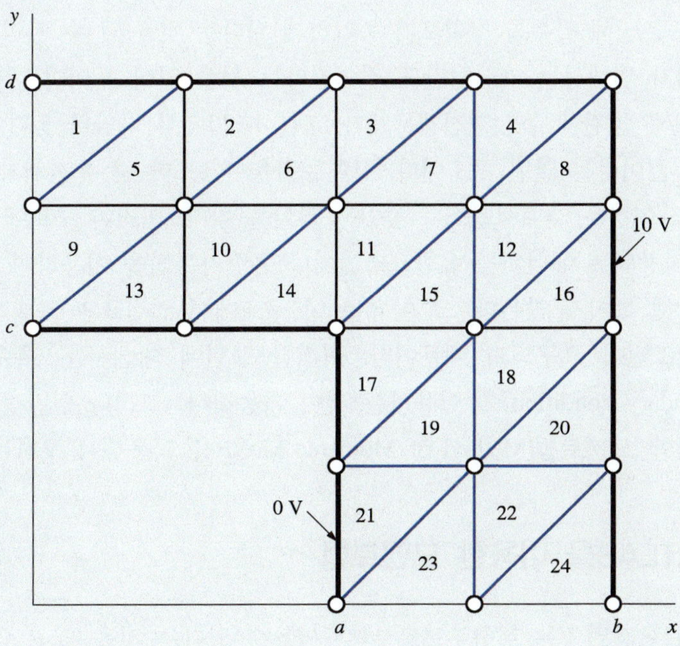

답.

1. 전위는 수동으로 생성된 메쉬를 이용하고 행렬식 (4.97)을 풀어서 구할 수 있다. MATLAB을 이용하여 구한 미지의 전위는 다음과 같다.

$$V_6 = 5.111\text{ V};\quad V_7 = 5.2222\text{ V};\quad V_8 = 5.7778\text{ V};\quad V_9 = 7.8889\text{ V};$$
$$V_{14} = 5.7778\text{ V};\quad V_{17} = 5.2222\text{ V};\quad V_{20} = 5.1111\text{ V};$$

2. 계산한 단위길이당 규격화 캐패시턴스는 C = 10.8444 F이다. 이 결과의 상대 오차는 앞의 예제의 결과보다 작다.
3. ***contour*** 함수를 이용해서 등전위선을 아래와 같이 도시하였다. 전계는 ***gradient*** 함수를 이용해서 구하였고, ***quiver*** 함수를 이용해서 도시하였다.

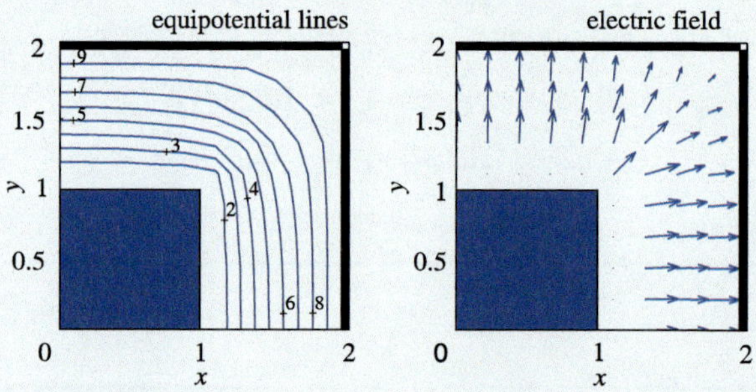

앞에서 살펴본 두 예제는 *닫힌* 공간에서의 정전계문제이다. 닫힌 공간에서의 문제는 FEM을 이용해서 쉽게 구할 수 있다. 이러한 예제를 풀어봄으로써 격자의 구조가 조밀해 질수록 정확도가 증가하게 된다는 것을 알 수 있었다. 그러나 정확도를 높이기 위해서는 계산시간도 길어진다는 것을 알아 두어야 한다.

열린 공간에서의 정전계문제가 그림 4-20에서 나타나 있다. 이것은 ***마이크로스트립선***이라는 열린 구조이다. 상대유전율이 1보다 큰 유전체가 도전체사이에 끼어 있고, 이것은 캐패시턴스를 높이는 역할을 한다. 이러한 구조에 있어서, 캐패시턴스나 저장되는 에너지를 유한요소법이나 유한차분법을 이용하여 계산하는 것은 그리 적당해 보이지 않는다. 그 이유는 이 구조에서 열린표면에 대해서 무한영역에서의 경계조건이 요구되기 때문이다. 이러한 표면에 대해서는 ***흡수경계조건***(Absorbing boundary condition)을 이용하는 것이 가능하다. 그러나 일반적으로는 다음 절에서 소개할 ***모멘트법***(Method of Moment; MoM)을 이용해서 구하는 것이 더 적합하다.

4.8 MATLAB을 이용한 모멘트법

우리는 전위 V는 전하분포로부터 구할 수 있다는 것을 *알고 있다*. 이 계산은 다음

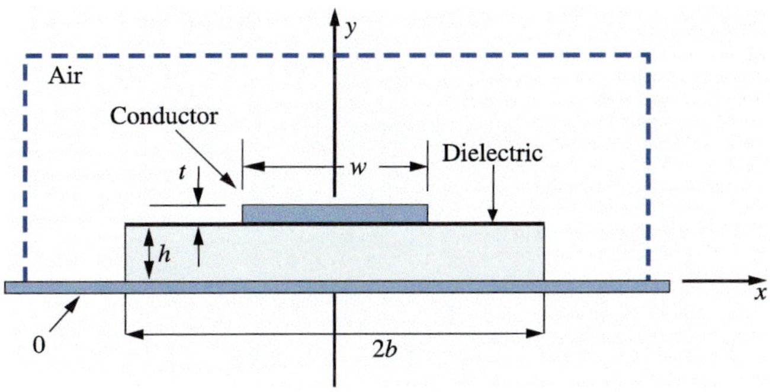

그림 4-20

마이크로스트립 전송선로.

의 적분을 통해서 수행된다.

$$V(x, y, z) = \frac{1}{4\pi\varepsilon_0} \iiint_{\Delta\nu} \frac{\rho_\nu(x', y', z')}{R} dx' dy' dz' \tag{4.99}$$

여기서, R은 소스점(x', y', z')에서 관측점(x, y, z)까지의 거리이다. 만약, 전하분포를 알고 있다면 전위는 쉽게 구해진다. 식 (4.99)는 수치적인 해석을 통해서 근사적으로 풀려질 수 있다.

그러나, 전위가 실지로는 *알려져 있고*, 반대로 전하를 구해야 하는 경우가 있다. 정전계나 정자계에서는 이러한 문제가 많이 존재한다.

한 가지 좋은 예는, 도전체에 전위가 정의되어 있을 때, 표면전하분포를 구하는 것이다.

여기서 소개될 기법은 ***모멘트법***(Method of Moments; MoM)이라고 하는 방법이다. 이 방법은 다양한 금속체의 캐패시턴스를 구한 매우 강력한 방법이다. 또한 복잡한 구조를 가진 전송선로의 캐패시턴스를 계산하기 위해서도 매우 유용하게 사용될 수 있다. 마지막 예로, 우리는 이 기법을 비행중인 항공기로부터의 반사에 의해서 산란되는 전자파를 계산하기 위해서도 사용할 수 있다.

그림 4-21에서 나타낸 구조에 대하여 고려해보자. 4개의 전하가 공간 중에 있다.

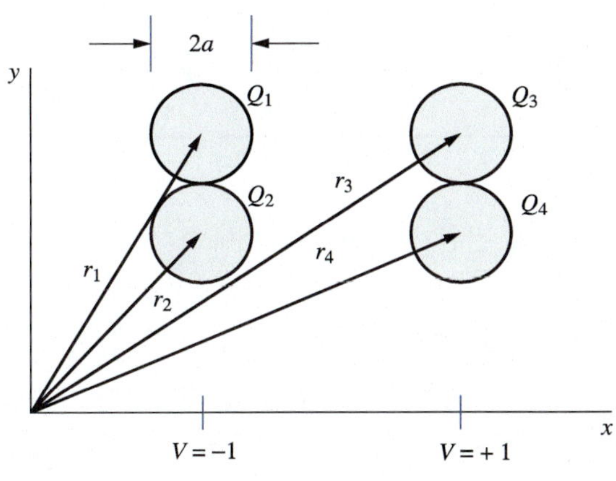

그림 4-21

공간 중에 분포한 4개의 전하들. 주어진 지점에서의 전위는 $V = -1$과 $V = +1$로 가정되었다.

직각좌표계가 적용되고 있고, 4개의 전하의 중심이 직각좌표계로 표시되어 있다. 두 개의 전하(Q_1과 Q_2)는 $V_1 = V_2 = -1$을 만족하고, 다른 두 전하(Q_3와 Q_4)는 $V_3 = V_4 = +1$을 만족한다. 각 전하의 값은 미지의 양이다. 이 네 개의 전하들의 전하량을 표현할 수 있는 해를 구하기 위해서, 우리는 다음과 같이 각 지점의 전위를 표현할 수 있는 4개의 방정식을 만들어야 한다.

$$
\begin{aligned}
-1 &= \frac{1}{4\pi\varepsilon_0}\left(\frac{Q_1}{|\mathbf{r}_1 - \mathbf{r}_1|} + \frac{Q_2}{|\mathbf{r}_1 - \mathbf{r}_2|} + \frac{Q_3}{|\mathbf{r}_1 - \mathbf{r}_3|} + \frac{Q_4}{|\mathbf{r}_1 - \mathbf{r}_4|}\right) \\
-1 &= \frac{1}{4\pi\varepsilon_0}\left(\frac{Q_1}{|\mathbf{r}_2 - \mathbf{r}_1|} + \frac{Q_2}{|\mathbf{r}_2 - \mathbf{r}_2|} + \frac{Q_3}{|\mathbf{r}_2 - \mathbf{r}_3|} + \frac{Q_4}{|\mathbf{r}_2 - \mathbf{r}_4|}\right) \\
+1 &= \frac{1}{4\pi\varepsilon_0}\left(\frac{Q_1}{|\mathbf{r}_3 - \mathbf{r}_1|} + \frac{Q_2}{|\mathbf{r}_3 - \mathbf{r}_2|} + \frac{Q_3}{|\mathbf{r}_3 - \mathbf{r}_3|} + \frac{Q_4}{|\mathbf{r}_3 - \mathbf{r}_4|}\right) \\
+1 &= \frac{1}{4\pi\varepsilon_0}\left(\frac{Q_1}{|\mathbf{r}_4 - \mathbf{r}_1|} + \frac{Q_2}{|\mathbf{r}_4 - \mathbf{r}_2|} + \frac{Q_3}{|\mathbf{r}_4 - \mathbf{r}_3|} + \frac{Q_4}{|\mathbf{r}_4 - \mathbf{r}_4|}\right)
\end{aligned}
\tag{4.100}
$$

이것은 다음과 같이 다시 표현할 수 있다.

$$V_i = \frac{1}{4\pi\varepsilon_0}\sum_{j=1}^{4}\frac{1}{|\mathbf{r}_i - \mathbf{r}_j|}Q_j \quad (j = 1, 2, 3, 4)$$

MATLAB은 원래 다음과 같은 형식의 행렬을 풀기 위한 도구이다.

$$[P][Q] = [V] \tag{4.101}$$

여기서, $[V]$는 기지의 열행렬이고, $[Q]$는 미지의 열행력이다. 그리고 $[P]$는 계수를 나타내는 정사각행력이다.

식 (4.100)에서 네 개의 방정식은 다음과 같이 행렬로 나타낼 수 있다.

$$
[P] = \frac{1}{4\pi\varepsilon_0}\begin{bmatrix}
\frac{1}{|\mathbf{r}_1 - \mathbf{r}_1|} & \frac{1}{|\mathbf{r}_1 - \mathbf{r}_2|} & \frac{1}{|\mathbf{r}_1 - \mathbf{r}_3|} & \frac{1}{|\mathbf{r}_1 - \mathbf{r}_4|} \\
\frac{1}{|\mathbf{r}_2 - \mathbf{r}_1|} & \frac{1}{|\mathbf{r}_2 - \mathbf{r}_2|} & \frac{1}{|\mathbf{r}_2 - \mathbf{r}_3|} & \frac{1}{|\mathbf{r}_2 - \mathbf{r}_4|} \\
\frac{1}{|\mathbf{r}_3 - \mathbf{r}_1|} & \frac{1}{|\mathbf{r}_3 - \mathbf{r}_2|} & \frac{1}{|\mathbf{r}_3 - \mathbf{r}_3|} & \frac{1}{|\mathbf{r}_3 - \mathbf{r}_4|} \\
\frac{1}{|\mathbf{r}_4 - \mathbf{r}_1|} & \frac{1}{|\mathbf{r}_4 - \mathbf{r}_2|} & \frac{1}{|\mathbf{r}_4 - \mathbf{r}_3|} & \frac{1}{|\mathbf{r}_4 - \mathbf{r}_4|}
\end{bmatrix}
\tag{4.102}
$$

이 행렬은 전하와 관측점 사이의 전위가 거리 R에 비례하기 때문에 대칭성을 가지고 있다.

이 행렬의 대각성분($i = j$)은 매우 크기 때문에 문제가 될 수 있다. 이것을 ***특이성(Singularity)***라고 하고, 우리는 이것을 근사를 통해서 제거한다. 이러한 근사는 특이점(Singular point)의 전위가 구형의 전하의 중심이 아니라 표면에서 평가된다는 가정을 유발한다. 이러한 가정에도 불구하고 전위는 구형 전하의 내부에서 나오는 것으로 볼 수 있다. 행렬 $[P]$의 대각요소들은 다음과 같이 주어진다.

$$P_{i,i} = \frac{1}{4\pi\varepsilon_0 a} \tag{4.103}$$

예제 4.24

그림 4-21에서 나타낸 것과 같은 전위들을 발생시키는 전하들의 값을 구하여라. 단, $z = 0$인 면에서의 좌표값들은 $Q_1(2, 3)$; $Q_2(2, 2)$; $Q_3(5, 3)$; $Q_4(5, 2)$이다. 전하들의 직경은 $2a = 1$ m라고 가정하라.

답. 식 (4.102)와 (4.103)에서 나타낸 행렬$[P]$의 요소들은 다음과 같다.

$$[P] = \frac{1}{4\pi\varepsilon_0}\begin{bmatrix} \frac{1}{1/2} & \frac{1}{1} & \frac{1}{3} & \frac{1}{\sqrt{1^2+3^2}} \\ \frac{1}{1} & \frac{1}{1/2} & \frac{1}{\sqrt{1^2+3^2}} & \frac{1}{3} \\ \frac{1}{3} & \frac{1}{\sqrt{1^2+3^2}} & \frac{1}{1/2} & \frac{1}{1} \\ \frac{1}{\sqrt{1^2+3^2}} & \frac{1}{3} & \frac{1}{1} & \frac{1}{1/2} \end{bmatrix}$$

$$= \frac{1}{4\pi\varepsilon_0}\begin{bmatrix} 2 & 1 & 0.3333 & 0.3162 \\ 1 & 2 & 0.3162 & 0.3333 \\ 0.3333 & 0.3162 & 2 & 1 \\ 0.3162 & 0.3333 & 1 & 2 \end{bmatrix}$$

전위에 대한 열벡터(Column vector)는 $[V] = [-1, -1, 1, 1]^T$이고, 여기서 T는 변환자(Transpose)이다. 식 (4.101)에서 나타낸 행렬식을 풀면 다음의 결과를 얻는다.

$$Q_1 = Q_2 = -Q_3 = -Q_4 = -0.4254(4\pi\varepsilon_0)$$

여기까지 논의해 왔던 개별적인 전하들에 대하여 계속해서 살펴볼 수 있다. 그러나 전하가 다양한 표면에 분포되어 있는 예가 보다 의미가 있을 것이다. 만약 전하가 그림 4-22에서 나타낸 것처럼 선에 분포되어 있다면, 선전하밀도 ρ_ℓC/m를 가진 전하분포를 이용하여 표현하는 것이 보다 사려 깊은 것이 될 것이다. 특정한 요소 j의 전하는 $\Delta Q_j = 2\pi a \Delta\ell_j \rho_{\ell,j}\,(j = 1, 2, \ldots, N)$가 될 것이고, 이 전하는 요소 j의 한 복판에 위치할 것이다. 위에서 설명한 방법으로 계산을 계속한다. 특이성을 가진 동일한 문제도 이 원통좌표계에서 직면하게 될 것이다.

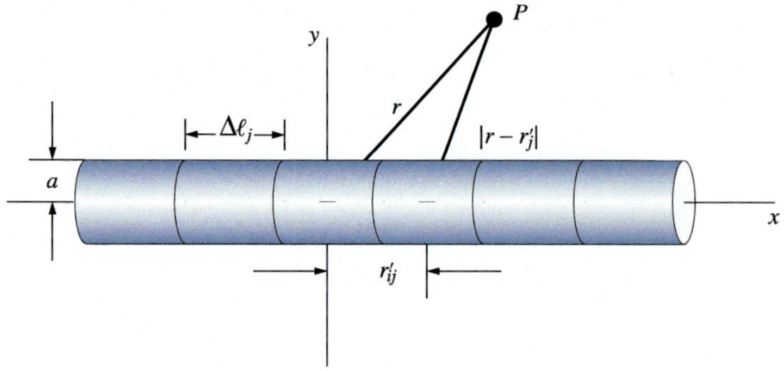

그림 4-22

점 P에서의 전위는 j번째 부분의 중심에 위치한 전하 $\rho_\ell \Delta\ell_j$로부터 결정된다.

이 경우, 알려지지 않은 전하의 열벡터는 $[Q/\Delta L] = \rho_{\ell,1}, \rho_{\ell,2}, \ldots, \rho_{\ell,N}\ ^T$이고, 알려진 전위의 열벡터는 $[V] = [V_1,\ V_2,\ \ldots,\ V_N]^T$이다. 사각행렬의 비대각요소들은 다음과 같이 표현된다.

$$P_{i,j} = \frac{2\pi a}{4\pi\varepsilon_0} \frac{\Delta\ell_j}{|x_i - x_j|} = \frac{a\Delta\ell_j}{2\varepsilon_0 |x_i - x_j|} \tag{4.104}$$

이 행렬의 대각요소에서 나타나는 특이성 또한 여기서 직면하게 될 것이다. 우리는 원통의 표면에서의 전위를 평가하고, 이것이 특이점인 원통의 중심부분의 전위와 같다는 것을 알 수 있다. 이 원통부분 표면에서 전위 V_j의 평가에 대하여 그림 4-23에서 보여주고 있고, 이것은 적분을 통해서 구해질 수 있다.

$$V_j = \frac{1}{4\pi\varepsilon_0} \int_{x'=-\frac{\Delta\ell_j}{2}}^{x'=+\frac{\Delta\ell_j}{2}} \int_{\phi'=0}^{\phi'=2\pi} \frac{\rho_\ell a d\phi' dx'}{\sqrt{a^2 + (x')^2}}$$

이 적분이 수행되고 우리는 행렬의 대각요소가 다음과 같이 된다는 것을 알 수 있다.

$$P_{j,j} = \frac{2\pi a}{4\pi\varepsilon_0} \ln\left[x' + \sqrt{a^2 + (x')^2}\right]\Bigg|_{x'=-\frac{\Delta\ell_j}{2}}^{x'=+\frac{\Delta\ell_j}{2}} = \frac{a}{2\varepsilon_0} \ln\left[\frac{\frac{\Delta\ell_j}{2} + \sqrt{a^2 + \left(\frac{\Delta\ell_j}{2}\right)^2}}{-\frac{\Delta\ell_j}{2} + \sqrt{a^2 + \left(\frac{\Delta\ell_j}{2}\right)^2}}\right]$$

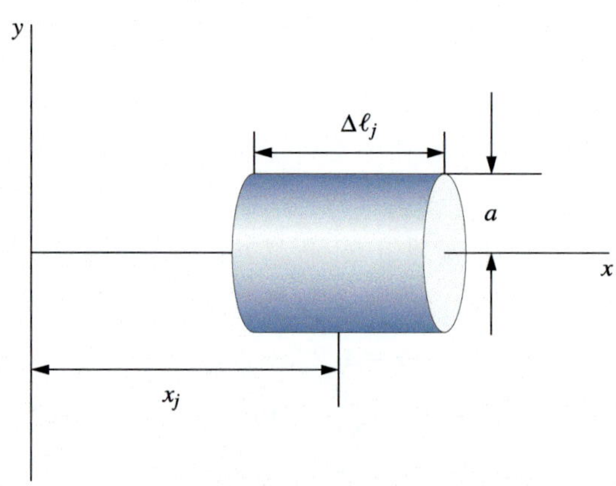

그림 4-23

선형적으로 하전원 j번째 부분.

만약, 반경 a가 길이 $\Delta\ell_j$보다 충분히 작다면, 이것은 다음과 같이 단순화될 수 있다.

$$P_{j,j} \cong \frac{a}{\varepsilon_0}\ln\left[\frac{\Delta\ell_j}{a}\right] \tag{4.105}$$

예제 4.25

반경이 $a = 0.01$이고 길이가 $\mathscr{L} = 1$ m인 원통형 도체에서의 전하분포를 구하여라. 표면에서의 전위는 $V = 1$ V이다. 전하는 균일하게 분포되어 있다고 가정할 수 있다. 또 분할 수는 $N = 5$로 하고 스텝의 크기는 $\Delta\ell = 0.20$ m로 하여라.

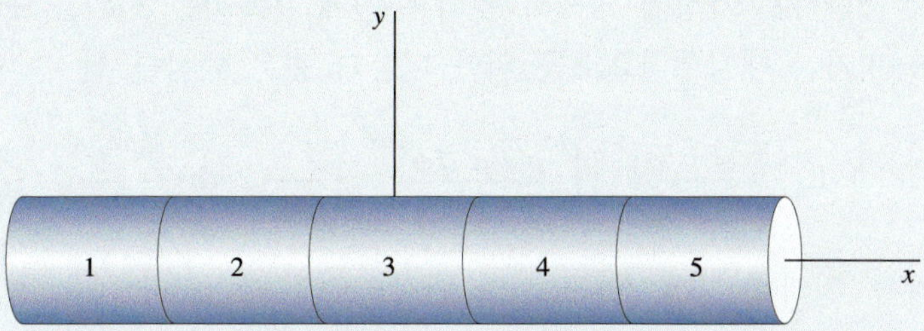

답. 전위와 전하의 관계를 설명하는 행렬식은 식 (4.101)이고, 여기서 비대각요소들과 대각요소들이 식 (4.104)와 식 (4.105)에 의해서 각각 주어진다. 미지의 전하분포에 대한 해는 다음과 같다.

$$\rho_{\ell,1} = \rho_{\ell,5} = 0.2556\varepsilon_0, \qquad \rho_{\ell,2} = \rho_{\ell,4} = 0.2222\varepsilon_0, \qquad \rho_{\ell,3} = 0.2170\varepsilon_0$$

여기서, 선의 중심부분의 전하밀도가 끝부분의 전하밀도보다 작다는 것에 주목하라. 양쪽 끝부분에서 대칭성이 깨지기 때문에 이러한 불균일한 분포가 생긴다는 것을 짐작할 수 있다.

전하는 표면에 불균일한 전하밀도 ρ_s로 분포될 수 있다. 이 경우, 우리는 표면을 그림 4-24에서 나타낸 것처럼 작은 사각형 영역 Δs_i ($i = 1, 2, ..., N$)으로 나눈다. 미지의 전위에 대한 열행렬은 $[V] = [V_1, V_2, ..., V_N]^T$가 된다. 이 때, $N = M \times M$은 각각의 영역 $\Delta S_j = a^2$의 행렬 요소의 수이다. 이 사각행렬의 비대각요소는 다음과 같이 된다.

$$P_{i,j} = \frac{1}{4\pi\varepsilon_0}\frac{\Delta s_j}{|\mathbf{r}_i - \mathbf{r}_j|} \tag{4.106}$$

이 단계에서 우리는 다시 한 번 대각요소에서의 특이성을 다룰 것이다. 특이성을 제거하기 위해서, 우리는 면적 Δs인 작은 사각형 영역을 같은 전하를 가진 원형영역으로 대체한다. 이 원의 면적은 πb^2이고, 사각형의 면적 a^2와 같다. 가정을 통해서, 원의 반경 b는 $b = a/\sqrt{\pi}$로 계산된다. 이렇게 원의 내부에 분포하고 있는 전하

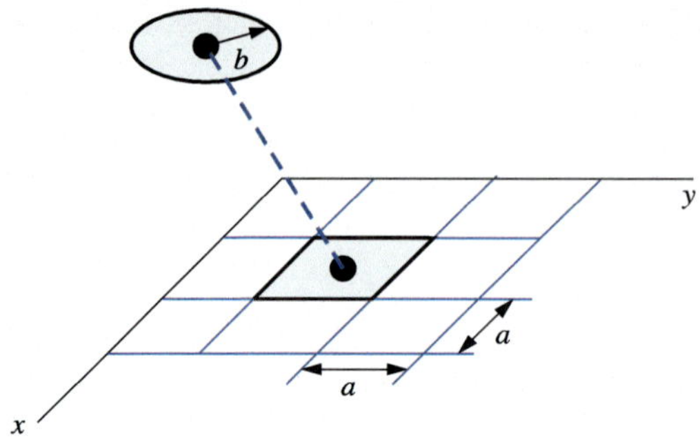

그림 4-24

전하는 표면에 분포하고 있고, 전하밀도는 ρ_s이다. 특이요소들은 같은 면적을 가진 원형요소들로 대체되었다.

는 원의 중심에 존재한다고 가정한다. 그러면 우리는 이 전하와 이것이 원의 중심에서 존재한다는 가정에 의해서 원의 주변에 분포하는 전위를 구할 수 있다. 전위에 대한 평가는 대각행렬요소를 위한 다음과 같은 근사를 할 수 있게 한다.

$$P_{i,i} = \frac{1}{4\pi\varepsilon_0}\int_0^{2\pi}\int_0^{b}\frac{\rho' d\rho' d\phi'}{\rho'} = \frac{1}{4\pi\varepsilon_0}(2\pi b) = \frac{b}{2\varepsilon_0} = \frac{1}{2\varepsilon_0}\sqrt{\frac{\Delta s_i}{\pi}} \tag{4.107}$$

여기서, 원의 반경은 격자요소의 면적으로 나타내었다.

이 경우에 해당하는 전형적인 문제는 평행평판의 캐패시턴스를 계산하는 것이다. 이러한 계산에서, 두 개의 금속판은 그림 4-24에서 나타낸 것과 같이 N개의 작은 영역으로 나누어진다. 여기서 캐패시턴스 C는 다음의 식으로 계산된다.

$$C = \frac{Q}{V} \tag{4.108}$$

여기서, Q는 상부의 금속판에 저장되는 전하이고 V는 두 금속판사이의 전압이다.

예제 4.26

평행한 사각형의 두 개의 판이 충전되어 있고, 그 크기는 $\mathscr{L} \times \mathscr{L} = 1\ \text{m}^2$이다. 두 판은 서로 $d = 0.1$ m만큼 떨어져 있다. 각 면은 $N = 64$개의 정사각형으로 나누어진다. 윗 쪽의 판에는 +5

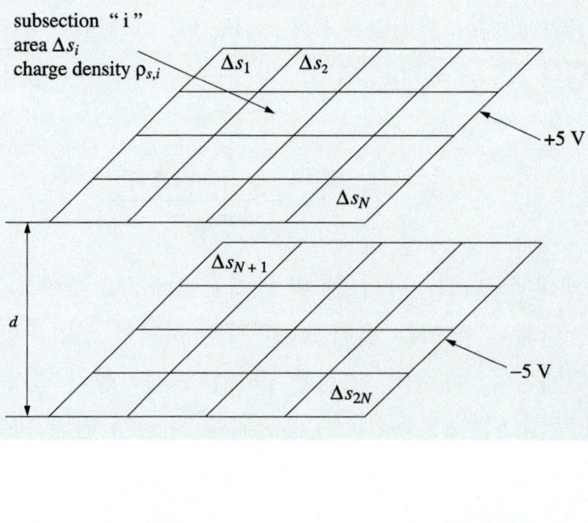

V의 전위가, 아랫 쪽의 판에는 −5 V의 전위가 걸려있다.

(a) MoM법을 이용하여서 전하밀도를 구하고 도시하여라.

(b) 이 충전된 도체에서 발생하는 캐패시턴스를 구하여라. 이 결과를 캐패시턴스의 단순한 계산식 $C / \varepsilon_0 = \mathscr{L}^2/d = 10$의 결과와 비교하여라.

답.

(a) 기지의 전위에 대한 열벡터는 다음과 같다.

$$[V] = [+5,\ +5,\ ...,\ +5;\ -5,\ -5,\ ...,\ -5]^T$$

풀어야 할 행렬식은 식 (4.106)과 (4.107)에 의해서 정의된 $[P]$행렬로서의 식 (4.101)이다. 표면전하분포에 대한 이 행렬식의 해는 다음의 그림에서 도시되었다.

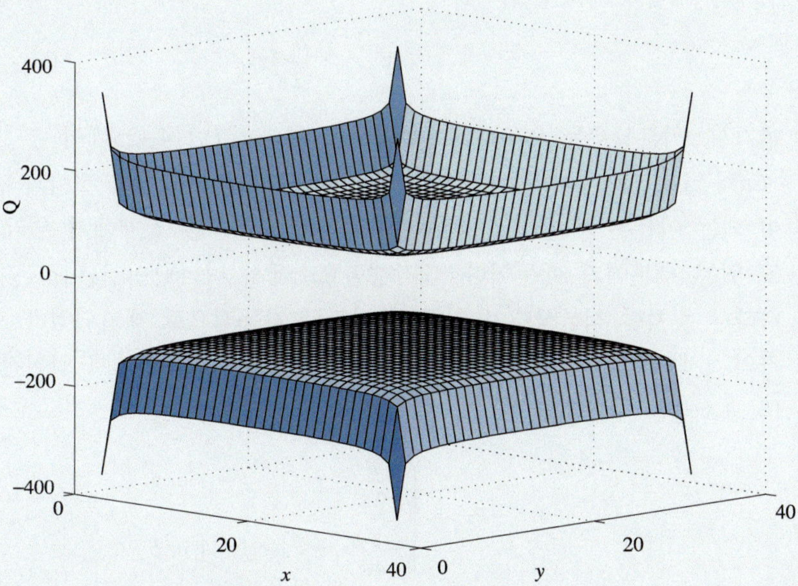

(b) 부분의 수 $N = 64$로 규격화된 캐패시턴스 $C_0 = C/\varepsilon_0$를 계산하면 $C_0 = 13.3811$의 값을 얻을 수 있다. 이 값은 기초적인 식 $C/\varepsilon_0 = \mathscr{L}^2/\mathrm{d} = 10$을 이용하여서 구한 결과보다 더 크다. 이 식은 두 판사이의 거리가 판의 넓이에 비해서 충분히 작아서 모서리에서의 누설을 무시할 수 있다고 가정한 것이다. 정확도는 면적을 보다 작게 나누어서 높일 수 있다. 판에서의 섭동(Perturbation)이나 판이 완전히 평행하지 않기 때문에 발생한 불균일한 전하분포를 구하는 것도 역시 가능하다.[1]

MoM을 조금 다른 종류의 문제, 기지의 전위분포로부터 1차원의 전하분포를 구

[1] Bai, E. W., and Lonngren, K. E., "Capacitors and the method of moments," *Computers and Electrical Engineering*, vol. 30, 2004, pp. 223–29.

하기 위한 문제에 적용해보자. 전위분포와 결과적으로 구해질 전하분포는 pn 정션의 공핍층과 같이, 매우 불균일할 수 있다. 이 경우, 그림 4-25에서 나타낸 것과 같이 연속적인 전하의 판이 있는 것과 같이 가정할 수 있다. 각 전하 판에서의 증분전하밀도는 균일하고 그 값은 $\rho_{s,j}$이다. 각 판의 거리는 동일하다고 가정하고 그 거리는 d라고 하자.

일정한 표면전하밀도 $\rho_{s,j}$(C/m^2)를 가진 무한금속판 주위의 전계의 세기는 다음과 같이 주어진다.

$$E_j = \frac{\rho_{s,j}}{2\varepsilon}$$

전하가 충전된 판 j에서 거리 $z = |z_i - z_j|$만큼 떨어진 임의의 지점 주위의 전위는 전계를 적분해서 구할 수 있다.

$$V_j = -\frac{\rho_{s,j}}{2\varepsilon}z \tag{4.109}$$

여기서, 적분상수는 영(0)으로 설정되어 있다. 그림 4-25에서 두 개의 끝점 $z_1 = -2d$와 $z_5 = +2d$에서의 전위는 식 (4.109)에서 나타낸 값의 절반과 같다. 절반의 값이 되는 이유는 계산하고자 하는 영역에서 정의되는 전계에서 우리가 관심을 가지고 있는 부분이기 때문이다. 대각행렬요소에서 나타났던 특이성은 식 (4.109)에서 나타난 것처럼 적분상수가 영(0)이 되므로 자동적으로 제거되었다. 이 경우 소스전하의 열벡터는 $[Q/\Delta s] = [\rho_{s,1}, \ldots, \rho_{s,5}]^T$이다. 식 (4.109)에서 얻어진 사각 행렬 $[P]$의 요소들은 다음과 같이 된다.

$$P_{i,j} = \begin{cases} -\dfrac{d}{2\varepsilon}|z_i - z_j|, & j \neq 1 \text{ or } 5 \\ -\dfrac{d}{4\varepsilon}|z_i - z_j|, & j = 1 \text{ or } 5 \end{cases} \tag{4.110}$$

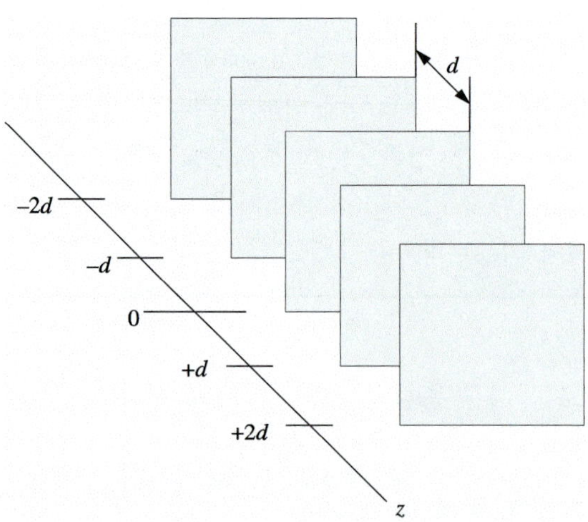

그림 4-25

pn 결합을 표현하는 하전된 판 모델.

혹은 행렬로서,

$$[P] = -\frac{d}{2\varepsilon}\begin{bmatrix} 0/2 & 1 & 2 & 3 & 4/2 \\ 1/2 & 0 & 1 & 2 & 3/2 \\ 2/2 & 1 & 0 & 1 & 2/2 \\ 3/2 & 2 & 1 & 0 & 1/2 \\ 4/2 & 3 & 2 & 1 & 0/2 \end{bmatrix}$$

이제 공간내에서 선형적으로 변화하는 전위값이 $[V] = [-2, -1, 0, 1, 2]^T$로 되는 것을 명확히 해보자. 행렬식 (4.101)을 풀면 다음과 같은 결과를 얻을 수 있다.

$$[\rho_{s,1}, \rho_{s,2}, \rho_{s,3}, \rho_{s,4}, \rho_{s,5}]^T = \frac{2\varepsilon}{d}[-1,0,0,0,+1]^T. \tag{4.111}$$

이 결과는 선형적으로 변화하는 전위의 경사에 비례하는 전계가 일정하다는 사실을 나타낸다. 이것은 각 변에 존재하는 전하밀도로부터 구해진다. 다른 전위의 분포들도 적용될 수 있고, 이것은 물론 다른 전하의 분포를 야기한다.[2]

여기까지가 MoM에 대한 간단한 소개였다. 우리가 살펴보았듯이, 이 기법은 전하의 분포를 구하기 위해서 매우 유용하게 사용될 수 있다.

4.9 결론

두 부분으로 나누어진 영역내에서 전계와 자계의 계산은 경계조건을 필요로 한다. 경계치문제의 결과적인 해는 몇몇 기법에 의해서 구해질 수 있다는 것을 살펴보았다. 이 기법들은 해석적인 것들일 수도 있고 수치적인 것들일 수도 있다.

전자기학에서 보다 복잡한 문제들을 풀기 위해서 사용되는 다섯 가지 기법들이 이 장에서 소개되었다. 두 가지는 해석적인 기법들이었으며 나머지 세 가지는 수치적인 기법들이었다.

1. 1차원방정식의 직접적 적분
2. 2차원방정식의 푸리에 급수 전개
3. 유한차분법
4. 유한요소법
5. 모멘트법

이 방법들은 1차원과 2차원에 대해서 설명되었다. 1번과 2번의 기법은 전위에 대한 미분방정식(포와송방정식과 라플라스방정식)에 바탕을 두고 있으며, 다른 것들은

[2] K. E. Lonngren, P. V. Schwartz, E. W. Bai, W. C. Theisen, R. L. Merlino, and R. T. Carpenter, "Extracting Double Layer Charge Density Distributions using the Method of Moments," IEEE Transactions on Plasma Science, vol. 24, pp. 278−K280, (1994).

미지의 전하분포에 대한 적분방정식에 바탕을 두고 있다. 여기서 소개된 수치적인 기법들은 3차원문제에도 적용될 수 있다. 이 책에서 다룬, MATLAB으로 만들어진 수치해석 프로그램들을 웹사이트(*http://www.scitechpub.com/lonngren2e.htm*)에서 구할 수 있다.

이 장에서 다룬 모든 기법들은 선형성을 가정하고 있고, ***선형중첩의 원리***가 적용될 수 있다. 그러나 우리는 종종 자연계에서 ***비선형성***에 접하곤 하며, 이러한 비선형성은 해를 구하기 위한 기법의 대폭적인 수정을 요구하기도 한다. 다른 프로그래밍언어, 해석시의 수렴도, 수치적인 오차 등과 관련한 수많은 의문들은 다음의 강좌를 위해서 남겨두는 것이 좋을 것 같다. 문제가 생기면 해결할 수 있는 방법도 발견된다.

4.10 연습문제

4.1.1. $x < 0$인 영역에서 $\mathbf{E} = 2\mathbf{u_x} + 2\mathbf{u_y}$ V/m라고 할 때, $x > 0$인 영역에서의 전계를 구하여라. 표면전하밀도는 없다고 가정하라.

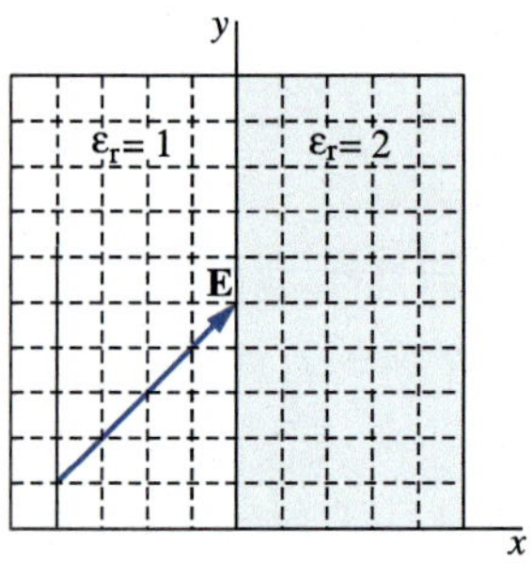

4.1.2. 표면전하밀도가 ρ_s = 1 C/m^{2}라고 할 때, 문제 4.1.1을 다시 풀어라.

4.1.3. $x > 0$인 영역에서 전계를 구하여라. 표면 전하밀도는 없다고 가정하고, 전계의 크기는 5 V/m이다.

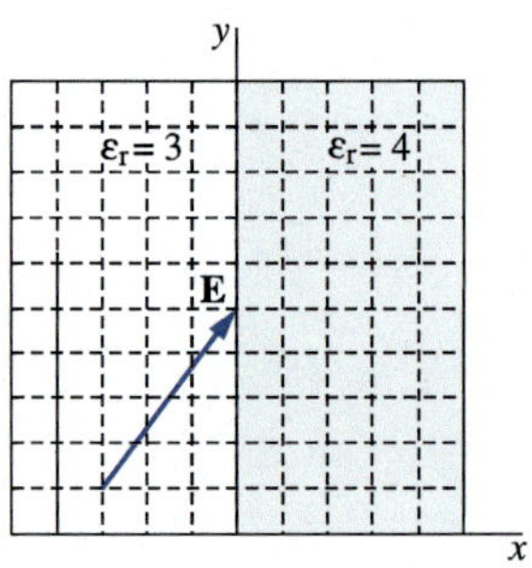

4.1.4. 표면전하밀도가 ρ_s = 0.5 C/m^{2}일 때, 문제 4.1.3을 풀어라.

4.1.5. $x < 0$인 영역에서 $\mathbf{B} = 4\mathbf{u_x} + 4\mathbf{u_y}$ T일 때, $x > 0$인 영역에서의 자속밀도를 구하여라. 단, 표면전류는 영(0)이다.

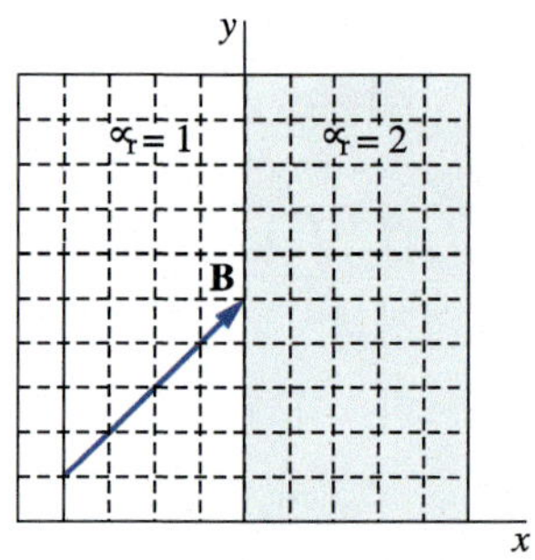

4.1.6. 표면 전류밀도가 $\mathbf{J}_s = (9\mathbf{u_z} + 9\mathbf{u_y})$ A/m라고 할 때, 문제 4.1.5를 풀어라.

4.1.7. 아래에서 표시한 것과 같은 전계가 존재할 수 있는가? 만약 없다면, 어떤 부가적인 전계가 있어야만 이 전계가 존재할 수 있겠는가?

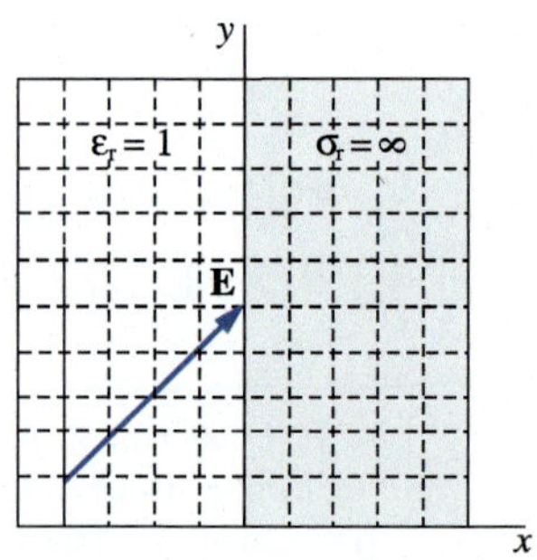

4.3.1. 두 개의 속이 빈 동심구(구형캐패시터)사이의 영역에 대해서 라플라스방정식을 풀어서 전위분포$V(r)$를 구하여라. 구좌표계를 이용하고, 다음의 경계조건을 적용하여라. $V = 0$ at $r = a$ 그리고 $V = V_0$ at $r = b$ 대칭성을 활용하여 계산을 단순하게 하여라.

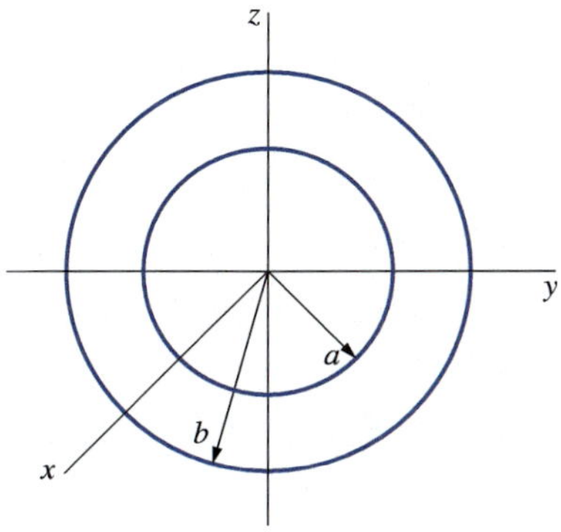

4.3.2. 문제 4.3.1에서의 구형캐패시터의 캐패시턴스 C를 구하여라.

4.3.3. 두 개의 속이 빈 동축의 콘(Cone)사이의 영역에 대해서 라플라스방정식을 풀어서 전위분포 $V(\theta)$를 구하여라. $\theta = \theta_1$에서의 전위는 $V = V_1$이고, $\theta_2 = \pi - \theta_1$에서 전위는 $V = 0$이다. 이 콘의 꼭지점 $\rho = 0$은 절연되어 있다. 문제를 단순하게 하기 위해서 대칭성을 활용하여라.

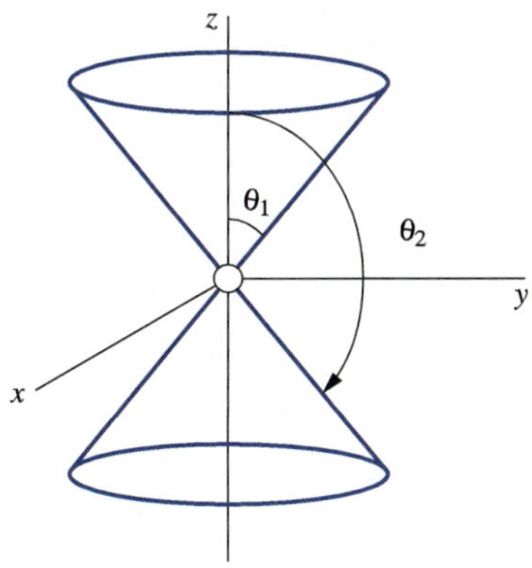

4.3.4. 경계조건이 $V(0) = 3$와 $V(1) = 0$로 주어질 때, 영역 $0 < x < 1$에서의 전위 $V(x)$를 구하여라.

4.3.5. 전계가 법선방향이고 일정한 값 $\mathbf{E_x} = 4$를 가질 때, 영역 $0 < x < 2$에서의 전위 $V(x)$를 구하여라.

4.3.6. 영역 $0 < x < 1$에서의 전위 $V(x)$를 구하여라. 전하밀도가 $\rho_v = -4\varepsilon$인 전하는 균일하게 분포되어 있다고 가정하라. 전위는 다음의 경계조건을 만족시킨다. $V(0) = 3$ 그리고 $V(1) = 0$

4.3.7. 문제 4.3.6에서 법선방향의 전계 $\mathbf{E_x}(x)$를 구하여라.

4.3.8. 원통형 캐패시터의 단위길이당 캐패시턴스 C_0를 구하여라. 원통형 캐패시터는 반경 a와 $b(b > a)$를 가진 두 개의 긴 동축 원통으로 구성된다. 전위를 계산하기 위한 경계조건은 $V(\rho = a) = V_0$ 그리고 $V(\rho = b) = 0$이다.

4.3.9. 길이 $2\mathscr{L} = 2$ m인 좁은 판이 있다. 이 판의 중심으로부터 $r = 1$ m만큼 떨어진 점 P에서 전위 $V(r)$는 해석적인 적분을 이용하여서 계산하라. 이 판에는 1 C의 전하가 균일하게 분포하고 있다.

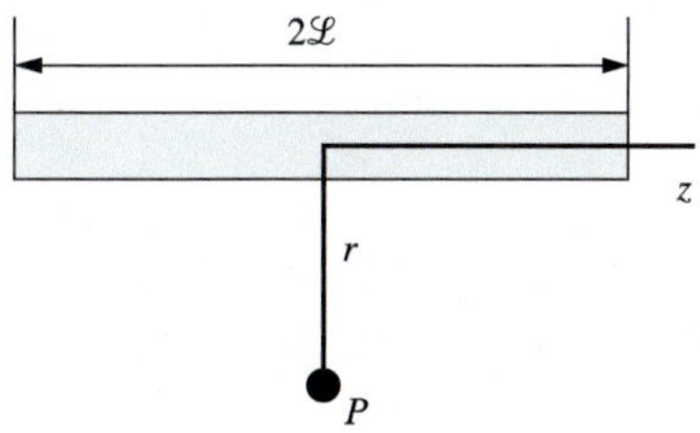

4.3.10. 문제 4.3.9를 $\rho_\ell(z) = \rho_{\ell 0}[1 - |z|/\mathscr{L}]$(여기서, $z = 0$은 판의 중심점이다)의 전하밀도를 가진 불균일한 전하가 분포되었다고 가정하고 계산하여라.

4.3.11. 문제 4.3.9에서, 전위가 아닌 전계 $\mathbf{E_r(r)}$를 계산하여라.

4.3.12. 전하가 충전되어 있고 직경이 $2a$인 원형루프로부터 z 축을 따라 전위 $V(z)$를 계산하기 위한 수치적인 적분과 해석적인 적분을 비교하여라. 전하 Q는 루프에 균일하게 분포되어 있다.

4.3.13. 앞의 문제에서, 전계 $\mathbf{E_z}(z)$를 계산하기 위한 수치적인 적분과 해석적인 적분을 비교하여라. 그리고, $a \to 0$인 경우의 해를 구하여라.

4.3.14. 전하가 충전되어 있고 직경이 $2a$인 원판으로부터 z 축을 따라 전위 $V(z)$를 계산하기 위한 수치적인 결과와 해석적인 결과를 비교하여라. 전하 Q는 루프에 균일하게 분포되어 있다.

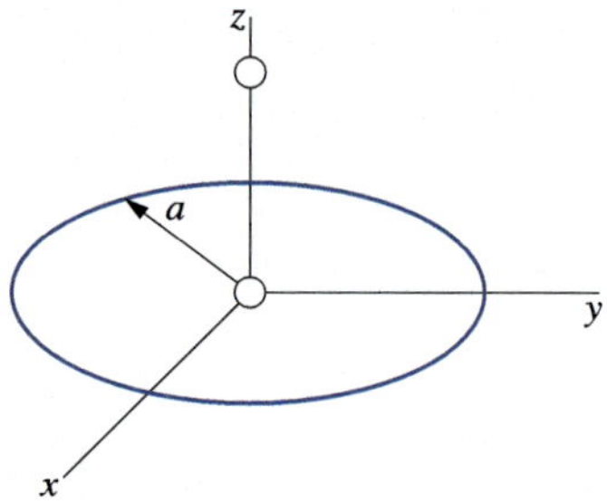

4.3.15. 앞의 문제에서 전계 $\mathbf{E}_z(z)$를 계산하기 위한 수치적인 결과와 해석적인 결과를 비교하여라. $a \to \infty$인 경우의 해를 구하여라.

4.3.16. 두 평행한 원판($0 < z < c$) 사이의 전위 $V(z)$를 수치적으로 계산한 것과 해석적으로 계산한 결과를 비교하여라. 원판은 충분히 넓어서 전계는 두 원판사이에만 존재한다. 즉, 전계의 누설은 무시된다. 경계조건은 $V(0) = 0$와 $V(c) = V_0$이다. 법선 방향의 전계 $\mathbf{E}_z$, 전속밀도 $\mathbf{D}_z$, 그리고 두 원판의 표면전하밀도 ρ_s를 구하여라.

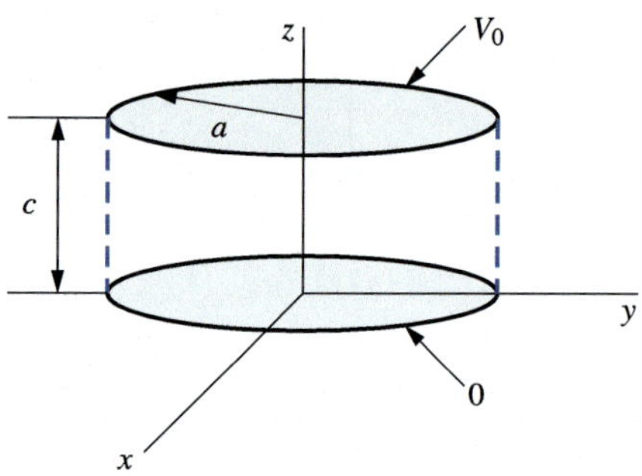

4.5.1. 아래 그림에서 제시된 경계조건에 대하여, 내부영역에서의 전위분포 $V(x, y)$를 라플라스방정식을 풀고 경계조건을 푸리에 급수로 확장함으로써 구하여라.

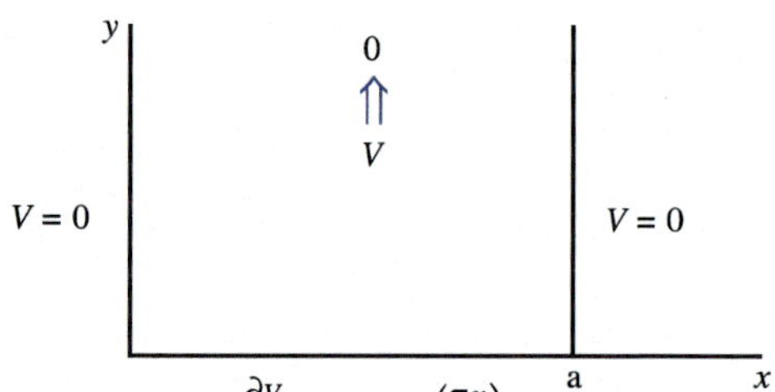

$$\frac{\partial V}{\partial y} = -E_0 \sin\left(\frac{\pi x}{a}\right)$$

4.5.2. 문제 4.5.1에서 나타낸 채널내부의 전위를 $x = 0$과 $x = a$ 그리고 $y = \infty$에서의 경계조건을 이용하여서 구하여라. $y = 0$에서의 경계조건은 $\mathbf{E} = \mathbf{E}_0\mathbf{u}_y$로 주어지고, 여기서 $\mathbf{E}_0$는 상수이다.

4.5.3. 문제 4.5.1에서 나타낸 채널내부의 전위를 $x = 0$과 $x = a$ 그리고 $y = \infty$에서의 경계조건을 이용하여서 구하여라. $y = 0$에서의 경계조건은 $0 < x < (a/2)$일 때 $V_0 = +V_0$이고, $(a/2) < x < a$일 때 $V = -V_0$이다.

4.5.4. 문제 4.5.3에서 전계 (E_x, E_y)를 구하여라.

4.5.5. 영역 $0 > x >$ a에서 전위분포 $V = V_0(x/a)$를 표현하는 식을 구하여라.

4.5.6. $y > 0$인 영역에서 전위분포 $V(x, y)$를 구하여라. 경계조건이 주기성을 가지기 때문에, 경계는 푸리에 급수로 전개할 수 있다. 이 문제는 도체가 유전체에 임플랜트된 VLSI회로를 모델링한 것이다. 금속 스트립의 두께는 무시한다.

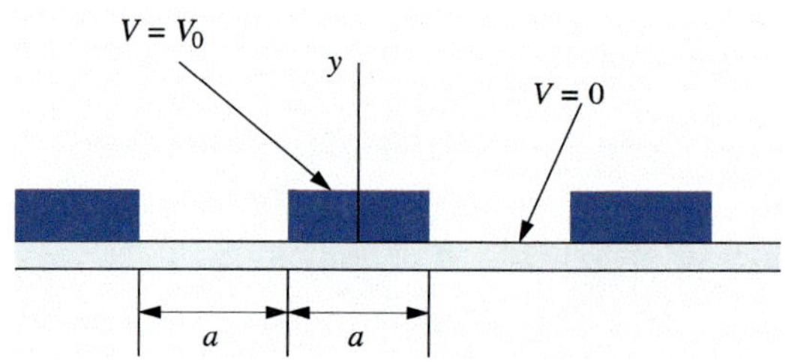

4.5.7. 아래의 그림에서 주어진 경계조건에 대해서, 영역 내부의 전위분포 $V(x, y)$를 라플라스방정식을 풀어서 구하여라. ($a = 1$ m, $V_0 = 25$ V)라고 할 때, 전위분포를 도시하여라.

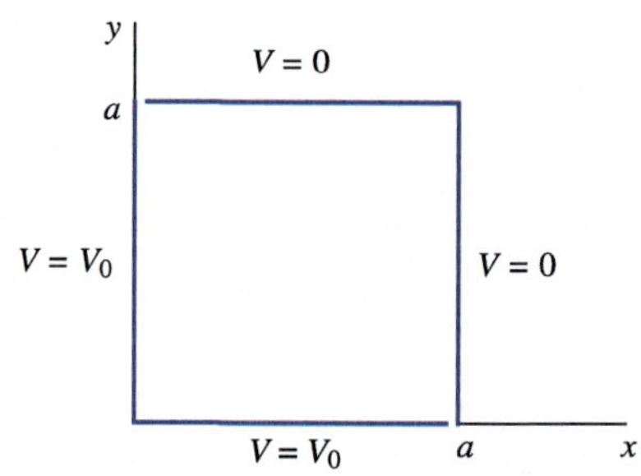

4.5.8. 원통 좌표계에서 라플라스방정식의 해 $V(\rho, \phi, z) = R(\rho)\Phi(\phi)Z(z)$를 이용해서 이 상미분방정식을 만족시킨다는 것을 보여라.

$$\rho^2\frac{d^2R}{d\rho^2} + r\frac{dR}{d\rho} + ((\lambda\rho)^2 - n^2)R = 0$$

분리상수(Separation constant)는 $\alpha = n^2$로 가정된다. 여기서, n은 양의 정수이고 상수 λ는 실수이다. 두 개의 종속변수에 대한 해는 $\Phi_n(\phi) = e^{\pm jn\phi}$ 그리고 $Z_n(z) = e^{\pm\lambda z}$이다. 이 방정식에 대한 해는 $R_n(\rho) = J_n(\lambda\rho)$이고, 이것은 무한지수급수의 형태로 얻어질 수 있다. n차의 제1종 ***베셀함수(Bessel function)***라고 불리는 마지막 함수의 급수전개를 구하여라. MATLAB을 이용해서 세 번째 함수까지(n = 1, 2; 1 = 1)를 도시하여라.

4.5.9. 구좌표계에서의 라플라스방정식 $V(r, \theta, \phi) = R(r)\Theta(\theta)\Phi(\phi)$에서의 해를 이용해서, $R(r)$이 다음의 미분방정식을 만족시키는 것을 보여라.

$$r^2\frac{d^2R}{dr^2} + 2r\frac{dR}{dr} - n(n+1)R = 0$$

분리 상수(Separation constant)는 $\alpha = n(n + 1)$이라고 가정하라. 여기서 $n \geqslant 0$은 정수이고 $\Theta(\theta)$는 상수(회전 대칭)이다. 이 방정식에서 두 개의 특수해 $R_n(r)$를 구하여라.

4.5.10. 문제 4.5.9에서의 $\Theta(\theta)$에 대한 상미분방정식이 다음과 같이 된다는 것을 증명하여라.

$$\sin\theta\frac{d^2\Theta}{d\theta^2} + \cos\theta\frac{d\Theta}{d\theta} + [n(n+1)\sin\theta]\Theta = 0$$

$\cos\theta = \xi$이라 하고, 이 방정식의 해 $\Theta_n(\theta) = P_n(\xi)$를 구하여라. 여기서 이 n^{th}차 다항식은 ***르장드르 다항식(Legendre polynomial)***이라고 불린다. MATLAB을 이용하여서 세 개까지의 함수(n = 0, 1, 2)를 도시하여라.

4.5.11. 다음의 경우에 대해서, 거리 r에 따라 증가하는 라플라스방정식의 특수해 $V_n(r, \theta)$를 구하여라. *a)* $n = 0$ (charge), *b)* $n = 1$ (dipole) 그리고 *c)* $n = 2$ (quadrupole). 이 문제를 풀기 위해서, 문제 4.5.9와 4.5.10에서 구한 결과를 이용하여라.

4.5.12. 문제 4.5.8에서 구해진 $n = 0$인 경우의 원통좌표계에서의 라플라스방정식의 해 $f_1(\rho) = J_0(\lambda\rho)$를, $\lambda\rho < 1$인 경우의 작은 값에 대한 지수급수의 2차 근사를 이용하여서, 직각좌표계에서의 라플라스방정식의 해 $f_2(\rho) = \cos(\lambda x)\cos(\lambda y)$와 비교하여라.

4.7.1. 전압의 분포가 다음과 같을 조건을 구하여라.

$$V(x, y) = a + bx + cy + dx^2 + exy + fy^2$$

여기서, a, b, c, d, e, f는 상수이고 라플라스방정식의 해이다.

4.7.2. (a) 식 (4.79)에서 나타낸 정방행렬을 이용해서 세 개의 점들 (0, 0), (0, 2), (2, 2)에 의해서 결정되는 삼각형의 면적을 구하여라. 이 결과를 MATLAB을 이용해서 검증하여라.

(b) 각 노드에서의 전압이 $V(0, 0) = 0$; $V(2, 0) = 0$; 그리고 $V(2, 2) = 2$라고 할 때, 삼각형 내부의 전압분포를 구하여라.

4.7.3. 식 (4.82)에서 나타난 계수들이 틀리지 않았다는 것을 증명하라.

4.7.4. 예제 4.19에서 사용되었던 행렬계수를 구하여라.

4.7.5. 문제 4.7.1에서 정해진 삼각형 영역 내에 저장되는 정전계 에너지를 구하여라.

4.7.6. 에너지 최소화 기법을 이용해서, (0, 2)에 위치하는 노드에서의 전압을 계산하여라. 이 때 다른 전압들은 식 (4.37)에서 정해진다고 하자. 이 삼각형 영역 내에서의 전압분포를 구하여라.

4.7.7. 두 개의 충전된 면 사이의 삼각형 영역에서의 전위분포를 FEM을 이용해서 계산하여라. a = 1 m이고 V_0 = 16 V라고 하자. 전위 분포를 도시하여라.

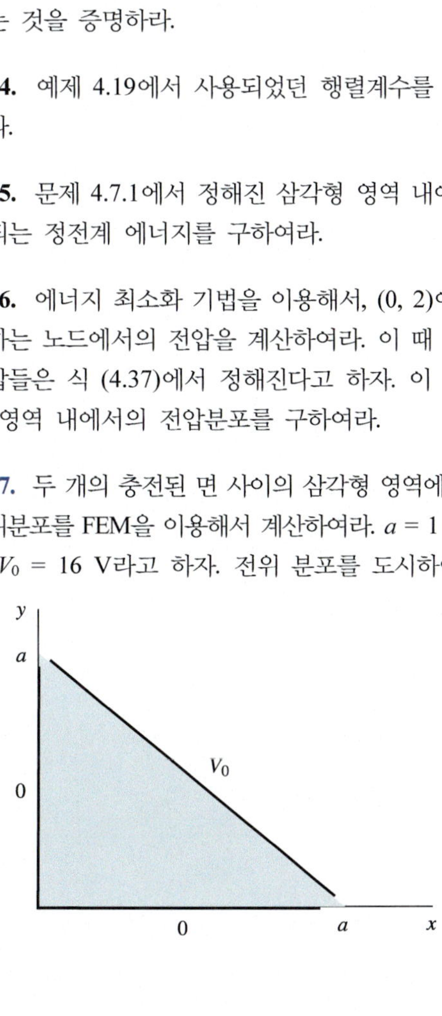

4.8.1. 전위가 0과 $V_0(V_0 = 10\ \text{V})$로 충전된 두 표면 사이의 사각형 영역 $a \times a(a = 2\ \text{m})$에서의 표면전하밀도 ρ_s를 MoM법을 경계적분방정식에 적용해서 구하여라. 그리고, 간단한 적분을 통해서, 메쉬의 모든 중간점들에 대한 전위를 구하여라. 전위의 분포를 도시하여라.

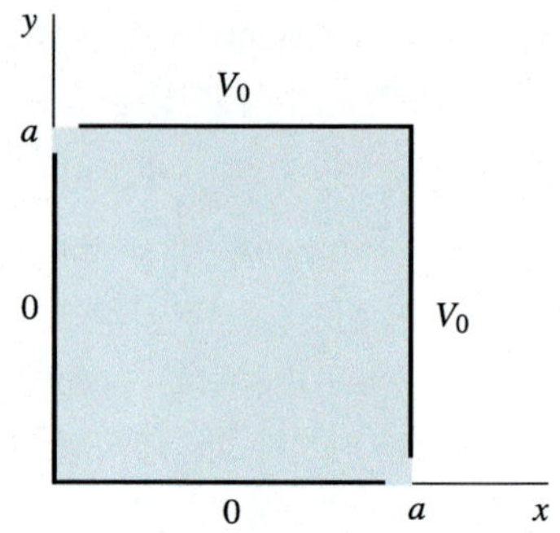

CHAPTER 5

시변전자계

시변전자계에 대한 논의는 이 책의 후반부에서 다루게 될 중요한 주제이다. 본 장에서는 2장과 3장에서 배운 정전자계를 시변전자계로 확장하여 일반화할 것이다. 먼저 전자계를 표현하는 방정식들을 정립한 19세기의 저명한 학자 제임스 클럭 맥스웰(James Clerk Maxwell)의 이론에 대해 정확히 이해하도록 하자. 이 방정식들은 두 세기에 걸친 실험적 이론적 문제 제기에도 결점 없이 유지되어 왔다. 이 방정식들은 뉴턴(Newton)방정식과 알버트 아인슈타인(Albert Einstein)의 상대성 이론[1]에 버금가는 것으로 여겨지고 있다. 이 장에서는 맥스웰이 무엇을 발견하였고 증명하였는지를 관심 있게 볼 것이다.

5.1 패러데이의 유도법칙

시변전기회로를 공부하는 입문 강의에서 직면하는 첫 시변전자계의 현상은 회로에 삽입된 인덕터에 인가된 전위에 관한 것이며 이 효과를 설명하는 간단한 회로가 그림 5-1에 있다.

인덕터에 인가된 전위는 다음의 식으로 표현된다.

$$V(t) = L\frac{dI(t)}{dt} \tag{5.1}$$

여기서 L은 인덕턴스이고 단위는 헨리(Henry)이다. $V(t)$는 인덕터에 인가되는 시변

[1] 이들 세 거인들이 현재에 카페에서 만난다면 어떤 말들을 하고 어떤 글들을 쓸지 상상할 수밖에 없다.

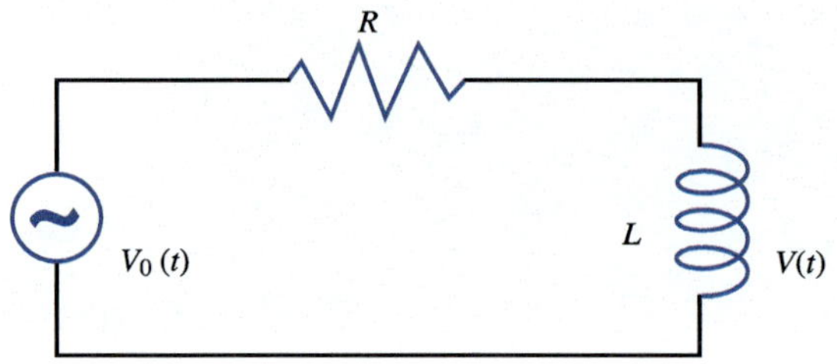

그림 5-1

교류 전원인 $V_0(t)$와 인덕터 그리고 저항으로 구성된 간단한 전기회로이다. 인덕터에 인가된 전위는 $V(t)$이다.

전압이고, $I(t)$는 인덕터에 흐르는 시변전류이다. 이러한 값들의 시간에 대한 변화는 전원에 의해서 결정된다. 예를 들면, 회로 안의 시정현전원은 시정현전류를 유도하며, 펄스 형태의 전원은 일시적인 펄스 형태의 전류를 유도한다. 시불변전류는 시불변자계를 형성하고, 시불변전위는 시불변전계와 관련되어 있다는 것을 3장에서 확인하였다. 이러한 값들은 앞으로 보여줄 시변의 경우에도 동일한 관계를 가진다.

전계와 자계성분의 실제적인 관계는 실험적으로 검증된 패러데이의 법칙을 사용하여 계산할 수 있다. ***패러데이의 법칙***은 아래와 같다.

$$V(t) = -\frac{d\Psi_m(t)}{dt} \tag{5.2}$$

여기서 $\Psi_m(t)$는 단면을 지나는 총 시변자속이다. 이 법칙에 의하면 자기장이 통과하는 단면을 완전히 둘러싸는 폐곡선에 전위 $V(t)$가 유도되며, 유도된 전위 $V(t)$는 미소거리만큼 떨어진 두 지점 사이의 전위차이다. 떨어진 거리가 매주 작으므로 루프를 폐루프로 가정할 수 있다. 유도된 전위의 극성은 자속의 변화에 반대방향이므로 식 (5.2)에 음의 부호가 삽입된다. 전위는 두 지점 사이의 전계를 선적분하여 계산할 수 있다. 이 효과는 ***렌츠의 법칙(Lenz's law)***으로도 알려져 있다.

그림 5-2에서 이 효과를 도식적으로 나타내었다. 그림과 같이 단면적 Δs를 가지는 작은 루프들은 실제 시변자계를 탐지하고 그 크기를 나타내기 위해 사용된다. 루프가 충분히 작거나 또는 크기를 줄여서 단면적 Δs가 미소면적 $|\mathbf{ds}|$와 유사하다고

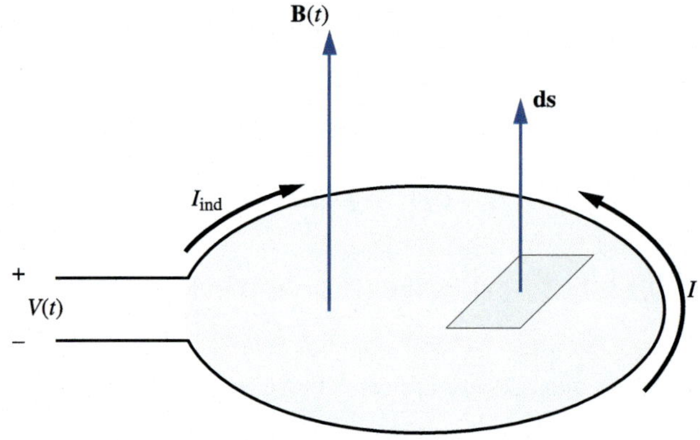

그림 5-2

시변자계가 통과하는 루프.

가정하자. **ds**의 벡터방향은 루프의 미소면적을 포함하는 면과 수직이다. 만약 움직이지 않는 루프의 방향 **ds**가 자속밀도 **B**(t)와 수직이면 루프 안에 통과하는 자속밀도는 0이며 $V(t)$도 0이다. 주어진 축에 대해서 루프를 회전시키면 루프의 방향에 따른 최고 전위 $V(t)$를 탐지하여 **B**(t)의 방향성을 확인할 수 있다. 총자속밀도 Ψ_m를 사용하는 자기회로에 대한 논의를 기억해보자. 이것은 적분형태로 수식화 할 수 있으며 그 중에서도 루프를 통과하는 자속은 다음과 같이 나타낼 수 있다.

$$\Psi_m(t) = \int_{\Delta s} \mathbf{B} \cdot \mathbf{ds} \tag{5.3}$$

이후에 언급하겠지만 자속밀도와 단면적 모두는 시간에 대해서 변할 수 있다. 이 두 값의 스칼라곱은 자속밀도의 방향에 대해서 루프가 임의의 위치에 있을 때 일어나는 효과를 의미한다. 여기서 루프는 도선으로 만들어진 루프가 아닐 수도 있음을 인지해야 하며 루프는 폐루프이다.

예제 5.1

정지된 사각루프의 선로가 공간상 균일한 시변자계를 가지는 x−y 평면 위에 놓여있다.

$$\mathbf{B}(\mathbf{r}, t) = B_0 \sin \omega t \mathbf{u_z}$$

미소거리만큼 떨어진 두 터미널 사이에서 감지되는 전위 $V(t)$를 구하라.

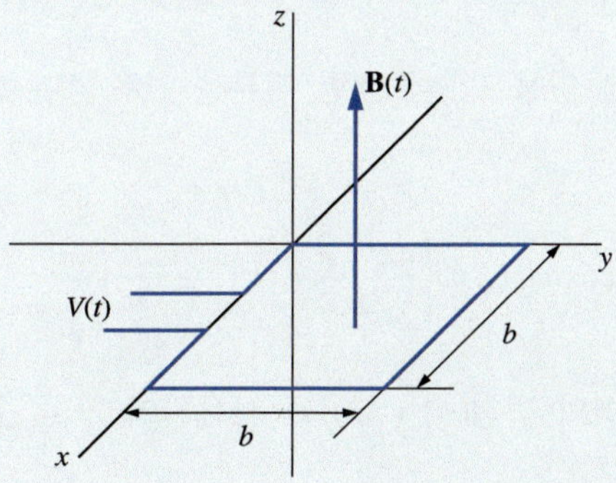

답. 루프로 둘러싸인 자속은 다음과 같다.

$$\Psi_m = \int_{\Delta s} \mathbf{B} \cdot \mathbf{ds} = \int_{y=0}^{b} \int_{x=0}^{b} (B_0 \sin \omega t \mathbf{u_z}) \cdot (dxdy\mathbf{u_z}) = B_0 b^2 \sin \omega t$$

루프의 유도전압은 패러데이의 법칙(식 (5.2))을 사용하여 구할 수 있다.

$$V(t) = -\frac{d\Psi_m(t)}{dt} = -\omega B_0 b^2 \cos \omega t$$

예제 5.2

정지된 사각루프의 선로가 공간상 균일하지 않은 시변자계를 가지는 $x-y$ 평면 위에 놓여있다.

$$\mathbf{B}(\boldsymbol{\rho}, t) = B_0 \cos\left(\frac{\pi\rho}{2b}\right)\cos\omega t\,\mathbf{u_z}$$

여기서 자속의 세기는 $\mathbf{B}_0 = 2$ T이고, 루프의 반경은 $b = 0.05$ m이며, 시변자계의 각 주파수는 $\omega = 2\pi f = 314\ \mathrm{s}^{-1}$이다. 루프의 중심은 $\rho = 0$인 지점이다. 미소거리만큼 떨어진 두 단자 사이에서 감지될 수 있는 전위 $V(t)$를 구하라.

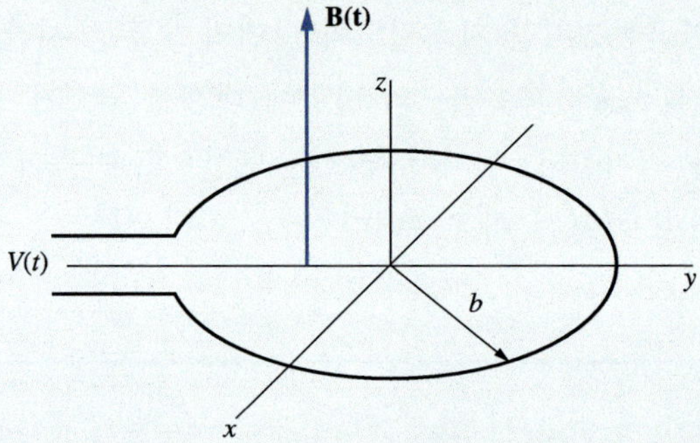

답. 폐루프 안에 둘러싸여 있는 자속 Ψ_m은 다음과 같다.

$$\Psi_m = \int_{\Delta s} \mathbf{B}\bullet\mathbf{ds} = \int_{\phi=0}^{2\pi}\int_{\rho=0}^{b}\left[B_0\cos\left(\frac{\pi\rho}{2b}\right)\cos\omega t\,\mathbf{u_z}\right]\bullet[\rho d\rho d\phi\mathbf{u_z}]$$

ϕ에 대한 적분은 2π 성분을 만들고 ρ에 대한 적분은 안쪽 적분항을 계산해서 구할 수 있으며 다음과 같다.

$$\Psi_m = (B_0\cos\omega t)(2\pi)\left[\frac{4b^2}{\pi^2}\left(\frac{\pi}{2}-1\right)\right] = \frac{8b^2}{\pi}\left(\frac{\pi}{2}-1\right)B_0\cos\omega t$$

루프의 유도전압은 패러데이의 법칙(식 (5.2))을 사용하여 구할 수 있다.

$$V(t) = -\frac{d\Psi_m(t)}{dt} = \frac{8b^2}{\pi}\left(\frac{\pi}{2}-1\right)B_0\omega\sin\omega t = 228.2\sin(314t)\ \mathrm{V}$$

예제 5.3

패러데이 법칙의 또 다른 응용 예는 이상적인 변압기의 동작원리에 대한 설명이다. 루프 1에 시변전위 V_1이 연결되었을 때 루프 2에 유도된 전압을 구하라.

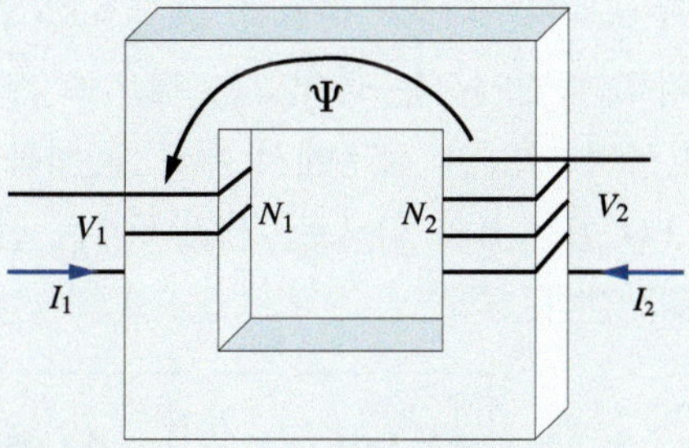

답. 이 문제를 해결하기 위해 먼저 이상적인 변압기를 다룬다고 가정하자. 이는 변압기의 코어가 무한대의 값을 가지는 투자율 $\mu_r = \infty$임을 의미한다.

전위 V_1을 1차 코일(왼쪽)에 인가하면 I_1이 흐르게 되며 또한 오른손 법칙에 의해 자속이 코어를 따라 원형으로 형성된다. 1차 코일의 전위와 자속 Ψ_m은 다음과 같은 관계식을 가진다.

$$V_1 = -N_1 \frac{d\Psi_m}{dt}$$

자속은 2차 코일(오른쪽)에 감겨진 선로에 전압을 유도하며 유도된 전압은 다음과 같다.

$$V_2 = -N_2 \frac{d\Psi_m}{dt}$$

두 번째 수식을 첫 번째 수식으로 나누면 다음과 같이 된다.

$$\frac{V_2}{V_1} = \frac{N_2}{N_1}$$

사용된 이상적인 변압기는 손실이 없으므로 1차 코일에 전해진 모든 순시전력은 2차 코일에 전달이 가능하다. 이는 $P_1 = P_2$이며 $(I_1)(V_1) = (I_2)(V_2)$이다.

이 같은 관계식으로부터 다음이 성립한다.

$$\frac{I_1}{I_2} = \frac{N_2}{N_1}$$

마지막으로 1차 코일과 2차 코일의 저항값을 다음과 같이 계산할 수 있다.

$$R_{\text{pri}} = \frac{V_1}{I_1} \quad \text{and} \quad R_{\text{sec}} = \frac{V_2}{I_2}$$

이는 1차 코일과 2차 코일의 저항 비율이 권선비(turns ratio)의 자승에 비례함을 나타낸다.

$$\frac{R_{\text{pri}}}{R_{\text{sec}}} = \left(\frac{N_1}{N_2}\right)^2$$

실제 사용되는 변압기는 약간의 손실을 가지지만 잘 설계된 변압기의 경우 아주 낮은 코어 손실을 보이므로 보통 효율이 95–98% 정도인 높은 효율을 가지는 장치이다. 변압기를 임피던스 정합용으로 사용하지 않는 경우 1차 코일의 저항값과 2차 코일의 저항값은 정상적인 상태에서 매우 낮다. 따라서 다른 전기장치들과 비교해서 변압기는 매우 효율적인 장치라고 할 수 있다.

그림 5-2의 두 단자는 미소거리만큼 떨어져 있으므로 실제 물리적 거리를 가지고 있더라도 수학적 측면에서는 붙어있는 것으로 가정하자. 이는 두 단자 사이에 전위차를 검출하면서도 다양한 적분에서 루프를 폐곡선이라고 가정할 수 있다. 자속 Ψ_m은 자속밀도 $\mathbf{B}(\mathbf{r}, t) = \mathbf{B}$의 식으로, 전위 $V(t)$는 전계 $\mathbf{E}(\mathbf{r}, t) = \mathbf{E}$의 식으로 나타낼 수 있으며 다음과 같다.

$$\oint \mathbf{E} \cdot d\mathbf{l} = -\frac{d}{dt}\int_{\Delta s} \mathbf{B} \cdot d\mathbf{s} \tag{5.4}$$

전계는 루프의 접선성분이며, 이는 본 논의에서 매우 중요하다. 또한 식 (5.4)는 자속이 시간에 대해서 변할 수 있는 몇 가지 방법을 보여준다. 자속이 시간에 대해서 변하거나, 단면적이 시간에 대해서 변하거나, 또는 두 가지 방법이 조합될 수 있다.

전계와 자계는 공간과 시간에 따라 변함에도 불구하고 앞으로 언급되는 모든 방정식에 이를 명시하지는 않을 것이다. 즉, 방정식에서 $\mathbf{E}(\mathbf{r}, t) \equiv \mathbf{E}$, $\mathbf{H}(\mathbf{r}, t) \equiv \mathbf{H}$로 표기함으로써 이를 나타내는 데 필요한 시간, 공간, 노력을 절감하게 될 것이다. 이 간략화된 표기는 앞으로 언급될 중요한 결과를 보다 쉽게 기억할 수 있도록 할 것이다. 이 표기법에서 독립 공간 변수 $\mathbf{r}$은 직각좌표계에서 3차원 위치 벡터를 의미하며 다음과 같다.

$$\mathbf{r} = x\mathbf{u_x} + y\mathbf{u_y} + z\mathbf{u_z} \tag{5.5}$$

독립 변수 t는 시간을 의미한다. 앞으로 언급될 내용에서 이 표기법을 반드시 기억해야 한다.

식 (5.4)의 폐곡선적분은 스토크스정리를 이용하여 면적분으로 바뀔 수 있다. 식 (5.4)의 좌변을 다음과 같이 변환할 수 있다.

$$\oint \mathbf{E} \cdot d\mathbf{l} = \int_{\Delta s} (\nabla \times \mathbf{E}) \cdot \mathbf{d} \tag{5.6}$$

루프의 면적은 시간에 따라 변하지 않는다고 가정하자. 이는 Δs가 *상수*임을 의미하며 이 경우 시간에 대한 미분은 적분으로 표현될 수 있다.

$$\int_{\Delta s} (\nabla \times \mathbf{E}) \cdot d\mathbf{s} = -\int_{\Delta s} \frac{\partial \mathbf{B}}{\partial t} \cdot d\mathbf{s} \tag{5.7}$$

두 피적분함수가 같은 경우에만 두 적분은 임의의 면적에 대해 같으며, 이는 다음의 수식이 성립함을 의미한다.

$$\nabla \times \mathbf{E} = -\frac{\partial \mathbf{B}}{\partial t} \tag{5.8}$$

적분으로 표현된 식 (5.4)와 미분으로 표현된 식 (5.8)은 동일하게 패러데이 법칙에 포함되어 있는 물리적 효과를 설명할 수 있다. 이 수식들은 또한 발견한 사람에게 경의를 표하는 의미에서 ***패러데이의 유도법칙***으로 불린다. 패러데이는 전하를 둘러싼 ***전자계***라 불리는 새로운 현상에 대한 가설을 세운 후 유도법칙을 1831년에 주장하였다.

예제 5.4

작은 사각루프의 선로 옆에 시변전류가 흐르는 무한히 긴 도선이 놓여있다. 선로의 도전율이 σ일 때 루프에 흐르는 전류 $i(t)$를 계산하여라. 계산을 단순화하기 위해서 루프의 선로에 흐르는 전류 $i(t)$에 의해 발생된 자계는 무시한다.

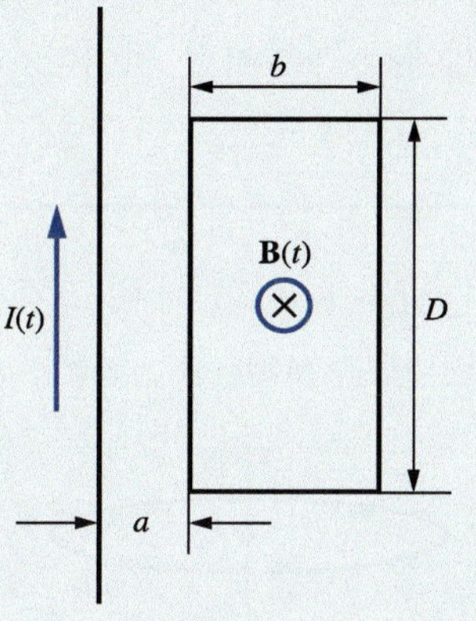

답. 식 (5.4)의 좌변에서 유도전류 $i(t)$를 다음과 같이 쓸 수 있다.

$$\oint \mathbf{E} \cdot \mathbf{dl} = \oint \frac{\mathbf{J} \cdot \mathbf{dl}}{\sigma} = \frac{i(2D + 2b)}{\sigma A} = i(t)R$$

여기서 A는 도선의 단면적이고 R은 도선의 저항값이다. 도선 단면에서의 전류밀도는 균일하다고 가정한다. 무한히 긴 도선에 의한 자계밀도는 암페어의 법칙에 의해 계산할 수 있다.

$$B(t) = \frac{\mu_0 I(t)}{2\pi\rho}$$

식 (5.4)의 우변은 다음과 같다.

$$\begin{aligned}
\frac{d}{dt}\int_{\Delta s} \mathbf{B} \cdot \mathbf{ds} &= -\frac{d}{dt}\left[\int_{z=0}^{D} \int_{\rho=a}^{a+b} \frac{\mu_0 I(t)}{2\pi\rho} d\rho dz\right] \\
&= -\frac{d}{dt}\left[D\frac{\mu_0 I(t)}{2\pi}\ln\left(\frac{b+a}{a}\right)\right] \\
&= -\left[\frac{\mu_0 D}{2\pi}\ln\left(\frac{b+a}{a}\right)\right]\frac{dI(t)}{dt}
\end{aligned}$$

따라서 루프에 의해 유도된 전류 $i(t)$는 다음과 같다.

$$i(t) = -\frac{1}{R}\left[\frac{\mu_0 D}{2\pi}\ln\left(\frac{b+a}{a}\right)\right]\frac{dI(t)}{dt}$$

중괄호 안의 항은 루프와 선로 사이의 ***상호인덕턴스(Mutual inductance)*** M에 해당된다. 만약 루프에 흐르는 전류 $i(t)$에 의해 생성되는 자계의 효과까지 포함하면 $di(t)/dt$에 비례하는 항이 수식에 추가될 것이다. 이 항을 루프의 ***자체 인덕턴스(Self inductance)*** L이라고 부른다. 따라서 루프의 자체 인덕턴스 효과를 추가하기 위해서는 $i(t)$의 미분방정식이 계산되어야 한다.

두 코일 사이의 상호인덕턴스를 계산하는 것도 중요하다. 상호인덕턴스는 한 코일에서의 시변전류가 다른 코일 영역에 시변자계를 형성한다는 가정을 통해 계산될 수 있으며, 다음 예제에서 다루어질 것이다.

예제 5.5

두 개의 평행루프(헬름홀츠 코일, 반경 R = 50 cm이고 중심이 사이의 거리 h = $2R$) 선로로 구현된 시스템의 정규화된 상호인덕턴스 M/μ_0를 구하라.

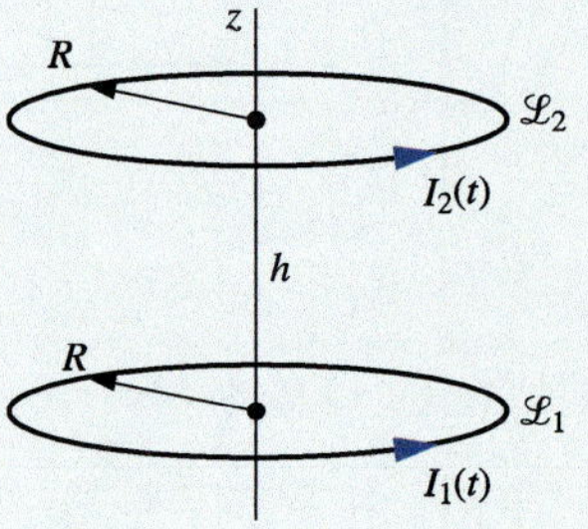

답. 자속밀도를 자계 벡터포텐셜로 바꿀 수 있다. $\mathbf{B} = \nabla \times \mathbf{A}$와 스토크스정리를 이용하여 자속의 면적분을 다음과 같이 선적분으로 줄일 수 있다.

$$\Psi_{m12} = \int_{\Delta s_2} (\nabla \times \mathbf{A}) \cdot d\mathbf{s}_2 = \oint_{\mathscr{L}_2} \mathbf{A} \cdot d\mathbf{l}_2$$

자계 벡터포텐셜은 벡터 포와송방정식의 해이다. 코일의 단면적이 매우 작다고 가정하면 체적적분은 다음과 같이 선적분으로 바뀔 수 있다.

$$\mathbf{A} = \frac{\mu_0 I_1}{4\pi} \oint_{\mathscr{L}_1} \frac{d\mathbf{l}_1}{R_{12}}$$

여기서 R_{12}는 전원(1)과 관찰점(2) 사이의 거리이다. 상호인덕턴스의 정의는 다음과 같다.

$$M = \frac{\Psi_{m12}}{I_1}$$

정규화된 상호인덕턴스는 다음과 같이 이중적분의 형태를 가진다.

$$\frac{M}{\mu_0} = \frac{1}{4\pi} \oint_{\mathscr{L}_2} \oint_{\mathscr{L}_1} \frac{d\mathbf{l}_1 \cdot d\mathbf{l}_2}{R_{12}}$$

이상적인 두 평행루프의 경우 다음의 수식이 성립한다.

$$\frac{M}{\mu_0} = \frac{R^2}{2}\int_0^{2\pi} \frac{\cos\phi d\phi}{\sqrt{h^2 + 2R^2 - 2R^2\cos\phi}}$$

$h = 2R$인 특정경우에는 이 단일 적분이 더 단순화된다.

$$\frac{M}{\mu_0} = R \times \left(\frac{1}{2\sqrt{2}}\int_0^{2\pi} \frac{\cos\phi d\phi}{\sqrt{3 - \cos\phi}}\right) = R \times \text{constant}$$

이는 도선의 반경 R이 증가함에 따라 상호인덕턴스도 선형적으로 증가함을 보여준다. Constant 값을 구하기 위한 적분은 MATLAB의 함수 ***quad***를 사용해서 *수치적*으로 계산할 수 있다. $R = 0.5$ m라고 가정하였을 때 C는 0.1129이고 정규화된 상호인덕턴스는 $M/\mu_0 = 0.0564$이다.

식 (5.7)은 단면적 Δs가 시간에 따라 변하지 않고 단지 시변자계만이 공간에 존재한다는 가정 하에 만들어졌다. 이러한 가정은 자계에 의해 전계가 생성될 경우 성립하지 않을 수 있다. 전기에너지를 기계적 에너지로 변환하거나 기계적 에너지를 전기에너지로 변환하는 많은 경우가 이러한 현상에 기초를 두고 있다.

특히 도전성 막대가 $\mathbf{v}$의 속도로 그림 5-3과 같이 균일한 시불변자계 $\mathbf{B}$를 통해 움직인다고 가정하자. 이 막대에 연결된 도선은 자계와 평행하고 막대가 움직이는 평면보다 훨씬 뒤에서 볼트미터에 연결되어 있다. 로렌츠력 방정식으로부터 도체의 자유 이동 전하에 인가되는 힘 $\mathbf{F}$를 계산할 수 있다. 따라서 막대의 한쪽에는 양전하가 다른 한 쪽에는 음전하가 모이게 된다.

전하의 분포가 양분되면서 막대에는 전계가 형성된다. 막대에 작용하는 힘의 총합은 0이므로 전계와 자계가 만드는 힘은 서로 상쇄되며 전계는 다음 수식과 같이 형성된다.

$$\mathbf{E} \equiv \frac{\mathbf{F}}{q} = \mathbf{v} \times \mathbf{B} \tag{5.9}$$

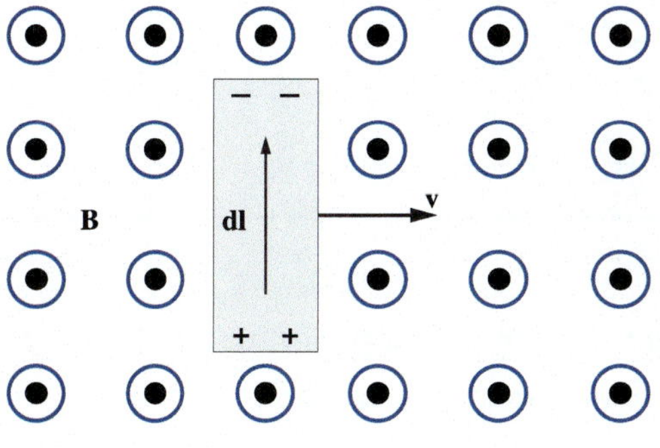

그림 5-3

지면의 바깥쪽을 향하는 균일한 시불변자계 내에서 움직이는 도전성 막대. 다른 부호의 전하 분포가 막대 두 끝부분에 형성된다.

이렇게 유도된 전계는 도전체가 전위 *V*를 가지는 방향으로 작용하며, 전위는 다음과 같이 수식으로 나타낼 수 있다.

$$V = \int_a^b (\mathbf{v} \times \mathbf{B}) \cdot \mathbf{dl} \tag{5.10}$$

예제 5.6

패러데이의 원판발전기는 일정한 시불변자계 안에서 일정한 각속도 $\omega = 600\ \mathrm{s}^{-1}$로 회전하는 원형 금속 원판으로 이루어져있다.

자속밀도 $\mathbf{B} = B_0\mathbf{u_z}$이고 여기서 $B_0 = 4$ T이다. 자속밀도는 원판의 회전축과 평행하다. 반지름 $a = 0.5$ m인 디스크 모서리와 회전축에 접촉되어 있는 브러시 접점(brush contact) 양단에 유도되는 개방전압을 구하라.

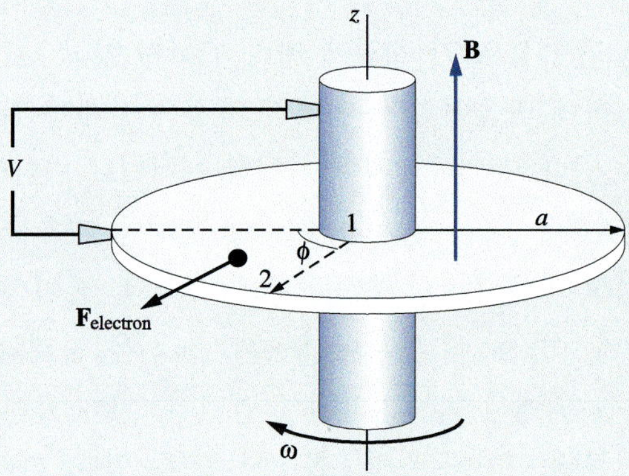

답. 중심에서부터 ρ의 거리에 있는 전자의 속도는 $\omega\rho$이고, 밖으로 향하는 원심력은 $-q\omega\rho B_0$가 된다. 전자에 작용하는 로렌츠력은 다음과 같다.

$$-q[\mathbf{E} + (\mathbf{v} \times \mathbf{B})] = 0$$

*평형상태*에서 전계는 원의 안쪽 방향으로 로렌츠력방정식에 의해 결정되고 그 크기는 $\omega\rho B_0$이다. 따라서 다음과 같이 정리할 수 있다.

$$V = -\int_1^2 (\mathbf{v} \times \mathbf{B}) \cdot \mathbf{dl} = -\int_0^a [(\omega\rho\mathbf{u}_\phi) \times B_0\mathbf{u_z}] \cdot d\rho\mathbf{u}_\rho$$

$$= \omega B_0 \int_a^0 \rho d\rho = -\frac{\omega B_0 a^2}{2} = -300\ \mathrm{V}$$

이것이 패러데이 원판발전기에 의해 발생되는 전위이다.

만약 그림 5-3의 금속 막대가 시불변자계 대신 시변자계를 통과하여 움직인다면, 막대의 움직임에 의한 전위와 시변자계에 의한 전위를 더해야 한다. 이는 중첩의 원리가 이러한 경우에도 적용됨을 의미하며 진공 또는 임의의 선형매질 안에서 성립 된다.

예제 5.7

사각루프가 시간에 따라 변하는 자속밀도 $\mathbf{B} = B_0\cos(\omega t)\mathbf{u_y}$를 통과하며 일정한 각속도 ω로 회전하고 있다. 루프 끝에 유도되는 전압을 계산하라.

답. 루프의 회전으로 인해 유도되는 전위에는 두 가지 성분이 있다. 하나는 루프의 회전으로 생기는 성분이고 다른 하나는 시변자계에 의해 생기는 성분이다.

루프의 회전에 의해 유도되는 전위는 다음과 같이 계산된다.

$$V_{\text{rotation}} = \int_{b/2}^{-b/2} \mathbf{v} \times \mathbf{B} \bullet \mathbf{dl}\Big|_{\text{bottom edge}} + \int_{-b/2}^{b/2} \mathbf{v} \times \mathbf{B} \bullet \mathbf{dl}\Big|_{\text{top edge}}$$

양 끝부분에 의한 전압은 0이므로 전압은 다음과 같이 쓸 수 있다.

$$V_{\text{rotation}} = \int_{b/2}^{-b/2} vB_0\cos(\omega t)\sin\theta(-\mathbf{u_x}) \bullet (dx\mathbf{u_x}) + \int_{-b/2}^{b/2} vB_0\cos(\omega t)\sin\theta(\mathbf{u_x}) \bullet (dx\mathbf{u_x})$$

여기서 각도 $\theta = \omega t$이고 속도 $v = \omega a$이다. 따라서 루프의 회전에 의해 유도되는 전압은 다음과 같다.

$$V_{\text{rotation}} = \omega B_0 ba(2\omega t)$$

루프의 넓이는 $\Delta s = 2ab$와 같다.

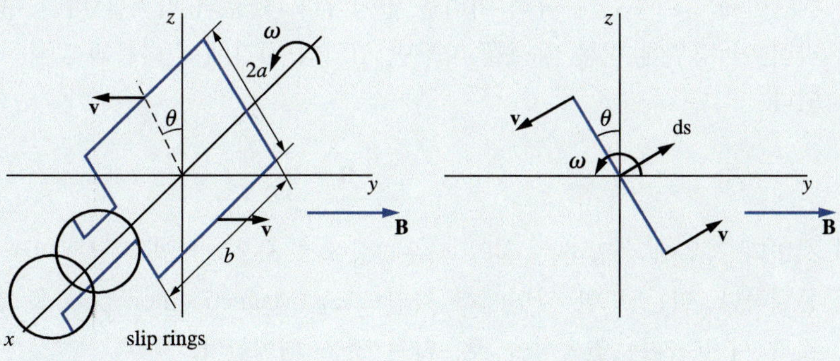

(a) (b)

식 (5.4)로부터 시변자계에 의한 전압을 계산할 수 있으며 다음과 같다.

$$\mathbf{s} = [\cos(\omega t)\mathbf{u_y} + \sin(\omega t)\mathbf{u_z}]dxd$$

따라서 시간의 변화에 따른 자계에 의해 유도되는 전압은 다음과 같다.

$$V_{\text{time varying}} = -\int_{\Delta s} \frac{\partial \mathbf{B}}{\partial t} \bullet \mathbf{ds}$$

$$= \omega B_0 \int_{x=-b/2}^{b/2} \int_{z=-a}^{a} \sin(\omega t)\mathbf{u_y} \bullet [\cos(\omega t)\mathbf{u_y} + \sin(\omega t)\mathbf{u_z}]\, dz\, dx$$

적분하면 다음과 같다.

$$V_{\text{time varying}} = \omega B_0 ba \sin(2\omega t)$$

총전압은 회전에 의한 전압과 시변자계에 의한 전압의 합이 된다.

$$V = V_{\text{rotation}} + V_{\text{time varying}} = 2\omega B_0 ba \sin(2\omega t)$$

이는 결과적으로 2차 고조파를 발생시킨다.

벡터연산자를 식 (5.8)에 주어진 패러데이의 유도법칙에 다시 적용하여 시변자계의 다른 특성을 설명할 수 있다. 식 (5.8)의 양변에 발산연산을 취하고 미분의 순서를 바꾸면 다음과 같다.

$$\nabla \bullet \nabla \times \mathbf{E} = -\nabla \bullet \frac{\partial \mathbf{B}}{\partial t} = -\frac{\partial}{\partial t}(\nabla \bullet \mathbf{B}) \tag{5.11}$$

정의에 의해 벡터에 회전연산과 발산연산을 하면 항상 0이므로 첫 번째 항 $\nabla \bullet \nabla \times \mathbf{E}$는 0이 된다. 루프에서 전계의 방향은 $\mathbf{E} \bullet \mathbf{dl}$의 스칼라곱에서 없어지지 않는 성분으로 항상 루프를 따라서만 형성되며, 이는 그림 5-2에 부합한다. 전계는 루프를 떠나거나 루프 안으로 들어가지 않으며, 이는 0이 아닌 발산값을 의미한다. 자연은 친절하게도 아무런 수학적 어려움 없이 간혹 미분의 차례를 바꿀 수 있게 한다. 따라서 이 경우에 미분 차례를 바꾸면 임의의 시간에서 다음과 같이 성립됨을 알 수 있다.

$$\boxed{\nabla \bullet \mathbf{B} = 0} \tag{5.12}$$

시변의 경우에 성립하는 위의 식은 3장에서 시불변계의 기본원리로 유도된 결과와 동일하다. 이는 또한 자연에서 자기모노폴(Magnetic monopole)을 찾을 수 없다는 것과 시변자계는 연속성을 갖는다는 것을 의미한다.

식 (5.12)를 임의의 체적 Δv에 대해서 적분해보자. 이 체적적분은 발산정리를 이용하여 폐곡 면적분으로 바꿀 수 있다.

$$\int_{\Delta v} \nabla \bullet \mathbf{B}\, dv = \oint \mathbf{B} \bullet \mathbf{ds} \tag{5.13}$$

이로부터 다음과 같이 쓸 수 있다.

$$\oint \mathbf{B} \cdot \mathbf{ds} = 0 \tag{5.14}$$

식 (5.14)는 시변전자계에도 적용된다.

5.2 연속방정식

다음 단계의 전자기방정식을 얻기 위해서는 이전의 내용으로 돌아가 연속방정식을 유도하는 것이 유용하다. 또한 이 방정식의 세부적 내용까지 반드시 이해하여야 한다. 연속방정식은 전자기이론의 기초적인 개념을 전개하는 데 중요하다. 몇몇 공학과 과학의 다른 영역에도 적용할 수 있기 때문에 이 이론을 이해하는 과정은 매우 유익하다.

연속방정식을 유도하기 위해 정지된 많은 양의 전하가 $\Delta v = \Delta x \Delta y \Delta z$의 부피를 가지는 투명한 상자의 중앙에 위치한다고 가정하자. 전하는 시간 $t \leqslant 0$일 때 상자 안에서 지정된 위치에 존재한다. 상자를 1차원으로 생각하면 두 개의 평행판으로 구성되어 있으며 그림 5-4*a*와 같다. 전하 사이의 쿨롱힘은 무시한다. 만약 입자들 사이의 상호력이 없다는 가정이 마음에 걸린다면 전하를 상호력이 없는 기체 분자 또는 당구공 같은 물체로 가정한 후, 이 물체들에 대해 유사한 방정식을 유도할 수 있다. 결과적으로 방정식은 개개에 인가된 전하 q를 곱하여 구할 수 있다. $t \geqslant 0$에서 입자 또는 전하는 시간이 증가함에 따라 두 스크린을 지나 움직이기 시작하고 실제로 빠져 나간다. 이를 그림 5-4*b*에 나타내었다. 스크린 단면적의 크기는 $\Delta s = \Delta x \Delta y$와 같다. "스크린으로 닫혀진 영역"을 빠져 나오는 전하들이 상자로부터 흘러나오는 전류를 형성한다. 상자 안의 전하를 양전하로 선택하였으므로 전류 I의 방향은 전하의 움직이는 방향과 동일하다.

그림 5-4에서 보이는 것처럼 적은 수의 전하를 관찰하는 것 대신 아주 많은 수의 전하가 존재한다고 가정하자. 여전히 전하 사이의 쿨롱힘은 무시하자. 전하의 수는 상자 안의 전하를 전하밀도 ρ_v(여기서 $\rho_v = \Delta Q/\Delta v$이고 ΔQ는 체적 Δv 안의 총 전하)로 나타내어도 괜찮을 정도로 많다. 따라서 전하밀도 ρ_v의 감소는 그림 5-5에서 보는 바와 같이 상자에서 나오는 총전류 I의 전원으로 작용한다.

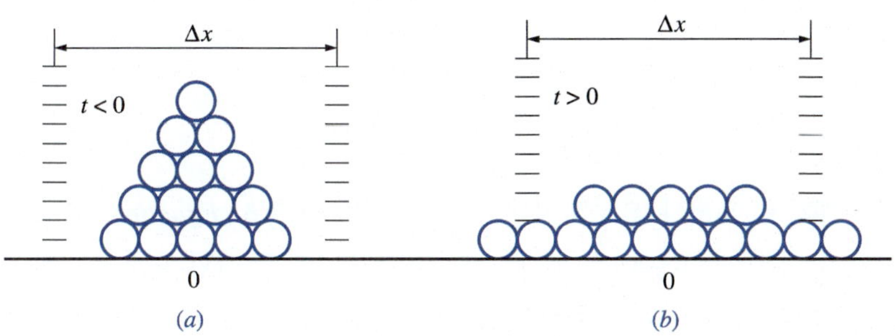

그림 5-4

(a) $t < 0$일 때 중앙($x = 0$)에 위치하는 전하는 $t = 0$부터 확장이 가능하다.
(b) 시간이 증가함에 따라 전하의 일부가 스크린($x = \pm \Delta x/2$)을 통해 나갈 것이다.

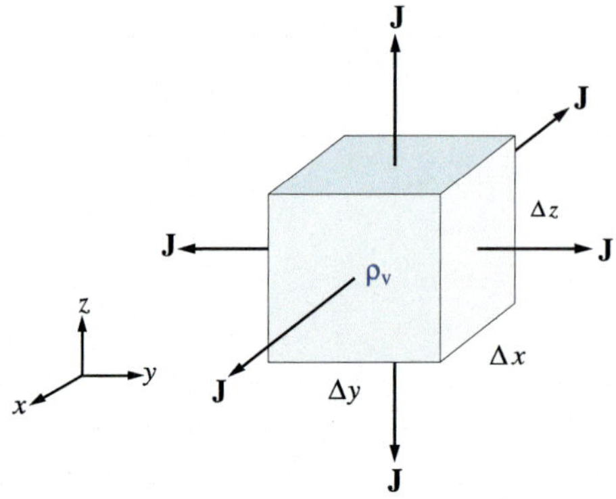

그림 5-5

상자 안의 전하는 벽면을 통해 나온다.

전하는 *소멸*되거나 다른 부호의 전하와 재결합하지 않으므로, 상자 안의 전하밀도가 일시적으로 감소하는 것은 전하가 상자에서 빠져 나오는 것을 의미한다. 상자 표면의 임의의 위치로부터 상자에서 빠져 나오는 총전류는 상자 안의 감소된 전하에 의해 형성된다. 전류의 크기는 다음과 같다.

$$I = -\frac{dQ}{dt} \tag{5.15}$$

이것은 실제전하이며 여기서 설명하는 전류는 이 후에 언급할 변위전류(Displacement current)와는 다르다.

식 (5.15)는 다음과 같이 다시 쓸 수 있다.

$$\oint_{\Delta s} \mathbf{J} \cdot \mathbf{ds} = -\int_{\Delta v} \frac{\partial \rho_v}{\partial t} dv \tag{5.16}$$

여기에서 전하를 둘러싸고 있는 상자의 여섯 면에서 나오는 전류의 합을 쉽게 구할 수 있다; 이 합산은 폐곡면적분으로 표현된다. 식 (5.16)에서 주어진 폐곡면의 적분은 발산정리를 사용하여 체적적분으로 변환될 수 있다. 따라서 식 (5.16)은 다음과 같이 표현된다.

$$\int_{\Delta v} \nabla \cdot \mathbf{J} dv = -\int_{\Delta v} \frac{\partial \rho_v}{\partial t} dv \tag{5.17}$$

이 방정식은 임의의 체적에 대하여 만족하기 때문에, 두 개의 피적분항은 반드시 동일하다고 할 수 있으며 이로부터 다음 식이 성립한다.

$$\boxed{\nabla \cdot \mathbf{J} + \frac{\partial \rho_v}{\partial t} = 0} \tag{5.18}$$

식 (5.18)이 이제까지 우리가 유도하려던 바로 그 ***연속방정식(Equation of continuity)*** 이다. 여기서 이 방정식은 매우 쉽게 유도되었지만, 모든 상황에서 적용될 수 있는 훨씬 복잡한 방법을 통해서도 동일한 결과를 얻을 수 있다. 연속방정식은 유

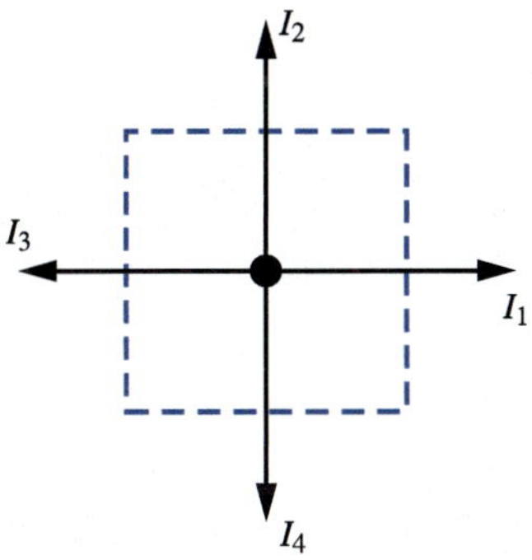

그림 5-6

노드를 둘러싸고 있는 폐곡면 (파선으로 표현).

한한 크기의 체적에서 유도하지만 작은 점에서도 유효하다. 이 방정식의 중요성은 제임스 클럭 맥스웰의 족적을 쫓는 다음 장에서 다시 언급된다.

노드에 들어오는 전류와 나가는 전류의 총합은 0이 된다는 키르히호프의 전류법칙(Kirchhoff's current law)을 다시 생각해보자. 전하는 이 경우 생성되거나 소멸되지 않으며 이를 그림 5-6에 보여주고 있다. 파선은 노드 주의의 폐곡면을 나타내고 있다. 그림 5-5는 이런 노드를 3차원 그림으로 일반화시킨 것이다.

예제 5.8

전하는 $t < 0$ 시간 동안 도전체 안쪽에 위치한다. 이 전하가 도전체의 표면으로 이동하여 내부 전하밀도 $\rho_v = 0$이고 내부 전계 $\mathbf{E} = 0$이 되는 데 걸리는 시간을 계산하시오.

답. 연속방정식에 옴의 법칙 $\mathbf{J} = \sigma\mathbf{E}$를 대입하면 다음의 수식이 성립한다.

$$\sigma(\nabla \cdot \mathbf{E}) = -\frac{\partial \rho_v}{\partial t}$$

전계는 포와송방정식에 의해 전하밀도와 다음의 관계를 가진다.

$$\nabla \cdot \mathbf{E} = \frac{\rho_v}{\varepsilon}$$

따라서 다음의 미분방정식을 얻을 수 있다.

$$\frac{d\rho_v}{dt} + \frac{\sigma}{\varepsilon}\rho_v = 0$$

이 방정식의 해는 다음과 같다.

$$\rho_v = \rho_{v0} e^{-\left(\frac{\sigma}{\varepsilon}\right)t}$$

초기전하밀도 ρ_{v0}는 $\tau = \varepsilon/\sigma$ 시간 후에 초기값의 [1/e ≈ 37%]로 감소할 것이다. 여기서 τ는 ***이완시간(Relaxation time)***이라고 불린다. 구리의 경우 이완시간은 다음과 같다.

$$\tau = \frac{\varepsilon_0}{\sigma} = \frac{\frac{1}{36\pi}\times 10^{-9}}{5.8\times 10^{7}} \approx 1.5\times 10^{-19}\ \mathrm{s}$$

여기서 언급하지 않은 다른 효과는 이완시간을 변화시킬 수도 있다. 절연체의 이완시간은 몇 시간 또는 며칠이 될 수도 있다.

예제 5.9

전류밀도는 $\mathbf{J} = e^{-x^2}\mathbf{u_x}$이다. $x = 1$에서 전하밀도의 증가율을 구하라.

답. 연속방정식 식 (5.18)로부터 다음과 같이 계산된다.

$$\frac{\partial \rho_v}{\partial t} = -\nabla \bullet \mathbf{J} \Rightarrow \frac{\partial \rho_v}{\partial t} = -\frac{\partial J_x}{\partial x} = 2x\,e^{-x^2}\Big|_{x=1} = 0.736\ \ \mathrm{A/m^3}$$

예제 5.10

특정영역의 전류밀도가 구좌표계에서 다음 함수와 같이 근사화된다.

$$\mathbf{J} = J_0\frac{e^{-t/\tau}}{r}\mathbf{u}_r$$

t = τ일 때 반지름이 a인 구 표면을 빠져 나오는 총전류를 구하라. 연속방정식을 사용하여 전하밀도 $\rho_v(r,\ t)$를 나타내어라.

답. 구의 표면으로부터 나오는 총전류는 다음과 같다.

$$I = \oint \mathbf{J}\bullet d\mathbf{s}\Big|_{r=a,\ t=\tau} = 4\pi a^2\left(\frac{J_0 e^{-t/\tau}}{a}\right)\Bigg|_{t=\tau} = 4\pi a J_0 e^{-1}(\mathrm{A})$$

구좌표계에서 반지름 r만을 변수로 가지는 연속방정식은 다음과 같이 표현된다.

$$\frac{\partial \rho_v}{\partial t} = -\frac{1}{r^2}\frac{\partial}{\partial r}(r^2 J_r) = -\frac{1}{r^2}\frac{\partial}{\partial r}\left(r^2 J_0\frac{e^{-t/\tau}}{r}\right) = -J_0\frac{e^{-t/\tau}}{r^2}$$

따라서 전하밀도를 적분하면 다음과 같다.

$$\rho_v = \int \frac{\partial \rho_v}{\partial t}dt \Rightarrow \rho_v = J_0\frac{\tau e^{-t/\tau}}{r^2}\ \ (\mathrm{C/m^3})$$

여기서 임의의 적분상수는 0이다.

5.3 변위전류

우리가 처음으로 다룬 시변전자계는 식 (5.2)의 패러데이 유도법칙이었다. 그 다음으로 학습할 내용은 천재적인 제임스 클럭 맥스웰의 이론이다. 19세기 그의 노력으로 말미암아 다음에 언급할 회로해석에 대한 사고실험에서 제기될 기본적인 질문에 답할 수 있다. 그림 5-7처럼 두 개의 평판 사이가 진공인 평판캐패시터와 AC 전압원을 두 가닥의 선으로 연결한다. AC 전류계가 이 회로의 선로에 직렬로 연결되어 AC 전류 상수 I를 측정한다. 이 시점에서 두 개의 질문을 생각할 수 있다.

1. 캐패시터는 두 평판 사이가 진공으로 되어 있어 전류가 흐를 수 없음에도 어떻게 전류계에 전류가 측정이 되는가?
2. 전류에 의해 발생되어 전류주변을 감싸고 있는 시변자계는 캐패시터의 두 평판 사이에서 어떻게 되는가?

첫 번째 질문의 답을 구하기 위해서는 지금까지 습득한 수식들을 재검토하는 것이 필요하다. 그런 다음 맥스웰의 인도에 따라 수식들을 재해석하는 것이 필요하다. 특히 정자계에 대한 두 번째 가정—암페어의 법칙—은 자계 **B**가 전류 **J**에 의해 형성된다는 것이며 다음과 같이 표현된다.

$$\nabla \times \mathbf{B} = \mu_0 \mathbf{J} \tag{5.19}$$

이 방정식의 양 변에 발산연산을 적용하자. 좌변은 정의에 의해 다음과 같다.

$$\nabla \cdot \nabla \times \mathbf{B} = 0 \tag{5.20}$$

식 (5.19)의 우변에도 발산연산을 적용하여 다음의 수식을 도출할 수 있다.

$$\mu_0 \nabla \cdot \mathbf{J} = 0 \tag{5.21}$$

그러나 이 식은 모든 경우에 적용할 수 있는 연속방정식인 식 (5.18)과 모순이 된다.

이러한 딜레마에서 벗어나기 위해 맥스웰은 자연계에 또 다른 종류의 전류를 가정하였다. 이 전류가 3장에서 언급한 전도전류와 공간을 일정한 속도로 움직이는 전하에 의해 형성된 대류전류에 추가될 것이다. $\mathbf{J}_d$의 밀도를 갖는 이 새로운 전류를

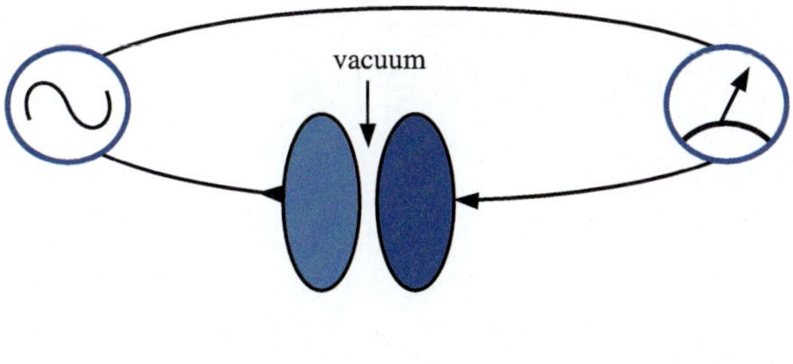

그림 5-7

이상적인 평행평판 캐패시터가 AC 전압원과 AC 전류계에 연결된 단순한 회로.

변위전류(Displacement current)라 부르고 가우스법칙을 이용하여 연속방정식에 변위전속밀도 **D**를 삽입하여 얻을 수 있다.

$$\nabla \cdot \mathbf{J} + \frac{\partial \rho_v}{\partial t} = 0$$

$$\nabla \cdot \mathbf{J} + \frac{\partial (\nabla \cdot \mathbf{D})}{\partial t} = \nabla \cdot \left(\mathbf{J} + \frac{\partial \mathbf{D}}{\partial t} \right) = 0 \tag{5.22}$$

여기서 미분의 차수는 자유롭게 바꿀 수 있다. 변위전류밀도는 다음과 같이 정의된다.

$$\boxed{\mathbf{J_d} = \frac{\partial \mathbf{D}}{\partial t}} \tag{5.23}$$

이것이 이 절의 첫 부분에 언급한 사고실험에서 캐패시터의 두 평판 사이를 통과하는 전류이다.

선로를 통과하는 시변전도전류는 캐패시터의 두 평판에 서로 다른 극성의 전하를 일으킨다. 시간에 따라 변화하는 전하는 평판 사이에 시변전계를 발생시킨다.[2] 시변변위전류는 하나의 평판에서 다른 평판으로 흘러갈 것이고, 이는 첫 번째 질문에 대한 해답이기도 하다. 선로에서의 전도전류가 평판 사이에서는 변위전류로 바뀐다. 이런 변위전류는 시불변시스템에서는 존재할 수 없다.

정자계에 대한 가정에서 이 새로운 전류를 시변자계에 포함시키는 수정이 필요하다.

$$\boxed{\nabla \times \frac{\mathbf{B}}{\mu_0} = \mathbf{J} + \frac{\partial \mathbf{D}}{\partial t}} \tag{5.24}$$

이제 두 번째 질문에도 답을 할 수 있다. 캐패시터 평판 사이를 통과하는 변위전류를 추가함으로써 도선에 흐르는 전도전류를 둘러싸는 시변자계와 캐패시터에 둘러싸는 시변자계는 같은 크기와 방향을 갖는다고 주장할 수 있다.

식 (5.24)의 양변을 그림 5-8의 반경 ρ로 정의된 단면적으로 적분하자. 첫 번째 적분은 선로를 둘러싸는 경로이고 두 번째는 캐패시터의 두 평판 사이이다.

$$\int_{\Delta s} \left(\nabla \times \frac{\mathbf{B}}{\mu_0} \right) \cdot \mathbf{ds} = \int_{\Delta s} \left(\mathbf{J} + \frac{\partial \mathbf{D}}{\partial t} \right) \cdot \mathbf{ds} \tag{5.25}$$

스토크스이론을 사용하면 다음과 같이 표현할 수 있다.

$$\boxed{\oint \frac{\mathbf{B}}{\mu_0} \cdot \mathbf{dl} = \int_{\Delta s} \left(\mathbf{J} + \frac{\partial \mathbf{D}}{\partial t} \right) \cdot \mathbf{ds}} \tag{5.26}$$

---

[2] 진공에서 $\mathbf{D} = \varepsilon_0 \mathbf{E}$임을 기억하자. 만약 두 판 사이에 유전체가 삽입되면 $\mathbf{D} = \varepsilon \mathbf{E}$을 반드시 사용하여야 한다.

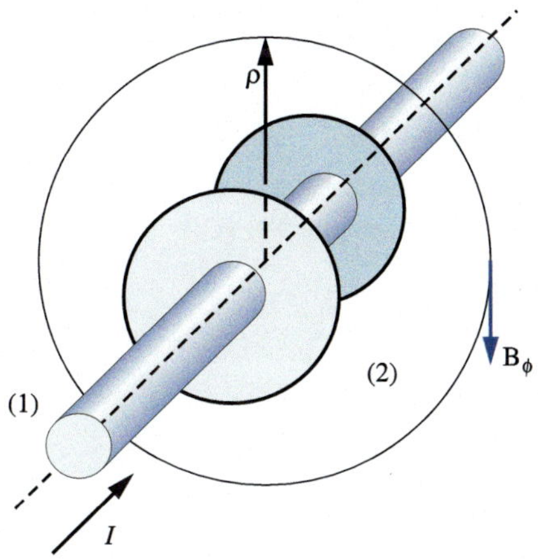

그림 5-8

두 도선은 캐패시터의 두 평행평판에 의해 분리되어 있다. 반경이 ρ인 원이 두 평판의 사이 (2)나 도선의 가장자리 (1)에서 감싸고 있다. 도선의 반경은 a이고 평판의 반경은 b이다.

식 (5.26)의 좌변을 적분하면 다음과 같다.

$$2\pi\rho\frac{B_\phi}{\mu_0}$$

그림 5-8의 위치 (1)에서 변위전류는 0이고 적분항인 식 (5.27)만 남게 된다.

$$2\pi\rho\frac{B_\phi}{\mu_0} = \int_{\Delta s} \mathbf{J} \cdot \mathbf{ds} \tag{5.27}$$

그림 5-8의 위치 (2)에서 전도전류는 0이고 적분항인 식 (5.28)만 남게 된다.

$$2\pi\rho\frac{B_\phi}{\mu_0} = \int_{\Delta s} \frac{\partial \mathbf{D}}{\partial t} \cdot \mathbf{ds} \tag{5.28}$$

다음 예제는 이 전류들의 값이 동일함을 증명하며, 따라서 자속밀도는 같은 반경 ρ에 대해서 같은 값을 가짐을 보여준다.

예제 5.11

선로의 전도전류와 회로의 평판캐패시터에서 평판 사이의 변위전류가 서로 같음을 증명하라. 전원은 $V_c = V_0\sin\omega t$이다.

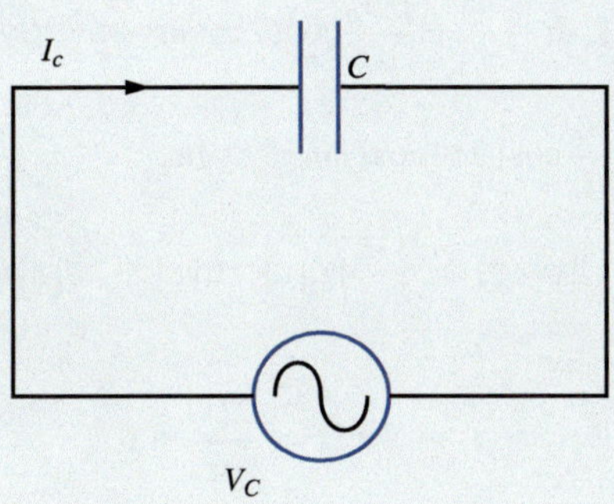

답. 선로의 전도전류는 다음과 같이 주어진다.

$$I_c = C\frac{dV_c}{dt} = CV_0\omega\cos\omega t$$

평판간격 d, 평판면적 A인 평판캐패시터의 캐패시턴스는 다음과 같이 주어진다.

$$C = \frac{\varepsilon A}{d}$$

평판 사이의 전계는 $E = V_c/d$이다. 변위전속밀도는 다음과 같다.

$$D = \varepsilon E = \varepsilon\frac{V_0}{d}\sin\omega t$$

변위전류는 다음과 같이 구할 수 있다.

$$I_d = \int_A \frac{\partial \mathbf{D}}{\partial t}\cdot\mathbf{ds} = \left(\frac{\varepsilon A}{d}\right)V_0\omega\cos\omega t = CV_0\omega\cos\omega t = I_c$$

예제 5.12

진공에서 자속밀도는 다음과 같이 주어진다.

$$\mathbf{B} = B_0\cos(2x)\cos(\omega t - \beta y)\mathbf{u_x} = B_x\mathbf{u_x}$$

자속밀도에 대해서 변위전류, 변위전속밀도, 체적전하밀도를 구하라.

답. 다음과 같이 표현된다.

$$\begin{aligned}\mathbf{J_d} &= \frac{\partial \mathbf{D}}{\partial t} = \frac{1}{\mu_0}\nabla\times\mathbf{B}\\ &= \frac{1}{\mu_0}\begin{vmatrix}\mathbf{u_x} & \mathbf{u_y} & \mathbf{u_z}\\ \frac{\partial}{\partial x} & \frac{\partial}{\partial y} & \frac{\partial}{\partial z}\\ B_x & 0 & 0\end{vmatrix} = -\frac{\beta B_0}{\mu_0}\cos(2x)\sin(\omega t - \beta y)\mathbf{u_z}\end{aligned}$$

변위전속밀도 **D**는 다음 식에서처럼 변위전류로부터 구할 수 있다.

$$\begin{aligned}\mathbf{D} &= \int \mathbf{J_d}\,dt = \int\left[-\frac{\beta B_0}{\mu_0}\cos(2x)\sin(\omega t - \beta y)\mathbf{u_z}\right]dt\\ &= \frac{\beta B_0}{\omega\mu_0}\cos(2x)\cos(\omega t - \beta y)\mathbf{u_z}\end{aligned}$$

변위자속밀도의 크기는 z에 대한 함수가 아니다. 따라서 전하밀도를 다음과 같이 구할 수 있다.

$$\rho_v = \nabla\cdot\mathbf{D} \Rightarrow \frac{\partial D_z}{\partial z} = 0$$

예제 5.13

전도도 σ와 상대유전율 ε_r로 구성된 손실 유전체에 시정현전계 $E = E_0\sin\omega t$가 존재한다. (a) 전도전류밀도 J_c와 (b) 변위전류밀도 J_d의 크기를 비교하여라.

답. 전도전류밀도는 옴의 법칙인 $J_c = \sigma E = \sigma E_0\sin\omega t$로부터 구할 수 있고, 반면에 변위전류밀도는 식 (5.23)의 $J_d = \partial D/\partial \mathrm{t} = \varepsilon E_0\sin\omega \mathrm{t}$로부터 계산할 수 있다. 크기의 비율은 다음과 같다.

$$\frac{|J_{\mathrm{c}}|}{|J_{\mathrm{d}}|} = \frac{\sigma}{\omega\varepsilon_0\varepsilon_r}$$

1에 가까운 상대유전상수를 갖는 물질에서 이 비율은 물질의 도전율과 전자파 신호의 주파수에 의해 결정된다. 전도전류는 도체에서 주파수가 낮을 때 잘 흐르고, 변위전류는 유전체에서 주파수가 높을 때 잘 흐른다. 후자에 대한 효과는 다음 장에서 상세히 논의할 것이다.

5.4 맥스웰방정식

지금까지 배운 모든 내용은 4개의 맥스웰미분방정식[3]으로 요약될 수 있으며 다음과 같다.

$$\nabla \times \mathbf{E} = -\frac{\partial \mathbf{B}}{\partial t} \tag{5.29}$$

$$\nabla \times \mathbf{H} = \mathbf{J} + \frac{\partial \mathbf{D}}{\partial t} \tag{5.30}$$

$$\nabla \cdot \mathbf{D} = \rho_v \tag{5.31}$$

$$\nabla \cdot \mathbf{B} = 0 \tag{5.32}$$

위의 4개의 방정식과 다음의 ***구성방정식(constitutive relations)***으로 전자기현상을 표현할 수 있다.

$$\left.\begin{aligned} \mathbf{D} &= \varepsilon\mathbf{E} \\ \mathbf{B} &= \mu\mathbf{H} \\ \mathbf{J} &= \sigma\mathbf{E} \end{aligned}\right\} \tag{5.33}$$

[3] 기계장치의 크기를 보이기 위해 표준 키의 사람을 기계장치 옆에 놓는 것이 일반적인 공학적 방식이다. 예를 들어 최신 석탄 광산용 트럭 옆의 사람은 여전히 트럭 바퀴 회전축 밑에 있고, 이는 트럭이 매우 크다는 것을 의미한다. 이 네 개 방정식의 중요성을 인식하기 위해 이 책의 다른 단어들과 방정식들로 이루어진 모래알들 사이에서 기호 ∇는 피라미드가 뒤집어져서 솟아오르는 형상으로 생각해 보자.

구성방정식은 임의의 매질에 전자계가 존재할 때 그 매질의 특성과 전자계의 연관관계를 나타낸다. 빛과 같은 전자파의 진행을 맥스웰방정식으로 표현할 수 있다.

비선형 특성이 있는 경우에도 구성방정식을 이용하여 이 비선형 현상을 묘사할 수 있다. 예를 들어, 통신에 사용되는 광섬유는 광섬유 안을 전파하는 파동의 크기에 비선형적으로 비례하는 유전율을 가진다. 섬유 내에서 α의 값이 $[\text{V/m}]^{-2}$의 단위를 갖는 상수값일 때, 상대유전율은 $\varepsilon_r[1 + \alpha|E|^2]$의 근사값으로 나타낼 수 있다. 또한 매질이 등방성 특성을 가진다고 가정하여 식 (5.33)과 같이 표현할 수도 있으며, 히스테리시스는 무시할 수 있다. 이러한 현상으로 나타나는 수많은 효과에 대한 연구에 전세계의 과학자들과 공학자들의 관심이 증폭되고 있다. 그러나 본 교재에서는 이러한 현상이 존재한다는 것을 인지할 뿐, 그런 문제들을 실제로 고려하지는 않는다.

예제 5.14

두 개의 "발산" 방정식이 두 개의 "회전" 방정식과 연속방정식 안에 내재되어 있음을 보여라.

답. 이를 위해 ζ가 임의의 벡터일 때 벡터항등식 $\nabla \cdot \nabla \times \zeta \equiv 0$이 만족함을 기억하자. 따라서 $\nabla \cdot \mathbf{B}$ = 상수이다.

$$\nabla \cdot \nabla \times \mathbf{E} \equiv 0 = -\frac{\partial}{\partial t}(\nabla \cdot \mathbf{B})$$

자속밀도가 시작되거나 끝나는 단일전원이나 싱크가 존재하지 않으므로 상수값은 0이다. 이는 시변시스템에서도 자기다이폴은 존재하지 않는다는 사실을 의미한다.

유사하게 다음의 수식을 표현할 수 있다.

$$\nabla \cdot \nabla \times \mathbf{H} \equiv 0 = \nabla \cdot \mathbf{J} + \frac{\partial}{\partial t}(\nabla \cdot \mathbf{D}) = -\frac{\partial \rho_v}{\partial t} + \frac{\partial}{\partial t}(\nabla \cdot \mathbf{D})$$

이는 $\nabla \cdot \mathbf{D} = \rho_v$임을 의미한다.

예제 5.15

도전성 물질에서 전도전류밀도가 변위전류밀도보다 훨씬 더 크다고 가정하자. 이런 물질 내부에서 맥스웰방정식은 ***확산방정식(Diffusion equation)***의 형태를 가짐을 보여라.

답. 이러한 유형에서는 식 (5.29)와 식 (5.30)을 다음과 같이 표현할 수 있다.

$$\nabla \times \mathbf{E} = -\frac{\partial \mathbf{B}}{\partial t} \qquad \text{그리고} \qquad \nabla \times \mathbf{H} = \mathbf{J} = \sigma \mathbf{E}$$

여기서 변위전류는 무시하고 두 번째 방정식에 회전연산을 취하면 다음과 같다.

$$\nabla \times \nabla \times \mathbf{H} = \sigma \nabla \times \mathbf{E}$$

좌변을 벡터항등식을 사용하여 전개하고, 우변을 첫 번째 방정식으로 치환한다.

$$\nabla\left(\nabla \cdot \frac{\mathbf{B}}{\mu_0}\right) - \nabla^2\left(\frac{\mathbf{B}}{\mu_0}\right) = -\sigma\frac{\partial \mathbf{B}}{\partial t}$$

식 (5.32)로부터 첫 번째 항은 0이 되어 다음과 같이 정리된다.

$$\nabla^2\mathbf{B} = \mu_0\sigma\frac{\partial \mathbf{B}}{\partial t}$$

이는 확산계수 $D = (\mu_0\sigma)^{-1}$를 가지는 확산방정식이다. **B**는 벡터이므로, 세 개의 스칼라방정식과 일치한다. ∇^2항은 이전에 설명했던 라플라시안 연산자이다.

지금까지의 수식전개는 마치 수학적 기술을 과시하는 것처럼 보일 수도 있었다. 그러나 맥스웰방정식으로부터 확산방정식을 유도하는 것은 확산의 개념이 다양한 매질에서의 자유전하와 관련된 현상에 대한 물리적 통찰력을 제공하므로 매우 중요하다. 맥스웰방정식을 자세히 살펴보면 확산효과가 전계와 자계에 관련된 많은 현상과 연계되어 있음을 알 수 있다.

열전달에 관한 유형을 고려해보자. 경험으로 알 수 있듯이, 한 곳은 열원이 높게 집중되어 있고, 다른 한 곳은 열원이 상대적으로 낮게 집중되어 있으면, 열은 높은 곳에서 낮은 곳으로 전달될 것이다. 더욱이 두 위치의 온도 차가 클수록 적어도 초기에는 두 영역에서의 온도가 균등하게 되는 현상이 빨리 진행됨을 관찰할 수 있다. 두 온도가 같아지면서 열전달률은 감소하며, 두 온도가 동일해지면 랜덤 열운동을 제외한 열전달현상이 정지한다. 물론 실험조건을 변화하여 열전달률을 변경할 수 있다. 예를 들어, 겨울에 집안의 열이 나가는 것을 막는 것처럼, 두 영역 사이에 절연체를 가져다 놓으면 열의 빠른 흐름을 지연시킬 수 있다.

유사한 형태로 두 영역 사이에 전하밀도의 차이가 있을 경우 매질에서 자유전하의 흐름을 모델링할 수 있다. 또한 다양한 상황에서 전하를 전달하고 제어하는 데 있어 전하의 전송률과 전기절연체 사이에 같은 현상을 볼 수 있다. 따라서 도체에서의 전하 전달뿐 아니라, 다양한 소자(저항, 캐패시터, 케이블 등)와 다양한 매질(도체, 절연체, 반도체)에 대해서도 모델링이 가능하다. 사실 모든 반도체 산업과 반도체 제품들은 반도체 물질에서의 전하 캐리어 확산을 모델링하고 제어하는 능력을 기초로 하고 있다. 그러므로 맥스웰방정식을 확산방정식과 연관시킬 수 있는 능력은 중요하고 또한 유용하다.

예제 5.16

평면에서 진공-구리 경계면 부근에서 자속밀도 $B(z, t)$의 확산방정식을 풀어라. 구리는 $\mu = \mu_0 = 4\pi \times 10^{-7}$ H/m과 $\sigma = 5.8 \times 10^7$ S/m의 값을 가진다. 자계의 공간분포에 대한 해를 도식화하라. 60 Hz의 시정현전자기신호가 인가되었다고 가정하자.

답. 시변항을 $e^{j\omega t}$라고 가정하면 확산방정식은 자계의 공간변화에 대해 다음의 상미분방정식으로 변형된다.

$$\frac{d^2B_x(z)}{dz^2} = j\mu_0\sigma\omega B_x(z)$$

여기서 z는 진공-구리 경계면에 수직인 좌표이다. z 방향의 변화가 $B_x(z) = B_0e^{(-\gamma z)}$라고 가정하면 다음과 같이 표현된다.

$$\gamma^2 = j\omega\mu_0\sigma \Rightarrow \gamma = \alpha + j\beta = \sqrt{j\omega\mu_0\sigma}$$

γ^2에 대한 표현은 다음 장에서 상세히 공부겠지만, 여기서는 앞 미분방정식에 대한 해답의 일부로만 여길 것이다.

자속밀도의 크기는 z축을 따라 표면에서 도체 내부로 들어가면서 지수적으로 감소한다.

$$B_x(z) = B_0e^{-\alpha z}$$

$$\alpha = \sqrt{\pi f\mu_0\sigma} = \sqrt{\pi \times 60 \times 4\pi \times 10^{-7} \times 5.8 \times 10^7} = 117.2 \text{ m}^{-1}$$

$\delta = 1/\alpha$는 "침투깊이: skin depth"라고 부른다. 여기서 δ는 8.5 mm이다.

도체 내부에서 자속밀도를 공간에 대해서 도식화하면 아래의 그림과 같다.

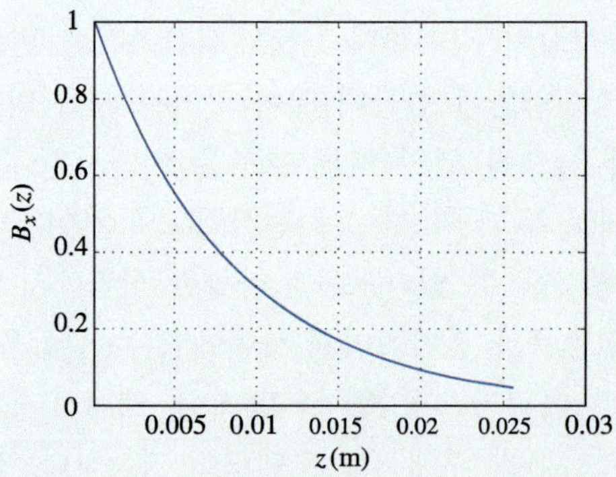

침투깊이에 대한 내용은 다음 장에서 다시 언급될 것이다.

식 (5.29)와 식 (5.32)의 맥스웰방정식은 시공간의 특정위치에서 얻어진 편미분방정식이다. 그것들을 전적으로 동일하게 적분형태로 쓸 수 있다. 이를 위해 앞의 두 방정식을 같은 단면적에 대해서 적분하여 *스토크스정리*를 적용하며, 다음 두 방정식은 같은 체적에 대해서 적분하여 발산정리를 적용한다. 이를 요약하면 다음과 같다.

$$\oint_{\Delta L} \mathbf{E} \cdot \mathbf{dl} = -\int_{\Delta s} \frac{\partial \mathbf{B}}{\partial t} \cdot \mathbf{ds} \tag{5.34}$$

$$\oint_{\Delta L} \mathbf{H} \cdot \mathbf{dl} = \int_{\Delta s} \left(\frac{\partial \mathbf{D}}{\partial t} + \mathbf{J} \right) \cdot \mathbf{ds} \tag{5.35}$$

$$\oint_{\Delta s} \mathbf{D} \cdot \mathbf{ds} = \int_{\Delta v} \rho_v dv \tag{5.36}$$

$$\oint_{\Delta s} \mathbf{B} \cdot \mathbf{ds} = 0 \tag{5.37}$$

식 (5.34)는 폐루프를 따라 적분한 전계의 선적분값으로 폐곡선에 의해 형성된 단면을 지나는 자속의 시간 변화율과 같다는 것을 의미한다. 이는 패러데이 법칙에 내재된 의미이다. 식 (5.35)에서 자계의 폐루프 선적분값은 루프의 안쪽에 흐르는 전류와 같음을 의미한다. 전류는 전도전류와 변위전류로 구성되어 있다. 이는 먼저 다루었던 암페어의 주회법칙(Ampere's circuital law)을 일반화한 것이다.

식 (5.36)은 폐곡면을 벗어나는 총변위전속 Ψ_e으로 폐곡면 안의 총전하량과 같음(가우스법칙 : Gauss's law)을 의미한다. 폐곡면 안의 전하량이 음이면, 변위전속 Ψ_e는 폐곡면 안으로 들어가며 이 음전하에서 종결된다. 식 (5.37)은 자속밀도가 연속적이며, 자하로부터 시작하거나 종결되지 않음을 의미한다. 즉, 자기모노폴 혹은 자하가 존재하지 않음을 의미한다.

식 (5.34)~(5.37)은 맥스웰방정식의 적분형태이며, 식 (5.29) ~ (5.32)에 주어진 미분형태의 방정식과 동일하게 중요하다. 맥스웰방정식의 적분형태를 사용하면 매질과 매질 사이의 전자계와 관련된 경계조건을 쉽게 도출할 수 있다.

두 형태의 맥스웰방정식 중 어느 하나를 자세히 들여다보면, 또 다른 유용한 내용을 찾을 수 있다. 식 (5.29)와 식 (5.30)에서 앞의 두 미분형태 방정식을 살펴보거나, 식 (5.34)와 식 (5.36)에서 앞의 두 적분형태의 방정식을 살펴보면, 네 개의 방정식은 모두 전계와 자계 항을 가지고 있음을 알 수 있다. 따라서 이 방정식들은 결합된 형태의 방정식이다. 이는 전계나 자계 어느 한쪽에 섭동을 일으키면 자동적으로 다른 계도 변화함을 의미한다.

이는 명확하고 쉽게 보이지만 전자계가 포함된 물리적 현상의 이해뿐 아니라 전자계 문제의 수치적 해석법을 이해하는 데 있어 매우 중요한 의미를 가진다. 예를 들어 시간영역 유한차분법의 3차원 버전을 전개하는 동안, 전계와 자계 모두를 고려해야 하며 결합관계를 유지해야 한다. 이 내용에 대한 자세한 부분은 본 교재의 다른 장에서 다룰 것이다.

비록 실제로는 미분형태의 맥스웰방정식을 더 많이 직면하더라도 맥스웰방정식의 두 형태 중 어느 한 쪽을 사용해도 무방하다. 전자기전력의 크기와 방향을 찾는 중요한 유도과정에서 벡터항등식과 맥스웰방정식의 미분형태를 사용할 것이다.

5.5 포인팅이론

일부 실험에서 만약 전계와 자계를 독립적으로 측정하였을 때 자주 직면하는 문제는 전력이 흐르는 방향을 결정하는 것이다. 신호발진기가 저항성 부하 임피던스로부터 분리될 수 있고, 전력흐름의 방향이 명확하게 규명된 실험실에서는 중요하지 않게 보일 수도 있다. 하지만 전계와 자계의 경우에는 항상 그렇게 간단하지만은 않다. 예를 들어 태양은 명확히 지구에 에너지를 복사하며, 이 에너지량을 측정할 수 있다. 그러나 우주 공간의 인공위성을 사용하는 연구원은 보다 정밀한 우주지도를 만들기 위해 은하계 밖의 다른 전자계 복사전원을 확인하길 바랄 것이다. 포인팅이론은 이것에 대한 해결방법을 제공한다.

그림 5-9와 같이 임의의 체적에 대해서 포인팅이론을 구하기 위해서 두 개의 맥스웰방정식과 벡터항등식이 필요하다. 유도에 필요한 두 개의 방정식은 다음과 같다.

$$\nabla \times \mathbf{E} = -\frac{\partial \mathbf{B}}{\partial t} \tag{5.38}$$

$$\nabla \times \mathbf{H} = \frac{\partial \mathbf{D}}{\partial t} + \mathbf{J} \tag{5.39}$$

식 (5.39)에 **E**를 스칼라곱한 것에서, 식 (5.38)에 **H**를 스칼라곱한 것을 빼주면 다음과 같다.

$$\mathbf{H} \cdot \nabla \times \mathbf{E} - \mathbf{E} \cdot \nabla \times \mathbf{H} = -\mathbf{H} \cdot \frac{\partial \mathbf{B}}{\partial t} - \mathbf{E} \cdot \left[\frac{\partial \mathbf{D}}{\partial t} + \mathbf{J}\right]$$

위 식의 좌변항은 다음의 벡터항등식(부록 A.9)을 이용하여 변환할 수 있다.

$$\nabla \cdot (\mathbf{A} \times \mathbf{B}) = \mathbf{B} \cdot \nabla \times \mathbf{A} - \mathbf{A} \cdot \nabla \times \mathbf{B}$$

따라서 다음과 같은 수식을 얻을 수 있다.

$$\nabla \cdot (\mathbf{E} \times \mathbf{H}) = -\mathbf{H} \cdot \frac{\partial \mathbf{B}}{\partial t} - \mathbf{E} \cdot \frac{\partial \mathbf{D}}{\partial t} - \mathbf{E} \cdot \mathbf{J} \tag{5.40}$$

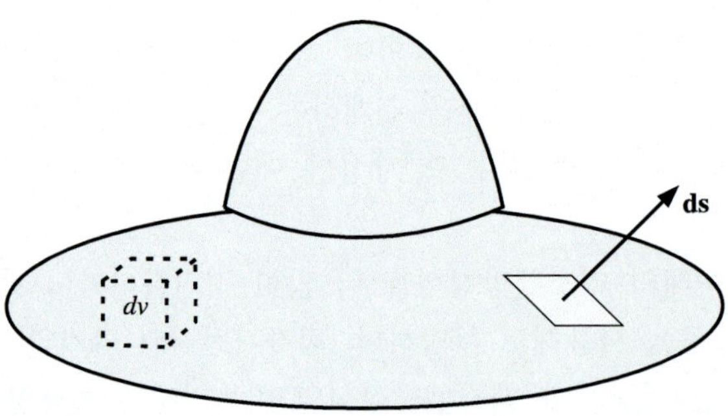

그림 5-9

전자기에너지원을 가지고 있는 임의의 체적.

식 (5.33)의 구성방정식을 사용하면 시간미분에 관한 항은 다음과 같이 정리될 수 있다.

$$-\mathbf{H}\bullet\frac{\partial\mathbf{B}}{\partial t}-\mathbf{E}\bullet\frac{\partial\mathbf{D}}{\partial t}=-\frac{1}{2}\frac{\partial}{\partial t}[\mu\mathbf{H}\bullet\mathbf{H}+\varepsilon\mathbf{E}\bullet\mathbf{E}]=-\frac{\partial}{\partial t}\frac{1}{2}[\mu H^2+\varepsilon E^2] \tag{5.41}$$

식 (5.41)을 식 (5.40)에 대입하고 양변을 동일 체적 Δv에 대해 적분한다. 이 체적은 면적 Δs에 의해 완벽히 둘러 싸여져 있다. 적분을 취하면 다음의 수식을 얻을 수 있다.

$$\int_{\Delta v}\nabla\bullet(\mathbf{E}\times\mathbf{H})dv=-\frac{\partial}{\partial t}\int_{\Delta v}\frac{1}{2}[\mu H^2+\varepsilon E^2]dv-\int_{\Delta v}\mathbf{E}\bullet\mathbf{J}dv \tag{5.42}$$

식 (5.42)의 왼쪽 부피 적분항은 발산정리를 이용하여 폐곡면적분으로 바꿀 수 있다. 옴의 법칙 $\mathbf{J}=\sigma\mathbf{E}$를 다시 대입하면 다음의 식을 얻을 수 있다.

$$\boxed{\oint_{\Delta s}(\mathbf{E}\times\mathbf{H})\bullet d\mathbf{s}=-\frac{\partial}{\partial t}\int_{\Delta v}\frac{1}{2}[\mu H^2+\varepsilon E^2]dv-\int_{\Delta v}\sigma E^2dv} \tag{5.43}$$

여기에서 $\mathbf{S}=\mathbf{E}\times\mathbf{H}$를 ***포인팅벡터***라고 부르며, W/m^{2}의 단위를 가지는 복사되는 전자계의 전력밀도이다. 복사되는 전력의 방향은 이 벡터 안에 포함되어 있다.

이 식에 있는 세 항의 물리적 의미를 살펴보면 다음과 같다. 폐곡면적분의 단위는 다음과 같으며 전력의 단위를 가지고 있다.

$$\frac{\text{volts}}{\text{meter}}\times\frac{\text{amperes}}{\text{meter}}\times\text{meter}^2=\text{watts}$$

스칼라곱의 정의와 $d\mathbf{s}$가 Δv를 둘러싸는 표면 바깥쪽 법선방향임을 사용하면, 이 항은 체적 Δv에서 밖으로 나가는, 혹은 *복사되는 총전력*을 나타낸다.

첫 번째 체적적분항은 정전계에서 설명된 바와 같이 저장된 자계 에너지와 전계 에너지를 의미한다. 시간미분은 s^{-1}의 단위를 가지며, 단위는 다음과 같다.

$$\frac{1}{\text{second}}\times\frac{\text{joule}}{\text{meter}^3}\times\text{meter}^3=\text{watts}$$

이 항은 체적 안에 저장된 전자계 에너지의 시간미분에 해당된다.

두 번째 체적적분항은 체적 안의 줄열에 해당되며 또한 watts 단위로 표현된다.

$$\frac{1}{\text{ohms}\times\text{meter}}\times\frac{\text{volts}^2}{\text{meter}^2}\times\text{meter}^3=\text{watts}$$

줄열은 전력이 열로 바뀐 것을 의미하며, 소모된 전력은 재생할 수 없다. 토스터 기계는 줄열 가열방식을 사용한다.

따라서 포인팅이론은 전력이 일정 영역에서 나갈 때 그 전력은 체적 안에 저장되어 있는 에너지가 시간에 따라 감소하는 양에서 열로 소모되는 전력을 뺀 것과 같다는 것을 의미한다. 쉬운 일상의 예를 들어 이 이론을 설명할 것이며, 추가적인 응용사례에 대한 내용은 본 교재의 전자파 복사를 설명하는 부분에서 언급될 것이다.

에너지보존식의 한 형태로 여겨질 수 있는 식 (5.43)을 미분형태로도 나타낼 수 있다. ***전자기에너지밀도(Electromagnetic energy density)***가 다음과 같이 정의되었음을 기억하자.

$$w = \frac{1}{2}[\mu H^2 + \varepsilon E^2] \tag{5.44}$$

그리고 ***전력손실밀도(Power loss density)***는 다음과 같다.

$$p_L = \sigma E^2 \tag{5.45}$$

다음 수식에서 식 (5.42)를 시스템의 에너지보존에 대한 미분형태로 다시 설명할 수 있다.

$$\nabla \cdot \mathbf{S} + \frac{\partial w}{\partial t} = -p_L \tag{5.46}$$

이 수식은 줄열에 해당하는 “싱크” 항을 가지는 연속방정식 식 (5.18)과 유사하다.

예제 5.17

포인팅이론을 이용하여 저항에서 열로 소모되는 전력을 구하라. 전기에너지는 배터리에 의해 공급된다. 저항 안의 자계는 무시하고, 표면에서의 자계를 계산하라. 저항의 윗면과 아랫면은 도체이며 면에서 전위는 균일하다고 가정한다. 또한 저항의 반지름이 저항의 길이보다 매우 작다고 가정한다.

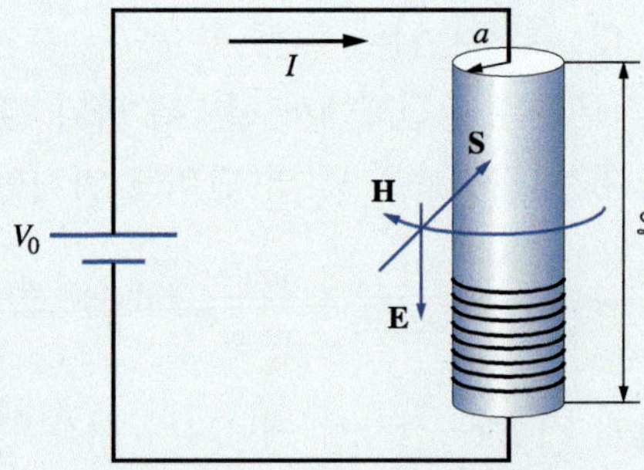

답. 전계의 크기는 $E = V_0/\mathscr{L}$이며, 저항의 표면에서 자계는 $H = I/(2\pi a)$이다. 포인팅벡터 $\mathbf{S} = \mathbf{E} \times \mathbf{H}$의 방향은 저항의 *안쪽*이다. 저항 내부에 충전되는 에너지는 없다. 전류밀도 $J = I/(\pi a^2)$는 전계의 방향과 같다. 따라서 식 (5.43)의 포인팅이론에서 각 항들은 다음과 같다.

$$\left(\frac{V_0}{\mathscr{L}}\right)\left(\frac{I}{2\pi a}\right)(2\pi a\mathscr{L}) = -\frac{d}{dt}\int_{\Delta v}[0+0]dv - \left(\frac{I}{\pi a^2}\right)\left(\frac{V_0}{\mathscr{L}}\right)(\pi a^2\mathscr{L})$$

다음과 같이 정리된다.

$$V_0 I = -V_0 I$$

따라서 배터리의 전자기에너지는 저항에 의해 완전히 소모된다.

예제 5.18

포인팅이론을 이용하여 캐패시터의 원형모서리 표면을 통해 흘러가는 전력을 계산하라. 신호발진기와 캐패시터를 연결하는 선로의 저항손실은 무시한다. 또한 판의 지름이 캐패시터 두 판의 사이 간격보다 훨씬 크다고 가정한다. 즉 $a >> b$이다.

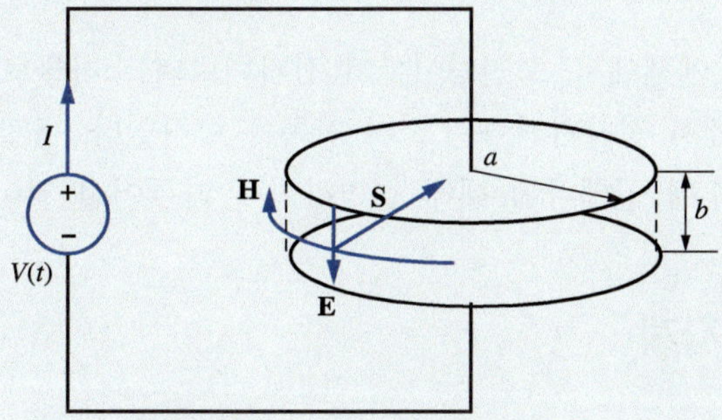

답. 전계 **E**가 두 판 사이에만 갇혀 있고, 균일하다고 가정하면 캐패시터에 저장된 총전기에너지를 다음과 같이 계산할 수 있다.

$$W = \left(\frac{\varepsilon E^2}{2}\right)(\pi a^2 b)$$

캐패시터에 저장된 총자기에너지는 0이다.

이 전기에너지의 시간에 대한 미분은 다음과 같다.

$$\frac{dW}{dt} = -\varepsilon(\pi a^2 b)E\frac{dE}{dt}$$

이것은 식 (5.43)의 우변에서 남은 유일한 항이다. 왜냐하면 이상적인 캐패시터는 에너지를 소모하지 않기 때문이다.

식 (5.43)의 좌변은 변위전류 항으로 나타낸 시변자계에 대하여 표현할 수 있다. 캐패시터의 원형 모서리에서 식 (5.26)을 계산하면 다음과 같다.

$$\oint \mathbf{H} \cdot \mathbf{dl} = \int_{\Delta s} \left(\varepsilon \frac{\partial \mathbf{E}}{\partial t}\right) \cdot \mathbf{ds}$$

이상적인 캐패시터에는 전도전류가 없으므로 $I = 0$이다. 따라서 다음 수식이 성립한다.

$$H(2\pi a) = \varepsilon \frac{dE}{dt}(\pi a^2) \Rightarrow H = \frac{\varepsilon a}{2}\frac{dE}{dt}$$

포인팅벡터의 전력흐름은 다음과 같다.

$$P_s = -(EH)(2\pi ab) = -\varepsilon(\pi a^2 b)E\frac{dE}{dt}$$

음의 부호는 포인팅벡터의 방향이 원 안쪽을 향하기 때문이다. 두 표현은 동일하며 이는 다음 수식이 성립함을 의미한다.

$$P_s = -\frac{dW}{dt}$$

예상했던 대로 이는 회로 내에서 에너지가 보존됨을 의미한다.

앞의 두 예제에서, 포인팅이론이 전기회로의 소자들로 설명될 수 있음을 보았다. 이 예제들에서 전자기전력은 소자 안쪽을 향하였다. 바깥으로 나가는 전자기전력의 전파는 이후에 안테나에 대해 설명하면서 다루어질 것이다.

5.6 시정현전자계

실생활에서 종종 전자계의 시간변화가 시정현인 경우를 직면한다. 전계 및 자계를 페이저형태로 나타낼 수 있으므로, 맥스웰방정식과 포인팅벡터는 특별한 형태로 바뀔 것이다. 이런 경우에 전계와 자계를 다음과 같이 쓸 수 있다.

$$\mathbf{E}(x, y, z, t) = \text{Re}[\mathbf{E}(x, y, z)e^{j\omega t}] \tag{5.47}$$

$$\mathbf{H}(x, y, z, t) = \text{Re}[\mathbf{H}(x, y, z)e^{j\omega t}] \tag{5.48}$$

여기서 Re는 실수부를 의미한다. 전계와 자계 사이의 위상각 ϕ가 있을 수 있으며, $\mathbf{E}(x, y, z)$와 $\mathbf{H}(x, y, z)$ 항에 포함될 것이다.

페이저로 표기된 **E**와 **H**로 맥스웰방정식을 다음과 같이 나타낼 수 있다.

$$\nabla \times \mathbf{E}(\mathbf{r}) = -j\omega\mu\mathbf{H}(\mathbf{r}) \tag{5.49}$$

$$\nabla \times \mathbf{H}(\mathbf{r}) = j\omega\varepsilon\mathbf{E}(\mathbf{r}) + \mathbf{J}(\mathbf{r}) \tag{5.50}$$

$$\nabla \cdot \mathbf{E}(\mathbf{r}) = \frac{\rho_v(\mathbf{r})}{\varepsilon} \tag{5.51}$$

$$\nabla \cdot \mathbf{B}(\mathbf{r}) = 0 \tag{5.52}$$

위 방정식의 양변에 공통으로 존재하며 시간 변화를 나타내는 $e^{j\omega t}$ 항은 삭제하였다. 어떠한 새로운 기호도 도입되지 않았으므로 표기에는 큰 혼동이 없을 것이다.

예제 5.19

전도전류가 변위전류와 같아지는 주파수를 계산하라.

답. 식 (5.33)과 식 (5.50)을 이용하면 다음과 같다.

$$\nabla \times \mathbf{H}(\mathbf{r}) = \mathbf{J}(\mathbf{r}) + j\omega\varepsilon\mathbf{E}(\mathbf{r}) = (\sigma + j\omega\varepsilon)\mathbf{E}(\mathbf{r})$$

주파수는 다음과 같다.

$$\omega = \frac{\sigma}{\varepsilon}$$

구리의 경우 주파수 $f = \omega/2\pi$는 다음과 같이 계산할 수 있다.

$$f = \frac{\sigma}{2\pi\varepsilon_0} = \frac{5.8 \times 10^7}{2\pi \times \dfrac{1}{36\pi} \times 10^{-9}} \approx 1.04 \times 10^{18}\ \text{Hz}$$

이 값보다 높은 주파수에서 양도체로 여겨지는 구리는 유전체처럼 동작한다.

시정현계에서 포인팅벡터를 유도할 때 몇 가지를 주의하여야 한다. 이는 포인팅 벡터가 $\mathbf{E}(\mathbf{r}) \times \mathbf{H}(\mathbf{r})$의 곱을 가지고 있기 때문이다. 전력은 실수값이며 다음의 수식이 성립하지 않으므로 주의 깊게 다뤄야 한다.

$$\text{Re}[\mathbf{E}(\mathbf{r})e^{j\omega t}] \times \text{Re}[\mathbf{H}(\mathbf{r})e^{j\omega t}] \neq \text{Re}[\mathbf{E}(\mathbf{r}) \times \mathbf{H}(\mathbf{r})e^{j\omega t}] \tag{5.53}$$

포인팅벡터의 효과적인 유도를 위해서 다음의 관계식을 이용할 것이다.

$$\text{Re}[\mathbf{E}(\mathbf{r})] = \left(\frac{\mathbf{E}(\mathbf{r}) + \mathbf{E}^*(\mathbf{r})}{2}\right) \quad \text{그리고} \quad \text{Re}[\mathbf{H}(\mathbf{r})] = \left(\frac{\mathbf{H}(\mathbf{r}) + \mathbf{H}^*(\mathbf{r})}{2}\right) \tag{5.24}$$

여기서 별표 표시는 복소공액을 의미하며 다음과 같이 나타낼 수 있다.

$$\begin{aligned}\text{Re}[\mathbf{E}(\mathbf{r})] \times \text{Re}[\mathbf{H}(\mathbf{r})] &= \left(\frac{\mathbf{E}(\mathbf{r}) + \mathbf{E}^*(\mathbf{r})}{2}\right) \times \left(\frac{\mathbf{H}(\mathbf{r}) + \mathbf{H}^*(\mathbf{r})}{2}\right)\\ &= \frac{\mathbf{E}(\mathbf{r}) \times \mathbf{H}^*(\mathbf{r}) + \mathbf{E}^*(\mathbf{r}) \times \mathbf{H}(\mathbf{r}) + \mathbf{E}(\mathbf{r}) \times \mathbf{H}(\mathbf{r}) + \mathbf{E}^*(\mathbf{r}) \times \mathbf{H}^*(\mathbf{r})}{4}\end{aligned}$$

양변의 시간 변화 $e^{j\omega t}$는 앞의 두 항에서 상쇄되고, 뒤의 두 항에는 $e^{\pm j2\omega t}$가 남는다. 이 진력에 시평균을 취하면 뒤의 두 항은 결과에 아무런 기여를 하지 못한다. 따라서 다음의 시평균전력을 구할 수 있다.

$$\boxed{\mathbf{S}_{\mathbf{av}}(\mathbf{r}) = \frac{1}{2}\text{Re}[\mathbf{E}(\mathbf{r}) \times \mathbf{H}^*(\mathbf{r})]\ \ (\text{W/m}^2)} \tag{5.55}$$

예제 5.20

자유공간의 벡터계가 다음과 같이 주어진다.

$$\mathbf{E} = 10\cos\left(\omega t + \frac{4\pi}{3}z\right)\mathbf{u_x}\,(\text{V/m}) \qquad \text{그리고} \qquad \mathbf{H} = \frac{\mathbf{u_z} \times \mathbf{E}}{120\pi}\,(\text{A/m})$$

주파수는 $f = 500$ MHz이다. 포인팅벡터를 구하라. 자유공간 임피던스 값 120π는 다음 장에서 설명될 것이다.

답. 페이저표기로 전계와 자계는 다음과 같다.

$$\mathbf{E(r)} = 10e^{j\left(\frac{4\pi}{3}\right)z}\mathbf{u_x} \qquad \text{그리고} \qquad \mathbf{H(r)} = \frac{10}{120\pi}e^{j\left(\frac{4\pi}{3}\right)z}\mathbf{u_y}$$

그리고 포인팅벡터는 다음과 같다.

$$\mathbf{S_{av}(r)} = \frac{1}{2}\text{Re}[\mathbf{E(r)} \times \mathbf{H^*(r)}] = \frac{10^2}{2 \times 120\pi}\mathbf{u_z} = 0.133\mathbf{u_z}\,(\text{W/m}^2)$$

이제 식 (5.55)를 유도하기 위해 사용한 복소페이저를 이용하여 포인팅이론을 유도해보자. 특히 $\mathbf{E(r)}$과 $\mathbf{H^*(r)}$ 항을 정확히 얻길 바란다. $\mathbf{H^*(r)}$와 식 (5.49)의 스칼라곱에서 $\mathbf{E(r)}$과 식 (5.50)의 복소 공액의 스칼라곱을 빼면 다음과 같다.

$$\mathbf{H^*(r)} \cdot \nabla \times \mathbf{E(r)} - \mathbf{E(r)} \cdot \nabla \times \mathbf{H^*(r)} = -j\omega\mu\mathbf{H(r)} \cdot \mathbf{H^*(r)} + j\omega\varepsilon\mathbf{E(r)} \cdot \mathbf{E^*(r)} - \mathbf{E(r)} \cdot \mathbf{J(r)}^* \tag{5.56}$$

식 (5.40)을 유도하기 위해 사용했던 동일한 벡터항등식을 적용하면 식 (5.56)은 다음과 같이 나타낼 수 있다.

$$\nabla \cdot (\mathbf{E(r)} \times \mathbf{H^*(r)}) = -j\omega\mu H^2 + j\omega\varepsilon E^2 - \sigma E^2 \tag{5.57}$$

여기서 $\mathbf{H(r)} \cdot \mathbf{H^*(r)} = H^2$, $\mathbf{E(r)} \cdot \mathbf{E^*(r)} = E^2$, 그리고 $\mathbf{E(r)} \cdot \mathbf{J(r)}^* = \sigma E^2$이다.

이전에 사용하였던 절차를 이용하여 식 (5.57)을 관심 있는 체적에 대해서 적분한다.

$$\int_{\Delta v} \nabla \cdot (\mathbf{E(r)} \times \mathbf{H^*(r)})dv = -j\omega\int_{\Delta v} [\mu H^2 - \varepsilon E^2]dv - \int_{\Delta v} \sigma E^2 dv \tag{5.58}$$

체적적분은 체적 Δv를 둘러싸고 있는 폐곡면에 대한 적분으로 바꾼다.

$$\boxed{\oint_{\Delta s} (\mathbf{E(r)} \times \mathbf{H^*(r)}) \cdot \mathbf{ds} = -j\omega\int_{\Delta v} [\mu H^2 - \varepsilon E^2]dv - \int_{\Delta v} \sigma E^2 dv} \tag{5.59}$$

폐곡면적분값은 면에 의해 둘러 싸여진 체적 안으로부터 전력이 복사되어 나가는 것을 의미한다. 마지막 항은 체적 안에서 소모되어 사라지는 전력을 의미한다. 이 전력은 열로 변환되며 다시 재생될 수 없다. 나머지 두 항은 체적 안에 저장된 시평균 에너지이다. j는 이 값이 RLC 회로의 캐패시터와 인덕터 안에 저장된 ***리액티브 에너지(Reactive energy)***와 유사하다는 것을 의미한다.

5.7 결론

우리는 이제 전자기현상을 설명하는 네 개의 맥스웰방정식을 얻기 위한 긴 여정의 끝에 다다랐다. 이 식들로부터 시변전계와 자계가 각각 서로로부터 파생되며 친밀하게 얽혀있음을 증명하였다. 패러데이의 유도법칙과 암페어의 주회회로 법칙은 변위전류와 함께 시변전계와 자계 사이의 관계를 설명한다. 연속방정식이 반드시 성립해야 한다는 요구조건 때문에 변위전류의 항이 발생한다. 시불변계에서 다루었던 경계조건들은 동일하게 시변계에도 적용된다.

창세기 시작 구절 "태초에 신이 가라사대 '…' 그리고 빛이 있으라"라는 문구를 맥스웰방정식들이 포함된 것으로 바꿔 쓴 티셔츠가 있다. 맥스웰이 이 수식들을 처음 종이에 적은 이후로 수천 명의 대학원 학생들의 목표와 성취는 새로운 전자기문제에 관한 것이 되었고, 이 방정식을 사용하여 문제를 풀고 학위논문들을 썼다. 심지어 석사학위를 수여한 후에도 이 방정식들은 먼지 앉은 책장에 놓여있는 그들의 학술적 논문에 "방정식 1에서 4"로 종종 나타난다. 학생들이 종이 위에 이 방정식들을 쓰고 시험에 가지고 가거나 질문에 답하기 위해 그 식들을 암기하는 것을 바라지는 않는다. 이 식들을 이해하기를 바란다. 이 방정식들에 대한 지적이고 깊이 있는 깨달음이야 말로 본 과목에서 추구하는 것이며 또한 다른 많은 전기 및 컴퓨터 공학이 추구하는 것이기도 하다.

5.8 연습문제

5.1.1. 전원이 없는 영역에서 $\mathbf{B} = z\mathbf{u}_y + x\mathbf{u}_z$일 경우, **E**는 시간에 따라 변하는가?

5.1.2. 100 Ω 저항 양단에 완전도체가 연결되어 균일 자속밀도 $B = 10e^{(-t/10)}$ T의 영역에 폐루프를 형성한다.
루프의 자체 인덕턴스를 무시하고, 저항 양단에 걸리는 전압 $V(t)$를 구하고 그려라. 이 원리에 기초한 기기는 실험과 생물학 연구 등에서 시변자계를 관찰하기 위해 사용된다.

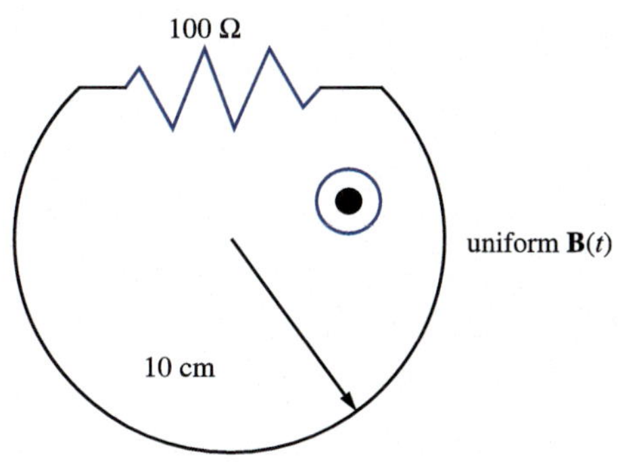

5.1.3. 폐루프 선로(Δx = 30 cm × Δy = 20 cm)가 균일하지 않은 시불변자계 $\mathbf{B} = y\mathbf{u}_z$ T 위를 일정한 속도 $\mathbf{v}_0 = 5\mathbf{u}_x$ m/s로 지나고 있다. $t = 0$에서 루프의 왼쪽 아래 부분이 원점에 위치한다. 시간에 따라 루프에 의해 발생되는 전압 V에 관한 표현식을 구하라. 루프에 흐르는 전류에 의해 발생되는 자계는 무시한다.

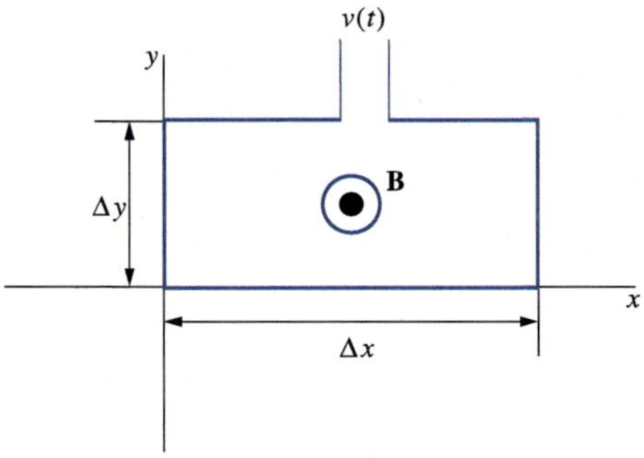

5.1.4. 자속밀도가 $\mathbf{B} = 0.1\mathbf{u}_z$와 같이 공간에 균일할 때 문제 5.1.3을 반복하고 결과를 설명하라.

5.1.5. 만약 회전축이 $\mathbf{B} = B_0\mathbf{u}_z = 5\mathbf{u}_z$ T인 균일 자계에서 동일속도 $\mathbf{v} = v\mathbf{u}_x = 3\mathbf{u}_x$ m/s로 움직일 때 생성되는 전압을 구하라. $t = 0$에서 축은 $x = 0$, L = 40 cm에 위치한다.

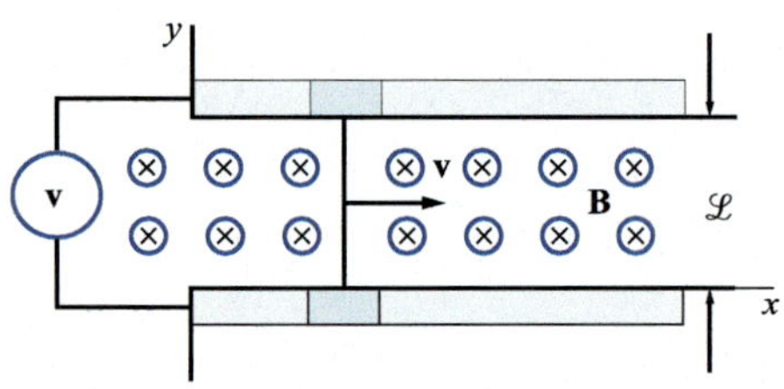

5.1.6. 문제 5.1.5에서 레일이 $\mathscr{L} = \mathscr{L}_0 + \mathscr{L}_1 x$ 만큼 떨어져 있을 경우에 대하여 반복해서 풀어라. 바퀴는 트롬본 형태의 회전축 위에서 자유롭게 미끄러지므로 레일 위에 위치한다($\mathscr{L}_0$ = 0.4 m, $\mathscr{L}_1$ = 0.04 m).

5.1.7. 플라즈마로 둘러싸인 지역을 통과하면서 전기를 공급받기 위해 위성이 우주왕복선에 연결되어 있다. 플라즈마는 수많은 양전하와 음전하로 이루어져있다. 우주왕복선이 지구를 한 바퀴 도는 데 1.5 시간이 걸린다고 가정할 때, 우주왕복선과 위성 양단의 전위차 ΔV를 찾아라. 우주왕복선은 지구 상공 위 약 400 km를 지나며 이곳의 $\mathbf{B} \approx 10^{-5}$ T이다.

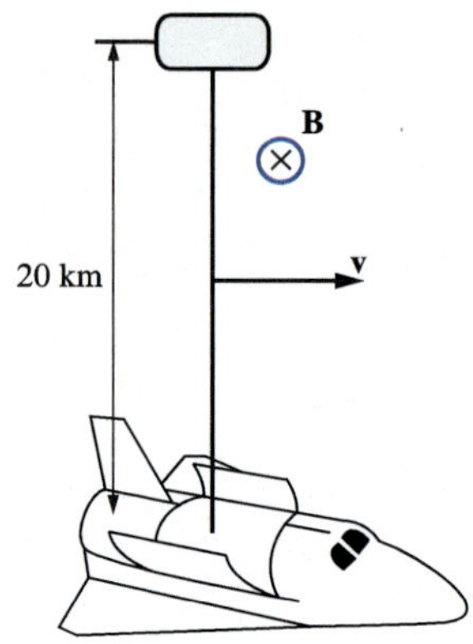

5.1.8. 두 평행한 도체레일 사이의 균일자계 $\mathbf{B} = B_0\mathbf{u}_z$ (B_0 = 4 T)에서 도전성 회전축이 진동한다. 회전축의 위치는 $x = (\Delta x/2)[1 - \cos\omega t]$ (Δx = 0.2 m, ω = 500 s^{-1})이다. 저항 R이 10 Ω이고, 레일 사이의 간격 Δy = 0.1 m일 때 전류 $I(t)$를 찾고 이를 그려라.

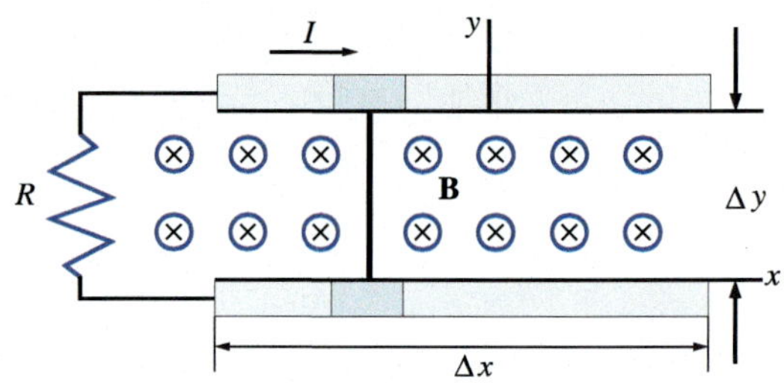

5.1.9. 자계가 시간에 대해 $\mathbf{B} = B_0\cos\omega t$ (단, B_0와 ω는 동일 값을 가진다.)로 변할 때 문제 5.1.8를 다시 풀어라.

5.1.10. 0.5 m × 0.5 m 코일이 B = 2 T인 균일 자계 안에서 ω = 1200 s^{-1}의 각속도로 회전할 때 두 노드 사이에 유도된 전압을 계산하라.

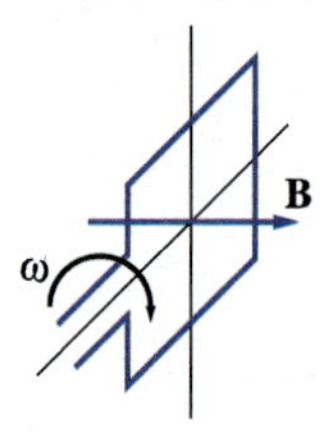

5.1.11. 전류 I가 흐르는 무한길이의 선로 옆에 정사각루프가 위치한다. 루프는 $\mathbf{v} = v_0\mathbf{u}_\rho$의 속도로 움직인다. 루프의 중심은 ρ이고, 초기위치는 $\rho = b$이

다. 루프의 크기가 $a \times 2b$일 때 유도전압 $V(t)$를 결정하라.

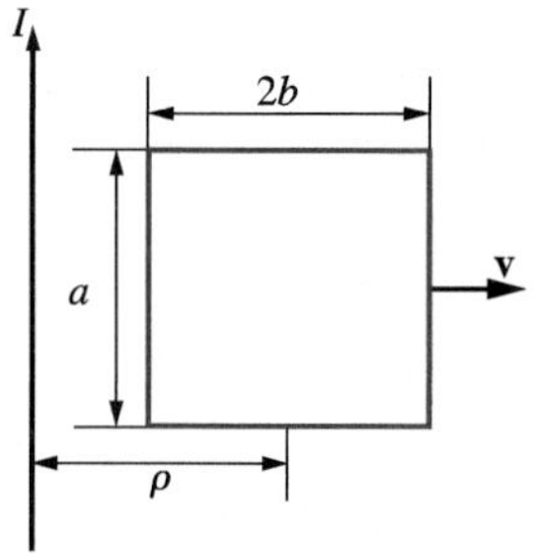

5.1.12. 그림과 같이 길이 1 m의 선로에 자계 $\mathbf{B} = 0.5\cos\phi\mathbf{u}_\phi$가 각속도 $\omega = 40\pi$ s^{-1}로 회전한다. 100 Ω이 연결된 폐루프에 흐르는 전류를 구하라.

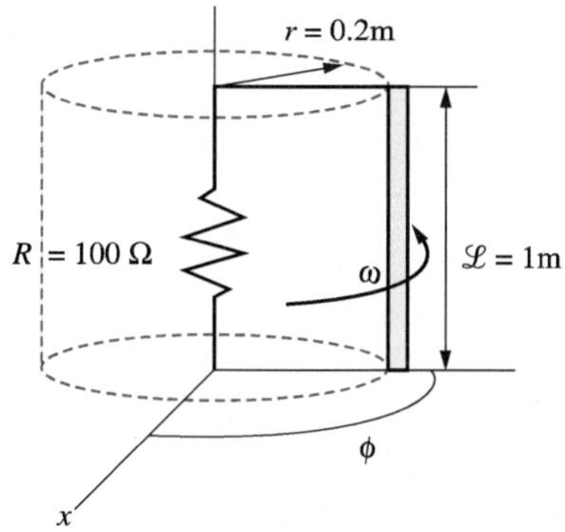

5.2.1. 전류밀도 $\mathbf{J} = \sin(\pi x)\mathbf{u_x}$일 때, $x = 1$에서 시간에 따른 전하밀도 증가량 $\partial\rho_v/\partial t$를 구하라.

5.2.2. 원통좌표계에서 전류밀도 $\mathbf{J} = e^{(-\rho^2)}\mathbf{u}_\rho$ 일 때, $\rho = 1$에서 시간에 따른 전하밀도 증가량을 구하라.

5.3.1. 구리($\sigma = 5.8 \times 10^7$ S/m, $\varepsilon = \varepsilon_0$)와 바닷물($\sigma = 4$ S/m, $\varepsilon = 81\ \varepsilon_0$) 그리고 지표($\sigma = 10^{-3}$ S/m, $\varepsilon = 10\ \varepsilon_0$)에서 각각 60 Hz, 1 MHz, 1 GHz의 변위전류와 전도전류의 세기를 비교하라.

5.3.2. 손실매질에서 전도전류밀도는 $J_c = 0.2\sin(2\pi 10^9 t)$ A/m^{2}이다. $\sigma = 10^{-3}$ S/m, $\varepsilon_r = 6.5$일 때 변위전류밀도를 구하라.

5.4.1. $\mathbf{B} = B_0\cos\omega t\mathbf{u_x}$, $\mathbf{E} = E_0\cos\omega t\mathbf{u_z}$가 자유공간($\varepsilon_r \approx 1$)에서 맥스웰방정식을 만족하지 않음을 보여라. 그리고 $\mathbf{B} = B_0\cos(\omega t - ky)\mathbf{u_x}$, $\mathbf{E} = E_0\cos(\omega t - ky)\mathbf{u_z}$는 맥스웰방정식을 만족함을 보여라. 변수 k는 다른 변수값으로 어떻게 나타낼 수 있는가?

5.4.2. 진공에서 $\mathbf{E} = E_0\cos(\omega t - ky)\mathbf{u_z}$, $\mathbf{H} = (E_0/Z_0)\cos(\omega t - ky)\mathbf{u_x}$로 주어질 때 ε_0와 μ_0로 Z_0를 나타내고, 맥스웰방정식을 만족함을 보여라.

5.4.3. $\mathbf{E} = E_0\cos x\cos(\omega t)\mathbf{u_y}$, $\mathbf{H} = (E_0/\mu_0)\sin x\cos(\omega t)\mathbf{u_z}$가 맥스웰방정식을 만족하는가?

5.4.4. 진공에서 $\mathbf{E} = E_0\cos x\cos(\omega t)\mathbf{u_x}$를 형성하는 전하밀도 ρ_v를 찾아라.

5.4.5. 각각 반지름이 a와 b로 이루어진 동축케이블(단 $b > a$)에 전압 $V_0\cos\omega t$를 인가하였을 때, 동축케이블 내의 유전체를 통해 흐르는 변위전류밀도를 구하라.

5.4.6. 중심이 같고 반지름이 각각 a와 b인 도체구 사이에 전압 $V_0\cos\omega t$가 인가되었을 때, 두 구의 사이의 유전체를 통해 흐르는 변위전류밀도를 찾아라(단 $b > a$).

5.4.7. 맥스웰방정식으로부터 연속방정식을 유도하라.

5.4.8. 맥스웰방정식의 모든 항을 직각좌표계로 나타내라.

5.5.1. $\mathbf{E} = E_0\cos(\omega t - \beta z)\mathbf{u_y}$이 맥스웰방정식의 해라면 H와 $\mathbf{S_{av}}$를 구하라.

5.5.2. $\mathbf{H} = H_0\cos(\omega t - \omega z)\mathbf{u_y}$이 맥스웰방정식의 해라면 **E**와 $\mathbf{S_{av}}$를 구하라.

5.5.3. 균일한 10^4 V/m의 전계가 존재할 때 1 m^{3}의 정육면체에 저장된 전기에너지(electric energy)를 계산하라. 단, 정육면체가 비어있을 경우와 유전율 $\varepsilon = 81\varepsilon_0$인 물로 차있을 경우에 대해 각각 계산하라.

5.6.1. $\mathbf{E} = 120\pi\cos(3 \times 10^9 t - 10z)\mathbf{u_x}$와 $\mathbf{H} = 1\cos(3 \times 10^9 t - 10z)\mathbf{u_y}$를 페이저표기법으로 나타내라.

5.6.2. $\mathbf{E} = 3e^{-j\beta z}\mathbf{u_x}$와 $\mathbf{H} = 0.4e^{-j45^\circ}e^{-j\beta z}\mathbf{u_y}$를 시간영역으로 나타내라. 진동주파수는 ω이다. 또한 평균포인팅벡터 $\mathbf{S_{av}}$를 구하라.

5.6.3. 주파수 $f = 1$ MHz에서 구리($\sigma = 5.8 \times 10^7$ S/m, $\varepsilon_r \approx 1$)는 양도체이고 수정($\sigma = 10^{-17}$ S/m, $\varepsilon_r = 4$)은 절연체임을 보여라.

5.6.4. 수정이 도체가 되는 주파수를 찾아라.

5.6.5. 구리가 절연체가 되는 주파수를 찾아라.

CHAPTER 6

전자파의 전파

전자파의 전파에 관한 연구는 19세기 이론 물리학자인 제임스 클럭 맥스웰의 아이디어에 근거를 두고 있다. 그는 파동방정식을 유도할 수 있는 네 개의 방정식으로 시변전자계를 묘사하였다. 이 공식의 해인 전자파는 빛의 속도로 전파한다.

6.1 파동방정식

모든 전자기이론의 해석이 이 네 개의 방정식으로부터 시작되므로 맥스웰방정식이 전자파 연구의 시발점으로 여겨지는 것은 놀랄만한 사실이 아니다.

가장 먼저 유도할 파동방정식은 손실이 있을 수 있는 균질매질에서의 파동방정식이다. 여기서는 전원 영역 바깥부분의 전자계를 다루므로, 유도과정에서 자유전하의 밀도는 없다. 즉 $\rho_v = 0$이다. 따라서 맥스웰방정식은 다음과 같이 표현된다.

$$\nabla \times \mathbf{E} = -\mu \frac{\partial \mathbf{H}}{\partial t} \tag{6.1}$$

$$\nabla \times \mathbf{H} = \varepsilon \frac{\partial \mathbf{E}}{\partial t} + \sigma \mathbf{E} \tag{6.2}$$

$$\nabla \cdot \varepsilon \mathbf{E} = 0 \tag{6.3}$$

$$\nabla \cdot \mu \mathbf{H} = 0 \tag{6.4}$$

여기서 **D**, **B**, **J**를 소거하기 위해 다음의 구성방정식을 사용하였다.

$$\left.\begin{aligned} \mathbf{D} &= \varepsilon \mathbf{E} \\ \mathbf{B} &= \mu \mathbf{H} \\ \mathbf{J} &= \sigma \mathbf{E} \end{aligned}\right\} \tag{6.5}$$

식 (6.2)에서 외부에 흐르는 전류는 없다고 가정하자. 모든 전자계는 시간과 공간에 의해 결정된다. 즉 **E** = **E**(**r**, *t*)와 **H** = **H**(**r**, *t*)가 된다. 나중에 언급하겠지만, 발산연산을 포함하는 두 방정식은 벡터항등식의 특정항을 결정하는 데 사용될 수 있으며, 먼저 회전연산을 포함하는 두 다항식을 다룰 것이다. 또한 4장에서 설명했던 내용들을 다시 살펴볼 것이다. 식 (6.1)과 식 (6.2)에서 각각의 식은 전계항과 자계항을 포함하므로 두 다항식은 결합된 형태의 다항식이 된다. 이것은 전계나 자계에 섭동을 일으키면 자동으로 서로 다른 계에 영향을 미친다는 것을 의미한다.

식 (6.1)과 식 (6.2)는 **E**와 **H**를 종속변수로 가지는 두 개의 1차 편미분방정식이다. 여기서 두 식을 단일변수의 2차 편미분방정식으로 결합할 수 있다. 이는 두 쌍의 1차 상미분방정식의 문제에 직면하였을 때, 일반적으로 사용하는 해법과 동일하다. 단, 방정식이 벡터와 벡터연산자를 포함하므로 이에 주의하여야 한다.

전계강도 **E**를 구하기 위해 식 (6.1)에 회전연산을 하고, 방정식의 한쪽 편에 형성되는 ∇ × H의 항에 식 (6.2)를 대입하여 두 방정식을 결합한다. 이 연산을 좀 더 자세히 기술하면 다음과 같다.

$$\nabla \times (\nabla \times \mathbf{E}) = -\mu\frac{\partial}{\partial t}(\nabla \times \mathbf{H}) = -\mu\frac{\partial}{\partial t}\left(\sigma\mathbf{E} + \varepsilon\frac{\partial \mathbf{E}}{\partial t}\right) = -\mu\sigma\frac{\partial \mathbf{E}}{\partial t} - \mu\varepsilon\frac{\partial^2 \mathbf{E}}{\partial t^2} \quad (6.6)$$

이 과정에서 시간과 공간에 대한 미분차수를 자유롭게 변경할 수 있다. 차후에 자계강도 **H**는 전계강도 **E**로부터 식 (6.1)을 사용하여 계산 할 수 있다. 나중에 언급하겠지만, 자계의 경계조건을 주는 것보다 전계의 경계조건을 주는 것이 용이한 경우가 많으므로 전계를 먼저 구하는 것이 유리하다. 예를 들어, 전자오븐에 금속 물질을 넣었을 때 쉽게 관찰할 수 있는 것처럼, 금속 도체는 전계강도의 접선성분에 막대한 효과를 준다.

파동현상을 이해하기 위한 다음 단계는 식 (6.6)의 첫 항에 벡터항등식 (A.15)를 대입하는 것이다. 이는 다음의 식으로 유도된다.

$$\nabla \times \nabla \times \mathbf{E} = \nabla(\nabla \bullet \mathbf{E}) - \nabla^2\mathbf{E} = -\nabla^2\mathbf{E} \quad (6.7)$$

식을 간소화하는 과정에 전하밀도 ρ_v은 0이며, 매질이 균질함을 활용한다. 이것은 식 (6.3)의 발산방정식으로부터 유도된다. 마지막으로 벡터방정식 (6.6)을 식 (6.7)로 치환하여 다음의 식을 얻을 수 있다.

$$\boxed{\nabla^2\mathbf{E} - \mu\sigma\frac{\partial \mathbf{E}}{\partial t} - \mu\varepsilon\frac{\partial^2 \mathbf{E}}{\partial t^2} = 0} \quad (6.8)$$

이것이 우리가 구하려 하던 일반적인 동차3차원벡터파동방정식(Homogeneous three-dimensional vector wave equation)이다. 이 방정식은 외부에 전원을 가지지 않

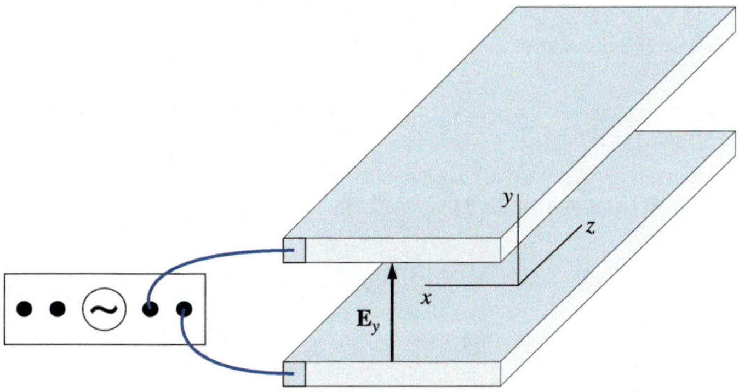

그림 6-1

두 개의 무한한 평행금속판 사이에 선형편파된 전계를 발생시키는 방법.

는 경우에 한하여 유효하며, 선택된 좌표계와 상관없이 적용이 가능하다. 그러나 계산에 사용되는 라플라시안 연산자는 문제에 따라 선택한 좌표계에 의해 결정된다. 전계 **E**의 편파는 급전 구조에 의해 결정된다. 경우에 따라서는 특수한 복사특성을 가지는 안테나이거나 특정한 물리적 방향을 가지는 레이저 혹은 도파관일 수 있다. 안테나에 근접장 영역에서는 전자계와 전원과의 관계를 고려하여 이차파동방정식(Inhomogeneous wave equation)을 풀어야 한다.

전자계의 편파특성은 가볍게 넘어가서는 안 될 중요한 주제이다. 먼저 그림 6-1과 같이 사인파형 전압발진기의 두 외부 단자에 두 개의 무한금속판이 연결되어 있다고 가정하자. 위쪽 판에 연결된 전압은 아래 판에 연결되어 있는 전압과 180°의 위상차를 보인다. 두 개의 판 사이에 직접 형성된 전계는 한쪽방향(차후에 $\mathbf{u}_y$로 정의)으로 ***선형편파***되었다고 일컫는다.

그림 6-1은 선형편파된 전자계의 발생방법을 보여주고 있다. 선형편파 이외에도 원형편파 혹은 타원형편파와 같이 다른 편파들이 존재한다. 시변전자파에 대해서 설명한 후에 예제를 들어 이러한 편파들에 대해 설명할 것이다.

통상적으로 자계 요소보다는 전계 요소를 사용하여 전자파의 편파를 설명한다. 실제로 경계조건이 자계보다는 주로 전계로 주어지는 것을 알 수 있다. 전자파의 한쪽 성분을 아는 것은 맥스웰방정식을 사용하여 다른 쪽 성분까지 알 수 있음을 의미한다.

일반적인 3차원벡터파동방정식 (6.8)의 풀이는 다소 어려울 수 있고, 지금 시점에서는 전자파의 이해에 큰 도움이 되지 않을 것이다. 따라서 문제를 간략화하여 접근하여야 한다.

예제 6.1

자계강도 **H**에 관한 파동방정식이 식 (6.8)과 같은 형태가 됨을 보여라.

답. 식 (6.1)과 식 (6.2)로부터 다음과 같다.

$$\nabla \times \nabla \times \mathbf{H} = \sigma(\nabla \times \mathbf{E}) + \varepsilon\frac{\partial}{\partial t}(\nabla \times \mathbf{E}) = \sigma\left(-\mu\frac{\partial \mathbf{H}}{\partial t}\right) + \varepsilon\frac{\partial}{\partial t}\left(-\mu\frac{\partial \mathbf{H}}{\partial t}\right)$$

여기서 제일 왼쪽 항은 벡터항등식으로 간략화된다.

$$\nabla \times \nabla \times \mathbf{H} = \nabla(\nabla \cdot \mathbf{H}) - \nabla^2\mathbf{H} = -\nabla^2\mathbf{H}$$

여기에 식 (6.4)가 적용된다. 그 결과로 다음의 식과 같이 정리된다.

$$\nabla^2\mathbf{H} - \mu\sigma\frac{\partial \mathbf{H}}{\partial t} - \mu\varepsilon\frac{\partial^2 \mathbf{H}}{\partial t^2} = 0$$

따라서 자계강도에 관한 파동방정식 역시 식 (6.8)에 주어진 전계강도 **E**에 관한 파동방정식과 같은 형태를 가진다.

식 (6.8)의 파동방정식 일반형은 풀기 어려운 항을 포함하므로, 여기서는 몇 가지의 간략화하는 과정을 사용한다. 첫 번째는 파동이 진행하는 매질이다. 우선 매질로서 진공상태를 살펴보면 진공 중에는 전도전류($\mathbf{J} = \sigma\mathbf{E}$)가 존재하지 않으므로, 식 (6.8)의 두 번째 항이 소거된다. 비유전율(ε_r)과 비투자율(μ_r)은 진공에서 모두 1이므로, ε과 μ는 각각 진공에서의 값인 ε_0과 μ_0으로 대체 할 수 있다.

두 번째 간략화는 한쪽방향의 편파를 가지는 전계를 직각좌표계에서 해석하는 것이다. 전계의 편파방향은 단위벡터 $\mathbf{u}_y$가 되도록 설정한다. 세 번째 간략화 과정은 전자파가 직각좌표계의 세 변수 중 z축 방향만의 단일 변수로 구성된 함수라고 가정한다. 이것은 $\partial/\partial x = \partial/\partial y = 0$이 됨을 의미한다. 그림 6−1은 위의 내용이 어떻게 실험적으로 구현이 가능한지를 보여준다. 이 경우 벡터파동방정식 (6.8)은 다음과 같이 단순화된다.

$$\boxed{\frac{\partial^2 E_y}{\partial z^2} - \mu_0\varepsilon_0\frac{\partial^2 E_y}{\partial t^2} = 0} \tag{6.9}$$

여기서 단위벡터 $\mathbf{u}_y$는 모든 항에 공통으로 존재하여 생략되지만, 전계의 편파방향이 단위벡터 $\mathbf{u}_y$의 방향임을 의미한다. 따라서 식 (6.9)는 1차원스칼라파동방정식이 된다.

이 파동방정식에서 ($\mu_0\varepsilon_0$) 항을 주목하고 의미를 이해해보자. 식 (6.9)에서 미분과 관련된 두 항의 단위는 각각 다음과 같다.

$$\frac{\left(\dfrac{\text{volts}}{\text{meter}}\right)}{(\text{meter})^2} \quad \text{그리고} \quad \frac{\left(\dfrac{\text{volts}}{\text{meter}}\right)}{(\text{second})^2}$$

이 식의 단위가 올바르기 위해서는 $(\mu_0\varepsilon_0)$ 항이 반드시 다음과 같은 단위를 가져야 한다.

$$\left(\frac{\text{second}}{\text{meter}}\right)^2$$

따라서 $(\mu_0\varepsilon_0)$ 항은 $(\text{속도})^{-2}$의 단위를 갖는다. 만약, ε_0와 μ_0의 수치값을 적용하여 속도를 계산하면 이 값이 빛의 속도와 같음을 확인할 수 있다. 그러므로 내재되어있는 실제개념을 명확히 이해하지 못하더라도 식 (6.9)의 $(\mu_0\varepsilon_0)$ 항을 부호 c로 쉽게 대체하여 생각 할 수 있다(여기서 $c = 1/\sqrt{\mu_0\varepsilon_0}$이다). $(\mu_0\varepsilon_0)$ 항이 정확한 단위와 주목할 만한 수치값을 가지는 것은 우연이 아니고 앞으로 보여줄 확고한 이론에 근거한다. 시간과 속도의 곱인 ct는 거리의 단위를 가진다. 그러므로 식 (6.8)의 벡터 파동방정식은 4차원 공간으로 생각될 수 있다—대학원 또는 그 이상 수준에서 다루는 시간과 에너지를 포함하는 개념.

예제 6.2

속도 c의 근사값을 계산하라.

답. μ_0와 ε_0의 수치값을 사용하면 다음의 결과를 갖는다.

$$c = \frac{1}{\sqrt{\mu_0\varepsilon_0}} \approx \frac{1}{\sqrt{(4\pi\times 10^{-7})\left(\frac{1}{36\pi}\times 10^{-9}\right)}} \approx 3\times 10^8 \ \text{m/s}$$

이것은 빛의 속도의 근사값이다. 보다 정확한 비유전율 값을 사용하면 위의 결과값이 미세하게 작아진다.

4.7 1차원파동방정식

1차원파동방정식을 해결하기에 앞서 전자파의 기본적인 성질들을 이해하기 위해서 조금 다른 상황에서의 파동현상들을 관찰해보자. 주된 관심사로부터 약간 벗어난 이유는 일상경험을 통하여 파동현상을 좀 더 친숙하게 받아들이기 위함이다. 연속되는 사고실험에서 $+z$축 방향으로 진행하는 펄스를 관찰할 것이다.

6.2.1 파동과 관련된 실험

첫 번째 실험은 물탱크나 욕조에서 실행 될 수 있다. 반복적인 파동펄스는 $z = 0$인 위치에서 작은 플런저에 결합되어 있는 신호발진기로부터 생성된다.[1] 이 플런저는

[1] 이 플런저는 "파동발생기(Wavemaker)"로 불린다.

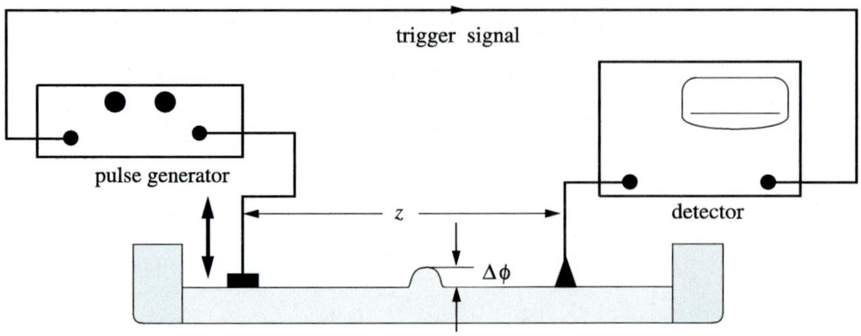

그림 6-2

물결을 이용한 파동 생성 실험. 파동의 크기는 $\Delta\phi$이다.

그림 6-2와 같이 위·아래로 움직일 수 있다. 플런저 운동의 반복주파수 크기는 발생된 펄스 간에 간섭이 생기지 않을 정도로 작게 한다. 그리고 탱크 양쪽 면과 끝부분에서는 파동을 모두 흡수하여 파의 반사가 없게 한다. 물결 파동은 빛의 속도에 비교하면 매우 느린 속도로 진행한다. $z = 0$인 위치에서 물결 펄스가 발생될 때마다 동시에 트리거 펄스 또한 신호발진기에서 오실로스코프로 보내진다. 트리거 펄스는 빛의 속도로 전달되므로 물결 파동의 전파속도에 비교하면 순간적 현상으로 생각할 수 있다. 물결 펄스는 보정된 이동 탐지기에서 검출되며, 그 응답은 신호발진기로부터 트리거 신호를 받는 오실로스코프에 표시된다. 검출기로는 물로부터 반사된 빛의 세기에 따라 반응하는 광배율기 같은 장치를 사용할 수 있다. 만약 물에 빛이 균일하게 비추어 진다면 물결 파동의 전파에 의한 곡률 변화는 검출된 신호를 변화시킨다.

물탱크 내의 다양한 위치 z에서의 결과를 오실로스코프 화면에 디스플레이하며, 이 때 디스플레이 된 화면들은 그림 6-3a와 같이 균등한 공간간격으로 얻어진 결과이다. 시간 축은 $t = 0$인 트리거 시간을 기준으로 정렬되어 있다. 펄스는 동일한 속도로 오른쪽으로 이동한다는 사실에 주목하자.

그림 6-3a에서 디스플레이 된 화면의 순서와 어느 위치에서의 화면 결과인지를 살펴보면 두 가지 변수를 확인할 수 있다. 펄스의 특정위치(예, 펄스의 솟아오르는 끝부분)를 기준으로 전파한 거리 z와 전파에 걸린 시간 t를 알 수 있다. 이들의 자취를 그림 6-3b에서 보여준다. 실험 결과 점들은 동일한 직선상에 놓여있다. 이 직선

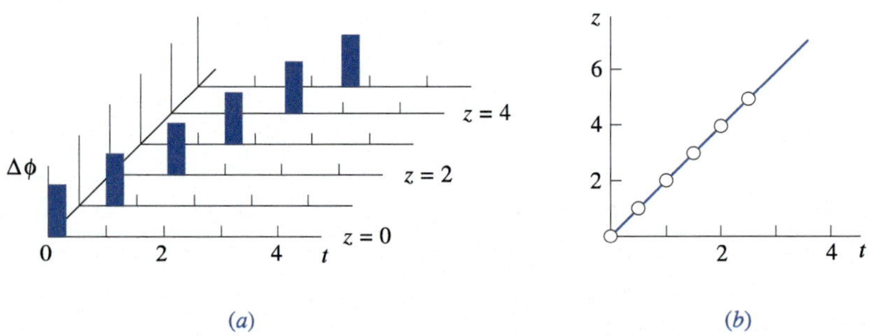

그림 6-3

(**a**) 물탱크의 다양한 위치에서 오실로스코프 신호.
(**b**) 파동펄스에서 솟아오르는 끝부분의 궤적. 전파의 속도는 기울기(= 2)이다.

의 기울기는 ***전파속도(Velocity of propagation)***로 불리며 이 그림은 파동전파의 ***자취(Trajectory)***라고 불린다. 이런 표면파의 전파속도는 표면장력과 물의 질량밀도를 변수로 가지는 함수이다. 파동 전파의 자취가 직선이 아닐 경우에는 자취의 기울기, 즉 파동 전파의 국부 속도를 정의하기 위해 미분 연산 $v = \partial z/\partial t$의 계산이 필요하다. 속도가 파동의 주파수에 따라 변하거나(신호의 분산을 야기함) 파동의 진폭에 따라 변하는(신호의 비선형을 유도함) 경우도 있기 때문에 편미분 연산기호를 사용해야 한다.

두 번째 파동실험은 그림 6–4와 같이 두 부분에 연결한 줄을 사용한다. 이 경우 작은 섭동을 한쪽 끝에서 발생시키면 그 섭동은 다른 한쪽 끝으로 전파된다. 물탱크 실험과 같이 끝 단에서의 반사는 무시한다. 만약 카메라를 사용할 수 있다면 섭동이 움직이는 동안 움직임을 사진으로 찍을 수 있을 것이다. 연속된 사진들로부터 파동 전파의 자취가 그려질 수 있고 그림 6–3*b*에서와 같이 파동의 전파속도를 계산 할 수 있다. 이 경우 예제 6.3에서와 같이 파동의 전파속도는 줄의 장력과 줄의 질량밀도에 관한 함수이다. 줄의 직경이 거리에 따라 감소하면 파동의 전파속도는 비선형 특성을 보이게 된다. 채찍은 이러한 특성을 이용한 것으로 채찍 끝의 움직임이 공기 중의 소리속도 보다 빠를 경우 채찍에서 날카로운 소리가 나게 된다.[2]

세 번째 실험은 두 벽에 연결된 용수철을 사용한다. 이 상황에서 한쪽 벽이 갑자기 움직이면 그림 6–5와 같이 작은 섭동이 발생하고 발생한 섭동은 다른 한쪽으로 전파된다. 다시 그림 6–3*b*와 같이 파동 전파의 자취를 그릴 수 있으며 파동의 전파속도를 계산할 수 있다. 이 파동 속도는 용수철의 탄성계수와 질량밀도에 의해 좌우된다.

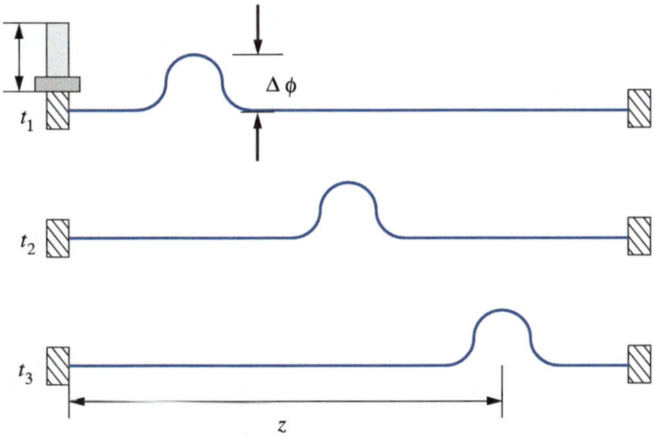

그림 6–4

파동은 줄의 한쪽 끝 부분에서 "튕겨"서 시작되어 반대쪽 끝으로 진행한다.

[2] A. Goriely & T. McMillen, "Shape of a Cracking Whip," Physical Review Letters, Vol. 88, No. 24, 17 June 2002.

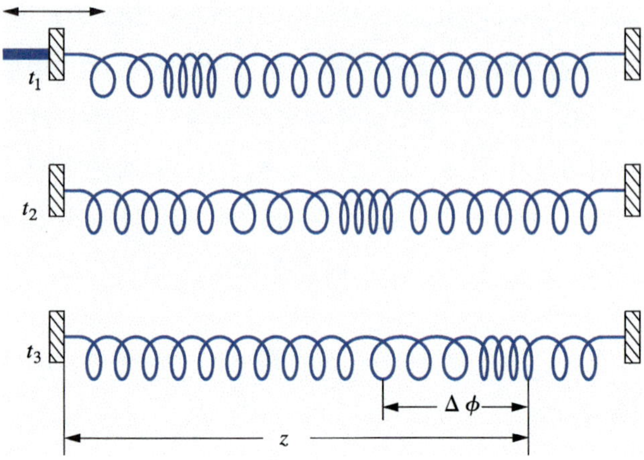

그림 6-4

스프링에 밀고 당기는 압력을 가하면 섭동의 진폭이 스프링을 따라 전파한다.

앞의 세 가지 실험으로부터 우리는 파동 전파의 본질에 대한 몇몇 일반적인 결론을 얻을 수 있다. 매질은 전파하지 않는다. 단지 섭동만이 명백한 전파속도를 가지고 전파하며, 전파속도는 전파하는 매질의 특성에 의해 결정된다. 섭동이 매우 작다고 가정하였을 때, 매질은 섭동이 지나간 후 원래의 상태로 되돌아간다. 매질은 파동의 전파에 아무런 영향을 받지 않는다(매질의 어떤 위치에도 남아있는 에너지는 없다.). 매질의 일부분에 가해지는 큰 진폭의 파동에 의해서도 국소적이나마 열이 모이게 할 수 없다. 차후에 언급될 에너지의 형태를 변화시키는 파동 전달 문제(이런 경우에는 국부적인 에너지 흡수나 소모가 생길 수 있음)에 대해서는 언급하지 않을 것이다.

이 세 가지 실험들 사이에 중요한 차이점이 있다. 첫 번째와 두 번째에서 섭동 $\Delta\phi$는 파동의 진행방향과 수직이다. 그러나 세 번째 유형에서는 섭동 $\Delta\phi$가 파동과 동일한 방향으로 진행한다. 첫 번째와 두 번째 유형은 ***횡파(Transverse wave)***로 분류되며, 세 번째 유형은 ***종파(Longitudinal wave)***로 구분된다. 이 책에서 공부하게 될 전자파는 횡파다. 공기 중에서 압박과 팽창이 반복되는 음파는 종파이다. 횡방향 전자파는 진공에서 전달될 수 있다. 종파인 음파는 압축이 가능한 매질을 필요로 하므로 진공상태에서는 전달될 수 없다.

예제 6.3

파동(전자기현상이 아닌)의 전파를 고려해보자. 줄을 따라 진행하는 *횡파*의 파동방정식을 유도하여라. 줄은 질량밀도 ρ_m을 가지며 장력 T가 인가되어있다. 단, 줄의 무게는 무시한다.

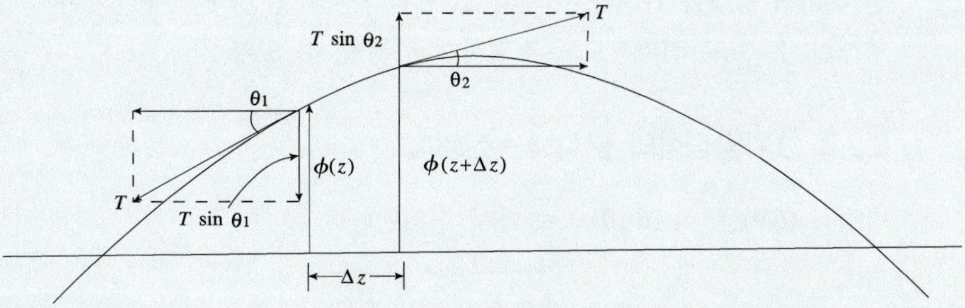

답. 선으로부터 수직으로 $\Delta\phi$ 만큼 이동된 줄의 단편 Δz는 그림과 같다. 장력 T는 줄을 따라 일정하다. 만약 장력이 일정하지 않다면 줄은 끊어질 것이다. 작은 값의 $\Delta\phi$에 대해 다음의 식이 성립된다.

$$\sin\theta \approx \tan\theta \approx \frac{\partial(\Delta\phi)}{\partial z}$$

따라서 줄의 수직력 F는 아래와 같다.

$$F = T\sin\theta_2 - T\sin\theta_1 = T\left\{\frac{\partial(\Delta\phi)}{\partial z}\bigg|_{z+\Delta z} - \frac{\partial(\Delta\phi)}{\partial z}\bigg|_{z}\right\} \approx T\Delta z\frac{\partial^2(\Delta\phi)}{\partial z^2}$$

뉴턴의 운동방정식은 다음과 같다.

$$F = m\frac{\partial^2(\Delta\phi)}{\partial t^2} = \rho_m\Delta z\frac{\partial^2(\Delta\phi)}{\partial t^2}$$

두 식을 같게 놓으면 다음의 파동방정식을 얻을 수 있다.

$$\frac{T}{\rho_m}\frac{\partial^2(\Delta\phi)}{\partial z^2} - \frac{\partial^2(\Delta\phi)}{\partial t^2} = 0$$

줄을 따라 진행하는 파동의 속도는 $v = \sqrt{T/\rho_m}$ 이 된다.

파동들은 우주에 편재해있으며 줄을 따라 진행하는 파동은 쉽게 가시화 될 수 있는 횡파의 예이다. 우리가 다루게 될 전자파 또한 횡파다. 앞에서 보인 세 가지의 파동에 대해서 파동방정식을 유도할 수 있으며 파동의 전파속도를 계산할 수 있다. 여기서는 예제 6.3에서 줄을 따라 진행하는 횡파만 유도하였다. $\Delta\phi$의 크기에 따른 표준 파동방정식은 모든 유형에 적용될 수 있으며 파동은 그 자신 고유의 파동 전파속도를 가진다고 할 수 있다.[3] 이것은 다음에 언급될 전자파의 파동방정식과 동일

[3] 이 방정식들은 다양한 교재에서 유도되었다. 여기서도 파동은 에너지와 모멘텀을 동시에 가지고 전파한다는 것을 보여주고 있다. 더 깊이 있는 이해를 위해서는 다음의 저서를 권하고 싶다. A. Hirose and K. E. Lonngren, *Introduction to Wave Phenomena* (New York: Wiley-Interscience, 1985), reprinted by Malabar, FL: Krieger, 1999, 2001.

한 수학적 형태를 가진다. 여기서 소개한 다른 파동 형태에 대한 실험들도 전자파로 행해질 수 있고 전파속도도 적절하게 측정될 수 있다.

6.2.2 1차방정식의 분석해 – 진행파

방정식 (6.9)는 식 (6.10)으로 다시 정리된다.

$$\boxed{\frac{\partial^2 E_y}{\partial z^2} - \frac{1}{c^2}\frac{\partial^2 E_y}{\partial t^2} = 0} \tag{6.10}$$

가장 일반적인 *실용해*[4]는 식 (6.11)과 같다.

$$\boxed{E_y(z, t) = F(z - ct) + G(z + ct)} \tag{6.11}$$

여기서 F와 G는 파동을 일으키는 함수 발진기에 의해 결정되는 임의의 함수이다. 이것은 식 (6.11)을 식 (6.10)에 대입하여 확인할 수 있다. 발생된 함수는 펄스, 계단함수, 연속적인 시정현파동 혹은 그 외의 다른 함수도 될 수 있다. 해 $F(z - ct)$는 $+z$ 방향의 ***진행파***인 반면, 해 $G(z + ct)$는 $-z$ 방향으로의 ***진행파***이다. 두 개의 파동이 동시에 생성될 수 있는 방법은 두 가지가 있다. 첫 번째는 두 개의 함수 발진기 중 한 개는 $z = +\infty$의 위치에서 다른 한 개는 $z = -\infty$인 위치에서 동작하는 경우이다. 두 번째는 $z = -\infty$에 전원이 존재하고 어떤 위치(예, $z = 0$)에 반사경계면이 있는 경우이다. 이런 경우에 ***입사파***와 ***반사파***가 생길 수 있다. 전파의 반사에 대해서는 이후에 언급될 것이다.

식 (6.11)에서 보여준 일반해가 스칼라파동방정식인 식 (6.10)의 실제 수학적인 해임을 보여주기 위해서는 일반해를 편미분방정식에 대입하면 된다. 이 과정은 매우 중요한 부분이므로 체계적으로 접근하도록 하자. 먼저 독립변수 시간 t와 공간 z를 포함하는 두 개의 새로운 독립변수 ζ와 ψ를 정의하자.

$$\begin{aligned} \varsigma &= z - ct \\ \psi &= z + ct \end{aligned} \tag{6.12}$$

다음으로 미분의 연쇄법칙(chain rule)을 사용한다.

그러므로 일반해의 1차미분은 식 (6.12)을 사용하여 다음과 같이 쓸 수 있다.

$$\frac{\partial E_y}{\partial t} = \frac{dF}{d\varsigma}\left(\frac{\partial \varsigma}{\partial t}\right) + \frac{dG}{d\psi}\left(\frac{\partial \psi}{\partial t}\right) = \frac{dF}{d\varsigma}(-c) + \frac{dG}{d\psi}(c)$$

$$\frac{\partial E_y}{\partial z} = \frac{dF}{d\varsigma}\left(\frac{\partial \varsigma}{\partial z}\right) + \frac{dG}{d\psi}\left(\frac{\partial \psi}{\partial z}\right) = \frac{dF}{d\varsigma}(1) + \frac{dG}{d\psi}(1)$$

[4] 0과 같은 상수의 전계값도 본 방정식의 해이다.

일반해의 2차 미분은 다음과 같이 유도될 수 있다.

$$-\frac{1}{c^2}\frac{\partial^2 E_y}{\partial t^2} = -\frac{1}{c^2}\left[\frac{d^2F}{d\varsigma^2}(-c)^2 + \frac{d^2G}{d\psi^2}(c)^2\right]$$

$$\frac{\partial^2 E_y}{\partial z^2} = \frac{d^2F}{d\varsigma^2}(1)^2 + \frac{d^2G}{d\psi^2}(1)^2$$

함수 $F(\zeta) = F(z - ct)$와 $G(\psi) = G(z - ct)$는 임의로 정의되었으므로 식 (6.11)이 식 (6.10)의 가장 일반해임을 증명하였다. 펄스나 사인파형은 단지 급전에 의해 결정된다. 실제로 함수를 그리기 위해서는 함수의 변수값들이 결정되어야 한다. 이제 '우리는 모두 나이를 먹어간다'는 자명한 삶의 이치를 떠올리게 된다. 이는 시간은 언제나 증가한다는 것을 의미한다. 식 (6.10)은 다음과 같은 방식으로 이를 명확히 보여준다. 변수 ζ와 ψ이 특정수치값 ζ_0와 ψ_0을 다음의 식과 같이 가지도록 한다.

$$\varsigma_0 = z_0 - ct_0$$

$$\psi_0 = z_0 + ct_0$$

시간 $t = t_0$에서 함수 F와 G는 각각 $z = -z_0$와 $z = +z_0$에 위치한다고 가정한다. 또한 독립변수 ζ와 ψ는 $t > t_0$인 시간에서도 신호의 형태가 변하지 않기 위해서 같은 수치값을 가져야 한다. 이것은 시간이 증가함에 따라 펄스의 위치 z 값이 변화하는 것을 의미한다. 신호 $F(\zeta) = F(z - ct)$는 z가 증가하는 방향으로 가며, 신호 $G(\psi) = G(z + ct)$는 z가 감소하는 방향으로 간다. 그림 6-6은 특정모양의 두 펄스를 다른 시간대에서 보여주고 있다.

이런 현상을 ***파동의 전파(wave propagation)*** 혹은 *전파*(propagation)로 부른다. 파형의 왜곡이 없다고 가정하면, 파동이 전파하는 동안 섭동의 같은 위치를 따라갈 수 있다. 이것은 $d\zeta = 0$, $d\psi = 0$임을 의미한다. 파동의 전파속도는 다음과 같이 계산된다.

$$\begin{aligned} d\varsigma &= dz - c\,dt = 0 \\ d\psi &= dz + c\,dt = 0 \end{aligned} \tag{6.13}$$

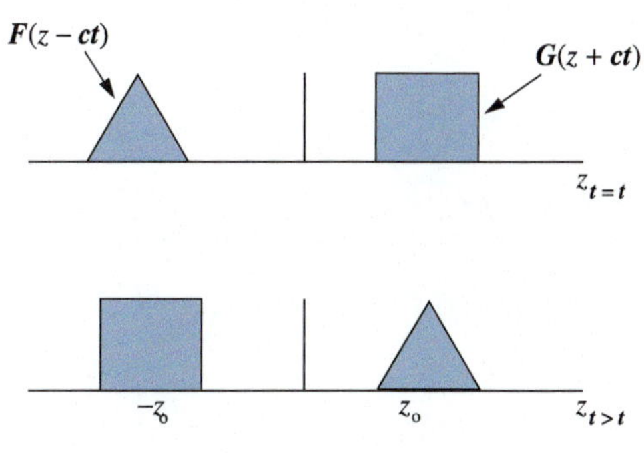

그림 6-6

다른 두 시간에서 1차파동방정식의 해. 각 펄스는 함수 발진기에 의해 결정된 특정모양을 가진다.

다음과 같이 두 함수의 진행 속도를 결정할 수 있다.

$$\frac{dz}{dt} = \pm c \tag{6.14}$$

두 함수에서 부호가 서로 다르며, $F(z - ct)$는 $+z$ 방향으로 전파하는 것을 의미하고, $G(z + ct)$는 $-z$ 방향으로 전파하는 것을 의미한다.

일단 전계의 해를 구하면 맥스웰방정식으로부터 자계강도 **H**를 계산할 수 있다. 이 계산과정은 차후 언급하겠지만 전자파의 전파를 위해서는 두 성분이 반드시 필요하다는 것을 의미한다.

식 (6.11)의 일반해대신에 식 (6.10)의 특이해를 구하기 위해서 다음 두 개의 초기조건을 추가한다.

1. $t = 0$에서의 해는 이미 알고 있는 함수 $P(z)$의 값을 가진다고 가정한다.
2. $t = 0$에서 해의 미분값은 이미 알고 있는 함수 $Q(z)$의 값을 가진다고 가정한다.

$$\left.\begin{aligned} E_y(z, 0) &= P(z) \\ \frac{\partial E_y}{\partial t}(z, 0) &= Q(z) \end{aligned}\right\} \tag{6.15}$$

식 (6.15)을 만족하는 파동방정식의 ***특수해***는 다음과 같이 주어진다.

$$\begin{aligned} E_y(z, t) &= \frac{1}{2}[P(z - ct) + P(z + ct)] + \frac{1}{2c}\int_{z-ct}^{z+ct} Q(\xi)d\xi \\ &= \frac{1}{2}[P(z - ct) + P(z + ct)] + \frac{1}{2}[R(z + ct) - R(z - ct)] \end{aligned} \tag{6.16}$$

여기서 새로운 보조함수 $R(z) = \frac{1}{c}\int_0^z Q(z')dz'$이 사용된다.

예제 6.4

달랑베르(D'Alambert)에 의해 개발된 방법을 사용하여 식 (6.16)이 식 (6.15)의 초기조건을 만족시키는 식 (6.10)의 해가 됨을 증명하여라.

답. 일반해가 식 (6.11)과 같다고 가정하자.

$$\boxed{E_y(z, t) = F(z - ct) + G(z + ct)}$$

변수 t에 대해서 미분하여 $t = 0$에서의 값을 계산하면 다음과 같은 두 개의 함수방정식을 얻을 수 있다.

$$F(z) + G(z) = P(z)$$

$$c\left(-\frac{dF}{dz} + \frac{dG}{dz}\right) = Q(z)$$

$t = 0$에서 $\zeta = \psi = z$임을 이용한다. 두 번째 방정식을 적분하면 다음과 같다.

$$F(z) + G(z) = P(z)$$

$$-F(z) + G(z) = \frac{1}{c}\int_0^z Q(z')dz'$$

두 식을 더하고 빼면 다음의 연립방정식을 얻을 수 있다.

$$F(z) = \frac{1}{2}P(z) - \frac{1}{2c}\int_0^z Q(\xi)d\xi$$

$$G(z) = \frac{1}{2}P(z) + \frac{1}{2c}\int_0^z Q(\xi)d\xi$$

위의 두 함수에서 첫 번째 함수의 변수변환 $z \to \zeta = z - ct$과 두 번째 함수의 변수변환 $z \to \psi = z + ct$을 수행한 후 식 (6.11)에 대입하면 다음과 같이 초기값 문제의 해를 산출할 수 있다.

$$\begin{aligned} E_y(z,t) &= \frac{1}{2}[P(z-ct) + P(z+ct)] + \frac{1}{2c}\int_{z-ct}^{z+ct} Q(\xi)d\xi \\ &= \frac{1}{2}[P(z-ct) + P(z+ct)] + \frac{1}{2}[R(z+ct) - R(z-ct)] \end{aligned}$$

이것이 식 (6.16)이다.

예제 6.5

함수 $F(z-ct) = F_0 e^{-(z-ct)^2}$이 파동방정식인 식 (6.10)의 해가 됨을 보여라. 이는 가우시안 펄스진행파(Gaussian-pulse traveling wave)로 불린다. 또한 예제 6.4의 해와 연관이 있다.

답. $\varsigma = z - ct$로 놓으면, $F(z-ct) = F_0 e^{-\varsigma^2}$와 $G(z+ct) = 0$이 된다. 그리고 연쇄법칙을 사용하여 다음과 같이 쓸 수 있다.

$$\frac{\partial F}{\partial z} = \frac{dF}{d\varsigma}\frac{\partial \varsigma}{\partial z} = F_0[-2\varsigma e^{-\varsigma^2}](1)$$

$$\frac{\partial^2 F}{\partial z^2} = F_0[(-2 + 4\varsigma^2)e^{-\varsigma^2}](1)^2 \tag{1}$$

$$\frac{\partial F}{\partial t} = \frac{dF}{d\varsigma}\frac{\partial \varsigma}{\partial t} = F_0[-2\varsigma e^{-\varsigma^2}](-c)$$

$$-\frac{1}{c^2}\frac{\partial^2 F}{\partial t^2} = -\frac{1}{c^2}F_0[(-2+4\varsigma^2)e^{-\varsigma^2}](-c)^2 \qquad (2)$$

식 (1)과 식 (2)를 더하면 식 (6.10)을 도출 할 수 있다.

$$F_0[(-2+4\varsigma^2)e^{-\varsigma^2}](1)^2 - \frac{1}{c^2}F_0[(-2+4\varsigma^2)e^{-\varsigma^2}](-c)^2 = 0$$

연속적인 시간에서 일련의 펄스를 사용하면 전파를 도시화할 수 있다. 전파의 속도는 c이다.

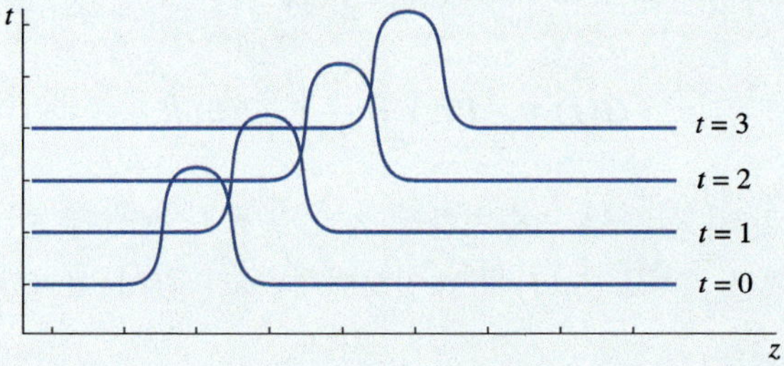

예제 6.4에서 논의된 초기값 문제처럼 가우시안 펄스의 전파를 정의할 수 있다.

$$P(z) = F(\varsigma)\big|_{t=0} = F_0 e^{-z^2}$$

여기서

$$\frac{\partial F}{\partial t} = \frac{dF}{d\varsigma}\frac{\partial \varsigma}{\partial t} = 2F_0 c\varsigma e^{-\varsigma^2}$$

$$Q(z) = \frac{\partial F}{\partial t}(\varsigma)\bigg|_{t=0} = 2F_0 cze^{-z^2}$$

간단히 적분하여 다음의 보조함수를 도출한다.

$$R(z) = \frac{1}{c}\int_0^z Q(\xi)d\xi = \frac{1}{c}2cF_0\int_0^z \xi e^{-\xi^2}d\xi = F_0[1-e^{-z^2}] = F_0 - F(z)$$

이 결과를 식 (6.16)에 대입하면 다음과 같은 속도 c를 가지고 $+z$ 방향으로 진행하는 가우시안 파형을 얻을 수 있다.

$$\begin{aligned} E_y(z,t) &= \frac{1}{2}F(z-ct) + \frac{1}{2}F(z+ct) + \frac{1}{2}[F_0 - F(z+ct)] - \frac{1}{2}[F_0 - F(z-ct)] \\ &= F(z-ct) \end{aligned}$$

6.2.3 MATLAB을 이용한 1차원방정식의 해-시간영역유한차분법

일반 파동방정식에 대한 해석은 쉽지 않은 일이고, 이 책의 범주를 넘어서는 어려움을 쉽게 직면할 수 있다. 해석적 방식의 가장 큰 장점은 주어진 문제의 수치해를 직접 도출할 수 있다는 것이다. 그러나 수치해의 도출만으로는 문제의 일반해에 내재된 물리적 현상이나 의미에 대한 통찰을 가질 수 없으므로 이는 또한 약점이기도 하다. 다행히도 MATLAB과 같은 현대 소프트웨어 툴은 이러한 계산들을 수행하고 문제의 물리적인 통찰을 주는 해의 도식화가 가능하다. 이는 장차 직면할 문제들의 해의 형태를 "이해하는" 직감 개발에 도움이 되므로 매우 중요하다.

식 (6.10)의 1차원파동방정식의 수치해를 전개하기 위해, 먼저 ***이류방정식(Advection equation)***으로 불리는 1차편미분방정식을 반드시 풀어야 한다.

$$\boxed{\frac{\partial \phi}{\partial z} + \frac{1}{c}\frac{\partial \phi}{\partial t} = 0} \tag{6.17}$$

이류방정식은 벡터장에서 보존된 스칼라량의 전달을 결정하는 방정식이다. 설탕이 가열된 물에 녹는 것이나, 오염 물질이 흐르는 물에 퍼지는 것을 예로 들 수 있다. 이 방정식은 일반적인 경우에 해석적으로는 풀기 쉽지 않은 문제로 인식되고 있다.

초기값은 다음과 같다.

$$\phi(z, t = 0) = F(z) \tag{6.18}$$

이류방정식의 분석해는 다음과 같이 주어진다.

$$\phi(z, t) = F(z - ct) \tag{6.19}$$

이것은 파동방정식인 식 (6.10)의 해이기도 하다. 식 (6.17)에 식 (6.19)를 대입하여 쉽게 확인할 수 있다.

파동방정식과 이류방정식은 ***쌍곡선방정식(Hyperbolic equation)***이라 불리는 유형에 속한다. 확산방정식(Diffusion equation)은 ***포물선방정식(Parabolic equation)***에 포함되며, 라플라스방정식(Laplace's equation)과 포와송방정식(Poisson's equation)은 ***타원방정식(Elliptic equation)***에 포함된다. 여기서는 해석이 쉬운 이류방정식을 중점적으로 다룰 것이다.

그림 6-7에서처럼 공간 z와 시간 t를 사용하여 나타낸 3차원 그림을 생각해보자. 파동의 크기 ϕ는 세 번째의 좌표로 정의된다. 그림 6-7에 수치적 격자를 구성하였다. 먼저 파동이 전파될 구역 $\mathcal{L}$을 N개로 나눈다. 그림에서 $N = 4$를 선택하였다. 따라서 다음의 식이 성립한다.

$$h \equiv \frac{\mathcal{L}}{N} \tag{6.20}$$

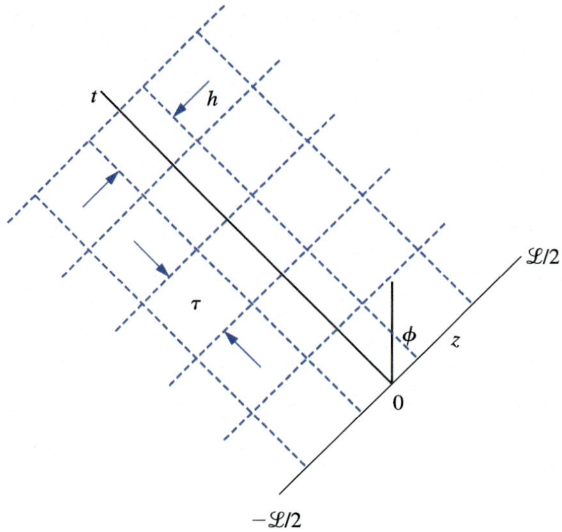

그림 6-7

주기적 경계조건을 사용한 수치적 격자.

전파의 속도를 c로 가정하면 거리 h를 전파하는 데 시간 τ가 소요된다. 따라서 다음의 식이 성립한다.

$$h = c\tau \tag{6.21}$$

위의 관계식을 사용함으로써 쿠랑-프레드릭-루이(Courant-Fredrichs-Lewy: CFL)에 의해 처음 언급된 수치해석의 안정성조건 문제에 대한 논의는 건너 뛸 것이다. $h \neq c\tau$인 경우 수치해석 결과에 대한 논의는 연습문제에서 다룰 것이다.

안정성조건뿐 아니라 ***주기적 경계조건(Periodic boundary conditions)***도 고려해야 한다. 주기적 경계조건이란 수치적으로 계산된 파동이 한쪽 경계면($z = +\mathscr{L}/2$)에 도달함과 동시에 다른 쪽 경계면($z = -\mathscr{L}/2$)에 파동을 다시 나타나게 하여 계속적으로 $-\mathscr{L}/2 \leq z \leq +\mathscr{L}/2$ 영역에서 파동이 전파되도록 하는 것이다. 그림 6-7과 같이 사실 두 모서리에서 파동을 계산하지 않는 대신 공간 증분의 절반인 $h/2$만큼 모서리 부분을 $z = -\mathscr{L}/2 + h/2$와 $z = +\mathscr{L}/2 - h/2$로 옮긴다.

이류방정식 식 (6.17)을 컴퓨터로 다루기 위해 유한차분형태로 변형시키자. ***시간에 대한 미분값***은 4장에서 소개된 ***전방차분법(Forward difference method)***으로 나타낼 수 있다.

$$\frac{\partial \phi}{\partial t} \Rightarrow \frac{\phi(z_i, t_n + \tau) - \phi(z_i, t_n)}{\tau} \tag{6.22}$$

그림 6-7을 참조하여 다음과 같은 형태로 표기할 수 있다.

$$\begin{aligned} z_i &= \left(i - \frac{1}{2}\right)h - \frac{\mathscr{L}}{2} \\ t_n &= (n-1)\tau \end{aligned} \tag{6.23}$$

공간에 대한 미분값은 ***중앙차분법(Central difference method)***을 사용하여 나타낼 수 있다.

$$\frac{\partial \phi}{\partial z} \Rightarrow \frac{\phi(z_i + h, t_n) - \phi(z_i - h, t_n)}{2h} \tag{6.24}$$

식 (6.22)와 식 (6.24)를 이류방정식 식 (6.17)에 대입하면 다음의 수식을 얻을 수 있다.

$$\frac{\phi(z_i + h, t_n) - \phi(z_i - h, t_n)}{2h} + \frac{1}{c}\frac{\phi(z_i, t_n + \tau) - \phi(z_i, t_n)}{\tau} = 0 \tag{6.25}$$

식 (6.25)에서 4개의 항 중 3개 항의 값이 시간 t_n에서 계산되고 나머지 1개 항은 다음 증분된 시간인 $t_n + \tau$에서 계산된다. 식 (6.25)로부터 다음의 항을 얻을 수 있다.

$$\phi(z_i, t_n + \tau) = \phi(z_i, t_n) - \frac{c\tau}{2h}[\phi(z_i + h, t_n) - \phi(z_i - h, t_n)] \tag{6.26}$$

위의 방정식에 기초를 둔 유한차분방식을 ***시간영역유한차분법(Finite Difference Time Domain: FDTD)***이라 한다. 이는 $2 \leqslant n \leqslant N - 1$의 범위 안에서 유효한 결과를 제공한다. 식 (6.26)에서 $t_0 = 0$일 때 모든 변수에 대한 초기값은 알려져 있다. 따라서 식 (6.26)을 사용하여 다음 증분된 시간에서의 변수를 계산 할 수 있다; 이는 또한 “립프로그(Leapfrog)” 방식으로도 불린다. 주기적 경계조건을 적용할 때 경계값을 찾을 수 있도록 주의하여 식 (6.26)을 사용해야 한다. 이는 반복계산이 일관된 결과를 가지기 위한 명백한 필요요건이다.

$$\begin{aligned}
\phi(z_1, t_n + \tau) &= \phi(z_1, t_n) - \frac{c\tau}{2h}[\phi(z_2, t_n) - \phi(z_N, t_n)] \\
\phi(z_N, t_n + \tau) &= \phi(z_N, t_n) - \frac{c\tau}{2h}[\phi(z_1, t_n) - \phi(z_{N-1}, t_n)]
\end{aligned} \tag{6.27}$$

예제 6.6

식 (6.26)과 식 (6.27)을 사용하여 초기모양이 다음과 같이 정의된 직사각펄스의 전파를 계산하여라.

$$\left.\begin{aligned}
\phi\left(-\frac{h}{2} \le z \le \frac{h}{2}, t = 0\right) = 1 \\
\phi\left(|z| > \frac{h}{2}, t = 0\right) = 0
\end{aligned}\right\}$$

그림 6-7의 격자수치를 사용하여라. 안정요건인 $h = c\tau$이 이번 계산에도 적용된다.

답. $N = 4$인 적은 수의 격자가 되도록 한다. 계산될 시간스텝은 nstep = 5가 되도록 한다.

계산된 값들을 표로 나타내면 다음과 같다.

				t			
		0	τ	2τ	3τ	4τ	5τ
	$-3\mathscr{L}/8$	0	−1/2	−1/2	1/2	5/2	9/2
z	$-\mathscr{L}/8$	1	1/2	−1/2	−3/2	−3/2	1/2
	$\mathscr{L}/8$	1	3/2	3/2	1/2	−3/2	−7/2
	$3\mathscr{L}/8$	0	1/2	3/2	5/2	5/2	1/2

전파됨에 따라 신호가 왜곡되고 증가되는 것을 확인할 수 있다. 모든 시간 스텝에서 결과값이 불안정하다. 이 경우에는 적용된 안정요건인 $h = c\tau$가 결과값의 안정성을 보장하지 못하였다.

다행히도 예제 6.6에서 직면한 불안정 문제의 간단한 해결방안이 있다. ***락스법 (Lax method)***이 이 문제에 대한 해결책이며, 식 (6.26)은 조금 다른 반복방정식으로 바뀐다.

$$\phi(z_i, t_n + \tau) = \frac{1}{2}[\phi(z_i + h, t_n) + \phi(z_i - h, t_n)] - \frac{c\tau}{2h}[\phi(z_i + h, t_n) - \phi(z_i - h, t_n)] \tag{6.28}$$

오른 편의 첫 번째 항은 두 이웃한 항의 평균이다. 같은 방식으로 2개의 주기적 경계조건 방정식도 다음과 같이 변경된다.

$$\begin{aligned}\phi(z_1, t_n + \tau) &= \frac{1}{2}[\phi(z_2, t_n) + \phi(z_N, t_n)] - \frac{c\tau}{2h}[\phi(z_2, t_n) - \phi(z_N, t_n)] \\ \phi(z_N, t_n + \tau) &= \frac{1}{2}[\phi(z_1, t_n) + \phi(z_{N-1}, t_n)] - \frac{c\tau}{2h}[\phi(z_1, t_n) - \phi(z_{N-1}, t_n)]\end{aligned} \tag{6.29}$$

예제 6.7

락스법을 사용하여 예제 6.6을 다시 계산하고 $h = c\tau$을 사용한 결과값을 도식화 하시오.

답. MATLAB 언어에서 식 (6.28)과 식 (6.29)를 세 단계로 쓸 수 있다. 첫 번째 단계에서는 경계 안쪽에서 이전 시간스텝 값들을 사용하여 다음 시간스텝 값(ϕ)을 도출할 수 있다. 이 반복계산은 $2 \leq i \leq (N-1)$인 범위에서 수행된다. 다른 두 과정들은 $i = 1$과 $i = N$에서 주기적 경계조건을 적용하는 것이다. $N = 4$의 경우에서의 처음 다섯 번의 시간스텝 결과값이 아래의 표와 같다.

				t			
		0	τ	2τ	3τ	4τ	5τ
	$3\mathscr{L}/8$	0	0	1	1	0	0
z	$-\mathscr{L}/8$	1	0	0	1	1	0
	$\mathscr{L}/8$	1	1	0	0	1	1
	$3\mathscr{L}/8$	0	1	1	0	0	1

이번 경우에는 결과값이 안정됨을 알 수 있다. 또한 펄스가 전파하면서 형태도 왜곡되지 않는다. 결과값을 도식화하면 다음과 같다.

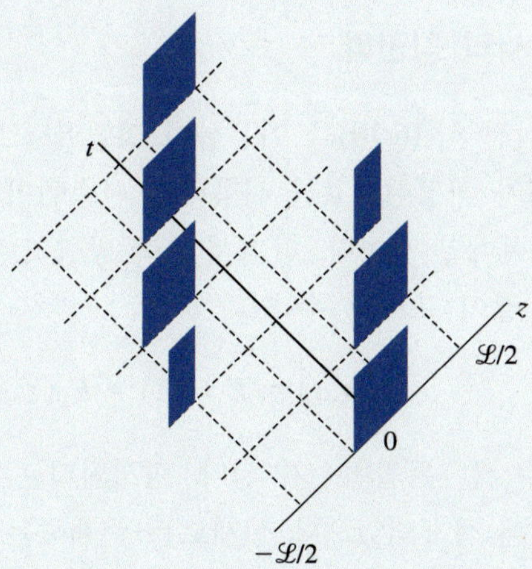

예제 6.8

시공간에서 폭이 좁은 펄스의 변화를 계산하여라. 격자의 수를 50으로 하고 시간스텝을 50으로 하여라.

답. 해석결과는 다음의 두 그림과 같다. 초기펄스와 최종펄스는 ***(a)***에 펄스의 전파는 ***(b)***에 나타내었다.

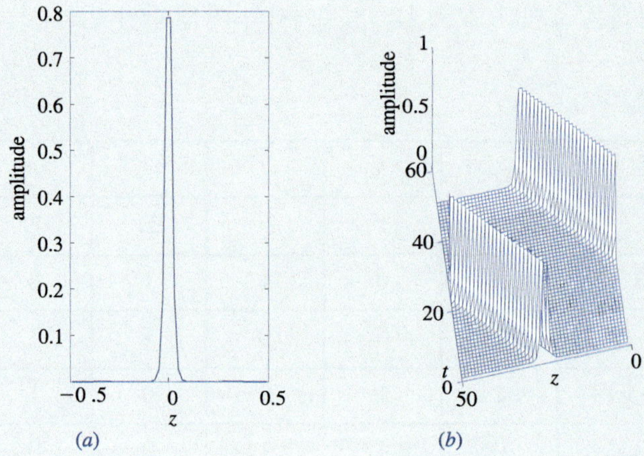

6.3 시정현평면파

6.3.1 진공에서의 평면파

1차원파동방정식인 식 (6.10)을 이용하여 정현파로 발생되는 전계의 파동을 유도해 보자. 발진 장치가 시정현신호를 사용하고 시스템이 선형이라고 가정하면 전파되는 파동 또한 시정현파일 것이다. 따라서 y-축 방향의 편파와 시정현시변을 가지는 전계 E는 다음과 같이 표시할 수 있다.

$$E(z, t) = E_y(z, t) = E_y(z)e^{j\omega t} \tag{6.30}$$

여기서 종속변수 z는 독립변수가 된다. 명시되지는 않았지만 공통항 $e^{j\omega t}$는 지면공간을 줄이기 위해 삭제되었으나 실제로는 존재하는 것으로 이해하자. $E_y(z)$항은 ***페이저(Phasor)*** 값을 의미한다. 진공에서 전파되는 진행파의 위상속도는 빛의 속도 c와 같다. 식 (6.30)에 언급된 가정에 따라 식 (6.10)에서 지수 항인 $e^{j\omega t}$를 제거하면 다음과 같이 나타낼 수 있다.

$$\frac{\partial^2 E_y(z)}{\partial z^2} - \frac{1}{c^2}\frac{\partial^2 E_y(z)}{\partial t^2} = \left[\frac{d^2 E_y(z)}{dz^2} - \frac{(j\omega)^2}{c^2}E_y(z)\right]e^{j\omega t} = 0$$

또는

$$\frac{d^2 E_y(z)}{dz^2} + \left(\frac{\omega}{c}\right)^2 E_y(z) = 0 \tag{6.31}$$

비율 (ω/c)는 m^{-1}의 단위를 가진다. 이 비율은 ***파수(Wave number)***라고 불리어지고

보통 기호 k로 주어진다.

$$k = \frac{\omega}{c} = \frac{2\pi f}{c} = \frac{2\pi}{\lambda} \tag{6.32}$$

식 (6.31)은 마침내 다음과 같이 쓸 수 있다.

$$\boxed{\frac{d^2E_y(z)}{dz^2} + k^2E_y(z) = 0} \tag{6.33}$$

식 (6.33)은 또한 1차원 ***헬름홀츠방정식***으로 불리어진다.

2차상미분방정식인 식 (6.33)의 일반해는 다음과 같다.

$$E_y(z) = ae^{-jkz} + be^{+jkz} \tag{6.34}$$

여기서 두 상수 a와 b는 실수값이며, 식 (6.30)에 대입하면 다음과 같다.

$$E_y = ae^{j(\omega t - kz)} + be^{j(\omega t + kz)} \tag{6.35}$$

식 (6.35)의 *실수부*만 취하여 다음과 같이 전계를 표현할 수 있다.

$$E_y = a\cos(\omega t - kz) + b\cos(\omega t + kz) \tag{6.36}$$

지수함수는 삼각함수의 선형 결합으로 이루어지기 때문에 전계는 어느 형태로도 사용될 수 있다. 식 (6.35)의 허수부를 같은 방법으로 구할 수 있고 사인함수 형태로 쓸 수 있다. 실수부를 사용하는 것이 가장 일반적이며, 실제로는 다음의 오일러항등식을 적용하는 것과 같다.

$$e^{j\theta} = \cos\theta + j\sin\theta \tag{6.37}$$

식 (6.35)와 식 (6.36)의 첫 번째 항들은 모두 공간 좌표 z가 증가하는 방향으로 파동이 진행하고 두 번째 항들은 z값이 감소하는 방향으로 파동이 진행하는 것을 의미한다. 두 항 모두 식 (6.11) 일반 해의 특별한 형태이다. 상수 a와 b는 초기발진신호와 진행방향에 의해 결정된다.

식 (6.14)의 두 개의 진행파에서 전파의 ***위상속도(Phase velocity)*** $v_\phi = dz/dt$는 진공에서 전파되므로 다음의 수식에 의해 결정됨을 이미 확인하였다.

$$\boxed{v_\phi \equiv \pm\frac{\omega}{k} = \pm c \text{ (m/s)}} \tag{6.38}$$

일반적으로 위상속도는 벡터값이며 위상속도가 크기와 방향을 모두 가지기 때문이다. 위상속도는 빛의 속도보다 더 *큰* 값을 가질 수 있다. 바닷가 해변을 따라서 부서지는 파도도 그림 6-8b에서처럼 해변에 정확히 수직한 방향으로 진행한다면 무한대 값의 위상속도를 가질 수 있다. 이 경우 해변으로 밀려들어온 파도는 서로

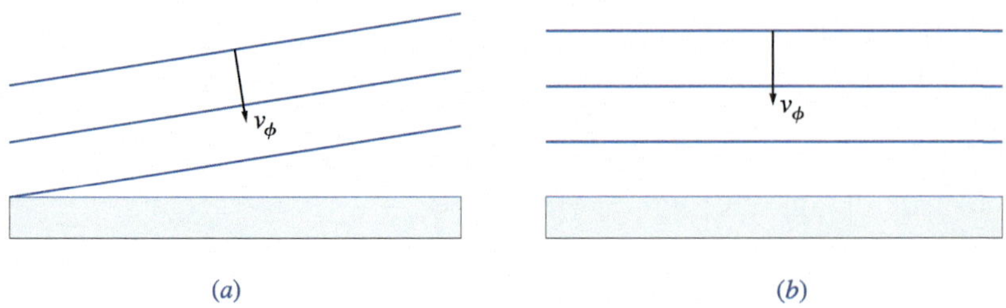

그림 6-8

해변에 입사하는 파도의 예제이며 해변을 따라서 위상속도가
(*a*) $v_{\phi(\text{beach})} \neq \infty$ 그리고
(*b*) $v_{\phi(\text{beach})} = \infty$.

떨어진 두 위치를 정확히 같은 시간에 때린다. 이는 해변을 따라 무한대의 위상속도를 가지게 한다. 그러나 해변을 따라서 에너지의 전달은 없다. 아인슈타인의 입자와 에너지의 속도는 빛의 속도보다 빠를 수는 없다는 가설이 아직 반증되지 못하고 있음을 확인할 수 있다. 실제로 중력효과는 일시적인 것이 아니며, 전파의 최대속도에 대한 제한을 따르는 것으로 최근 밝혀졌다.

또한 파가 z 방향으로 진행하지 않을 경우에 파수를 사용하여 파가 어느 방향으로 진행하는지 알 수 있다. 이 경우 파수는 벡터값이 된다(따라서 벡터 **k**로 표기된다). 이 벡터를 ***파동벡터(wave vector)***라고 부른다. 파를 결정할 위치를 위치 벡터 **r**로 나타내면, 스칼라곱 $\mathbf{k} \cdot \mathbf{z}$ 항은 kz로 대체된다. 파동벡터의 크기는 $2\pi/\lambda$이고 λ는 파의 파장이다. 이 표현에 대해서는 차후에 다시 언급할 것이다.

이전 논의에서 파는 단지 하나의 공간 좌표에 의해서만 결정된다고 언급하였다. 파의 진행방향을 z 축으로 하면, $\partial E_y(z, t) / \partial x = \partial E_y(z, t) \partial y = 0$라고 가정할 수 있다. 그림 6-9는 1차원파의 일부를 2차원으로 표현한 그림이다. 진행방향에 대해 횡방향 축은 x 혹은 y축이 된다. z 축에 대한 횡방향 면에서는 전계의 변화는 없다. 이 평면에서 모든 전계성분은 동일한 위상값을 가진다. 이 같은 파를 평면파라 부른다. 평면파를 사용하면 벡터파동방정식을 직각좌표계에서 1차원스칼라 파동방정식으로

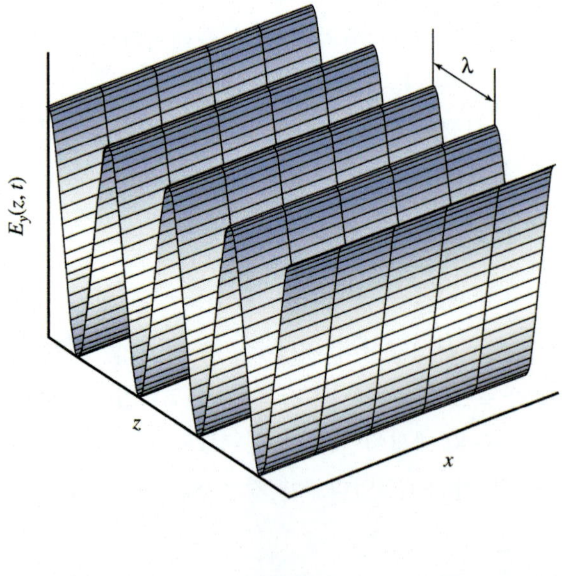

그림 6-9

주어진 특정시간에 평면파의 모습. 특정위치 z와 특정 순간 t에서 전계는 횡방향 평면 모든 점에서 같은 위상을 가진다. 파장 λ가 표시되어있다.

간략화할 수 있기 때문에, 평면파는 이론적 교육적 측면에서 많이 사용된다. 이 방정식의 해를 구하는 것은 매우 쉽다. 평면파가 실제로 존재[5]하는 경우는 거의 없다. 평면파를 형성하기 위해서는 자유공간의 $z = \pm\infty$(따라서 유한한 크기 안테나로부터 발생된 구형 전파는 0으로 감쇄한다)에서 여기되거나, 발진안테나가 무한대 크기의 횡방향면을 가져야 가능하다.

예제 6.9

진공에서 수행된 실험의 경우, $z = 0$ cm에서 그리고 한 파장 떨어진 $z = 2$ cm에서 y축 방향으로 편파된 전계를 측정하였다. 크기는 2 μV/m이다. 여기된 파의 주파수를 구하고 z 축이 증가하는 방향으로 파가 움직일 때 파를 수식으로 표현하여라.

답. 파장이 $\lambda = 0.02$m이므로 파수는 다음과 같다.

$$k = \frac{2\pi}{\lambda} = \frac{2\pi}{0.02} = 100\pi\ (\mathrm{m}^{-1})$$

파가 진공에서 전파하므로 진동의 주파수는 다음 수식과 같다.

$$f = \frac{\omega}{2\pi} = \frac{kc}{2\pi} = \frac{100\pi \times 3 \times 10^8}{2\pi} = 15 \times 10^9\ \mathrm{Hz} = 15\ \mathrm{GHz}$$

여기서 G는 “기가(giga)”의 약자이며 10^9를 의미한다. 따라서 파는 다음과 같다.

$$\mathbf{E}(z, t) = 2 \times 10^{-6} \cos[2\pi(15 \times 10^9 t - 50z)]\mathbf{u_y}\ \mathrm{V/m}$$

전계의 편파와 전파되는 방향은 위 수식에서 명확히 나타난다.

예제 6.10

선형편파를 가지는 평면파는 z 축을 중심으로 회전하는 동일 크기의 두 개의 파로 해석할 수 있음을 보여라.

답. 선형편파된 파는 다음과 같다.

$$\mathbf{E}_y(z, t) = E_0\mathbf{u_y}e^{j(\omega t - kz)}$$

이는 다시 두 성분의 합($\mathbf{E}_y(z, t) = \mathbf{E}_y^+(z, t) + \mathbf{E}_y^-(z, t)$)으로 나타낼 수 있으며 두 성분은 다음과 같이 쓸 수 있다.

[5] 평면파는 이상적인 전송선로나 동축케이블 안에서도 존재할 수 있다.

$$\mathbf{E}_y^+(z, t) = \frac{E_0}{2}(\mathbf{u_y} - j\mathbf{u_x})e^{j(\omega t - kz)}$$

$$\mathbf{E}_y^-(z, t) = \frac{E_0}{2}(\mathbf{u_y} + j\mathbf{u_x})e^{j(\omega t - kz)}$$

두 성분은 크기가 $E_0/2$인 각각 우선회원형편파와 좌선회원형편파임을 보일 것이다. 벡터좌표계 변환은 다음과 같다.

$$\mathbf{u_x} = -\mathbf{u}_\phi \sin\phi$$

$$\mathbf{u_y} = \mathbf{u}_\phi \cos\phi$$

이를 적용하면 다음 수식이 성립한다.

$$\mathbf{u_y} - j\mathbf{u_x} = \mathbf{u}_\phi e^{j\phi}$$

$$\mathbf{u_y} + j\mathbf{u_x} = \mathbf{u}_\phi e^{-j\phi}$$

이는 첫 번째와 두 번째 파가 서로 다른 방향으로 회전함을 증명한다. 이 파들은 ***원형편파특성(Circularly polarized)***을 가진다. 파의 편파에 대해서는 다음 장에서 좀 더 논의할 것이다. 이는 전기기기 학습에서 종종 ***대칭성분(Symmetrical component)***으로 불린다.

6.3.2 자계강도와 고유임피던스

지금까지는 진행하는 전자파의 특성 중 전계성분만을 강조하였다. 본 절에서는 평면파의 자계성분을 계산할 것이며, 역시 맥스웰방정식으로부터 직접 유도할 것이다. 이전 절에서 학습한 시정현파를 표현하는 적절한 수식은 다음과 같다.

$$\nabla \times \mathbf{E}(z, t) = -j\omega\mathbf{B}(z, t) = -j\omega\mu_0\mathbf{H}(z, t) \tag{6.39}$$

식 (6.35)의 첫 번째 항에서 정의된 $+z$ 방향으로 진행하는 파의 자계성분을 정확히 찾아보자.

$$\mathbf{H}(z, t) = -\frac{1}{j\omega\mu_0}\begin{bmatrix} \mathbf{u_x} & \mathbf{u_y} & \mathbf{u_z} \\ \dfrac{\partial}{\partial x} & \dfrac{\partial}{\partial y} & \dfrac{\partial}{\partial z} \\ 0 & ae^{j(\omega t - kz)} & 0 \end{bmatrix}$$

행렬식(Determinant)을 계산하면 다음과 같이 쓸 수 있다.

$$\mathbf{H}(z, t) = -\frac{1}{j\omega\mu_0}\frac{\partial(ae^{j(\omega t - kz)})}{\partial z}(-\mathbf{u_x}) = -\left[\frac{k}{\omega\mu_0}\right]ae^{j(\omega t - kz)}\mathbf{u_x} \tag{6.40}$$

그림 6-10은 $+z$ 방향으로 진행하는 전자파에서 식 (6.35)의 전계강도와 식 (6.40)의

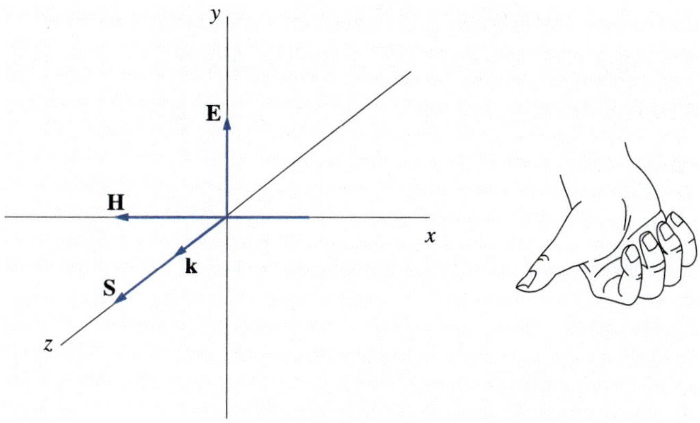

그림 6-10

+z 방향으로 진행하는 순시전계와 자계 방향. 오른손 법칙은 포인팅이론으로부터 파의 진행방향을 알려준다. 세 개의 벡터 중 두 개의 벡터가 있으면 세 번째 벡터를 결정할 수 있다.

자계강도를 보여준다. 또한 파동벡터 $\mathbf{k} = k\mathbf{u_z}$로 파의 진행방향을 보여준다. 분모의 상수는 임피던스의 단위를 가진다. 이는 전계와 자계의 비율이 다음과 같은 단위를 가지기 때문이다.

$$\frac{E}{H} = \frac{\text{V/m}}{\text{A/m}} = \Omega$$

따라서

$$Z_c = \frac{\omega\mu_0}{k} = \frac{kc\mu_0}{k} = c\mu_0 = \frac{\mu_0}{\sqrt{\mu_0\varepsilon_0}} = \sqrt{\frac{\mu_0}{\varepsilon_0}}\ (\Omega)$$

$$\boxed{Z_c = \sqrt{\frac{\mu_0}{\varepsilon_0}}\ (\Omega)} \tag{6.41}$$

이 비율은 ***매질의 고유임피던스*** 또는 ***고유임피던스***로 불리어 진다. 진공에서 고유임피던스는 $120\pi\,\Omega$과 같다. 식 (6.40)을 다음과 같이 다시 정의할 수 있다.

$$\mathbf{H}_x(z, t) = \frac{-1}{Z_c} a e^{j(\omega t - kz)} \mathbf{u_x} = \frac{1}{Z_c}(\mathbf{u_z} \times \mathbf{E}_y(z, t))\ (\text{A/m}) \tag{6.42}$$

파의 여러 특성을 살펴보면 – 특히 전자기전력의 진행방향 – 포인팅이론이 떠오르고, $\mathbf{S} = \mathbf{E}(z, t) \times \mathbf{H}(z, t)$로 정의된 ***포인팅벡터*** $\mathbf{S}$의 방향으로 전력이 흐르게 된다는 것을 확인할 수 있다. 그림 6-10으로부터 +z 방향으로 파가 진행된다는 것을 알 수 있다 – 이는 파동벡터 $\mathbf{k}$와 동일방향이다. 이는 초기에 +z 방향으로 진행하는 전자파의 성분만 검토하기로 하였던 조건과 일치한다. 전계와 자계성분이 모두 같은 방향으로 전파되므로 전력의 흐름 또한 같은 방향임을 쉽게 예측할 수 있다.[6] 우주

[6] 위상속도와 에너지의 전파방향이 반대방향인 파동들도 존재한다. 진공 상태에서만 파동을 관찰하므로 이러한 "뒤로 향하는(backward)" 파동을 본 교재에서는 고려하지 않는다. 그런 파동들은 특별한 분산매질의 전송선로에 대한 참고 문헌에서 다루어진다.

과학자와 전파천문학자들은 순시전계성분과 자계성분을 측정하여 두 성분의 편파를 결정하고 포인팅벡터를 계산하여 위성이나 대형 지상안테나로부터 감지된 전파의 실제근원(위치)을 결정한다. 특정표면을 통해 흐르는 실제전력은 포인팅벡터를 면적분하여 계산할 수 있다.

예제 6.11

진공에서의 고유임피던스 Z_0를 계산하라.

답. 식 (6.41)을 이용하면 다음과 같다.

$$Z_0 = \left|\frac{\mathbf{E}(z,t)}{\mathbf{H}(z,t)}\right| = \sqrt{\frac{\mu_0}{\varepsilon_0}} \approx \sqrt{\frac{4\pi\times 10^{-7}}{\frac{1}{36\pi}\times 10^{-9}}} = 120\pi \approx 377\ \Omega$$

만약 전자계성분 중 하나의 성분을 알면 고유임피던스 Z_c를 곱하거나 나눔으로써 나머지 성분을 알 수 있다. 그러나 이 임피던스는 두 전자계성분의 비율일 뿐이지, 실제로 양손에 들고 있는 리드선에 연결된 전기저항계로는 측정될 수 없음을 인지하여야 한다.

예제 6.12

예제 6.9에서 제시된 전계에 대해서 자계강도를 구하라.

답. 식 (6.42)로부터 $\mathbf{H}(z,\ t)$를 계산할 수 있다.

$$\mathbf{H}(z,t) = \frac{2\times 10^{-6}}{377}\cos[2\pi(15\times 10^9 t - 50z)](\mathbf{u_z}\times\mathbf{u_y})$$

$$\mathbf{H}(z,t) = 5.3\times 10^{-9}\cos[2\pi(15\times 10^9 t - 50z)](-\mathbf{u_x})\ \text{A/m}$$

자계강도의 방향을 확인하여라. 이 방향은 전력이 $+z$ 방향으로 흐른다는 것을 결정하기 위해 필요하다.

예제 6.13

진공에서 전계는 다음과 같이 주어진다.

$$\mathbf{E}(z,t) = 10\cos(\omega t - kz)\mathbf{u_x}\ \text{V/m}$$

반지름이 R = 3 m이고 z = 상수로 정의된 원평면에서 평균전력을 구하라.

답. 먼저 전계를 복소수 형태로 나타내면 다음과 같다.

$$\mathbf{E}(z, t) = 10e^{j(\omega t - kz)}\mathbf{u_x}$$

Z_0 = 120π이므로 자계는 다음과 같아진다.

$$\mathbf{H}(z, t) = \frac{10}{120\pi}e^{j(\omega t - kz)}\mathbf{u_y}\ \text{A/m}$$

이 평면을 지나는 평균전력은 다음과 같다.

$$P_{\text{av}} = \frac{1}{2}\text{Re}\left\{\int_{\Delta s}\mathbf{E}(z, t) \times \mathbf{H}(z, t)^* \cdot \mathbf{ds}\right\} = \frac{1}{2}(10)\left(\frac{10}{120\pi}\right)(\pi 3^2) = 3.75\ \text{W}$$

6.4 유전체에서 평면파의 전파

6.4.1 무손실유전체에서 평면파의 전파

진공에 적용할 수 있는 파수의 정의인 식 (6.32)에서 파수는 자유공간의 투자율(μ_0)과 자유공간의 유전율(ε_0)에 의해 $k = 2\pi f\sqrt{\varepsilon_0\mu_0}$로 정의될 수 있음을 확인하였다. 기체 혹은 선형 균질의 유전체(유전율이 $\varepsilon = \varepsilon_r\varepsilon_0$인 플라스틱과 같은 경우, 여기서 $\varepsilon_r > 1$)로 균일하게 공간이 채워져 있다고 가정하면, 파수 k에서 유전율 ε_0을 ε으로 수정하여야 한다. 일반적으로 투자율 μ는 진공에서 투자율인 μ_0로 가정한다. 왜냐하면 투자율은 철, 니켈, 코발트 같은 매질에서 전자파가 진행하는 경우에만 크게 달라지기 때문이다 – 본 교재에서는 이러한 물질에서 전자파의 전파를 다루지 않는다.

뒷부분에서 강조하겠지만 유전율에 의한 효과는 물질의 특성을 결정하는 요소로 사용될 수 있다. 이는 안경과 같이 시야보정에 사용되는 빛의 굴절에도 중요한 역할을 한다. 이 기술을 소개하고 유전체에서 전자파의 전파를 설명하기 위해, 두 개의 매질이 그림 6–11과 같이 서로 평행하며 맞닿아 있다고 가정하자. 이 그림에서 평면파는 두 인접한 매질에서 인가되어 매질의 끝 부분으로 전파한다. 매질의 끝부분에서 두 신호 사이의 위상차를 검출할 수 있다. 두 매질에서의 파수는 다음과 같다.

$$\left.\begin{aligned} k_1 &= 2\pi f\sqrt{\varepsilon_1\mu_0} \\ k_2 &= 2\pi f\sqrt{\varepsilon_2\mu_0} \end{aligned}\right\} \tag{6.43}$$

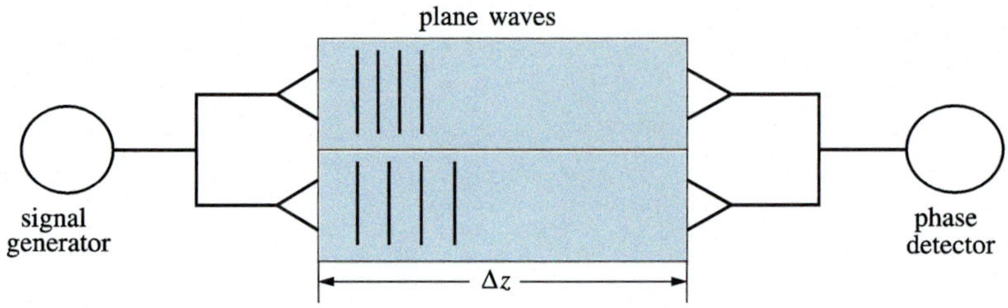

그림 6-11

신호 발생기에서 평면파가 발생되었다. 신호의 위상이 측정될 수 있다.

두 신호가 서로 다른 위상속도 $v_1 = \omega/k_1$과 $v_2 = \omega/k_2$를 가지더라도 두 신호는 모두 동일한 거리 Δz를 이동한다. 위상속도의 차이는 한 신호가 다른 신호에 비해 지연되어 도착하게 하며 $\delta\theta$ 만큼의 위상차를 발생시킨다. 위상차 $\delta\theta$는 다음과 같이 나타낼 수 있다.

$$\delta\theta = k_1\Delta z - k_2\Delta z = 2\pi f(\sqrt{\varepsilon_1\mu_0} - \sqrt{\varepsilon_2\mu_0})\Delta z \tag{6.44}$$

만약 둘 중 하나의 경로를 통과하는데 신호의 총위상변화 $\delta\theta_1$를 알면

$$\Delta\theta_1 = 2\pi f\sqrt{\varepsilon_1\mu_0}\Delta z \tag{6.45}$$

위상차 $\delta\theta$를 다음과 같이 구할 수 있다.

$$\frac{\delta\theta}{\Delta\theta_1} = \frac{2\pi f(\sqrt{\varepsilon_1\mu_0} - \sqrt{\varepsilon_2\mu_0})\Delta z}{2\pi f\sqrt{\varepsilon_1\mu_0}\Delta z} = 1 - \frac{\sqrt{\varepsilon_2}}{\sqrt{\varepsilon_1}} \tag{6.46}$$

따라서 서로 다른 두 매질 중 하나(예, 진공)를 알고 있으면 다른 매질을 알 수 있으며 그 매질의 상대유전상수값을 결정할 수 있다. 이러한 개념이 발전하여 제조공정에서 플라스틱 혹은 종이의 특성을 나타내는 데 사용되며 제조업에서는 표준방식으로 공인되고 있다.

유전체에서 위상속도와 진공에서 빛의 위상속도 비율을 그 유전체에서의 ***굴절률(Index of refraction)***이라 일컫는다(여기서 매질 #1이 진공이고 매질 #2가 임의의 물질이다.). 굴절률은 일반적으로 기호 n으로 주어지고 다음과 같이 정의된다.

$$\boxed{n \equiv \frac{v_{\text{vacuum}}}{v_{\text{dielectric}}} = \sqrt{\varepsilon_r}} \tag{6.47}$$

보통 광학물질의 광학적 특성은 굴절률로 나타낸다.

예제 6.14

그림 6-11의 설치물을 이용하여 한쪽 매질은 상대유전상수 $\varepsilon_r = 1.0005$인 기체와 다른 쪽 매질은 진공인 경우의 위상차이 $\delta\theta$를 구하라. 단 진동주파수는 10 GHz이고 길이 Δz는 1 m이다.

답. 위상차 $\delta\theta$에 관한 식은 식 (6.44)에 주어져 있다.

$$\begin{aligned}\delta\theta &= 2\pi f(\sqrt{\varepsilon_0\mu_0} - \sqrt{\varepsilon_r\varepsilon_0\mu_0})\Delta z = 2\pi f\sqrt{\varepsilon_0\mu_0}(1 - \sqrt{\varepsilon_r})\Delta z \\ &= \frac{2\pi\times 10^{10}}{3\times 10^8}(1 - \sqrt{1.0005}) = \frac{2\pi\times 10^{10}}{3\times 10^8}(-0.00025) \\ &= -0.052 \text{ radians} \approx -3°\end{aligned}$$

이 수치는 매우 작지만 관측이 가능하다. Δz가 파장에 비해 작은 경우에는 Δz를 증가시키거나 여러 번 매질을 왕복하여 해상도를 높일 수 있다.

6.4.2 손실유전체에서 평면파의 전파

도전율 σ가 0이 아닌 매질에서도 전자파는 전파할 수 있다. 이것을 증명하기 위하여 전도전류에 관한 식 $\mathbf{J(r)} = \sigma\mathbf{E(r)}$을 포함하는 맥스웰방정식의 시정현 형태를 복습할 것이다. 두 개의 회전방정식을 페이저 형태로 표현하면 다음과 같다.

$$\nabla\times\mathbf{E}(\mathbf{r}) = -j\omega\mu\mathbf{H}(\mathbf{r}) \tag{6.48}$$

$$\nabla\times\mathbf{H}(\mathbf{r}) = \mathbf{J}(\mathbf{r}) + j\omega\varepsilon\mathbf{E}(\mathbf{r}) = (\sigma + j\omega\varepsilon)\mathbf{E}(\mathbf{r}) \tag{6.49}$$

이전과 동일하게 전하밀도는 없다($\rho_v = 0$)고 가정하고 2개의 방정식을 결합하여 벡터파동방정식을 만든다.

$$\nabla^2\mathbf{E}(\mathbf{r}) - j\omega\mu(\sigma + j\omega\varepsilon)\mathbf{E}(\mathbf{r}) = 0 \tag{6.50}$$

자계강도 $\mathbf{H(r)}$도 동일한 방정식을 형성함을 쉽게 보일 수 있다. 전계는 $\mathbf{u_y}$ 방향으로 선형편파되어 있으며 파는 $\mathbf{u_z}$ 방향으로만 전파한다고 가정하자. 이런 단순화 과정을 통해서 페이저로 정의된 파동방정식은 다음과 같이 표현할 수 있다.

$$\frac{d^2E_y(z)}{dz^2} - j\omega\mu(\sigma + j\omega\varepsilon)E_y(z) = 0 \tag{6.51}$$

이 방정식은 다음과 같다.

$$\frac{d^2E_y(z)}{dz^2} - \gamma^2E_y(z) = 0 \tag{6.52}$$

그리고

$$\gamma^2 = j\omega\mu(\sigma + j\omega\varepsilon) = (j\omega)^2\mu\varepsilon\left(1 + \frac{\sigma}{j\omega\varepsilon}\right) \tag{6.53}$$

식 (6.52)는 상수 γ가 복소수라는 것을 제외하고는 식 (6.33)과 유사하다.

γ는 전파상수라고 하며, 다음과 같이 쓸 수 있다.

$$\gamma = \alpha + j\beta \tag{6.54}$$

γ는 실수 부분인 α와 복소수 부분인 $j\beta$로 구성된다. 진공에서 $\alpha = 0$이고 $\beta = k = \omega\sqrt{\mu_0\varepsilon_0}$이며 주파수 ω에 정확히 비례한다. 그 결과 위상속도 $v_\phi = \omega/\beta = c$는 상수가 된다. 일반적인 경우에는 전파상수 γ의 실수부와 허수부는 주파수 ω에 대해 비선형 관계가 성립된다. 약간의 수식 전개를 통해 다음을 유도할 수 있다.

$$\begin{aligned} \alpha(\omega) &= \sigma\sqrt{\frac{\mu}{2\varepsilon\left[1+\sqrt{1+\left(\frac{\sigma}{\omega\varepsilon}\right)^2}\right]}} \\ \beta(\omega) &= \omega\sqrt{\frac{\mu\varepsilon}{2}\left[1+\sqrt{1+\left(\frac{\sigma}{\omega\varepsilon}\right)^2}\right]} \end{aligned} \tag{6.55}$$

식 (6.55)를 식 (6.54)에 대입하면 γ^2에 관한 식 (6.53)을 유도할 수 있다. 이것을 ***분산(Dispersion)***이라 하고 파가 진행하는 이러한 매질을 ***분산매질(Dispersive medium)***이라고 한다.

$$v_\phi(\omega) = \frac{\omega}{\beta} = \frac{1}{\sqrt{\frac{\mu\varepsilon}{2}\left[1+\sqrt{1+\left(\frac{\sigma}{\omega\varepsilon}\right)^2}\right]}} \tag{6.56}$$

군속도(Group velocity) v_g는 다음과 같이 정의 된다.

$$v_g \equiv \frac{\partial\omega}{\partial\beta} = \frac{1}{\partial\beta/\partial\omega}\ (\mathrm{m/s}) \tag{6.57}$$

전송선로에서 파의 진행을 묘사할 때 군속도를 사용한다. 여기서는 식 (6.57)에서 주어진 정의를 사용하여 식 (6.55)를 미분하면 다음의 군속도를 얻을 수 있다.

$$v_g(\omega) = \sqrt{\frac{2}{\mu\varepsilon}}\,\frac{\sqrt{\left[1+\sqrt{1+\left(\frac{\sigma}{\omega\varepsilon}\right)^2}\right]}\sqrt{1+\left(\frac{\sigma}{\omega\varepsilon}\right)^2}}{\left\{\left[1+\sqrt{1+\left(\frac{\sigma}{\omega\varepsilon}\right)^2}\right]\sqrt{1+\left(\frac{\sigma}{\omega\varepsilon}\right)^2}-\frac{1}{2}\left(\frac{\sigma}{\omega\varepsilon}\right)^2\right\}} \tag{6.58}$$

군속도는 위상속도인 식 (6.56)과 다르다. 군속도는 임의의 분산매질에서 에너지의 이동 속도와 같을 수 있으나 또 다른 종류의 매질에서는 에너지 이동 속도 모두 다를 수도 있다.

z축이 증가하는 방향으로 전파하는 파의 전계성분은 마침내 다음과 같이 표현될 수 있다.

$$E_y(z, t) = E_{y0}e^{(j\omega t - \gamma z)} = E_{y0}e^{-\alpha z}e^{j(\omega t - \beta z)} \tag{6.59}$$

위 식은 도전성 매질에서도 전자파는 위상 상수 β를 가지고 전파하지만, 파의 크기는 전파함에 따라 감쇄상수 α의 값에 따라 감쇄할 것이다. 만약 감쇄상수가 1 Np/m이면, 파의 크기는 1m 진행함에 따라 초기값의 $e^{-1} \approx 0.368$만큼 감소할 것이다. 1 Np/m만큼 감쇄가 일어난다는 것은 8.68 dB/m와 같다. 파의 감쇄는 공간에 따른 값이지만, 회로에서 시간에 따른 감쇄값인 시정수와 비슷한 개념이라는 것을 기억하자.

다시 식 (6.48)에서 계산된 자계강도는 $H_x(z)$ 성분만 가지고 있다. 이 두 항의 비율은 도전체의 고유임피던스를 결정한다—이 경우에 있어서는 고유임피던스값이 복소수이다.

$$Z_c(\omega) = \frac{E_y(z)}{H_x(z)} = \frac{j\omega\mu}{\alpha(\omega) + j\beta(\omega)} \tag{6.60}$$

전파상수의 실수부와 허수부는 식 (6.55)로 바뀌어져야 한다. $\alpha = 0$, $\beta = k$인 진공에서 식 (6.60)은 식 (6.41)로 간소화된다.

예제 6.15

주파수가 300 MHz이고 크기가 10 V/m인 평면파가 무한히 큰 매질에서 $+z$ 방향으로 전파한다. 전계는 $\mathbf{u_x}$ 방향으로 편파되어 있다. 매질의 특성을 결정하는 파라미터는 $\varepsilon_r = 9$, $\mu_r = 1$, $\sigma = 10$ S/m이다.

답. 감쇄상수는 식 (6.55)로부터 구할 수 있고 다음과 같이 표현된다.

$$\alpha = 10\sqrt{\frac{(4\pi\times10^{-7})\times36\pi}{2\times(9\times10^{-9})\left[1+\sqrt{1+\left(\dfrac{10\times36\pi}{2\pi\times300\times10^{6}\times9\times10^{-9}}\right)^{2}}\right]}}$$

위 식을 통해 $\alpha = 108.01$ Np/m를 구할 수 있고, 유사한 방식으로 식 (6.55)에 의해 위상상수 값을 도출할 수 있다.

$$\beta = 2\pi\times300\times10^{6}\times\sqrt{\frac{(4\pi\times10^{-7})}{2}\left(\frac{9}{36\pi}\times10^{-9}\right)\left[1+\sqrt{1+\left(\frac{10\times36\pi}{2\pi\times300\times10^{6}\times9\times10^{-9}}\right)^{2}}\right]}$$

위 식에서 $\beta = 109.65$ rad/m이다. 복소수 전파상수는 γ이다. 따라서 전계는 다음과 같다.

$$\mathbf{E}(z, t) = 10e^{-108z}\cos[(2\pi\times300\times10^{6})t - 110z]\mathbf{u_x}\ \mathrm{V/m}$$

예제 6.16

예제 6.15에서 설명한 매질에서 위상속도와 군속도를 주파수 대역 $30 < f < 3000$ MHz에서 주파수에 대한 함수로 도시하라.

답. 식 (6.56)과 식 (6.58)을 바탕으로 위상속도 v_ϕ와 군속도 v_g는 다음 그림과 같다. 두 속도 값은 진공에서 빛의 속도 $c = 3 \times 10^8$ m/s에 정규화하였다.

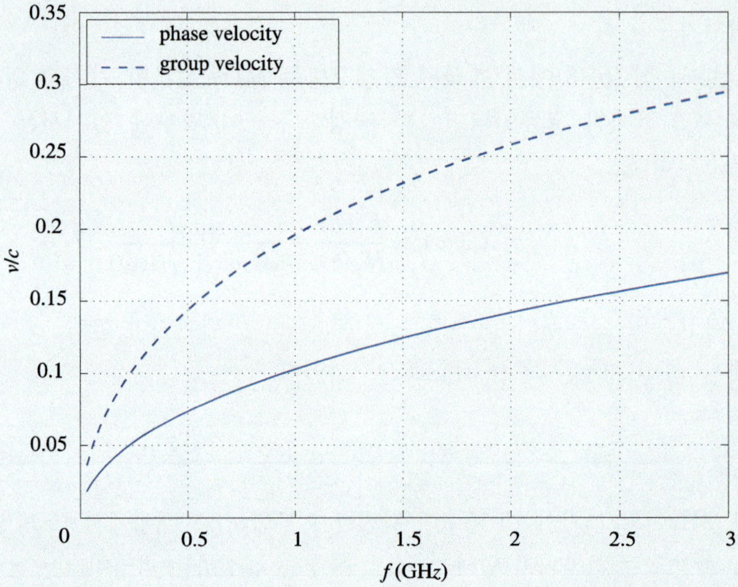

주파수가 증가함에 따라 두 속도 값은 명확히 증가한다. 두 속도의 이론적 한계인 무한대의 주파수에서는 같아진다.

$$v_\infty = \frac{c}{\sqrt{\varepsilon_r}} = \frac{3 \times 10^8}{\sqrt{9}} = 10^8 \text{ m/s}$$

좀 더 살펴보아야 할 두 가지 중요한 경우가 있다.

경우 1) 손실이 작은 유전체에서 고주파 근사

이 경우에 있어서 식 (6.55)의 복소수 부분을 다음 수식으로 바꿀 수 있다.

$$1 + \sqrt{1 + \left(\frac{\sigma}{\omega\varepsilon}\right)^2} \approx 2 \tag{6.61}$$

식 (6.55), (6.56), (6.58)로부터 감쇄상수와 전파상수의 근사값은 다음과 같다.

$$\begin{aligned} \alpha &\approx \frac{\sigma}{2}\sqrt{\frac{\mu}{\varepsilon}} \\ \beta &\approx \omega\sqrt{\mu\varepsilon} \\ v_\phi &= v_g \approx \frac{1}{\sqrt{\mu\varepsilon}} \end{aligned} \tag{6.62}$$

무손실매질에서와 같이 위상속도와 군속도는 *같다.* 그러나 파에 작은 값의 감쇄상수를 추가하였다.

전자레인지에서 육류를 통과하는 전자파에 대해 생각해 볼 수 있다. 이 때 육류 내부의 물은 도체처럼 작용한다. 전자파의 입장에서 육류는 복소수의 고유임피던스를 가지게 된다. 전계는 감소하고 시스템에서 에너지보존은 성립되어야 하므로 육류를 통과하지 못한 에너지는 흡수되어 열로 전환되고 음식을 요리하게 된다. 육류는 지역적으로 "뜨거운 지점"으로 생각할 수 있다.

경우 2) 손실이 큰 유전체 혹은 불완전 도체에서 저주파 근사

두 번째 경우는 다양한 실용적인 의미를 보여주기 때문에 반드시 살펴보아야 한다. 예를 들어, 우리는 "전도전류가 변위전류보다 큰 양도체에서 전자파가 진행할 수 있는가?"라는 질문에 답을 해야 할 것이다. 이 질문에 대한 답은 전자레인지 제조업체가 "금속성 물질을 오븐에 넣지 말라"는 경고를 하도록 하며, 또한 전파반사에 대한 논의에서 다시 언급될 것이다. 기본 원리에 대한 설명은 다음과 같다.

지금까지 예상할 수 있듯이 거의 모든 중요한 질문에 해답을 얻기 위해서는 맥스웰방정식으로 돌아가야 한다. 전도전류가 변위전류보다 훨씬 큰 경우 식 (6.49)의 두 번째 회전방정식을 다시 정의할 수 있다.

$$\nabla \times \mathbf{H}(\mathbf{r}) = \mathbf{J}(\mathbf{r}) + j\omega\varepsilon\mathbf{E}(\mathbf{r}) \approx \sigma\mathbf{E}(\mathbf{r})$$

식 (6.52)를 다시 구할 수 있으며 여기서 전파상수는 다음과 같다.

$$\gamma = \sqrt{j\omega\mu\sigma} \tag{6.63}$$

이는 식 (6.53)의 결과이다. 식 (6.55)로부터 다음의 근사항을 구할 수 있다.

$$1 + \sqrt{1 + \left(\frac{\sigma}{\omega\varepsilon}\right)^2} \approx \left(\frac{\sigma}{\omega\varepsilon}\right) \tag{6.64}$$

다음의 근사값을 구할 수 있다.

$$\alpha \approx \beta \approx \sqrt{\frac{\omega\mu\sigma}{2}} \tag{6.65}$$

$\sqrt{j} = e^{j45^\circ} = (1 + j)/\sqrt{2}$ 이므로 식 (6.65)는 식 (6.63)으로부터 직접 구할 수 있다. 위상속도와 군속도는 실제로 다르다.

식 (6.59)는 다시 이 특별한 경우의 해답을 제공한다—공간에서 크기가 지수적으로 감소하며 전파하는 파동. 감쇄상수는 $\alpha = 1/\delta$이며, 여기서 상수 δ는 m의 단위를 가진다. 이 길이 δ를 매질의 ***침투깊이(Skin depth)***라고 부른다. 침투깊이의 정확한 표현은 다음과 같다.

$$\delta = \sqrt{\frac{2}{\omega\mu\sigma}} = \frac{1}{\sqrt{\pi f \mu\sigma}}\ \text{(m)} \tag{6.66}$$

위상상수는 감쇄상수와 같은 값($\alpha = \beta = 1/\delta$)을 갖는다. 주파수가 증가함에 따라 주어진 매질에서 침투깊이는 감소한다—이것을 ***표피효과(Skin effect)***라 한다. 특별한 경우인 완전 도체(혹은 $\sigma \to \infty$ 인 ***초전도체***)에서 침투깊이는 주파수에 관계없이 0이다. 이 경우 전계와 자계는 매질에 *전혀 침투하지 못한다.*

침투깊이가 육류의 크기보다 훨씬 작을 때 전자레인지에서 발생할 문제에 대해 상상해보자. 가장자리는 새까맣게 탈것이고 육류의 중간부분은 요리되지 않은 채 남아있을 것이다. 일반적인 전자레인지의 주파수가 2.45 GHz이면 파장의 길이는 0.12 m이다.

$$\lambda = \frac{c}{f} = \frac{3 \times 10^8}{2.45 \times 10^9} \approx 0.12\ \text{m}$$

육류가 모든 방향에서 가열되기 때문에 이는 큰 문제가 되지 않는다.

예제 6.17

주파수가 3 GHz인 구리의 침투깊이를 계산하라. 구리의 도전율은 $\sigma = 5.8 \times 10^7$ S/m이고 $\mu \approx \mu_0$이다.

답. 식 (6.66)에 의해 침투깊이를 다음과 같이 구할 수 있다.

$$\delta = \frac{1}{\sqrt{\pi f \mu\sigma}} = \frac{1}{\sqrt{\pi(3 \times 10^9)(4\pi \times 10^{-7})(5.8 \times 10^7)}}$$
$$= 1.21 \times 10^{-6}\ \text{m} = 1.21\ \mu\text{m}$$

구리가 양도체이고 주파수가 매우 높기 때문에 침투깊이는 매우 작다.

예제 6.18

구리에서 전파하는 평면파의 전계 $E_y(z)$에 대한 공간변화를 주어진 시간(t = 0)에서 도시하라. 파의 주파수는 3 GHz이고 파의 초기크기는 E_{y0} = 10 V/m이다. 매질의 파라미터는 $\varepsilon_r = 1$, $\mu_r = 1$, $\sigma = 5.8 \times 10^7$ S/m이라고 가정한다.

답. 우선 전도전류가 변위전류보다 더 크다는 가정이 유효하다는 것을 확인한다. 만약 $\sigma \gg \varepsilon\omega$ 이면 위의 가정을 만족하며 다음을 계산하여 확인할 수 있다.

$$\omega\varepsilon = (2\pi \times 3 \times 10^9) \times \left(\frac{1}{36\pi} \times 10^{-9}\right) = 0.1667 \ll \sigma = 5.8 \times 10^7 \text{ S / m}$$

식 (6.59)에서 전계 $E_y(z)$의 크기는 침투깊이 만큼 진행할 때 초기값 E_{y0}의 e^{-1}로 감쇄한다. 구리는 양도체이고 이 크기 감쇄는 한 파장 내에서 발생한다. $\lambda = 2\pi/\beta = 2\pi\delta$ 또는 $\delta/\lambda = 1/2\pi < 1$이다. 전계 $E_y(z)$의 특정시간에서 공간에 대한 변화는 다음 그림과 같다.

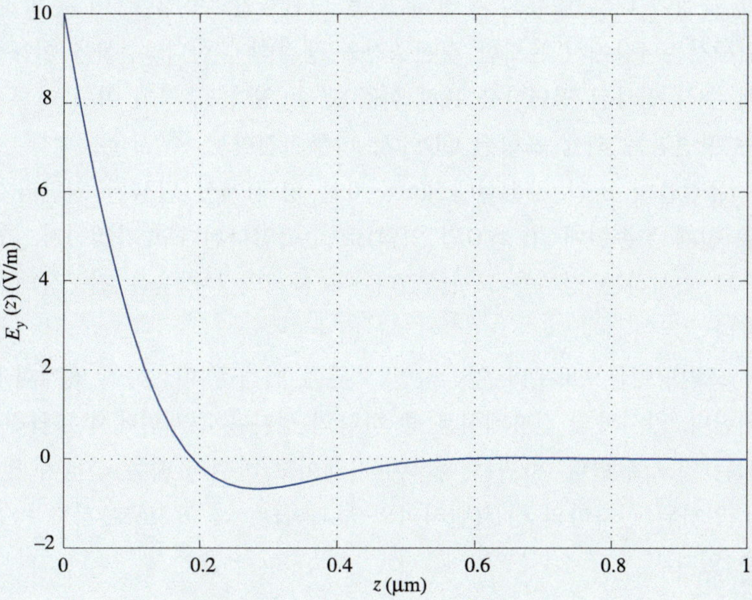

전자파의 주파수와 매질의 도전율에 따라 *매질에서의 침투깊이가 결정*된다. 금의 도전율은 알루미늄이나 황동의 도전율보다 약간 더 높기 때문에 침투깊이를 감소시키기 위해 금속에 금도금을 하는 경우가 있다. 도체를 따라 진행하는 전자기에너지는 열로 변환되어 소멸된다. 이것은 스트립라인과 같이 도전성 표면을 이용하여 전자파를 유도하는 경우에 있어 파가 진행함에 따라 크기가 감쇄한다는 것을 의미한다. 이는 현대 통신시스템에서 실질적으로 중요한 부분이다.

식 (6.60)과 식 (6.65)로부터 도체의 복소고유임피던스를 찾아낼 수 있다.

$$Z_{\text{conductor}} = (1+j)\sqrt{\frac{\omega\mu}{2\sigma}} \tag{6.67}$$

많은 금속 물질에서 발견되듯이 도전율이 큰 경우에는 이 값이 거의 0(완전도체)이 될 것이다. 이것은 전자파의 반사에 대해 논의할 때 매우 중요한 내용이다.

6.5 전자파의 반사와 투과

6.5.1 수직 입사 – 진행파

전자파에 대한 논의를 무한 매질에서 진행하는 전자파에 국한시킨다면 지금까지 공부한 내용으로도 충분할 것이다. 그러나 우리는 다양한 물질들로 들어차있는 우주에 살고 있다. 이러한 물질들에 평면파가 부딪친다면 어떤 현상이 일어나겠는가? 그 물질이 다른 종류의 유전체 또는 도전체일 수 있다. 이 문제에 대한 답을 얻기 위해서는 4장에서 유도한 경계조건을 생각해야 한다. 수식을 이용한 유도는 경계면에 수직 입사된 평면파를 통해 예증될 수 있다. 수직이 아닌 다른 각도에서 입사되는 평면파는 책에 포함된 CD에서 다루어진다.

유전율이 ε_1인 무손실매질($z<0$인 영역)에서 발생된 평면파가 유전율이 ε_2인 두 번째 무손실매질($z \geqslant 0$인 영역)로 수직입사된다고 가정하자. 그림 6-12는 수직으로 입사하는 경우를 묘사하였다. 두 물체의 투자율은 진공상태에서의 값인 μ_0와 같다.

포인팅이론으로부터 일반적인 오른손 법칙을 이용하여 전자파의 진행방향을 정의한다. 반사파의 전자계성분 중 하나의 성분은 경계면에서 부딪친 후 그 방향이 바뀌는 것으로 한다. 바뀌는 성분이 자계이고 바뀌지 않는 성분이 전계라고 가정하자.

입사된 전자파의 성분(반사파와 투과파)은 식 (6.35)로 각각 다음과 같이 표현될 수 있다.

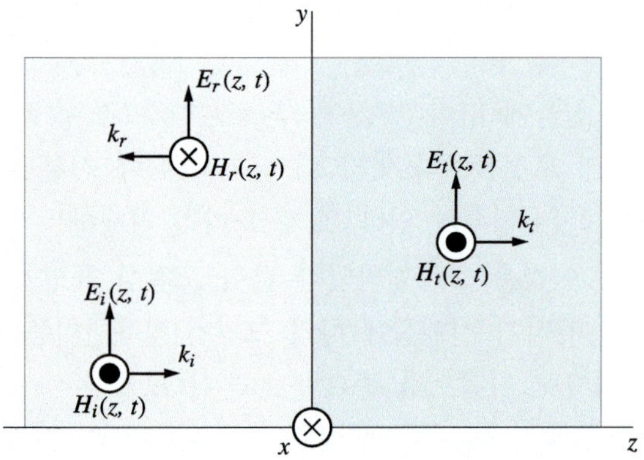

그림 6-12

전자파($E_i(z, t) \times H_i(z, t)$)가 $z = 0$인 경계면에서 수직으로 입사된다. 그 결과 전자파의 일부는 $z > 0$ 영역으로 투과되며, 일부는 $z < 0$ 영역으로 반사된다. x 축은 지면으로 들어가는 방향이다.

$$E_{y,i}(z,t) = A_i e^{j(\omega t - k_1 z)}$$
$$E_{y,r}(z,t) = B_r e^{j(\omega t + k_1 z)} \tag{6.68}$$
$$E_{y,t}(z,t) = A_t e^{j(\omega t - k_2 z)}$$

여기서 k_1은 영역 1의 파수이고 k_2는 영역 2의 파수이다. 상수 A와 B는 z 축이 증가하는 방향과 감소하는 방향으로의 전파성분을 나타내기 위해 사용하였다. 아래 첨자 i, r, t는 각각 입사, 반사, 투과항목을 의미한다. 매질에 손실이 없다고 가정하였으므로 전자파는 전파하지만 감쇄하지는 않는다. 입사, 반사 및 투과하는 자계강도 $H_x(z, t)$는 맥스웰방정식으로부터 직접 계산하거나 두 영역에서의 고유임피던스를 이용하여 계산할 수 있다. 여기서는 더 간단한 방식을 사용하며 다음과 같이 쓸 수 있다.

$$H_{x,i}(z,t) = -\frac{A_i}{Z_{c,1}} e^{j(\omega t - k_1 z)}$$
$$H_{x,r}(z,t) = \frac{B_r}{Z_{c,1}} e^{j(\omega t + k_1 z)} \tag{6.69}$$
$$H_{x,t}(z,t) = -\frac{A_t}{Z_{c,2}} e^{j(\omega t - k_2 z)}$$

경계조건에 의하면 전계강도의 접선성분은 경계에서 연속성을 가지며, 자계강도의 접선성분은 경계에 흐르는 표면전류에 의해 변경된다. 표면전류는 0으로 가정하는 것이 적절하며 이는 자계강도의 접선성분 또한 경계면에서 연속성을 가짐을 의미한다. 이전에 논의하였던 경계조건에 대하여 생각해보자.

경계조건의 적용 시 계산의 편의를 위해 사용될 간단한 요령에 대해 인지하고 있어야 한다. 두 매질 사이의 경계면을 $z = 0$인 위치에 있도록 하여 모든 항에서 지수함수의 인자($e^{j(\omega t \pm kz)}\big|_{z=0} = e^{j\omega t}$)가 상쇄되도록 한다. 이는 대단한 것은 아니지만 계산을 간단하게 해 준다. 전송선로에서도 같은 요령이 사용된다.

따라서 $z = 0$의 경계에서 다음과 같이 표현할 수 있다.

$$E_{y,i}(z=0,t) + E_{y,r}(z=0,t) = E_{y,t}(z=0,t)$$
$$H_{x,i}(z=0,t) + H_{x,r}(z=0,t) = H_{x,t}(z=0,t) \tag{6.70}$$

$z = 0$을 대입한 식 (6.68)과 식 (6.69)를 다시 식 (6.70)에 대입하면 다음을 얻을 수 있다.

$$A_i + B_r = A_t$$
$$\frac{A_i}{Z_{c,1}} - \frac{B_r}{Z_{c,1}} = \frac{A_t}{Z_{c,2}} \tag{6.71}$$

계산을 더 진행하기 위해서는 몇 성분들이 반드시 주어져야 하며 그 예로 입사되는 전계강도의 세기 A_i이다. 한 성분 값이 주어지면 식 (6.71)로부터 다른 두 성분 값을 다음과 같이 찾을 수 있다.

$$\boxed{\boldsymbol{\Gamma} \equiv \frac{B_r}{A_i} = \frac{Z_{c,2} - Z_{c,1}}{Z_{c,1} + Z_{c,2}}} \tag{6.72}$$

$$\boxed{\mathbf{T} \equiv \frac{A_t}{A_i} = \frac{2Z_{c,2}}{Z_{c,1} + Z_{c,2}}} \tag{6.73}$$

기호 **Γ**와 **T**는 각각 ***반사계수***와 ***투과계수***라고 한다. 기호 **T**는 시간주기를 나타낼 때도 사용된다. 기호가 사용되는 문맥에서 이를 분명히 구분 할 수 있다.

따라서 매질의 고유임피던스를 알면 전자파의 전파특성을 알게 되고, 두 번째 매질에 투과된 전자파와 경계면에서 반사되어 다시 첫 번째 매질로 전파하는 전자파의 세기를 결정할 수 있다. 만약 경계면에서 두 매질의 고유임피던스가 같으면 입사된 전자기에너지 전부는 영역 2로 투과하며 영역 1로는 반사되지 않는다. 이를 매질의 ***정합***이라고 부르며 실제 많은 응용사례에 적용된다.

고유임피던스의 수식($Z_c = \sqrt{\mu / \varepsilon}$)을 사용하면 반사계수와 투과계수를 두 유전체의 상대유전상수로 표현할 수 있다. 따라서 다음과 같이 표현된다.

$$\boldsymbol{\Gamma} = \frac{\sqrt{\varepsilon_1} - \sqrt{\varepsilon_2}}{\sqrt{\varepsilon_1} + \sqrt{\varepsilon_2}} \tag{6.74}$$

$$\mathbf{T} = 1 + \boldsymbol{\Gamma} = \frac{2\sqrt{\varepsilon_1}}{\sqrt{\varepsilon_1} + \sqrt{\varepsilon_2}} \tag{6.75}$$

예제 6.19

층을 이룬 유전체에서 수직으로 입사되는 시정현전자파의 반사 및 투과특성을 설명하라. 두께가 d이고 유전상수가 $\varepsilon_2 = \varepsilon_r \varepsilon_0$ ($\varepsilon_1 = \varepsilon_3 = \varepsilon_0$)인 단일 층의 매질에 총반사계수와 투과계수를 구하라. $d = 0.1$, $\varepsilon_r = 4$로 가정하였을 때 계수들을 주파수의 함수로 도식화하여라.

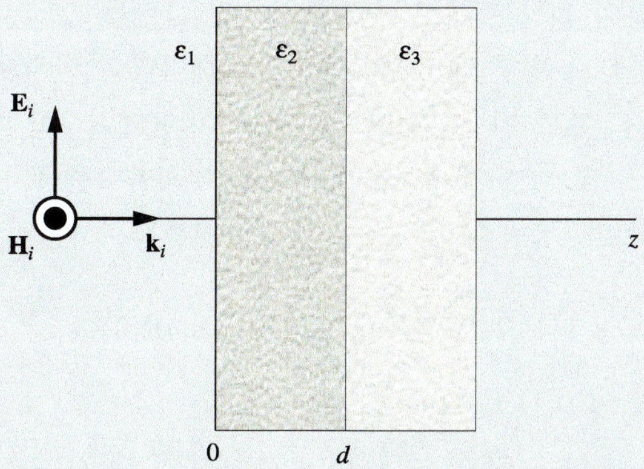

답. "+" 표시는 z 축이 증가하는 방향으로 이동하는 전자파를 나타내며 "−" 표시는 z 축이 감소하는 방향으로 이동하는 전자파를 나타낸다. 아래첨자는 파형이 진행하는 매질을 나타내고 있으며 위첨자는 반사와 투과의 반복회수를 나타낸다. 매질 1로부터 입사된 전자파의 일부는 매질 2로 투과되고 일부는 반사된다. 이 후 매질 2를 진행하는 전자파는 매질 2와 3을 구분하는 경계면에 직면한다. 이 전자파의 일부분은 매질 3으로 투과되며 일부는 초기 경계면으로 반사된다. 일단 파가 매질 3에 들어가면 다른 경계가 없어 $z \to \infty$로 진행한다. 총투과된 파와 반사된 파의 크기는 다음과 같이 주어진다.

$$E_t(z) = \sum_{n=1}^{\infty} E(z)_{+(3)}^{(n)}$$

$$E_r(z) = \sum_{n=1}^{\infty} E(z)_{-(1)}^{(n)}$$

여기서 n은 영역 2를 가로지르는 각각의 전자파에 대한 표시자이다. 각각의 개별적인 성분의 크기는 식 (6.74)와 식 (6.75)의 반복 적용으로 결정된다. 진행되는 파의 형태를 아래에 묘사하고 있다.

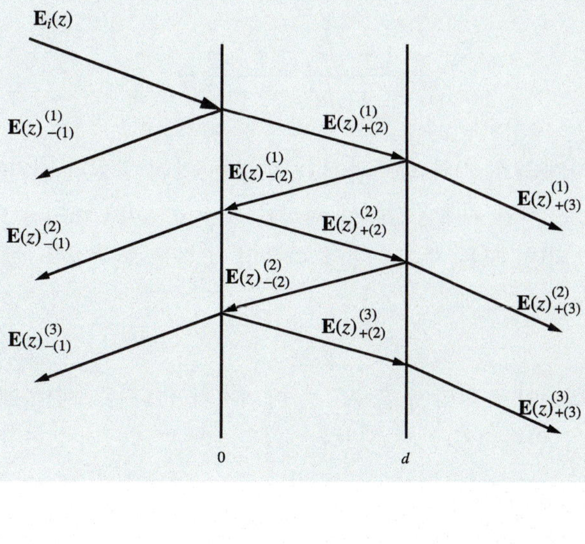

그러나 합산 시 개별성분의 위상은 서로 다르다 – 유전 박판을 지날 때마다 위상차 k_2d가 발생한다. 첫 번째 경계면의 +z 방향 반사계수를 Γ_1, 반대방향의 반사계수를 $-\Gamma_1$이라고 하면, 이 때 +z 방향의 $\Gamma_2 = -\Gamma_1$이고, 반대방향의 $-\Gamma_2 = \Gamma_1$이다(매질 3이 매질 1과 동일한 경우에 한함.). 그 때 +z 방향으로 첫 번째 경계면을 통과하는 투과계수는 $T_1^+ = 1 + \Gamma_1$이고 $-z$ 방향일 때는 $T_1^- = 1 - \Gamma_1$이다. 총반사되는 파는 아래와 같다.

$$\begin{aligned} E_r(z) &= E_i\{\Gamma_1 + T_1^+\Gamma_2 T_1^- e^{j2k_2d} + T_1^+(-\Gamma_2\Gamma_1)\Gamma_2 T_1^- e^{j4k_2d} \\ &\quad + T_1^+(-\Gamma_2\Gamma_1)^2\Gamma_2 T_1^- e^{j6k_2d} + \cdots\} \\ &= E_i\{\Gamma_1 - (1-\Gamma_1^2)\Gamma_1 e^{j2k_2d}[1 + (\Gamma_1^2 e^{j2k_2d}) + (\Gamma_1^2 e^{j2k_2d})^2 + \cdots]\} \end{aligned}$$

유전박막에서의 총반사계수는 다음과 같다.

$$\Gamma \equiv \frac{E_r(z)}{E_i} = \Gamma_1\left[1 - \frac{(1-\Gamma_1^2)e^{j2k_2d}}{1-\Gamma_1^2 e^{j2k_2d}}\right] = \frac{\Gamma_1(1-e^{j2k_2d})}{1-\Gamma_1^2 e^{j2k_2d}}$$

유사하게 투과된 파에 대한 수식은 아래와 같다.

$$\begin{aligned} E_t(z) &= E_i\{T_1^+ T_2^+ e^{jk_2d} + T_1^+(-\Gamma_2\Gamma_1)T_2^+ e^{j3k_2d} \\ &\quad + T_1^+(-\Gamma_2\Gamma_1)^2 T_2^+ e^{j5k_2d} + \cdots\} \\ &= E_i\{(1-\Gamma_1^2)e^{jk_2d}[1 + (\Gamma_1^2 e^{j2k_2d}) + (\Gamma_1^2 e^{j2k_2d})^2 + \ldots]\} \end{aligned}$$

유전박막에서의 총투과계수는 다음과 같다.

$$T \equiv \frac{E_t(z)}{E_i} = \frac{(1-\Gamma_1^2)e^{jk_2d}}{1-\Gamma_1^2 e^{j2k_2d}}$$

첫 번째 경계면에서 반사계수는 아래와 같으며 박막 안에서의 파수는 $k_2 = \sqrt{\varepsilon_r}k = 2k$이다.

$$\Gamma_1 = \frac{1-\sqrt{\varepsilon_r}}{1+\sqrt{\varepsilon_r}} = \frac{1-2}{1+2} = -\frac{1}{3}$$

주파수에 따른 총반사계수(실선)와 총투과계수(점선)는 아래 그림과 같다(d = 0.1 m, ε_r = 4). 주파수를 f = 3 GHz로 하면 자유공간에서 파장은 $\lambda = d$ = 0.1 m이고 반사계수 $\Gamma = 0$이고 $|T| = 1$(*투과박막*)이 되며, 모든 주파수에서 다음의 조건을 만족함을 쉽게 확인할 수 있다.

$$|\Gamma|^2 + |T|^2 = 1$$

이는 유전상수값이 실수이고 박막에 흡수되는 에너지가 없다는 조건하에서의 결과이다—입사되는 모든 에너지가 반사되거나 투과된다.

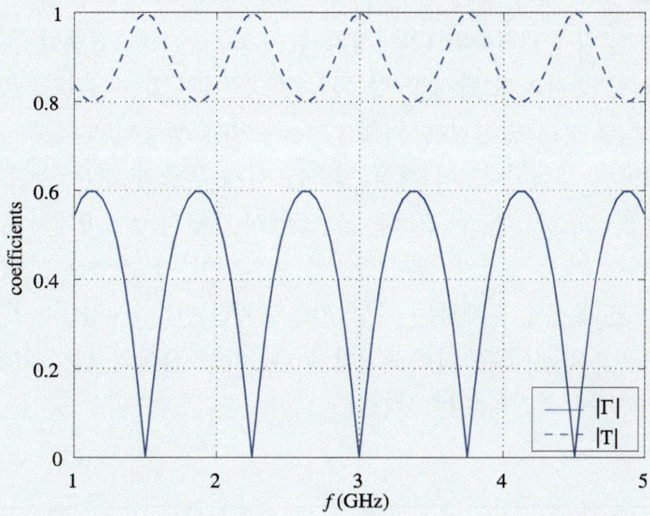

만약 매질 2가 도전율이 매우 높은 도전체이면 특수한 반응을 보일 것이다. 도전체의 고유임피던스가 매우 작고 도전율이 무한대로 접근하면 고유임피던스는 0으로 수렴한다. 식 (6.73)에서 확인할 수 있듯이 이 경우에는 도전체 안으로의 전자기에너지 투과가 없어지고 전부 반사될 것이다. 식 (6.72)로부터 $\Gamma = -1$이 되며, 이는 반사된 전기파의 편파가 입사된 편파에 *반대방향*임을 의미한다. 전자레인지의 경고문구인 "금속물체를 넣지 마세요"라는 문구를 기억하자.

식 (6.11)의 파동방정식 일반해를 검토하면 이 같은 현상을 잘 증명할 수 있다. $z = -\infty$에서 도달한 파형이 정현파가 아닌 펄스이고, 이 파형이 그림 6-13(*a*)와 (*b*)에서처럼 경계면 쪽으로 진행한다고 가정하자. $t = t + 3\Delta t$에서 전계의 접선성분은

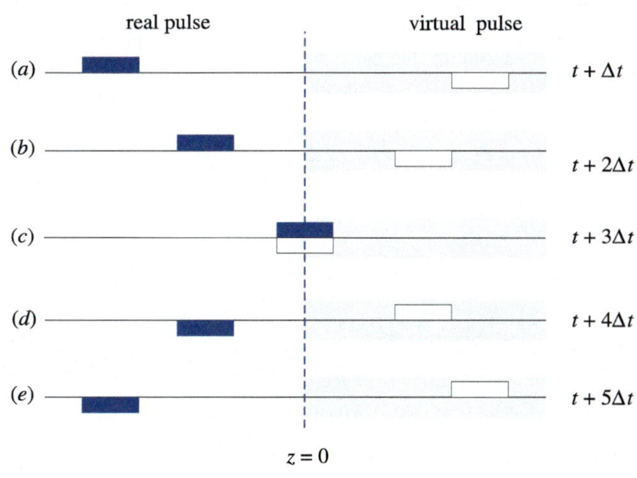

그림 6-13

$z = -\infty$로부터 발생한 펄스의 전파와 시간에 따르는 위치.

그림 6-13(c)에서 보는 바와 같이 반드시 0이 되어야 한다. $t > t + 3\Delta t$에서 반사된 펄스는 그림 6-13(d)와 (e)에서와 같이 $z = -\infty$로 진행할 것이다.

이러한 전자파의 반사를 다음과 같이도 생각할 수 있다. 음의 크기를 가지는 가상 펄스가 펄스 발진기에 의해 $z = +\infty$에서 생성되고, 같은 시간에 실제 펄스는 $z = -\infty$에서 생성된다. 이 가상 펄스는 실제 펄스와 같은 $-z$ 방향으로 전파한다. 시간 $t = t + 3\Delta t$일 때 두 펄스는 $z = 0$에서 만난다. $z = 0$에서 두 펄스는 본질을 바꾸며 따라서 가상 펄스가 실제 펄스로 변환되어 $-z$ 방향으로 계속 전파한다. 실제 펄스는 도전체에서 전파하는 가상 펄스로 변화한다. 시간 $t = t + 3\Delta t$일 때 경계면에서 두 펄스의 진폭은 더해져 0이 된다. 이는 전계의 접선성분이 완전도체에서 0이 되어야 하는 조건을 만족시킨다.

예제 6.20

펄스레이더는 자동차의 속도를 측정할 때 사용된다. 아래의 그림에서 레이더가 어떻게 동작하는지를 보여라.

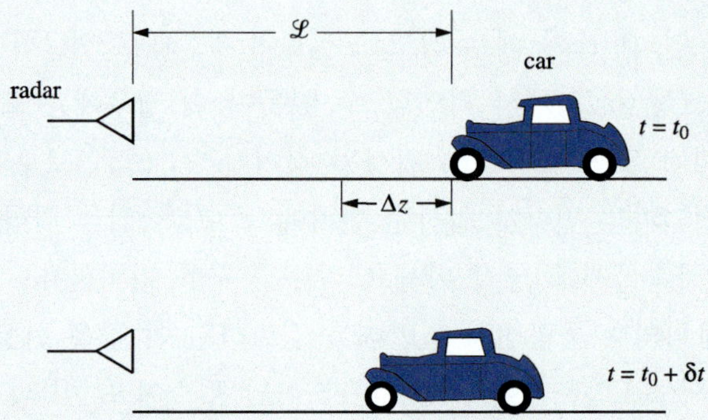

답. 레이더로부터 발생된 반복적인 전자기펄스가 자동차에 입사된다. 차의 높은 도전율 때문에 전자기펄스는 반사되어서 레이더로 되돌아오며 i 번째 펄스의 총진행시간$(\Delta t)_i$을 측정할 수 있다. 레이더 펄스의 반복주파수는 $(\delta t)^{-1}$이다. δt 시간 동안 차는 Δz 거리를 이동한다. 자동차의 속도 v_{car}는 다음과 같이 계산된다.

$$(\Delta t)_i - (\Delta t)_{i+1} = \frac{2\mathscr{L}}{c} - \frac{2(\mathscr{L} - \Delta z)}{c} = \frac{2\Delta z}{c} = \frac{2v_{car}\delta t}{c}$$

또는

$$v_{car} = \frac{c[(\Delta t)_i - (\Delta t)_{i+1}]}{2\delta t}$$

레이더($\mathscr{L}$)로부터 자동차 사이의 실제 거리는 중요하지 않다. 총진행시간 Δt와 펄스 사이의 간격 δt를 알면(레이더 세트와 빛의 속도 c에 관계된 변수이므로) v_{car}는 계산될 수 있다. 만약 계산된 속도가 제한속도 이하이면 과태료가 부과되지 않을 것이다.

6.5.2 패브리-페로 공진기(Fabry-Perot Resonator) - 정재파

지금부터 반사계수 $\boldsymbol{\Gamma} = -1$인 완전 도체벽에 입사되는 시정현전자파에 대하여 알아보자. $z < 0$ 영역에서 총전계는 입사파와 반사파의 합과 같으며 다음의 식으로 나타낼 수 있다.

$$E_y(z, t) = A \sin \omega t \sin kz \tag{6.76}$$

여기서 $A = 2B$이다. $z = 0$에서 전계의 접선성분은 $E_y(z, t) = 0$이다. 이 경우 반대로 진행하는 두 파형은 공간에 대해서 정지되고 시간에 대해서만 진동하는 것처럼 보인다. 이를 ***정재파(Standing wave)***라고 한다. 이 정재파는 반대방향으로 진행하는 두 파형에서 간섭의 증감에 의해 발생한다. 이는 동일한 시간간격($\Delta t = T/12$, $T = 2\pi/\omega$)에서 그림 6-14와 같이 표현된다. ***노드(Node)***로 불리는 연속된 널(null) 지점 사이의 거리는 반파장이다. 전계가 최대가 되는 지점을 ***반노드(Antinode)***라고 한다.

만약 전계에만 반응하고 정현파 진동에 비해 반응이 느린 작은 검출프로브를 z축을 따라 움직이면, 천천히 움직이는 프로브의 반응은 반파장을 움직이는 동안 0에서 최대값으로 증가되고 다시 0으로 감소될 된다. 실제로 전계의 크기에 반응하는 측정프로브는 교정하여 높은 정확도를 가질 수 있고 파장을 정교하게 정확하게 측정할 수 있다. 또한 측정프로브를 다이오드검출기에 연결할 수도 있으며, 이 다이

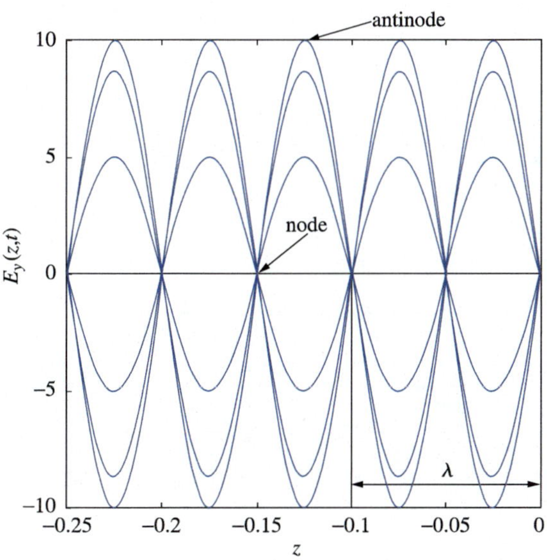

그림 6-14

진동주기에서 동일한 간격으로 나타낸 정재파 (A = 10 V/m, λ = 0.1 m).

오드검출기를 “자승검파기(Square-law detector)”라고 한다.

예제 6.21

$z < 0$ 영역의 진공에서 진행하는 전자파가 $z = 0$에서 완전도체에 수직하게 입사된다. 파의 주파수는 3 GHz이고 입사하는 전계의 크기는 10 V/m이며, $\mathbf{u}_y$ 방향의 편파이다. 입사파와 반사파를 페이저로 표현하고 순시값으로 표현하여라.

답. $f = 3$ GHz의 주파수에서 다음과 같이 계산된다.

$$\omega = 2\pi f = 6\pi \times 10^9 \text{ rad/s}$$

$$k = \frac{\omega}{c} = \frac{6\pi \times 10^9}{3 \times 10^8} = 20\pi \text{ 1/m}, \mathbf{k} = k\mathbf{u_z}$$

*페이저*표현에서 입사파는 다음과 같다.

$$\mathbf{E_i}(z) = 10e^{-j20\pi z}\mathbf{u_y} \text{ V/m}$$

$$\mathbf{H_i}(z) = \frac{1}{Z_c}(\mathbf{u_z} \times \mathbf{E_i}(z)) = -\frac{10}{120\pi}e^{-j20\pi z}\mathbf{u_x} \text{ A/m}$$

여기서 자유공간의 고유임피던스는 $Z_0 = 120\pi\,\Omega$이다. 전계 및 자계는 아래와 같이 쓸 수 있다.

$$\mathbf{E_i}(z, t) = \text{Re}\{\mathbf{E_i}(z)e^{j\omega t}\} = 10\cos(6\pi \times 10^9 t - 20\pi z)\mathbf{u_y} \text{ V/m}$$

$$\mathbf{H_i}(z, t) = \text{Re}\{\mathbf{H_i}(z)e^{j\omega t}\} = -\frac{10}{120\pi}\cos(6\pi \times 10^9 t - 20\pi z)\mathbf{u_x} \text{ A/m}$$

페이저표현에서 반사파는 다음과 같다.

$$\mathbf{E_r}(z) = -10e^{+j20\pi z}\mathbf{u_y} \text{ V/m}$$

$$\mathbf{H_r}(z) = \frac{1}{Z_c}(-\mathbf{u_z} \times \mathbf{E_r}(z)) = -\frac{10}{120\pi}e^{+j20\pi z}\mathbf{u_x} \text{ A/m}$$

반사파는 또한 다음과 같이 쓸 수 있다.

$$\mathbf{E_r}(z, t) = \text{Re}\{\mathbf{E_r}(z)e^{j\omega t}\} = -10\cos(6\pi \times 10^9 t + 20\pi z)\mathbf{u_y} \text{ V/m}$$

$$\mathbf{H_r}(z, t) = \text{Re}\{\mathbf{H_r}(z)e^{j\omega t}\} = -\frac{10}{120\pi}\cos(6\pi \times 10^9 t + 20\pi z)\mathbf{u_x} \text{ A/m}$$

간섭의 증감이 발생한 후에 정재파는 그림 6-14와 같으며 정재파의 노드(node) 사이 거리는 $\lambda/2 = 5$ cm($\lambda = 2\pi/k = 2\pi/20\pi = 0.1$ m)이다.

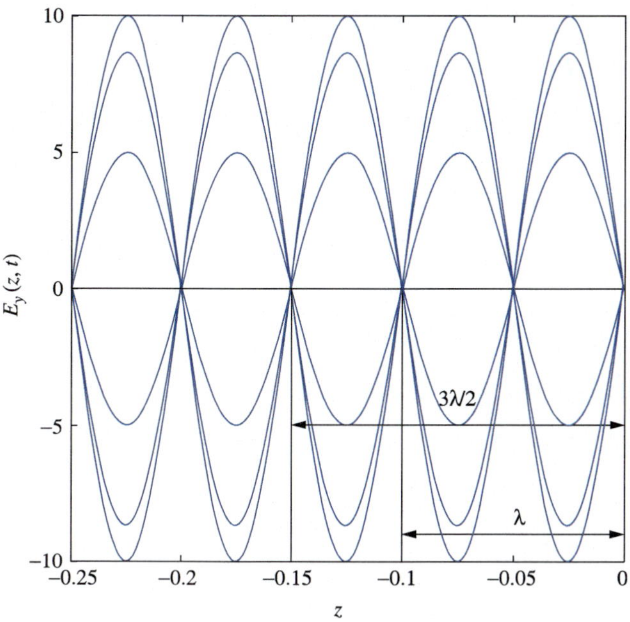

그림 6−15

정재파의 크기가 0인 ($n\lambda/2$) 거리만큼 떨어진 위치에 얇은 도전성 금속판을 삽입하여도 전자계의 형상은 변하지 않는다. 삽입 가능한 많은 위치 중 두 군데를 그림에 나타내었다.

그림 6−14를 자세히 관찰하면, 전계의 접선성분이 0이 되는 임의의 노드에 또 다른 높은 도전성 물질을 나머지 전계성분에 변화를 주지 않고 삽입시킬 수 있음을 추측할 수 있다. 적용 가능한 경계조건은 전계의 접선성분이 도체 표면에서 0이어야 한다는 것이다. 이는 그림 6−15를 통해 확인할 수 있으며, 금속판을 삽입 할 수 있는 많은 지점 중 두 군데에 삽입하였다. 당분간은 횡방향으로 무한대 크기의 금속판을 노드에 순간 삽입하여 다른 어떤 것도 바뀌지 않는 상태에서 전자기에너지가 금속판 사이에 "갇힌다(trapped)"고 가정하자. 이는 사실 안테나 형태의 금속판 사이에서 "결합(coupled)"된 에너지이며, 이 주제는 이후에 토의할 것이다.

이 결과를 1차원헬름홀츠방정식을 이용하여 공식으로 유도하면 다음과 같다.

$$\frac{d^2E_y(z)}{dz^2} + k^2E_y(z) = 0 \tag{6.77}$$

시정현신호의 가정을 다시 생각하면 주어진 방정식의 해는 다음과 같다.

$$E_y(z) = A\sin kz + B\cos kz \tag{6.78}$$

적분상수 A와 B는 전계의 접선성분이 금속면에서 0이어야 하는 경계조건에 의해 결정된다. 이 경계조건에 의해 $B = 0$이고 $k = (n\pi/\mathscr{L})$이 되며, 여기서 n은 정수이고 $\mathscr{L}$은 금속 벽면 사이의 거리이다. 만약 최대 전계의 크기가 E_{y0}이면 전계의 공간 분포는 아래와 같다.

$$E_y(z) = E_{y0}\sin\left(\frac{n\pi z}{\mathscr{L}}\right) \tag{6.79}$$

그림 6–15에서 보여주는 평판공동을 ***패브리-페로 공진기(Fabry-Perot resonator)*** 또는 ***패브리-페로 공동(Fabry-Perot cavity)***이라고 한다. 이러한 공동은 백만 정도의 매우 높은 Q를 가진다. 일반적인 전기회로의 Q는 10정도임을 상기하자.[7] 패브리-페로 공진기는 주파수에 대해 매우 선택적으로 동작하므로, 다양한 "레이징(lasing)" 물질을 둘러싸는 공동으로 많은 응용분야에 적용된다. 레이징-물질-공동(lasing-material-cavity)은 ***레이저***(Laser; Light Amplification by Simulated Emission of Radiation)로 축약해서 불린다. 빛의 주파수대역에서 횡방향 크기는 파장에 비해 매우 크므로 무한대로 근사화하는 것이 적절하다.

파수 k는 진동주파수 ω와 두 평판 사이의 빛의 속도 $c = 1/\sqrt{\varepsilon\mu_0}$ (여기서 $\varepsilon = \varepsilon_r\varepsilon_0$ 임)의 함수임을 기억하자. 그림 6–15에 나타낸 공동의 공진주파수 $\omega = \omega_r$는 다음과 같이 구할 수 있다.

$$\frac{\omega_r}{c} = k = \frac{n\pi}{\mathscr{L}}$$

$$\omega_r = \frac{n\pi}{\mathscr{L}}\frac{1}{\sqrt{\varepsilon\mu_0}} \tag{6.80}$$

비어져있거나 유전체로 채워져 있는 그림 6–16의 두 패브리-페로 공진기는 약간 다른 주파수에서 공진할 것이다. 두 주파수의 차이 $\Delta\varepsilon$는 아래와 같다.

$$\Delta\omega = \omega_{ra} - \omega_{rb} = \frac{n\pi}{\mathscr{L}}\frac{1}{\sqrt{\varepsilon_0\mu_0}} - \frac{n\pi}{\mathscr{L}}\frac{1}{\sqrt{\varepsilon_r\varepsilon_0\mu_0}}$$

만약 비어있는 상태(그림 6–16a)에서의 공진주파수를 계산하거나 측정하면, 이 주파수 차이는 다음과 같다.

$$\frac{\Delta\omega_r}{\omega_{ra}} = 1 - \frac{\omega_{rb}}{\omega_{ra}} = 1 - \frac{1}{\sqrt{\varepsilon_r}} \tag{6.81}$$

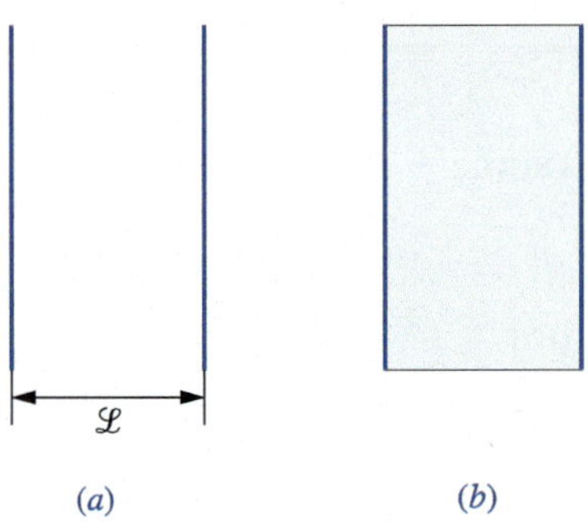

그림 6–15

(a) 속이 비어 있는 패브리-페로 공진기.
(b) 유전체($\varepsilon = \varepsilon_r\varepsilon_0$)로 채워져 있는 패브리-페로 공진기.

---

[7] 회로나 공동의 Q는 $Q = 2\pi$(저장된 에너지)/(주기 동안 전력손실)로 정의된다.

예제 6.22

비어있는 마이크로파 패브리-페로 공진기는 35 GHz에서 공진한다. 만약 공진주파수가 34.99 GHz로 변할 때 금속판 사이의 삽입된 종이의 두께 $\Delta\mathscr{L}$을 구하라. 평면 금속판 사이의 거리 $\mathscr{L}$은 50 cm이다. 모드를 결정하는 정수 n은 변하지 않는다고 가정하자. 종이 경계면에서의 어떤 반사도 무시한다.

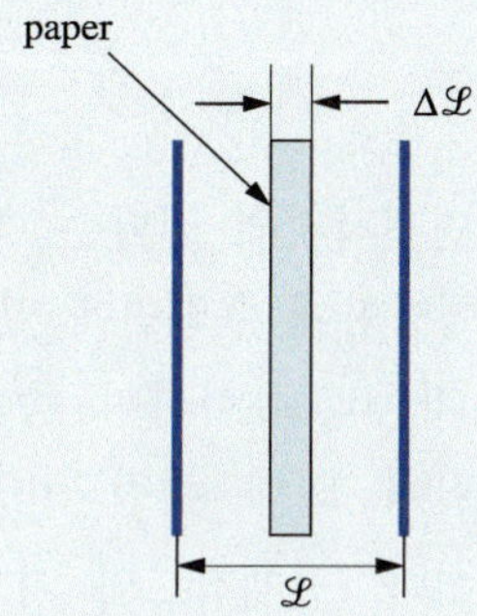

답. 부록 B에서 종이의 상대유전상수는 $\varepsilon_{\text{paper}} \approx 3$이다. 종이가 삽입된 떨어져있는 금속판의 상대유전상수는 다음과 같이 간략화된다.

$$\varepsilon_r \approx \frac{(\mathscr{L} - \Delta\mathscr{L})}{\mathscr{L}} + \varepsilon_{\text{paper}}\frac{\Delta\mathscr{L}}{\mathscr{L}} = 1 + (\varepsilon_{\text{paper}} - 1)\frac{\Delta\mathscr{L}}{\mathscr{L}}$$

따라서 다음과 같이 쓸 수 있다.

$$\frac{\omega_{\text{vacuum}} - \omega_{\text{paper inserted}}}{\omega_{\text{vacuum}}} = 1 - \frac{1}{\sqrt{\varepsilon_r}}$$

$$= 1 - \frac{1}{\sqrt{1 + (\varepsilon_{\text{paper}} - 1)\frac{\Delta\mathscr{L}}{\mathscr{L}}}} \approx \frac{\Delta\mathscr{L}}{2\mathscr{L}}(\varepsilon_{\text{paper}} - 1)$$

값을 대입하여 계산하면 아래와 같다.

$$\frac{35 - 34.99}{35} = \frac{0.01}{35} \approx \frac{\Delta\mathscr{L}}{2 \times 50}(3 - 1)$$

또는 $\Delta\mathscr{L} \approx 0.014$ cm이다.

위의 예제와 이전에 언급된 예제로부터 고주파 전자파를 사용하면 다양한 물질들의 종류를 밝혀낼 수 있음을 알 수 있다. 이는 비싼 나무펄프와 싼 물의 비율에 의해 궁극적인 종이의 등급이 결정되는 종이산업에서 널리 통용되는 실질적인 기술이다. 나무펄프와 물의 상대유전상수는 다르다.

죽은 환자(예를 들어 폐기종으로 사망한)의 부검에서 폐의 병든 부분과 병들지 않은 부분의 비율을 정하는 의학적인 진단에도 패브리-페로 공진기를 사용할 수 있다.[8] 한쪽 폐가 충분히 건조되어있거나 충분한 부위에 대해서 상대유전상수값을 얻을 수 있으면, 폐의 병든 부분에 대한 비율을 결정할 수 있다. 이 병으로 폐에는 "침식된" 구멍이 생긴다. 이러한 "역 문제(Inverse problem)"에 대한 해결방법은 ***진단의학(Medical diagnostics)***이라고 불리는 새로운 영역에 포함된다.

6.6 결론

이번 장에서 언급한 평면전자파의 전파는 맥스웰방정식의 첫 번째 응용이다. 전자파는 전계와 자계가 진행방향에 수직면에 있는 횡파를 의미한다. 이는 물의 표면이나 끈을 따라 진행하는 파동과 유사하며, 종파인 음파와는 대조적이다. 전파 속도 c는 파가 진행하는 매질에 의해 결정되며, 가장 빠른 속도는 진공에서의 $c = 1/\sqrt{\varepsilon_0\mu_0} \approx 3 \times 10^8$ m/s이다. 전계강도와 자계강도의 비율은 고유임피던스에 의해 결정되며 진공에서 $Z_0 = 120\pi \approx 377\ \Omega$이다. 시정현전자파는 파장, 진동주파수, 위상속도와 같은 특이한 특성을 가지지만, 일반적인 파의 성격을 그대로 유지한다. 손실매질에서 진행하는 파는 감쇄한다.

만약 하나의 매질에서 다른 매질로 파가 입사되면 입사된 파의 일부분은 첫 번째 매질로 다시 반사되고, 일부는 두 번째 매질로 투과된다. 양도체는 입사된 파의 대부분을 반사한다. 경계조건은 각각 항목의 크기를 결정한다. 만약 파형이 도전성 스크린의 날카로운 경계에 도달하면, 파는 전파방향을 변경하거나, 경계에서 회절된다. 회절된 파의 세기는 가시선 영역(Line of sight)에서 주기적 성향을 보인다. 그러나 파의 일부분은 스크린 뒤의 그림자영역(Shadow region)에도 나타날 것이다.

6.7 연습문제

6.1.1. 표준단위인 무게 kg, 길이 m, 시간 s, 전하량 C를 사용하여 $(\varepsilon_0\mu_0)^{-1/2}$의 단위가 속도임을 증명하라.

6.1.2. $\mathbf{E}(z, t)$와 $\mathbf{H}(z, t)$는 진공에서 임의의 함수$(z - ct)$에 대해 직교함을 증명하라.

6.2.1. $|z - ct| \leq 1$과 $|z + ct| \leq 1$에서 $F(z - ct) = 1$, $G(z + ct) = -2$이고, 다른 구간에서 $F(z - ct) = G(z + ct) = 0$이라고 하자. $t = 0$, $t = 1$, $t = 3$인 세 시간에서 속도 $c = 2$일 때 펄스를 정확히 그려라. *주의: 정규화된 값을 사용한다.*

6.2.2. 시간 $t = 0$과 $t = 2$에 대해서 도식화된 다음 그림으로부터 함수 $F(z - v_1t)$와 $G(z + v_2t)$를 결정

[8] Jutabha, O. and Lonngren, K.E., "The Quantitative Measurement of Emphysema Using a Microwave Technique—h A Feasibility Study," American Review of Respiratory Diseases, Vol. 99, 1969, pp. 101–03.

하라.

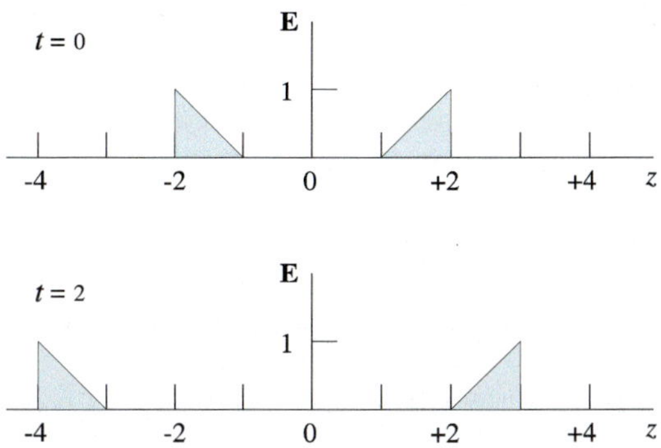

6.2.3. 만약 문제 6.2.2의 파가 전자파이고 상대투자율이 두 영역에서 같다면, 두 영역 $(z < 0)/(z > 0)$에서 유전상수 ε_2와 ε_1의 비율을 구하라.

6.2.4. 끈에서 변위파동이 고조파 $\psi(z, t) = 0.02\sin[2\pi(10t - 0.5z)]$ m로 표현된다. 여기서 z는 길이를, t는 시간을 의미한다. 다음을 구하라.

(a) 전파속도 v
(b) 파장 λ와 파수 k
(c) 주파수 f와 각속도 ω
(d) 주기 T
(e) 전파방향
(f) 파동 A의 크기

6.2.5. t = (a) 0 s, (b) 0.025 s, (c) 0.05 s, (d) 0.075 s에서 문제 6.2.4의 파동을 z 축에 대해서 그려라. 시간이 증가함에 따라 $+z$ 방향으로 진행하는 파의 형태를 확인하라.

6.2.6. $\psi(z, t) = 0.5e^{-(z-5t)^2}$로 정의된 가우시안 펄스가 파동방정식 식 (6.10)을 만족함을 보여라. z 축에 대해서 함수를 그려라: t = 0 s, 0.5 s, 1 s

6.2.7. $h/c\tau = 1/2$일 때 문제 6.2.6을 반복하라.

6.2.8. $h/c\tau = 3/2$일 때 문제 6.2.6을 반복하라.

6.2.9. 맥스웰방정식이 1차원확산방정식(진행방향이 z인)의 형태로 변형될 수 있음을 보여라.

$$\frac{\partial^2 E_y(z,t)}{\partial z^2} - \mu\sigma\frac{\partial E_y(z,t)}{\partial t} = 0$$

이 유도가 언제 유효한지 설명하라.

6.2.10. 치환($\xi = z/\sqrt{Dt}$)과 연쇄법칙을 이용하여 문제 6.2.9에 주어진 편미분방정식이 상미분방정식으로 변형됨을 보여라. 확산계수 $D = 1/\mu\sigma$의 단위를 구하라.

6.2.11. $z \to \infty$일 때 전계가 0이고 전체공간에 대한 전계성분의 적분이 상수라는 경계조건을 가질 때 문제 6.2.10에서 구한 상미분방정식을 풀어라. 또한 전계가 인가된 지점 바깥쪽의 전계는 여기 이후 0임을 보여라. 이는 "펄스"의 확산으로 해석될 수 있다.

6.2.12. t = 0에서 파동의 초기조건이 다음과 같다.

$$\psi(z, 0) = 5e^{-10z}$$

c = 1일 때 $0 \leqslant z \leqslant 1$ 영역에서 파의 진행을 MATLAB 프로그램을 이용하여 보여라.

6.2.13. t = 0에서 파동의 초기조건이 다음과 같다.

$$\psi(z, 0) = 5e^{-10z}$$

$c = 2$일 때 $0 \leqslant z \leqslant 2$ 영역에서 파의 진행을 MATLAB 프로그램을 이용하여 보여라.

6.2.14. t = 0에서 파동의 초기조건이 다음과 같다.

$$\psi(z, 0) = 5e^{-10z}$$

c = 0.5일 때 $0 \leqslant z \leqslant 0.5$ 영역에서 파형의 진행을 MATLAB 프로그램을 이용하여 보여라.

6.3.1. 진공에서 진행하는 두 주기의 전자파에 대한 스냅사진을 z = 0, z = 1, z = 2인 세 지점에서 촬영하였다. 파의 파장과 주파수를 구하여라. 전계를 표현하는 수식을 구하라.

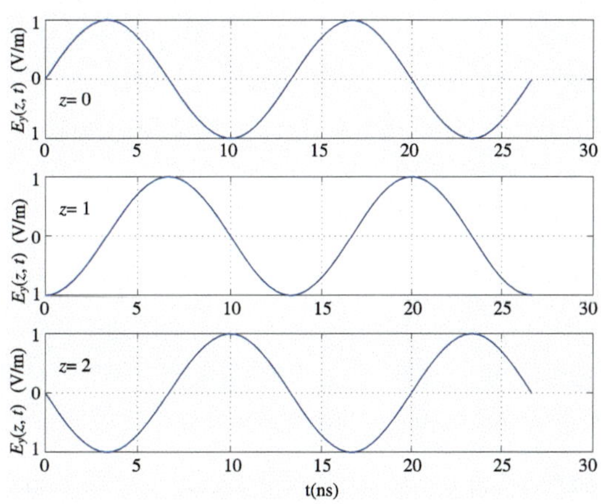

6.3.2. 공기 중을 진행하는 균등한 평면파의 전계가 $\mathbf{E}(z, t) = E_0[\sin(\omega t - kz)\mathbf{u_x} + \cos(\omega t - kz)\mathbf{u_y}]$ V/m로 주어진다. 그림을 이용하여 이 파형이 원형편파임을 보여라.

6.3.3. 공기중을 진행하는 균등한 평면파의 전계는 $\mathbf{E}(z, t) = E_0[\sin(\omega t - kz)\mathbf{u_x} + a\sin(\omega t - kz + \delta)\mathbf{u_y}]$ V/m ($a \neq 1$)로 주어진다. $E_0 = 1$, $a = 2$, $d = \pi/4$일 때 정확한 그림을 이용하여 이 파형이 타원형편파임을 보여라.

6.3.4. 원형편파와 선형편파가 타원형편파의 특별한 경우임을 보여라.

6.3.5. 전자파의 전계강도가 $\mathbf{H}(z, t) = H_0 e^{j(\omega t + kz)}\mathbf{u_y}$ A/m일 때, 전력흐름의 방향, 전계 **E**, 시평균포인팅 벡터 $\mathbf{S_{av}}$를 구하라.

6.3.6. 전자파의 전계가 $\mathbf{E}(z, t) = -10e^{j(\omega t - kz)}\mathbf{u_x}$ V/m이다. 자계강도 $\mathbf{H}(z, t)$를 구하라. 시평균포인팅 벡터 $\mathbf{S_{av}}$를 구하라.

6.4.1. 주파수가 f = 1 MHz인 전자파가 유전체에서 전파하고 있으며, 전계성분은 $\mathbf{E_y}(z, t) = 1.3\cos(\omega t - kz)$이다. 파의 속도 **v**, 파수 **k**, 매질의 고유임피던스 Z_c, 자계 $\mathbf{H}(z, t)$을 구하라.

6.4.2. 자유공간에서 신호발진기가 파장이 10 cm인 전자파를 생성한다. 같은 파가 매질에서 전파할 때 파장이 8 cm로 줄어들었다. 이 매질에서 전계 $\mathbf{E}(z)$의 크기와 자계강도 $\mathbf{H}(z)$가 각각 50 v/m와 0.1 A/m로 측정되었다. 발진기 주파수 f와 ε_r, μ_r을 구하라.

6.4.3. 자유공간에서 신호발진기가 파장이 3 cm인 전자파를 생성한다. 같은 파가 매질에서 전파할 때 파장이 1.5 cm로 줄어들었다. 이 매질에서 전계 $\mathbf{E}(z)$의 크기와 자계강도 $\mathbf{H}(z)$가 각각 60 v/m와 0.1 A/m로 측정되었다. 발진기 주파수 f와 ε_r, μ_r을 구하라.

6.4.4. 매질의 도전율 σ가 $\sigma = \omega\varepsilon$일 때 감쇄상수 α(Np/m), 위상상수 β(rad/m), 위상속도 를 구하라. (매질은 $\varepsilon_r = 1$과 $\mu_r = 2.5$이다.) 자유공간에서의 파장은 $\lambda_0 = 30$ cm이다.

6.4.5. 문제 6.4.4에서 위상상수 β의 단위를 °/m로 감쇄상수 α의 단위를 dB/m로 전환하라.

6.4.6. 지표의 특성이 $\sigma = 5 \times 10^{-3}$ S/m, $\mu_r = 1$, $\varepsilon_r = 8$일 때 어느 주파수에서 지표가 완전 유전체로 간주될 수 있는가? 이 주파수에서 α는 무시될 수 있는가? 고유임피던스 Z_c를 구하라.

6.4.7. $\sigma = 3.82 \times 10^7$ S/m이고 $\mu_r = \varepsilon_r = 1$인 알루미늄에서 주파수 4 MHz 일 때 침투깊이 δ를 구하라. 또한 위상속도 v_ϕ를 구하라.

6.4.8. f = 2.45 GHz에서 동, 흑연, 바닷물의 침투깊이를 계산하라.

6.5.1. 바다에서 어부가 주파수 f에서 동작하는 레이더를 가지고 깊이가 d인 지점에서 물고기를 발견하였다. 반사된 신호의 지연시간이 $\tau = 20$일 때 d를 구하라. 물고기 비늘은 완전도체이고 바다물의 도전율 σ는 $\sigma << \omega\varepsilon$ 조건을 만족한다.

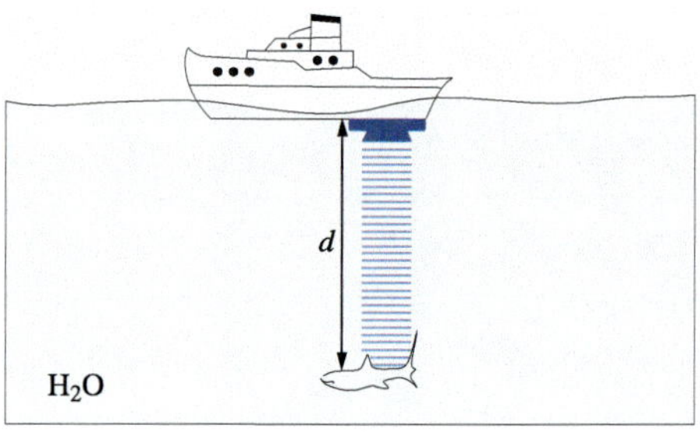

6.5.2. 문제 6.2.5에서 $z = 5$에 파동 반사기가 설치되었다고 하자. 이 반사기는 양의 크기 펄스를 반사시켜 음의 크기 펄스를 생성한다(반사 계수 $\Gamma = -1$). 반사는 $+z$ 축 방향으로 진행하는 파형이 반사 후에 $-z$ 축 방향으로 진행함을 의미한다. 예상되는 오실로스코프 그림을 정확히 그려라.

6.5.3. 1 V/m의 크기를 가지는 전자파가 진공에서 상대유전상수 $\varepsilon_r = 4$인 유전체에 수직 입사된다. 반사되고 투과된 전계의 크기와 입사된 전력, 반사된 전력, 투과된 전력을 구하라.

6.5.4. 1 V/m의 크기를 가지는 전자파가 진공에서 상대유전상수 $\varepsilon_r = 4$인 유전체에 수직 입사된다. 반사되고 투과된 자계강도를 구하라.

6.5.5. 1 V/m의 크기를 가지는 전자파가 상대유전상수 $\varepsilon_r = 4$인 유전체에서 진공으로 수직 입사된다.

반사되고 투과된 전계의 크기와 입사된 전력, 반사된 전력, 투과된 전력을 구하라.

6.5.6. 1 V/m의 크기를 가지는 전자파가 상대유전상수 $\varepsilon_r = 4$인 유전체에서 진공으로 수직 입사된다. 반사되고 투과된 자계강도의 크기를 구하라.

6.5.7. 예제 6.20에서 속도위반자가 레이더의 측정 및 보정할 때의 날씨 때문에 보정값이 잘못되었다고 탄원하였다. 만약 레이더가 진공에서 측정 및 보정되었으며 속도위반자가 제한 속도를 25% 초과하였다면 대기 중에서의 유전상수가 얼마일 때 피고는 석방될 수 있는가?

6.5.8. 평면 전자파 $\mathbf{E}(z, t) = E_0 \cos(\omega t - kz)\mathbf{u_y}$ V/m는 두 개의 공기-유전체 경계면에 입사된다. $z < 0$ 영역에서 마치 유전박막이 없는 경우와 같이 동일한 파가 생성될 수 있는 유전박판 두께 d를 구하라.

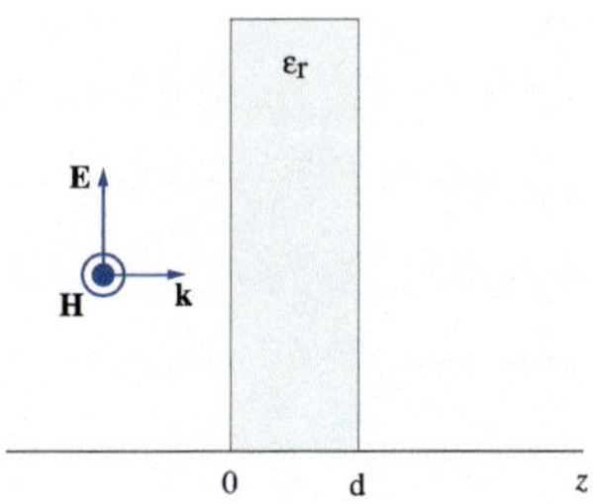

6.5.9. 유전박막(ε_r)이 평면파를 발생시키는 두 개의 혼 안테나 사이에 삽입되었다. 파가 각각의 경계면에서 반사되고 투과될 것이다. 영역 B로 전달된 전계의 비 $E_B(z)/E_A(z)$를 구하라.

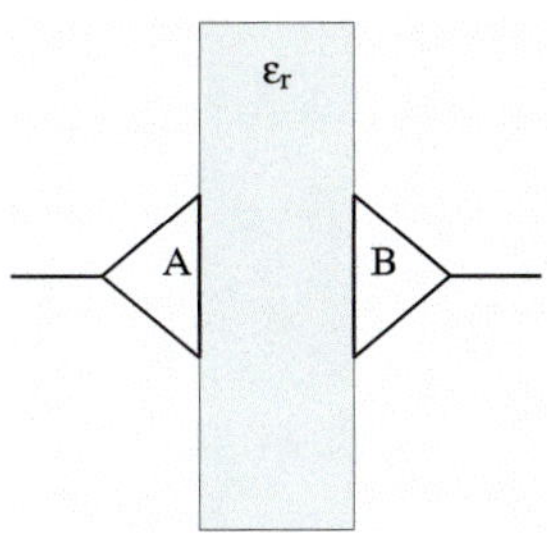

6.5.10. $\lambda/4$ 두께의 유전체가 두 개의 유전체를 사이에 삽입되었다. A로부터 입사된 파가 반사되어 다시 A로 돌아오지 않기 위한 ε_r값을 구하라.

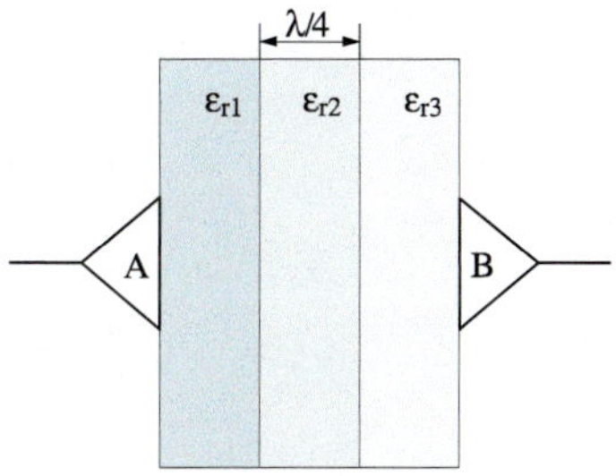

6.5.11. 진공에서 시정현전자파가 $z = 0$에 위치한 완전도체에 입사되고 정재파가 $z < 0$ 영역에서 생성되었다. 전압계에 연결된 수정 검출기로 $z < 0$ 영역에서 10 cm 마다 0인 전압을 검출하였다. 전자파의 진동주파수를 구하라.

6.5.12. 헬륨-네온 레이저가 파장 6328 Å $= 6.328 \times 10^{-7}$ m인 빛을 방출한다. 레이저의 진동주파수, 진동주기, 파수를 계산하라. 기호 Å는 옹스트롬(Angstrom)이며 1 Å $= 10^{-10}$ m이다.

6.5.13. 1 m 떨어진 두 평판 사이의 헬륨-네온 레이저 빛(λ = 6328 Å 여기서 1 Å $= 10^{-10}$ m)이 있을 때 파장 개수를 추정하라. 평판 사이의 매질은 ε_r이라고 가정한다.

6.5.14. 유전체를 삽입한 결과 패브리-페로 공동의 공진주파수가 진공일 때 10 GHz에서 9.9 GHz로 변하였다. 삽입된 유전체의 상대유전상수 ε_r를 구하라.

6.5.15. 두께가 $\Delta\mathscr{L}$인 폐의 얇은 조각의 상대유전상수는 1.5이다. 그림 6-16과 같이 두께가 $\Delta\mathscr{L}$인 병든 폐를 패브리-페로 공동의 두 판 사이에 삽입하였다. 공동은 병들지 않은 폐의 경우 9.9 GHz에서 공진하며 병든 폐에서는 9.95 GHz에서 공진한다. 폐기종에 의해 상한 병든 폐의 비율을 구하라.

CHAPTER 7

전송선로

이번 장에서는 신호와 전력을 전달하는 데 사용되는 세 가지 전기적 전송 시스템인 동축선, 스트립라인, 그리고 두 평행도선에 대하여 모델 할 것이다. 이들 모델에서는 이미 익숙한 전자회로소자인 인덕터, 캐패시터, 저항 등을 사용하기로 한다. ***전송선로***를 통해서 흐르는 전압과 전류신호의 전파를 묘사한 식을 ***전신방정식***이라고 한다. 이 방정식은 1800년 중 · 후반에 기다란 구리선로를 통한 전신신호의 전파를 설명하기 위해 얻어졌는데, 당시 구리선로는 동쪽해안에서 서쪽해안까지 전신주를 통해 미국 전역을 연결하였을 뿐만 아니라 대서양 아래로 미국과 유럽을 연결하고 있었다.

전신방정식으로부터 우리는 또 다른 중요한 식인 파동방정식을 유도 할 수 있다. 이 방정식은 전자파가 어떻게 한 점에서 다른 점으로 전파되는지를 묘사하고, 전자파가 전송선로를 통하여 이동하거나 또는 자유공간으로 복사되거나 이 방정식의 적용이 타당하다는 것이 판명될 것이다.

비록 우리가 익숙한 회로부품들을 사용하더라도, 특정 환경에서는 이전에 공부한

학생들을 위한 주의: 당신의 강사는 이 장을 교과 과정상 매우 일찍 소개하기로 결정하였을 지도 모른다. 하지만 걱정할 필요는 없다. 이 접근법을 회로이론에서 배운 최근의 것들에 대한 논리적 확장으로 받아들이는 것은 매우 흔한 일이다. 참고문헌이나 앞 장의 전제 지식 없이도 본 장의 내용들을 학습하도록 가능한 한 모든 주의를 기울였다. 이 접근법에 대해 보다 많은 정보가 필요하면, 이 책의 서문의 상세한 주석을 참조하라.

회로이론의 확장이 필요하다. 첫 번째로, 회로모델을 통하여 이동하는 신호와 연계된 에너지 전달은 아주 작지만 측정 가능한 양의 시간을 가진다. 따라서, 우리는 이 효과를 반영하기 위하여 전파하는 시간을 방정식에 명확히 추가할 필요가 있다. 두 번째로, 신호가 회로를 통하여 이동하는 데 유한한 시간이 필요한 이유와 회로 동작에서 유한한 전파시간의 효과를 설명하기 위하여 회로이론에서 익숙하게 사용되는 개별회로소자 또는 "집중회로소자" 대신 분포회로소자를 사용할 것이다. 또한 이들 유한한 전파지연은 특성임피던스, 신호나 전자파의 반사 그리고 정합기법들의 개념들을 이해하는 데 도움이 될 것이다. 이들 개념들은 특히 VLSI 회로나 마이크로프로세서 등 현대 집적회로들의 동작을 이해하는 데 매우 중요한데, 신호를 매우 짧은 시간에 매우 복잡한 회로를 통해 이동시켜야 하고 이들 지연의 물리적 효과도 보상해야 하기 때문이다.

초기 전송선로 모델에서 전자파는 진행하는 동안 에너지 손실이 없고 어떠한 저항도 포함하지 않는다고 가정하였다. 저항과 전도성과 같은 손실 성분에 대해서는 무손실 전송선로 모델을 개발하고 탐구 한 후에 다룰 것이다.

7.1 등가전기회로

그림 7-1에 세 가지 자주 쓰이는 전송선로들을 나타내었다. (*a*) 동축케이블: 이 구조는 일반적으로 내부도체를 외부도체로부터 분리하는 유전체를 가지고 있다, (*b*) 스트립 라인 또는 마이크로스트립 라인: 이 구조는 편평한 두 도체판을 분리하는 절연체나 유전체를 가지고 있다, (*c*) 두 개의 평행한 도선 또는 ***트윈리드***: 이 구조는 두 도선을 분리하는 공기나 유전체를 가지고 있다. 이들 세 가지 종류의 전송선로 내에 있는 유전체는 금속체 사이의 간격을 일정하게 유지하도록 사용되어 전송선로의 전기적 특성은 일정하다. 이들 전송선로들이 각기 (a) 케이블 TV를 가정에 연결하고 (b) TV 내부의 집적화된 회로의 두 소자들을 연결하고 (c) TV와 외부 안테나를 연결한다는 것을 일상 경험으로 알 수 있다.

이들 전송선로 내부의 전자계의 분포를 완전히 분석하기보다는, 인덕터와 캐패

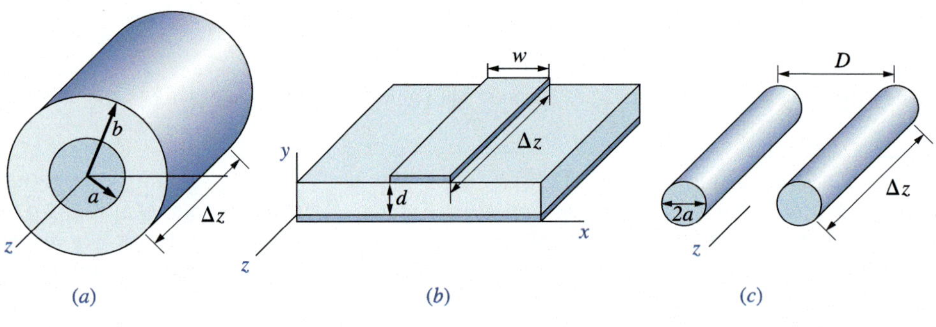

그림 7-1

세 가지 일반적인 전송선로들.
(*a*) 동축선로.
(*b*) 마이크로스트립 선로.
(*c*) 2선식 평행 선로 (트윈리드라고도 불림).

시터들의 분포로 구성된 간단한 모델을 사용하여 논의를 간단히 하기로 한다. 이러한 모델은 전파방향의 횡단면의 크기가 자유공간의 파장보다 매우 작을 때 유효할 것이다. 만약 크기가 파장과 비교할 정도이면, 해석은 보다 복잡해지게 되고 다양한 계산 도구들이 필요할 것이다.

그림 7–1에 도시된 세 개의 전송선로에 대해, 이러한 해석은 세 선로가 전자파 진행 방향의 횡단면에 전계강도와 자계강도를 모두 갖는 전자파의 전파를 지지함을 보여줄 것이다. 이것을 때때로 전파의 ***횡 전자계*** 모드라고 부른다. 이 해석은 도체를 분리하는 유전체 혹은 자체 도체 내부에서 무손실을 요구한다. 모드 구조에서 이러한 간단화를 이루려면, 먼저 캐패시턴스 C와 인덕턴스 L을 전자계로 정의하여야 한다. 전자기장 이론을 사용한 이들 세 전송선로에 대한 등가전기회로 성분의 상세한 계산은 2장과 3장 그리고 부록 D에 나타나있다. 지금은 이 계산 결과들을 사용할 것이고 이 결과들의 의미를 이해하기 위해서 회로이론 지식을 활용할 것이다. 세 가지 전송선로의 파라미터들을 표 7–1에 요약하였다. 세 가지 구조에서 분포회로 파라미터를 포함하는 미소거리 Δz는 다른 항으로부터 분리될 수 있다.

그러므로 그림 7–1에 나타난 세 가지 전송선로를 그림 7–2a 처럼 무한 개의 분포정수 인덕터와 캐패시터로 구성된 등가회로로 모델 할 수 있다. 이와 같은 분포선로는 균일하게 전선으로 빗자루를 감은 뒤, 그것을 접지면으로부터 일정한 거리에 위치시킴으로써 구성할 수 있다. 균일하게 분포된 인덕턴스에 더불어, 코일선과 접지면 사이에 균일하게 분포된 캐패시턴스가 존재할 것이다.

그림 7–2에 나타난 분포정수 전송선로 모델은 몇 가지 분명한 간략화를 포함하고 있다. 특히, 전자파가 전송선로를 통해서 전파함에 따른 에너지 손실을 나타내는 소자가 없다. 손실은 인덕터에 저항을 직렬로 연결하거나 캐패시터에 컨덕턴스를 병렬로 연결하여 나타낼 수 있다. 이들 추가된 소자들의 효과는 나중에 다룰 것이

표 7–1 그림 7–1의 전송선로에 대한 전기회로 성분*

Line	Inductance	Capacitance
Coaxial cable	$L = \dfrac{\mu}{2\pi}\ln\left(\dfrac{b}{a}\right)\Delta z$	$C = \dfrac{2\pi\varepsilon}{\ln(b/a)}\Delta z$
Microstrip line	$L = \dfrac{\mu d}{w}\Delta z$	$C = \dfrac{\varepsilon w}{d}\Delta z$
Twin lead	$L = \dfrac{\mu}{\pi}\cosh^{-1}\left(\dfrac{D}{2a}\right)\Delta z$	$C = \dfrac{\pi\varepsilon}{\cosh^{-1}(D/2a)}\Delta z$

* 마이크로스트립 선로의 경우, 간단화된 표현을 사용한다. 가장자리전계 효과를 포함한 보다 정확한 표현은 수치해석 기법을 사용하여 얻을 수 있다. 두 도체들 사이의 물질에 대한 파라미터들로는 투자율 $\mu = \mu_r\mu_0$과 유전율 $\varepsilon = \varepsilon_r\varepsilon_0$ 등이 있다.

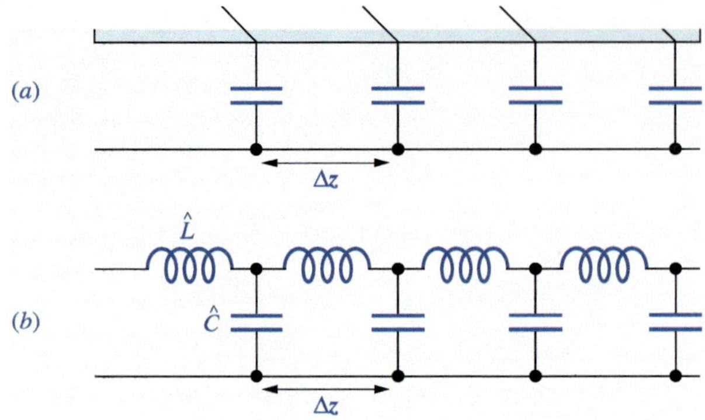

그림 7-2

(a) 분포정수 전송선로.
(b) 이 전송선로의 등가회로. 회로성분들은 단위길이당 값으로 주어졌다. 각 부문의 길이는 Δz이고 그 값은 각각 $L = \hat{L}\,\Delta z$이고 $C = \hat{C}\,\Delta z$이다. 따라서 실험실에서도 전송선로 모델을 쉽게 구성할 수 있다.

다. 또한, 그림 7-2*a*에서 분포 인덕턴스로 구성된 도선 사이에는 기생 캐패시턴스가 존재한다. 이들 캐패시턴스들은 매우 작을 것이라고 가정하여, 지금의 논의 단계에서는 이들을 무시할 수 있다. 이 소자들을 포함하면 파수를 증가시키고, 따라서 전자파의 주파수에 의존하는 위상속도도 증가됨을 나중에 알게 될 것이다. 이 현상을 ***분산***이라고 부르고 이 장의 마지막 부분에서 이것을 다룰 것이다. 지금 사용할 등가회로를 그림 7-2*b*에 나타내었다. 회로이론에 익숙한 독자는 전송선로를 다수 분포된 2-단자망 이라고 생각할 것이고, 알고 있던 진부한 기법으로 따라올 수 있을 것이다. 그러나 우리는 이 방법을 따르지 않고, 전자파의 측면에서 신호를 해석하고자 한다. 특히, 전신방정식이라고 부르는 결합된 1차 편미분방정식으로 유도되는 방법을 선택한다. 이들 방정식들은 전송선로를 따르는 전압과 전류신호의 시간과 공간적 전개를 묘사한다. 더불어, 이들을 변형하여 파동방정식을 얻을 수 있다.

7.2 전송선로방정식

무손실 전송선로의 등가회로를 분석하기 위하여 지금 단계에서는 맥스웰방정식보다는 키르히호프의 법칙을 사용하는 것이 더 간단하다. 그림 7-3에 각각의 전류와 전압을 나타내었다. 간단히 표기하기 위하여 단위길이당 인덕턴스와 캐패시턴스를 아래와 같이 정의하였고,

$$\hat{L} = \frac{L}{\Delta z} \qquad \text{그리고} \qquad \hat{C} = \frac{C}{\Delta z}$$

이들은 각각 ***단위 길이당 헨리***와 ***단위 길이당 패럿***의 단위를 가지고 있다. 독자들은 다른 책에서는 다른 표기법들을 접할 수도 있다.

위치 z의 노드로 들어가는 전류를 $I(z)$라고 한다. 키르히호프의 전류법칙으로부터 전류의 일부는 캐패시터로 흐르고 나머지는 다른 구간으로 흐른다. 따라서, 다음의 식으로 나타낼 수 있다.

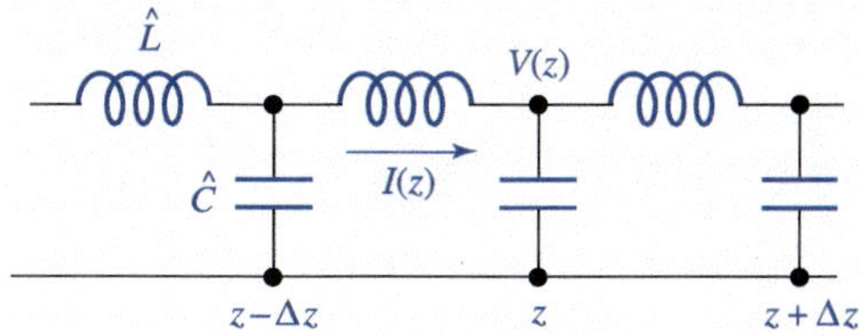

그림 7-3

무손실 전송선로는 다수의 동일한 구간들로 구성된다. 각 구간의 길이는 Δz이고, 각각 인덕턴스와 캐패시턴스를 포함한다. 이 값들은 $\hat{L} = L/\Delta z$이고 $\hat{C} = C/\Delta z$이다.

$$I(z, t) = \hat{C}\Delta z \frac{\partial V(z, t)}{\partial t} + I(z + \Delta z, t) \tag{7.1}$$

이것을 다음과 같이 다시 쓸 수 있다.

$$\frac{I(z + \Delta z, t) - I(z, t)}{\Delta z} = -\hat{C}\frac{\partial V(z, t)}{\partial t} \tag{7.2}$$

$\Delta z \to 0$의 극한에서 식 (7.2)의 좌변은 공간 도함수로 인식 할 수 있다. 그러므로 식 (7.2)는 다음과 같이 된다.

$$\boxed{\frac{\partial I(z, t)}{\partial z} = -\hat{C}\frac{\partial V(z, t)}{\partial t}} \tag{7.3}$$

마찬가지로, 이 구간에서의 전압강하의 합은 키르히호프의 전압법칙을 이용하여 계산할 수 있고 다음과 같다.

$$V(z - \Delta z, t) = \hat{L}\Delta z \frac{\partial I(z, t)}{\partial t} + V(z, t) \tag{7.4}$$

식 (7.4)를 다시 쓰면 아래 식을 얻을 수 있다.

$$\frac{V(z, t) - V(z - \Delta z, t)}{\Delta z} = -\hat{L}\frac{\partial I(z, t)}{\partial t} \tag{7.5}$$

다시 식 (7.5)의 좌변은 $\Delta z \to 0$의 극한에서 공간 도함수로 표현되고, 다음 식을 얻을 수 있다.

$$\boxed{\frac{\partial V(z, t)}{\partial z} = -\hat{L}\frac{\partial I(z, t)}{\partial t}} \tag{7.6}$$

식 (7.3)과 식 (7.6), 두 개의 선형 결합된 1차 편미분방정식이 전신방정식이다. 새로운 수학적 방법을 도입하여 이들 해법을 찾은 물리학자 올리버 해비사이드(Oliver Heaviside, 1850–1925)의 공을 기려서 때때로 ***해비사이드방정식***이라고도 불린다. 실제로 그는 복잡한 수학적 과정을 간단하게 수행하는 데 사용될 수 있는 “Operational calculus,”라고 불리는 그 자신만의 미적분법을 개발했다. 초기에는 그

접근법이 전통적인 형태의 미적분법과 같은 정밀한 토대가 없었지만, 결국에는 확고한 기반을 다졌다.[1]

두 개의 결합된 1차 편미분방정식에서 $V(z, t)$나 $I(z, t)$ 중 하나를 소거하여 2차 편미분방정식을 얻을 수 있다. 이것은 전압 $V(z, t)$이나 전류 $I(z, t)$ 대해 수행될 수 있다. 결과식은 다음과 같다.

$$\frac{\partial^2 V(z,t)}{\partial z^2} - \hat{L}\hat{C}\frac{\partial^2 V(z,t)}{\partial t^2} = 0 \tag{7.7}$$

$$\frac{\partial^2 I(z,t)}{\partial z^2} - \hat{L}\hat{C}\frac{\partial^2 I(z,t)}{\partial t^2} = 0 \tag{7.8}$$

식 (7.7)과 식 (7.8)은 수학과 물리학 교재에서 찾아볼 수 있는 잘 알려진 파동방정식의 형태이다. 현재 경우에서, 전파속도 v는 다음과 같이 정의된다.

$$\boxed{v = \frac{1}{\sqrt{\hat{L}\hat{C}}}\ (\text{m/s})} \tag{7.9}$$

여기서 $\hat{L}$과 $\hat{C}$는 각각 단위길이당 인덕턴스와 캐패시턴스임을 상기하라. 이는 식 (7.9)가 적절한 속도단위인 초당 미터(m/s)를 가짐을 뜻한다. 이것은 또한 동축선로나 두 개의 평행 도선을 분리하는 매질 내에서 전파되는 평면 전자파의 속도이기 때문에, 식 (7.9)의 전송선로 상 전파속도를 나타내기 위한 기호 v의 선택은 적절하다. 자유공간에서의 전파속도는 기호 c로 한다.

예제 7.1

아래의 형태같이 분포 선형 저항과 캐패시터로 구성된 전송선로가 확산을 모델화하는 데 사용될 수 있음을 보여라.

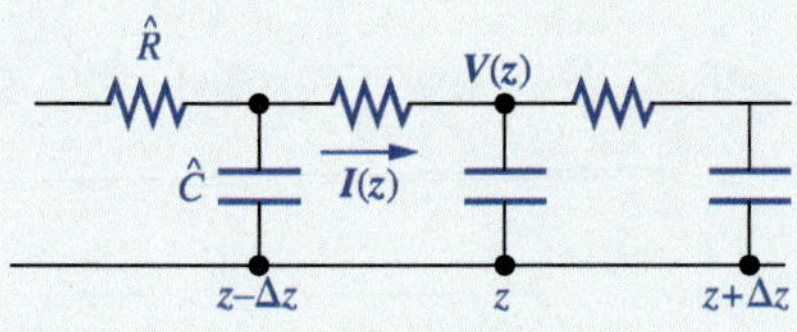

답. 단위 길이당 저항과 캐패시턴스가 각각 $\hat{R} = R/\Delta z$과 $\hat{C} = C/\Delta z$ 으로 정의되었다고 가정한다. 여기서 Δz는 한 구간의 길이이다. 저항 $R = \hat{R}\Delta z$을 가로지르는 전압강하 ΔV와 캐패시터 $C = \hat{C}\Delta z$로 흐르는 전류 ΔI는 다음과 같이 쓸 수 있다.

[1] 정밀한 토대 성립에 앞서 성공적으로 사용되었던 또 다른 수학적 기술의 사례는 디렉(Dirac)의 델타 함수이다. Dirac을 비롯한 여러 과학자들은 양자역학의 발전으로 이어지던 시기에 이를 상당히 많이 활용하였다. 수학자들이 이것의 사용에 대한 기초 근거를 세우기 10 여년 전 이었다.

$$\Delta V(z,t) = I(z,t)\hat{R}\Delta z$$
$$\Delta I(z,t) = \hat{C}\Delta z\frac{\partial V(z,t)}{\partial t}$$

$\Delta z \rightarrow 0$으로 감에 따라서 다음 식들로 간략화된다.

$$\frac{\partial V(z,t)}{\partial z} = I(z,t)\hat{R}$$
$$\frac{\partial I(z,t)}{\partial z} = \hat{C}\frac{\partial V(z,t)}{\partial t}$$

전위 $V(z,\ t)$에 대한 2차 편미분방정식은 다음과 같다.

$$\frac{\partial^2 V(z,t)}{\partial z^2} = \hat{R}\frac{\partial I(z,t)}{\partial z} = \hat{R}\left(\hat{C}\frac{\partial V(z,t)}{\partial t}\right)$$
$$\frac{\partial^2 V(z,t)}{\partial z^2} = \hat{R}\hat{C}\frac{\partial V(z,t)}{\partial t}$$

이 방정식은 ***확산방정식***의 형태이고, 확산계수는 아래와 같다.

$$D = \frac{1}{\hat{R}\hat{C}}$$

확산계수 D의 단위는 초당 제곱미터(m^2/s)이다.

예제 7.2

예제 7.1의 분포 "RC" 전송선로의 확산상수를 $D = 1/\hat{R}\hat{C}$로 정의하여라. 여기서 반복되었던 확산방정식의 특수해가

$$\frac{\partial^2 V(z,t)}{\partial z^2} = \frac{1}{D}\frac{\partial V(z,t)}{\partial t}$$

다음과 같이 주어짐을 보여라.

$$V(z,t) = \frac{1}{2\sqrt{D\pi t}}e^{\left(-\frac{z^2}{4Dt}\right)}$$

캐패시터가 선형이기 때문에, 이 전압도 특정 캐패시터의 전하에 대응 될 것이다. 이것은 선형 캐패시터에 대한 $Q(z,t) = \hat{C}\,V(z,t)$로부터 나온다.

답. 확산방정식의 특수해를 z에 대하여 미분하면 다음을 얻는다.

$$\frac{\partial V(z,t)}{\partial z} = \frac{1}{2\sqrt{D\pi}}\left(-\frac{z}{2Dt^{3/2}}\right)e^{\left(-\frac{z^2}{4Dt}\right)}$$

그리고,

$$\frac{\partial^2 V(z,t)}{\partial z^2} = \frac{1}{2\sqrt{D\pi}}\left(-\frac{1}{2Dt^{3/2}} + \frac{z^2}{4D^2t^{5/2}}\right)e^{\left(-\frac{z^2}{4Dt}\right)}$$

확산방정식의 특수해를 t에 대하여 미분하면 다음을 얻는다.

$$\frac{1}{D}\frac{\partial V(z,t)}{\partial t} = \frac{1}{D}\frac{1}{2\sqrt{D\pi}}\left(-\frac{1}{2t^{3/2}} + \frac{z^2}{4Dt^{5/2}}\right)e^{\left(-\frac{z^2}{4Dt}\right)}$$

즉, 이 방정식은 성립한다. 정규화된 시간인 1부터 4까지 에서의 전압을 아래에 나타내었다. 시간이 증가함에 따라서 $z = 0$에서 최대치가 유지됨을 주목하여라. 각 시간별 곡선 아래의 전체면적은 1과 같고 이것은 시간에 독립적이다.

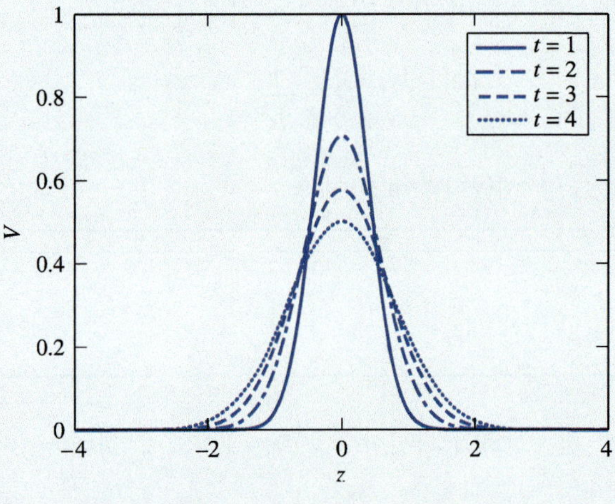

일정량의 전하가 $z = 0$인 지점에 위치해 있으면 이 그림에 나타난 해는 타당하다. 시간이 4배 증가함에 따라서 중앙에서 진폭이 50% 감소한다. 모든 곡선의 면적은 전체 전하와 같고 일정하다.

ANIMATIONS

위 예제에서 분석한 확산은 헬륨이 채워져 있는 풍선을 $t = 0$에서 터뜨리고, 시간이 지난 후 공간 상의 헬륨의 농도를 관찰하는 것과 유사하다. 이 함수의 면적이 일정하기 때문에 이 공급원은 ***디렉(Dirac) 델타함수***로 취급될 수 있다. 두 번째 경계조건은 $t = 0$에 닫혀진 스위치와 배터리로 $z = 0$에서의 전압을 고정하는 것이다. 확산의 해는 $t = 0^+$인 시간에 $z = \pm\infty$에서의 전압을 예상할 수 있다는 점에서, 확산과

파는 다르다. 확산방정식은 또한 열역학에서 ***열방정식***이라고도 불린다. 만약 어떤 물체의 한쪽 끝이 $z = 0$에 위치한 일정한 온도의 열판에 닿아있다면, 두 번째 경계 조건과 관련된 계산은 물체 온도의 시간과 공간적 변화를 계산하는 것이 될 것이다.

SPICE와 같은 컴퓨터 회로분석 프로그램을 사용하여, 몇 개의 구간을 갖는 분산 RC 전송선로에서 계단 전압 여기($t = 0$, $z = 0$)의 확산을 해석하는 것은 매우 유익한 것임을 알게 될 것이다. 확산과정은 반도체에서는 매우 흔한 현상이다. 확산은 우리가 일반적인 전송선로에서 접하는 전자파의 전파와는 크게 다르다.

7.3 정현파

이 절에서는 중요한 ***시간조화***(또는 AC) 경우에 있어서, 식 (7.7)과 식 (7.8)의 파동방정식의 해를 찾고자 한다. 회로이론에서 다루는 정적인 DC와 준정적인 AC 주파수와는 달리, 이들 해는 앞 절에서 확인한 속도 $v = 1/\sqrt{\hat{L}\hat{C}}$ 를 가지고 어느 한 방향의 전송선로로 진행하는 전압과 전류의 ***진행파*** 형태로 나타낼 수 있다. 우리는 매우 중요한 전송선 파라미터인 ***특성임피던스*** Z_c에 대하여 증명하기로 한다 (이것은 6장에서 배운 고유임피던스와 비슷한 역할을 한다).

해석을 간단히 하기 위하여, 전송선로는 고정된 단일 주파수 ω(각 주파수 $\omega = 2\pi f$이고 f는 헤르츠 단위의 주파수이다)의 정현파를 생성하는 멀리 떨어져 있는 전원과 연결되어 있고, 과도 현상이 감쇠되어 없을 정도로 충분히 오랜 시간 동안 켜져 있다고 가정한다. 전송선로에서 중요한 경우인 과도 현상에 대하여 이후의 절에서 다룰 것이다(이것은 고속 전자회로에서 사용함으로 중요하다).

시간 조화의 경우에서 나타나는 주된 단순화는 ***페이저***를 사용하여 시변값을 표현하는 것이다. 기존과 같이, 전압과 전류 페이저 $V(z)$와 $I(z)$를 다음 식을 만족하는 위치의 복소함수로 정의할 수 있다.

$$V(z, t) = \text{Re}\{V(z)e^{j\omega t}\} \tag{7.10}$$

$$I(z, t) = \text{Re}\{I(z)e^{j\omega t}\} \tag{7.11}$$

저주파 AC 회로에서 페이저가 단순히 복소수인 것과는 달리, 전송선로에서 전압과 전류 페이저는 전송선로의 위치 z에 대한 복소함수라는 것을 유의하여라. 1장에서 언급한 것처럼, 페이저를 사용할 때, 시간미분은 $j\omega$를 곱한 것과 같다. 그리고 나서, 식 (7.9)를 이용하면 파동방정식 (7.7)과 식 (7.8)의 페이저 형태는 다음과 같이 된다.

$$\frac{d^2V(z)}{dz^2} + k^2V(z) = 0 \tag{7.12}$$

$$\frac{d^2I(z)}{dz^2} + k^2I(z) = 0 \tag{7.13}$$

여기서 $k = \omega/v$로 주어지며 radians/m 단위를 가지는 ***파수***라고 하는 새로운 상수 k를 정의한다. 파수는 $k = 2\pi/\lambda$로, 전압파나 전류파의 파장 λ와 연관되어 있음을 보일 수 있다. 식 (7.12)와 식 (7.13)은 삼각함수나 복소 지수함수의 항으로 이루어진 일반해를 가진다. 예를 들면, 식 (7.12)의 해는 다음 두 형태로 쓸 수 있다.

$$V(z) = A_1 \cos kz + B_1 \sin kz \tag{7.14}$$

$$V(z) = A_2 e^{-jkz} + B_2 e^{+jkz} \tag{7.15}$$

여기서 지수함수 형태의 해인 식 (7.15)를 사용할 것인데, 이것은 전송선로에서 전압파의 전파 관점에서 해석하는 것이 보다 쉽기 때문이다(예제 7.3을 보아라).

예제 7.3

표시된 점에서 전송선로를 따라서 전압파가 전파하는 것이 검출되었다. 이 자료로부터 전자파에 대한 표현식을 써라. 정현파 신호는 z값이 증가하는 쪽으로 전파함을 유의하라.

답. **(*a*)**에 나타난 자료로부터 다음 정보를 얻을 수 있다. 전자파의 피크 투 피크 폭은 $2V_0$이다. 전자파는 z값이 증가하는 쪽으로 전파한다. 주기가 2초이므로 진동 주파수는 $f = 1/2 = 0.5$ Hz이다. 전파속도 v는 **(*b*)**에 나타난 궤도의 기울기로부터 얻을 수 있다. 이것을 계산하면 $v = (5 - 1)/(1 - 0) = 4$ m/s이다. 파수 k는 다음과 같이 계산된다.

$$k = \frac{\omega}{v} = \frac{1}{4}\left(2\pi\frac{1}{2}\right) = \frac{\pi}{4}\ \mathrm{m}^{-1}$$

전자파의 파장 λ는 아래와 같다.

$$\lambda = \frac{2\pi}{k} = \frac{4 \times 2\pi}{\pi} = 8\ \mathrm{m}$$

전자파는 다음과 같이 주어진다.

$$V(z,t) = V_0 \cos\left(\pi t - \frac{\pi z}{4}\right)\ \mathrm{V}$$

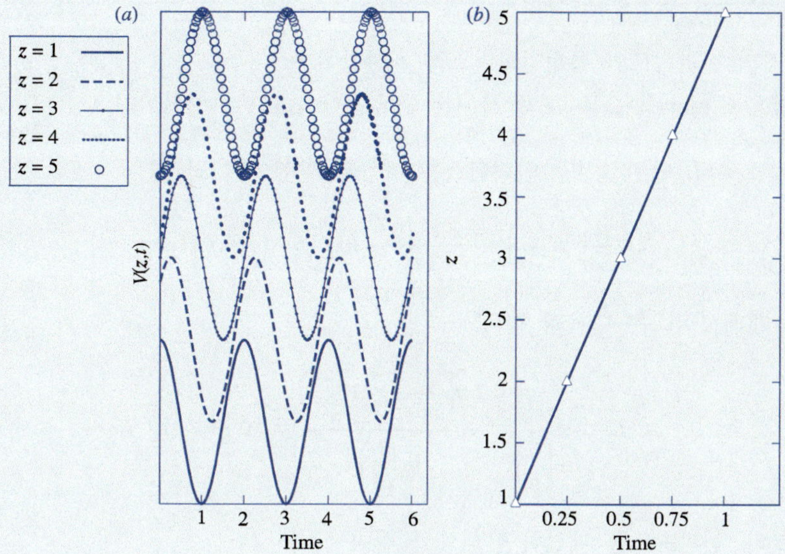

이제 전원이 관측점으로부터 아주 멀리 떨어져있고 ($z = -\infty$인 지점) 전송선로는 무한히 확장되어 있다고 가정한다. 이 경우에, 전송선로에는 오직 앞으로 진행하는 전압파만이 존재한다. 이것은 식 (7.15)에서 상수 B_2를 0으로 설정한 것에 해당한다. 상수 A_2를 V_0로 나타내면 전송선로의 전압은 $V(z) = V_0 e^{-jkz}$으로 주어진다. 이제 방정식 (7.6)의 페이저 형태를 아래와 같이 나타낸다.

$$\frac{dV(z)}{dz} = -jkV(z) = -j\omega\hat{L}I(z) \tag{7.16}$$

이것을 풀면 다음 식을 얻을 수 있다.

$$I(z) = \frac{k}{\omega\hat{L}}V(z) = \frac{k}{\omega\hat{L}}V_0 e^{-jkz} \tag{7.17}$$

여기서 우리는 전압과 전류의 비에 대해서 관심이 있다. 이것은 임피던스 단위를 가지고, 식 (7.16)에 의해 ***특성임피던스*** Z_c로 알려진 매우 중요한 전송선로 파라미터를 갖게 된다.

$$Z_c = \frac{V(z)}{I(\dot{z})} = \frac{\omega\hat{L}}{k} \tag{7.18}$$

다른 방도로서 Z_c에 대한 보다 간단한 표현식은 $k = \frac{\omega}{v}$와 $v = 1/\sqrt{\hat{L}\hat{C}}$ 을 상기함으로써 아래와 같이 구할 수 있다.

$$\boxed{Z_c = \sqrt{\frac{\hat{L}}{\hat{C}}}\ (\Omega)} \tag{7.19}$$

예제 7.4

동축선로에서의 전파속도와 특성임피던스를 계산하여라. 내부도체의 반경은 3 mm이고 외부도체의 반경은 6 mm이다. 두 도체 사이는 자유공간이라고 가정하여라.

답. 표 7-1로부터, 단위길이당 인덕턴스는 다음과 같이 주어진다.

$$\hat{L}=\frac{\mu_0}{2\pi}\ln\left(\frac{b}{a}\right)=\frac{4\pi\times10^{-7}}{2\pi}\ln\left(\frac{6}{3}\right)=0.14\ \mu\text{H}/\text{m}$$

단위길이당 캐패시턴스는 다음과 같다.

$$\hat{C}=\frac{2\pi\varepsilon_0}{\ln\left(\frac{b}{a}\right)}=\frac{2\pi\left(\frac{1}{36\pi}\times10^{-9}\right)}{\ln\left(\frac{6}{3}\right)}=80\ \text{pF}/\text{m}$$

식 (7.9)로부터, 전파속도를 계산하면 다음과 같이 된다.

$$v=\frac{1}{\sqrt{\hat{L}\hat{C}}}=\frac{1}{\sqrt{(0.14\times10^{-6})(80\times10^{-12})}}=3\times10^{8}\ \text{m}/\text{s}$$

식 (7.19)로부터, 동축선로의 특성임피던스는 다음과 같이 계산된다.

$$Z_c=\sqrt{\frac{\hat{L}}{\hat{C}}}=\sqrt{\frac{0.14\times10^{-6}}{80\times10^{-12}}}\approx42\ \Omega$$

두 도체 사이에 유전체를 삽입하면 전파속도와 특성임피던스는 감소할 것이다.

특성임피던스는 전송선로에 존재하는 순방향 또는 역방향의 한 방향으로 진행하는 전압 페이저와 전류 페이저의 비와 같다. 일반적인 경우에, 양 방향으로 진행하는 파가 존재할 것이며, 전체 전압과 전체 전류의 비는 보다 복잡한 형태를 가진다(더 많은 내용은 나중에 다룰 것이다). $Z_c=\sqrt{\mu/\epsilon}$로 얻어졌던 영역에서 진행하는 평면파의 고유임피던스에 대한 유사성도 눈여겨 보아야 한다. 고유임피던스와 같이, 순방향 전압파를 알면, 특성임피던스를 곱해서 순방향 전류파를 구할 수 있다. 다른 중요한 파라미터는 전송선로의 길이 $\mathscr{L}$이다. 이 길이는 보통 전자파의 파장 λ에 의해 정규화된다. 만약 전송선로가 손실이 있으면, 특성임피던스는 여기서 얻은 실수값 대신 복소임피던스를 가질 것이다. 전송선로를 무손실이라고 가정하였기 때문에, 보편성을 잃지 않은 채 $Z_c=R_c+jX_c$로 두고 R_c는 실수, $X_c=0$로 할 수 있다. 하지만, 우리는 무손실 전송선로에 대해서도 특성임피던스 정의에 대한 보다 보편적인 표기인 Z_c를 유지할 것이다.

표 7-1에 가장 많이 사용하는 전송선로에 대한 단위길이당 인덕턴스와 단위길

표 7-2 그림 7-1에 있는 전송선로의 전파속도와 특성임피던스

Line	Velocity of propagation	Characteristic impedance
Coaxial cable	$v = \frac{1}{\sqrt{\hat{L}\hat{C}}} = \frac{1}{\sqrt{\mu\varepsilon}}$	$Z_c = \sqrt{\frac{\hat{L}}{\hat{C}}} = \sqrt{\frac{\mu}{\varepsilon}}\left(\frac{\ln(b/a)}{2\pi}\right)$
Microstrip line	$v = \frac{1}{\sqrt{\hat{L}\hat{C}}} = \frac{1}{\sqrt{\mu\varepsilon}}$	$Z_c = \sqrt{\frac{\hat{L}}{\hat{C}}} = \sqrt{\frac{\mu}{\varepsilon}}\left(\frac{d}{w}\right)$
Twin lead	$v = \frac{1}{\sqrt{\hat{L}\hat{C}}} = \frac{1}{\sqrt{\mu\varepsilon}}$	$Z_c = \sqrt{\frac{\hat{L}}{\hat{C}}} = \sqrt{\frac{\mu}{\varepsilon}}\left(\frac{\cosh^{-1}(D/2a)}{\pi}\right)$

* 두 도체 사이의 물질에 대한 파라미터는 투자율 $\mu = \mu_r\mu_0$와 유전율 $\varepsilon = \varepsilon_r\varepsilon_0$이다.

이당 캐패시턴스를 요약하였다. 표 7-2에 같은 전송선로에 대한 전파속도와 특성임피던스를 요약하였다.

전자파의 전파속도는 전송선로의 치수에 무관하며, 오직 두 도체를 구분하는 매질의 전기적 파라미터에 대한 함수이다. 그러나, 특성임피던스는 전기적 파라미터와 더불어 전송선로의 구조와 물리적 치수에 의존한다. 이 사실은 두 개의 전송선로가 함께 연결된 상태이고, 신호를 그 중 하나로 보낼 때 중요하게 될 것이다.

7.4 종단

지금까지 전송선로가 무한히 확장되어 있다고 가정하였다. 그러나 실제 전송선로는 공간 내의 유한한 지점에 시작과 끝을 가지고 있을 것이다. 그러므로, 이 절에서는 전송선로의 유한성을 고려하여 종단된 전송선로에 대하여 알아보겠다.

그림 7-4에는 유한한 길이의 무손실 전송선로를 나타내었다. 전송선로는 실수값의 특성임피던스 Z_c를 갖는다. 시간조화파의 전원은 $z = -\infty$에 위치하고, 종단점은 $z = 0$에 있다고 가정하는 것이 편리하다. 종단점은 임피던스 또는 다른 특성임피던스를 가지는 전송선로가 될 수 있다. 또한 신호발생기는 과도효과가 없어질 때까지 충분히 오랫동안 켜져 있었다고 가정한다. 이와 같은 선택은 논의를 가능한 간단히 하고자 하는 의도에서 이루어진 것이다.

전송선로상의 임의의 점에서 페이저전압은 식 (7.15)와 같이 주어진다.

$$V(z) = A_2 e^{-jkz} + B_2 e^{+jkz} \tag{7.20}$$

식 (7.20)을 식 (7.17)에 대입하면 전송선로상의 전류를 구할 수 있다:

$$I(z) = \frac{1}{Z_c}[A_2 e^{-jkz} - B_2 e^{+jkz}] \tag{7.21}$$

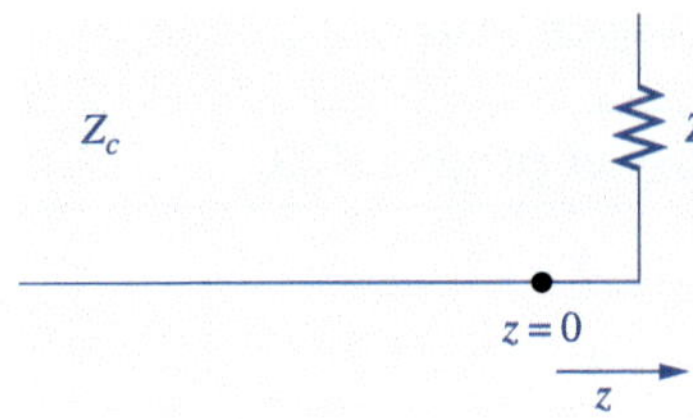

그림 7-4
부하임피던스 Z_L로 종단된 반 무한 전송선로.

여기서 식 (7.18)의 특성임피던스의 정의를 사용하였다. 부하가 있는 곳에서 전압과 전류의 비는 Z_L과 같다. 그림 7-4에서의 좌표계에 따르면, 부하는 $z = 0$인 지점에 위치한다. 따라서, 식 (7.20)을 식 (7.21)로 나누고, 그 결과에 $z = 0$을 대입하여 부하임피던스를 아래와 같이 구할 수 있다.

$$Z_L = \frac{V(z=0)}{I(z=0)} = Z_c\frac{A_2 + B_2}{A_2 - B_2} \tag{7.22}$$

우리는 B_2와 A_2에 대한 비를 찾는 데 관심이 있는데, 전자는 부하로부터 반사되는 전자파($-z$ 방향으로 진행하는 전자파)의 크기를 나타내는 데 비하여, 후자는 부하 Z_L로 입사되는 전자파($+z$ 방향으로 진행하는 전자파)의 크기이다. 약간의 계산을 거치면, ***반사계수***를 구하는 공식을 얻을 수 있다.

$$\Gamma \equiv \frac{B_2}{A_2} = \frac{Z_L - Z_c}{Z_L + Z_c} \tag{7.23}$$

정규화된 부하임피던스 z_L을 $z_L = Z_L/Z_c$로 정의하는 것은 관례적인 것이다. 그리고 다음과 같이 반사계수를 다른 형태로 나타낼 수 있다.

$$\Gamma \equiv \frac{B_2}{A_2} = \frac{z_L - 1}{z_L + 1} \tag{7.24}$$

전송선로의 전체 전압과 전류 페이저를 파수, 특성임피던스, 그리고 반사계수로 표현하는 것은 유용한다. 식 (7.20)과 식 (7.21)에 식 (7.23)을 대입하면 다음과 같이 얻을 수 있다.

$$V(z) = V_0[e^{-jkz} + \Gamma e^{+jkz}] \tag{7.25}$$

$$I(z) = \frac{V_0}{Z_c}[e^{-jkz} - \Gamma e^{+jkz}] \tag{7.26}$$

임의의 계수 A_2를 V_0로 나타내었다.

전체 전송선로의 전압과 전류에 대한 이 표현식의 비는 임피던스의 단위를 취하며, 전송선로의 z점에 위치한 전체 임피던스 $Z(z)$로 나타낸다. 앞서 언급한 바와 같이, $Z(z)$는 전송선로 상의 위치에 따른 복잡한 함수이며, 간단히 특성임피던스 Z_c와 동일하지는 않다. 그러나 $Z(z)$와 Z_c가 같을 때, 즉 부하가 전송선로에 ***정합***되는 매우 중요한 경우가 있다. 부하로 정합된 임피던스 $Z_L = Z_c$를 선택한다면, 식 (7.23)의 반사계수는 0이 되며 전류에 대한 전압비는 단순히 Z_c가 된다.

예제 7.5

무한히 긴 동축선로의 유전체가 $z < 0$ 영역에서는 $\varepsilon_{r1} = 2$ 이고, $z > 0$ 영역에서는 $\varepsilon_{r2} = 3$ 이다. $z = -\infty$로부터의 입사파에 대한 반사계수를 구하라.

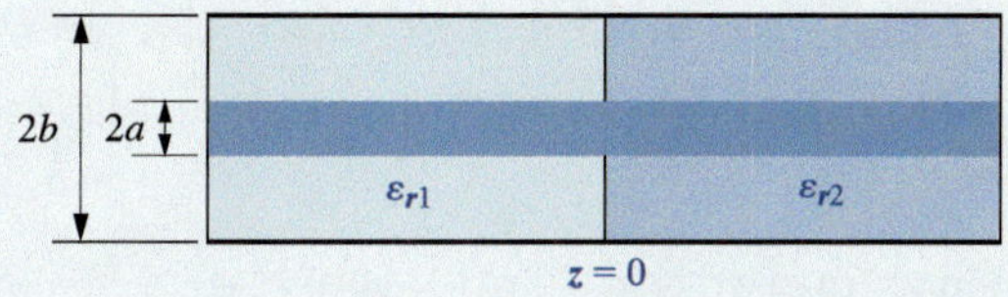

답. 동축선로의 특성임피던스는 표 7-2에 주어졌다. 식 (7.23)의 부하임피던스 Z_L은 $z > 0$ 영역 동축선로의 특성임피던스가 되는데, $z < 0$ 영역 동축선로에 대해서 부하로 작용하기 때문이다. 따라서 반사계수를 두 개의 전송선로의 비정규화된 특성임피던스 항으로 쓸 수 있다.

$$\Gamma = \frac{Z_2 - Z_1}{Z_2 + Z_1} = \frac{\sqrt{\dfrac{\mu_0}{\varepsilon_{r2}\varepsilon_0}}\left(\dfrac{\ln(b/a)}{2\pi}\right) - \sqrt{\dfrac{\mu_0}{\varepsilon_{r1}\varepsilon_0}}\left(\dfrac{\ln(b/a)}{2\pi}\right)}{\sqrt{\dfrac{\mu_0}{\varepsilon_{r2}\varepsilon_0}}\left(\dfrac{\ln(b/a)}{2\pi}\right) + \sqrt{\dfrac{\mu_0}{\varepsilon_{r1}\varepsilon_0}}\left(\dfrac{\ln(b/a)}{2\pi}\right)}$$

$$= \frac{\dfrac{1}{\sqrt{\varepsilon_{r2}}} - \dfrac{1}{\sqrt{\varepsilon_{r1}}}}{\dfrac{1}{\sqrt{\varepsilon_{r2}}} + \dfrac{1}{\sqrt{\varepsilon_{r1}}}} = \frac{\dfrac{1}{\sqrt{3}} - \dfrac{1}{\sqrt{2}}}{\dfrac{1}{\sqrt{3}} + \dfrac{1}{\sqrt{2}}} \approx -0.1$$

ANIMATIONS

반사계수 Γ는 전적으로 부하임피던스와 전송선로의 특성임피던스 값에 의하여 결정된다. 전송선로가 균일하고 불연속점을 갖지 않는다고 하는 것은 좋은 가정이다. 이것은 전송선로 상 임의의 지점에 나타나는 전류와 전압은 몇 파장 정도 떨어져있을지도 모르는 신호발생기와 부하임피던스에 의해 결정된다는 것을 의미한다. 신호발생기는 오랫동안 켜져 있었고, 이 논의에서는 어떠한 과도현상도 관련되어있지 않음을 기억하라. 과도현상은 매우 중요한 현상으로 나중에 논의할 것이다.

무손실 전송선로에서 반사계수 Γ는 복소수 값을 가지고 있고, 그 크기는 1보다 작거나 같다. 부하임피던스는 복소수값을 갖을지 모르지만, 당분간은 실수값의 특성임피던스를 갖는 무손실 전송선로로 논의를 제한할 것이다.

만약 부하임피던스가 단락회로($Z_L = 0$)라면, 식 (7.24)로부터 반사계수는 $\Gamma = -1$로 계산될 것이다. 단락회로를 지나는 전압은 0이기 때문에, 부하가 위치하는 지점

$z = 0$에서 입사파와 반사파를 합한 총 전압은 0이어야 한다. 만약 이 임피던스가 개방회로($Z_L = \infty$)라면, 반사계수는 $\Gamma = +1$이 된다. 이 경우 총 전압은 임의의 값을 가질 수 있으나, 개방회로에 흐르는 전류는 0이기 때문에 총전류는 0이 되어야 한다. 만약 부하임피던스와 전송선로의 특성임피던스가 같다면 ($Z_L = Z_c$), 흥미 있는 상황이 발생한다. 이 경우 반사계수는 $\Gamma = 0$이 되며, 전송선로가 정합되었다고 한다. 전송선로를 통해서 전달되는 모든 에너지는 부하임피던스로 흡수되고 신호발생기로 다시 반사되는 에너지는 존재하지 않게 되기 때문에 이러한 정합은 실제에서 매우 중요하다. 모든 에너지는 부하임피던스에서 "gainfully employed" 될 것이고, 다시 돌아오지 않을 것이다. 부하 임피던스가 전송선로의 특성임피던스와 다를지라도, 원하는 동작 상태를 이루기 위하여 이러한 기법을 사용할 수 있음을 발견할 것이다.

정현 전압파가 단락회로($Z_L = 0$)나 개방회로($Z_L = \infty$)로 입사될 때 발생하는 전압파형을 잠시 살펴보도록 하자. 첫 번째 경우에, 식 (7.24)에서 계산된 반사계수는 $\Gamma = -1$이고 두 번째 경우는 $\Gamma = +1$ 이다. 식 (7.25)와 페이저의 정의에 의하여 다음 식들을 얻을 수 있다.

$$V(z,t) = \mathrm{Re}\{V_0[e^{-jkz} - e^{+jkz}]e^{+j\omega t}\} = 2V_0 \sin kz \cos(\omega t - \pi/2) \qquad (7.27)$$

$$V(z,t) = \mathrm{Re}\{V_0[e^{-jkz} + e^{+jkz}]e^{+j\omega t}\} = 2V_0 \sin kz \cos \omega t \qquad (7.28)$$

위 식들은 등식 $e^{-jkz} - e^{+jkz} = -2j \sin kz$, $e^{-jkz} + e^{+jkz} = 2 \cos kz$과 오일러의 항등식 $e^{+j\omega t} = \cos\omega t + j\sin\omega t$를 사용하여 정리하였다.

z축으로 증가하는 방향과 감소되는 방향으로 각기 전파되는 두 전자파의 합은 공간에 정지한 듯 보이나, 시간영역에서 진폭이 0에서 입사파 값의 두 배 사이로 진동하는 신호를 발생시킨다. 결과적인 신호가 전파되지 않는 것처럼 보이기 때문에

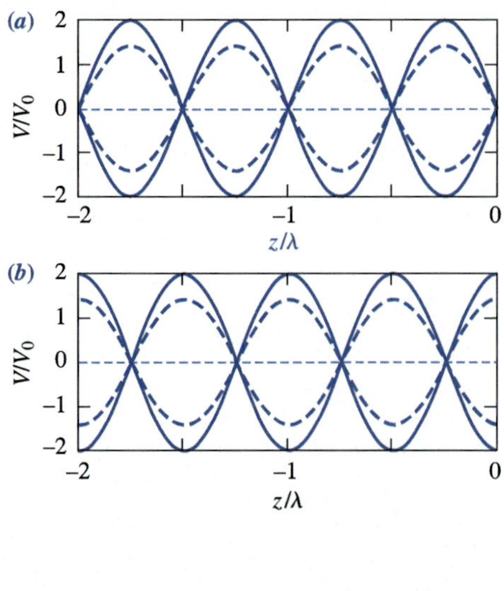

그림 7-5

특성임피던스 Z_c를 갖는 전송선로. $Z_L = \infty$의 정현 전압파에 의해 전송선로는 여기되고, 전압을 다양한 시간에서 나타내었다.
(*a*) $Z_L = 0$일 때 전압정재파.
(*b*) $Z_L = \infty$일 때 전압정재파.
전압정재파의 최대 진폭은 $2V_0$이다.

이런 현상을 정재파라고 부른다. 그림 7-5에 측정된 전압을 부하임피던스의 두 값에 대하여 다양한 시간에 따른 공간함수로 보여주고 있다. 정재파는 또한 바이올린의 현에서 발견할 수 있는데, 활이나 오른손의 뜯음에 의해 여기된 파에 대해 연주자의 왼손가락 힘이 국부적인 단락회로를 형성한다. 파는 줄을 따라 전파되다가, 왼손가락과 바이올린의 줄받침 사이에 갇힌다.

예제 7.6

그림 7-5에 그려진 전압정재파와 상응되는 전류정재파를 구하라.

답. 전류파는 전압파를 전송선로의 특성임피던스로 나눈 것과 동일하다. 이 경우 $I_0 = V_0/Z_c$ 이다. 전류정재파는 아래 그림과 같이 두 가지 경우로 나눌 수 있다: **(*a*)** $Z_L = 0$, **(*b*)** $Z_L = \infty$. 전류정재파는 전압정재파에 비하여 90°의 위상차가 있음을 유의하라. 그림 7-5(아래 왼쪽에 재현)에서 선로를 따라 나타나는 최대치 전압은 $2V_0$이고 최소치는 0임을 알 수 있다. 전압크기는 반파장 주기로 반복되고 있다. 실제 사용되고 있는 전형적인 전압 검출기는 전압의 크기에만 반응하고 양의 전압이나 음의 전압을 구분할 수 없는 "자승검파기"이므로 이것은 상당히 중요한 관측이다.

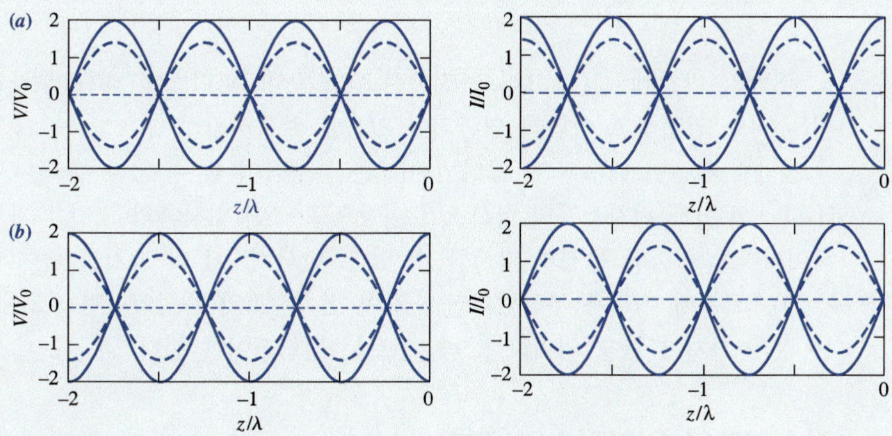

ANIMATIONS

전송선로를 따라서 나타나는 최소치 전압에 대한 최대치 전압의 비는 중요한 수치이다 (이 경우 ∞임). 전압의 최대값은 입사전압진폭과 반사전압진폭의 합과 같고 최소값은 두 값의 차와 같다. 이 비를 ***전압정재파비***라고 하며, 줄여서 VSWR[2]로 흔히 사용한다. 식 (7.25)로부터 임의의 부하에 대한 정재파비를 구하면 다음과 같다.

[2] VSWR는 때때로 "viswar"이라고 발음한다.

$$\text{VSWR} = \frac{V_{\max}}{V_{\min}} = \frac{1+|\Gamma|}{1-|\Gamma|} \tag{7.29}$$

이것을 $|\Gamma|$에 대하여 정리하면 다음 식을 얻을 수 있다.

$$|\Gamma| = \frac{\text{VSWR}-1}{\text{VSWR}+1} \tag{7.30}$$

예제 7.7

예제 7.5에서 동축선로의 $z < 0$ 영역을 전파하는 전자파의 최대전압과 최소전압의 비를 계산하여라.

답. 예제 7.5에서 계산된 반사계수는 $\Gamma = -0.1$ 이었다. 식 (7.29)로 부터, 다음과 같이 쓴다.

$$\text{VSWR} = \frac{1+|\Gamma|}{1-|\Gamma|} = \frac{1+|-0.1|}{1-|-0.1|} = 1.2$$

따라서, $z < 0$ 영역의 전송선로를 따른 최대전압과 최소전압의 비는 1.2이다. 즉, VSWR은 1.2이다. 이 값은 두 동축선이 정합이 되었을 때 얻을 수 있는 이상적인 값인 1에 가깝다.

VSWR, 반사계수 Γ, 그리고 전송선로의 특성임피던스에 대한 부하임피던스의 비는 서로 밀접하고 어렵게 연관되어 있음을 주목하라.

전압의 진폭이 매우 크지 않다면 이것은 논쟁점이 될 수 없다. 그러나, 만약 전압 $[V_0(1+|\Gamma|)]$가 전자소자의 항복조건 이상으로 크면 입사파의 크기 V_0가 임계값 이하이더라도 심각한 문제가 발생할 수 있다. 반사계수 Γ의 크기를 줄여야 한다. 식 (7.23)으로부터 이것은 부하임피던스 Z_L이 전송선로의 특성임피던스 Z_c에 가까워지는 값을 가져야 함을 의미하다. 즉, 선로는 정합되어야 한다.

7.5 전송선로의 임피던스와 정합

전송선로 상에서 전체 페이저전류에 대한 페이저전압의 비는 임피던스 단위를 가진다. 하지만 이 임피던스는 상수가 아니고, 앞서 보아왔듯이 선로의 위치에 따라 변하는 값을 가지고 있다. 이것은 전송선로의 전압과 전류는 전송선로를 통하여 진행하는 입사파와 반대방향으로 진행하는 반사파로 구성되어 있기 때문이다.

식 (7.25)와 식 (7.26)으로부터 다음 식을 얻을 수 있다.

$$Z(z) = \frac{V(z)}{I(z)} = \frac{V_0[e^{-jkz}+\Gamma e^{+jkz}]}{\dfrac{V_0}{Z_c}[e^{-jkz}-\Gamma e^{+jkz}]} = Z_c\frac{e^{-jkz}+\Gamma e^{+jkz}}{e^{-jkz}-\Gamma e^{+jkz}} \tag{7.31}$$

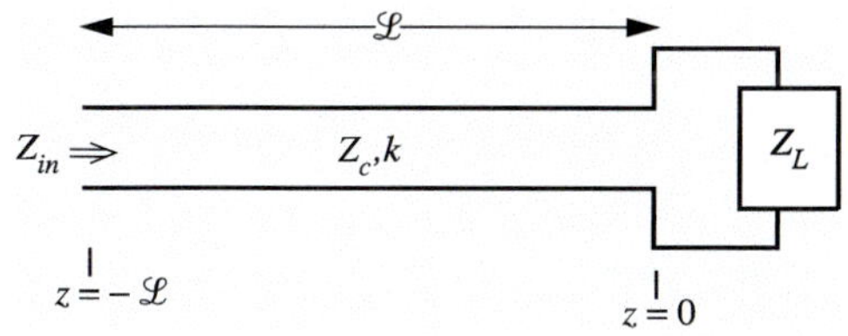

그림 7-5A

입력 임피던스 $Z_{in}(\ell)$, 길이 $\mathscr{L}$, 파수 k, 특성 임피던스 Z_c, 부하임피던스 Z_L로 종단된 전송선로.

Γ에 대한 식 (7.23)을 식 (7.31)에 대입하면 아래와 같다.

$$Z(z) = Z_c \frac{e^{-jkz} + \dfrac{Z_L - Z_c}{Z_L + Z_c} e^{+jkz}}{e^{-jkz} - \dfrac{Z_L - Z_c}{Z_L + Z_c} e^{+jkz}}$$

이 식을 정리하면 다음을 얻을 수 있다.

$$Z(z) = Z_c \frac{2Z_L \cos kz - j2Z_c \sin kz}{2Z_c \cos kz - j2Z_L \sin kz} = Z_c \frac{Z_L - jZ_c \tan kz}{Z_c - jZ_L \tan kz} \tag{7.32}$$

이 식은 전송선로의 중요한 지점인 입력단에서 임피던스를 구할 때 가장 많이 사용되는 공식이다. 그림 7-5(a)에 나타난 전송선로회로를 고려하여 보자. 길이 $\mathscr{L}$인 전송선로에 임피던스 Z_L을 가지는 부하가 연결되어 있다. 전송선로의 파수 k와 특성임피던스 Z_c를 알고 있다고 가정하자. 계산할 값은 부하가 연결된 전송선로의 ***입력임피던스***이다. 이는 그림과 같이 전송선로의 입력단에서 들여다본 임피던스이다.

우리가 요구하는 것은 단순히 입력단 지점에서의 전송선로의 임피던스 $Z(z)$이다. 그림을 참조하여, 이 임피던스 $Z_{in}(\mathscr{L})$은 $z = -\mathscr{L}$에서 식 (7.32)를 계산하면 얻을 수 있다.

$$Z_{in}(\mathscr{L}) = Z(z = -\mathscr{L}) = Z_c \frac{Z_L + jZ_c \tan k\mathscr{L}}{Z_c + jZ_L \tan k\mathscr{L}} \tag{7.33}$$

이것은 또한 정규화된 임피던스 $Z_{in} = Z_{in} / Z_c$으로 쓸 수 있는데, 여기서 정규화된 임피던스를 나타내기 위하여 소문자를 사용하였다.

$$Z_{in}(\mathscr{L}) = \frac{z_L + j \tan(k\mathscr{L})}{1 + jz_L \tan(k\mathscr{L})} \tag{7.34}$$

이 지점에서 임피던스 Z_{in}을 전송선로의 정규화된 ***입력임피던스***라고 부른다.

파수 $k = 2\pi/\lambda$와 같이 파장 λ의 항으로 정의된다는 것을 상기하여라. 그러므로, 전송선로의 길이 $\mathscr{L}$ 또한 $k\mathscr{L} = (2\pi/\lambda)\mathscr{L}$과 같이 파장에 의해 정규화 될 수 있다. 이러한 정규화는 부하임피던스 값이 반 파장마다 반복될 수 있다는 것을 의미하는데, 이는 $\tan(k\mathscr{L}) = \tan(k\mathscr{L} + n\pi)$이고 n은 정수이기 때문이다. 전송선로의 길이가

$\lambda/4$이면, 아래의 값을 얻는다.

$$k\mathscr{L} = \frac{2\pi}{\lambda}\left(\frac{\lambda}{4}\right) = \frac{\pi}{2}$$

삼각함수 $\tan(\pi/2) \to \infty$가 되고, 입력임피던스는 다음과 같이 주어진다.

$$Z_{\text{in}}\left(z = -\frac{\lambda}{4}\right) = Z_c \frac{Z_L + jZ_c\infty}{Z_c + jZ_L\infty} \longrightarrow Z_{\text{in}(\lambda/4)} = \frac{(Z_c)^2}{Z_L} \tag{7.35}$$

이 식은 부하임피던스 Z_L로 종단된 $\lambda/4$ 길이를 가진 전송선로의 정규화된 입력임피던스 z_{in}은 정규화된 부하어드미턴스 $y_L = 1/z_L$과 동일한 수치임을 뜻한다.

예제 7.8

특성임피던스가 100 Ω이고 길이가 100 m인 동축선로에 주파수 f = 100 MHz를 가지는 신호발생기가 연결되어 있다. 전파속도는 2×10^8 m/s이다. 전송선로는 50 Ω의 부하임피던스로 종단되어 있다. 부하로부터 50 m 떨어진 곳의 입력임피던스를 계산하여라.

답. 정규화된 부하임피던스 z_L은 1/2과 같다. 파장 λ는 다음과 같이 계산할 수 있다.

$$\lambda = \frac{v}{f} = \frac{2 \times 10^8}{1 \times 10^8} = 2\text{ m}$$

파수 k를 계산하면 아래와 같이 된다.

$$k = \frac{2\pi}{\lambda} = \frac{2\pi}{2} = \pi\text{ m}^{-1}$$

식 (7.34)를 이용하여 정규화된 입력임피던스를 구하면 다음과 같다.

$$z_{\text{in}}(z = -50\text{ m}) = \frac{z_L + j\tan(k\mathscr{L})}{1 + jz_L\tan(k\mathscr{L})} = \frac{\frac{1}{2} + j\tan(50\pi)}{1 + j\frac{1}{2}\tan(50\pi)} = \frac{1}{2}$$

그러므로 이 지점에서 입력임피던스는 다음과 같다.

$$Z_{\text{in}} = z_{\text{in}}Z_c = 50\,\Omega$$

이러한 $\lambda/4$ 전송선로는 이제 보여줄 것처럼 두 개의 서로 다른 특성임피던스를 가지는 전송선로나 부하임피던스를 정합하는 데 유용하다. 가장 간단한 임피던스 정합 기법 중 하나는 $\lambda/4$ 변환기를 사용하는 것이다. $\lambda/4$ 변환기는 $Z_{c(\lambda/4)}$의 특정한 특성임피던스를 가지는 전송선로의 한 구간이다. 추가하여, 전자파는 이 $\lambda/4$ 길이

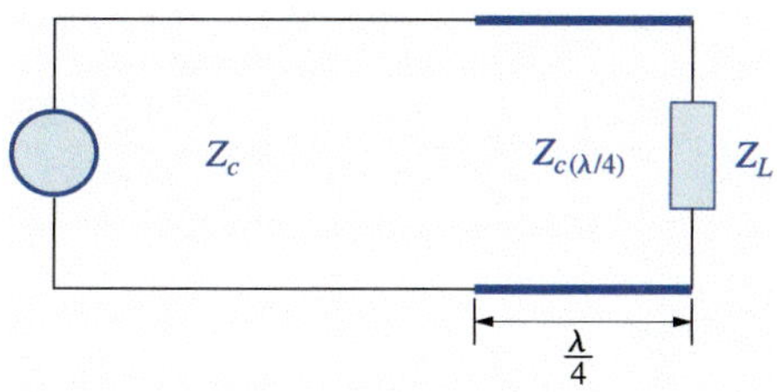

그림 7-6

특성임피던스 $Z_c \neq Z_L$인 전송선로가 $\lambda/4$ 변환기에 연결되어 있다.

의 전송선로를 통해 전파되므로 정합 전송선로의 길이는 이 전자파의 길이로 지정할 수 있다. 이 특정 전송선로의 특성임피던스값 $Z_{c(\lambda/4)}$는 사용자에 의해서 지정될 수 있다고 가정한다. 이 특성임피던스값은 정합 전송선로의 입력단에서 반사계수 Γ가 0이 되도록 정해질 것이다. 이것을 그림 7-6에 나타내었다.

이 $\lambda/4$ 길이를 가진 전송선로의 특성임피던스값 $Z_{c(\lambda/4)}$을 지정하기 위해서 식 (7.23)에 주어진 반사계수 Γ를 상기할 필요가 있다. 현재 응용에서는 부하임피던스가 $\lambda/4$ 길이를 가진 전송선로의 입력임피던스와 같다고 가정한다.

$$\Gamma \equiv \frac{Z_{\text{in}} - Z_c}{Z_{\text{in}} + Z_c} \tag{7.36}$$

여기서 식 (7.23)을 사용하면 아래와 같다.

$$Z_{\text{in}}\left(z = -\frac{\lambda}{4}\right) = \frac{\left(Z_{c(\lambda/4)}\right)^2}{Z_L} \tag{7.37}$$

반사계수를 최소화하기 위하여 입력임피던스는 신호발생기에 연결되어 있는 전송선로의 특성임피던스와 같도록 선택하여야 한다. 식 (7.37)로부터 ***정합*** 전송선로의 특성임피던스는 다음과 같이 된다.

$$\boxed{Z_{c(\lambda/4)} = \sqrt{Z_c Z_L} \ (\Omega)} \tag{7.38}$$

정합 전송선로의 특성임피던스는 부하임피던스와 신호발생기에 연결된 전송선로의 특성임피던스와의 기하평균과 같은 값을 갖도록 선택하였다.

이 기법은 전송선로의 전파속도(그리고 파장)가 정합 전송선로의 매질 파라미터에 의해서 결정되기 때문에 주파수에 민감하다는 단점을 가지고 있다. 이런 제약성을 얼마간 둔화시키기 위하여 최신 필터 이론을 통한 기법들이 활용될 수 있다.

이 시점에서 부하임피던스의 세 가지 특정한 값들을 살펴볼 것이다. 첫 번째 경우는 부하임피던스 Z_L이 전송선로의 특성임피던스 Z_c와 동일한 경우이다. 이 경우, 전송선로는 정합이 되었다고 한다. 이 때 입사파의 반사 성분은 없을 것이고, 식 (7.32)로부터 임피던스 $Z(z)$는 특성임피던스 Z_c와 항상 같을 것이다. 다른 두 가지

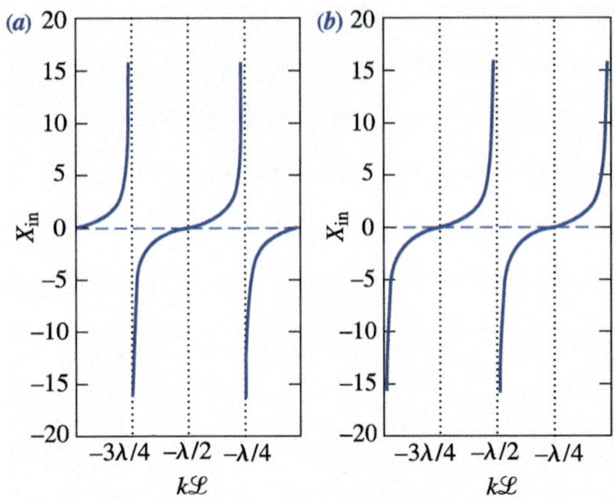

그림 7-7

(*a*) 단락회로 전송선로.
(*b*) 개방회로 전송선로의 입력리액턴스. 수직선은 $\lambda/4$ 간격으로 반복된다.

경우는 부하임피던스가 단락회로($Z_L = 0$)이거나 개방회로($Z_L = \infty$)일 때이다. 두 경우의 임피던스는 식 (7.33)으로부터 아래와 같이 구할 수 있다.

$$Z_{\text{in}}(z=-\mathscr{L})|_{Z_L=0} = jZ_c \tan(k\mathscr{L})$$

$$Z_{\text{in}}(z=-\mathscr{L})|_{Z_L=\infty} = \frac{Z_c}{j\tan(k\mathscr{L})} = -jZ_c \cot(k\mathscr{L}) \tag{7.39}$$

실제 개방회로에서는 가장자리전계들이 존재하기 때문에, 종단 부하임피던스는 개방회로보다는 단락회로로 구현하는 것이 수월하다. 두 경우 모두 입력임피던스는 $Z_{\text{in}} = jX_{\text{in}}$으로 리액턴스값을 가질 것이다. 그림 7-7에 전송선로 길이의 함수에 따른 리액턴스 값을 도시하였다. 이 값은 $-j\infty < Z_{\text{in}} < +j\infty$ 범위를 가질 것이고, 이 전송선로의 길이에 의해서 정해진다. 이것은 리액턴스가 캐패시턴스 성분이나 인덕턴스 성분 모두를 가질 수 있다는 것을 의미한다.

단락회로나 개방회로를 갖는 무손실 전송선로 상의 리액턴스는 $-\infty < X_{\text{in}} < +\infty$의 범위에서 변화한다. 정확한 값은 전송선로의 길이에 의하여 결정된다. 두 전송선로의 입력임피던스를 표 7-3에 정리하였다. 식 (7.39)으로부터, 입력서셉턴스 $B_{\text{in}} = -1/X_{\text{in}}$ 또한 변할 수 있으며, 이러한 무손실 전송선로를 따라 $-\infty < B_{\text{in}} < +\infty$의 범위 내 어떠한 값도 가질 수 있음을 의미한다.

표 7-3 무손실 전송선로의 단락회로와 개방회로의 입력임피던스

Length	Short circuit	Open circuit
$0 < \mathscr{L} < \frac{\lambda}{4}$	Inductive	Capacitive
$\frac{\lambda}{4} < \mathscr{L} < \frac{\lambda}{2}$	Capacitive	Inductive

단락회로나 개방회로로 종단된 전송선로의 입력리액턴스와 서셉턴스는 $-\infty$에서 ∞ 사이의 어떠한 값도 가질 수 있다는 사실은 실제적 중요성을 몇 가지 갖는다. 실제적인 관점에서, 이내 명확해질 것처럼 이 단계에서는 임피던스보다 어드미턴스의 측면에서 생각하는 것이 낫다.

예제 7.9

무손실 전송선로는 전송선로의 특성임피던스 값의 절반을 가지는 부하로 종단되어 있다. 신호 발생기로부터 반사되는 전자파를 최소화하기 위해서는 부하와 $\lambda/4$ 떨어진 거리에 얼마의 임피던스 값을 병렬로 삽입하여야 하는가?

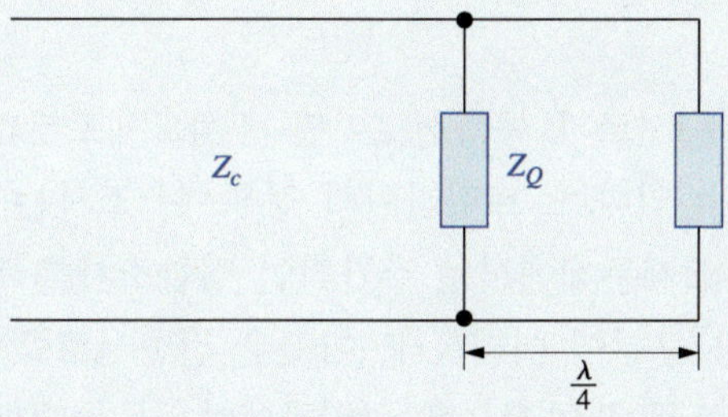

답. 반사를 줄이기 위해서는 Z_Q와 이 지점의 입력 임피던스의 병렬결합이 전송선로의 특성임피던스와 같아야 한다. 그러므로, 다음과 같이 쓸 수 있다.

$$Z_c = \frac{Z_Q Z_{\text{in}(\lambda/4)}}{Z_Q + Z_{\text{in}(\lambda/4)}} = \frac{Z_Q\left(\frac{Z_c^2}{Z_L}\right)}{Z_Q + \left(\frac{Z_c^2}{Z_L}\right)} = \frac{Z_Q\left(\frac{Z_c^2}{\left(\frac{Z_c}{2}\right)}\right)}{Z_Q + \left(\frac{Z_c^2}{\left(\frac{Z_c}{2}\right)}\right)}$$

$$1 = \frac{Z_Q 2}{Z_Q + 2Z_c} \Rightarrow Z_Q = 2Z_c$$

전송선로가 특성임피던스 Z_c나 특성어드미턴스 Y_c와는 같지 않은 부하임피던스 Z_L 혹은 부하어드미턴스 Y_L에 연결되어 있다고 가정해 보자. 부하로부터 d_1만큼 떨어진 거리에서, 전송선로의 입력 어드미턴스는 그림 7-8a와 같이 $Y_c + jB$가 될 것이다. 전송선로의 특성어드미턴스 Y_c는 $Y_c = 1/Z_c$로 정의된다.

그림 7-8b와 같이 부하로부터 d_1만큼 떨어진 거리에서 전송선로에 서셉턴스 $-jB$를 ***병렬***로 연결하면 이 지점의 왼쪽에서 들여다본 전체 어드미턴스가 Y_c와 같

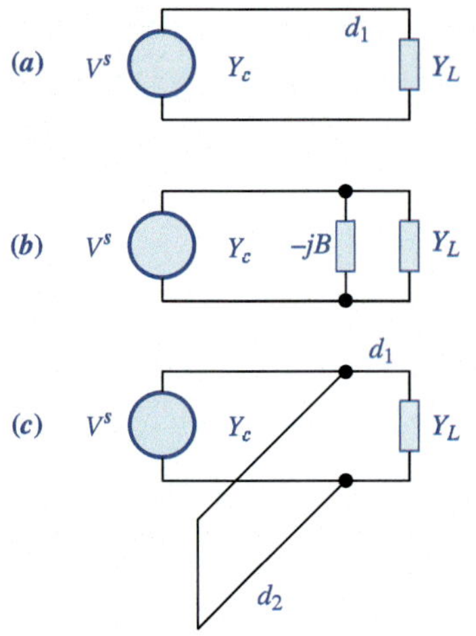

그림 7-8

(a) 부하로부터 d_1만큼 떨어진 곳의 입력 어드미턴스는 $Y_{in} = Y_c + jB$와 같다.
(b) 부하어드미턴스로부터 d_1의 거리에 $-jB$의 서셉턴스를 추가하면 입력 어드미턴스는 Y_c와 같아진다.
(c) d_1의 거리에 d_2 길이의 단락된 전송선로를 추가하면, 변환된 부하어드미턴스와 정합 전송선로 간의 병렬 조합은 정합이 될 것이다.

아진다. 만약 전송선로가 동축선로이면 중심도체로부터 외부도체로 회로소자를 연결하여 구현할 수 있다. 스트립라인의 경우, 이 소자는 상부도체와 하부도체 사이에 위치할 것이다. 실제문제에서는 추가적인 정합소자를 직렬로 연결하는 것은 병렬로 연결하는 것보다 구현이 어려운데, 이것은 전송선로를 두 구간으로 나누고 그에 따른 정합 임피던스를 부차적으로 삽입하여야 하기 때문이다.

이 지점에서 정합소자를 추가하는 것은 전송선로가 이 지점에서 신호발생기 쪽으로 정합이 될 것이라는 것을 의미한다. 단락회로로 종단된 전송선로는 서셉턴스나 리액턴스 어떠한 값도 가질 수 있다. 그러므로 그림 7-8*c*에 나타난 것과 같이 적절한 길이의 단락된 전송선로가 d_1에 연결되어야 한다. 개방회로에서는 가장자리 전계와 누설전류들이 존재하여 구성이 어렵기 때문에 일반적으로 단락회로를 부하로 사용한다. 개방회로는 단락회로로부터 $\lambda/4$ 지점에 위치할 수 있음을 상기하라.

스텁이라고 불리는 이 전송선로의 길이는 입력어드미턴스가 $-jB$가 되는 값으로 정해진다. 단락된 전송선로를 포함하는 부하임피던스는 나머지 전송선로에 정합이 된다. 이것을 ***단일스텁 정합***이라고 한다. 이렇게 조절 가능한 길이를 가지는 전송선로를 ***트럼본선로***라고 한다. 다음 절에서는 스미스 도표를 소개한 후 보다 자세한 정합기법에 대하여 고찰하겠다.

단일스텁 정합에서는 스텁 위치 d_1과 스텁 길이 d_2 등 조절 가능한 두 개의 거리가 필요하다. 여러 경우 거리 d_1의 조절이 실제적이지 못 할 수가 있는데, 동축선로의 경우 외곽도체에, 스트립라인의 경우 한 쪽 도체에 좁은 슬릿을 절삭하는 작업을 요하기 때문이다. 이 경우 부하임피던스를 전송선로에 정합시키기 위해서, 두 번째 또는 세 번째 스텁을 첫 번째 스텁으로부터 추가적인 고정 거리에 집어넣어야만 할지도 모른다.

지금까지 과정에서 언급된 모든 거리는 전자파의 파장으로 정규화되었다. 이것은 부하어드미턴스가 불연속인 정해진 주파수에서만 정합될 수 있다는 것을 의미한다.

이 상황을 개선하여 주파수 대역에서 정합을 시키고자 한다면, 회로이론에서 평탄 대역 통과필터 설계를 위해 개발된 지식을 사용하여야 한다. 설계자는 이러한 개념을 사용하여 광대역 동작을 이루어낼 수 있지만, 적절한 기법은 초고주파 설계의 고급 과정으로 남겨두는 것이 낫다.

7.6 스미스 도표

이전 절에서, 전송선로의 입력임피던스는 부하임피던스, 전송선로의 특성임피던스, 그리고 부하임피던스와 관측점 사이의 거리에 의하여 결정된다고 배웠다. 또한, 입력임피던스는 공간적으로 주기성을 띠며 변한다는 것을 배웠다. 이것은 그림 7-7에서 부하가 단락회로이거나 개방회로일 때 각각의 경우에 대하여 증명하였다. 식 (7.33)의 입력임피던스와 식 (7.34)의 정규 입력임피던스는 모두 삼각함수를 포함하고 있으므로, 이러한 주기성은 임의의 부하임피던스에서도 나타날 것으로 추론할 수 있다. 식 (7.34)의 정규 입력임피던스와 같은 식이 나올 때마다 계산기나 컴퓨터에 의지하기 보다는, 이러한 식을 도식적으로 풀 수 있는 방법이 개발되었다. 이 도식적 접근 방법은 ***스미스 도표***라는 도구에 기반을 두고 있으며, 이 명칭은 개발자인 벨 연구소의 엔지니어 P. H. Smith의 이름을 따른 것이다.

어떤 지점의 정규임피던스을 묘사하는 식 (7.34)는 복소방정식이고, 이를 다시 쓰면 다음과 같다.

$$z_{\text{in}}(z = -\mathscr{L}) = \frac{z_L + j\tan(k\mathscr{L})}{1 + jz_L\tan(k\mathscr{L})} \tag{7.40}$$

임의의 정규화된 부하임피던스도 복소함수가 될 것이다. 이것을 다음과 같이 쓸 수 있다.

$$z_L = r + jx \tag{7.41}$$

여기서 $r = R_L / Z_c$이고 $x = X_L / Z_c$이다. 소문자 표시는 임피던스를 무손실 전송선로의 특성임피던스 Z_c로 나눈 정규화된 임피던스를 의미한다. r과 x에서 아래첨자 "L"은 나중에 쓰일 스미스 도표 표기와 동일하게 하고자 생략하였다. 지금까지는 무손실 전송선로에 대해서 다루고 있기 때문에 특성임피던스 Z_c는 실수값으로 가정하였음을 상기하여라.

식 (7.24)에 주어진 반사계수 $\boldsymbol{\Gamma}$ 또한 복소수이고 다음과 같이 쓸 수 있다..

$$\boldsymbol{\Gamma} = \Gamma_r + j\Gamma_i = \frac{z_L - 1}{z_L + 1} \tag{7.42}$$

이 식에서 Γ_r은 반사계수 $\boldsymbol{\Gamma}$의 실수부이고 Γ_i는 $\boldsymbol{\Gamma}$의 허수부이다. 이 식을 z_L에 대하

여 풀면 다음을 얻을 수 있다.

$$z_L = \frac{1+\Gamma}{1-\Gamma} \tag{7.43}$$

또는

$$r + jx = \frac{1+\Gamma_r + j\Gamma_i}{1-\Gamma_r - j\Gamma_i} \tag{7.44}$$

이 식은 분자와 분모에 각각 분모의 공액복소수를 곱함으로써 간단화 할 수 있고 다음 식을 얻을 수 있다.

$$r + jx = \frac{1-\Gamma_r^2-\Gamma_i^2}{(1-\Gamma_r)^2+\Gamma_i^2} + j\frac{2\Gamma_i}{(1-\Gamma_r)^2+\Gamma_i^2} \tag{7.45}$$

식 (7.45)의 실수부와 허수부의 등식화는 대수계산을 거쳐 아래와 같은 형태를 갖는 두 개의 방정식을 만들어 낸다.

$$\left(\Gamma_r - \frac{r}{r+1}\right)^2 + \Gamma_i^2 = \left(\frac{1}{r+1}\right)^2 \tag{7.46}$$

그리고

$$(\Gamma_r - 1)^2 + \left(\Gamma_i - \frac{1}{x}\right)^2 = \left(\frac{1}{x}\right)^2 \tag{7.46}$$

실수부와 허수부에 대한 방정식을 이러한 형식으로 표기하는 것은 Γ_r과 Γ_i 축을 갖는 평면 상의 원들에 대한 방정식으로 받아들일 수 있다.[3] 각 원의 중심과 반경은 정규화된 저항 r과 정규화된 리액턴스 x에 의해서 결정된다. 반사계수 Γ의 최대값은 1이다. 그러므로 원 전체 혹은 다양한 원의 일부 모두는 반경이 1인 큰 원의 내부에 존재하여야 한다.

스미스 도표의 응용을 설명하기 전에 그림 7-9를 참고하여 스미스 도표의 특성을 간단히 정리해 보고자 한다. r-원의 경우 다음과 같다.

1. 모든 r-원의 중심은 반사계수 Γ_r의 실수부가 있는 축인 스미스 도표의 수평축에 놓여있다.
2. $r = 0$에서 $r = \infty$로 증가함에 따라서 원은 점차 작아진다.
3. 모든 r-원은 $\Gamma_r = 1$, $\Gamma_i = 0$인 지점을 지나간다.
4. 정규화된 저항 $r = \infty$는 $\Gamma_r = 1$, $\Gamma_i = 0$인 지점에 위치한다.

전체 원의 일부인 모든 x-원들은 다음과 같은 특징이 있다.

[3] 반경이 r이고, 중심이 (x_0, y_0)인 $x-y$ 평면 상의 원방정식의 일반적인 형태는 $(x-x_0)^2+(y-y_0)^2=r^2$이다.

1. 모든 x-원의 중심은 $\mathbf{\Gamma}_r = 1$인 선 위에 존재한다. $x > 0$(인덕티브 리액턴스)이면 $\mathbf{\Gamma}_r$ 축 위에, $x < 0$(캐퍼시티브 리액턴스)이면 $\mathbf{\Gamma}_r$ 축 아래에 위치한다.
2. $x = 0$에서 $x = +\infty$ 혹은, $x = -\infty$로 값이 변하게 되면 원은 점차 작아진다.
3. 정규화된 리액턴스 $x = \pm\infty$는 $\mathbf{\Gamma}_r = 1$, $\mathbf{\Gamma}_i = 0$인 지점에 위치한다.

스미스 도표의 r-원은 x-원과 모든 교차점에서 서로 직교한다는 특성이 있다.

특성임피던스가 Z_c인 전송선로에 연결되어 있는 실제 부하임피던스는 $Z_L = Z_c(r + jx)$로 주어진다. 이것을 그림 7-9에 나타내었다.

스미스 도표의 미세 비율 등급은 사용자에 의해 결정된다. 스미스 도표에는 $0 < r < \infty$과 $-\infty < x < +\infty$ 구간 내에 있는 저항과 리액턴스의 정규화된 값 또한 포함되어 있다. r-원과 x-원의 교차점에서 정규화된 임피던스가 정해지고, 이 지점에서 두 원은 서로 직교한다. 임피던스는 반 파장 주기로 반복되기 때문에 스미스 도표의 가장자리에 일정한 간격을 두고 표시된 점들은 반파장의 일부를 가리킨다. 지금은 무손실 전송선로에 대하여 다루고 있기 때문에 부하와 신호발생기 사이의 모든 지점에서의 반사계수 $\mathbf{\Gamma}$의 크기는 일정한 값을 가진다. 이것은 중심이 이 좌표계의 원점이며, 반경이 반사계수 $\mathbf{\Gamma}$의 크기인 원을 세심하게 위치시킴으로써 나타난다. 이 원을 따라서 시계방향으로 회전하면 신호발생기 방향으로 가게 되고, 반시계방향으로 회전하면 부하임피던스 방향으로 가게 될 것이다. 수평인 $\mathbf{\Gamma}_r$축과 수직인 $\mathbf{\Gamma}_i$축은 스미스 도표에서 생략되었다. 스미스 도표는 임피던스 측면에서 유래되었지만, 어드미턴스에서도 또한 유용하게 사용된다.

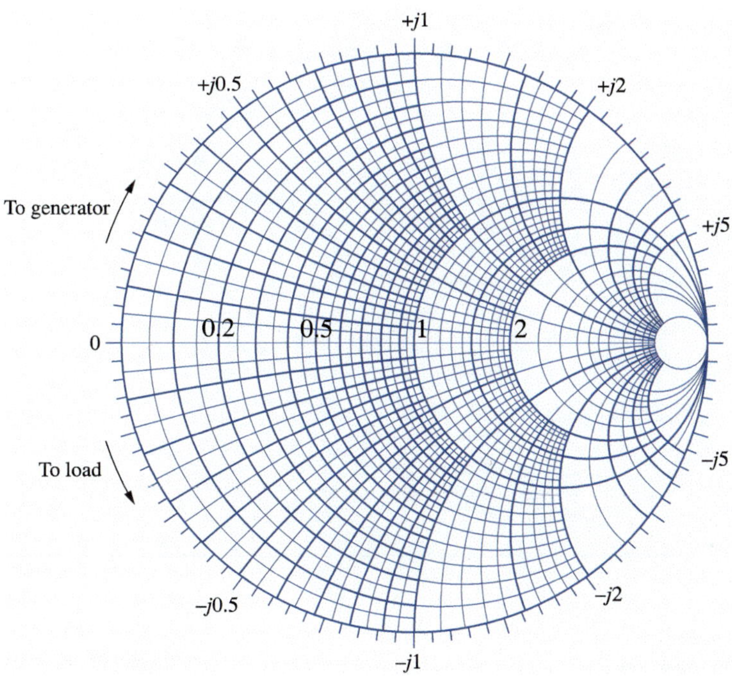

그림 7-9

MATLAB으로 그린 스미스 도표.

우리는 왜 다소 생소한 좌표계의 도표를 얻기 위하여 이 모든 노력과 정열을 드리는 걸까? 그에 대한 답이 현 시점에서는 불명료하지만, 대신 여러 예제를 통해 스미스 도표의 응용 중 몇 가지를 설명할 것이다. 많은 실험 기구나 소프트웨어들은 스미스 도표를 표현양식으로 사용한다. 스미스 도표는 회로응답을 부하 임피던스와 주파수의 함수로 쉽게 시각화 시켜주기 때문에 고주파 회로 설계자들은 이러한 양식을 선호한다.

예제 7.10

간단히 나타낸 스미스 도표에 정규화된 임피던스를 표시하여라.

(a) $z = 1 + j0$
(b) $z = 0.5 - j0.5$
(c) $z = 0 + j0$
(d) $z = 0 - j1$
(e) $z = 1 + j2$
(f) $z = \infty$

답.

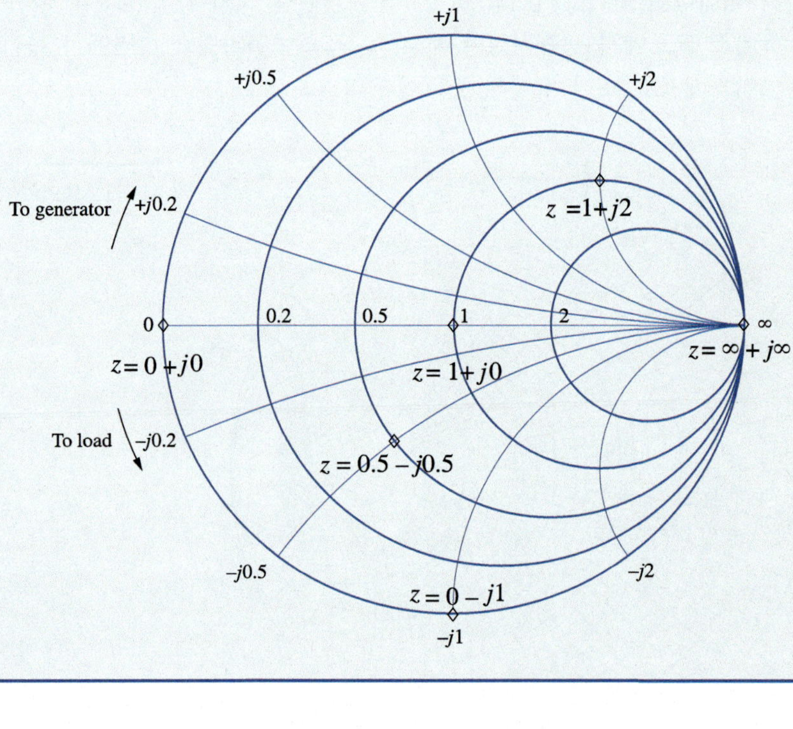

식 (7.42)로부터 반사계수는 극좌표로 표현할 수 있는 복소수임을 알 수 있다.

$$\Gamma = |\Gamma| e^{j\theta_L} = \frac{z_L - 1}{z_L + 1} \tag{7.48}$$

반사계수의 크기 $|\mathbf{\Gamma}|$는 $0 \leq |\mathbf{\Gamma}| \leq 1$ 범위의 어떠한 값을 가질 수 있다. 이 값은 정규화된 부하임피던스 z_L에 의하여 결정되고 무손실 전송선로에서 위치에 관계없이 변하지 않는다. 부하임피던스가 복소수일 수 있기 때문에 반사계수 $\mathbf{\Gamma}$와 연관된 위상각 θ_L이 존재할 것이다.

식 (7.31)로부터 전송선로상의 어느 점 $z = -z'$에서의 정규화된 입력임피던스는 다음과 같이 쓸 수 있다.

$$Z(z=-z') = \frac{V(z=-z')}{I(z=-z')} = Z_c \frac{\left(e^{jkz'} + \Gamma e^{-jkz'}\right)}{\left(e^{jkz'} - \Gamma e^{-jkz'}\right)} = Z_c \frac{1 + \Gamma e^{-j2kz'}}{1 - \Gamma e^{-j2kz'}} \tag{7.49}$$

식 (7.48)을 식 (7.49)에 대입하면 다음을 얻을 수 있다.

$$\frac{Z_{\text{in}}}{Z_c} = \frac{1 + \Gamma e^{-j2kz'}}{1 - \Gamma e^{-j2kz'}} = \frac{1 + |\Gamma| e^{j\phi}}{1 - |\Gamma| e^{j\phi}} \tag{7.50}$$

여기서

$$\phi = \theta_L - 2kz' \tag{7.51}$$

신호발생기 방향으로 전송선로를 따라 이동해도 반사계수의 크기는 일정하게 유지됨을 상기하라. 식 (7.43)과 식 (7.50)을 비교하였을 때 오직 한 가지 다른 점은 거리 z'에 선형적으로 비례하는 위상 천이 ϕ임을 유의하라. 이것은 스미스 도표에서 이런 변환은 반사계수 크기 $|\mathbf{\Gamma}|$의 반경을 갖는 원을 따라 부하임피던스의 초기값을 회전시킴으로써 쉽게 이뤄짐을 뜻한다. 시계방향은 신호발생기 쪽을 향하게 하고, 반시계방향은 부하임피던스 쪽을 향하게 한다. 회전량은 거리 $2kz' = 4\pi z'/\lambda$에 의해 좌우되는데, 이 때 이 위상각은 스미스 도표 상의 부하임피던스가 위치하는 초기값으로부터 감산되어야 한다. 이러한 임피던스는 편각이 2π의 인자만큼 바뀔 때마다 반복되며, 이것은 전송선로에서 매 반파장마다 일어난다.

만약 거리 $z' = \lambda/4$로 선택하면 회전은 π 라디안과 같아질 것이다. 식 (7.35)를 다시 참고하여 이 거리는 임피던스 수치를 어드미턴스 수치로 변환할 수 있다는 것을 상기하여라. 예를 들면, 임피던스 $z = 0.5 + j0.5$는 다음의 어드미턴스를 가진다.

$$y = \frac{1}{0.5 + j0.5} = 1 - j1$$

이것은 계산기로 계산하기보다 스미스 도표로부터 직접 구할 수 있다. 먼저 정규화된 임피던스를 스미스 도표에 표시한다. 반사계수를 반경으로 갖는 반원이 스미

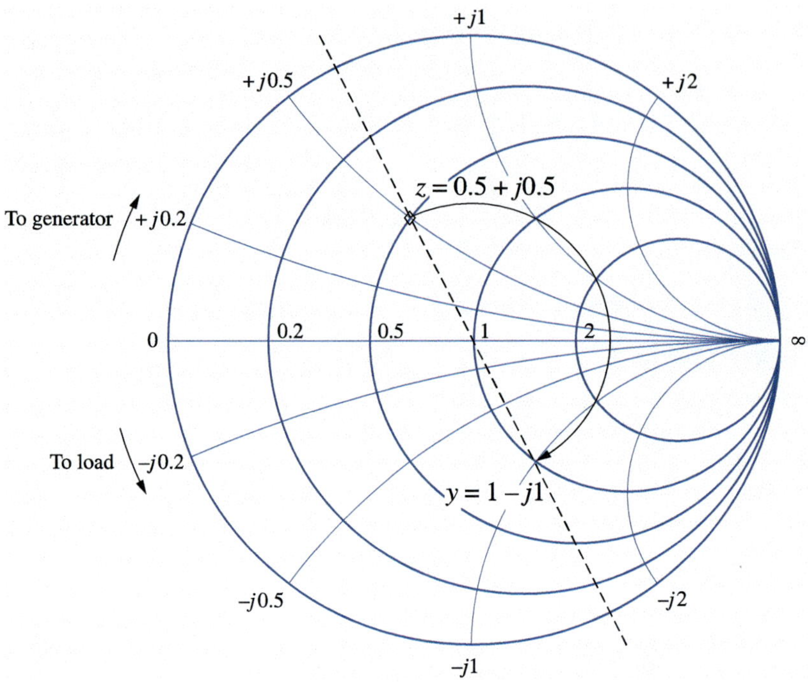

그림 7-10

스미스 도표를 사용한 임피던스에서 어드미턴스로의 변환. 반경이 반사계수의 크기와 같은 반원이 그려져 있다. 이것은 전송선로 상에서 거리 $\lambda/4$ 만큼의 이동에 해당된다.

스 도표의 중심과 이 임피던스를 통과하는 직선을 따라 도표 상에 그려진다. 그림 7-10에서 나타난 것처럼 직선과 반원의 교점이 어드미턴스의 고유값이 된다.

ANIMATIONS

더 나아가 그림 7-10은 0에 해당되는 정규화된 임피던스는 $\pm j\infty$에 해당하는 정규화된 부하어드미턴스를 도출함을 보여주고 있다. 이것은 단락회로에서 $\lambda/4$ 떨어진 곳의 입력임피던스는 개방회로의 입력임피던스와 같다는 것을 의미한다. 실제 전송선로에서는 가장자리전계로 인하여 개방회로를 만들기가 어려우며, $\lambda/4$ 길이의 단락전송선로를 이용하여 개방회로를 만들 수 있다.

예제 7.11

길이가 5 m이고 특성임피던스 Z_c = 25 Ω인 전송선로가 부하임피던스 Z_L = 50 + j50 Ω로 종단되어 있다. 스미스 도표를 이용하여 주파수 $f = 1 \times 10^5$ Hz일 때 신호 발생기에서의 임피던스를 구하여라. 이 전송선로의 위상속도 $v = 2 \times 10^6$ m/s이다.

답. 파장 λ는 다음과 같이 계산된다.

$$\lambda = \frac{v}{f} = \frac{2 \times 10^6}{1 \times 10^5} = 20 \text{ m}$$

부하와 신호발생기 사이의 거리는 $\lambda/4$이다. 정규화된 부하임피던스는 아래와 같다.

$$z_L = \frac{50 + j50}{25} = 2 + j2$$

먼저 정규화된 부하임피던스를 스미스 도표 상에 표시한다.

컴파스를 스미스 도표의 중심에 두고 신호발생기 쪽인 시계방향으로 $\lambda/4$ 거리만큼 원호를 그린다. 스미스 도표로 부터 전원에서 부하임피던스 z_{in}은 $z_{in} = 0.25 - j0.25$로 읽을 수 있다. 그러므로, 신호발생기에 연결된 입력임피던스는 다음과 같다.

$$Z_{in} = Z_c\, z_{in} = 25\,(0.25 - j0.25) = 6.25 - j6.25\ \Omega$$

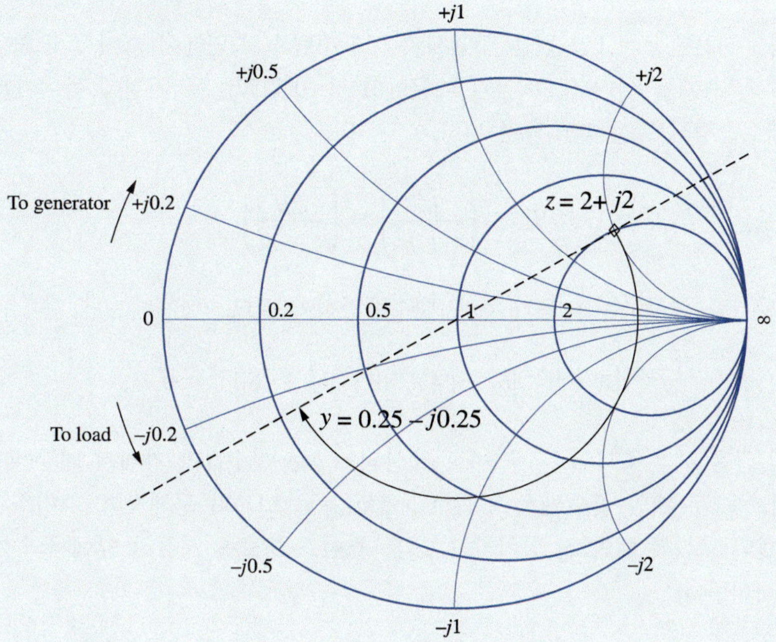

그림 7−10은 또한 스미스 도표의 중요한 응용을 보여준다. 이 도표는 임피던스나 어드미턴스 측면에서 동일하게 해석될 수 있고, 일정 계수의 원은 "실수부가 1"인 원을 두 지점에서 통과할 것이다. 이제 어드미턴스 도표로 해석해 보도록 하자. $g = 1$인 원을 통과하는 두 지점 중 한 점에서 어드미턴스는 전송선로에 병렬로 연결될 수 있다. 전송선로를 분리하여 정합소자를 직렬로 삽입하는 것보다는 병렬로 삽입하는 것이 낫다. 그 지점에서 신호발생기 쪽으로 가면서 입력어드미턴스가 1의 정규화된 값을 가지게 하는 값이 있을 것이다 이것을 전송선로 ***정합***이라고 한다. 다음 예제에 이를 나타내었다.

예제 7.12

부하어드미턴스 $y_L = 0.2 - j0.5$이다. 정합어드미턴스의 위치와 정합어드미턴스 값을 찾아라.

답. 입력 어드미턴스 $y_{in} = 1 \pm jb$로 나타낼 수 있다. 여기서 b는 실수이고, 두 지점은 스미스 도표 상에서 부하어드미턴스를 일정 반사계수 원을 따라서 회전함으로써 얻을 수 있다. 이 값은 이미 부하어드미턴스 값으로부터 결정하였다. 두 지점에서 반사계수의 실수부와 허수부는 아래와 같다.

$$\Gamma_r = \frac{b^2}{4 + b^2} \qquad \Gamma_i = \frac{2b}{4 + b^2}$$

여기서는 식 (7.42)에 $g = 1$인 원을 삽입시켜 어드미턴스 측면에서 스미스 도표를 이해하였다. 반사계수의 크기를 이미 알고 있기 때문에($|\Gamma| = 0.7257$), 두 지점에 들어가는 서셉턴스 b에 대한 대수방정식을 풀기만 하면 된다.

$$|\Gamma|^2 = \left(\frac{b^2}{4 + b^2}\right)^2 + \left(\frac{2b}{4 + b^2}\right)^2$$

이것은 반드시 풀어야 하는 다음과 같은 대수방정식이 된다.

$$\left(1 - |\Gamma|^2\right)b^4 + \left(4 - 8|\Gamma|^2\right)b^2 - 16|\Gamma|^2 = 0$$

이 다항식의 근은 $b^2 = 4.45$와 $b^2 = -4$로 계산되고 b는 실수값만 가지기 때문에 두 번째 해는 무시한다. 즉, 두 개의 실수해($b_1 \approx 2.11$ and $b_2 \approx -2.11$)가 구해지며, 스미스 도표로부터 얻어진 두 개의 도식적 해와 잘 일치하고 있다. 스미스 도표를 사용한 앞에서의 계산들은 아래와 같이 나타난다.

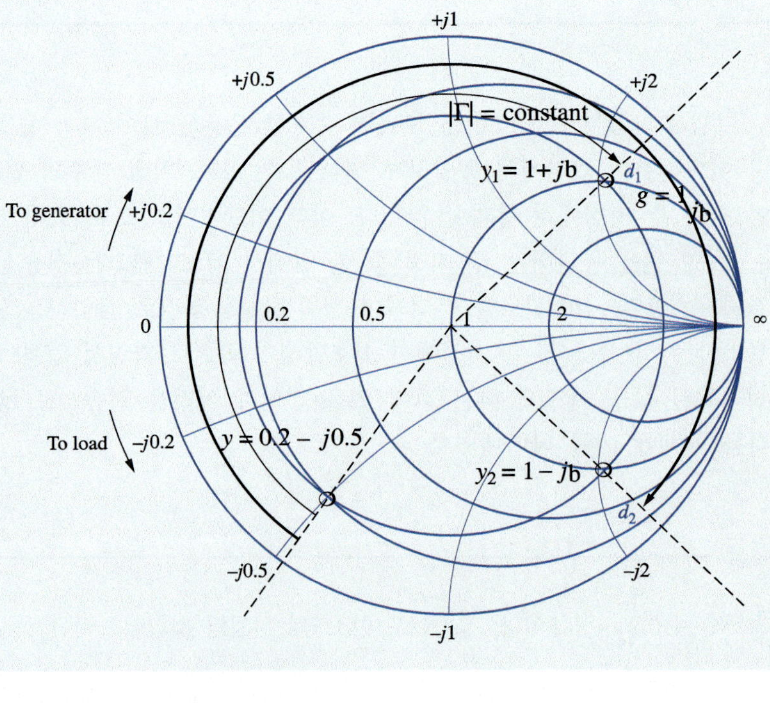

부하임피던스의 위치를 O로 표시하였고 이 점을 지나는 원의 반경은 반사계수의 크기와 같다. 이 원은 "$g = 1$"인 원과 두 지점에서 만난다. 부하어드미턴스로부터 가장 가까운 지점은 d_1이다. 이 점에서 $-jb$의 어드미턴스를 삽입해야한다. 그러면 전송선로는 그 지점부터 신호발생기 쪽으로 정합이 될 것이다. 부하어드미턴스로부터 더 떨어진 두 번째 지점 d_2에 $+jb$의 어드미턴스를 삽입할 수 있는데, 이것은 첫 번째 지점이 사용하기 불편할 때 쓰일 수 있다.

ANIMATIONS

위 예제 7.12에 도입한 정합소자들은 단락회로로 종단된 전송선로의 일부를 사용함으로써 쉽게 구성될 수 있다. ***단일스텁*** 정합기법의 단점은 거리 d가 조절 가능해야 한다는 것이다. 실제에서 이것은 폭이 좁은 슬릿을 동축선로나 스트립선로에 삽입하여 구현할 수 있다. 반사계수를 최소화할 수 있는 기법들이 있다. 그러나 이러한 기법들은 주파수에 민감하고 전자회로 필터이론에도 기반을 두고 있을 것이다.

7.7 과도현상과 반사도

정현 전압발생기로 여기된 전송선로에 대한 학습은 보다 많은 페이지에 할애될 수 있었고, 그렇더라도 가능한 모든 면모들이 밝혀지진 않을 것이다. 저자들은 이 주제에 대해 보다 깊이 탐구하려는 여러분들의 노력들을 꺾고 싶지는 않다. 그러나 이용할 수 있는 제한된 시간과 지면 내에서는, 집적회로 설계자가 컴퓨터 칩을 설계하면서 통상적으로 따르는 경로를 택해야만 한다. 시간-조화 분석으로부터 얻은 지식은 과도효과와 펄스전파를 이해하기 위한 적절한 배경지식을 제공할 것이다.

그림 7-11에 그려진 상황처럼, 전지가 스위치를 거쳐서 전송선로에 연결된 경우를 생각해보자. 전지의 내부 임피던스는 Z_b이고, 전송선로의 특성임피던스는 Z_c이며 전송선로는 부하임피던스 Z_L로 종단되어 있다. 이 단계에서는 모두가 순수한 저항만을 가지며, 신호는 속도 v로 진행한다고 가정할 것이다. 전압파는 전신방정식을 따르고, 주어진 방향에서 전류파에 대한 전압파의 비는 전송선로의 특성임피던스 Z_c로 주어진다. 부하임피던스가 전지 스위치로부터 $\mathcal{L}$만큼 떨어져 있음으로, 신호가 부하임피던스에 도달하는 데 $\mathcal{L}/v$ 초 만큼의 시간이 걸릴 것이다.

전송선로에 흐르는 전압파 V_1의 크기는 이미 이전에 다루었던 ***전압분배*** 법칙을

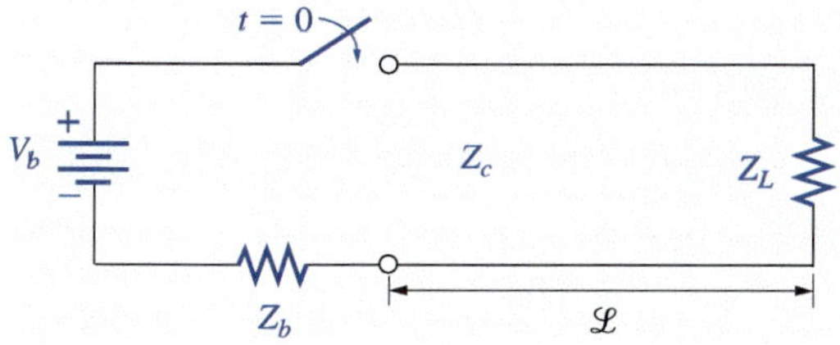

그림 7-11

전지는 $t = 0$일 때 닫혀지는 스위치를 거쳐 전송선로에 연결되어 있다.

사용하여 쉽게 계산할 수 있다. 이 전압파의 크기는 전송선로 입력단에서의 두 임피던스인 전지임피던스와 전송선로의 특성임피던스에 의해 결정된다. 이것은 다음과 같이 주어진다.

$$V_1 = \frac{Z_c}{Z_b + Z_c} V_b \tag{7.52}$$

시간 $\tau = \mathscr{L}/v$ 후에, 전파하는 계단 전압의 전면은 부하임피던스 Z_L에 도달한다. 이 때, 입사 전압의 일부는 부하임피던스에서 반사되고 일부는 부하임피던스로 투과되거나 흡수된다. 부하에서 반사계수 $\boldsymbol{\Gamma}_L$은 다음과 같이 주어진다.

$$\boldsymbol{\Gamma}_L = \frac{Z_L - Z_c}{Z_L + Z_c} = \frac{V_2}{V_1} \tag{7.53}$$

계단전압 V_2의 진폭은 식 (7.53)에 나타난 임피던스의 상대값에 의존하여 양수 혹은 음수가 될 수 있다.

결국, 반사되어 전파하는 계단전압 V_2의 전면은 시간 $2\tau = 2(\mathscr{L}/v)$에 전지임피던스에 도달한다. 이 전면은 반사계수 $\boldsymbol{\Gamma}_b$를 가지며 전지임피던스로부터 반사될 것이다.

$$\boldsymbol{\Gamma}_b = \frac{Z_b - Z_c}{Z_b + Z_c} = \frac{V_3}{V_2} \tag{7.54}$$

입사파 V_2에 대해서 전지임피던스는 실질적인 부하임피던스가 되고, 계단전압 V_3는 부하임피던스 쪽으로 반사될 것이다.

ANIMATIONS

반사되어 전파하는 계단전압 V_3의 전면은 부하임피던스에 도달하고, 여기서 계단전압의 일부는 부하임피던스에 의해서 반사될 것이다. 이 과정은 무한히 계속 될 것이다. 전파하는 계단전압의 전면은 부하임피던스와 전지임피던스 사이에서 앞뒤로 튀어 다닐 것이다. 전송선로 상 임의의 지점에서 전압을 시간의 함수로 구하는 도식적 기법이 있다. 이 기법은 전송선로의 특정 위치에 연결된 오실로스코프를 통하여 나타난 응답을 예측 가능하게 한다. 그것은 그림 7-12에서 보여진 것처럼 파 전면의 궤적을 그려줌으로써 형성되며, 이를 ***반사도***라고 부른다. 수직축인 정규화된 시간과 수평축인 정규화된 위치는 둘 다 무차원인 것이 편리하다. 주어진 위치에서 일시적인 응답을 예측하는 것은 반사도 상의 이 지점에서 수직선을 반사도에 삽입하여 얻어진다. 이 수직선과 궤적의 교차점은 그 지점의 전압이 전자파의 특정성분의 진폭에 의해서 바뀐다는 것을 알려준다.

전지는 전압전원이고, 일정한 값을 가진다는 것을 상기하여라. 그러므로, 모든 성분의 전파 전면에 후속되는 전압도 일정하며, 전면과 동일한 값을 가질 것이라고 가정하는 것은 타당하다. 전송선로 상 임의의 지점에서 전압은 각 성분들의 합이다.

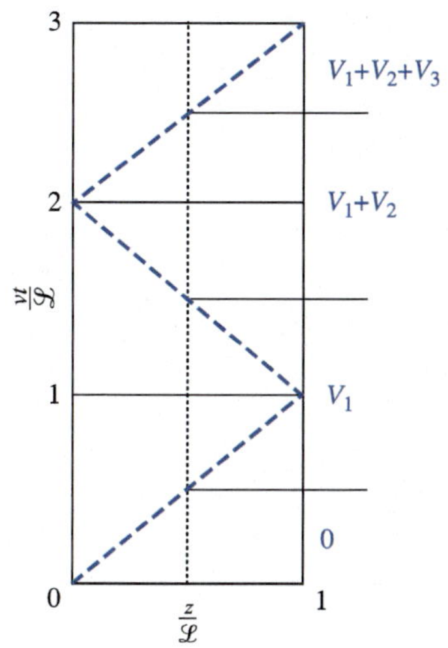

그림 7-12

반사도. 각 선의 기울기는 1이다. 각 성분들의 진폭은 통상적으로 정해져 있다. 그림에서는 선로의 중간점에 위치하는 전송선로 상 특정 위치의 수직선은 오실로스코프 탐침의 위치를 가리킨다. 수직선과 궤적의 교점은 전압이 바뀌는 시점들을 표시한다. 이들 점들은 짧은 수평선으로 표시되었으며, 그 간격에 수반하는 전압이 주어졌다.

$$V = V_1 + V_2 + V_3 + \cdots = \frac{Z_c}{Z_b + Z_c}(1 + \Gamma_L + \Gamma_L\Gamma_b + \cdots)V_b \tag{7.55}$$

계단전압이 그림 7-11에서와 같이 전지와 부하임피던스 사이에서 전후로 튀기에 따라, 독자는 시간이 지남에 따라 점근값이 될 것이라고 의심할지 모른다. 이러한 의문은 충분히 보상을 받을 것이다. 부하임피던스로 입사하는 모든 계단전압은 반사계수 Γ_L 만큼 반사될 것이고 전지로 입사하는 모든 계단전압은 반사계수 Γ_b만큼 반사될 것이다. 각각의 개별적인 기여 분을 더하고 항들을 재편성하면 다음의 정상상태 값을 얻을 수 있을 것이다.

$$\begin{aligned} V &= V_1 + V_2 + V_3 + V_4 + \cdots \\ &= \frac{Z_c}{Z_b + Z_c}\left(1 + \Gamma_L + \Gamma_L\Gamma_b + \Gamma_L\Gamma_b\Gamma_L + \cdots\right)V_b \\ &= \frac{Z_c}{Z_b + Z_c}\left\{\left[1 + \left(\Gamma_L\Gamma_b\right) + \left(\Gamma_L\Gamma_b\right)^2 + \cdots\right]\right. \\ &\quad \left. + \Gamma_L\left[1 + \left(\Gamma_L\Gamma_b\right) + \left(\Gamma_L\Gamma_b\right)^2 + \cdots\right]\right\}V_b \end{aligned} \tag{7.56}$$

사각괄호 내의 항들은 닫힌 형태의 합을 이용하여 다음과 같이 쓸 수 있다.

$$1 + \xi + \xi^2 + \cdots = \frac{1}{1 - \xi} \qquad \text{for } |\xi| < 1 \tag{7.57}$$

반사계수의 크기는 항상 1보다 작거나 같기 때문에, 이들 두 항의 곱은 $|\Gamma_L\Gamma_b| < 1$이며 이 합의 관계를 이용하면 다음을 얻을 수 있다.

$$V = \frac{Z_c}{Z_b + Z_c}\left(\frac{1 + \Gamma_L}{1 - \Gamma_L\Gamma_b}\right)V_b \tag{7.58}$$

부하임피던스와 전지임피던스에서의 반사계수 정의를 대입하면, 식 (7.58)은 다음과 같이 된다.

$$V = \frac{Z_c}{Z_b + Z_c}\left\{\frac{1 + \left[\left(Z_L - Z_c\right)/\left(Z_L + Z_c\right)\right]}{1 - \left[\left(Z_L - Z_c\right)/\left(Z_L + Z_c\right)\right]\left[\left(Z_b - Z_c\right)/\left(Z_b + Z_c\right)\right]}\right\}V_b$$

이것은 다음과 같이 간단히 된다.

$$V = \frac{Z_L}{Z_b + Z_L}V_b \tag{7.59}$$

회로이론의 이전 경험을 바탕으로 할 때, 이 값이 정상상태의 부하전압이라는 것은 놀라운 것이 아니다.

부하임피던스를 흐르는 전류는 부하의 전압을 부하임피던스로 나눈 값과 동일하다. 오랜시간의 점근값은 다음과 같이 주어진다.

$$I = \frac{V}{Z_L} = \frac{1}{Z_b + Z_L}V_b \tag{7.60}$$

예제 7.13

12-V의 전원이 스위치를 거쳐 6 m 길이의 전송선로에 연결되어있다. 전송선로의 특성임피던스는 50 Ω, 전지임피던스는 25 Ω이고, 전송선로는 25 Ω의 부하임피던스로 종단되어 있다. 이 전송선로에서 전파속도는 2×10^6 m/s이다. 전송선로의 중앙에서 시간 $0 < t < 9$ μs 동안 전압을 구하고 이를 그려라.

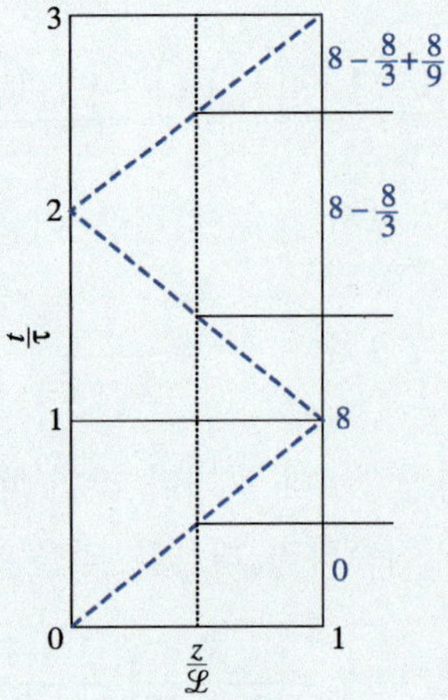

답. 전송선로에 보내진 전자파의 진폭은 다음으로부터 계산된다.

$$V_1 = \frac{Z_c}{Z_b + Z_c} V_b = \frac{50}{25 + 50} 12 = 8\text{ V}$$

부하에서 반사계수는 다음과 같이 되고

$$\Gamma_L = \frac{Z_L - Z_c}{Z_L + Z_c} = \frac{25 - 50}{25 + 50} = -\frac{1}{3}$$

전지에서 반사계수는 다음과 같다.

$$\Gamma_b = \frac{Z_b - Z_c}{Z_b + Z_c} = \frac{25 - 50}{25 + 50} = -\frac{1}{3}$$

전송선로의 중간점에서 전압을 구하기 위하여 반사도를 사용한다. 이 경우 전자파의 진폭을 명확히 식별한다. 정규화된 시간은 t/τ이고, 여기서 $\tau = \mathcal{L}/v = 3\mu s$이다. 먼저 반사도를 구한다.

반사도를 사용하면, 전송선로 중심점에서 전압은 전자파의 전면이 도달하기 전까지는 0이다. 전압은 전자파의 진폭만큼 증가하고 부하임피던스에서 반사된 전자파가 다시 중간점을 통과하기 전까지 그 값을 유지한다. 반사파는 전지에서 다시 반사되고 중간점에 도달한다. 다음 그림은 전송선로의 중간점에 위치한 오실로스코프의 기대응답을 나타내고 있다. 이 전압의 최종치는 식 (7.59)로부터 다음과 같이 계산된다.

$$V = \frac{Z_L}{Z_b + Z_L} V_b = \frac{25}{25 + 25} 12 = 6\text{ V}$$

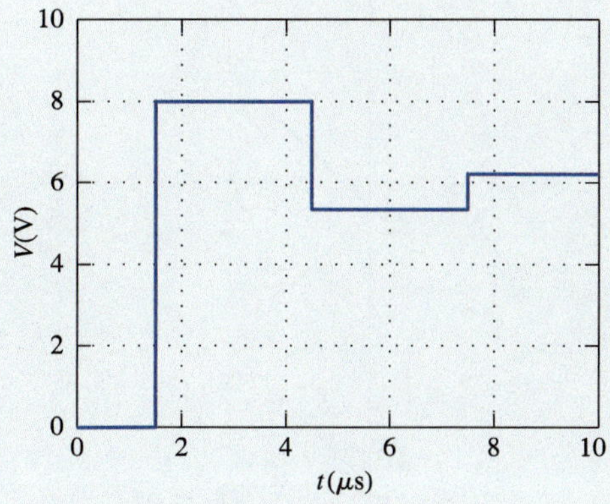

예제 7.14

내부 임피던스가 0이고, 100 V의 개방회로 전압을 가지는 전지가 있다. 시간 $t = 0$에서 스위치가 켜지고 이 배터리는 150 Ω의 저항을 거쳐서 공기로 채워진 50 Ω 동축선로로 연결된다.

선로의 길이는 300 m이고 33.3 Ω의 부하로 종단되었다.

(a) 스위치가 닫힌 후 처음 4 μs 동안의 반사도를 그려라.
(b) 부하임피던스에 나타나는 전압의 그래프를 시간의 함수로 그려라.
(c) $t \rightarrow \infty$일 때 V_L과 I_L의 점근값을 찾아라.

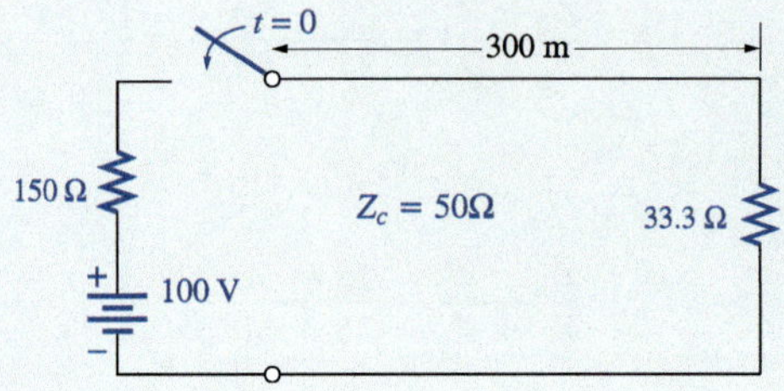

답.

(a) 두 반사계수와 전송선로를 따라 전파하는 입사 계단전압은 다음과 같이 주어진다.

$$\Gamma_b = \frac{Z_b - Z_c}{Z_b + Z_c} = \frac{150 - 50}{150 + 50} = \frac{1}{2}$$

$$\Gamma_L = \frac{Z_L - Z_c}{Z_L + Z_c} = \frac{33.3 - 50}{33.3 + 50} = -\frac{1}{5}$$

$$V_1 = \frac{Z_c}{Z_b + Z_c} V_b = \frac{50}{150 + 50} 100 = 25 \text{ V}$$

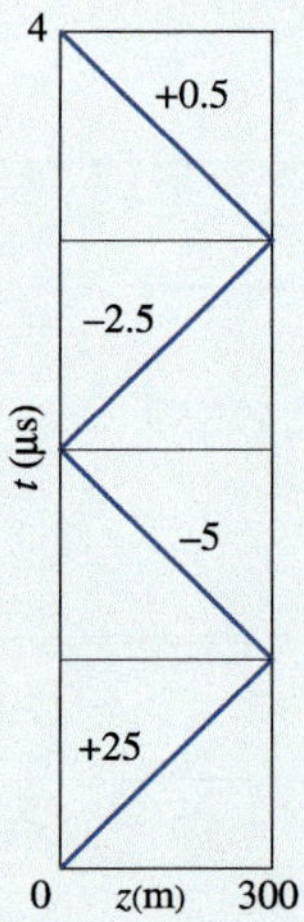

동축선로는 공기로 채워져 있기 때문에, 전파속도는 3×10^8 m/s이다. 한쪽 끝점에서 다른 끝점으로 전압신호가 이동하는 시간은 1 μs이다.

(b) 식 (7.59)와 식 (7.60)으로부터 계산한 전압과 전류의 점근값은 $V_{t \rightarrow \infty}$ = 18.2 V이고 $I_{t \rightarrow \infty}$ = 0.55 A이다.

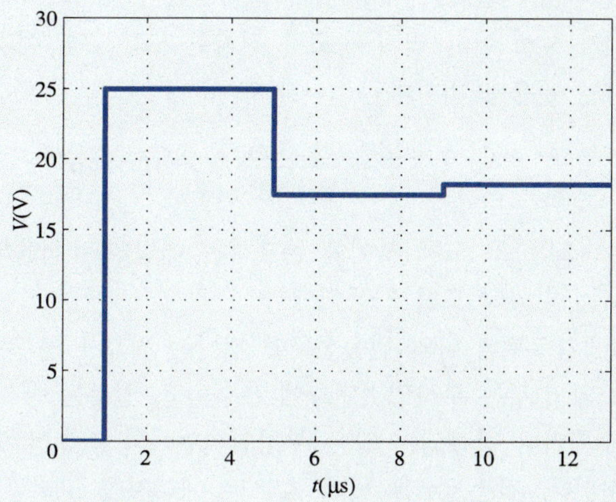

7.8 펄스전파

앞 절에서는, 전송선로를 따라서 전파함에 따른 계단전압의 과도특성에 대하여 살펴보았다. 전자파의 앞면이 일정한 속도로 전파하며, 신호가 한 점에서 다른 점으로 지나가는 데 0이 아닌 시간이 걸린다는 것을 관찰하였다. 이 시간은 $\mathscr{L}/v$ 정도가 되는 것을 알았다. 여기서 $\mathscr{L}$은 신호가 진행한 거리이고 v는 신호의 전파속도이다. 이 절에서는, 전송선로를 따라서 진행하는 전압펄스를 학습하는 데 정열을 바칠 것이다. 디지털집적회로와 실험실 측정에서 실제적인 중요성을 가지므로, 이 특정 주제에 대한 강조는 당연한 것이다.

그림 7-13에 나타난 것과 같이 펄스발생기를 부하임피던스에 연결시키는 전송선로를 생각해보자. 앞 절에서 과도효과를 설명한 것처럼, 전압분배 법칙을 이용하여 전송선로에 보내진 펄스의 크기 V_1을 계산할 수 있다.

$$V_1 = \frac{Z_c}{Z_g + Z_c} V_g \tag{7.61}$$

시간폭 Δt를 가지는 펄스는 그 펄스가 전송선로의 한 끝점에서 다른 끝점으로 이동

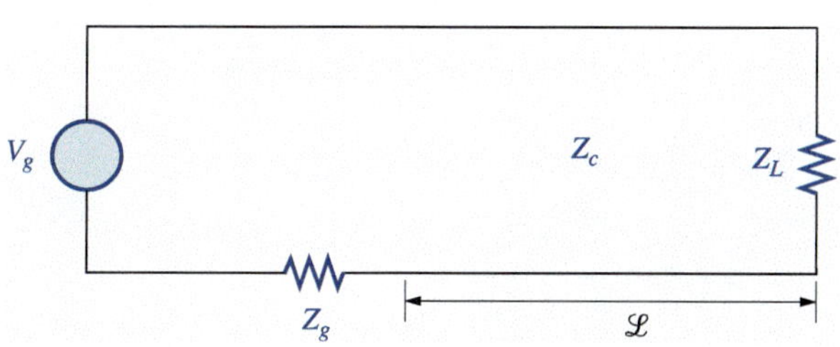

그림 7-13

내부임피던스 Z_g를 가지는 펄스발생기 V_g는 특성임피던스가 Z_c이고 부하임피던스 Z_L로 종단된 전송선로에 연결되어 있다.

하는 데 걸리는 시간보다 매우 작다고 가정한다(즉 $\Delta t \ll \mathscr{L}/v$). 예를 들면, 전송선로의 길이가 3 m 이고 빛의 속도로 전파한다고 하면, 이것은 펄스폭이 10 ns보다 훨씬 작다는 것을 의미한다.

$$\frac{\mathscr{L}}{v} \approx \frac{3\text{ m}}{3 \times 10^8\text{ m/s}} \approx 10 \times 10^{-9}\text{ s}$$

실제 전파속도는 두 도체 사이에 존재하는 매질의 유전율의 제곱근 만큼 감소하지만 여기서는 빛의 속도를 사용하였다.

신호발생기로부터 나와 전송선로를 지나는 펄스 V_1는 부하임피던스 쪽으로 전파된다. 펄스의 일부는 부하임피던스에 흡수되고, 일부는 반사되어 신호발생기로 돌아간다. 흡수되거나 반사되는 양은 부하임피던스와 전송선로의 특성임피던스의 비에 의해 결정된다. 전송선로를 따라 흐르는 에너지를 고려함으로써 흡수되는 신호의 값을 계산할 수 있다.

입사펄스의 에너지 $P_{\text{inc}}\Delta t$는 반사된 전자파의 에너지 $P_{\text{ref}}\Delta t$와 부하임피던스에 흡수되는 에너지 $P_{\text{abs}}\Delta t$로 나누어진다. 접합점에서 에너지는 보존되어야 하며 다음과 같이 쓸 수 있다.

$$P_{\text{inc}}\Delta t = P_{\text{ref}}\Delta t + P_{\text{abs}}\Delta t \tag{7.62}$$

이 식에서 공통인수 Δt는 소거되며, 전력항은 임피던스와 반사계수의 항으로 쓸 수 있다.

$$\frac{V_1^2}{Z_c} = \frac{\left(\Gamma V_1\right)^2}{Z_c} + \frac{V_L^2}{Z_L} \tag{7.63}$$

여기서 V_1은 입사전압이고, Γ는 반사계수이며 V_L은 부하임피던스에 걸리는 전압이다. 식 (7.24)의 반사계수 식을 삽입하여 다음과 같이 쓸 수 있다.

$$\frac{V_1^2}{Z_c} = \frac{\left(\left[\left(Z_L - Z_c\right)/\left(Z_L + Z_c\right)\right]V_1\right)^2}{Z_c} + \frac{V_L^2}{Z_L} \tag{7.64}$$

이 전압을 입사전압 V_1으로 나눈 비를 구하면, 다음을 얻을 수 있다.

$$V_L = V_1\sqrt{\frac{Z_L}{Z_c} - \frac{\left[\left(Z_L - Z_c\right)/\left(Z_L + Z_c\right)\right]^2 Z_L}{Z_c}} = V_1\frac{2Z_L}{Z_L + Z_c}$$

또는

$$\boxed{\mathbf{T} = \frac{V_L}{V_1} = \frac{2Z_L}{Z_L + Z_c}} \tag{7.65}$$

여기서 **T**는 ***투과계수***로 정의된다. 이것은 반사계수와의 중요한 관계를 따른다: **T** = 1 + **Γ**.

예제 7.15

동축선로 내부에서 $+z$ 방향으로 진행하는 전자파에 대하여 투과계수 T를 계산하여라. 분리하는 매질의 비유전율은 $z < 0$ 영역에서 2이고, $z > 0$ 영역에서는 3이다. 모든 영역에서 선로의 물리적 치수는 동일하다.

답. 식 (7.65)와 표 7-2의 결과를 사용하면 다음과 같이 쓸 수 있다.

$$\mathrm{T} = \frac{2\sqrt{(\mu/3\varepsilon_0)}[\ln(b/a)/2\pi]}{\sqrt{(\mu/3\varepsilon_0)}[\ln(b/a)/2\pi] + \sqrt{(\mu/2\varepsilon_0)}[\ln(b/a)/2\pi]}$$

$$= \frac{2/\sqrt{3}}{(1/\sqrt{3}) + (1/\sqrt{2})} = 0.9$$

그림 7-14에 보인 것처럼 서로 다른 치수를 가진 두 전송선로를 결합하는 것을 고려한다면 이점을 강조할 수 있다. 두 전극 사이에 있는 전송선로의 특성임피던스는 집적회로의 두 영역에서 서로 다르다. 한 전극으로부터 발생된 신호의 일부는 다른 전극으로 도달할 것이고, 일부는 원래의 전극으로 반사되어 돌아갈 것이다.

하나의 전송선로에서 다른 전송선로로 입사펄스가 순차적으로 전파하는 것을 그림 7-15에 나타내었다. 두 전송선로에서 신호는 서로 다른 속도로 전파한다는 것을 유의하여라. 평상적으로 $v = 1/\sqrt{\hat{L}\hat{C}}$ 이지만, 전송선로에서 단위 길이당 캐패시턴스와 인덕턴스는 다를 것이다.

ANIMATIONS

전송선로에서 전파속도 v를 아는 것은 아주 실용적인 몇 가지 중요성을 갖는다. 전송선로에 펄스를 보낼 수 있고, 반사된 펄스가 되돌아오는 시간 ΔT를 측정할 수 있다고 가정해 보자. $\Delta T = 2(d/v)$이기 때문에, 이들 데이터로부터 펄스 발생기에서 반사가 일어나는 곳까지의 미지의 거리 d를 정확히 계산할 수 있다. 집적회로의 결함 또는 지하에 매설된 케이블에서 단락회로의 위치를 찾는다고 생각해 보아라. 어

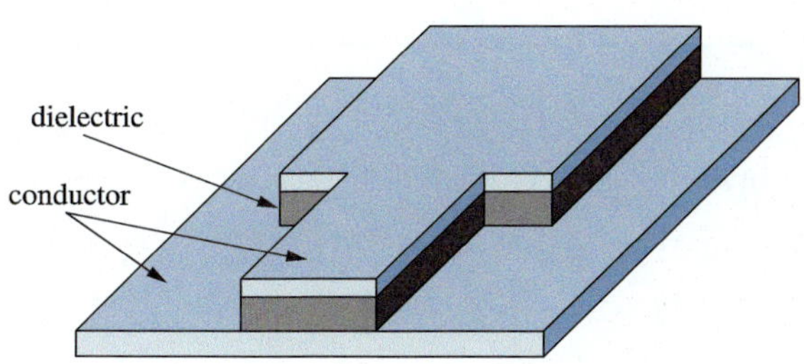

그림 7-14

마이크로스트립 선로라고 불리는 집적회로 전송선로 요소.

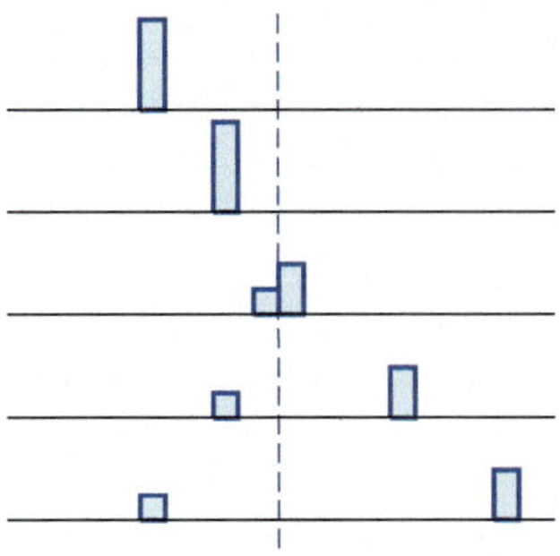

그림 7-15

전송선로의 불연속점을 지나는 전압펄스의 스냅샷. 이 사진은 동일한 시간 간격으로 찍었고 전파속도는 $v_{z>0}$ > $v_{z<0}$이다. 그리고, 두 선로의 특성임피던스는 상대값 $Z_{c(z>0)}$ > $Z_{c(z<0)}$을 가진다.

디를 조사하거나 파야 할지를 미리 안다면 많은 좌절의 시간을 줄일 수 있게 될 것이다. 이 실제적 기법을 ***시영역 반사측정법***이라고 한다.

예제 7.16

반사계수 Γ와 투과계수 T를 사용하여, 두 개의 무손실 전송선로가 연결되는 점에서 에너지가 보존됨을 보여라.

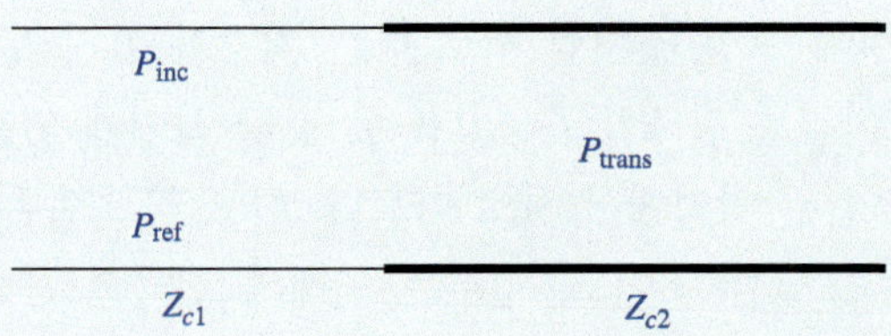

답. 에너지 보존이 이루어지려면 식 (7.62)를 만족해야 한다. 이것은 아래 식을 의미한다.

$$\frac{V_{inc}^2}{Z_{c1}} = \frac{(\Gamma V_{inc})^2}{Z_{c1}} + \frac{(\mathrm{T} V_{inc})^2}{Z_{c2}}$$

입사전압파를 소거하고 반사계수와 투과계수의 값을 대입하면 다음과 같이 쓸 수 있다.

$$\frac{1}{Z_{c1}} = \frac{|\Gamma|^2}{Z_{c1}} + \frac{|\mathrm{T}|^2}{Z_{c2}} = \frac{\left[\left(Z_{c2} - Z_{c1}\right)\Big/\left(Z_{c2} + Z_{c1}\right)\right]^2}{Z_{c1}} + \frac{\left[2Z_{c2}\Big/\left(Z_{c2} + Z_{c1}\right)\right]^2}{Z_{c2}} = \frac{1}{Z_{c1}}$$

예제 7.17

전송선로의 $z < 0$에서 1-V 펄스가 전파한다. 전송선로는 $z = 0$에서 개방회로로 종단되어 있다. 4개의 오실로스코프가 동일한 펄스발생기로 트리거 되어 있고 $z_a = -6$, $z_b = -4$, $z_c = -2$, $z_d = 0$ m에 위치해 있다. 전파속도를 구하고 오실로스코프에 있는 전압신호를 해석하여라. 전송선로가 단락회로로 종단되어 있을 때, 대응되는 전압신호를 그려라.

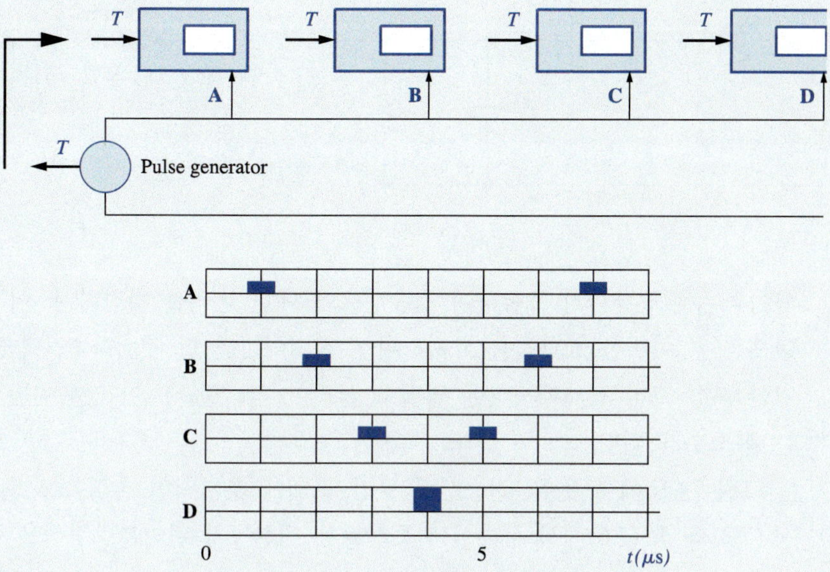

답. 오실로스코프 A와 B의 흔적으로부터 전파속도 $v = \Delta z/\Delta t = 2\text{m}/1\ \mu\text{s} = 2 \times 10^6$ m/s 임을 알 수 있다. 오실로스코프 D는 개방회로에 위치해 있고, 입사펄스와 반사펄스는 서로 합해진다. t = 4초 후에 검출된 신호는 펄스 발생기 쪽으로 전파하는 반사된 펄스이다. 전송선로가 단락회로로 종단되었을 때 오실로스코프에 검출된 전압신호를 아래 그림에 나타내었다. 단락회로를 지나는 전압은 0이다: 따라서, 오실로스코프 D에서 신호는 0이다.

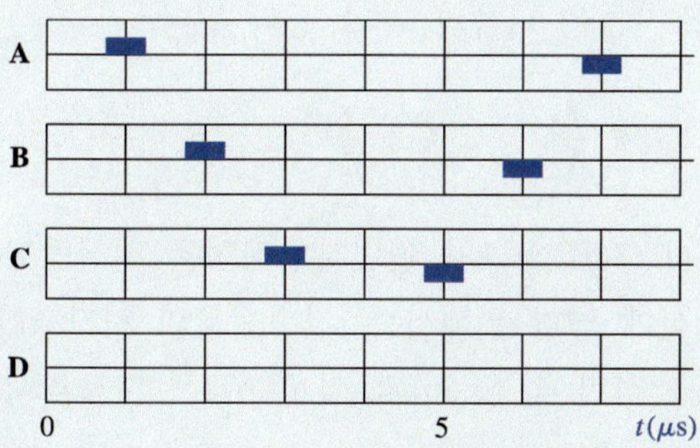

두 오실로스코프 화면이 전압 펄스에 상응함을 유의하여야 한다. 오실로스코프 화면이 전류 펄스에 상응한다면, 첫 번째 화면은 단락된 부하임피던스에 대한 것이고, 두 번째 화면은 개방회로에 대한 것이 된다.

7.9 손실 전송선로

확산의 예제를 제외한 지금까지의 전송선로 모델은 특성임피던스가 실수값이 되는 인덕터와 캐패스터만으로 구성하였다. 이 절에서는 도체 내부의 저항 손실과 도체

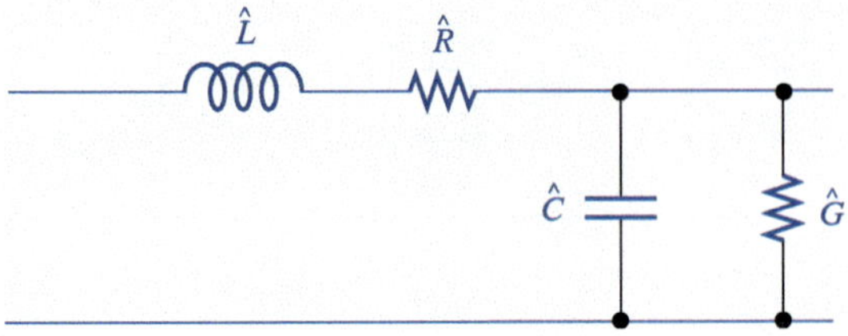

그림 7-16

손실항을 포함하며, 구간 길이가 Δz인 전송선로 모델. 모든 소자들의 단위는 단위길이당 단위이다.

사이의 누설전류까지 포함하여 전송선로에 대한 논의를 확장한다. 이전에 소개하였던 모델은 이러한 효과들을 고려하여 수정되어야만 할 것이다 (인덕터에 직렬로 삽입한 저항 그리고 캐패시터에 병렬로 삽입한 컨덕턴스). 이 경우에는 특성임피던스는 복소수가 된다.

그림 7-16에 보듯이, 전송선로 구간 모델에 추가적인 손실을 모델화할 수 있다. 식 (7.3)과 식 (7.6)에서 무손실 전송선로에 대한 1차 편미분방정식을 구하기 위하여 도입했던 과정을 동일하게 따르면, 다음을 얻을 수 있다.

$$\frac{\partial I(z,t)}{\partial z} = -\hat{C}\,\frac{\partial V(z,t)}{\partial t} - \hat{G}V(z,t) \tag{7.66}$$

$$\frac{\partial V(z,t)}{\partial z} = -\hat{L}\,\frac{\partial I(z,t)}{\partial t} - \hat{R}I(z,t) \tag{7.67}$$

여기서 회로소자들은 다음과 같이 정의 된다.

$$\hat{L} = \frac{L}{\Delta z} \qquad \hat{C} = \frac{C}{\Delta z} \qquad \hat{R} = \frac{R}{\Delta z} \qquad \hat{G} = \frac{G}{\Delta z} \tag{7.68}$$

식 (7.66)과 식 (7.67)의 1차 편미분방정식은 전신방정식이라고도 알려져 있다.

손실을 계산에 넣기 위해서는, 전송선로의 시간조화 여기를 가정하면 편리하다. 이러한 가정을 하면 식 (7.66)과 식 (7.67)은 다음과 같이 된다.

$$\frac{\partial I(z)}{\partial z} = -\left[\hat{G} + j\omega\hat{C}\right]V(z) \tag{7.69}$$

$$\frac{\partial V(z)}{\partial z} = -\left[\hat{R} + j\omega\hat{L}\right]I(z) \tag{7.70}$$

여기서 전류와 전압에 대해 페이저 표기를 도입하였다. 사각 괄호 내의 항은 각각 분포어드미턴스 $\hat{Y}$와 분포임피던스 $\hat{Z}$ 값들로 표시되어 있다. 따라서 이 두 식을 아래와 같이 다시 쓸 수 있다.

$$\frac{dI(z)}{dz} = -\hat{Y}V(z) \tag{7.71}$$

$$\frac{dV(z)}{dz} = -\hat{Z}I(z) \tag{7.72}$$

결합된 1차 상미분방정식은 각 종속 변수들에 대한 2차 상미분방정식 쌍을 얻는데 사용될 수 있다. 이것을 다음과 같이 쓸 수 있다.

$$\frac{d^2I(z)}{dz^2} = \hat{Z}\hat{Y}I(z) \tag{7.73}$$

$$\frac{d^2V(z)}{dz^2} = \hat{Z}\hat{Y}V(z) \tag{7.74}$$

페이저 선전압과 페이저 선전류의 해는 아래와 같다.

$$\begin{aligned} V(z) &= V_1e^{-\gamma z} + V_2e^{+\gamma z} \\ I(z) &= I_1e^{-\gamma z} + I_2e^{+\gamma z} \end{aligned} \tag{7.75}$$

여기서 ***복소전파상수***를 도입하였다.

$$\boxed{\gamma = \alpha + j\beta = \sqrt{\hat{Z}\hat{Y}} = \sqrt{(\hat{R} + j\omega\hat{L})(\hat{G} + j\omega\hat{C})}} \tag{7.76}$$

이전과 같이, V_1과 I_1 항은 전방으로 전파하는 전압파와 전류파의 진폭이고 V_2와 I_2 항은 후방으로 전파하는 전압파와 전류파의 진폭이다. 시간에 따라 변하는 전자파는 일반적인 방법으로 페이저로부터 복구될 수 있다. 식 (7.75)에 식 (7.76)을 대입하면 다음이 주어진다.

$$\begin{aligned} V(z, t) &= V_1e^{-\alpha z}\cos(\omega t - \beta z) + V_2e^{+\alpha z}\cos(\omega t + \beta z) \\ I(z, t) &= I_1e^{-\alpha z}\cos(\omega t - \beta z) + I_2e^{+\alpha z}\cos(\omega t + \beta z) \end{aligned} \tag{7.77}$$

식 (7.77)은 전파됨에 따라 지수함수적으로 감쇠하는 전자파를 묘사하는 것임을 알 수 있다 (V_1과 I_1 항은 z값이 증가함에 따라서 감쇠하고 V_2와 I_2 항은 z값이 감소함에 따라서 감쇠함). 전방으로 진행하며 감쇠하는 전자파의 스냅샷을 그림 7-17에 나타내었다. 그림으로부터 α와 β 값을 결정할 수 있다.

손실항이 작을 경우, (7.76)의 복소전파상수는 다음과 같이 근사화 할 수 있다.

$$\begin{aligned} \gamma = \alpha + j\beta &= \sqrt{\left(j\omega\hat{L}\right)\left(j\omega\hat{C}\right)}\sqrt{\left(1 + \frac{\hat{R}}{j\omega\hat{L}}\right)\left(1 + \frac{\hat{G}}{j\omega\hat{C}}\right)} \\ &\approx j\omega\sqrt{\hat{L}\hat{C}}\left[1 - j\left(\frac{\hat{R}}{2\omega\hat{L}} + \frac{\hat{G}}{2\omega\hat{C}}\right)\right] \end{aligned} \tag{7.78}$$

여기서 $x < <1$의 경우 결과를 간단히 하고자 이항근사 $(1 - x)^n \simeq 1 - nx$를 사

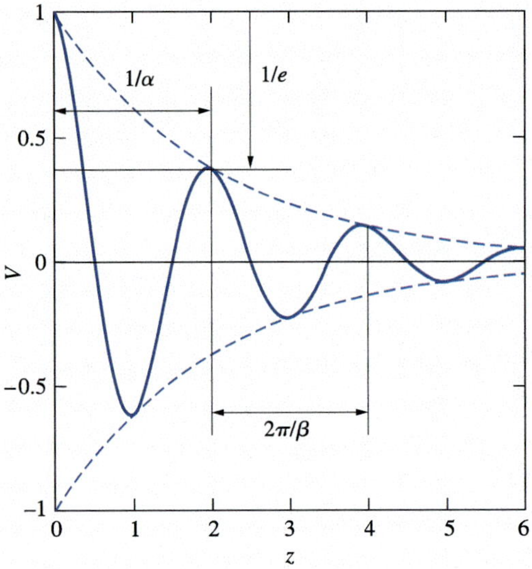

그림 7-17

어느 순간에서 위치함수의 형태로 본 시간조화 전압신호의 그림. 이 그림으로부터 복소전파상수를 결정할 수 있다.

$$\gamma = \alpha + j\beta = -\frac{1}{2} - j\frac{2\pi}{2} = -\frac{1}{2} - j\pi$$

용하였다. 식 (7.78)의 근사로부터 전자파는 $\pm z$ 방향으로 전파하지만, 전파함에 따라 진폭이 감쇠할 것이라는 것을 알 수 있다. 감쇠상수 α는 근사적으로 다음과 같이 주어진다.

$$\alpha \approx \omega\sqrt{\hat{L}\hat{C}}\left(\frac{\hat{R}}{2\omega\hat{L}} + \frac{\hat{G}}{2\omega\hat{C}}\right) = \frac{1}{2}\sqrt{\hat{L}\hat{C}}\left(\frac{\hat{R}}{\hat{L}} + \frac{\hat{G}}{\hat{C}}\right) \tag{7.79}$$

감쇠상수는 주파수에 무관함을 주목하여라.

예제 7.18

회로소자들이 $\hat{R}/\hat{L} = \hat{G}/\hat{C}$을 만족할 때의 복소전파상수를 구하여라. 또, 이 전송선로를 전파하는 신호를 해석하여라.

답. 복소전파상수 (7.17)을 아래와 같이 쓸 수 있다.

$$\gamma = \alpha + j\beta = \sqrt{\left(\hat{R} + j\omega\hat{L}\right)\left(\hat{G} + j\omega\hat{C}\right)}$$

$$= \sqrt{(\hat{R} + j\omega\hat{L})\left(\frac{\hat{R}\hat{C}}{\hat{L}} + j\omega\hat{C}\right)} = \left(\hat{R} + j\omega\hat{L}\right)\sqrt{\frac{\hat{C}}{\hat{L}}}$$

이 경우, 감쇠 상수 α와 위상속도 ω/β는 주파수에 독립적이다. 이것은 전자파가 이 전송선로에 전파할 때 신호의 왜곡이 없다는 것을 의미한다. 오직 신호에 대해 일정한 감쇠만이 존재할 것이다. 전송선로의 특성임피던스 또한 주파수에 독립적이다.

$$Z_c = \sqrt{\frac{\hat{Z}}{\hat{Y}}} = \sqrt{\frac{\hat{R} + j\omega\hat{L}}{\hat{G} + j\omega\hat{C}}} = \sqrt{\frac{\hat{R} + j\omega\hat{L}}{\left(\hat{R}\hat{C}/\hat{L}\right) + j\omega\hat{C}}} = \sqrt{\frac{\hat{L}}{\hat{C}}}$$

이 전송선로를 ***무왜곡 전송선로***라고 부른다.

예제 7.19

50 Ω 무왜곡 전송선로에서 감쇠는 0.01 dB/m이다. 전송선로는 0.1×10^{-9} F/m의 캐패시턴스를 가진다.

(a) 전송선로 파라미터 $\hat{L}$, $\hat{R}$, $\hat{G}$ 값을 구하여라.

(b) 전자파의 전파속도를 구하여라.

답.

(a) 무왜곡 전송선로이기 때문에 다음과 같이 쓸 수 있다.

$$Z_c = \sqrt{\frac{\hat{L}}{\hat{C}}} = 50\ \Omega \Rightarrow \hat{L} = (50)^2\left(0.1 \times 10^{-9}\right) = 2.5 \times 10^{-7}\ \text{H/m}$$

$$\alpha = \hat{R}\sqrt{\frac{\hat{C}}{\hat{L}}} = 0.01\ \text{dB/m} = \frac{0.01}{8.69}\ \text{Np/m} = 0.0012\ \ \text{Np/m}$$

이것으로부터 다음을 구할 수 있다.

$$\hat{R}\sqrt{\frac{\hat{C}}{\hat{L}}} = \frac{\hat{R}}{50} = 0.0012 \Rightarrow \hat{R} = 0.0575\ \Omega/\text{m}$$

무왜곡 전송선로의 조건으로부터 다음을 얻을 수 있다

$$\frac{\hat{R}}{\hat{L}} = \frac{\hat{G}}{\hat{C}} \Rightarrow \hat{G} = \frac{0.0575}{50^2} = 2.3 \times 10^{-5}\ \text{S/m}$$

(b) 위상속도는

$$v = \frac{1}{\sqrt{\hat{L}\hat{C}}} = \frac{1}{\sqrt{\left(2.5 \times 10^{-7}\right)\left(0.1 \times 10^{-9}\right)}} = 2 \times 10^{8}\ \text{m/s}$$

이다.

7.10 분산과 군속도

지금까지는 유한한 전도도를 갖는 도체로 인한 손실을 고려하여 저항 $\hat{R}$을 삽입하

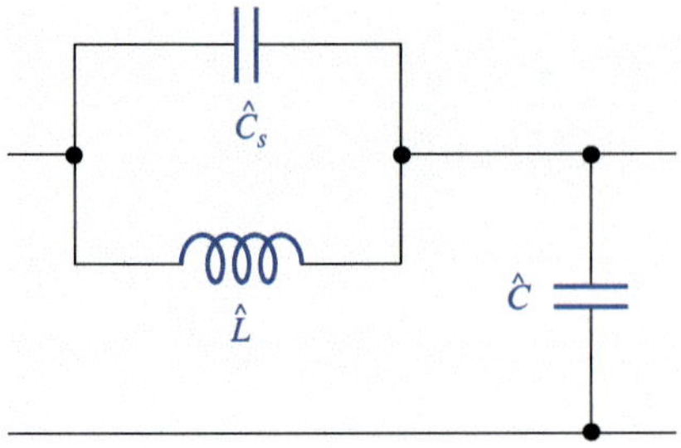

그림 7-18

분산을 포함하는 길이가 Δz인 전송선로 단면의 모델.

고, 0이 아닌 전도도를 갖는 유전체로 인한 손실을 고려하여 컨덕턴스 $\hat{G}$를 삽입함으로써 실제 전송선로 모델을 일반화시켜 왔다. 도선의 유한한 전도도와 유전체를 통한 누설전류 등의 효과는 전송선로를 따라 진행하는 전자파의 진폭을 감소시키는 손실 메카니즘을 도입시켰다. 이 절에서는, 분산이라고 알려진 또 다른 물리적 효과를 고찰할 것인데, 이 현상은 파장이 전송선로의 물리적 크기와 비슷하거나 전송선로를 분리시켜주는 유전체의 유전율이 주파수에 의존하는 경우에 발견된다. 곧 알게 될 것처럼 분산은 전송선로의 주파수 응답을 제한하며, 비정현 신호에 대하여 신호왜곡을 이끌고, v_g로 표기되는 ***군속도***라고 불리는 새로운 전파속도의 도입을 야기한다. 실제 모든 전송선로에서 이러한 효과가 나타난다. 분산전송선로의 간단한 회로모델에 대하여 논의할 것이다.

분산의 개념 소개에 사용될 선형 소자들로 구성된 간단한 모델을 그림 7-18에 나타내었다. 앞서 사용하였던 동일한 과정을 따라, 다수의 이러한 구역들로 구성된 전송선로에서 적용이 가능한 전신방정식을 쓸 수 있다. 바로 하나의 단서가 붙는데, 왼쪽의 노드로 들어가는 전류는 인덕터를 지나는 전류 I_L과 인덕터와 평행하게 연결된 캐패시터로 지나는 전류 I_c로 나누어 진다는 것이다.

$$I(z,t) = I_L(z,t) + I_c(z,t) \tag{7.80}$$

인덕터에서의 전압강하를 적절히 나타내는 식은 아래와 같다.

$$\frac{\partial V(z,t)}{\partial z} = -\hat{L}\frac{\partial I_L(z,t)}{\partial t} \tag{7.81}$$

이 인덕터와 병렬로 연결되어 있는 캐패시터에서의 전압강하를 나타내는 식은 다음과 같다.

$$\frac{\partial V(z,t)}{\partial z} = -\frac{1}{\hat{C}_s}\int I_c\,dt \tag{7.82}$$

추가된 캐패시터의 단위는 F/m 대신 F·m를 사용한다. 병렬로 연결된 캐패시터를 지나는 전류의 방정식은 다음과 같이 나타난다.

$$\frac{\partial I(z,t)}{\partial z} = -\hat{C}\frac{\partial V(z,t)}{\partial t} \tag{7.83}$$

식 (7.80)에서 식 (7.83)까지의 식으로부터 다음의 파동방정식을 유도 할 수 있다:

$$\frac{\partial^2 V(z,t)}{\partial z^2} - \hat{L}\hat{C}\frac{\partial^2 V(z,t)}{\partial t^2} + \hat{L}\hat{C}_s\frac{\partial^4 V(z,t)}{\partial z^2\,\partial t^2} = 0 \tag{7.84}$$

시간조화 신호발생기가 무한히 긴 이런 전송선로에 연결되어 있다고 가정해 보자. 여기되어 이 전송선로를 전파하는 복소시변 전자파는 다음의 형태를 가진다.

$$V(z,t) = V_0 e^{j(\omega t - \beta z)} \tag{7.85}$$

식 (7.85)를 식 (7.84)에 대입하면 전파상수 β와 전자파의 주파수 ω를 연관시켜주는 분산관계에 이른다. 이를 구하면 다음과 같다.

$$\left[(-j\beta)^2 - \hat{L}\hat{C}(j\omega)^2 + \hat{L}\hat{C}_s(j\omega)^2(-j\beta)^2\right]V_0 e^{j(\omega t - \beta z)} = 0 \tag{7.86}$$

각괄호 내의 항은 분산관계를 나타낸다. 이것을 다음과 같이 쓸 수 있다.

$$\beta = \pm\frac{\omega\sqrt{\hat{L}\hat{C}}}{\sqrt{1-\omega^2\hat{L}\hat{C}_s}} \tag{7.87}$$

그림 7-19*a*와 같이 전파상수는 주파수에 대해 비선형 함수이다.

이 경우에서 전파상수는 주파수에 의존하는 것을 알 수 있다. 이 현상을 ***분산***이라고 한다. 분산효과는 전자파의 전파에 극적인 영향을 미칠 것이다. 전송선로의 이런 효과를 설명하는 데 있어서, 저역통과 여파기의 동작을 생각할 수 있다. 전파상수는

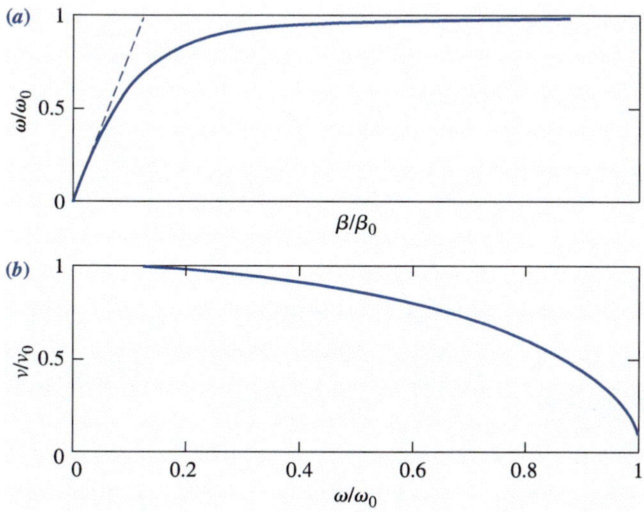

그림 7-19

분산 전송선로의 정규화된 전파특성.
(a) 실선은 분산관계식 (7.87)이다. 점선은 비분산 전파상수이다.
(b) 위상속도는 주파수의 함수이다.

예제 7.20

식 (7.77)을 사용하여 식 (7.87)의 분산관계를 유도하여라.

답. 식 (7.77)로부터, 다음과 같이 쓸 수 있다.

$$\gamma = \alpha + j\beta = \sqrt{\hat{Z}\hat{Y}} = \sqrt{\left(\frac{(j\omega\hat{L})(1/j\omega\hat{C}_s)}{j\omega\hat{L} + (1/j\omega\hat{C}_s)}\right)(j\omega\hat{C})}$$

$$= \sqrt{\frac{j\omega\,\hat{L}\hat{C}/\hat{C}_s}{j\left(\omega\hat{L} - (1/\omega\hat{C}_s)\right)}} = j\frac{\omega\sqrt{\hat{L}\hat{C}}}{\sqrt{1-\omega^2\hat{L}\hat{C}_s}}$$

소위 차단 주파수라인 ***특정주파수*** 아래에서, 이 식은 순허수가 된다. 이들 주파수에서, α = 0으로 설정할 수 있고 전자파는 전파함에 따라서 감쇠하지 않는다.

주파수 0부터 ω_0인 차단주파수까지 실수값을 가질 것이다. 여기서 ω_0는 아래와 같다.

$$\omega_0 = \frac{1}{\sqrt{\hat{L}\hat{C}_s}} \text{ (rad/s)} \tag{7.88}$$

이 차단주파수는 직렬암에 있는 "탱크" 회로의 공진주파수와 같다. 이 공진주파수에서 탱크회로에는 무한대의 임피던스가 나타날 것이다. 이보다 높은 주파수에서 전파상수는 허수일 것이고, 전자파는 전파되지 않는다. 비분산 주파수 범위에서 전파속도 v_0는 다음과 같이 주어진다.

$$v_0 = \frac{1}{\sqrt{\hat{L}\hat{C}}} \text{ (m/s)} \tag{7.89}$$

이 영역에서 파수 β_0는 아래와 같다.

$$\beta_0 = \frac{\omega_0}{v_0} \text{ (rad/m)} \tag{7.90}$$

분산전송선로와 분산매체는 일반적으로 매우 중요하고 실제적으로도 많이 사용한다. 분산은 도파관 내에서의 유한한 횡단 크기나 물질 내 원자 사이의 크기에 의해서 생성될 수 있다.

분산은 전파상수가 진동주파수에 의존한다는 것을 의미한다. 이 두 값 사이의 관계는 그림 7-20처럼 자주 나타난다. 분산곡선의 곡률은 서로 다른 기울기를 가질 수 있고, 이것은 각각 ***양의 분산***과 ***음의 분산***이라고 불린다.

금속체 구조 내에서 전파하는 것으로 한정된 전자파는 주파수가 구조의 물리적 치수에 의해 결정되는 차단주파수 이상이 될 때만 전파할 수 있다. 평면파의 논의

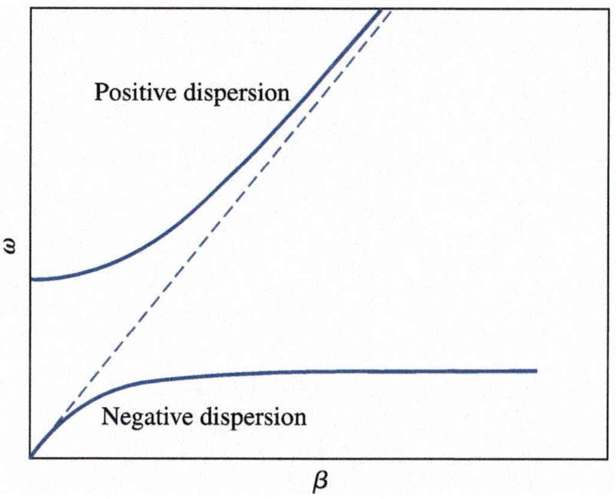

그림 7-20
분산곡선.

에서 이 주제를 접했음을 상기하여라. 음의 분산의 경우, 0부터 차단주파수 사이에서 전자파가 전파할 것이다. 차단주파수 이상에서 전자파는 전파하지 않을 것이다. 이러한 특성을 갖는 소위 '***플라즈마***'라는 이온화된 가스에서는 다양한 종파가 존재한다.

그렇다면 "동일한 선형 매질 내에서 약간 다른 주파수를 가진 두 신호가 전파된다면 어떤 일이 발생할까?" 하는 질문이 생길 것이다. 이 질문에 대한 대답은 분산매체 내에서 존재하는 소위 '***군속도***'라는 또 다른 속도를 제시해 줄 것이다. 우리는 이미 좁은 펄스는 푸리에 해석을 이용하여 살펴볼 수 있고, 펄스는 다수의 고주파 성분으로 구성되어 있다는 것을 배웠다. 펄스가 분산영역을 전파해간다면, 뒤 단계에서 원래 펄스를 재구성하는 것이, 불가능하지 않다면, 어려울 것이다. 왜냐하면 고주파 성분은 급격히 감쇠할 것이고, 서로 다른 주파수의 신호 부분들은 다른 위상속도로 전송선로를 타고 전파할 것이기 때문이다.

방금 제시됐던 질문을 답하기 위하여, 각각 같은 진폭 V_0와 다음의 진동주파수를 가지는 두 개의 전자파를 생각해 보자.

$$\omega_1 = \omega_0 + \Delta\omega \qquad \text{and} \qquad \omega_2 = \omega_0 - \Delta\omega \tag{7.91}$$

이 주파수들에 각각 상응하여, $+z$ 방향으로 전파하는 신호가 여기 된다. 그림 7-20의 분산곡선에 상응되는 전파상수는 다음과 같이 얻어진다.

$$\beta_1 = \beta_0 + \Delta\beta \qquad \text{and} \qquad \beta_2 = \beta_0 - \Delta\beta \tag{7.92}$$

전체 응답을 구하기 위하여 중첩의 원리를 적용하여 두 개의 전자파를 더한다.

$$V(z, t) = V_0[\cos(\omega_1 t - \beta_1 z) + \cos(\omega_2 t - \beta_2 z)] \tag{7.93}$$

ANIMATIONS

식 (7.93)에 삼각항등식을 적용하면 다음을 얻는다.

$$V(z, t) = 2V_0 \cos(\Delta\omega t - \Delta\beta z)\cos(\omega_0 t - \beta_0 z) \tag{7.94}$$

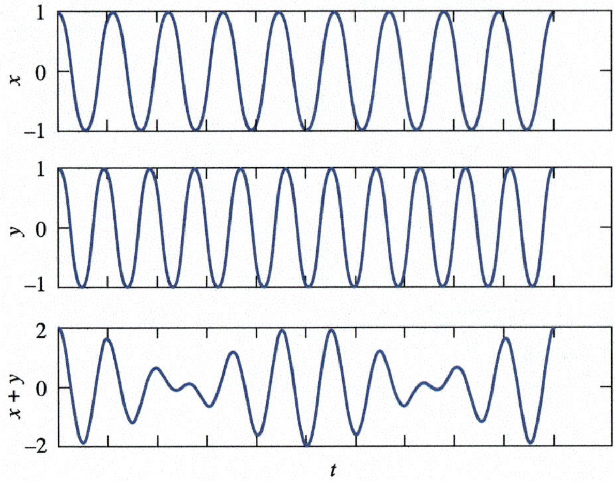

그림 7-21

약간 다른 주파수로 진동하는 두 코사인 파의 합이 그림에 나타나있다. 아래 그림에서 보여주듯이 두 신호들 사이에는 보강간섭과 상쇄간섭이 존재한다.

그림 7-21에서는 약간 다른 주파수를 가진 두 코사인 신호들을 더함으로써 결합과정을 보여주고 있다.

그림 7-22와 같이 일정 간격으로 떨어진 다양한 위치에서 이 두 신호를 살펴보면, 등위상점의 전파속도와 이 변조의 속도 양쪽을 확인할 수 있을 것이다. 등위상점에서 위상속도는 $v_p = \omega_0/\beta_0$이다. 진폭변조의 속도는 $v_g \approx \Delta\omega/\Delta\beta$이다. $v_g = \Delta\omega/\Delta\beta$이 $\partial\omega/\partial\beta$의 극한에 이르렀을 때의 변조속도를 전자파의 ***군속도***라고 한다. 비분산매질에서 두 속도는 동일하다. 그러나, 분산매질에서 두 속도는 크게 차이가 나고 서로 반대 부호를 가지기도 한다.

ANIMATIONS

거리값이 증가되는 쪽에서 검출된 신호의 사진이 그림 7-22에 나타나 있다. 등위상점이 뒤이어질 것이고, 그것은 위상속도를 계산하는 자료가 될 것이다. 변조신호의 포락선은 군속도로 전파할 것이다. 종종 이들 변조신호는 전파되면서 흩어지는데, 이는 검출된 신호를 크게 왜곡시키는 원인이 된다. 예를 들어, 매우 많은 주파수

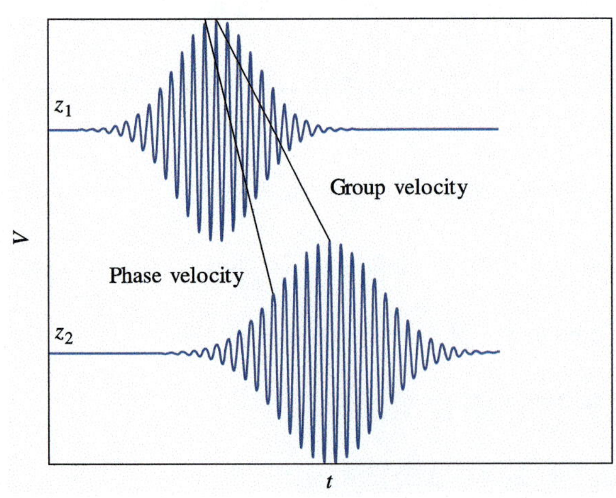

그림 7-22

분산매질에서 신호의 전파. 신호는 두 지점에서 검출된다. 등위상점과 포락선의 최대점은 다음과 같다. 등위상점은 위상속도로 전파하고, 변조포락선은 군속도로 전파한다. 이 그림에서, 위상속도는 군속도보다 빠르다.

성분을 포함하며 비분산매질을 전파하는 매우 좁은 펄스여기는 여기점에서 멀리 떨어진 거리에서 오직 하나의 주파수 성분만을 가지는 시간조화 신호로 보여질 수 있다.

전자파의 전파에서 분산은 매우 극적인 효과를 준다라는 것만 알아두도록 하자. 만약 비분산에 더하여, 매질이 비선형 (전파속도가 전파하는 전자파의 진폭에 의존하는) 이라면, 이런 매질에서 전파하는 ***솔리톤***이라고 부르는 비선형 전자파를 가질 가능성이 있다. 비선형 분산전송선로는 그림 7-18과 같이 선형 병렬 캐패시터를 전압파의 국부값에 의존하여 값을 갖는 캐패시터로 대체함으로써 구성할 수 있다. 이것을 ***비선형 버랙터 다이오드***라고 부른다. 이것은 여러 과학 및 공학 단체의 최근 연구 관심 주제이다.

예제 7.21

(a) 아래 그림과 같은 일반적인 전송선로에서 위상속도와 군속도를 구하여라.
(b) 회로소자들이 서로 바뀌었을 때의 전송선로에서 위상속도와 군속도를 구하여라.

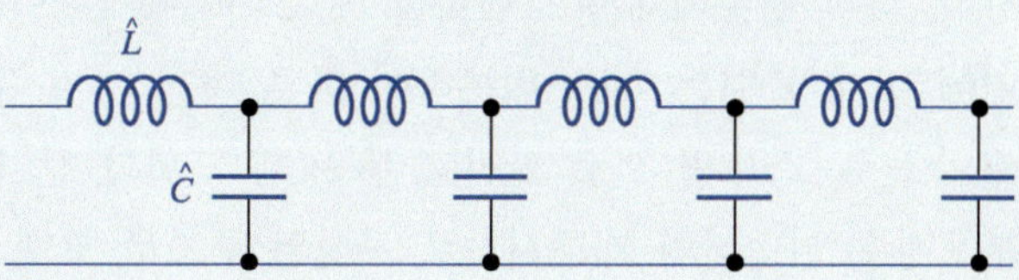

답.

(a) 식 (7.77)로부터, 다음과 같이 쓸 수 있다.

$$\gamma = \alpha + j\beta = \sqrt{\hat{Y}\hat{Z}} = \sqrt{(j\omega\hat{L})(j\omega\hat{C})} = j\omega\sqrt{\hat{L}\hat{C}}$$

위상속도 v_p를 계산하면 다음과 같다.

$$v_p = \frac{\omega}{\beta} = \frac{1}{\sqrt{\hat{L}\hat{C}}}$$

군속도 v_g를 계산하면 아래와 같다.

$$v_g = \frac{\partial\omega}{\partial\beta} = \frac{1}{\left(\frac{\partial\beta}{\partial\omega}\right)} = \frac{1}{\sqrt{\hat{L}\hat{C}}}$$

두 속도는 이 경우에는 동일하며, 주파수에 독립적이다.

(b) 식 (7.77)로부터, 다음과 같이 쓸 수 있다.

$$\gamma = \alpha + j\beta = \sqrt{\hat{Z}\hat{Y}} = \sqrt{\left(\frac{1}{j\omega\hat{C}}\right)\left(\frac{1}{j\omega\hat{L}}\right)} = -\frac{1}{j\omega\sqrt{\hat{L}\hat{C}}}$$

위상속도 v_p를 계산하면

$$v_p = \frac{\omega}{\beta} = -\omega^2\sqrt{\hat{L}\hat{C}}$$

이고, 군속도 v_g를 계산하면

$$v_g = \frac{\partial\omega}{\partial\beta} = \frac{1}{\left(\dfrac{\partial\beta}{\partial\omega}\right)} = \omega^2\sqrt{\hat{L}\hat{C}}$$

이다. 이 경우 위상속도와 군속도는 서로 반대방향이고, 둘 다 주파수에 의존한다.

7.11 결론

이 장에서 배운 전송선로 이론은 여러 관점에서 매우 중요하다. 이것은 자체적으로도 중요하며, 다른 전송매체를 모델화할 때도 사용될 수 있다. 전송선로는 헬리콥터와 비행기에 번개가 치는 것을 비롯하여 다른 여러 가지 구조를 모델할 때도 사용되었다. 동축선로, 스트립 선로 그리고 두 평행 도선과 같이 많이 사용되는 여러 구조들은 분포정수 인덕터와 캐패시터로 구성된 구조로 모델 할 수 있다. Kirchhoff의 법칙을 직접 응용하여 전신방정식으로 알려진 두 개의 1차 편미분방정식을 얻을 수 있다. 이들 두 개의 방정식에서 종속변수들 중 하나를 소거하여 파동방정식을 이끌어 내었다.

초기 과도효과는 무시할 수 있다는 가정 하에, 정현 신호발생기는 정현파를 공간좌표 값이 증가하거나 감소하는 쪽으로 내보낼 것이다. 전자파의 진폭은 반파장마다 반복될 것이다. 같은 방향으로 진행하는 전압파와 전류파의 비는 전송선로의 특성임피던스이다. 부하임피던스나 다른 전송선로로 종단된 전송선로에서 반사와 투과계수, 정재파, VSWR, 그리고 임피던스 정합의 개념에 대하여 소개하였다. 스미스 도표는 이러한 정합을 용이하게 하는 데 사용된다. 과도효과와 이 후의 펄스전파를 따르는 전파진행을 반사도로 분석하였다. 계단전압에 의해 여기된 전송선로의 최종 점근상태를 구하였다. 마지막으로 손실과 분산의 효과를 분석하였다.

7.12 연습문제

7.1.1. 동축선로와 스트립선로에 대한 등가회로의 소자 파라미터가 올바르게 표현되었음을 보여라.

7.1.2. 표 7-1에 나타난 동축선로의 캐패시턴스와 인덕턴스 공식을 유도하여라.

7.2.1. $v = 1/\sqrt{\hat{L}\hat{C}}$가 실지로 속도의 단위를 가짐을 보여라.

7.2.2. 확산계수 $D = 1/\hat{R}\hat{C}$의 단위가 실지로 $(\text{length})^2/$ time 단위임을 보여라.

7.2.3. z값이 감소하는 쪽으로 진행하는 전자파의 함수가 식 (7.7)의 파동방정식을 만족함을 보여라.

7.2.4. 그림 7-3의 선형 캐패시터를 가해진 전압에 의존하는 캐패시턴스를 갖는 버랙터 다이오드로 대신해 보자. 이 경우에 전류는 $\Delta I = \partial Q(v)/\partial t$이다. 이 전송선로의 파동방정식을 유도하여라.

7.2.5. 식 (7.15)와 식 (7.16)의 두 일반 해가 페이저 파동방정식 식 (7.13)을 만족함을 보여라. 일반해가 반드시 주어진 것과 같은 임의의 계수를 가지는 이들 함수의 선형조합으로 표현될 수 있도록, 이들 각각의 해에 있는 두 항이 독립 함수임을 보여라. (힌트: 론스키안을 사용해서 함수들이 독립임을 보일 수 있다.)

7.3.1. 스트립선로의 특성임피던스에 대한 표현식을 구하라.

7.3.2. 트윈리드의 특성임피던스에 대한 표현식을 구하라.

7.3.3. 집적회로에 있는 두 금속도체 사이에 $\varepsilon_r = 2$인 유전체가 삽입되었다. 상부 금속스트립의 폭은 10 μm이고, 하부 금속접지면과는 5 μm 떨어져 있다. 이 전송선로의 특성임피던스와 신호의 속도를 구하여라.

7.3.4. 특성임피던스 5 Ω을 가지는 유리 절연체가 있는 스트립선로를 설계하여라. 설계시 어느 정도의 자유가 주어지지만, 집적회로에서 사용된다는 하나의 단서가 붙는다.

7.3.5. TV 트윈 리드는 $\varepsilon_r = 3$인 고무 유전체에 의하여 1 cm 떨어져 있는 직경 1-mm의 평행 구리도선 두 개로 구성된다. 이 트윈리드의 단위 미터당 캐패시턴스는 얼마인가? 이것의 특성임피던스는 얼마인가?

7.3.6. $Z_L < Z_c$일 경우, 부하임피던스를 가로지르는 전압은 입사파 보다 작음을 증명하여라.

7.4.1. 전송선로를 따라 측정된 VSWR이 2이다. 반사계수 $\mathfrak{R}$에 대해 두 가지 값을 구하여라. 이들 값 중에서, 어떤 값이 $Z_L < Z_c$에 해당하고 어떤 값이 $Z_L > Z_c$에 해당하는가?

7.4.2. 문제 7.4.1에서 $Z_c = 50\ \Omega$일 때, Z_L의 두 가지 값을 구하여라.

7.4.3. 부하임피던스 $Z_L = 25\ \Omega$이 특성임피던스가 50 Ω인 전송선로에 연결되어 있다. 식 (7.33)을 사용하여 부하에서부터 2λ까지 임피던스 곡선을 거리의 함수로 그려라.

7.5.1. 식 (7.33)을 사용하여 부하임피던스는 매 $\lambda/2$마다 반복됨을 증명하여라.

7.5.2. 식 (7.33)을 사용하여 길이 $\mathscr{L}$이 $\lambda/4 < \mathscr{L} < \lambda/2$인 단락회로로 종단된 전송선로의 입력임피던스가 캐패스티브함을 증명하여라.

7.5.3. 식 (7.33)을 사용하여 길이 $\mathscr{L}$이 $\lambda/4 < \mathscr{L} < \lambda/2$인 개방회로로 종단된 전송선로의 입력 임피던스가 인덕티브함을 증명하여라.

7.5.4. 공기로 채워진 길이 1 m의 50 Ω 동축선로가 300 MHz 신호발생기로 여기되었다. 전송선로는 부하임피던스 $Z_L = (25 + j25)\ \Omega$로 종단되었다. 이 전송선로의 입력임피던스는 얼마인가?

7.5.5. 길이가 $\mathscr{L}$인 단락된 50 Ω 전송선로는 $j0.01$ S의 입력어드미턴스를 가진다. 전송선로의 길이를 λ로 구하여라.

7.5.6. 식 (7.46)과 식 (7.47)을 사용하여, $r = 0, 1, \infty$인 원과 $x = -1, 0, 1$인 원을 그리고 그림 7-9가 맞는지 확인하여라.

7.6.1. 스미스 도표를 사용하여, 부하임피던스 $Z_L = (25 + j25)\ \Omega$으로 종단된 50 Ω 동축선로의 입력임피던스 Z_{in}을 구하여라. 동축선로의 길이는 $3\lambda/8$이다.

7.6.2. 스미스 도표를 사용하여, 부하임피던스 $Z_L = (25 + j25)\ \Omega$으로 종단된 50 Ω 동축선로의 입력어드미턴스 Y_{in}을 구하여라. 동축선로의 길이는 $\lambda/8$이다.

7.6.3. 스미스 도표를 사용하여 50 Ω 동축선로와 연결된 부하임피던스 $Z_L = (25 + j25)\ \Omega$로 부터 정

규화된 입력어드미턴스 $Y_{in} = 1 + jB_{in}$을 갖게 되는 거리를 구하여라. 단락회로로 종단된 전송선로가 얼마나 길어야 그 전송선로와 정합되겠는가?

7.6.4. 50 Ω 전송선로가 부하임피던스 $Z_L = (100 - j100)$ Ω으로 종단되어 있다. λ/4 정합선로의 특성임피던스를 구하여라.

7.7.1. 무손실 전지가 특성임피던스가 Z_c이고 길이가 $\mathscr{L}$인 단락회로로 종단된 이상적인 전송선로에 연결되어 있다. $z = \mathscr{L}/2$에서의 전위를 $0 < t < 4(\mathscr{L}/v)$의 시간함수로 그려라. $t = 0$에서 스위치는 닫힌다.

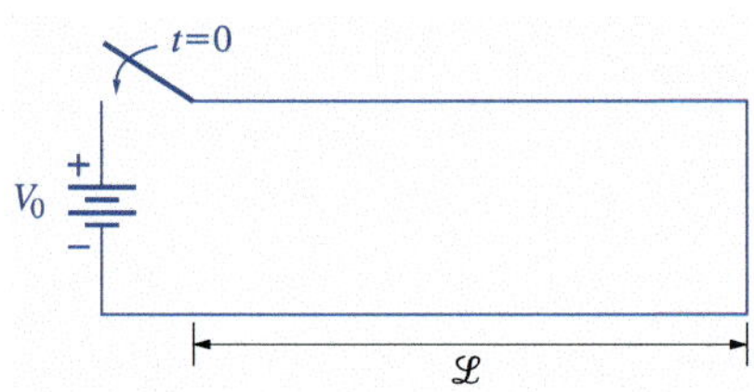

7.7.2. 문제 7.7.1의 전송선로에서 $z = \mathscr{L}/2$에서 전류모양을 $0 < t < 4(\mathscr{L}/v)$의 시간함수로 그려라.

7.7.3. 무손실 전지가 특성임피던스가 Z_c이고 길이가 $\mathscr{L}$인 개방회로로 종단된 이상적인 전송선로에 연결되어 있다. $z = \mathscr{L}/2$에서 전위를 $0 < t < 4(\mathscr{L}/v)$의 시간함수로 그려라. $t = 0$에서 스위치는 닫힌다.

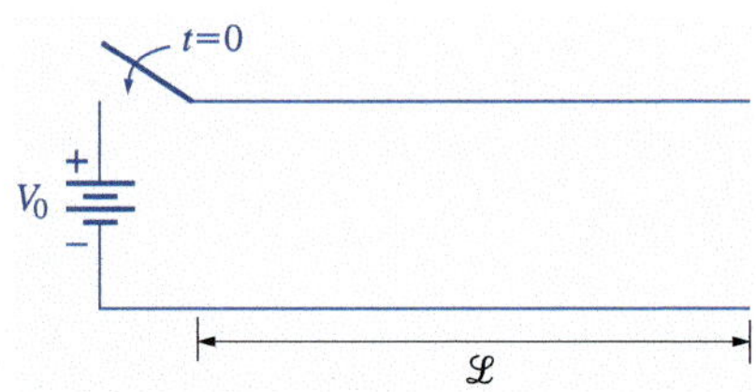

7.7.4. 문제 7.7.3의 전송선로에서 $z = \mathscr{L}/2$에서 전류모양을 $0 < t < 4(\mathscr{L}/v)$의 시간함수로 그려라.

7.7.5. 두 전송선로가 저항 R_L로 결합되어 있다.

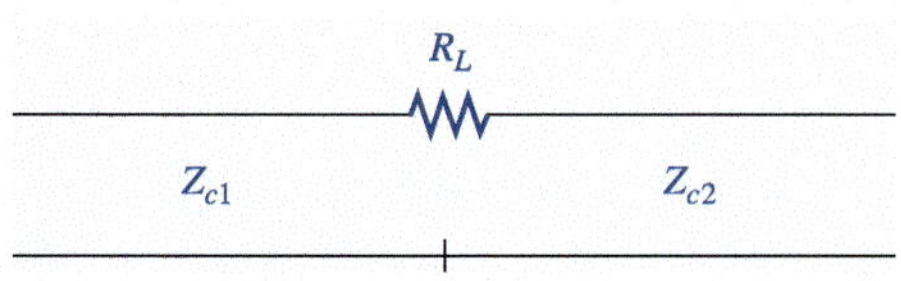

만약 $z = -\infty$에서 입사하는 전압이 V_{inc}이라면, 전송선로 2로 투과하는 전압 V_T는 다음과 같이 쓸 수 있음을 보여라.

$$V_T = \frac{Z_{c2}}{R_L + Z_{c2}}(1 + \Gamma)V_{inc}$$

$$\Gamma = (R_L + Z_{c2} - Z_{c1}) / (R_L + Z_{c2} + Z_{c1})$$

7.7.6. 부하에 위치한 스위치가 $t = 0$일 때 닫혀있다. 부하에서의 전압과 전류를 시간 함수 $\mathscr{L}/v$로 그려라. 부하임피던스 R_L과 전송선로의 특성임피던스 Z_c는 같다.

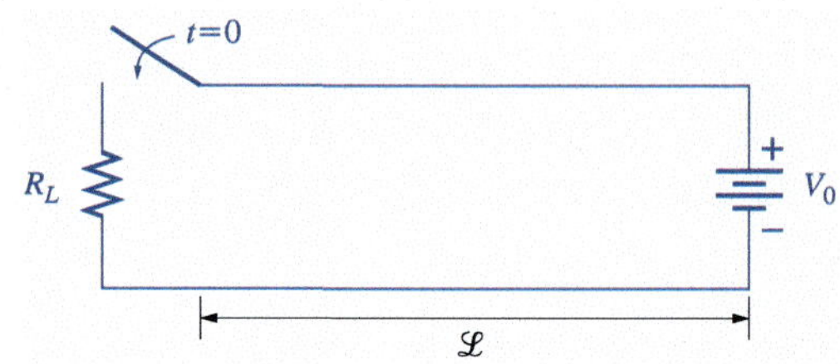

7.7.7. 아래 그림처럼 스위치가 한 개는 전지에 다른 한 개는 부하에 있는, 두 스위치를 가지는 전송선로가 있다. 초기에 S_1은 닫혀있고 S_2는 열려있다. $t = 0$일 때 S_1은 열리고 S_2는 닫힌다. 전압 $V_{aa'}$를 시간 함수로 그려라. 부하임피던스가 특정 전송선로의 중간점에 위치해 있으면, 부하임피던스에 큰 전압펄스를 발생시키는 것이 가능하다. 이것을 ***Blumlein 전송선로***라고 한다.

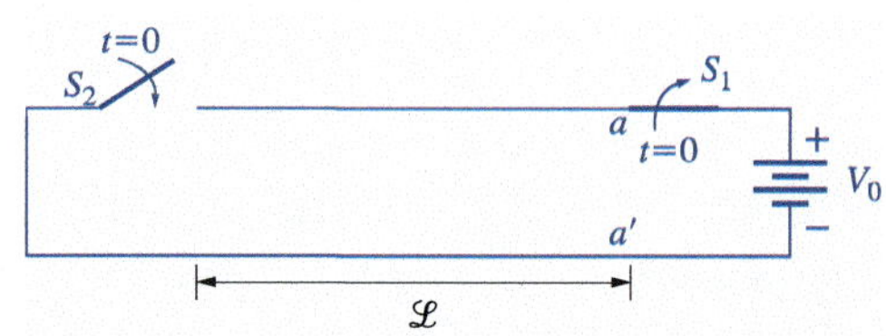

7.7.8. 길이 $\mathscr{L} = 2$ m이고 $Z_c = 50$ Ω, $R_L = 20$ Ω, $R_g = 30$ Ω 값을 갖는 전송선로에 펄스발생기가 연결되어 있다. 전송선로에서 전파속도는 10^8 m/s이다. 펄스 진폭은 1 V이고 펄스의 폭은 10^{-9} s이다. $z = \mathscr{L}/2$에서 전압을 $0 \le t \le 100$ ns의 시간 함수로 그려라.

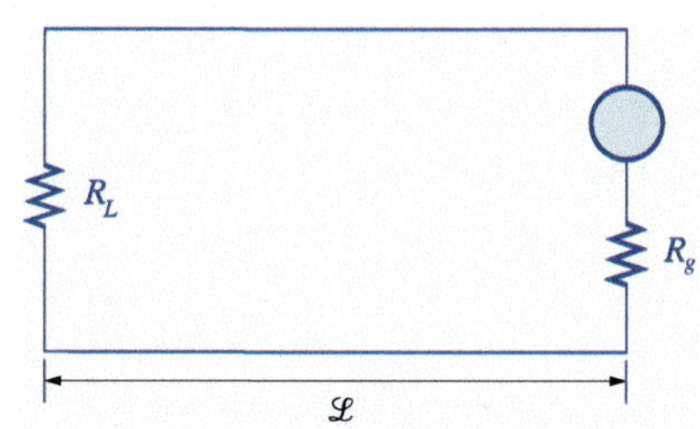

7.8.1. 디지털 컴퓨터에서 펄스발생기로부터 나오는 이진 펄스열을 표본화가 이루어지는 다른 지점으로 보내고자 한다. 아래에 나타난 펄스열은 문제 7.7.7에 있는 펄스발생기로부터 내보내지고, 시간 $T = 3\mathscr{L}/2v$ 후에 펄스열을 검출하고자 한다. 이 컴퓨터의 속도에 부과 되어지는 한계를 설명하라.

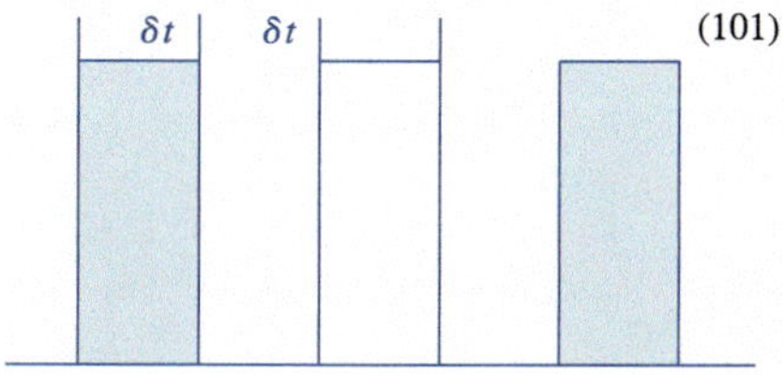

7.8.2. 문제 7.8.1의 결과를 32-비트와 64-비트 기계에서 일반화 하여라.

7.9.1. 전송선로에 손실이 있어 신호가 진행함에 따라서 $e^{-\alpha z}$ 만큼 감쇠하는 경우에 대해서, 문제 7.7.8 을 다시 풀어라. α = 0.01, 0.1, 1.0이다.

7.9.2. 직렬분기의 직렬공진회로와 병렬분기의 캐패시터로 구성되는 전송선로의 분산관계를 그려라. 식 (7.77)을 이용하여, 전파상수를 계산하라.

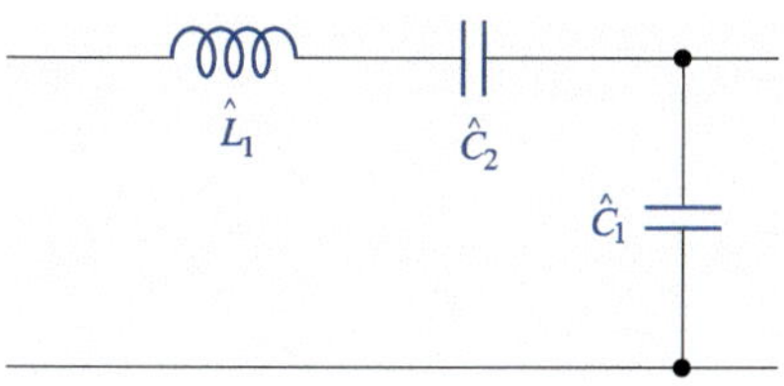

7.9.3. 직렬분기의 인덕터와 병렬분기의 탱크회로로 구성되는 전송선로의 분산관계를 설명하라.

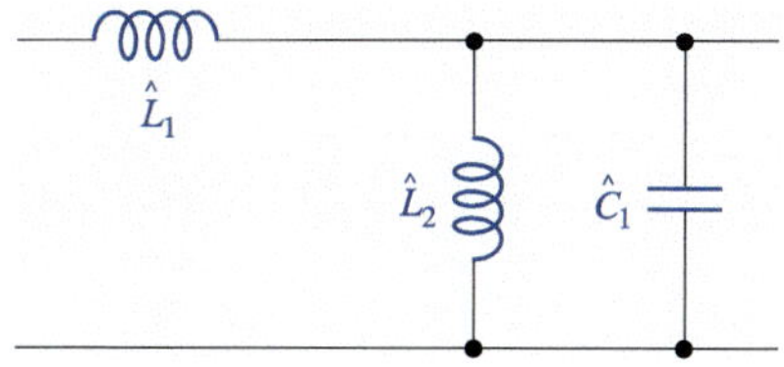

7.10.1. 직렬인덕터에 직렬 저항 $\hat{R}_s$가 추가되었을 경우, 문제 7.9.2를 다시 풀어라. 분산관계는 복소수일 것이다.

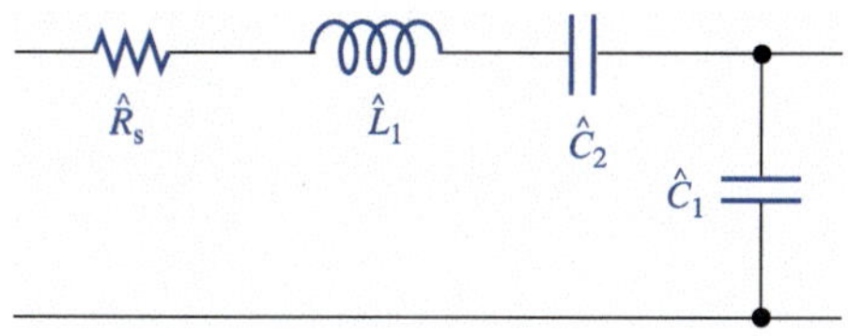

7.10.2. 직렬인덕터에 직렬저항 $\hat{R}_s$가 추가되었을 경우, 문제 7.9.3을 다시 풀어라. 분산관계는 복소수일 것이다.

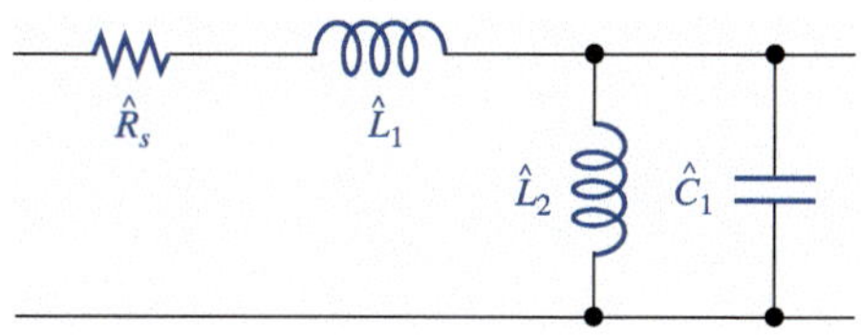

CHAPTER 8

전자파의 복사

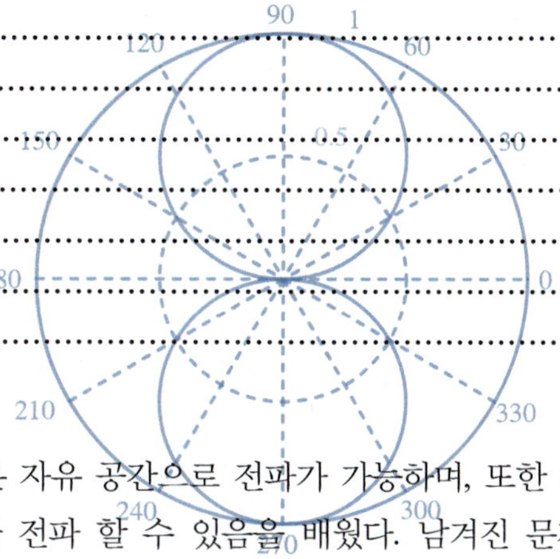

앞 장에서 전자파는 무한히 넓은 자유 공간으로 전파가 가능하며, 또한 이러한 전자파는 일반적인 전송선로를 따라 전파 할 수 있음을 배웠다. 남겨진 문제는 동일한 전자파가 한정된 영역에서 여기되어 무한한 공간으로 진수 또는 복사가 되는가 이다. 본 장에서는 안테나의 중요 주제들을 자연스럽게 이끌어 가는 전자파 복사의 기본에 대하여 살펴보겠다.

8.1 복사의 기본

안테나의 복사특성을 살펴보기에 앞서 전자파 복사를 유발시키는 물리적 현상을 먼저 이해해야 한다. 이것은 근원적인 관점에서 전하에 의해 일어날 수 있는 복사특성을 살펴보아야 함을 뜻한다. 전하가 전자파를 복사하기 위해서는 특정한 요건들이 충족되어야만 한다. 이러한 요건들은 직관적인 관점에서 제시될 것이다. 전반적인 개요를 이해하는 것은 안테나 복사이론의 이해를 증진시키는 초석이 된다. 본 교재에서 고려하고 있는 선형매질에는 중첩의 원리가 적용되고, 안테나는 무수한 전하들로 구성되어 있다고 간주할 수 있다

전원으로부터 복사되는 전체 전력 P_{rad}이 다음과 같은 폐곡면 적분에 의해 얻어진다는 포인팅이론을 통하여 전자파의 복사를 이해할 수 있다.

$$P_{\text{rad}} = \oint_{\Delta s} \mathbf{E} \times \mathbf{H} \cdot \mathbf{ds} \tag{8.1}$$

포인팅이론에서는 표면에 의해 완전히 닫혀진 체적 내에 있는 전원으로부터의 전자

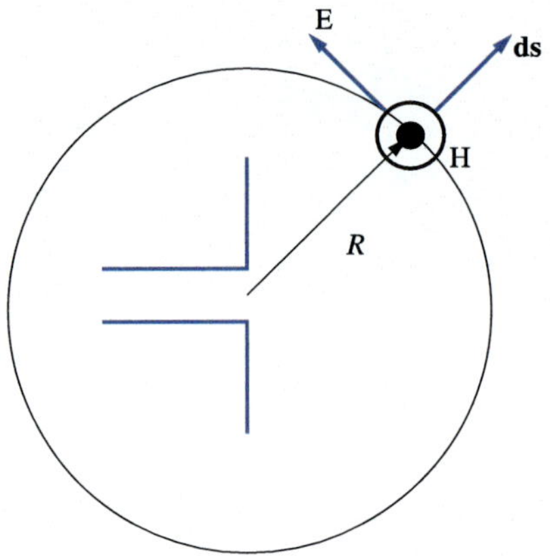

그림 8-1

전자파의 안테나 복사. 정전하의 경우, **H** 성분은 0이다.

파 복사에는 맥스웰방정식으로 결합되어 있는 전계와 자계가 모두 요구됨을 알려준다.

2장에서 논의하였듯이, 정전하는 전자파를 복사하지 못한다. 이것은 쉽게 이해할 수 있는데, 정전하는 흐르는 전류를 형성하지 못하므로 그와 연관된 자계도 존재할 수가 없다. 식 (8.1)로부터 전체 복사전력은 결국 0이 되며, 이를 통하여 정전하로부터 전자파의 복사는 이루어질 수 없다는 결론을 내릴 수 있다.

우리는 또 다른 관점에서 이와 같은 결론에 도달할 수 있다. 만약 전력이 탐지되는 지점이 전원에서 멀리 떨어져있고 구면파가 복사된다고 가정하면, 이 전자파는 전하로부터 상당히 멀리 떨어진 곳에서 거의 평면파로 나타날 것이다. 6장에서 설명되었던 진행파의 전계강도와 자계강도는 자유공간의 파동임피던스 Z_0를 통하여 관련지어진다는 사실을 이용할 수 있다. 자계강도의 크기는 $H = E/Z_0$의 공식을 통해 전계강도 E로부터 구할 수 있다.

그러므로 그림 8-1과 같이 반경이 R인 구의 중심에 위치한 전자기력의 전원은 식 (8.2)에 쓰여진 것과 같은 전체 전력을 복사할 것이다.

$$P_{\text{rad}} \approx \frac{E^2}{Z_0}(4\pi R^2) \tag{8.2}$$

지금 단계에서는 안테나가 등방성 복사체로 지향성이 없다고 가정하자. 전체 복사전력은 전원으로부터 전달되는 양과 일치하며, 이 값은 일정하다고 가정한다. 따라서 전체 복사전력은 거리 R에 영향을 받지 않는다. 그러므로, 전자파의 전계 E는 증가되는 거리에 대해서 R^{-1}의 비로 감소해야 한다는 결론이 나온다. 하지만, 정전하로부터의 전기장은 R^{-2}의 비로 변화한다는 것을 안다. 따라서, 정전하는 전자파를 복사할 수 없다는 동일한 결론이 나온다.

그림 8-1을 살펴보더라도 정전하는 복사를 못 한다고 의론할 수 있다. 복사와 관련된 전계는 구의 표면에 나타나는 데 반해, 정전하와 연관된 전계는 모두 방사

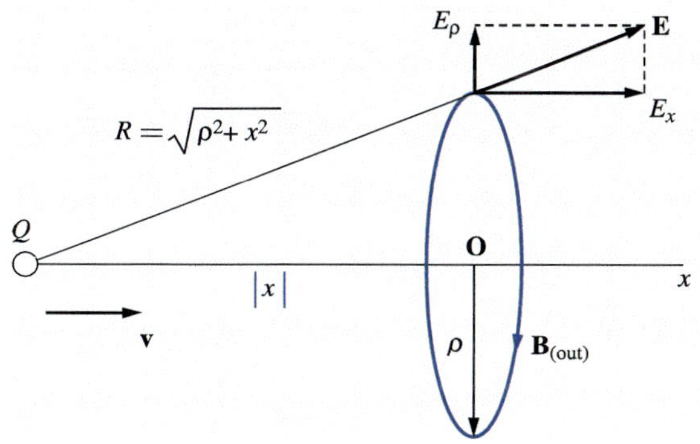

그림 8-2

움직이는 전하로 인한 전계와 자계. 속도 **v**는 일정하며, $v \ll c$이다.

상 방향으로 나타난다.

다음 질문은 *등속도*($v << c$)로 움직이는 전하가 전자파를 복사할 수 있는지에 대한 것이다. 움직이는 전하는 전류를 형성하며, 전류는 자계를 유발시킨다는 것을 알고 있다. 이제는 전계와 자계가 모두 존재하기 때문에, 앞서 정전하의 복사특성 결여에 대한 설명을 위하여 복사전력의 관점에서 언급된 내용들은 사용할 수가 없다. 대신에 포인팅벡터에 여전히 기반을 두지만 약간 다른 논법을 사용할 것이다.

그림 8-2에 나타난 것처럼, 등속도 **v**을 가지고 양의 $\mathbf{u}_x$ 방향으로 움직이는 양전하 Q를 가정해 보자. 이 때의 속도는 *비상대론* 상황이 되도록, 빛의 속도 c보다 훨씬 작도록 선택할 것이다. 여기서 상대론이나 물리분야의 높은 수준의 주제를 힘들여 다루기를 원하진 않는다.

전하 Q로부터의 나오는 정전계 **E**는 아래 식으로 계산할 수 있다.

$$\mathbf{E} = \frac{Q}{4\pi\varepsilon_0}\frac{1}{\rho^2 + x^2}\mathbf{u}_\rho \tag{8.3}$$

여기서 $R = \sqrt{\rho^2 + x^2}$ 이다. 자계는 비오-사바르 법칙으로부터 계산이 되고, 식 (8.4)와 같이 된다.

$$\mathbf{H} = \frac{1}{4\pi}\frac{Q(\mathbf{v} \times \mathbf{u}_\rho)}{\rho^2 + x^2} \tag{8.4}$$

이 두 개의 계로 구성되는 포인팅 벡터의 방향을 계산해 보자. 이것은 그림 8-3과 같이 특정 순간에 전하가 중심에 있는 구를 살펴봄으로써 쉽게 알 수 있다. 일정한 속도로 움직이는 전하에 의하여 형성되는 전계는 전적으로 구면에 대해 수직이며, 자계는 구면의 접선방향으로 나타난다. 따라서, 포인팅 벡터 **S** = **E** × **H**는 완전히 구면 상에 한정되고, 전하로부터 방사상 방향으로는 복사되지 *않는다*. 그렇다면 복사에 대한 가능성이 있는가?

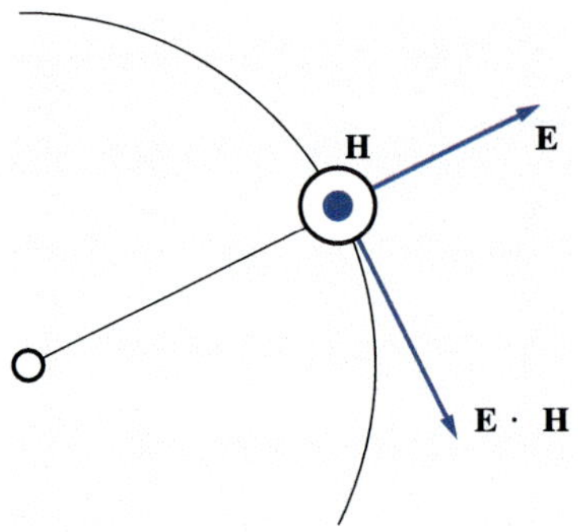

그림 8-3

등속도 **v**로 움직이는 전하와 관련된 포인팅 벡터.

예제 8.1

그림 8-2에서 $\mathbf{u_x}$ 방향의 포인팅 벡터 성분을 계산하고, x 축에 수직인 무한평판을 통과하는 전체 에너지 유동률을 구하라. 그리고 그 결과가 갖는 의미에 대해 논하라.

답. 포인팅 벡터의 x 성분의 크기는 $|\mathbf{E}_\rho \times \mathbf{B}|/\mu_0$로부터 계산되고, 다음과 같다.

$$S_x = \left\{\frac{Q\rho}{4\pi\varepsilon_0(\rho^2 + x^2)^{3/2}}\right\}\left\{\frac{Qv\rho}{4\pi(\rho^2 + x^2)^{3/2}}\right\} = \frac{Q^2 v\rho^2}{16\pi^2\varepsilon_0(\rho^2 + x^2)^3}$$

전체 에너지 유동률은 다음과 같이 된다.

$$P_{\text{rad}} = \int_0^\infty S_x 2\pi\rho d\rho = \frac{Q^2 v}{8\pi\varepsilon_0}\int_0^\infty \frac{\rho^3 d\rho}{(\rho^2 + x^2)^3}$$

문제 8.1.1의 결과를 사용하여 적분값을 계산하면 다음과 같은 식이 얻어진다.

$$P_{\text{rad}} = \frac{Q^2 v}{32\pi\varepsilon_0}\frac{1}{x^2}\ (\text{W})$$

거리 $|x|$는 전하와 평판 사이의 순간간격이다. 여기서 고려하고 있는 일차원계에서, 속도 **v**는 $\mathbf{v} = dx/dt\ \mathbf{u_x}$로 표현된다. 전력은 아래와 같은 형태로 다시 쓸 수 있다.

$$P_{\text{rad}} = -\frac{d}{dt}\left[\frac{Q^2}{32\pi\varepsilon_0 x}\right]$$

문제 8.1.2에서와 같이 $x > x_0$ 영역에 저장된 정전기 에너지는 다음과 같다.

$$W = \frac{Q^2}{32\pi\varepsilon_0|x_0|}$$

그러므로 포인팅 이론을 사용하여 계산된 전력은 공간에 저장된 정전기력 에너지의 유동률로 해석할 수 있으며, 이는 *복사와 전혀 관계가 없는 것이다.* 자기 에너지는 $(v/c)^2$와 전기 에너지의 곱 정도일 것이고, 비상대론적인 경우에는 매우 작은 값이 될 것이다.

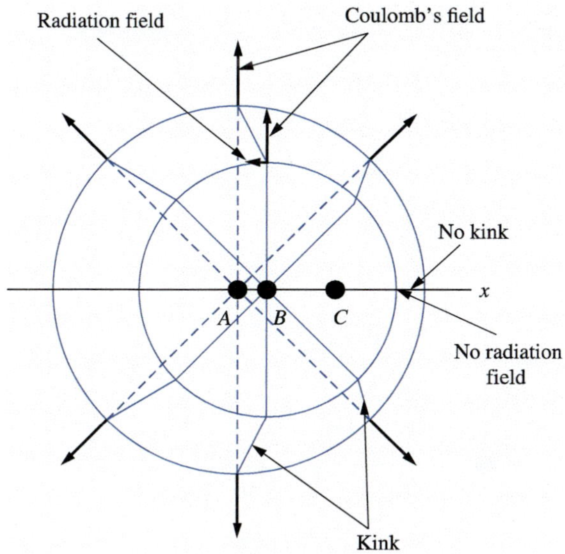

그림 8-4

가속된 전하는 전자기파를 복사한다. 검정 선은 전기력선인 **E**이다.

어떠한 복사라도 생겨날 수 있는지에 대한 의문에 답하기 위해, 그림 8-4에서 나타낸 것과 같이 초기에 A지점에 정지되어 있다가 x 방향으로 가속되는 전하를 고려해보기로 하자. 가속은 B지점에 도달하기까지인 Δt초 동안 지속되며, 이후 전하는 $v \ll c$의 일정 속도를 가지고 C지점과 그 너머로 이동한다. 이 때, 신호는 빛의 속도보다 빠르게 전달될 수 없음을 상기하여라.

정전하 또는 등속도로 움직이는 전하는 전자파를 복사하지 못하며, 이러한 전하는 전하에 대하여 방사상 방향으로 향하는 전계를 가지는 것을 안다. 그러므로 전하가 A지점(정전하)과 C지점(등속도로 운동하는 전하)에 위치하였을 때 가지는 전기력선은 완전히 방사상을 취한다. 이 전기력선들은 동일한 전하에 의해 유발되었으므로 연속이어야 한다. 이들은 전하의 가속에 의하여 유발된 전기력선 내에 교란된 "꼬여진" 선으로 연결되어 있으며 빛의 속도로 전파한다.

A지점에서 B지점으로 전하가 이동하는 데는 Δt의 시간이 소요된다. 그러므로 두 원의 거리는 대략 $c\Delta t$가 된다. 비틀린 선에는 쿨롱계에 수직인 전계 성분이 들어있다. 이러한 횡 방향 성분들이 복사를 초래하게 된다. 이 논의에서 복사되는 전계는 존재하지 않고 정적인 쿨롱계 만이 존재하는 방향이 있음을 주목하라. 최대로 복사되는 전계는 전하의 가속방향에 수직인 선을 따라 나타날 것이다.

그림 8-5에 있는 특정 순간의 전하 속도에 대해 수직방향인 지점 AD를 고려해 보자. 전하가 고정점 A에서 B로 가속된 후의 시간을 t라고 하자. 여기서 전하는 속도 $v = a\Delta t$를 가지며 a는 가속도이다. $\Delta t \ll t$라 전제하면, 거리는 $AB + BC \approx BC = vt$이다.

D 지점에는 두 가지 성분의 전계가 존재할 것이다. 첫 번째는 아래와 같이 주어지는 방사상 쿨롱계이다.

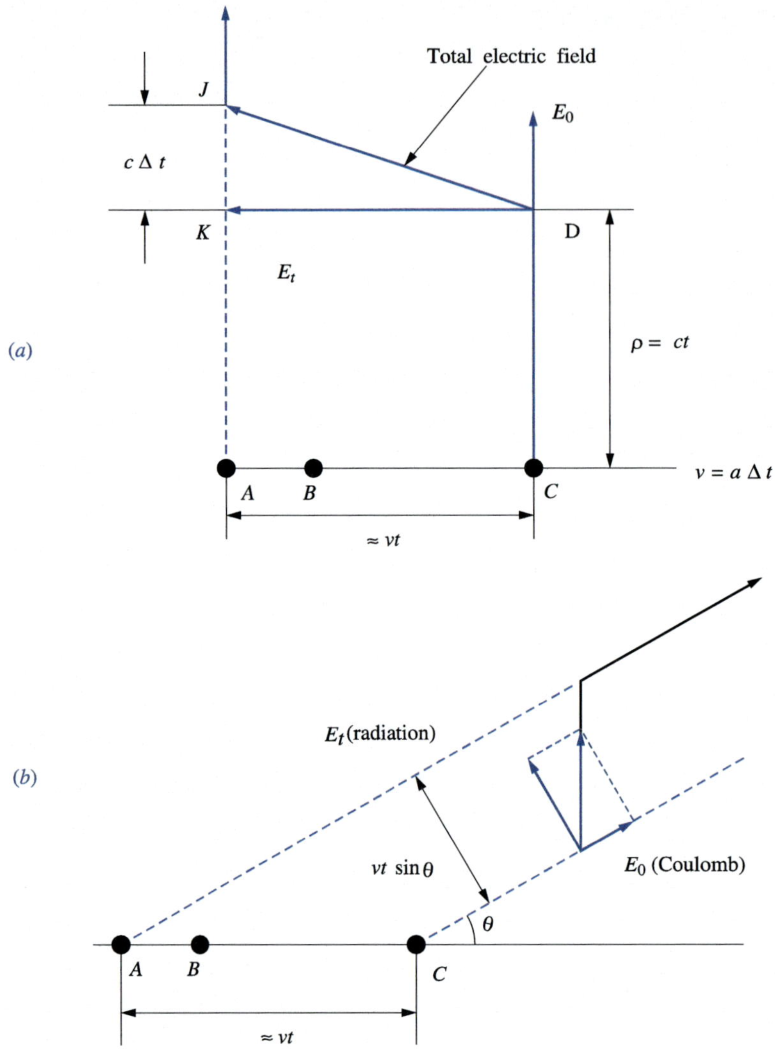

그림 8-5

(a) 시간 Δt 동안 A지점에서 B지점으로 가속된 전하 Q에 의해 야기되는 전계 성분들.
(b) 임의의 각 θ에서의 전계.

$$E_0 = \frac{Q}{4\pi\varepsilon_0}\frac{1}{R^2} = \frac{Q}{4\pi\varepsilon_0}\frac{1}{(ct)^2} \tag{8.5}$$

복사계 E_t는 삼각형 JKD를 통하여 계산할 수 있다.

$$\frac{JK}{KD} = \frac{JK}{AB + BC} \approx \frac{JK}{BC} = \frac{c\Delta t}{vt} = \frac{E_0}{E_t} \tag{8.6}$$

E_t에 대하여 식 (8.6)을 풀면, 다음의 결과가 얻는다.

$$E_t = \frac{vt}{c\Delta t}E_0 = \frac{vt}{c\Delta t}\frac{Q}{4\pi\varepsilon_0}\frac{1}{(ct)^2} = \frac{Q}{4\pi\varepsilon_0 c^2}\frac{v}{\Delta t}\frac{1}{R} \tag{8.7}$$

발견했다! 이것이 우리가 찾아왔던 것이다! *가속도* $v/\Delta t$에 비례하고 포인팅 벡터 식 (8.2)에서 요구하는 고유 공간 변수 $1/R$을 가지는 전계의 횡방향 성분이 있다. 그림 8-5로부터, 이 복사는 선호하는 방향이 있음을 주목하라. 관측지점과 가속된 전하의 속도가 이루는 각을 θ로 정의한다면, $\mu_0 = 1/(\varepsilon_0 c^2)$을 이용하여 식 (8.7)은 다음과 같이 된다.

$$E_t = \frac{Q\mu_0}{4\pi}\frac{[a]\sin\theta}{R} \tag{8.8}$$

이 때 $[a] = a(t' = t - R/c)$는 더 이른 시간에서의 가속도, 또는 흔히 이전 순간 t'에 가해진 전하의 '뒤쳐진가속도'라고 불린다. 그림 8-5에서 보는 것과 같이, 신호가 C지점과 D지점 사이를 이동하는 데에는 $\tau = R/c$의 시간이 요구된다. 이것이 앞서 평면파와 전송선로에서 논의했던 빛의 유한 속도에서 기인되는 "전파지연"이다.

E_t와 연관되는 자계강도 H_t는 진공에서의 고유임피던스 Z_0을 이용하여 구할 수 있고 전계강도와 자계강도는 이러한 고유임피던스와 관련되어 있다. $\mu_0/Z_0 = 1/c$을 포함하면, 다음과 같다.

$$E_t = \frac{Q\mu_0}{4\pi}\frac{[a]\sin\theta}{R} \tag{8.9}$$

포인팅 벡터는 *방사상으로 뻗어나가는* 방향이며, 크기 S는 다음과 같다.

$$S = \frac{Q^2[a]^2\mu_0}{16\pi^2 c}\frac{\sin^2\theta}{R^2} \tag{8.10}$$

만약 식 (8.10)의 계수에 수치를 입력하면, 매우 작은 숫자를 얻게 됨을 알 수 있을 것이다.

그러므로, 전원이 전자파를 복사하기 위하여 충족해야 할 요건은 *가속*되거나 혹은 *감속*되는 전하성 물체가 존재해야 한다는 것이다. 가속도는 벡터량이기 때문에, 크기와 방향이 모두 관련되어 있다. 그러므로, 전하를 띤 입자가 속력이나 방향, 혹은 모두를 바꾸면, 그것은 가속과 똑같은 역할을 한다. 따라서, 전하의 움직임과 관련하여 멈춰있거나 혹은 일정하게 움직이는 전하보다는 가속되거나 감속되는 전하를 보게 될 것이다.

시간조화 변동을 갖는 전류는 이 요건을 분명 충족시킬 것이고, 이것은 안테나에 사용될 전원이 될 것이다. 일단 전류가 정해지면, 전자계는 계산할 수 있다. 물론 전류로부터 거리 R만큼 떨어진 곳의 전계는 진동전류에 대해 시간적으로 *지연됨*을 유념해야 한다. 지연현상은 빛의 속도보다는 빠른 것은 없다는 아인슈타인의 조건에 의해 주어진다. 어떤 효과라도 발생 후 R/c의 시간이 지나야 나타나게 될 것이다.

이제 복사에 대한 기본적인 물리적 과정이 밝혀졌으므로, 안테나의 실제적인 복사특성을 기술 할 수 있다. 이 장에서는 몇 가지 안테나구조를 살펴보고, 주요 안테나변수들을 정의할 것이다.

예제 8.2

안테나는 거리 R에 수직인 평면에서 주파수 ω로 진동하는 N개의 전자 집합이 안테나로 묘사될 수 있다고 가정하여라. 해당 위치에서 탐지될 수 있는 전계 $E_\perp$의 표현식을 구하라.

답. 최대전기장은 $\theta = 90°$ 일 때 식 (8.8)로부터 계산된다. 전류밀도 J를 NQv로 하면, 다음과 같다.

$$E_\perp = \frac{NQ\mu_0}{4\pi}\frac{1}{R}\left[\frac{dv}{dt}\right] = \frac{\mu_0}{4\pi R}\frac{1}{R}\left[\frac{dJ}{dt}\right]$$

이 식은 도함수인 dJ/dt가 틀림없이 0이 아닌 다른 값이므로, ***진동전류***가 존재할 때 복사가 발생한다는 것을 보여주고 있다. 수직평면에서의 진동방향이 x라고 가정하면, $x(t) = x_m$와, $v(t) = dx(t)/dt = \omega NQx_m$로 나타낼 수 있다. 전류밀도에 대한 수식에 위 항을 대입하면 다음과 같이 나타낼 수 있다: 최종적으로 횡 방향 전계에 대한 표현은 아래와 같이 된다.

$$E_\perp(R, t) = \omega^2\frac{NQx_m\mu_0}{4\pi}\frac{1}{R}\sin\omega t'$$

이 표현은 전계가 주파수 제곱에 비례함을 나타내며, 이는 전자파 복사가 본질적으로 정전기적 발생보다는 고주파 현상임을 암시해주고 있다.

8.2 미소 전기다이폴안테나

앞 절에서 제시된 기본 원리를 응용함에 있어서, 가장 기본적인 안테나인 그림 8-6에 있는 미소 전기다이폴부터 배우기 시작할 것이다. 여기원은 주파수가 ω인 시간 조화 신호라고 가정한다. 이것은 시간 조화 주파수와 파장 λ를 갖는 전자기복사를 일으킨다. 안테나의 길이 $\mathscr{L}$은 여기원의 신호길이 λ에 비하여 상대적으로 짧다고 가정하자($\mathscr{L} << \lambda$). 통상적으로 이것은 $\mathscr{L} < \lambda/50$를 의미한다. 또한 이것과 뒤따르는 예들에서 안테나는 매우 가늘다고 가정할 것이다. 즉, 안테나 구성 요소의 반경 r_a은 파장보다 훨씬 작은 값이다($r_a << \lambda$).

다이폴의 양단에 위치하는 작은 평판은 캐패시티브 부하를 제공한다. 짧은 길이와 평판의 존재는 다이폴에 균일한 전류 I를 형성시킨다. 다이폴은 동축선로와 같은 평형 전송선로를 통해 여기 될 수 있다. 전송선로의 연결부와 다이폴의 평판끝단으로부터의 나오는 복사는 미약하다고 간주한다. 다이폴의 직경 d는 길이에 비하여 상

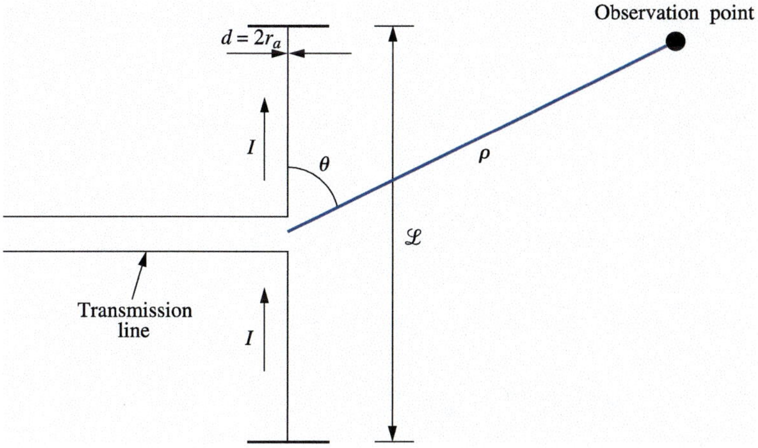

그림 8-6

진동하는 미소 전기다이폴은 전자파를 복사한다.

대적으로 작다 ($d << \mathscr{L}$). 이 안테나의 전류는 연속식으로부터 바로 구할 수 있다.

$$I = \frac{dQ}{dt} \tag{8.11}$$

주파수가 ω인 시간조화 여기원의 경우에는 식 (8.11)은 $I(\mathbf{r}) = j\omega Q(\mathbf{r})$로 된다.

벡터포텐셜 $\mathbf{A}(\mathbf{r}, t)$는 파동방정식의 3차원계 일반화를 사용하여 전선 내 전류밀도 $\mathbf{J}(\mathbf{r}, t)$로부터 계산할 수 있으며, 이를 아래 예제 8.3을 통하여 보여줄 것이다.

$$\boxed{\nabla^2 \mathbf{A}(\mathbf{r}, t) - \frac{1}{c^2}\frac{\partial^2 \mathbf{A}(\mathbf{r}, t)}{\partial t^2} = -\mu_0 \mathbf{J}(\mathbf{r}, t)} \tag{8.12}$$

예제 8.3

벡터포텐셜 $\mathbf{A}$가 식 (8.12)의 3차원 비균질 파동방정식을 만족하는지 보여라.

답. 약간 다른 형태로 쓰여진 5장에 있는 Maxwell 방정식을 상기해 보자.

$$\nabla \times \mathbf{E} = -\frac{\partial \mathbf{B}}{\partial t}$$

$$\nabla \times \mathbf{B} = \frac{1}{c^2}\frac{\partial \mathbf{E}}{\partial t} + \mu_0 \mathbf{J}$$

$$\nabla \bullet \mathbf{E} = \frac{\rho_v}{\varepsilon_0}$$

$$\nabla \bullet \mathbf{B} = 0$$

자속밀도는 $\mathbf{B} = \nabla \times \mathbf{A}$의 정의를 사용하여 벡터포텐셜로 부터 구한다. 이 관계를 두 번째 식에 대입하면 다음과 같이 얻어진다.

$$\nabla \times \nabla \times \mathbf{A} = \frac{1}{{}^{2}}\frac{\partial \mathbf{E}}{\partial t} + \mu_0 \mathbf{J}$$

부록 A의 거듭된 벡터연산에 대한 벡터항등식, $\nabla \times \nabla \times \mathbf{A} = \nabla\nabla \bullet \mathbf{A} - \nabla^2 \mathbf{A}$를 사용하면 이 식은 다음과 같이 된다.

$$\nabla\nabla \bullet \mathbf{A} - \nabla^2 \mathbf{A} = \frac{1}{c^2}\frac{\partial \mathbf{E}}{\partial t} + \mu_0 \mathbf{J}$$

$\mathbf{B} = \nabla \times \mathbf{A}$를 첫 번째 맥스웰방정식에 대입하면 다음과 같이 되며,

$$\nabla \times \left(\mathbf{E} + \frac{\partial \mathbf{A}}{\partial t}\right) = 0$$

또는

$$\mathbf{E} + \frac{\partial \mathbf{A}}{\partial t} = -\nabla V$$

이는 아래 식으로 이르게 한다.

$$\mathbf{E} = -\nabla V - \frac{\partial \mathbf{A}}{\partial t}$$

여기서 V는 2장에서 논의된 스칼라전위이다. **E**에 대한 이 표현식을 벡터포텐셜 식에 대입하면 다음의 결과가 도출된다.

$$\nabla\nabla \bullet \mathbf{A} - \nabla^2 \mathbf{A} = \nabla\left(-\frac{1}{c^2}\frac{\partial V}{\partial t}\right) - \frac{1}{c^2}\frac{\partial^2 \mathbf{A}}{\partial t^2} + \mu_0 \mathbf{J}$$

이 식은 벡터포텐셜과 스칼라전위를 맺어주는 하나의 추가 제약조건을 포함시킴으로써 단순화가 가능하다. 이것을 ***로렌츠 게이지***라고 한다.

$$\nabla \bullet \mathbf{A} + \frac{1}{c^2}\frac{\partial V}{\partial t} = 0$$

이 제약조건의 적용은 아래와 같은 벡터포텐셜에 대한 벡터 파동방정식을 도출한다.

$$\nabla^2 \mathbf{A} - \frac{1}{c^2}\frac{\partial^2 \mathbf{A}}{\partial t^2} = -\mu_0 \mathbf{J}$$

스칼라포텐셜에 대해서도 유사한 파동방정식을 유도할 수 있다. 이는 세 번째 맥스웰방정식과 로렌츠(Lorentz) 게이지 적용을 통하여 바로 얻어진다. 얻어진 스칼라 파동방정식은 아래와 같다.

$$\nabla^2 V - \frac{1}{c^2}\frac{\partial^2 V}{\partial t^2} = -\frac{\rho_v}{\varepsilon_0}$$

정전계의 경우, 식 (8.12)의 좌변 두 번째 항이 없어지면서 식 (8.12)는 포와송방정식이 된다. 식 (8.12)는 이전에 얻었던 결과와 유사한 해를 갖는 것을 증명 할 수 있다. 한 가지 다른 점은 유한한 빛의 속도 c를 인지해야 한다는 것이다. 이것을 염두에 두면, 해에 포함되어야 하는 두 개의 별개 시간이 있음을 알 수 있다. 벡터포텐셜 $\mathbf{A}(\mathbf{r}, t)$를 구하기 위해서는 전류밀도 $\mathbf{J}(\mathbf{r}', t)$를 지연전류밀도 $\mathbf{J} \equiv \mathbf{J}(\mathbf{r}', t - R / c)$로 아래식과 같이 대체하여야 한다.

$$\boxed{\mathbf{A}(\mathbf{r}, t) = \frac{\mu_0}{4\pi}\int_{\Delta v} \frac{\mathbf{J}(\mathbf{r}', t - R/c)}{R} dv'} \tag{8.13}$$

식 (8.13)이 실지로 비균질 파동방정식 (8.12)의 해가 되는지를 확인하는 것은 문제로 남겨두겠다. 이 식은 전자파의 유한한 전파 속도 c를 고려하고 있다. 안테나로부터 복사되는 전계와 자계는 예제 8.3에 보는 것과 같이 이 벡터포텐셜 $\mathbf{A}(\mathbf{r}, t)$의 항으로 구할 수 있다.

이제 미소 전기다이폴안테나에 대한 일반해를 구할 수 있다. 시간조화 전류 밀도는 아래와 같이 쓸 수 있다.

$$\mathbf{J}\left(\mathbf{r}', t - \frac{R}{c}\right) = \mathbf{J}(\mathbf{r}')e^{-j(\omega t - \mathbf{k} \cdot \mathbf{R})} \tag{8.14}$$

이 식의 기술에 있어서 거리는 구좌표계에서 정의하였다. 다이폴 중심으로부터의 거리는 $R = r$이고, $k = \omega / c$는 ***파수***이다. 다이폴안테나의 체적은 $dv' = \mathscr{L}ds'$로 근사할 수 있다. 전류는 $\mathbf{J}(\mathbf{r}')ds' = I(z)\mathbf{u_z}$이 된다. 그러므로, 벡터포텐셜은 식 (8.13)으로부터 직접 계산할 수 있다.

$$\mathbf{A}(r) = \mathbf{u_z}\frac{\mu_0 I\mathscr{L}}{4\pi}\left(\frac{e^{-jkr}}{r}\right) \tag{8.15}$$

여기서 $I\mathscr{L}$은 복사다이폴의 전류 요소이다. 이와 같은 미소다이폴안테나는 ***헤르츠 다이폴***이라고도 알려져 있다.

이제 안테나로부터 멀리 떨어진 거리에서 전자계 성분을 구하자. 특히, 거리는 전자파의 파장보다 매우 크다고 가정할 것이다($r >> \lambda$). 이것은 안테나의 ***원거리장***이라고 불린다. 또한 안테나의 ***복사장*** 혹은 ***Fraunhofer계***로도 알려져 있다. 원거리장을 구하기 위해서는 단위 벡터 $\mathbf{u_z}$를 다음과 같이 구좌표계에서 표현하여야 한다.

$$\mathbf{u_z} = \cos\theta\,\mathbf{u}_r - \sin\theta\,\mathbf{u}_\theta \tag{8.16}$$

구좌표계에서 벡터포텐셜 $\mathbf{A}(\mathbf{r}) = A_z(z)\mathbf{u_z}$의 성분은 다음과 같이 주어진다.

$$A_r = A_z(r)\cos\theta = \frac{\mu_0 I\mathscr{L}}{4\pi}\left(\frac{e^{-jkr}}{r}\right)\cos\theta$$
$$A_\theta = -A_z(r)\sin\theta = -\frac{\mu_0 I\mathscr{L}}{4\pi}\left(\frac{e^{-jkr}}{r}\right)\sin\theta \tag{8.17}$$
$$A_\phi = 0$$

자계세기는 구좌표계의 회전연산 정의를 이용하여 벡터포텐셜로부터 구한다. 자계 세기는

$$\begin{aligned}\mathbf{H}(\mathbf{r}) &= \frac{1}{\mu_0}\nabla\times\mathbf{A} = \frac{1}{\mu_0 r}\left[\frac{\partial(rA_\theta)}{\partial r} - \frac{\partial A_r}{\partial\theta}\right]\mathbf{u}_\phi \\ &= -\frac{I(z)}{4\pi}k^2\sin\theta\left[\frac{1}{jkr} + \frac{1}{(jkr)^2}\right]e^{-jkr}\mathbf{u}_\phi\end{aligned} \tag{8.18}$$

또는

$$\boxed{\begin{aligned}&H_r = 0\\ &H_\phi \approx \frac{jkI\mathscr{L}}{4\pi}\frac{e^{-jkr}}{r}\sin\theta\\ &H_\theta = 0\end{aligned}} \tag{8.19}$$

이다. 여기서 $kr = (2\pi/\lambda r) >> 1$이기 때문에 원거리장에서는 한 개 항만이 남게 된다. 원거리장 조건에 대한 보다 명확한 유도를 곧 제시할 것이다. 전계는 당분간 전류밀도 J를 0으로 놓고 맥스웰방정식으로부터 계산한다. 그러면 전계는 다음과 같이 쓸 수 있다.

$$\mathbf{E}(\mathbf{r}) = \frac{1}{j\omega\varepsilon_0}\nabla\times\mathbf{H}(\mathbf{r}) = \frac{1}{j\omega\varepsilon_0}\left[\frac{1}{r\sin\theta}\frac{\partial[(\sin\theta)H_\phi]}{\partial\theta}\mathbf{u}_r - \frac{1}{r}\frac{\partial(rH_\phi)}{\partial r}\mathbf{u}_\theta\right] \tag{8.20}$$

전계의 성분은 식 (8.20)을 이용하여 계산한다. 원거리장 영역에서는 이것들은

$$\boxed{\begin{aligned}&E_r \approx 0\\ &E_\theta \approx \frac{jZ_0 kI\mathscr{L}}{4\pi}\frac{e^{-jkr}}{r}\sin\theta\\ &E_\phi = 0\end{aligned}} \tag{8.20}$$

이며, 이 때 Z_0는 진공에서의 파동 임피던스로

$$Z_0 = \frac{E_\theta(r)}{H_\phi(r)} = \sqrt{\frac{\mu_0}{\varepsilon_0}} \approx 377\ \Omega$$

이다. 식 (8.21)은 다른 관점을 통하여 얻어진 예제 8.2의 결과와 일치한다. 이 결과

는 또한 식 (8.14)의 지연시간을 포함하여 dJ/dt를 $j\omega J$로 대체하고, $\omega\mu_0$와 $J(r)\Delta v$에 각각 kZ_0와 $I\mathscr{L}$을 대입하여서 얻어질 수 있었다(여기서 Δv는 안테나 체적).

이제 안테나의 복사패턴이라고도 알려져 있는 복사장의 각 분포를 생각해 보자. 예를 들어 미소 다이폴안테나의 복사패턴이 그림 8-7과 같다. 어떻게 이런 결과를 얻은 걸까?

식 (8.21)과 식 (8.19)를 고려해 보자. $E_\theta(r)$와 $H_\phi(r)$은 모두 $\sin\theta$에 비례하는데, 이는 전계와 자계에 대하여 각 변화 패턴이 존재하는 것을 의미한다. 전계와 자계 모두가 다이폴 축상에 수직인 $\theta = 90°$에서 최대값을 갖고 있다. 이와 더불어, 다이폴의 끝단 방향인 $\theta = 0°$에서는 둘 다 최소값을 갖는다. 개념적으로, 안테나의 수직 방향은 에너지가 복사되어 나갈 수 있는 보다 많은 공간을 가지므로 이치에 맞다고 하겠다. 비슷한 방식을 사용하여 에너지가 복사될 수 있는 공간이 거의 없는 다이폴의 끝단으로는 복사가 적을 것임을 예상할 수 있다.

그림 8-7의 파란 윤곽선은 *엽*이라고 불린다. 이 특정한 패턴은 두 개의 엽만을 갖고 있지만, 통상적으로는 안테나에 통해서 여러 개의 엽들이 복사된다. 최대값을 갖는 방향의 엽을 주로 *주엽*이라고 하며, 다른 것들은 *부엽*이라고 한다. 때때로 패턴은 주엽과 몇 개의 부엽, 그리고 주엽의 180° 방향으로 한 개의 엽을 갖는다. 이 특정 엽을 후엽이라고 한다. 또한 안테나패턴과 관련하여 널이라는 개념이 있다. 널은 두 개의 엽 사이에서 발생하는 최소값이다. 그림 8-7의 경우 90°와 270°에서는 주엽이, 0°와 180°에서 널이 있다.

만약 일정한 반경으로 안테나를 선회하면서 감지된 신호의 위상에 예민한 감지기로 수신신호를 측정하면, 한쪽 엽에서 근접한 엽으로 이동하면서 위상이 180° 바뀌는 것을 알 수 있을 것이다. 엽의 구조는 보강과 상쇄간섭의 또 다른 예이다. 보다 앞선 연구의 안테나 분석에서는 이러한 최대값과 최소값을 특정한 곳에 위치시키는데 많은 노력을 쏟고 있다.

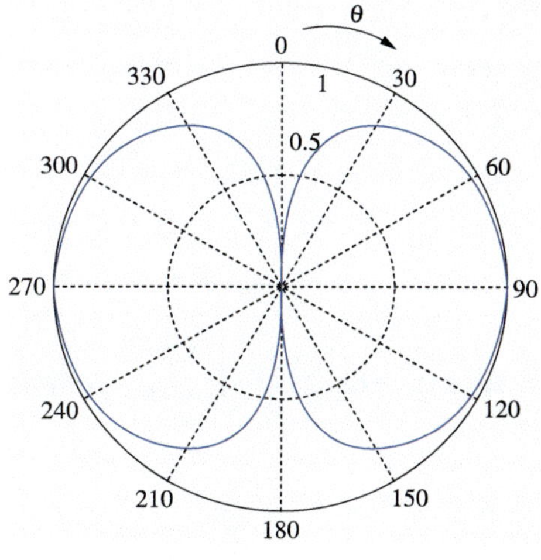

그림 8-7

미소 다이폴안테나에 대한 복사패턴.

예제 8.4

의료 실험용으로 인체 내에서 1 GHz 신호를 보내기 위하여 길이 1 cm, 직경 1 mm인 소형안테나를 설계하였다. 인체의 유전상수가 증류수(ε_r = 80)와 비슷하고 전도도 σ는 무시 할 수 있다고 가정할 때, 안테나로부터 대략 20 cm 떨어진 인체 표면에서 최대 전계를 계산하라. 안테나에 공급될 수 있는 최대전류는 10 μA이다. 안테나로부터 신호가 3 dB 만큼 감쇄되는 거리 r_1를 구하여라.

답. 인체 내부에서 전자파의 파장은 다음과 같이 계산된다.

$$\lambda = \frac{c}{f\sqrt{\varepsilon_r}} = \frac{3 \times 10^8}{10^9\sqrt{80}} \approx 3.3 \text{ cm}$$

인체의 특성임피던스는 아래와 같다.

$$Z_c = \sqrt{\frac{\mu_0}{\varepsilon_0 \varepsilon_r}} = \frac{377}{\sqrt{80}} \approx 42\ \Omega$$

안테나 크기는 파장보다 훨씬 작으므로, θ = 90°를 식 (8.20)에 적용하고 Z_0을 Z_c로 대신할 수 있다. 그러므로 아래와 같다.

$$|E_\theta| = \frac{I\mathscr{L}}{4\pi} Z_c k \frac{1}{r} = \frac{10^{-5} \times 10^{-2}}{4\pi} \times 42 \times \frac{2\pi}{0.033} \times \frac{1}{0.2} \approx 320\ \mu\text{V/m}$$

3 dB 감쇄는 전력이 인수 2, 혹은 원래 크기의 반으로 바뀐다는 것을 의미한다. 전력은 전계의 제곱에 관계되기 때문에, 전계의 등가감소는 전력감소의 제곱근과 연관된다. 즉 인수 2에 의한 전력의 감소는 2의 제곱근 혹은 인수 1.414 만큼의 계가 감소하는 것과 동일하다. 거리는 $r_1 = \sqrt{2}r \approx 1.41 \times 0.2 = 0.28$ m로 구해진다.

근거리장 영역이 큰 관심사가 되는 안테나 응용분야도 있지만, 대부분의 일반적인 안테나 응용에서는 원거리장 영역이 최대 관심사가 된다. 원거리장에서는 전자계의 두 성분인 전계와 자계가 전자파의 진행 방향에 대하여 횡방향이다. 이것은 식 (8.19)와 식 (8.21)을 통하여 분명히 알 수 있다. 이 안테나로부터 나오는 복사전력을 계산하기 위해서는, 단지 평균시간 포인팅 벡터에 대한 표면적분의 수행이 필요하다.

$$P_{\text{rad}} = \frac{1}{2}\text{Re}\left[\oint_{\Delta s} (\mathbf{E}(\mathbf{r}) \times \mathbf{H}^*(\mathbf{r}))_{\text{av}} \bullet \mathbf{ds}\right] = \frac{1}{2}Z_0 \int_{\phi=0}^{2\pi} \int_{\theta=0}^{\pi} |H_\phi(r)|_{\text{av}}^2 r^2 \sin\theta d\theta d\phi \tag{8.22}$$

식 (8.18)을 식 (8.22)에 대입한 후 변수 ϕ에 대한 적분을 수행하면, 식 (8.22)는 아래와 같이 된다.

$$P_{\text{rad}} = \frac{Z_0 k^2 (I_{\text{av}} \mathscr{L})^2}{16\pi} \int_0^{\pi} \sin^3\theta d\theta = -\frac{Z_0 k^2 (I_{\text{av}} \mathscr{L})^2}{16\pi} - \int_0^{\pi} (1 - \cos^2\theta) d(\cos\theta)$$

마지막 적분은 −4/3의 인자를 도출한다. 이 안테나로부터 나오는 복사전력은 다음과 같다.

$$P_{\text{rad}} = \frac{Z_0 (k\mathscr{L})^2 I_{\text{av}}^2}{12\pi} \tag{8.23}$$

공간에서 전류의 변화가 적다고 가정하면, 일정한 전류 I는 그에 대한 평균값 I_{av}로 대체할 수 있다.

8.3 유한길이의 전기다이폴안테나

지금까지는 미소 다이폴안테나로부터 나오는 전자파 복사에 대한 기본 원리를 다루었다. 여러분이 만약 오지 속으로 들어가게 된다면, 지나가는 비행기에게 경고하기 위하여 꼭대기에서 빨간 빛을 발하며 하늘로 뻗어 있는 기다란 시설물을 몇 개 보게 될 것이다. 이 안테나들은 명백히 "작은" 종류로 분류되지 않을 것이므로, 보다 현실적인 크기의 안테나를 학습하기 위하여 안테나의 취급을 일반화시키는 기술을 설명할 것이다. 일반화는 중첩의 원리에 기초한다. 현실적 크기를 갖는 안테나에서 나오는 복사를 무수한 헤르츠 다이폴에서 나오는 복사의 선형적인 합으로 생각할 수 있다.

전체 길이가 $\mathscr{L}$이 되는 두 개의 가느다란 도체막대를 생각해 보자. ***유한한 다이폴***(***선형 안테나***)의 길이는 대략 복사되는 전자파의 자유공간 파장 λ 정도이다. 그림 8−8과 같이 진동주파수가 ω인 정현 전압발전기가 두 도체 막대 사이에 연결되어 있다. 이 전압발전기는 도체막대에 $I(z)$분포의 전류를 유도하는데, 이 분포는 도체의 모양과 길이에 의해 결정된다.

최초 근사값으로 안테나의 양단인 $z = \pm\mathscr{L}/2$에서의 전류분포가 0이며, 중심인 $z = 0$에 대하여 대칭적인 분포라고 가정하는 것은 받아들일 만한 것이다. 첫 번째 가정은 전도전류는 도체표면을 넘어서는 확장될 수 없다는 개념에서 단언된 것이다. 안테나가 중앙 급전되었음으로 대칭의 전제를 적용할 수 있는 것이다. 식 (8.22)와 같은 유한길이의 다이폴에 대한 다양한 적분표현에서 사용되는 근사된 전류분포에 대한 가정은 연구실에서 측정된 값이 아니기 때문에 약간의 독창성이 요구된다. 이에 덧붙여, 실제 전류분포는 안테나의 길이나 모양과 같은 경계조건에 따라 좌우된다. 전형적인 요구 사항은 특정한 적분이 실제 수행 가능하도록 전류분포를 선택해야 한다는 것이다. 컴퓨터는 이 제약을 완화시켜 왔으며, 보다 실질적인 전류분포가

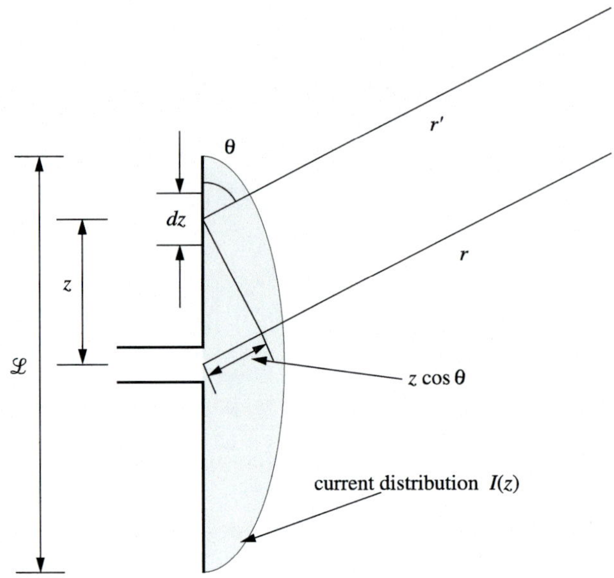

그림 8-8

임의의 전류 분포 $I(z)$를 갖는 중앙급전 다이폴.

사용될 수 있게 되었다. 하지만, 적분방정식을 풀어야 하기 때문에 실제 전류 분포 $I(z)$을 구하는 것은 어려운 작업이다. 이 적분방정식에 대한 반복해는 선택된 모든 전류분포가 경계조건을 만족시킬 것을 요구한다. 마지막 가정은 경계조건을 포함하며, 이러한 조건을 만족시키는 아주 간단한 함수로부터 시작하여 해를 되풀이해서 구할 수 있다. 반복 절차는 초기에 전류분포에 대한 함수를 가정하고, 그 분포를 형성하는 전계를 계산하여 연구실에서 측정하고, 전류분포에 대한 초기 선택을 수정하며, 이 과정을 다시 되풀이하는 것이다. 예를 들어, 그림 8-9*a*에 나타난 삼각형 전류분포로 계산을 시작하여, 그림 8-9*b*의 보다 실제적인 해를 가질 때까지 계산을 계속한다. 이 문제는 상위 과정의 전자기학 주제이며, 여기서는 건너뛰도록 하겠다.

실제적인 전류분포에 대한 간단하고도 매우 타당한 근사는 다음의 정현 함수이다.

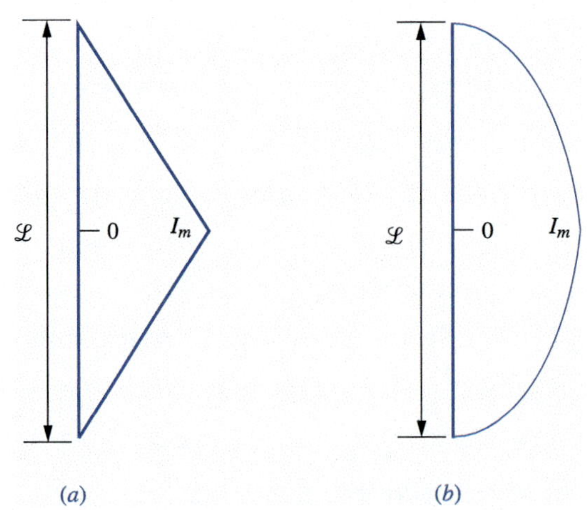

그림 8-9

안테나에서 가능한 두 가지 전류분포.
(a) 초기 삼각형태 분포.
(b) 실제 분포 ($\mathscr{L} = \lambda/2$).

$$I(z) = I_m \sin\left[k\left(\frac{\mathscr{L}}{2} - |z|\right)\right] \tag{8.24}$$

복사전력, 전력밀도, 복사패턴과 같은 원거리장 복사특성은 전류분포의 특정한 선택에 대해서 그다지 민감하지 않은데, 이유는 이들이 $1/r$의 의존성을 가지며 원거리장에서는 크게 변하지 않기 때문이다. 하지만 입력임피던스 또는 근거리 복사패턴과 같은 근거리장 특성은 실제 전류분포에 매우 민감하다. 이 용어들의 대다수는 다음의 몇 개의 절에서 정의될 것이다.

예제 8.5

전송선로 모델을 사용하여 중앙 급전된 다이폴안테나의 여기를 설명하라.

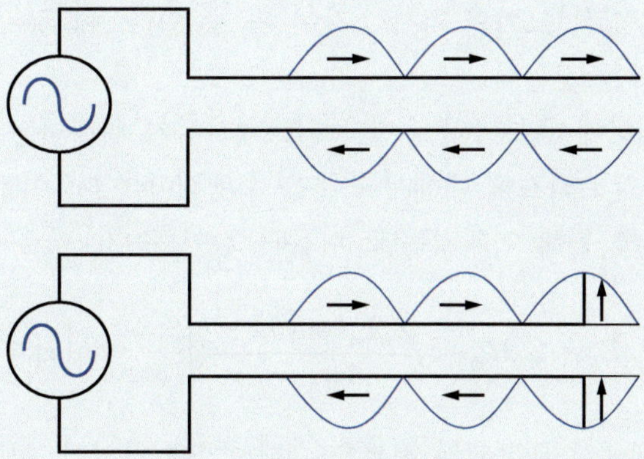

답. 앞 장에서 논의한 것처럼 그림에는 개방된 전송선로 상에서 입사와 반사성분 전류에 대한 전류분포가 묘사되어 있다. 공간적인 분포는 **(*a*)**에서 보듯이 사인 형태이다. 전송선로를 끝에서부터 $\lambda/4$ 지점에서 굽혀줌으로써, 알맞은 전류분포를 갖는 반파장다이폴($\mathscr{L} = \lambda/2$)이 형성된다. 이 모델은 전송선로의 $\lambda/4$ 종단부가 전송선로의 굽힘에 영향을 받지 않는다는 가정을 하고 있다. 가장자리전계 효과로 인해 부하가 무한하지 않기 때문에 실제 전송선로상의 전류 분포는 바뀌어질 것이다.

적분 과정의 전개를 보여주기 위해서 유한다이폴의 복사패턴을 계산할 것인데, 이 때 유한다이폴 안테나는 미소 전기다이폴 전류소의 선형 결합 혹은 집합으로 나타낼 수 있다. 이것은 배열안테나나 안테나 소자 집합의 복사패턴을 계산하면서 따르게 되는 기본 과정과 동일한 것임을 나중에 알게 될 것이다. 배열안테나는 이 장의 8.6절에서 더 상세히 논의할 것이다. 적분 과정의 전개로 되돌아와서 식 (8.21)에서 주어졌던 미소 전기다이폴의 결과를 이용할 것인데, 이 때 전류소 $I(z)$는 미분전류소 $I(z)dz$로 대체된다.

$$dE_\theta = j\frac{Z_0 k}{4\pi}(I(z)dz)\frac{e^{-jkr'}}{r'}\sin\theta \tag{8.25}$$

여기서의 거리 r'은 그림 8-8에서 보였던 관측점과 다이폴 중심과의 거리인 r로 다음과 같이 쓸 수 있다.

$$r' = [r^2 + z^2 - 2rz\cos\theta]^{1/2} \approx r - z\cos\theta \tag{8.26}$$

이러한 근사가 허용되는 것은 $r >> z$인 원거리장 영역에서의 계 분포를 결정할 것이기 때문이다. $1/r'$과 $1/r$ 사이의 크기 차이가 거의 없는데, 이는 r이 매우 작은 값이고 $\cos\theta$도 -1과 1 사이에서 변하기 때문이다. 그러므로 두 항의 곱 역시 작은 값이 되며, r'과 r의 차이는 무시할 수 있다. 그러나 위상항 $e^{-jkr'}$에서 이러한 차이를 반영시키는 것은 중요하다. 거리상의 작은 변화는 이 항의 부호를 +에서 −로 바꿀 만큼 적당한 크기의 파장 λ값이 될 수 있다. 이것은 아래에서 나타난 것처럼 극적인 효과를 갖는다.

안테나에서 복사되는 전자계를 계산하기 위해서는 전류에 대한 분포를 선택하고, 안테나의 z 좌표에 대해서 적분을 수행해야 한다. 이것은 식 (8.24)에서 주어졌던 전류분포를 통해 이뤄지는데, 다음과 같이 쓴다.

$$E_\theta = Z_0 H_\phi = j\frac{Z_0 I_m k\sin\theta}{4\pi}\frac{e^{-jkr}}{r}\int_{-\mathscr{L}/2}^{\mathscr{L}/2}\sin\left[k\left(\frac{\mathscr{L}}{2} - |z|\right)\right]e^{jkz\cos\theta}dz \tag{8.27}$$

이 단계에서 요구되는 적분을 수행하기에 앞서서, 피적분 함수 내의 항들을 살펴보자. 사인을 갖는 항은 그림 8-9b에 있는 것처럼, 적분변수 z에 대해 우함수이다. 이 항과 $e^{jkz\cos\theta} = \cos(kz\cos\theta) + j\sin(kz\cos\theta)$ 항의 곱은 변수 z에 대하여 한 쪽은 기함수, 다른 한 쪽은 우함수인 두 개의 항을 만들어낼 것이다. 원점에 대하여 적분함수의 상하단이 대칭이므로, 우함수가 되는 피적분 함수만이 0이 아닌 값을 가질 것이다. 식 (8.27)의 적분은 다음과 같이 된다.

$$E_\theta = Z_0 H_\phi = j2\frac{Z_0 I_m k}{4\pi}\frac{e^{-jkr}}{r}\sin\theta\int_0^{\mathscr{L}/2}\sin\left[k\left(\frac{\mathscr{L}}{2} - z\right)\right]\cos(kz\cos\theta)dz \tag{8.28}$$

복잡한 적분을 하고 나면 마침내 아래식이 얻어지며,[1]

$$E_\theta = j\,60\,I_m\frac{e^{-jkr}}{r}F(\theta) \tag{8.29}$$

뒤따르는 ***복사패턴*** $F(\theta)$에 대한 명확한 표현식은 다음처럼 구해진다.

---

[1] S. Ramo, J Whinnery, and T. van Duzer, "*Fidleds and Waves in Communication Electronics*," 3rd edition (New York: Wiley, 1994).

$$F(\theta) \equiv F_1(\theta)F_a(\theta) = [\sin\theta] \times \left[\frac{\cos\left(\dfrac{k\mathscr{L}}{2}\cos\theta\right) - \cos\left(\dfrac{k\mathscr{L}}{2}\right)}{\sin^2\theta}\right]$$
$$= \frac{\cos\left(\dfrac{k\mathscr{L}}{2}\cos\theta\right) - \cos\left(\dfrac{k\mathscr{L}}{2}\right)}{\sin\theta} \tag{8.30}$$

최종해는 두 항의 곱으로 이루어진다. 첫 번째 항 $F_1(\theta)$는 전체 안테나를 구성하는 전류소 중 하나의 복사특성을 나타낸다. 이 항은 통상 요소인자라고 부른다. 이 경우는 기본 요소가 $z = 0$에 위치한 미소다이폴이다. 두 번째 항 $F_a(\theta)$는 유한 다이폴 안테나의 배열인자 혹은 공간인자라고 부른다. 이 항은 서로의 상호작용뿐만 아니라, 안테나배열을 구성하는 다양한 요소들의 복사에 기여한 모든 것을 합친 결과를 나타낸다. 이 장의 8.6절에서는 이러한 사실들을 보다 자세히 살펴볼 것이다.

그림 8-10에서는 4개의 다른 다이폴 길이에 대한 E-평면 복사패턴을 보여주고 있으며, 여기서 배열은 균일하게 여기된 미소다이폴의 집합으로 구성되어 있다. 반파장다이폴에 대한 복사패턴은 그림 8-10a에 나타내었으며, 비교를 위한 미소다이폴의 패턴을 대쉬 선으로 그려 겹쳐 놓았다. 다양한 패턴들을 살펴보면, 네 가지 경우 모두에서 전체 복사패턴이 $F(0°) = 0$의 성질을 갖고 있다. 앞의 두 경우, 전체 패턴의 최대값이 $F(90°)$에서 발생하고 있다. 다이폴의 길이가 한 파장을 넘어서면

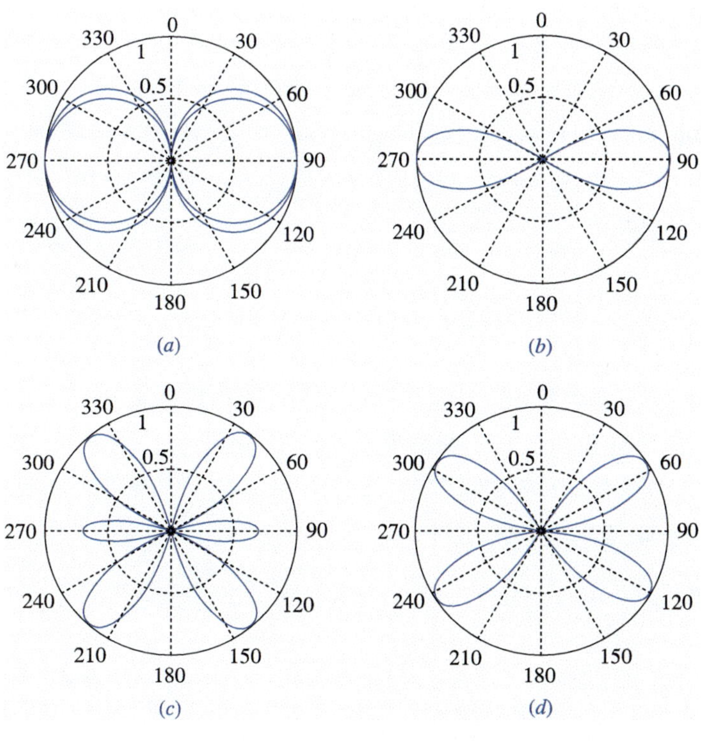

그림 8-10

서로 다른 길이의 중앙 급전된 다이폴안테나에 대한 E-평면 복사패턴:
(a) $\mathscr{L} = \lambda/2$,
(b) $\mathscr{L} = \lambda$,
(c) $\mathscr{L} = 3\lambda/2$,
(d) $\mathscr{L} = 2\lambda$.
$\mathscr{L} = \lambda/2$의 크기를 갖는 안테나를 반파장다이폴이라고 한다. 추가적으로 **(a)**에는 앞서 그림 8-7에서 보여줬던 미소다이폴에 대한 복사패턴을 대쉬 선으로 표시하여 쉽게 비교되도록 하였다.

서 최대값의 위치는 이동하기 시작한다. $3\lambda/2$ 길이에서는 최대값이 45°에서 발생하고, 길이가 2λ까지 늘어나면 최대값은 90°로 다시 돌아온다. 또한 주어진 구조에서 엽의 개수가 달라지는 것을 알 수 있다. 추가적으로, *H*-평면 복사 패턴은 방위각 방향으로 대칭적인 원을 갖는데, 이는 $F(\theta)$가 각도ϕ에 대하여 무관하기 때문이다. 길이 $\mathscr{L}$이 바뀜에 따라서 복사전력의 최대값이 $\theta = 90°$에서 멀어지는 쪽으로 이동함을 그림 8-10c를 통하여 참고하라. 만약 식 (8.29)에서 $\mathscr{L}$을 2λ로 설정한다면, $\theta = 90°$에서의 복사는 0이 된다(그림 8-10*d*).

8.4 루프안테나

다음으로 다른 기본 안테나 형태인 소형 루프안테나에 대하여 살펴보자. 이 안테나는 구조 주위로 순환하는 전류를 갖는 작은 도체루프로 구성되어 있다. 3장에서—예제 3.11을 보기 바람—전류의 흐름을 갖는 루프가 자기다이폴모멘트를 발생시키는 것에 대하여 논의하였다. 즉, 전기다이폴안테나와 비슷하게 소형 루프안테나를 등가의 자기다이폴안테나로 생각할 수 있다.

루프안테나는 대개 루프의 둘레 길이에 따라서, 전기적 소형 혹은 대형의 두 범주로 나뉘어 진다. 전기적 소형 루프안테나는 둘레의 길이가 파장의 1/10 보다 작은 것들이다($C < \lambda/10$). 만약 루프안테나의 둘레의 길이가 파장의 크기이거나 그 이상이면 전기적 대형 안테나라고 간주할 수 있다. 일반적으로 루프안테나는 HF 대역에서 UHF 대역까지, 즉 3 MHz부터 3 GHz에서 흔히 사용된다. 루프안테나의 또 다른 일반 용도는 자계 탐침이며, 이 응용의 경우 효용이 마이크로파 영역까지 확장된다.

루프의 둘레 주위에는 조화전류 $i(t) = I\cos\omega t$가 흐른다. 이 안테나는 그림 8-11에 도시되어 있으며, $ka \equiv (2\pi/\lambda)\,a \ll 1$로 가정하였다. 이 전류 루프에서 기인되는 지연 벡터포텐셜은 식 (8.13)으로부터 결정된다. 전류는 루프에 한정되어 있으므로 적분은 아래와 같이 된다.

$$\mathbf{A}(r) = \frac{\mu_0 \mathbf{I}}{4\pi}\oint_{\mathscr{L}} \frac{e^{-jkr'}}{r'}dl' \tag{8.31}$$

여기서 $\mathbf{I} = I\mathbf{u}_\phi$이고 시간 조화항 $e^{j\omega t}$이 포함되어 있다. 피 적분함수 내의 항들은 dl'이 계산 되어질 특정 위치에 의존하기 때문에 이 적분을 구하는 것은 쉽지 않다. 하지만 다음의 과정을 사용함으로써 예상되는 특성을 보여주는 근사해를 결정할 수 있다.[2] 지수항은 다음과 같이 쓸 수 있다.

[2] 전자기학에서는 해석적인 해를 구하기 위해서 많은 근사를 사용해야 한다. 근사가 합당한지 확인될 때 연구자의 독창력은 평가되고, 합당한 수단이 무엇인지 결정할 때 연구자의 성공이 평가된다.

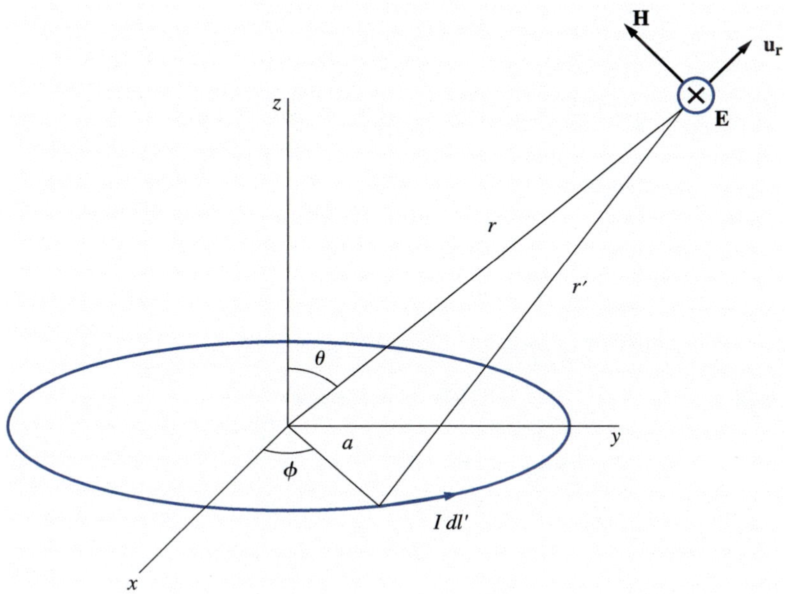

그림 8-11

자기다이폴안테나.

$$e^{-jkr'} = e^{-jkr}e^{-jk(r'-r)} \approx e^{-jkr}[1 - jk(r'-r)] \tag{8.32}$$

두 번째 지수항을 확장함에 있어서, 루프의 크기는 루프 중심과 관측점의 사이의 거리 r에 비하여 작다는 근사를 사용하였다($a << r$). 이것은 전기다이폴을 설명하면서 처음에 접했던 근사와 매우 비슷하다. 따라서, 식 (8.31)은 다음과 같이 쓸 수 있다.

$$\mathbf{A}(r) = \frac{\mu_0 I}{4\pi}e^{-jkr}\left[(1+jkr)\oint_{\mathscr{L}}\frac{dl'}{\rho'} - jk\oint_{\mathscr{L}}dl'\right]\mathbf{u}_\phi \tag{8.33}$$

두 번째 적분은 0과 같은데, 이는 원래의 시작점으로 다시 돌아와 진전이 없어 마치 원을 따라 계산하는 것과 유사하기 때문이다. 첫 번째 적분은 예제 8.6에서 구해질 것이다.

예제 8.6

적분 $\oint_{\mathscr{L}} dl'/r'$을 구하여라.

답. 폐곡선적분을 표면 적분으로 바꿔주기 위해서, 다음의 벡터 등식을 사용해보자(부록 A 참조).

$$\oint_{\mathscr{L}} b\,dl' = \int_{\Delta s}(\mathbf{u_n} \times \nabla b)\cdot\mathbf{ds}$$

스칼라량 b는 $1/r'$과 같다. 그림 8-11에 기준하여, 루프가 x-y 평면에 존재하므로 $\mathbf{u_n} = \mathbf{u_z}$가

된다. 그러므로

$$\oint_{\mathscr{L}} \frac{dl'}{r'} = \int_{\Delta s} \left(\mathbf{u_z} \times \nabla \frac{1}{r'}\right) \cdot \mathbf{u}_\phi ds = -\int_{\Delta s} \left(\mathbf{u_z} \times \frac{\mathbf{u}_{r'}}{(r')^2}\right) \cdot \mathbf{u}_\phi ds$$

이고, 여기서

$$\nabla \frac{1}{r'} = \frac{\mathbf{u}_r}{(r')^2}$$

이다. 전류 루프로부터 먼 거리에 위치하는 경우, 크기와 단위벡터는 각각 $r' \approx r$와 $\mathbf{u}_{r'} - \mathbf{u}_r$로 변경할 수 있다. 이와 같은 근사를 하면, 적분은 아래와 같이 된다.

$$\int_{\Delta s} \frac{(\mathbf{u}_z \times \mathbf{u}_r) \cdot \mathbf{u}_\phi}{r^2} ds = \frac{(\mathbf{u}_z \times \mathbf{u}_r) \cdot \mathbf{u}_\phi}{r^2} \int_{\Delta s} ds$$

표면 적분은 πa^2의 인자를 만들어낸다. 최종적으로 구좌표계 내의 아래 식을 계산하기 위해서 $\mathbf{u_z} = \cos\theta \mathbf{u_r} - \sin\theta \mathbf{u}_\theta$의 벡터 관계를 사용한다.

$$\mathbf{u_z} \times \mathbf{u_r} = \sin\theta \mathbf{u}_\phi$$

즉 최종 적분 결과는 다음과 같다.

$$\oint_{\mathscr{L}} \frac{dl'}{r'} = \frac{\pi a^2}{r^2} \sin\theta$$

식 (8.33)으로부터, 이 적분의 최종 계산은 다음과 같이 원거리장의 벡터포텐셜로 이어짐을 알 수 있다.

$$\mathbf{A}(\mathbf{r}) = \frac{\mu_0(I\pi a^2)}{4\pi} \frac{(1 + jkr)e^{-jkr}}{r^2} \sin\theta \mathbf{u}_\phi \approx j\frac{\mu_0(I\pi a^2)k}{4\pi} \frac{e^{-jkr}}{r} \sin\theta \mathbf{u}_\phi \tag{8.34}$$

$I\pi a^2$ 항은 ***자기다이폴모멘트*** $\mathbf{m}(r) = (I\pi a^2)\mathbf{u_z}$의 크기임을 알 수 있다.

벡터포텐셜을 구하였음으로, 식 (8.18)과 식 (8.20)을 사용하여 원거리장에서의 전자계를 계산할 수 있다.

$$H_\theta \approx -\frac{\omega\mu_0 mk}{4\pi Z_0} \frac{e^{-jk\rho}}{r} \sin\theta \tag{8.35}$$

$$E_\phi = -Z_0 H_\theta \approx \frac{\omega\mu_0 mk}{4\pi} \frac{e^{-jkr}}{r} \sin\theta \tag{8.36}$$

식 (8.35)와 식 (8.36)을 식 (8.18)과 식 (8.21)과 비교하면, 소형 자기다이폴과 소형 전기다이폴의 계 성분이 유사함을 알 수 있다. 원거리장에서 각각 두 계의 크기는 r^{-1}로 감소하고, 두 계의 비율은 자유 공간에서의 특성임피던스 Z_0와 동일하며, 복사패턴 $F(\theta) = \sin\theta$로 같고 이를 그림 8-7에 나타내었다.

8.5 안테나 파라미터

앞 절에서 논의한 안테나의 복사패턴 외에도, 안테나의 특성을 기술하는 데 사용하는 다른 파라미터들이 존재한다. 만약 안테나를 전송선로에 연결한다면, 안테나는 단순한 부하임피던스로 생각할 수 있다. 외부 공간으로의 전자기력 복사는 회로의 전력을 제거하므로, 마치 안테나는 점점 뜨거워지는 저항과 같은 역할을 한다. 이것은 그림 8-12에 도시되어 있다.

8.5.1 복사저항

그림 8-12c에 있는 것처럼 특성임피던스 Z_c와 전파상수 β를 갖는 길이 $\mathscr{L}$의 전송선로를 통하여 발전기와 연결된 부하임피던스 Z_L로 표현되는 안테나를 고려해보자. 부하임피던스 Z_L의 값을 계산하기 위해서는 포인팅 벡터를 다시 사용할 필요가 있다. 포인팅 벡터는 공간의 한 지점에서 전자파 크기로 계산되는 전력밀도를 측정하는 척도임을 상기하자. 안테나에서 복사되는 전체전력은 그림 8-13과 같이, 반경 r인 가상의 구로 안테나를 둘러쌈으로써 계산할 수 있다. 반경 r은 구표면이 원거리장 영역에 있도록 선택한다. 안테나로부터 복사된 전력은 반경 r보다 더 먼 거리까

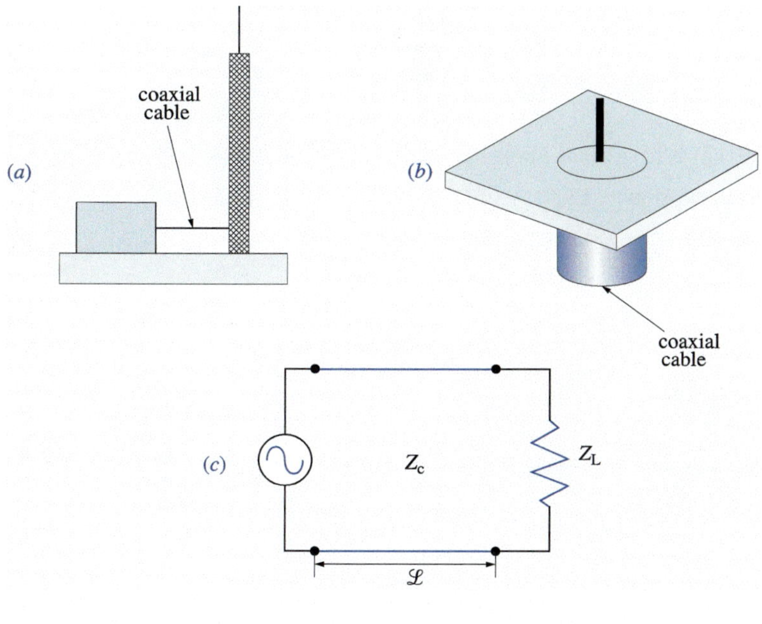

그림 8-12

(***a***) 전자기에너지를 복사하는 안테나는 전송선로를 통하여 전자기에너지의 전원에 연결된다.
(***b***) 접지면에 연결된 동축선.
(***c***) 위 구조에 대한 등가회로.

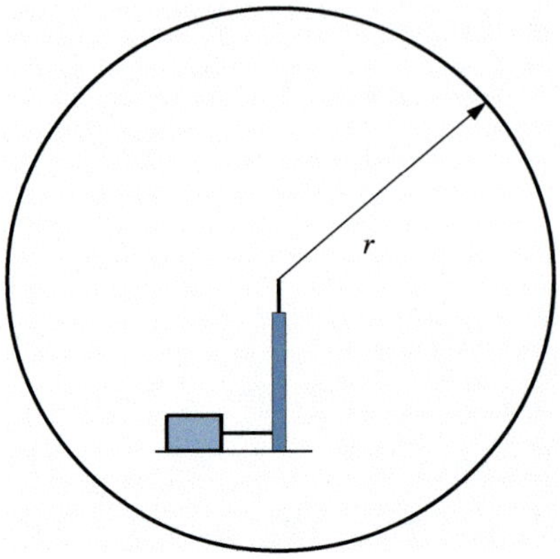

그림 8-13

안테나로부터 복사된 전자기 전력은 반경 r인 구를 통과할 것이다.

지 전파되기 위해서는 이 구를 통과하여야 할 것이다. 예제 8.13에서 보였듯이, 이 반경은 안테나의 크기 $\mathscr{L}$을 기준으로 $r \approx \mathscr{L}^2/2\lambda$로 근사할 수 있다.

안테나로부터 나오는 총 ***복사전력***은 전체 폐구면에 대해서 시간-평균 포인팅 벡터를 적분함으로써 계산된다. 식 (8.1)로부터 이것은 다음과 같이 된다.

$$P_{\text{rad}} = \frac{1}{2}\text{Re}\left[\oint_{\Delta s} \mathbf{E}(\mathbf{r}) \times \mathbf{H}(\mathbf{r})^* \cdot \mathbf{ds}\right] = \frac{1}{2}\text{Re}\left[\int_0^{2\pi} d\phi \int_0^{\pi} r^2 \sin\theta (E_\theta H_\phi^*) d\theta\right] \tag{8.37}$$

인자 1/2은 진동의 시간적 순환에 대한 시간-평균 전력을 고려하였기 때문에 나타난 것이다. 5장에서 보았듯이 **H**의 공액값이 도입되어야 한다. 전원의 관점에서 이 평균 복사전력은 손실로 취급될 수 있으므로, 안테나는 전원으로부터의 나오는 전력을 소모하는 저항과 유사하다. 이 저항은 ***복사저항*** R_{rad}이라고 불리며, 안테나의 입력단에서 최대 전류 크기 I_0에 대해서 다음과 같이 정의된다.

$$\boxed{R_{\text{rad}} = \frac{2P_{\text{rad}}}{I_0^2}} \tag{8.38}$$

아래 몇 가지 안테나에 대해 복사저항을 계산할 것이다. 이 저항은 안테나를 구성하는 도체와 관련된 저항과는 다른 것임에 유의해야 한다. 도체저항을 갖는 효과는 유발이 가능한 손실에 있고, 아래에 안테나 이득을 논의할 때 더 자세히 다룰 것이다.

예제 8.7

미소다이폴의 복사저항을 구하라.

답. 헤르츠 다이폴로부터 나오는 복사전력 P_{rad}은 식 (8.23)을 사용하여 계산하였다. 식 (8.23)에 헤르츠 다이폴 항을 대입하고, $Z_0 = 120\pi$와 $k = 2\pi/\lambda$와 식 (8.38)의 정의를 사용하면 다음과 같이 구해진다.

$$R_{\mathrm{rad}} = 80\pi^2\left(\frac{\mathscr{L}}{\lambda}\right)^2\left(\frac{I_{\mathrm{av}}}{I_0}\right)^2 = 80\pi^2\left(\frac{\mathscr{L}}{\lambda}\right)^2$$

이 때는 $I_{\mathrm{av}} = I_0$와 같이 ***균일한 전류분포***를 전제로 한다. 다음 예제에서 묘사한 삼각 전류분포가 있다면, 전류는 $I_{\mathrm{av}} = I_0/2$가 될 것이다. 이 경우, 복사저항은 이전 값의 1/4이 된다.

$$R_{\mathrm{rad}} = 20\pi^2\left(\frac{\mathscr{L}}{\lambda}\right)^2$$

$\mathscr{L}/\lambda < 0.15$ 조건에서 미소다이폴의 복사저항은 아래의 그림과 같이 나타내질 것이다. 작은 값의 복사저항은 안테나가 그다지 효율적이 않음을 보여주고 있다. 이 안테나는 예제 8.11에서 더 자세히 다뤄질 것이다.

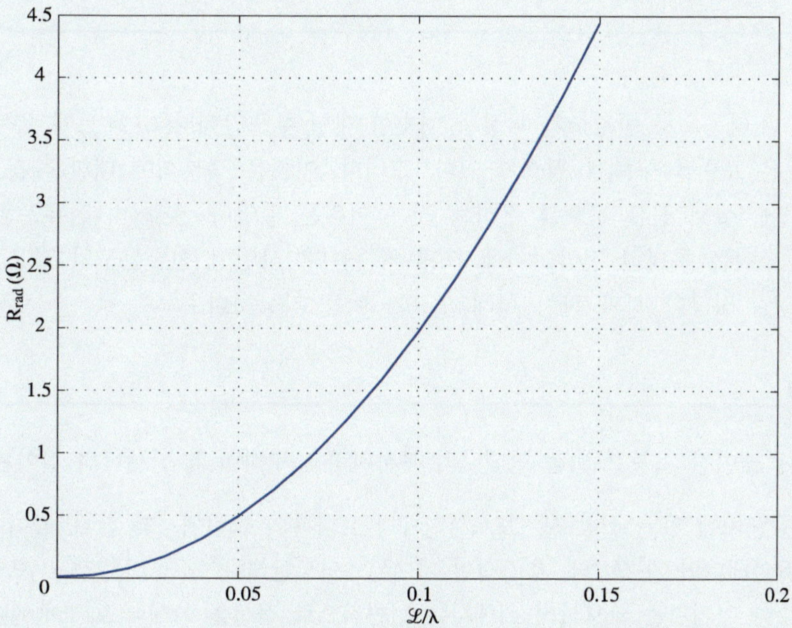

루프안테나를 다시 살펴보면, 식 (8.38)을 사용하여 안테나 복사저항을 계산할 수 있다. 균일한 전류분포를 갖는 소형루프를 가정한다면, 다음이 얻어진다.

$$R_{\mathrm{rad}} = 20\pi^2(ka)^4 \tag{8.39}$$

복사저항은 소형 전기다이폴에 대해 예제 8.7에서 구한 것과는 다르다.

예제 8.8

둘레 길이가 $\lambda/5$인 루프로부터 10 와트가 복사되기 위해서 요구되는 전류를 구하라.

답. $ka = 2\pi a/\lambda$의 경우에 대하여 식 (8.39)를 적용하면, 다음이 된다.

$$R_{\mathrm{rad}} = 20 \times \pi^2 \times 0.2^4 = 0.316\ \Omega$$

복사전력은 식 (8.7)로부터

$$P_{\mathrm{rad}} = \frac{1}{2} R_{\mathrm{rad}} I(\phi)^2$$

가 되며, 전류는 다음과 같이 된다.

$$I(\phi) = \sqrt{\frac{2P_{\mathrm{rad}}}{R_{\mathrm{rad}}}} = \sqrt{\frac{2 \times 10}{0.316}} = 7.95\ \mathrm{A}$$

소형안테나는 대용량의 전력을 복사하는 데 있어서 그다지 유용하지 못하다는 것이 명백하다.

다음으로 반경 a가 파장과 비슷한 대형 루프안테나($ka \geqslant 1$)에서 복사저항의 알맞은 표현을 구해볼 필요가 있다. 그러나, 이것은 적분식에 대한 해를 요구하기 때문에, 실제 전류 분포를 구하는 것은 어려운 일이다. 덧붙여, 전류분포는 전류발생에 쓰이는 특정한 전압여기에 크게 의존한다. 사인형 전류분포와 같은 특별한 경우에는, 적당한 식과 관련 설계 도표가 이용 가능하다.[3]

예제 8.9

접지면 위에 놓여진 소형 모노폴 안테나의 복사전력을 구하여라. 안테나의 길이는 $\lambda/8$이다.

답. 접지면 근처에 있는 소형 전기모노폴안테나는 다음의 그림에서와 같이, 길이가 두 배인 소형 다이폴안테나와 *등가*이다. 추가적인 기여는 "영상안테나"에서 비롯된다. 모노폴안테나 아래에 우수한 접지면을 확보하기 위해서는 전형적으로 전선을 안테나 아래에 설치하며, 전선은 모노폴로부터 대략 안테나의 높이에 해당하는 거리만큼 방사상으로 뻗어진다.

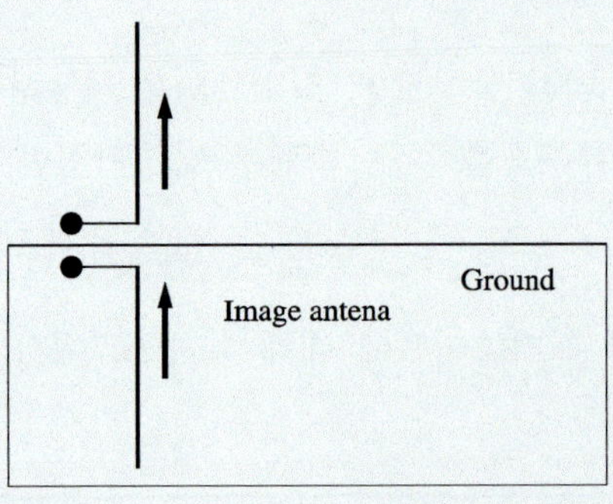

3 S.V. Savov, "An Efficient Solution of a Class of Integrals Arising in Antenna Theory", *IEEE Antennas & Propag. Magazine* 44 (Oct. 2002): pp. 98–101.

길이가 $\lambda/4$인 소형 다이폴에 대해서 근사가 유효한 것인지 파악하는 것이 가능하다. 앞의 예제를 통하여 복사저항은 $R_{rad} \approx 12.3\ \Omega$로 계산되고, 선형안테나 이론으로부터 구한 실제 값은 $R_{rad} = 6.7\ \Omega$이다. 따라서, 이 정도의 짧은 길이에서도, 소형 다이폴 근사는 적절한 산정이 아니다.

예제 8.10

유한 다이폴안테나의 복사저항을 여기파장으로 나눠진 물리적 길이에 대한 함수로 계산하여라.

답. 선형안테나의 복사저항 표현은 예제 8.7에서 유도되었던 것보다 훨씬 복잡하다. 이것은 사인과 코사인 적분이 들어간 새로운 특수함수를 포함하며, 고급 전자기학을 다루는 서적들에서 주로 취급된다.[4] 이러한 복잡성으로 인해, 여기서는 그 결과만을 보여주고자 한다. 추가적인 정보를 위해서는 참고 서적을 보기 바라며, 이 서적에 MATLAB으로 산출한 아래 도표에 대한 식들이 나와 있다. 많이 사용되는 ***반파장다이폴***의 경우 복사저항이 문제 8.4.7에서처럼 $R_{rad} = 73.1\ \Omega$임을 알 수 있는데, 이것은 측정값에 매우 근접한 것이다.

8.5.2 지향성

복사전력에 대한 (8.37)은 시간에 따라 평균한 포인팅 벡터의 방사상성분 $S_r = 1/2\ \mathrm{Re}\{E_\theta H_\phi^*\}$을 표면적분뿐만 아니라, 입체각에 대한 적분으로 쓸 수 있다. 이를 위하여 복사세기를 $I(\theta,\ \phi) = r^2 S_r(\theta,\ \phi)$로 정의하면, 복사전력은 다음과 같아진다.

$$P_{rad} = \oint_{4\pi} I(\theta, \phi) d\Omega \tag{8.40}$$

$I(\theta,\ \phi)$를 $I(\theta,\ \phi)$의 최대값으로 나누어 생기는 비를 정규 ***복사전력패턴***이라고 한다.

$$I_n(\theta, \phi) = \frac{I(\theta, \phi)}{I(\theta, \phi)_{max}} \tag{8.41}$$

안테나의 ***빔입체각***은 아래와 같이 정의된다.

$$\Omega_A = \oint_{4\pi} I_n(\theta, \phi) d\Omega \equiv \int_{\phi=0}^{2\pi} d\phi \int_{\theta=0}^{\pi} I_n(\theta, \phi) \sin\theta d\theta \tag{8.42}$$

완전한 구는 4π 스테라디안을 갖는다. 등방성 안테나는, 정의로부터 $I_n(\theta,\ \phi) \equiv 1$

[4] C. Balanis, "*Antenna Theory, Analysis and Design*," 3rd edition (New York: Wiley, 2005), pp 173–178.

이고 빔입체각은 $\Omega_A = 4\pi$이다. 안테나 시스템을 정의하는 또 다른 파라미터는 지향성이다.

안테나의 ***지향성***은 송신 안테나의 최대 복사 세기를 동일한 입력전력을 가지는 무지향성 복사체의 복사세기로 나누어 생기는 비로 정의되며, 다음과 같이 주어진다.

$$D = \frac{I(\theta, \phi)_{\max}}{\left(\frac{P_{\text{rad}}}{4\pi}\right)} = \frac{4\pi}{\oint_{4\pi} I_n(\theta, \phi) d\Omega} = \frac{4\pi}{\Omega_A} \tag{8.43}$$

분모인 Ω_A는 항상 4π보다 작으므로, 지향성은 1보다 큰 값이 된다($D > 1$).

예제 8.11

헤르츠 다이폴의 지향성을 구하여라.

답. 소형 다이폴의 정규화된 복사세기 $I_n(\theta, \phi) = \sin^2\theta$를 포함시키고 나서, 지향성에 대한 정의인 식 (8.43)을 적용하면, 다음이 얻어진다.

$$D = \frac{4\pi}{2\pi\int_0^\pi \sin^2\theta \sin\theta d\theta} = \frac{2}{\int_0^\pi (\cos^2\theta - 1) d(\cos\theta)} = \frac{2}{-\frac{2}{3} + 2} = \frac{3}{2} = 1.5$$

소형 다이폴의 경우, 지향성은 $D = 1.5$이거나 $10 \log_{10}(1.5) = 1.76$ dB이 된다. 반파장다이폴에 대해 좀 더 복잡한 계산을 수행하면 연습문제 8.4.6에서와 같이 소형 다이폴에 비해 약간 높은 $D = 1.64$ 혹은 2.15 dB의 값을 갖는다.

8.5.3 안테나이득

이득은 안테나의 포괄적인 특성이다. 이로 인하여 ***안테나효율*** η가 필요해 지며, 안테나효율은 안테나의 지향성과 연관된다. 이득은 다음과 같이 정의된다.

$$G = \eta D \tag{8.44}$$

손실이 없는 안테나의 경우, $\eta = 1$이 되어 이득은 지향성과 동일해진다. 손실이 있는 안테나의 경우, $\eta < 1$이 되어 이득은 지향성보다 작아지게 된다. 안테나와 관련하여서 여러 종류의 손실이 존재한다. 주요한 것으로 안테나를 물리적으로 구성하는 유전체와 도체에서의 소모에너지로 인한 손실 그리고 전송선로와 안테나 사이의 부정합으로 인한 반사손실이 있다. 안테나 전문 과정에서 이들과 다른 손실들을 자

세히 살펴볼 것이지만, 여기서는 더 이상 논의하지 않을 것이다.

8.5.4 빔폭

빔폭은 안테나 패턴의 엽들과 관련된 파라미터이다. 이것은 엽의 최대값을 기준하여 맞은 편의 동일한 두 점 사이의 각도로 정의된다. 안테나패턴과 관련된 빔폭에는 몇 개의 다른 형태가 있다. 가장 일반적인 것은 ***반전력 빔폭***(HPBW)이다. IEEE 표준 149-1993에서는 HPBW을 이와 같은 방식으로 정의하고 있다. "최대값이 나타나는 엽의 방향을 포함하는 복사패턴에서, 최대값의 절반을 복사세기로 갖는 두 방향 사이의 각도". 따라서, HPBW을 구하기 위해서는, 0.5와 동일한 복사패턴을 정의하는 식을 설정하고, 그 값을 갖는 각도를 구하면 된다. dB 값의 경우, 빔의 최대값으로부터 3 dB가 낮은 점들이 이에 해당된다. 또 하나의 유용한 빔폭은 최초-널-빔폭(FNBW)인데, 주빔의 측면에 나타나는 최초 널 사이의 각도이다.

빔폭은 매우 유용한 파라미터이며, 빔폭과 부엽 수준간의 상호교환관계와 같이 안테나의 설계 파라미터로 사용될 수 있다. 또한 빔폭은 두 개의 인접한 전원이나 두 개의 인접한 레이더 목표물로부터 반사되어 돌아오는 전자파를 분리하고 확인하는 데 있어서 안테나의 분해능을 묘사하는 데 사용한다.

빔폭은 빔의 최대값에 대하여 상대적으로 정의되기 때문에, 안테나의 지향성을 안테나의 빔폭으로 흔히 표시한다. 회전 대칭적인 엽을 발생시키는 안테나의 경우, 어떠한 두 수직 평면의 반전력 지점은 동일하다. 이와 같은 조건이 주어진다면, 이 안테나의 지향성은 아래와 같이 근사될 수 있다.

$$D \approx \frac{4\pi}{\theta_{\text{HP}}\phi_{\text{HP}}} \tag{8.45}$$

위 표현식에서 두 빔폭의 값은 라디안으로 주어진다. 반전력빔폭이 도 단위로 주어질 경우, 근사된 지향성은 식 (8.45)에 $(180/\pi)^2$을 곱함으로써 얻어진다. 이는 식 (8.45)가 다음의 식이 되도록 한다.

$$D \approx \frac{41,253}{(\theta^{\circ}_{\text{HP}} - \text{d})(\phi^{\circ}_{HP})}$$

이득과 지향성에 대한 추가적인 정보는 1998년에 IEEE Antennas and Propagation Magazine에 실렸던 뛰어난 리뷰 논문에 있다.[5]

[5] "Estimating Directivity and Gain of Antenns," Warren L. Stutzman, IEEE Antennas and Propagatioin Magazine, Vol. 40, No. 4, August 1998, pp. 7-11.

예제 8.12

미소다이폴의 HPBW를 구하라.

답. 미소다이폴의 전계에 대한 정규 복사세기는 $I_n(\theta, \phi) = \sin^2\theta$로 주어지며, $\theta = \pi/2$에서 최대값 $I_n = 1$이 나타난다. $I_n = 1/2$은 $\theta = \pi/4$, $3\pi/4$에서 나타난다. 그러므로 전계에 대한 HPBW는 $\theta_{HP} = \pi/2$이다. 미소다이폴의 자계에 대한 정규복사세기는 $\phi_{HP} = \pi/2$이다. 자계세기에 대한 HPBW는 $I_n(\theta, \phi) \equiv 1$이다. 식 (8.45)로부터, 지향성은 $D \approx 4/\pi = 1.27$과 같이 근사할 수 있다. 예제 8.11에서 계산되었던 값은 $D = 1.5$였다.

8.5.5 유효개구면

안테나는 가역성을 갖는 소자이다. 이것은 송신이나 수신안테나로의 사용에 관계없이 안테나의 특성이 동일하다는 뜻이다. 예를 들어, 안테나와 관련된 복사는 양쪽 모두 동일하다. 안테나 자체가 가역성소자일지라도, 비가역성소자가 안테나에 부착된다면 가역성은 적용되지 않는다. 따라서 페라이트 아이솔레이터가 안테나와 함께 사용된다면, 페라이트 아이솔레이터가 비가역성소자이므로 합쳐진 조합은 더 이상 가역성을 띠지 않는다.

안테나의 가역성에도 불구하고, 다른 것 대신에 안테나에서 더욱 중요하게 사용되는 특정 파라미터들이 있다. 수신안테나의 경우 그것들 중의 하나가 유효 면적 A_e인데, 이것은 수신단면적이라고도 할 수 있다. 수신안테나의 유효면적은 다음과 같이 정의된다: "주어진 방향에서, 수신 안테나의 단자에서 가용한 전력과 편파정합되는 방향에서 안테나로 입사하는 평면파의 전력밀도의 비." 편파정합된 안테나는 입사파의 편파가 안테나의 편파와 동일하다는 의미이다. 안테나의 유효면적과 안테나에 입사되는 입사전력밀도 S_{av}의 곱은 안테나에 의해 수신되는 전력을 결정하는 데 사용할 수 있다. 입사전력밀도는 아래와 같이 주어진다.

$$S_{\mathrm{av}} = \frac{E^2}{2Z_0} = \frac{E^2}{240\pi} \tag{8.47}$$

평면파는 그림 8-12c 나타난 것과 같이 부하임피던스 Z_0로 정합되어 종단된 수신안테나로 입사되고 있다고 가정하는 것이 타당하다. 입사파는 안테나의 주빔과 일치하는 방향 혹은 복사패턴의 최대전력방향으로부터 도달한다고 가정하자. 그러면 다음과 같다.

$$P_L = S_{\mathrm{av}} A_e \tag{8.47}$$

회로이론에서 상기할 수 있듯이, 부하임피던스가 안테나임피던스의 공액 복소수를 취하면 최대전력은 부하임피던스에 전달된다 $(Z_L = Z_A^*)$. 안테나를 동일한 전압 V

와 임피던스 Z_A를 갖는 등가의 발전기로 대신한다면, 단자의 전류값은 다음과 같이 결정된다.

$$I_0 = \frac{V}{Z_A + Z_L} \tag{8.48}$$

그러므로, 부하에서 소모되는 최대전력은 다음과 같이 된다.

$$P_L = \frac{1}{2} I_0^2 R_L = \frac{1}{2}\left(\frac{V}{Z_A + Z_A^*}\right)^2 R_L = \frac{V^2}{8R_A} \tag{8.49}$$

여기서 $Z_A + Z_A^* = 2R_A$로 정의된다.

헤르츠 다이폴의 경우, 안테나 저항 $R_A = R_{rad}$은 예제 8.7에서 계산되었고, $\theta = \pi/2$ 방향에서의 최대전압은 $V = (E \sin\theta)\mathscr{L} = E\mathscr{L}$로 밝혀졌다.

$$P_L = \frac{(E\mathscr{L})^2}{8 \times 80\pi^2 \left(\frac{\mathscr{L}}{\lambda}\right)^2} = \frac{E^2 \lambda^2}{640\pi^2} \tag{8.50}$$

헤르츠 다이폴의 경우, 유효 면적은 식 (8.46), 식 (8.47), 식 (8.50)을 통하여 아래와 같이 구할 수 있다.

$$A_e = \frac{\lambda^2}{4\pi}\left(\frac{3}{2}\right) = \frac{3\lambda^2}{8\pi} \tag{8.51}$$

일반적으로 안테나의 유효면적 A_e은 다음의 식처럼 지향성 D와 관련되어 있다.

$$\boxed{\begin{aligned} A_e &= \frac{\lambda^2}{4\pi} D \\ A_e &= \frac{\lambda^2}{4\pi} G \end{aligned}} \tag{8.52}$$

또한 이득으로도 유효면적을 나타낼 수 있다. 두 가지 표현식이 모두 사용 되지만, 이득 G로 표현한 식이 보다 일반적으로 사용된다.

8.5.6 Friis 전송공식

이 절에서는 송신용과 수신용으로 쓰이는 안테나 사이의 관계를 확인하고자 한다. 이를 그림 8-14에 도시하였다.

그림 8-14의 안테나 A가 안테나 B로 송신을 하도록 하자. 두 안테나는 모두 원거리장 영역에 위치한다. 송신안테나 A에서 수신안테나 B로 향하는 이득은 G_A이고, 무손실의 경우 이것은 D_A와 같다. 따라서, B에서의 시간평균 전력밀도는 다음과 같다.

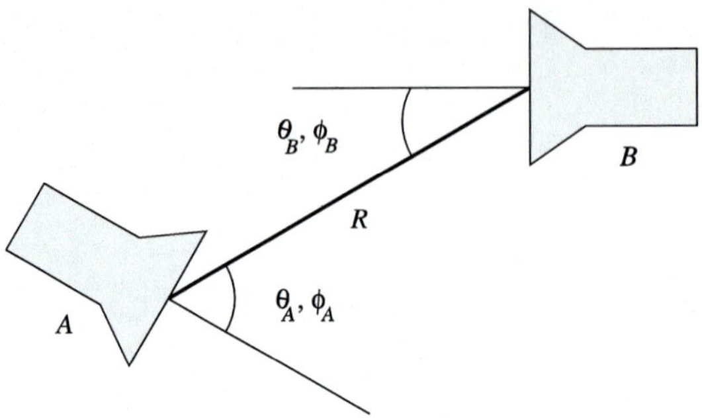

그림 8-14

거리 R만큼 떨어진 두 안테나.

$$S_{\rm av} = \frac{P_t}{4\pi R^2} G_t \tag{8.53}$$

수신된 전력을 (8.47)을 이용하여 쓰면 아래와 같다.

$$P_r = S_{\rm av} A_{e,r} = \left[\frac{P_t}{4\pi R^2} G_t\right] \frac{\lambda^2}{4\pi} G_r = \frac{P_t G_t G_r \lambda^2}{(4\pi R)^2} \tag{8.54}$$

$$\boxed{\frac{P_r}{P_t} = \frac{A_{e,t} A_{e,r}}{\lambda^2 R^2}} \tag{8.55}$$

식 (8.54)을 ***Friis 전송공식***이라고 부른다.

예제 8.13

수신안테나가 실제적으로 송신안테나의 원거리장 영역에 위치한다는 주장에 대한 기준을 구하라. D = 10 cm이고 λ = 3 cm일 경우, 원거리장 영역의 거리를 추정하라. 안테나의 이득이 각각 G_A = 1.5, G_B = 1.64이라고 가정하고, 그 거리에서 비 P_r / P_t을 구하라.

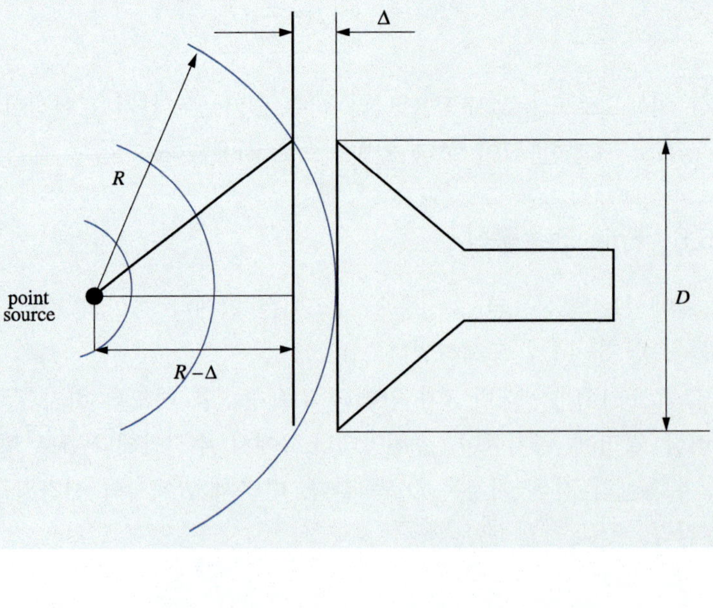

답. Friis 전송공식이 적용되기 위해서는 양쪽 안테나가 모두 원거리장에 존재해야 한다. 입사구면파가 파장의 일부보다도 적게 실제 평면파에서 벗어나있다면, 수신안테나는 원거리장에 위치할 것이다. 수신안테나의 가장 큰 치수를 D로 두자. 관례적으로 이 편차는 대략 $\Delta \approx \lambda/16$이며, 위상차는 22.5°에 해당된다. 그림으로부터 다음과 같이 쓸 수 있다.

$$R^2 = (R - \Delta)^2 + \left(\frac{D}{2}\right)^2 \approx R^2 - 2R\Delta + \frac{D^2}{4}$$

두 번째 항이 적어도 세 번째 항과 비슷하다면 (즉, $R \approx D^2/8\Delta$), 이것은 수신안테나가 원거리장 혹은 ***Fraunhofer 영역***에 있다는 것을 뜻한다. 이것은

$$R \approx \frac{2D^2}{\lambda}$$

의미하며, 특정 값은 다음과 같이 얻어진다.

$$R = \frac{2 \times 0.1^2}{0.03} = 66.7 \text{ cm}$$

이 거리를 넘어서면, 수신안테나는 송신안테나의 원거리장 영역에 속할 것이다.

Friis 전송공식 (8.55)는 다음과 같은 비를 보여줄 것이다.

$$\frac{P_r}{P_t} = \frac{1.07 \times 1.17}{16.7^2 \times 3^2} = 5 \times 10^{-4}$$

수신된 신호의 저하는 대략 다음과 같다.

$$-10 \log_{10}(5 \times 10^{-4}) = 33 \text{ dB}$$

8.6 배열안테나

많은 안테나 응용에서, 단일 안테나로는 원하는 복사특성을 제공할 수 없다는 것을 알게 될 것이다. 대신에 요구되는 복사특성을 만들어 내기 위해 안테나의 조합을 선택 할 수도 있다. 다양한 종류의 안테나를 조합하는 데는 수많은 방법이 존재하므로, 요구되는 복사패턴을 발생하도록 만드는 기술이 필요하다. ***배열안테나***를 통해 그런 복사패턴의 요구를 해결해주는 기술로 주의를 돌려보자.

배열안테나는 직선, 사각형 혹은 원 등과 같이 정해진 물리적 형태를 따라 배치된 안테나 집단으로 정의된다. 각 개별 안테나는 배열의 소자라고 불린다. 배열을 구성하는 각 소자는 물리적으로 동일하다고 초기 가정을 할 것이다. 하지만 각 개별 소자에 가해지는 여기의 크기와 위상은 다를 수도 있다—유용성이 증명되는 단순화. 선형성 매질 내에 있는 배열안테나의 원거리장 복사는 개별소자로부터 복사

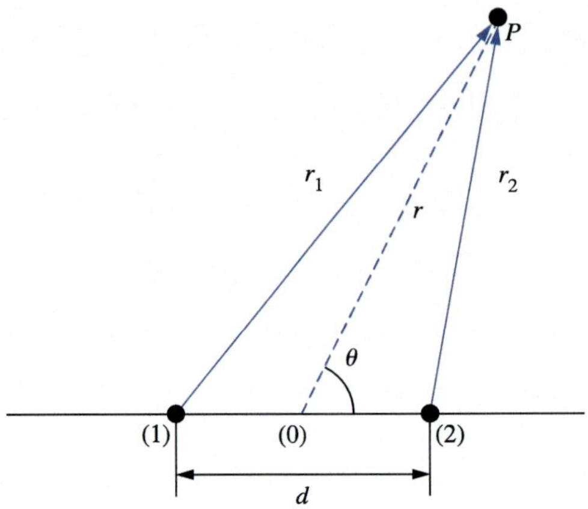

그림 8-15

두 소자로 된 선형 배열안테나.

된 전자계 성분의 벡터 합을 통해 계산된다. 이것을 ***중첩의 원리***라고 부른다.

배열안테나에 대한 여러 가지의 가능한 형태들이 존재한다. 소자들이 직선 상에 위치하는 배열안테나, 즉 ***선형 배열***안테나를 먼저 살펴볼 것이다. 이 과정의 도입을 위해서, 동일한 크기이지만 ψ만큼 위상을 달리하는 신호로 여기 되는 두 소자로 구성된 배열안테나를 먼저 살펴보도록 하자. 이 간단한 구성은 배열안테나의 개념을 설명하여 준다.

두 소자로 구성되는 선형 배열안테나는 그림 8-15에 나타내었다. 개별소자는 *소자의 패턴* $F_1(\theta,\ \phi)$에 의해 특성이 이루어지며, 이 패턴은 앞선 정의를 구좌표계의 두 각에 대한 의존성으로 일반화시키고 있다.

P 지점에서 전체 원거리 전계 성분은 두 개별 소자의 기여의 합으로 이뤄진다.

$$E(\mathbf{r}) = E_1(\mathbf{r})e^{j\psi/2} + E_2(\mathbf{r})e^{-j\psi/2} \tag{8.56}$$

이 때 $E_1(\mathbf{r})$은 거리가 r_1만큼 떨어진 전원 (1)에 인한 전계이고, $E_2(\mathbf{r})$은 거리가 r_2만큼 떨어진 전원 (2)에 인한 전계이며, 두 전원의 물리적 간격 d와 여기 위상 차이 δ에 의하여 발생하는 계 간의 위상차는 $\psi = kd\cos\theta + \delta$가 된다. ***위상 중심***은 배열의 중간점인 지점(0)에서 취해진다. 소자들이 동일하기 때문에, $E_1(\mathbf{r}) = E_2(\mathbf{r})$라고 할 수 있고 다음과 같이 쓸 수 있다.

$$E(\mathbf{r}) = 2E_1(\mathbf{r})\left(\frac{e^{j\psi/2} + e^{-j\psi/2}}{2}\right) = 2E_1(\mathbf{r})\cos\left(\frac{\psi}{2}\right) \tag{8.57}$$

위상의 중심 지점 (0)을 재 위치시키는 것은 최종 결과의 위상만 바꿀 뿐, 크기를 바꾸지는 못 한다는 것은 쉽게 보일 수 있다. 식 (8.57)의 ***전체 계 패턴*** $F(\theta,\ \phi)$은 개별소자의 복사패턴 $F_1(\theta,\ \phi)$와 배열의 복사패턴 $F_a(\theta,\ \phi)$의 곱으로 쓸 수 있다. 이 항을 배열인자라고 한다. 이 곱해진 해는 ***패턴의 곱***이라고 불리며, 실제로 아래의 형태로 자주 접하게 될 것이다.

$$\boxed{F(\theta, \phi) = F_1(\theta, \phi)F_a(\theta, \phi)} \tag{8.58}$$

여기서

$$F_a(\theta, \phi) = \cos\left(\frac{kd\cos\theta + \delta}{2}\right) \tag{8.59}$$

이고 δ는 두 안테나 사이의 위상차이다. 후자의 항은 배열의 기하구조와 각 소자에 가해진 여기 신호의 크기 및 위상에 의해 결정된다는 것을 유의하여라. 식 (8.56)에서는 크기를 동일하게 설정하였으나, 이는 일반적인 요구사항은 아니다.

예제 8.14에서는 x 축을 따라 놓여진 두 개의 무지향성 복사소자의 원거리장 복사패턴을 몇 가지 살펴볼 것이다. 각각의 경우, 두 소자는 그림 8-15와 같이 거리가 d만큼 떨어져있고, 개별 소자는 δ의 위상차를 갖는 동일한 크기의 신호로 여기되고 있다.

예제 8.14

소자간 거리만을 달리하는 세 종류의 2-소자 배열에 대해서 배열인자를 구하고 도시하라. 각 배열안테나의 두 소자는 무지향성 복사체라고 가정하라. 안테나는 각각 5, 10, 20 cm의 간격이며, 동위상으로 여기되고 있다. 각 안테나에 가해지는 신호의 주파수는 1.5 GHz이다.

답. 소자간의 간격은 $\xi = kd/2 = \pi d/\lambda$를 통하여 파장으로 정규화된다. 자유공간에서의 파장은

$$\lambda = \frac{c}{f} = \frac{3 \times 10^8}{1.5 \times 10^9} = 20 \text{ cm}$$

이고, 정규화된 간격 d는 각각 $\lambda/4$, $\lambda/2$, λ이다. 이것은 파라미터 ξ에 대해 다음의 값을 준다: (a) $\pi/4$, (b) $\pi/2$, 그리고 (c) π. 위상차는 0이다 ($\delta = 0$). 상응되는 배열인자 $F_a(\theta)$는 식 (8.59)로부터 구해지며, 세 경우는 아래 그림에 도시하였다. 소자의 패턴은 균일하기 때문에 ($F_1(\theta) \equiv 1$), 식 (8.58)로부터 전체 복사패턴은 $F(\theta) = F_a(\theta)$이 된다. 패턴에서 발견되는 엽

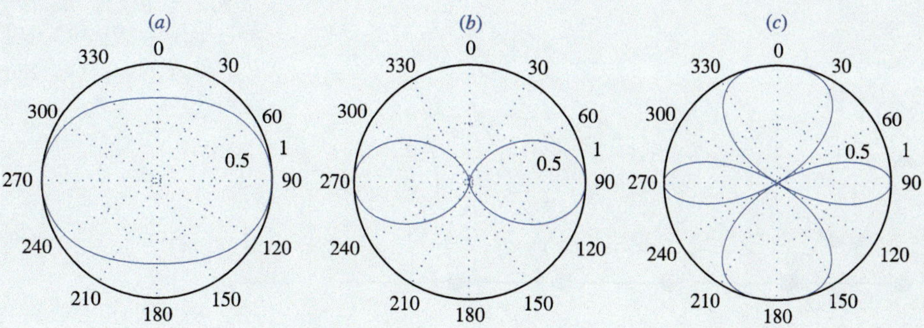

의 숫자는 배열의 정규 길이 증가에 따라 선형적으로 증가하고, 이것은 실제 파라미터인 $4d/\lambda$에 가장 근접한 정수로 근사된다.

배열의 복사패턴을 바꾸는 또 하나의 방법은 가해지는 신호의 위상 파라미터 δ를 전기적으로 바꿔주는 것이다—공간의 특정 영역을 "휩쓰는" 안테나를 갖게 된다. 그런 안테나를 ***위상배열안테나***라고 부른다. 이런 종류의 안테나는 축구 경기장 크기가 될지 모르는 안테나를 기계적으로 회전시키기 불가능한 대형 레이더 장치에서 특히 중요하다.

이러한 종류의 배열안테나에 대한 연구를 여러 가지 방법으로 확장할 수 있다. 그림 8-16에 나타낸 두 개 이상의 *동일한* 소자들을 생각해 보자. 선형배열에서는 동일한 N개의 소자에 공급되는 여기 신호에 선형적으로 누진되는 위상천이를 가한다. 이 경우 식 (8.56)은 아래와 같이 일반화 된다.

$$E(r) = E_0(r)\ 1 + e^{j\psi} + e^{j2\psi} + \cdots + e^{j(N-1)\psi} \tag{8.60}$$

다행히도, q를 $e^{j\psi}$로 놓았을 때 다음과 같은 관계를 통하여 합쳐지기 때문에 사각괄호 내의 모든 항은 다룰 필요가 없다.

$$\sum_{n=0}^{N-1} q^n = \frac{1-q^N}{1-q} \tag{8.61}$$

그러므로 식 (8.60)의 전계는 다음과 같아진다.

$$E = E_0\left[\frac{1-e^{jN\psi}}{1-e^{j\psi}}\right] \tag{8.62}$$

만약 전계의 크기 $|E|$만을 살펴본다면, 식 (8.62)는 아래의 관계를 통하여 단순화 할 수 있다.

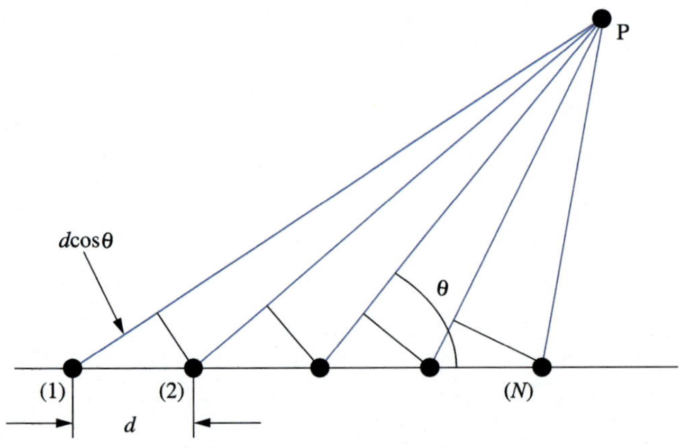

그림 8-16

균일한 선형배열. 첫 번째 소자의 전류는 $I(z)$, 두 번째 소자의 전류는 $I(z)\ e^{j\Delta}$, 세 번째 소자의 전류는 $I(z)\ e^{j2\Delta}$ 등이 된다.

$$\left|1 - e^{j\xi}\right| = \left|2je^{j\xi/2}\sin\frac{\xi}{2}\right| = 2\sin\frac{\xi}{2}$$

그러므로 식 (8.62)는 전기장의 크기를 확인한다.

$$E(\theta) = E_0\frac{\sin\left(\frac{N\psi}{2}\right)}{\sin\left(\frac{\psi}{2}\right)} \tag{8.63}$$

이 때, $\psi(\theta)$는 $(kd\cos\theta + \delta)$이며, δ는 소자간의 누적된 위상천이 양이다. 최대값은 $\psi \to 0$ 일 때 나타나며, 다음과 같다.

$$E_{\max} = NE_0 \tag{8.64}$$

최대값 방향에서는 $\psi = 0$ 혹은 $kd\cos\theta = -\delta$의 조건이 만족된다. 식 (8.63)을 식 (8.64)로 나눈 값이 ***정규배열인자***가 된다.

$$F_a(\theta) = \frac{\sin\left(\frac{N\psi}{2}\right)}{N\sin\left(\frac{\psi}{2}\right)} \tag{8.65}$$

식 (8.62)의 분자가 최초 널이 되는 각도가 선형배열안테나 복사패턴의 주빔을 정의하게 될 것이다. 이것은 $e^{j\psi} \neq 1$라면 $e^{jN\psi}=1$, 즉 $\psi = \pm k2\pi/N$(k는 정수)에서 발생할 것이다. 유사하게 분모의 영점들은 패턴 상에서 최대값들이 될 것이다.

예제 8.15

$d = \lambda/2,\ \lambda,\ 3\lambda/2$ 만큼 떨어진 두 개의 평행하고 가는 반파장 전기다이폴의 복사패턴을 구하고 도시하라. 다이폴 간의 상호결합은 무시한다.

답. 여기서 선형배열안테나의 복사패턴은 식 (8.58)의 곱하기 성질을 적용함으로써 계산된다. 이 때, 단일 소자($\mathscr{L} = \lambda/2$인 반파장다이폴)의 복사패턴 $F_1(\theta)$은 식 (8.30)에 의해 주어지며, 그림 8-10의 첫 번째와 같이 나타난다. 동위상으로($\delta = 0$) 여기되는 경우의 배열인자

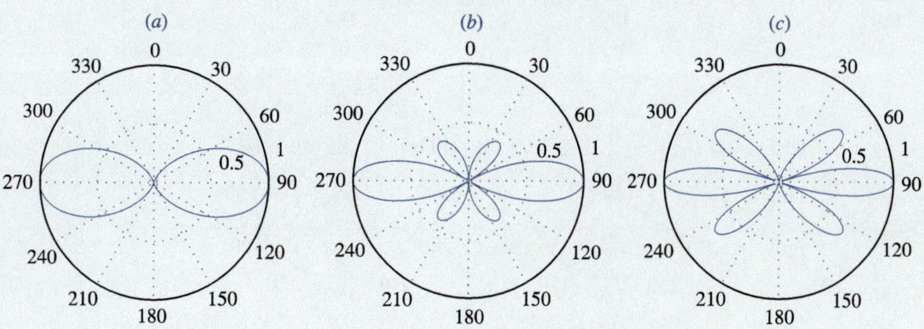

는 식 (8.65)의 N = 2로부터 얻어지며, $F_a(\theta) = \cos((kd/2)\cos\theta)$이 된다. 세 경우의 전체 복사 패턴 $F(\theta)$에 대한 결과는 아래 그림에 도시하였다. **(*a*)** $d = \lambda/2$, **(*b*)** $d = \lambda$, **(*c*)** $d = 3\lambda/2$.

그림 8-17은 4-소자 배열안테나(N = 4)에서 위상지연 δ가 $\pi/4$만큼 일정하게 증가할 때 $F(\theta)$의 변화를 보여주고 있다. 소자들 사이의 간격은 $d = \lambda/2$이다. 이와 같이, 소자들은 물리적으로 바뀌지 않더라도 위상 변화만으로 안테나 복사패턴은 달라질 수가 있는 것을 관찰하였다.

소자에 규정된 *비균일* 여기를 한다면, 두 번째 방법을 사용하여 예상되는 동작을 조사할 수 있다. 예를 들어, 물리적으로 거리 $d = \lambda/2$만큼 떨어져 있으며, 각 소자가 *동위상*(δ = 0)으로 여기되는 3개 소자로 구성된 선형배열을 가정해 보자. 그림 8-18*a*에서 보듯이 중심 소자의 여기 크기는 바깥의 두 소자의 것보다 두 배 크다. 여기 크기 분포의 선택은 이항 급수의 초기항이 1:2:1이라는 것에 기반을 두고 있다. 더 많은 소자를 포함하여 일반화가 가능한 배열안테나를 ***이항배열***안테나라고 부른다.

중심 소자의 여기 크기가 바깥 소자보다 두 배 크므로, 이 3-소자 배열안테나는

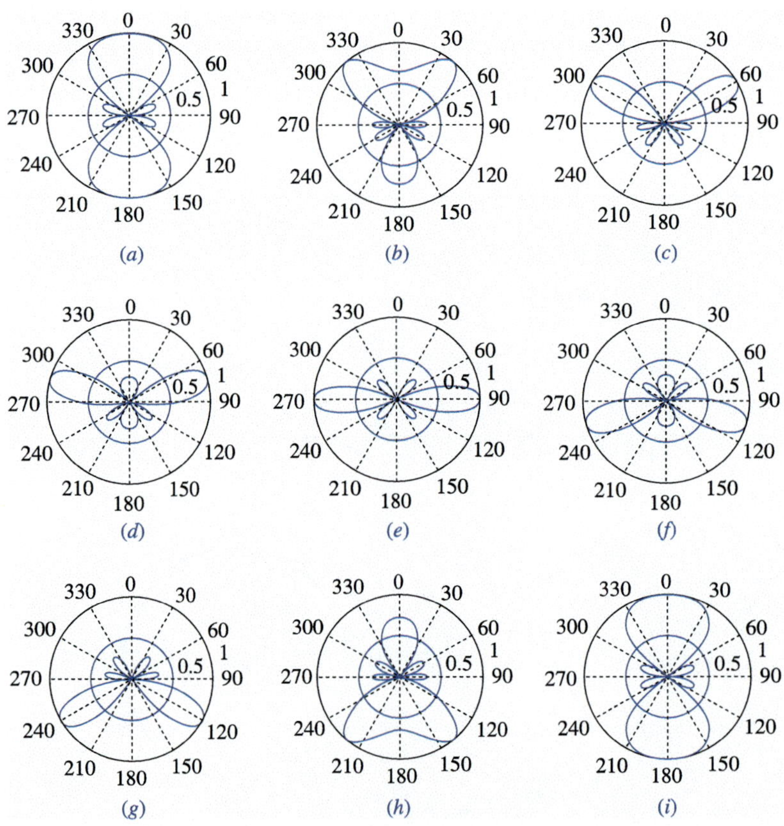

그림 8-17

소자간의 물리적 간격이 $d = \lambda/2$인 4-소자(N = 4) 위상배열안테나의 계 패턴 (등방성 소자).
(*a*) $\delta = -4\pi/4$.
(*b*) $\delta = -3\pi/4$.
(*c*) $\delta = -2\pi/4$.
(*d*) $\delta = -\pi/4$.
(*e*) $\delta = 0$.
(*f*) $\delta = \pi/4$.
(*g*) $\delta = 2\pi/4$.
(*h*) $\delta = 3\pi/4$.
(*i*) $\delta = 4\pi/4$.

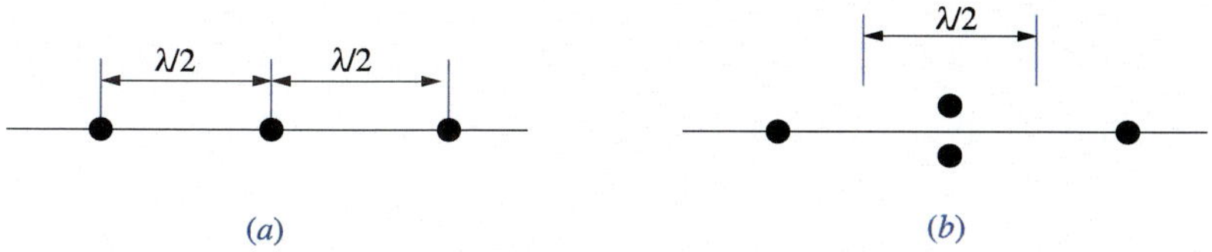

그림 8-18

(*a*) 3-소자 배열.
(*b*) 등가의 변위된 2-소자 배열.

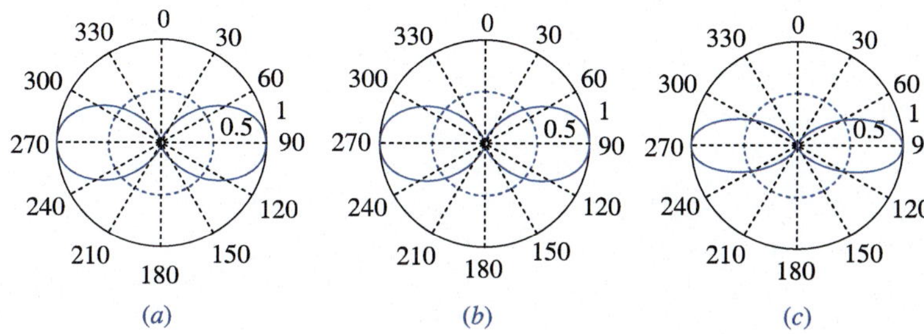

그림 8-19

2-소자 다이폴 배열안테나와 3-소자 이항 배열안테나의 복사패턴.
(*a*) 소자패턴.
(*b*) 배열인자.
(*c*) 배열안테나 패턴.

서로 거리 $\lambda/2$만큼 떨어진 두 개의 2-소자 배열안테나가 있는 것과 같다고 간주 할 수 있다. 이것은 $N = 2$인 경우에 대하여 식 (8.65)의 사용을 가능하게 하며, 이는 새로운 소자의 복사패턴인 것으로 해석이 되게 한다.

$$F(\theta) = \cos\left(\frac{\pi}{2}\cos\theta\right) \tag{8.66}$$

이 새로운 소자들에 대한 배열인자는 소자들 중 하나의 복사패턴과 동일하다. 그러므로 식 (8.58)을 통하여 이 구조의 원거리 복사 전계의 크기는 다음과 같이 주어진다.

$$F(\theta) = \cos^2\left(\frac{\pi}{2}\cos\theta\right) \tag{8.67}$$

이 배열의 복사패턴은 그림 8-19에 나타나 있다. 이것은 2-소자 배열과 대비되는 것으로, 비균일하게 여기가 되는 3-소자 배열안테나의 복사패턴은 더 좁아짐을 알 수 있다. 이 이항배열에서는 전력을 흡수하는 부엽이 나타나지 않음을 유의하여야 한다. 보다 많은 소자가 배열에 포함된다면, 빔폭은 보다 더 좁아질 것이다. 두 소형 다이폴로 구성된 반파장 간격의 안테나배열을 합성시켜 그릴 때, 개별안테나의 복사패턴에 배열인자를 곱해주었다. 이 경우, 배열 인자는 이항배열이기 때문에 동일하다. 곱에 대한 설명은 예제를 풀어봄으로써 가장 잘 이뤄질 것이다.

예제 8.16

패턴곱의 개념을 이용하여, 그림에 보여진 4-소자 배열의 복사패턴을 구하라.

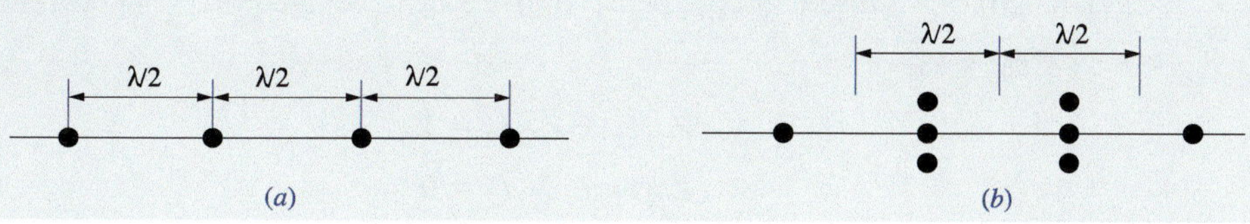

답. 이 배열은 각각 3개의 부소자(1:2:1)를 갖는 2-소자 배열로 대체된다. 새로운 배열은 (1:3:3:1)의 개별적인 여기를 가질 것이다. 식 (8.58)의 패턴곱 성질에 따르면, 결과는 아래의 복사패턴을 가질 것이다.

$$F(\theta) = \cos\left(\frac{\pi}{2}\cos\theta\right)\cos^2\left(\frac{\pi}{2}\cos\theta\right) = \cos^3\left(\frac{\pi}{2}\cos\theta\right)$$

결과는 아래 그림에 나타내었다: **(*a*)** 소자패턴, **(*b*)** 배열인자, **(*c*)** 배열안테나패턴. 마지막 패턴은 더욱 좁으며, 부엽이 없음에 유의하자.

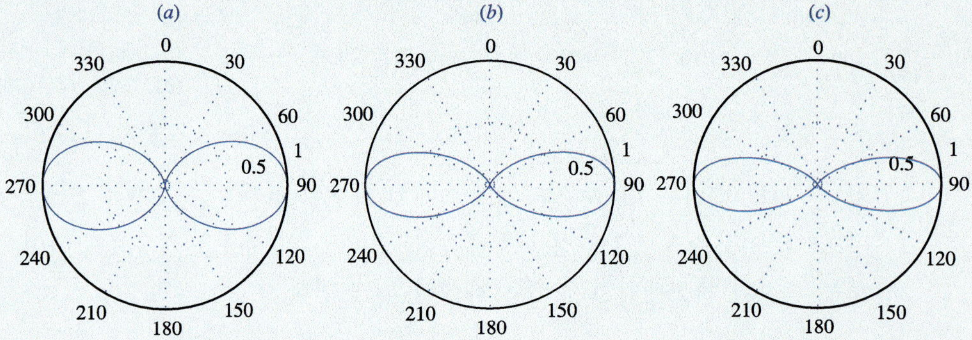

이 과정을 계속하여 배열의 전원 크기가 이항 급수의 계수에 상응되게 한다면, 임의의 높은 지향성을 가지며 부엽이 존재하지 않는 패턴 구현이 가능할 것이다. 이는 N-소자 이항배열에서 k번째 전원의 크기는 다음의 식에 따라서 계산된다는 것을 의미한다.

$$I_k = \frac{N!}{k!(N-k)!}\ (k = 0, 1, \ldots, N) \tag{8.68}$$

정의에 의해 이 배열은 대칭적으로 여기되는 즉, $I_{N-k} = I_k$인 배열임이 확실하다. 반파장 간격의 N-소자 이항 배열에서 얻어지는 복사패턴은 다음과 같다.

$$F(\theta) = \cos^{(N-1)}\left(\frac{\pi}{2}\cos\theta\right) \tag{8.69}$$

위의 분석에서는 배열안테나의 소자간 상호결합은 무시하였다. 가장 간단한 경우는 길이가 각각 $\mathscr{L}_1$, $\mathscr{L}_2$인 다이폴로 구성된 2-소자 배열을 생각하는 것이다. 첫 번째 다이폴은 전압 $V_1(r')$에 의해 구동되고, 두 번째 것은 수동적으로 동작한다(참조 그림 8-20). 양 단자의 전류를 각각 I_1, I_2라 하고, 다음의 회로 관계식을 만족한다고 가정해 보자.

$$\begin{aligned} Z_{11}I_1 + Z_{12}I_2 &= V_1 \\ Z_{21}I_1 + Z_{22}I_2 &= 0 \end{aligned} \tag{8.70}$$

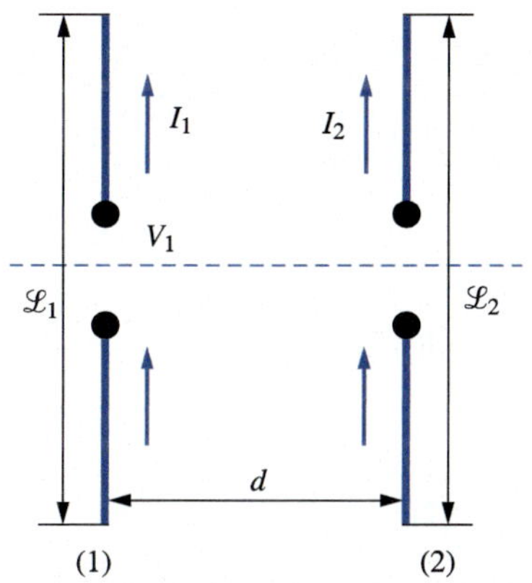

그림 8-20

결합된 두 개의 평행 다이폴 배열.

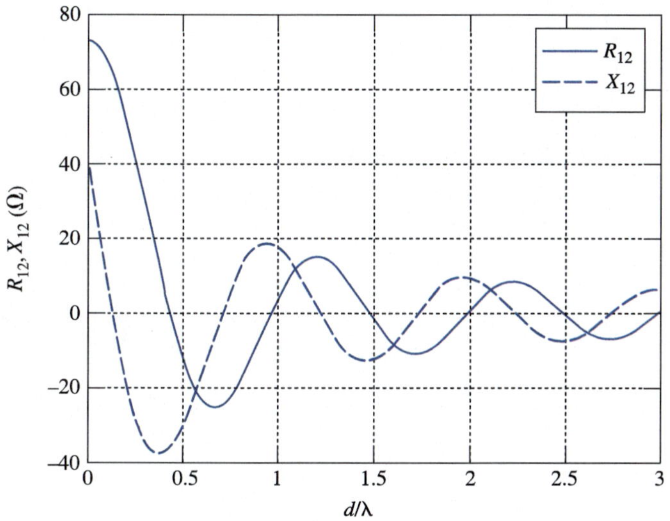

그림 8-21

두 개의 평행하고 가는 반파장다이폴 사이의 상호임피던스.

이 때, Z_{11}과 Z_{22}는 소자 (1)과 (2)의 자기임피던스이고, $Z_{12} = Z_{21}$은 두 소자간의 상호임피던스이다. 다이폴의 길이가 동일하다고 하면 ($\mathscr{L}_1 = \mathscr{L}_2 = \mathscr{L}$), 자기임피던스 역시 동일하다.[6] 예제 8.10처럼 가는 반파장다이폴과 같은 특별한 경우, $Z_{11} = 73.1 + j42.5\ \Omega$의 자기임피던스값을 가진다. 정규거리 d/λ의 함수로 나타난, 두 개의 가는 반파장다이폴간 상호임피던스의 의존성이 그림 8-21에 제시되었다. 여기서 R_{12}는 실선으로, X_{12}는 대쉬선으로 나타내었다. 간격 d가 되는 0가 되는 극한에서는, 예상했듯이 상호임피던스가 자기임피던스로 접근하고 있다.

예제 8.17

각각의 가정에서 배열안테나의 한쪽 다이폴에 흐르는 전류를 구하여라.

(a) 두 다이폴 사이에 상호결합이 없는 경우

[6] R. C. Hansen, ed., *Array Theory and Practice*, vol. 2, (San Diego, California: Academic Press, 1966).

(b) 두 다이폴 사이에 상호결합이 있는 경우
구동 전압은 V_1 = 100 V이고, 두 반파장다이폴의 간격은 $d = \lambda/2$이다. 크기 및 위상 변화를 추정하라.

답.

(a) 상호결합이 없는 경우, $Z_{12} = 0$를 갖고 식 (8.70)을 적용할 수 있다. 이것은 다음의 결과를 보인다.

$$I_1 = \frac{V_1}{Z_{11}} = 1.183e^{-j30.17^\circ} \text{ A}$$

(b) 상호결합이 있는 경우, 그림 8-21로부터 $Z_{12} = -12.5 - j29.9\ \Omega$이 얻어진다. 식 (8.70)의 해는 다음의 전류를 갖는다.

$$I_1 = 1.218e^{-j21.80^\circ} \text{ A}$$

입력전류의 크기는 약간 변하지만, 위상의 변화는 크게 변한다.

배열안테나의 지향성을 구하고자 하는 이도 있을 것이다. 간격 $d = \lambda/2$이고, $N = 2M + 1$개의 동일한 소자로 구성된 특정한 경우에 대하여 식 (8.43)을 적용하면, 다음의 식이 얻어진다.

$$D = \frac{\left(\sum_{n=-M}^{M} I_n\right)^2}{\sum_{n=-M}^{M} I_n^2} \tag{8.71}$$

위 식은 지향성이 전체 전계의 가간섭성 정도를 평가함을 뜻한다.

예제 8.18

다음의 두 경우에 대해, 반파장 간격이며 동일한 3-소자로 구성되는 두 배열의 지향성을 비교하라.

(a) 균일배열: ($I_{-1} = I_0 = I_1 = 1$ A).
(b) 이항배열: ($I_{-1} = I_1 = 1$ A; $I_0 = 2$ A).

답. 식 (8.71)로부터 다음과 같은 계산이 이뤄진다.

(a) 균일배열 $D = \dfrac{(1+1+1)^2}{1+1+1} = 3 \Rightarrow D = 4.77 \text{ dB}$

(b) 이항배열 $D = \dfrac{(1+2+1)^2}{1+4+1} = \dfrac{16}{6} = 2.667 \Rightarrow D = 4.26 \text{ dB}$

균일배열의 지향성은 이항 배열의 지향성보다 크다.

균일배열과 이항배열은 선형안테나 배열의 두 사례일 뿐이다. 첫 번째 것은 좁은 HPBW와 상대적으로 높은 ***부엽준위***(SLL)를 갖는 데 비하여, 두 번째 것은 상대적으로 넓은 HPBW와 매우 낮은 부엽준위를 갖는다. 실제 배열안테나의 설계자는 이 두 가지 중요 특성을 알맞게 선택하여야 한다: (1) 좁은 HPBW, 그리고 (2) 낮은 SLL. 이와 같은 최적화 문제를 푸는 데는 다른 두 가지 접근법이 있다. (1) 특정한 여기를 선택하는 것 (예: Chebyshev 배열) 혹은 (2) 소자간에 비균일 간격을 선택하는 것. 하지만, 이 방법들은 보다 높은 수준의 연구에 대한 주제이다.

8.7 결론

전자파의 기본적인 복사특성과 가속 또는 감속하는 전하와의 관계를 살펴보았다. 이러한 개념을 사용하여, 소형 Hertzian 다이폴 복사체를 묘사하였고, 이와 같은 안테나의 복사패턴을 확인하였다.

벡터포텐셜의 개념을 사용한 수학적 표현을 도입하여, 여러 종류의 안테나에 적용 하였다. 다음으로 안테나의 원거리장 특성에 관심을 기울였다. 만약 전자기파가 전파되는 매질이 선형성을 가진다면, 중첩의 원리가 적용된다. 다른 위상의 전류를 갖는 변위된 안테나 소자에서 복사된 장 사이의 보강 혹은 상쇄 간섭은 안테나의 다른 복사 혹은 수신 특성으로 이어진다. 빔폭, 주엽, 부엽, 복사저항, 이득, 지향성, 유효면적 등과 같은 용어를 정의하고 적용하였다.

복사패턴에 대하여 얻은 해는 안테나에 형성되는 전류분포가 유효한 근사값을 갖는다는 가정하에 입각되어진 것이며, 몇 개의 전류분포를 가지는 안테나를 분석하였다. 4장에서 도입되었던 모멘트법을 안테나 계산에서도 동일하게 적용할 수 있다. 이 경우 계 분포는 측정을 통하여 얻어지고, 전류분포는 확정 지어져야 할 미지항이 된다.

다음으로 몇 개의 동일한 안테나로 구성된 배열안테나에 대한 주제를 소개하였다. 각 개별 안테나소자에 가해지는 신호의 크기나 위상 또는 소자의 공간적 간격을 조절함으로써, 최종 복사패턴이 바뀔 수 있음을 보았다. 전체 배열안테나의 복사패턴을 알아내기 위한 복사패턴의 예측은 개별 안테나의 복사패턴에 배열 인자를 곱하여 줌으로써 이뤄짐을 알았다.

8.8 연습문제

8.1.1. 예제 8.1에서 나타나는 적분식의 적분을 수행하라.

$$\int_0^{\infty} \frac{\rho^3 d\rho}{(\rho^2 + x^2)^3}$$

8.1.2. 치수적인 근거를 사용하여, 아래 항이 예제 8.1의 $x > x_0$인 영역에 저장되는 정전에너지에 상응되어짐을 보여라.

$$\frac{Q^2}{32\pi\varepsilon_0 x_0} \text{ J } (x_0 > 0)$$

8.2.1. 길이 $\mathscr{L}$ ($\mathscr{L} << \lambda$)인 소형 전기다이폴이 접지면으로부터 거리 $h = \lambda/4$ ($h << \mathscr{L}$)에 위치하고 있다. 이 다이폴은 접지면에 수직이다. 이 안테나의 지향성을 구하라. 접지면은 지향성을 어떻게 바꾸는가?
힌트: 영상법과 *배열 개념*을 사용한 뒤, 수치적분을 적용하라.

8.4.1. 반전된 위상으로 여기되며, 물리적으로 반파장의 간격을 갖는 두 개의 소형 전기다이폴안테나의 지향성을 구하라.

8.4.2. 반경 a ($a << \lambda$)인 소형 자기 다이폴이 접지면으로부터 거리 $h < \lambda/4$ ($h >> a$)에 위치하고 있다. 이 다이폴은 접지면에 평행이다. 이 안테나의 지향성을 구하라. 접지면이 지향성을 어떻게 바꾸는가?

8.4.3. 동위상으로 여기되며, 물리적으로 반파장의 간격을 갖는 두 개의 소형 자기다이폴안테나의 지향성을 구하라.

8.4.4. 길이가 $\mathscr{L}$($\mathscr{L} << \lambda$)이며, 접지면으로부터 거리 $h = \lambda/4$에 위치한 소형 전기다이폴의 복사저항에 대한 접지면의 영향을 정하라.

8.4.5. 반경이 a ($a << \lambda$)이며, 접지면으로부터 거리 $h < \lambda/4$에 위치한 소형 자기다이폴의 복사저항에 대한 접지면의 영향을 정하라.

8.4.6. 반파장 전기다이폴의 지향성 D를 구하라.

8.4.7. 반파장 전기다이폴의 복사저항 R_{rad}을 구하라.

8.4.8. 수평 도체 접지면에 대하여 수직인 가느다란 $\lambda/4$ 모노폴이 있다. 안테나의 복사저항을 구하라.

8.4.9. 15 cm의 다이폴안테나가 1 GHz에서 100W의 전력을 복사시키기 위해 필요한 전류를 구하라.

8.4.10. 길이 L = 0.2 m인 헤르치안 다이폴이 10 MHz에서 동작되고 있다. 구리 도체가 다음의 파라미터를 가질 경우, ***복사 효율*** η_r을 구하라: σ= 5.8 × 10^7 S/m, μ_r = 1, 지름 a = 1 mm. $\eta_r = R_{\text{rad}} / (R_{\text{rad}} + R_L)$로 정의되며, 여기서 R_{rad}는 복사저항, R_L는 손실저항이다.

8.4.11. Hertzian 다이폴의 유효개구면 A_e을 계산하라.

8.4.12. 반파장다이폴의 유효개구면 A_e을 계산하라

8.4.13. 길이 L = 1.5λ인 전기다이폴의 HPBW와 SLL를 구하라.

8.4.14. TV 방송기지국(T_x)은 완전 도체 접지면 위에 세워진 100 m 탑에 있는 안테나로부터 500 W의 전력을 복사한다. 안테나는 수평면으로 전방향성이지만, 수직면으로는 HPBW = 20°를 갖는다. 파장이 1 m라면, 이 안테나로부터 2 km 떨어진 위치의 안테나 최적 높이는 다음의 조건에서 얼마인가? (a) 수직편파, (b) 수평편파? 만약 수신 안테나가 반파장다이폴이라면, 두 경우에 있어 수신 전력(R_x)은 얼마인가?

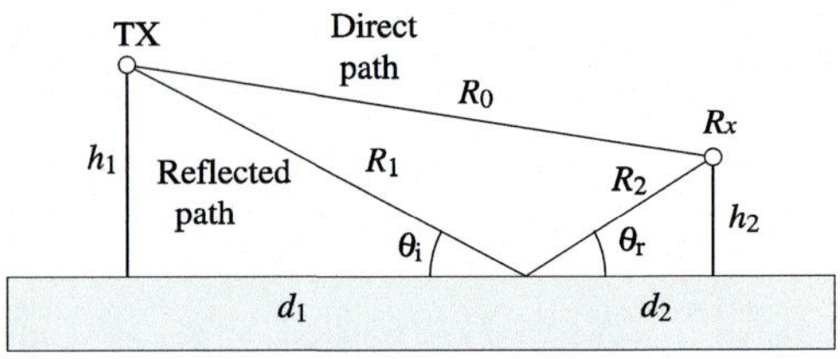

8.4.15. 표적의 레이더단면적 σ_s에 대한 표현식을 구하라. $\sigma_s = P_s / S_i$로 정의되며, 여기서 P_s는 후방산란전력이고, S_i는 입사된 시간평균 전력밀도이다.

8.4.16. 단상태레이더에 의해 수신된 전력 P_r을 동일한 안테나로부터 송신된 전력 P_t의 항으로 표현하여, ***레이더방정식***을 유도하라. 여기서 안테나이득은 G이고, 동작 파장은 λ이다. 안테나와 표적간 거리는 R이고, 표적의 레이더단면적은 σ_s이다.

8.6.1. 다음의 그림과 같이, ψ = 90°인 코너 반사경 근처에 반파장다이폴이 위치하고 있다. $s = \lambda/2$, ϕ = 0°인 경우에 대해, 복사패턴 $F(\theta)$을 구하라.

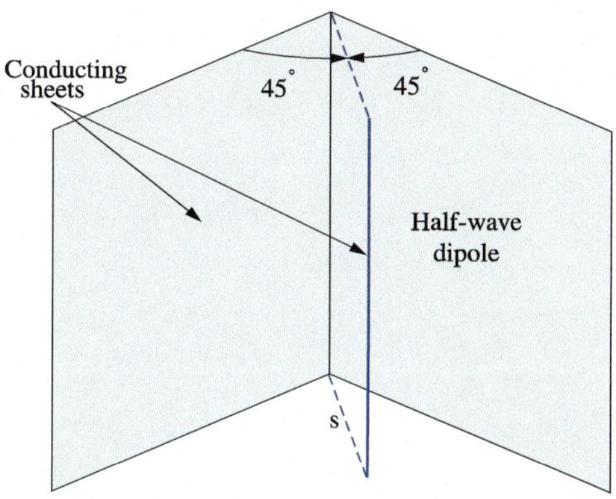

8.6.2. N개의 소자를 가지며($N >> 1$), 동위상(δ = 0°)으로 여기된 배열안테나를 생각해 보자. 배열의 각 소자들은 간격 d만큼 떨어져 있다. 주요 최대값의 방향이 θ_0 = 90°임을 보여라 (***브로드사이드 배열***안테나). HPBW에 대한 근사 표현식을 구하라.

8.6.3. 각 소자가 위상지연($\delta \neq$ 0°)을 갖고 여기되는 N개의 소자로 구성된 배열안테나를 생각해 보자. 배열안테나의 각 소자는 거리 d만큼 떨어져 있다. 주요 최대값의 방향이 θ_0 = 0°에서 가능함을 보여라. 이것은 ***엔드-파이어 배열***안테나라고 불린다. HPBW에 대해 근사된 표현식을 구하라

8.6.4. 간격이 $d = \lambda/4$이고, 위상차가 없는(δ = 0°) 전류에 의해 여기되는 두 개의 평행한 반파장다이폴안테나의 복사패턴 $F(\theta)$을 도시하라.

8.6.5. 간격이 $d = \lambda/2$인 두 개의 평행한 반파장다이폴 배열안테나의 입력임피던스를 계산하라 (그림 8-20 참조). 전류는 $I_2 = -I_1$이다.

8.6.6. 간격이 $d = \lambda/2$인 두 개의 평행한 반파장다이폴 배열안테나의 입력 임피던스를 계산하라. 전류는 $I_2 = + I_1$이다.

8.6.7. 그림과 같이 단자 전류 I_0을 갖는 반파장다이폴이 x−y 상에 있는 완전 도체로부터 s = 0.1λ인 거리에 위치하고 있다. 복사된 전력이 2 W일 때, 저항 손실을 무시한 채, 반사판의 유무에 따른 단자 전류를 비교하여라.

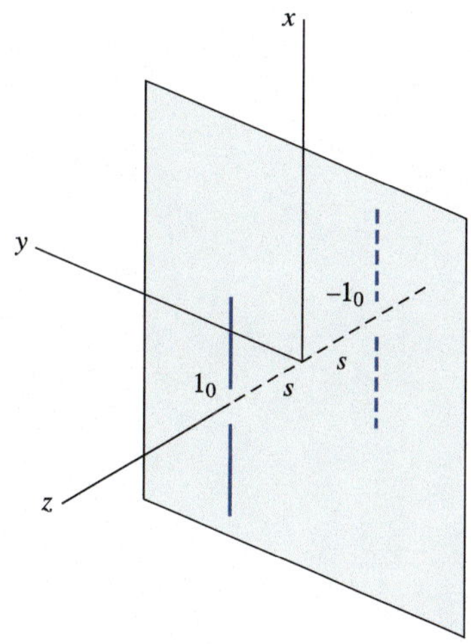

8.6.8. 직선 상에서 $d = \lambda/4$의 간격으로 떨어져 있는 세 개의 동일 안테나가 있다고 가정하자. 각 안테나는 동일한 전류로 급전되나, 직선을 따라 균일 점진 위상천이 δ를 갖고 있다. 세 가지 경우에 대한 배열인자를 구하고 도시하라:
(a) δ = 0, (b) $\delta = \pi/2$, (c) $\delta = \pi$.

8.6.9 문제 8.6.8에서 보다 넓은 간격 $d = \lambda/2$을 주고, 동일한 위상차에서 다시 풀어라.

Mathematical Formulas

A.1 Vector Identities

A, **B**, and **C** are vectors and a and b are scalars.

$$(\mathbf{A} \times \mathbf{B}) \cdot \mathbf{C} = (\mathbf{B} \times \mathbf{C}) \cdot \mathbf{A} = (\mathbf{C} \times \mathbf{A}) \cdot \mathbf{B} \tag{A.1}$$

$$\mathbf{A} \times (\mathbf{B} \times \mathbf{C}) = \mathbf{B}(\mathbf{A} \cdot \mathbf{C}) - \mathbf{C}(\mathbf{A} \cdot \mathbf{B}) \tag{A.2}$$

$$\nabla \cdot (\mathbf{A} + \mathbf{B}) = \nabla \cdot \mathbf{A} + \nabla \cdot \mathbf{B} \tag{A.3}$$

$$\nabla(a + b) = \nabla a + \nabla b \tag{A.4}$$

$$\nabla \times (\mathbf{A} + \mathbf{B}) = \nabla \times \mathbf{A} + \nabla \times \mathbf{B} \tag{A.5}$$

$$\nabla \cdot (a\mathbf{B}) = \mathbf{B} \cdot \nabla a + a\nabla \cdot \mathbf{B} \tag{A.6}$$

$$\nabla(ab) = a\nabla b + b\nabla a \tag{A.7}$$

$$\nabla \times (a\mathbf{B}) = \nabla a \times \mathbf{B} + a\nabla \times \mathbf{B} \tag{A.8}$$

$$\nabla \cdot (\mathbf{A} \times \mathbf{B}) = \mathbf{B} \cdot \nabla \times \mathbf{A} - \mathbf{A} \cdot \nabla \times \mathbf{B} \tag{A.9}$$

$$\nabla(\mathbf{A} \cdot \mathbf{B}) = (\mathbf{A} \cdot \nabla)\mathbf{B} + (\mathbf{B} \cdot \nabla)\mathbf{A} + \mathbf{A} \times (\nabla \times \mathbf{B}) + \mathbf{B} \times (\nabla \times \mathbf{A}) \tag{A.10}$$

$$\nabla \times (\mathbf{A} \times \mathbf{B}) = \mathbf{A}\nabla \cdot \mathbf{B} - \mathbf{B}\nabla \cdot \mathbf{A} + (\mathbf{B} \cdot \nabla)\mathbf{A} - (\mathbf{A} \cdot \nabla)\mathbf{B} \tag{A.11}$$

$$\nabla \cdot \nabla a = \nabla^2 a \tag{A.12}$$

$$\nabla \cdot \nabla \times \mathbf{A} = 0 \tag{A.13}$$

$$\nabla \times \nabla a = 0 \tag{A.14}$$

$$\nabla \times \nabla \times \mathbf{A} = \nabla(\nabla \cdot \mathbf{A}) - \nabla^2 \mathbf{A} \tag{A.15}$$

A.2 Vector Operations in the Three Coordinate Systems

Cartesian

$$\nabla a = \frac{\partial a}{\partial x}\mathbf{u_x} + \frac{\partial a}{\partial y}\mathbf{u_y} + \frac{\partial a}{\partial z}\mathbf{u_z} \tag{A.16}$$

$$\nabla \bullet \mathbf{A} = \frac{\partial A_x}{\partial x} + \frac{\partial A_y}{\partial y} + \frac{\partial A_z}{\partial z} \tag{A.17}$$

$$\nabla \times \mathbf{A} = \left(\frac{\partial A_z}{\partial y} - \frac{\partial A_y}{\partial z}\right)\mathbf{u_x} + \left(\frac{\partial A_x}{\partial z} - \frac{\partial A_z}{\partial x}\right)\mathbf{u_y} + \left(\frac{\partial A_y}{\partial x} - \frac{\partial A_x}{\partial y}\right)\mathbf{u_z} \tag{A.18}$$

$$\nabla^2 a = \frac{\partial^2 a}{\partial x^2} + \frac{\partial^2 a}{\partial y^2} + \frac{\partial^2 a}{\partial z^2} \tag{A.19}$$

Cylindrical

$$\nabla a = \frac{\partial a}{\partial \rho}\mathbf{u}_\rho + \frac{1}{\rho}\frac{\partial a}{\partial \phi}\mathbf{u}_\phi + \frac{\partial a}{\partial z}\mathbf{u_z} \tag{A.20}$$

$$\nabla \bullet \mathbf{A} = \frac{1}{\rho}\frac{\partial(\rho A_\rho)}{\partial \rho} + \frac{1}{\rho}\frac{\partial A_\phi}{\partial \phi} + \frac{\partial A_z}{\partial z} \tag{A.21}$$

$$\nabla \times \mathbf{A} = \left(\frac{1}{\rho}\frac{\partial A_z}{\partial \phi} - \frac{\partial A_\phi}{\partial z}\right)\mathbf{u}_\rho + \left(\frac{\partial A_\rho}{\partial z} - \frac{\partial A_z}{\partial \rho}\right)\mathbf{u}_\phi + \frac{1}{\rho}\left(\frac{\partial(\rho A_\phi)}{\partial \rho} - \frac{\partial A_\rho}{\partial \phi}\right)\mathbf{u_z} \tag{A.22}$$

$$\nabla^2 a = \frac{1}{\rho}\frac{\partial\left(\rho\frac{\partial a}{\partial \rho}\right)}{\partial \rho} + \frac{1}{\rho^2}\frac{\partial^2 a}{\partial \phi^2} + \frac{\partial^2 a}{\partial z^2} \tag{A.23}$$

Spherical

$$\nabla a = \frac{\partial a}{\partial r}\mathbf{u}_r + \frac{1}{r}\frac{\partial a}{\partial \theta}\mathbf{u}_\theta + \frac{1}{r\sin\theta}\frac{\partial a}{\partial \phi}\mathbf{u}_\phi \tag{A.24}$$

$$\nabla \bullet \mathbf{A} = \frac{1}{r^2}\frac{\partial(r^2 A_r)}{\partial r} + \frac{1}{r\sin\theta}\frac{\partial(A_\theta \sin\theta)}{\partial \theta} + \frac{1}{r\sin\theta}\frac{\partial A_\phi}{\partial \phi} \tag{A.25}$$

$$\nabla \times \mathbf{A} = \frac{1}{r\sin\theta}\left(\frac{\partial(\sin\theta A_\phi)}{\partial \theta} - \frac{\partial A_\theta}{\partial \phi}\right)\mathbf{u}_r$$

$$+ \frac{1}{r}\left(\frac{1}{\sin\theta}\frac{\partial A_r}{\partial \phi} - \frac{\partial(rA_\phi)}{\partial r}\right)\mathbf{u}_\theta + \frac{1}{r}\left(\frac{\partial(rA_\theta)}{\partial r} - \frac{\partial A_r}{\partial \theta}\right)\mathbf{u}_\phi \tag{A.26}$$

$$\nabla^2 a = \frac{1}{r^2}\frac{\partial\left(r^2\frac{\partial a}{\partial r}\right)}{\partial r} + \frac{1}{r^2\sin\theta}\frac{\partial\left(\sin\theta\frac{\partial a}{\partial\theta}\right)}{\partial\theta} + \frac{1}{r^2\sin^2\theta}\frac{\partial^2 a}{\partial\phi^2} \qquad \text{(A.27)}$$

A.3 Summary of the Transformations Between Coordinate Systems

Cartesian–cylindrical

$$\begin{cases} x = \rho\cos\phi \\ y = \rho\sin\phi \\ z = z \end{cases} \qquad \begin{cases} \rho = \sqrt{x^2 + y^2} \\ \phi = \tan^{-1}\left(\frac{y}{x}\right) \\ z = z \end{cases} \qquad \text{(A.28)}$$

	$\mathbf{u}_\rho$	$\mathbf{u}_\phi$	$\mathbf{u}_z$
$\mathbf{u}_x$	$\cos\phi$	$-\sin\phi$	0
$\mathbf{u}_y$	$\sin\phi$	$\cos\phi$	0
$\mathbf{u}_z$	0	0	1

(A.29)

Cartesian–spherical

$$\begin{cases} x = r\sin\theta\cos\phi \\ y = r\sin\theta\sin\phi \\ z = r\cos\theta \end{cases} \qquad \begin{cases} r = \sqrt{x^2 + y^2 + z^2} \\ \theta = \tan^{-1}\left(\frac{\sqrt{x^2 + y^2}}{z}\right) \\ \phi = \tan^{-1}\left(\frac{y}{x}\right) \end{cases} \qquad \text{(A.30)}$$

	$\mathbf{u}_r$	$\mathbf{u}_\theta$	$\mathbf{u}_\phi$
$\mathbf{u}_x$	$\sin\theta\cos\phi$	$\cos\theta\cos\phi$	$-\sin\phi$
$\mathbf{u}_y$	$\sin\theta\sin\phi$	$\cos\theta\sin\phi$	$\cos\phi$
$\mathbf{u}_z$	$\cos\theta$	$-\sin\theta$	0

(A.31)

Distance $R = |r_2 - r_1|$ *in the three coordinate systems*

Cartesian

$$R = [(x_2 - x_1)^2 + (y_2 - y_1)^2 + (z_2 - z_1)^2]^{1/2} \tag{A.32}$$

Cylindrical

$$R = [\rho_2^2 + \rho_1^2 - 2\rho_2\rho_1 \cos(\phi_2 - \phi_1) + (z_2 - z_1)^2]^{1/2} \tag{A.33}$$

Spherical

$$R = \{r_2^2 + r_1^2 - 2r_2r_1[\cos\theta_2\cos\theta_1 + \sin\theta_2\sin\theta_1\cos(\phi_2 - \phi_1)]\}^{1/2} \tag{A.34}$$

A.4 Integral Relations

Divergence theorem

$$\int_{\Delta V} \nabla \cdot \mathbf{A}\, dv = \oint \mathbf{A} \cdot \mathbf{ds} \tag{A.35}$$

Stokes's theorem

$$\int_{\Delta s} \nabla \times \mathbf{A} \cdot \mathbf{ds} = \oint \mathbf{A} \cdot \mathbf{dl} \tag{A.36}$$

$$\int_{\Delta v} \nabla \times \mathbf{A}\, dv = -\oint \mathbf{A} \times \mathbf{ds} \tag{A.37}$$

$$\int_{\Delta v} \nabla \mathbf{a}\, dv = \oint a\mathbf{ds} \tag{A.38}$$

$$\int_{\Delta s} \nabla a \times \mathbf{ds} = -\oint a\, \mathbf{dl} \tag{A.39}$$

Coordinate system	Cartesian (x, y, z)	Cylindrical (ρ, ϕ, z)	Spherical (r, θ, ϕ)
Unit vectors	$\mathbf{u_x}\,\mathbf{u_y}\,\mathbf{u_z}$	$\mathbf{u}_\rho\,\mathbf{u}_\phi\,\mathbf{u_z}$	$\mathbf{u}_r\,\mathbf{u}_\theta\,\mathbf{u}_\phi$
Differential length **dl**	$dx\,\mathbf{u_x}$ $+dy\,\mathbf{u_y}$ $+dz\,\mathbf{u_z}$	$d\rho\,\mathbf{u}_\rho$ $+\rho d\phi\,\mathbf{u}_\phi$ $+dz\,\mathbf{u_z}$	$\mathrm{d}r\mathbf{u}_r$ $+r\,\mathrm{d}\theta\mathbf{u}_\theta$ $+r\sin\theta\,\mathrm{d}\phi\mathbf{u}_\phi$
Differential surface area **ds**	$dy\,dz\,\mathbf{u_x}$ $dx\,dz\,\mathbf{u_y}$ $\mathrm{d}x\,dy\,\mathbf{u_z}$	$\rho d\phi\,dz\,\mathbf{u}_\rho$ $d\rho\,dz\,\mathbf{u}_\phi$ $\rho d\rho\,d\phi\mathbf{u_z}$	$r^2\sin\theta\,\mathrm{d}\theta\,\mathrm{d}\phi\,\mathbf{u}_r$ $r\sin\theta\,\mathrm{d}r\,\mathrm{d}\phi\,\mathbf{u}_\theta$ $r\mathrm{d}r\,\mathrm{d}\theta\,\mathbf{u}_\phi$
Differential volume dv	$dx\,dy\,dz$	$\rho\,d\rho\,d\phi\,dz$	$r^2\sin\theta\,\mathrm{d}r\,\mathrm{d}\theta\,\mathrm{d}\phi$

Material Parameters

Conductors	Conductivity σ (S/m)
Aluminum	3.5×10^7
Brass	1.6×10^7
Carbon	3.0×10^4
Copper	5.8×10^7
Germanium	2.3
Gold	4.1×10^7
Graphite	10^5
Iron	10^7
Mercury	10^6
Seawater	4
Silver	6.2×10^7
Tungsten	1.8×10^7

Insulators	Conductivity σ (S/m)
Bakelite	10^{-9}
Distilled water	10^{-4}
Dry earth	10^{-5}
Glass	10^{-12}
Mica	10^{-15}
Porcelain	2×10^{-13}
Quartz	10^{-17}
Rubber	10^{-15}
Silicon	3.9×10^{-4}
Transformer oil	10^{-11}
Wax	10^{-17}
Wet earth	10^{-3}

Dielectrics	Relative dielectric constant ε_r
Air	1
Barium titanate	1200
Glass	6
Mica	6
Oil	2.3
Paper	3
Paraffin	2
Polystyrene	2.6
Porcelain	7
Quartz (fused)	4
Rubber	2.3–4.0
Teflon	2.1
Water (distilled)	80

Materials	Relative permeability μ_r
Ferromagnetic	
Cobalt	600
Commercial iron	250–9000
Nickel	250
Permalloy	8×10^3–10^5
Purified iron	10^4–2×10^5
Superpermalloy	10^5–10^6
Paramagnetic	
Aluminum	1.000021
Magnesium	1.000012
Palladium	1.00082
Titanium	1.00018
Diamagnetic	
Bismuth	0.99983
Gold	0.99996
Silver	0.99998
Copper	0.99999

APPENDIX C

Mathematical Foundation of the Finite Element Method

C.1 Minimization of Energy Result

Let us assume that $V(x, y)$ is the *true solution* of Laplace's equation. In addition, let us assume that $U(x, y)$ is another function that can be differentiated and is equal to *zero* on the boundary L_1 of the region s. Then, the sum of the two solutions which we will call the variation is given by $V(x, y) + \alpha U(x, y)$ where α is a small real parameter. The variation will have the same value on the boundary L_1 as $V(x, y)$. The electrostatic energy of the summation of the two terms is obtained from the expression (2.67)

$$W(V + \alpha U) = \int_A \frac{\varepsilon}{2} |\nabla(V + \alpha U)|^2 ds \tag{C.1}$$

This functional-energy $W(V + \alpha U)$ is expanded in powers of the small parameter α

$$W(V + \alpha U) = W(V) + \alpha\varepsilon\int_A \nabla V \bullet \nabla U ds + \frac{\alpha^2}{2}\varepsilon\int_A |\nabla U|^2 ds \tag{C.2}$$

The third term on the right hand side can be identified from (2.67) as being the energy of the additional functions U. The second term on the right hand side can be transformed using the vector identity (A.6)

$$\nabla \bullet (U\nabla V) = \nabla V \bullet \nabla U + U\nabla \bullet \nabla V \tag{C.3}$$

where U is a scalar and ∇V is a vector. The last term in (C.3) can be written as $U\nabla^2 V$. Therefore, we finally write (C.2) as

$$W(V + \alpha U) = W(V) + \alpha^2 W(U) - \alpha\varepsilon\int_A U\nabla^2 V ds + \alpha\varepsilon \oint_L U\nabla V \bullet \mathbf{u_n} dl \tag{C.4}$$

The term $\nabla V \bullet \mathbf{u_n} = \partial V/\partial n$. From Figure 4–17*a*, we have $U = 0$ on L_1 and $\partial V/\partial n = 0$ on L_2. This means that the fourth term in (C.4), which is a line integral, *vanishes* on the entire boundary L. The third term in (C.4), which is a surface integral on A, also vanishes since Laplace's equation $\nabla^2 V = 0$ must be satisfied. Therefore, we finally obtain

$$W(V + \alpha U) = W(V) + \alpha^2 W(U) \tag{C.5}$$

Since $\alpha^2 > 0$ and $W(V) > 0$, the term on the left hand side is greater than $W(V)$ which proves that the energy has a *minimum* when V is a solution of Laplace's equation.

C.2 Interpolation Conditions

We calculate $\alpha_1(x_1, y_1)$ from (4.82)

$$\begin{aligned}\alpha_1(x_1, y_1) &= \frac{1}{2A_e}[(x_2y_3 - x_3y_2) + (y_2 - y_3)x_1 + (x_3 - x_2)y_1] \\ &= \frac{1}{2A_e}[(x_2y_3 - x_3y_2) + (x_3y_1 - x_1y_3) + (x_1y_2 - x_2y_1)] = 1\end{aligned} \tag{C.6}$$

because the expression within the brackets is equal to twice the area of the triangle A_e.

Let us calculate the same term at a different point, say $\alpha_1(x_2, y_2)$ using (4.82)

$$\begin{aligned}\alpha_1(x_2, y_2) &= \frac{1}{2A_e}[(x_2y_3 - x_3y_2) + (y_2 - y_3)x_2 + (x_3 - x_2)y_2] \\ &= 0\end{aligned} \tag{C.7}$$

These results are summarized in (4.83).

C.3 S-Matrix Elements

Using the explicit expression for the α-functions (4.82), we find that the gradient of these functions are

$$\begin{aligned}\nabla\alpha_1 &= \frac{1}{2A_e}[(y_2 - y_3)\mathbf{u_x} - (x_2 - x_3)\mathbf{u_y}] \\ \nabla\alpha_2 &= \frac{1}{2A_e}[(y_3 - y_1)\mathbf{u_x} - (x_3 - x_1)\mathbf{u_y}] \\ \nabla\alpha_3 &= \frac{1}{2A_e}[(y_1 - y_2)\mathbf{u_x} - (x_1 - x_2)\mathbf{u_y}]\end{aligned} \tag{C.8}$$

Applying the definition (4.89) after taking the scalar product and performing the integration over the element, the following elements of the $S^{(e)}$-matrix are obtained:

$$\begin{aligned}
S_{1,1} &= \frac{\varepsilon}{4A_e}[(y_2 - y_3)^2 + (x_2 - x_3)^2];\\
S_{1,2} = S_{2,1} &= \frac{\varepsilon}{4A_e}[(y_1 - y_3)(y_3 - y_2) + (x_1 - x_3)(x_3 - x_2)];\\
S_{1,3} = S_{3,1} &= \frac{\varepsilon}{4A_e}[(y_1 - y_2)(y_2 - y_3) + (x_1 - x_2)(x_2 - x_3)];\\
S_{2,2} &= \frac{\varepsilon}{4A_e}[(y_3 - y_1)^2 + (x_3 - x_1)^2];\\
S_{2,3} = S_{3,2} &= \frac{\varepsilon}{4A_e}[(y_2 - y_1)(y_1 - y_3) + (x_2 - x_1)(x_1 - x_3)];\\
S_{3,3} &= \frac{\varepsilon}{4A_e}[(y_1 - y_2)^2 + (x_1 - x_2)^2].
\end{aligned} \tag{C.9}$$

They are used in Example 4.19.

C.4 Decoupled and Coupled Node Potentials

The *coupling matrix* $[C]$ has a dimension $(N_d \times N)$ where N_d is the total number of the decoupled nodes and N is the total number of the coupled nodes after assembling. In the case of two elements, the number of the decoupled nodes is $N_d = 6$ (see Figure 4–19*a*), while the number of the coupled nodes is $N = 4$ (see Figure 4–19*b*). The decoupled nodes are numbered with a subscript $k = 1, 2, \ldots, N_d$, while the coupled nodes are numbered with a subscript $m = 1, 2, \ldots, N$. The elements of the coupling matrix are defined by the following *rule*: $C_{k,m} = 1$ when the k-th decoupled node corresponds to the m-th coupled node and $C_{k,m} = 0$ otherwise. There is only one "1" on every row, but there can be one or two "1" on every column (the last case reflects the boundary conditions). For the particular problem considered in Figure 4–19, the corresponding C-matrix is

$$[C] = \begin{bmatrix} 1 & 0 & 0 & 0 \\ 0 & 1 & 0 & 0 \\ 0 & 0 & 1 & 0 \\ 0 & 0 & 0 & 1 \\ 0 & 1 & 0 & 0 \\ 0 & 0 & 1 & 0 \end{bmatrix} \tag{C.10}$$

which coincides with (4.85). The following relation between the column matrices of the decoupled potentials $[V]_d$ and coupled potentials $[V]$ is obtained

$$[V]_d = [C]\,[V] \tag{C.11}$$

where the coupling matrix $[C]$ is involved. This equation matches with (4.84).

After the determination of the energy of the element from (4.86) via the potentials of the decoupled nodes and via the potentials of the coupled nodes as

$$W = \frac{1}{2}[V]^T[S][V] \tag{C.12}$$

we obtain for the *global* S-matrix of the coupled system using the following relation

$$[S] = [C]^T[S]_d[C] \tag{C.13}$$

We can show that the last equation yields (4.90) for the global S-matrix in its explicit form. For convenience we can write this equation in two stages

$$\begin{aligned} [B] &= [S]_d[C], \\ [S] &= [C]^T[B] \end{aligned} \tag{C.14}$$

From (C.10) for the decoupled matrix $[S]_d$ of the system of two triangles, the following expression is obtained

$$[S]_d = \begin{bmatrix} S^{(1)}_{1,1} & S^{(1)}_{1,2} & S^{(1)}_{1,3} & 0 & 0 & 0 \\ S^{(1)}_{2,1} & S^{(1)}_{2,2} & S^{(1)}_{2,3} & 0 & 0 & 0 \\ S^{(1)}_{3,1} & S^{(1)}_{3,1} & S^{(1)}_{3,1} & 0 & 0 & 0 \\ 0 & 0 & 0 & S^{(2)}_{4,4} & S^{(2)}_{4,5} & S^{(2)}_{4,6} \\ 0 & 0 & 0 & S^{(2)}_{5,4} & S^{(2)}_{5,5} & S^{(2)}_{5,6} \\ 0 & 0 & 0 & S^{(2)}_{6,4} & S^{(2)}_{6,5} & S^{(2)}_{6,6} \end{bmatrix} \tag{C.15}$$

Now after a simple matrix multiplication, we get for the intermediate matrix $[B]$ the first equation of (C.14) yields

$$[B] = \begin{bmatrix} S_{1,1}^{(1)} & S_{1,2}^{(1)} & S_{1,3}^{(1)} & 0 \\ S_{2,1}^{(1)} & S_{2,2}^{(1)} & S_{2,3}^{(1)} & 0 \\ S_{3,1}^{(1)} & S_{3,2}^{(1)} & S_{3,3}^{(1)} & 0 \\ 0 & S_{4,5}^{(2)} & S_{4,6}^{(2)} & S_{4,4}^{(2)} \\ 0 & S_{5,5}^{(2)} & S_{5,6}^{(2)} & S_{5,4}^{(2)} \\ 0 & S_{6,5}^{(2)} & S_{6,6}^{(2)} & S_{6,4}^{(2)} \end{bmatrix}$$

Then from the second equation of (C.14) after a matrix multiplication, we obtain the result presented by (4.93):

$$[S] = \begin{bmatrix} S_{1,1}^{(1)} & S_{1,2}^{(1)} & S_{1,3}^{(1)} & 0 \\ S_{2,1}^{(1)} & S_{2,2}^{(1)} + S_{5,5}^{(2)} & S_{2,3}^{(1)} + S_{5,6}^{(2)} & S_{5,4}^{(2)} \\ S_{3,1}^{(1)} & S_{3,2}^{(1)} + S_{6,5}^{(2)} & S_{3,3}^{(1)} + S_{6,6}^{(2)} & S_{6,4}^{(2)} \\ 0 & S_{4,5}^{(2)} & S_{4,6}^{(2)} & S_{4,4}^{(2)} \end{bmatrix} \tag{C.16}$$

C.5 The Matrix Equation for the Unknown Potentials

The necessary condition that the function (C.12) has a minimum is that the appropriate derivatives must be equal to zero

$$\frac{\partial W}{\partial [V_j]_u} = 0 \quad (j = 1, 2, \ldots, N) \tag{C.17}$$

First, the potential matrix-column is split into two parts: known $[V]_k$ and unknown $[V]_u$ as shown in (4.94):

$$[V] = \begin{bmatrix} [V]_k \\ [V]_u \end{bmatrix}$$

and the same is done with the S-matrix, as shown in (4.95):

$$[S] = \begin{bmatrix} [S]_{k,k} & [S]_{k,u} \\ [S]_{u,k} & [S]_{u,u} \end{bmatrix}$$

The following explicit expression is found from (C.12) for the energy:

$$W = \frac{1}{2}[V]_k^T[S]_{k,k}[V]_k + [V]_u^T[S]_{u,k}[V]_k + \frac{1}{2}[V]_u^T[S]_{u,u}[V]_u \tag{C.18}$$

where the symmetry of the S-matrix is used.

From (C.17), we write

$$[S]_{u,u}[V]_u + [S]_{u,k}[V]_k = 0 \tag{C.19}$$

which leads to the final equation (4.97):

$$[V]_u = -[S]_{u,u}^{-1}[S]_{u,k}[V]_k \tag{C.20}$$

Transmission Line Parameters of Two Parallel Wires

We calculate the capacitance of two parallel wires that are shown in Figure D–1. The radius of each wire is a.

The two wires can be replaced with two line charges $+\rho_\ell$ and $-\rho_\ell$. The precise location of these equivalent line charges is determined from the requirement that the surfaces of the metal wires be equipotential surfaces. This implies that the tangential electric fields will always be equal to zero on these surfaces. The potential $V(x, y)$ at the point P is given by

$$V(x, y) = \frac{\rho_\ell}{2\pi\varepsilon}\ln\left(\frac{s}{r_2}\right) + \frac{-\rho_\ell}{2\pi\varepsilon}\ln\left(\frac{s}{r_1}\right) = \frac{\rho_\ell}{2\pi\varepsilon}\ln\left(\frac{r_1}{r_2}\right) \tag{D.1}$$

The plane at the midpoint between the two wires is an equipotential surface that is equal to zero potential. Other equipotential contours are found by setting

$$\frac{r_1}{r_2} = \frac{\sqrt{(s+x)^2 + y^2}}{\sqrt{(s-x)^2 + y^2}} = k = \text{constant} \tag{D.2}$$

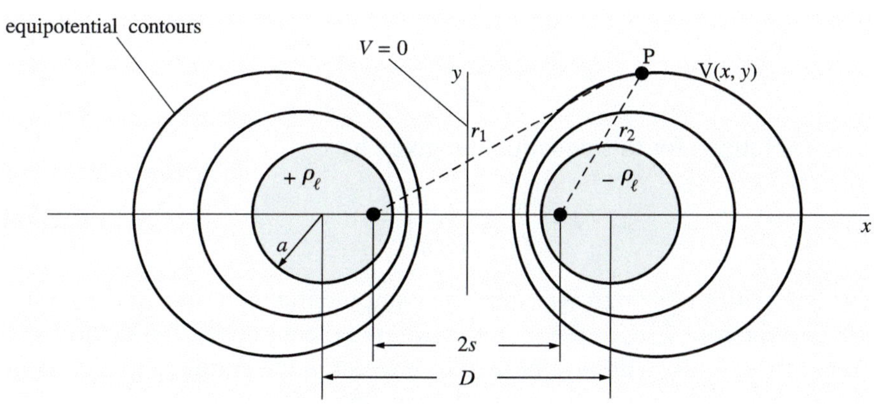

FIGURE D–1 Equipotential contours surrounding two line charges $+\rho_\ell$ and $-\rho_\ell$. The surfaces at $r = a$ are equipotential surfaces, therefore the electric field will always be normal to the metal surfaces.

This can be written as

$$(s + x)^2 + y^2 = k^2[(s - x)^2 + y^2] \tag{D.3}$$

or

$$\left(x - s\frac{k^2 + 1}{k^2 - 1}\right)^2 + y^2 = \left(\frac{2ks}{k^2 - 1}\right)^2 \tag{D.4}$$

The common factor

$$s^2\left(\frac{k^2 + 1}{k^2 - 1}\right)^2$$

has been added to both sides of (D.3) in order to complete the squares. Equation (D.4) is an equation for a family of circles that have radii

$$r_0 = \frac{2ks}{k^2 - 1} \tag{D.5}$$

and are centered at the points

$$(h, 0) = \left[s\frac{k^2 + 1}{k^2 - 1}, 0\right] \tag{D.6}$$

where

$$h = s\frac{k^2 + 1}{k^2 - 1}$$

Eliminating the term s between (D.5) and (D.6), we obtain

$$k^2 - \frac{2kh}{r_0} + 1 = 0 \tag{D.7}$$

The two solutions for this equation are given by

$$k = \frac{h}{r_0} \pm \sqrt{\left(\frac{h}{r_0}\right)^2 - 1} \tag{D.8}$$

The root k with the $+$ sign will give the equipotential contours in the region $x > 0$, and the root $\hat{k}$ with the $-$ sign will give the equipotential contours in the region $x < 0$. We will have particular interest in the equipotential contour at the surface of the wire at $r_0 = a$. The spacing h must also be greater than this radius a of the wire, and we will set it equal to $D/2$.

The potential difference between the wires is given by

$$\Delta V = \frac{\rho_\ell}{2\pi\varepsilon}\ln k - \frac{\rho_\ell}{2\pi\varepsilon}\ln \hat{k} = \frac{\rho_\ell}{\pi\varepsilon}\ln k = \frac{\rho_\ell}{\pi\varepsilon}\ln\left[\frac{D}{2a} \pm \sqrt{\left(\frac{D}{2a}\right)^2 - 1}\right] \quad (D.9)$$

Making use of the identity

$$\ln[\xi + \sqrt{\xi^2 - 1}] = \cosh^{-1}\xi \quad (D.10)$$

we write the capacitance as

$$\boxed{C = \frac{\rho_\ell \Delta z}{\Delta V} = \frac{\Delta z}{\frac{1}{\pi\varepsilon}\cosh^{-1}\left(\frac{D}{2a}\right)} = \frac{\pi\varepsilon\Delta z}{\cosh^{-1}\left(\frac{D}{2a}\right)}} \quad (D.11)$$

In order to calculate the inductance per unit length, we make use of the relation $(L/\Delta z)\,(C/\Delta z) = \mu\varepsilon$ and write

$$\boxed{L = \frac{\mu\Delta z}{\pi}\cosh^{-1}\left(\frac{D}{2a}\right)} \quad (D.12)$$

There are alternative derivations that can be used to approximate the equivalent circuit parameters. For example, if we define a point between the two cylinders as $\hat{x}$ and place the left cylinder at $x = 0$, then the magnetic flux density is as shown in Figure D–2.

If the current is into the paper in the wire centered at $x = 0$ and out of the paper in the wire centered at $x = D$, the magnetic flux densities will add in the center. From Ampere's circuital law, we write the magnetic flux density as

$$B = \frac{\mu I}{2}\left[\frac{1}{\hat{x}} + \frac{1}{D-\hat{x}}\right] \quad (D.13)$$

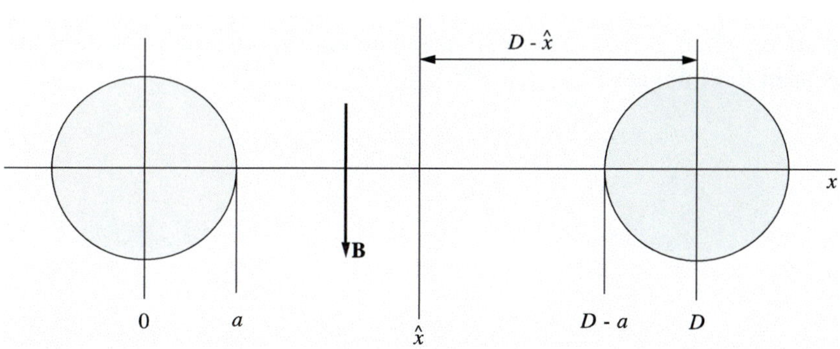

FIGURE D–2

Alternative cross section of a twin-lead transmission line.

The total magnetic flux that passes between the two wires is found from

$$\frac{\Psi_m}{\Delta z} = \int_a^{D-a} B d\hat{x} = \frac{\mu I}{2\pi}[\ln \hat{x} - \ln(D - \hat{x})]_a^{D-a} = \frac{\mu I}{\pi}\ln\left(\frac{D-a}{a}\right) \tag{D.14}$$

The inductance per unit length is given by

$$\boxed{\frac{L}{\Delta z} \equiv \frac{\left(\frac{\Psi_m}{\Delta z}\right)}{I} = \frac{\mu}{\pi}\ln\left(\frac{D-a}{a}\right) \approx \frac{\mu}{\pi}\ln\left(\frac{D}{a}\right)} \tag{D.15}$$

which is in agreement with (D.12) in the limit of $D >> a$.

The electric field at $\hat{x}$ is obtained using Gauss's law by assuming that each wire has a charge uniformly distributed on the wire. If the charges are of the opposite sign, we obtain linear charge densities of $+\rho_\ell$ and $-\rho_\ell$. This results in

$$E = \frac{\rho_\ell \Delta z}{2\pi\varepsilon}\left[\frac{1}{\hat{x}} + \frac{1}{D - \hat{x}}\right] \tag{D.16}$$

The potential difference ΔV between the two wires is obtained by integrating the electric field between the two wires to yield

$$\Delta V = \int_a^{D-a} E d\hat{x} = \frac{\rho_\ell \Delta z}{\pi\varepsilon}\ln\left(\frac{D-a}{a}\right) \tag{D.17}$$

The capacitance per unit length is given by

$$\boxed{\frac{C}{\Delta z} \equiv \frac{\rho_\ell}{\Delta V} = \frac{\pi\varepsilon}{\ln\left(\frac{D-a}{a}\right)} \approx \frac{\pi\varepsilon}{\ln\left(\frac{D}{a}\right)}} \tag{D.18}$$

This is in agreement with (D.11) in the limit of $D >> a$.

We present both methods to obtain the same results since you may encounter them in different books. The twin lead is commonly used in practice. In neither calculation did we include the self-inductance of each wire that arises when $D \approx a$. This will cause an additional small constant term to appear in the final results.

APPENDIX E

Plasma Evolution Adjacent to a Metallic Surface

The temporal and spatial evolution of the plasma adjacent to a metallic electrode whose voltage is suddenly decreased from zero to a large negative value has certain implications. A gaseous plasma consists of negatively charged electrons and positively charged ions whose mass is significantly greater than the mass of the electrons. In Example 6–3, we determined the potential profile at the time $t = 0^+$ just after the switch connecting the negative potential source was closed at a time $t = 0$. During this initial time interval, the electrons were expelled from the region adjacent to the metallic plate but the ions had not yet started to move. The temporal and spatial evolution of these ions toward the negatively biased metallic electrode and the expansion of the ion density rarefaction into the plasma requires a numerical computation.[1] The plasma is modeled with a dimensionless-fluid-model description.

The ion density perturbation n_i and the ion velocity perturbation v_i are described with the equation of continuity

$$\frac{\partial n_i}{\partial t} + \frac{\partial (n_i v_i)}{\partial z} = 0 \tag{E.1}$$

and the equation of motion

$$\frac{\partial v_i}{\partial t} + v_i \frac{\partial v_i}{\partial z} = -\frac{\partial V}{\partial z} \tag{E.2}$$

Since the mass of the electron is so much smaller than the mass of the ion, the electron density perturbation n_e can be approximated with a Maxwell-Boltzmann distribution.

$$n_e = e^V \tag{E.3}$$

[1] M. Widner, I. Alexeff, W. D. Jones, and K. E. Lonngren, "Ion- Acoustic Wave Excitation and Ion Sheath Evolution," *Physics of Fluids*, Vol. 13, (October 1970): 2532–2540.

In order to reflect the non-neutrality of the density perturbations, there will be an electric field $E = -dV/dz$ that is governed by Poisson's equation

$$\frac{\partial^2 V}{\partial z^2} = n_e - n_i \tag{5.4}$$

These equations have been written in dimensionless units that are defined by

$$n_i = \frac{n_i'}{n_0}; \quad n_e = \frac{n_e'}{n_0}; \quad v_i = \frac{v_i'}{v_s}; \quad V = \frac{eV'}{\kappa_B T_e}; \quad z = \frac{z'}{\lambda_D}; \quad t = \omega_{pi} t' \tag{5.5}$$

where n_0 is the equilibrium electron and ion density, the $'$ indicates the laboratory variables, κ_B is Boltzmann's constant $\kappa_B = 1.38 \times 10^{-23}$ J/°K, and

$$v_s = \sqrt{\frac{\kappa_B T_e}{m_i}} \quad \text{— the ion acoustic velocity} \tag{E.6}$$

$$\lambda_D = \sqrt{\frac{\kappa_B T_e}{\left(\frac{n_0 e^2}{\varepsilon_0}\right)}} \quad \text{— the electron Debye length} \tag{E.7}$$

$$\omega_{pi} = \sqrt{\frac{n_0 e^2}{m_i \varepsilon_0}} \quad \text{— the ion plasma frequency} \tag{E.8}$$

This model is valid if the electronic temperature T_e is much greater than the ion temperature T_i. This is a valid approximation in a gaseous plasma that one normally encounters in the laboratory. For example, a typical laboratory argon plasma will have an approximate ion acoustic velocity of 10^3 m/s and an ion plasma frequency of $2\pi \times 10^6$ radians/s.

The calculated results of the evolution of the density perturbations are shown in Figure E–1a. It is noted that there is an instantaneous decrease of the electron density adjacent to the electrode, which is the "transient sheath" or the "ion matrix sheath" that was described in Example 6–3. As time increases, this electron density rarefaction expands into the plasma. Initially, this expansion is faster than the final asymptotic value, which is the ion acoustic velocity. In addition, the heavy positive ions are attracted to and move toward the electrode. This results in a flux of the ions that impinges upon the electrode. The temporal evolution of this flux is shown in Figure E–1b. These ions can implant themselves into the electrode and change the surface characteristics of the electrode.

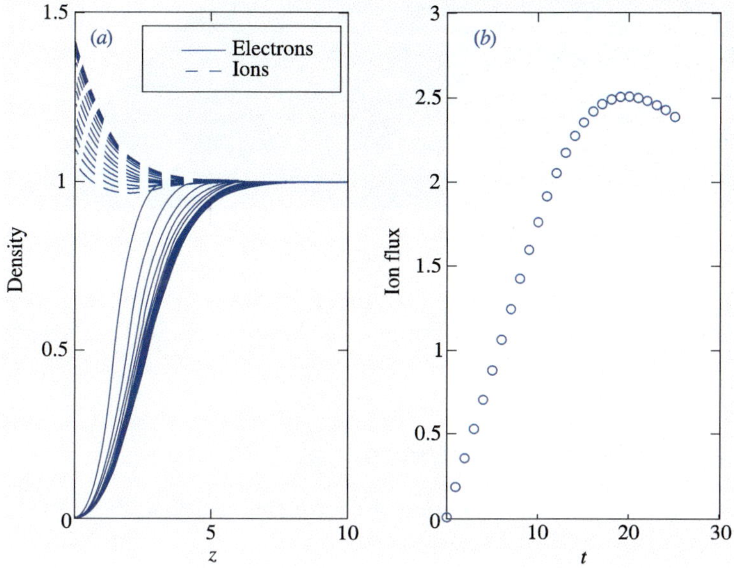

FIGURE E–1

(a) Evolution of the normalized electron density and the normalized ion density in space at equal increments in time after the application of a negative potential to a metallic electrode that had been inserted into a plasma.
(b) Temporal evolution of the ion flux impinging upon the electrode.

APPENDIX F

Bibliography

*Most of these books are available at a discount and for immediate shipment on SciTech's website: www.scitechpub.com

Best Student References – Short and Economical

Edminister, S. *Schaum's Easy Outline of Electromagnetics: A Crash Course*, New York: McGraw-Hill, 2003.

Edminister, S. *Schaum's Outline of Electromagnetics*. New York: McGraw-Hill, 1994.

Maxum, B. Field Mathematics for Electromagnetics, Photonics, and Materials Science. Bellingham, WA: SPIE Press, 2005.

Nasar, S. *2000 Solved Problems in Electromagnetics*. Raleigh, NC: SciTech Publishing, 2008.

Schmidt, R. *Electromagnetics Explained*. San Diego, CA: Elsevier, 2002.

Schey, H.M. *Div, Grad, Curl and All That: An Informal Text on Vector Calculus*. 4th Ed. New York: WW. Norton, 2005.

Basic Electromagnetic Theory: Textbooks

Cheng, D. K. *Field and Wave Electromagnetics*. 2nd ed. Upper Saddle River, New Jersey: Prentice Hall, 1989.

Griffiths, D. J. *Introduction to Electrodynamics*. 3rd Ed., Upper Saddle River, New Jersey: Benjamin Cummings, 1999.

Hayt, W. H. and J. A. Buck *Engineering Electromagnetics*. 7th ed. New York: McGraw-Hill, 2006.

Hirose, A. and K. E. Lonngren. *Introduction to Wave Phenomena*. Melbourne, Florida: Krieger, 2002. Kraus, J. D. and D. Fleisch, *Electromagnetics*. 5th ed. New York: McGraw-Hill, 1999.

Ramo, S., J. R. Whinnery, and T. Van Duzer. *Fields and Waves in Communication Electronics*. 3rd ed. New York: Wiley, 1994.

Rao, N. N. *Elements of Engineering Electromagnetics*. 6th ed. Upper Saddle River, New Jersey: Prentice Hall, 2004.

Sadiku, M. N. O. *Elements of Electromagnetics*. 4th ed., New York: Oxford University Press, 2007.

Ulaby, F. T. *Fundamentals of Applied Electromagnetics*. 5th ed. Upper Saddle River, New Jersey: Prentice Hall, 2006.

MA TLAB Guides for Engineers

Chapman, S. J. *MATLAB Programming for Engineers*. Cincinnati, Ohio: Brooks/Cole-Thomson Learning, 2002.

Daku B. *MATLAB Tutorial CD: Learning MATLAB SuperFast*, Hoboken, NJ: John Wiley & Sons, 2006.

Etter, D. et al *Introduction to MATLAB 7*, Upper Saddle River, NJ: Prentice Hall, 2005.

Davis, T. A. and Sigmon K. *MATLAB Primer*. 7th ed. Boca Raton, FL: CRC Press, 2005.

Gilat, A. *MATLAB: An Introduction with Applications* 2nd Ed., Hoboken, New Jersey: Wiley, 2003.

Hahn, B.D. *Essential MATLAB for Scientists and Engineers*. San Diego, California: Elsevier, 2002.

Hanselman, D. and B. Littlefield. *Mastering MATLAB 7: A Comprehensive Tutorial and Reference*. Upper Saddle River, New Jersey: Prentice Hall, 2005.

Magrab, E.B. et al *An Engineer's Guide to MATLAB 2nd Ed.* Upper Saddle River, NJ: Prentice Hall 2005.

Moler, C. *Numerical Computing with MATLAB*. Philadelphia, Pennsylvania: SIAM, 2004.

Moore, H. *MATLAB for Engineers*, Upper Saddle River, NJ: Prentice Hall, 2007.

Palm III, W. J. *Introduction to MATLAB 7 for Engineers*. New York: McGraw-Hill, 2005.

Advanced Topics in Electromagnetic Theory

Balanis, C. A. *Advanced Engineering Electromagnetics*. New York: Wiley, 1989.

Balanis, C. A. *Antenna Theory: Analysis and Design*. 3rd ed. New York: Wiley, 2005.

Bansal, R. *Handbook of Engineering Electromagnetics*. Boca Raton, FL: CRC Press, 2005.

Christopoulis, C. *The Transmission Line Method TLM*. Piscataway, New Jersey: IEEE Press, 1995.

Chew, W. C. *Wave and Fields in Inhomogeneous Media*. Piscataway, New Jersey: IEEE Press, 1995.

Clemmow, P. C. *The Plane Wave Spectrum Representation of Electromagnetic Fields*. Piscataway, New Jersey: IEEE Press, 1996.

Cohen, D. L. *Demystifying Electromagnetic Equations*. Bellingham, Washington: SPIE, 2001.

Collin, R. E. *Field Theory of Guided Waves*. 2nd ed. Piscataway, New Jersey: IEEE Press, 1991.

Collin, R. E. *Foundations for Microwave Engineering*. 2nd ed. Piscataway, New Jersey: IEEE Press, 2001.

Dudley, D. G. *Mathematical Foundations for Electromagnetic Theory*. Piscataway, New Jersey: IEEE Press, 1994.

Elliott, R. S. *Antenna Theory and Design*. revised ed. Piscataway, New Jersey: IEEE Press, 2003.

Elliott, R. E. *Electromagnetics, History, Theory, and Applications*. Piscataway, New Jersey: IEEE Press, 1993.

Felsen, L. B. and N. Marcuvitz. *Radiation and Scattering of Waves*. Piscataway, New Jersey: IEEE Press, 1994.

Hansen, T. B. and A.D. Yaghjian. *Plane Wave Theory of Time-Domain Fields*. Piscataway, New Jersey: IEEE Press, 1999.

Harrington, R. F. *Field Computation by Moment Methods*. Piscataway, New Jersey: IEEE Press, 1993.

Harrington, R. F. *Time-Harmonic Electromagnetic Fields*. Piscataway, New Jersey: IEEE Press, 2001.

Ishimaru, A. *Wave Propagation and Scattering in Random Media*. Piscataway, New Jersey: IEEE Press, 1997.

Jackson, J. D. *Classical Electrodynamics*. 3rd ed. New York: Wiley, 1998.

Jin, J. *The Finite Element Method in Electromagnetics*. 2nd ed. New York: Wiley, 2002.

Jones, D. S. *Methods in Electromagnetic Wave Propagation*. 2nd ed. Piscataway, New Jersey: IEEE Press, 1994.

Lindell, I. V. *Differential Forms in Electromagnetics*. Piscataway, New Jersey: IEEE Press, 2004.

Lindell, I. V. *Methods for Electromagnetic Field Analysis*. Piscataway, New Jersey: IEEE Press, 1995.

Makarov, S. *Antenna and Electromagnetic Modeling with MATLAB*. Hoboken, NJ: John Wiley & Sons, 2002.

Peterson, A. F., S. L. Ray, and R. Mittra *Computational Methods for Electromagnetics*. Piscataway, New Jersey: IEEE Press, 1997.

Sadiku, M. N. O. *Numerical Techniques in Electromagnetics*. 4th ed. Boca Raton, Florida: CRC Press, 2007.

Silvester, P. P. and R. L. Ferrari. *Finite Elements for Electrical Engineers*. Cambridge: Cambridge University Press, 1996.

Stratton, J. A. *Electromagnetic Theory.* New York: IEEE Press/Wiley, 1941/2007.

Tai, C.-T. *Dyadic Green Functions in Electromagnetic Theory.* 2nd ed. Piscataway, New Jersey: IEEE Press, 1994.

Tai, C.-T. *Generalized Vector and Dyadic Analysis*. 2nd ed. Piscataway, New Jersey: IEEE Press, 1997.

Van Bladel, J. *Singular Electromagnetic Fields and Sources*. 2nd Ed. Piscataway, New Jersey: IEEE Press, 2007.

Volakis, J. L. A. Chatterjee, and L. C. Kempel. *Finite Element Method for Electromagnetics*. Piscataway, New Jersey: IEEE Press, 1998.

Wait, J. R. *Electromagnetic Waves in Stratified Media*. Piscataway, New Jersey: IEEE Press, 1996.

Werner, D. H. and R. Mittra *Frontiers in Electromagnetics*. New York: Wiley, 2000.

APPENDIX G

Selected Answers

Chapter 1

1.1.1. $\mathbf{C} = \mathbf{A} + \mathbf{B} = -2\mathbf{u_x} + 8\mathbf{u_y} + 2\mathbf{u_z}$; $\mathbf{D} = \mathbf{A} - \mathbf{B} = 8\mathbf{u_x} + 0\mathbf{u_y} + 8\mathbf{u_z}$

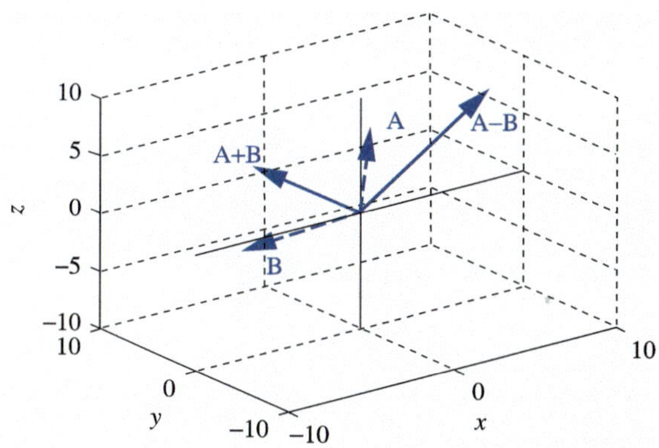

1.1.2. $\mathbf{A} \bullet \mathbf{B} = -14$; $\mathbf{A} \times \mathbf{B} = -32\mathbf{u_x} - 16\mathbf{u_y} + 32\mathbf{u_z}$

1.1.5.

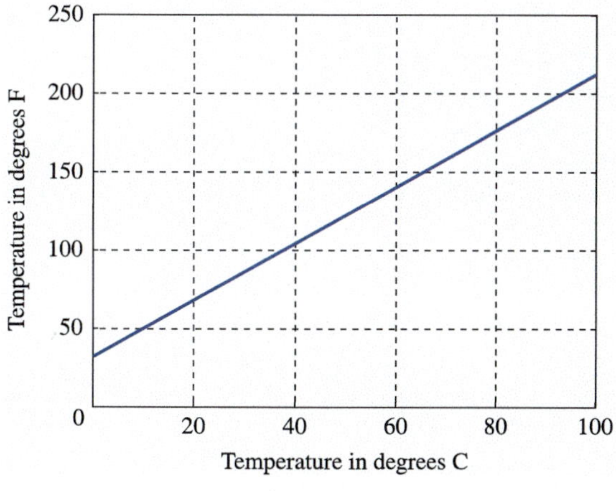

1.1.8.

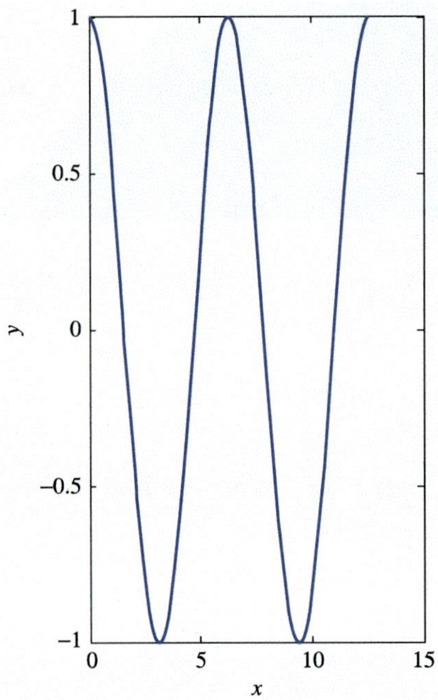

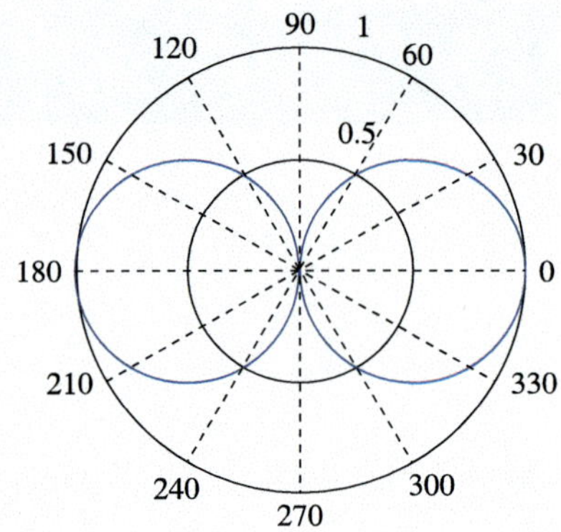

1.1.9. $\mathbf{A}(3,2) = 4\mathbf{u_x} - 3\mathbf{u_y}$, $|\mathbf{A}(3,2)| = \sqrt{4^2 + (-3)^2} = 5$

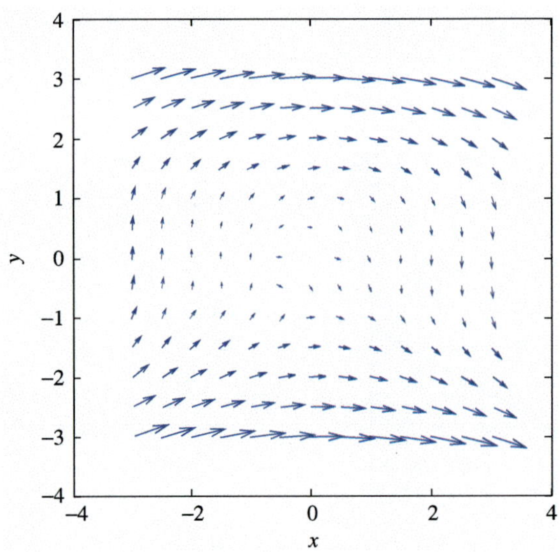

1.2.1. $\mathbf{u_A} = \dfrac{\mathbf{u_x} + \mathbf{u_y} + \mathbf{u_z}}{\sqrt{3}}$

1.2.3. $\mathbf{A} \bullet \mathbf{B} = -14; \qquad \theta = 106.26°$

1.2.5. $\mathbf{A} \bullet \mathbf{B} = 22; \qquad \theta = 23.33°$

1.2.7. $\mathbf{A} \times \mathbf{B} = 2\mathbf{u_x} - 4\mathbf{u_y} + 2\mathbf{u_z}; \qquad \mathbf{B} \times \mathbf{A} = -2\mathbf{u_x} + 4\mathbf{u_y} - 2\mathbf{u_z}$
$\Rightarrow \mathbf{A} \times \mathbf{B} = -\mathbf{B} \times \mathbf{A}$

1.2.8. $\mathbf{A} = 5\mathbf{u}_\rho + 0.927\mathbf{u}_\phi + 5\mathbf{u_z}$

1.2.10. $\mathbf{A} = 7.071\mathbf{u_r} + 0.785\mathbf{u}_\theta + 0.927\mathbf{u}_\phi$

1.2.13. $\mathbf{A} \times (\mathbf{B} \times \mathbf{C}) = -52\mathbf{u_x} - 16\mathbf{u_y} + 20\mathbf{u_z}$
$\mathbf{B}(\mathbf{A} \bullet \mathbf{C}) - \mathbf{C}(\mathbf{A} \bullet \mathbf{B}) = -52\mathbf{u_x} - 16\mathbf{u_y} + 20\mathbf{u_z}$

1.2.14. Area = 24

1.2.16. $(\mathbf{A} \times \mathbf{B}) \bullet \mathbf{C} = -30; \qquad \mathbf{A} \bullet (\mathbf{B} \times \mathbf{C}) = -30$

1.3.1. $\Delta W = 53$

1.3.2. $W_{abc} = 24 \; W_{adc} = 24$

1.3.4. $W = 2a^2\pi^2$

1.3.5. $\oint_{\Delta s} \mathbf{A} \bullet \mathbf{ds} = 16; \qquad \int_{\Delta v} \nabla \bullet \mathbf{A}\, dv = 16$

1.3.7. $\oint \mathbf{A} \bullet \mathbf{ds} = 12\pi a^2$

1.4.1. $\nabla H = -2x\mathbf{u_x} - 6y\mathbf{u_y}$

1.4.3. $\nabla\left(\frac{1}{r}\right) = -\frac{1}{r^2}\nabla r$

$$= -\frac{2}{r^3}[(x - x')\mathbf{u_x} + (y - y')\mathbf{u_y} + (z - z')\mathbf{u_z}]$$

$$= -\nabla'\left(\frac{1}{r}\right)$$

1.4.5. $\nabla \bullet \mathbf{A} = 1; \qquad \oint \mathbf{A} \bullet \mathbf{ds} = 8a^3; \qquad \int \nabla \bullet \mathbf{A} dv = 8a^3$

1.4.7. $\nabla \times \mathbf{v}\left(x = \frac{a}{4}, z = 1\right) = -\frac{3a^2}{8}\mathbf{u_x} + \frac{a}{2}\mathbf{u_z} \Rightarrow (\nabla \times \mathbf{v}) \bullet \mathbf{u_z} > 0$

$$\nabla \times \mathbf{v}\left(x = \frac{3a}{4}, z = 1\right) = -\frac{3a^2}{8}\mathbf{u_x} - \frac{a}{2}\mathbf{u_z} \Rightarrow (\nabla \times \mathbf{v}) \bullet \mathbf{u_z} < 0$$

The paddle wheel will rotate if the axis is parallel to the x axis since there is $(\nabla \times \mathbf{v}) \bullet \mathbf{u_x} \neq 0$. The paddle wheel will not rotate if the axis is parallel to the y axis since $(\nabla \times \mathbf{v}) \bullet \mathbf{u_y} = 0$.

1.4.8. $\int \nabla \times \mathbf{A} \bullet \mathbf{ds} = \frac{1}{2}; \qquad \oint \mathbf{A} \bullet \mathbf{dl} = \frac{1}{2}$

1.4.11. $\nabla \bullet \nabla \times \mathbf{A} = 0$

1.4.12. $\nabla \times \nabla a = 0$

1.4.13. $\nabla \times (a\mathbf{A}) = (-2x^2yz + 4x^2z^2 - 3x^2y^2)\mathbf{u_x}$

$$+ (3x^2y^2 + 8x^2yz - 6xy^2z - 8xyz^2)\mathbf{u_y}$$

$$+ (6xy^2z + 8xyz^2 - 6x^2yz - 4x^2z^2)\mathbf{u_z}$$

$$(\nabla a) \times \mathbf{A} = -x^2yz\mathbf{u_x} + (4x^2yz - 3xy^2z - 4xyz^2)\mathbf{u_y}$$

$$+ (3xy^2z + 4xyz^2 - 3x^2yz)\mathbf{u_z}$$

$$a(\nabla \times \mathbf{A}) = (4x^2z^2 - 3x^2y^2 - x^2yz)\mathbf{u_x} + (3x^2y^2 - 3xy^2z + 4x^2yz - 4xyz^2)\mathbf{u_y} + (3xy^2z - 3x^2yz + 4xyz^2 - 4x^2z^2)\mathbf{u_z}$$

which verifies the identity $\nabla \times (a\mathbf{A}) = (\nabla a) \times \mathbf{A} + a(\nabla \times \mathbf{A})$.

1.4.15. From (A.27)

$$\nabla^2\left(\frac{1}{r}\right) = \frac{1}{r^2}\frac{\partial}{\partial r}\left(r^2\frac{\partial}{\partial r}\left(\frac{1}{r}\right)\right) = 0$$

1.5.1. $v(t) = \text{Re}\{Ve^{j120\pi t}\}$ V where $V = \frac{100}{\sqrt{2}}(1 - j)$ V

1.5.3. $V = 0.518e^{j15°}$ V

1.5.5. $i(t) = 6.669\cos(120\pi - 3.17°)$ A

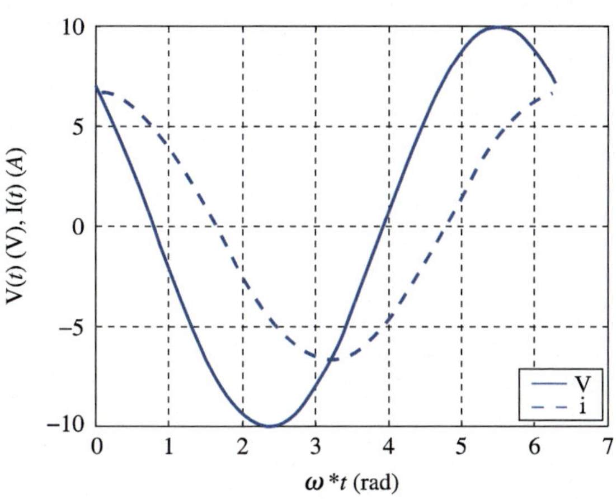

Chapter 2

2.1.1. $\varepsilon_0 = \frac{Q^2T^2}{ML^3}$ F / m

2.1.3. $\mathbf{F}_2 = \frac{1}{4\pi\varepsilon_0}[-0.750\mathbf{u_x} - 2.222\mathbf{u_y}]$ N

2.1.5. $d = \sqrt{\frac{Q^2}{4\pi\varepsilon_0 Mg\cos\frac{\pi}{4}}}$ m

2.2.1. $E = \frac{ML}{QT^2}$ V / m

2.2.3. $\mathbf{E} = \frac{1}{4\pi\varepsilon_0}[-0.186\mathbf{u_x} - 0.048\mathbf{u_y}]$ V / m

2.2.5. $E_y(y) = \frac{Q}{4\pi\varepsilon_0}\left(\frac{(2(y-2))}{[(y-2)^2+4]^{3/2}}\right) = \frac{4(y-2)}{[(y-2)^2+4]^{3/2}}$ V / m

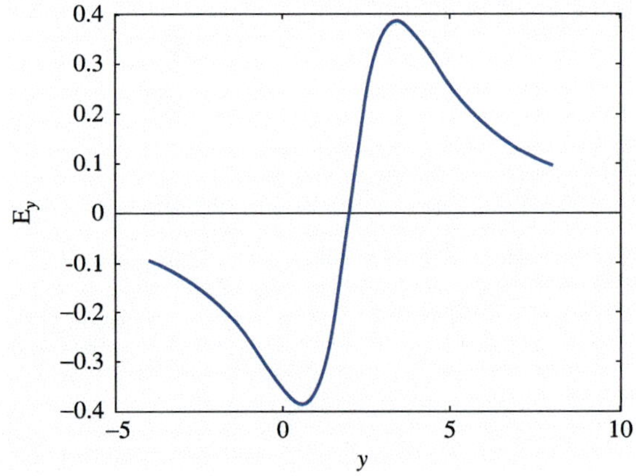

2.3.3. $E_z = \frac{\rho_s z}{2\varepsilon_0}\left[\frac{1}{\sqrt{a^2+z^2}} - \frac{1}{\sqrt{b^2+z^2}}\right]$ V / m

2.3.5. $E_z = \dfrac{\rho_s}{2\varepsilon_0}$ V / m

2.4.1. $0 < \rho < a, \qquad E_\rho = \dfrac{\rho^2 \rho_0}{4a\epsilon_0}$

$0 > a, \qquad E_\rho = \dfrac{a^3 \rho_0}{4\epsilon_0 \rho^2}$

2.4.2. $0 < \rho < a \Rightarrow E_\rho = \dfrac{\rho_\ell \rho}{2\pi\varepsilon_0 a^2}$ V / m; $\qquad a < \rho < b \Rightarrow E_\rho = \dfrac{\rho_\ell}{2\pi\varepsilon_0 \rho}$ V / m

$b < \rho < c \Rightarrow E_\rho = \dfrac{\rho_\ell}{2\pi\rho\varepsilon_0}\left[1 - \dfrac{\rho^2 - b^2}{c^2 - b^2}\right]$ V / m; $\qquad \rho > c \Rightarrow E_\rho = 0$

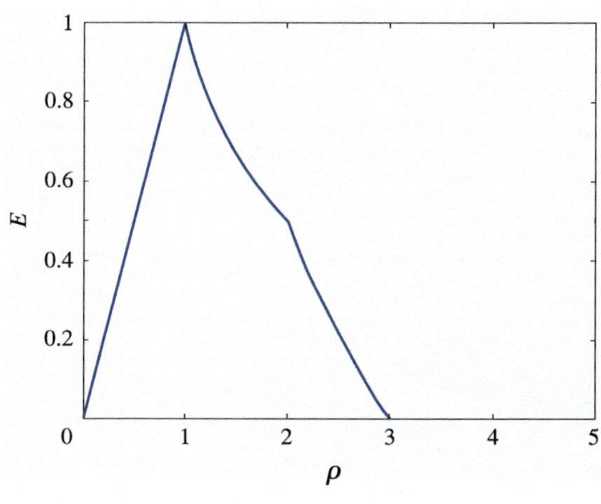

2.4.5. $0 < r < a \Rightarrow E_r = 0; \qquad a < r < b \Rightarrow E_r = \dfrac{2}{4\pi\varepsilon_0 r^2}$ V / m;

$b < r < c \Rightarrow E_r = \dfrac{-2}{4\pi\varepsilon_0 r^2}$ V / m; $\qquad r > c \Rightarrow E_\rho = \dfrac{2}{4\pi\varepsilon_0 r^2}$ V / m

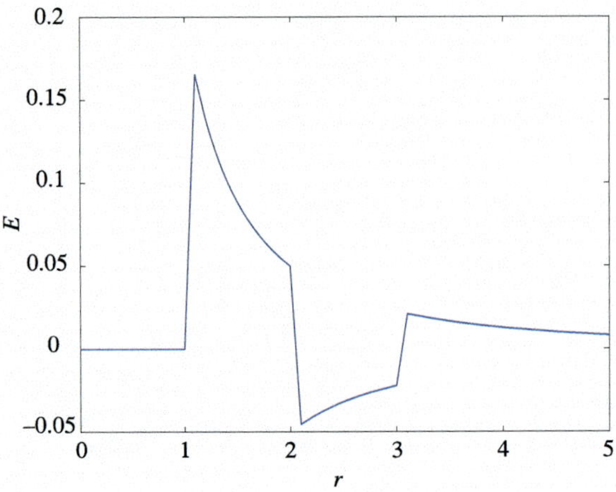

2.5.1. $$V(x, y) = \frac{2}{[(x-2)^2 + (y-2)^2]^{1/2}} - \frac{4}{[(x-4)^2 + (y-5)^2]^{1/2}} \text{ V}$$

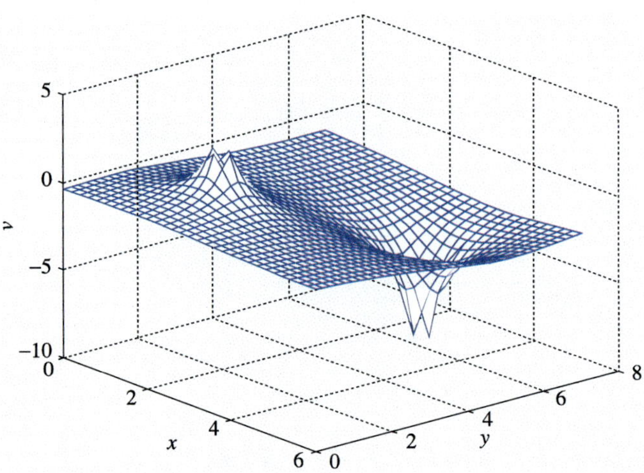

2.5.2.

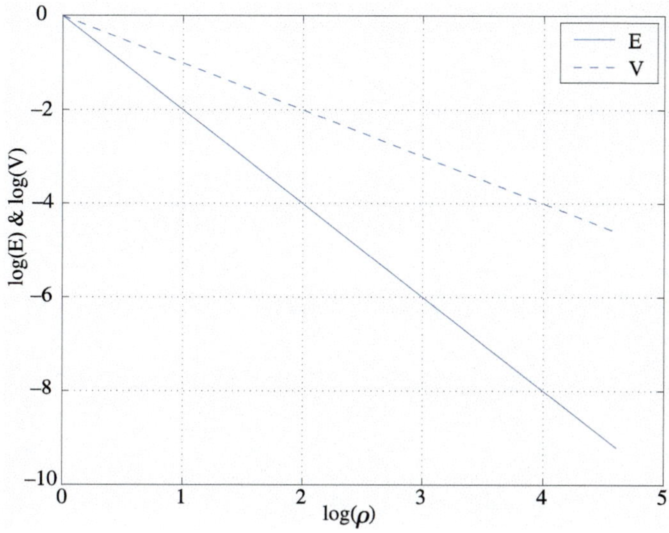

2.5.4. (a) $V_{AB} = 4\,\text{V}$; (b) $V_{AB} = 4\,\text{V}$

2.5.8.

$$V_{\text{monopole}} = \frac{Q}{4\pi\varepsilon_0 r}\ \text{V}; \qquad V_{\text{dipole}} \approx \frac{Qd\cos\theta}{4\pi\varepsilon_0 r^2}\ \text{V};$$

$$V_{\text{quadripole}} \approx \frac{Qd\cos\theta\cos\phi}{4\pi\varepsilon_0 r^3}\ \text{V}$$

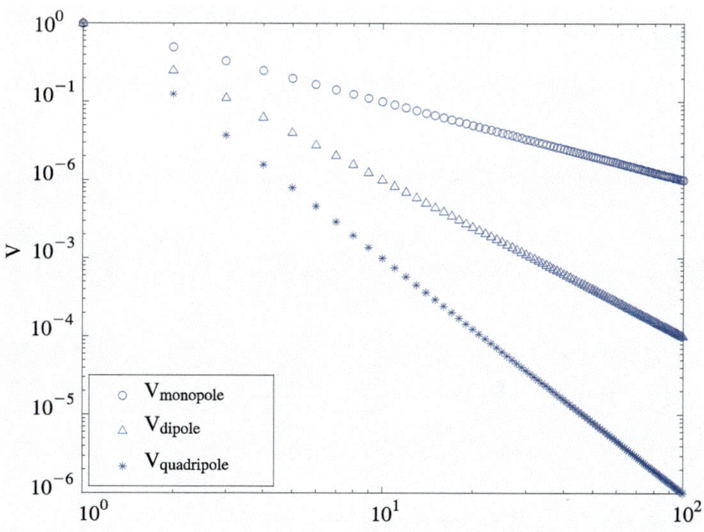

Chapter 3

3.1.1. $I = 3$ A

3.1.3. $I = \frac{\pi a^2}{2} J_0$ A

3.2.1. $\mu_0 = \frac{ML}{Q^2}$ H/m

3.2.3. $0 < \rho < a \Rightarrow B_\phi = 0; \quad a < \rho < b \Rightarrow B_\phi = -\frac{\mu_0 I}{2\pi\rho}$ T;

$\rho > b \Rightarrow B_\phi = \frac{\mu_0 I}{2\pi\rho}$ T

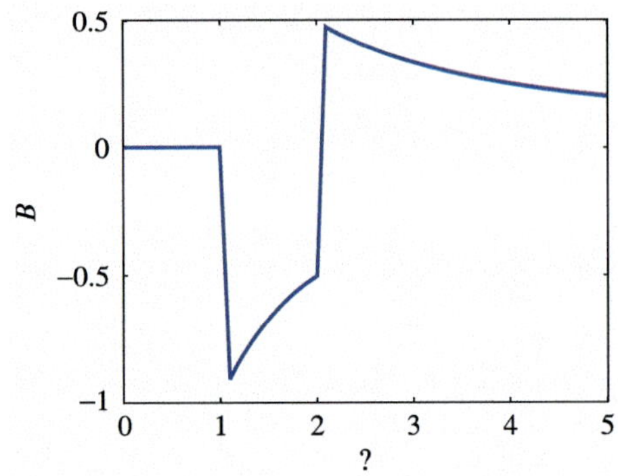

3.2.5. $0 < \rho < a \Rightarrow B_\phi = \mu_0 J_0 \left(\frac{\rho}{2} - \frac{\rho^3}{4a^2} \right)$ T; $\quad \rho > a \Rightarrow B_\phi = \frac{\mu_0 a^2 J_0}{4\rho}$ T

3.2.7. $\mathscr{L} = \frac{\mu_0 NI}{B_\phi} = 251$ m

3.3.1. $\nabla\left(\frac{1}{R}\right) = -\frac{\mathbf{R}}{R^3} = -\frac{\mathbf{u_R}}{R^2}$

3.3.3. $\mathbf{A}(b) = \frac{\mu_0}{2\pi} \frac{I\Delta L}{(b^2 + a^2)^{1/2}} \mathbf{u_z}$ T-m; $\quad \mathbf{B}(b) = -\frac{\mu_0}{2\pi} \frac{I\Delta Lb}{(b^2 + a^2)^{3/2}} \mathbf{u_x}$ T

3.3.5. $B_\phi = \frac{\mu_0 I}{4\pi\rho}(\cos\theta_1 - \cos\theta_2)$ T; $\quad$ as $L \longrightarrow \infty, B_\phi \longrightarrow \frac{\mu_0 I}{2\pi\rho}$ T

3.3.7. $B_\phi = \frac{\mu_0 I}{2\pi}\left[\frac{L}{\rho_1\sqrt{\rho_1^2 + L^2}} - \frac{L}{\rho_2\sqrt{\rho_2^2 + L^2}}\right]$ T

3.3.9. $\mathbf{B} = -\frac{2\mu_0 I}{\pi W}\mathbf{u_z}$ T

3.4.1. $\frac{\mathbf{F}}{\Delta L} = 100\mathbf{u_z}$ N / m

3.4.2. $\Delta V = Ed = v_0 B_0 d$ V

3.4.4. The charged particle will drift with a velocity $\mathbf{v} = \frac{\mathbf{E} \times \mathbf{B}}{B^2}$ m / s .

3.4.5. $\frac{\mathbf{F}_1}{L} = \frac{\mu_0 I^2}{4\pi}(\mathbf{u_x} + \mathbf{u_y})$ N / m

3.4.7. $F = I\mathscr{L}B = \frac{\mu_0 I^2}{b}\mathscr{L}$ N

3.5.1. $H_x = \begin{cases} \frac{0.1}{2\mu_0} \text{ A/m} & |x| \leq 1 \\ \frac{0.1}{\mu_0} \text{ A/m} & |x| > 1 \end{cases}$, $M_x = \begin{cases} \frac{0.1}{2\mu_0} \text{ A/m} & |x| \leq 1 \\ 0 & |x| > 1 \end{cases}$

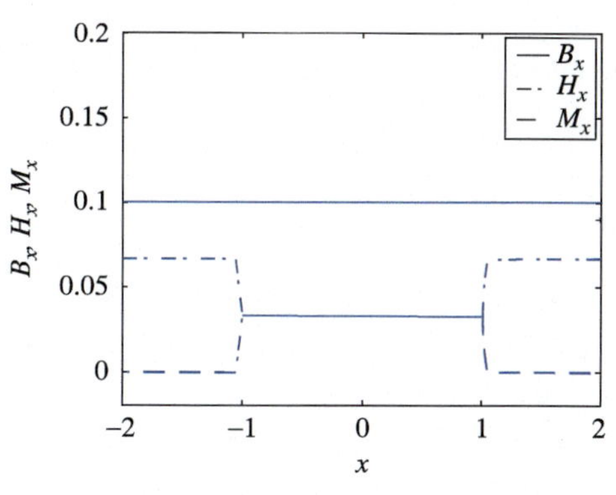

3.6.1. $B_g = \frac{\psi_1 + \psi_2}{A}$ T

Chapter 4

4.1.1. $\mathbf{E}_2 = 1\mathbf{u_x} + 2\mathbf{u_y}$ V/m

4.1.3. $\mathbf{E}_2 = \frac{3}{4}\mathbf{u_x} + 4\mathbf{u_y}$ V/m

4.1.5. $\mathbf{B}_2 = 4\mathbf{u_x} + 16\mathbf{u_y}$ T

4.1.7. No

4.3.1. $V(r) = \dfrac{V_0}{\frac{1}{a} - \frac{1}{b}}\left(\frac{1}{a} - \frac{1}{r}\right)$ V

4.3.3. $V(\theta) = \dfrac{V_1}{2\ln\left[\tan\left(\frac{\theta_1}{2}\right)\right]}\ln\left\{\left[\tan\left(\frac{\theta_1}{2}\right)\right]\left[\tan\left(\frac{\theta}{2}\right)\right]\right\}$ V

4.3.5. $V(x) = 4(2 - x)$ V

4.3.7. $E_x(x) = (5 - 4x)$ V/m

4.3.9. $V(P) = \dfrac{Q}{4\pi\varepsilon_0 L}\ln\left(\frac{L}{r} + \sqrt{\left(\frac{L}{r}\right)^2 + 1}\right) = \dfrac{1}{4\pi\varepsilon_0}(0.881)$ V

4.3.11. $E_r(P) = \dfrac{1}{4\pi\varepsilon_0}\dfrac{1}{+\sqrt{2}} = \dfrac{1}{4\pi\varepsilon_0}(0.707)$ V/m

4.3.13. $E_z(z) = \dfrac{Q}{4\pi\varepsilon_0}\dfrac{z}{(a^2 + z^2)^{3/2}}$ V/m

when $a \longrightarrow 0$, $E_z(z) \longrightarrow \dfrac{Q}{4\pi\varepsilon_0 z^2}$ V/m

4.3.15. $E_z(z) = \frac{\rho_s}{2\varepsilon_0}\left[1 - \frac{z}{\sqrt{a^2 + z^2}}\right]$ V/m; $a \longrightarrow \infty, E_z(z) \longrightarrow \frac{\rho_s}{2\varepsilon_0}$ V/m

4.5.1. $V(x, y) = \frac{aE_0}{\pi} e^{-\left(\frac{\pi y}{a}\right)} \sin\left(\frac{\pi x}{a}\right)$ V

4.5.3. $V(x, y) = \frac{4V_0}{\pi} \sum_{n=1,3,5\ldots} \frac{e^{-\left(\frac{2n\pi y}{a}\right)}}{n} \sin\left(\frac{2n\pi x}{a}\right)$ V

4.5.5. $V(x) = \frac{2V_0}{\pi} \sum_{n=1}^{\infty} \frac{(-1)^{n+1} \sin\left(\frac{n\pi x}{a}\right)}{n}$ V

4.5.7. $V(x, y) = \frac{4V_0}{\pi} \sum_{m=0}^{\infty} \frac{\sin\left(\frac{(2m+1)\pi x}{a}\right) \cosh\left[\frac{(2m+1)\pi}{a}\left(y - \frac{a}{2}\right)\right]}{(2m+1)\cosh\left(\frac{(2m+1)\pi}{2}\right)}$

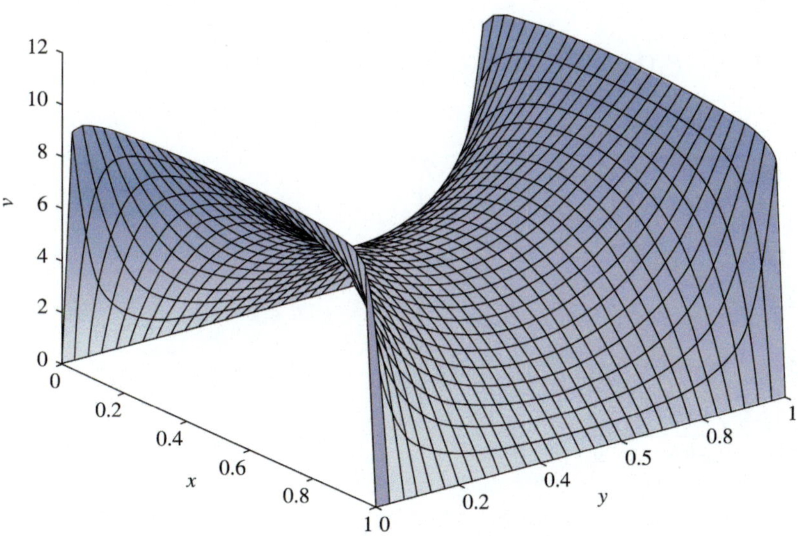

4.5.8. Bessel functions:

$$J_n(s) = \sum_{m=0}^{\infty} \frac{(-1)^m}{m!(n+m)!}\left(\frac{s}{2}\right)^{n+2m}; \qquad (s = \lambda r)$$

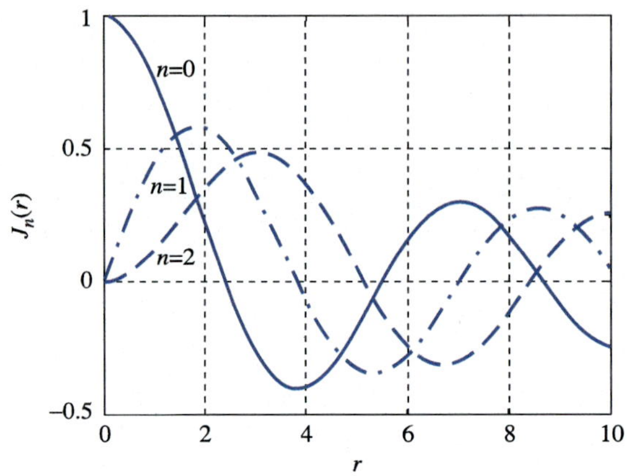

4.5.10. Legendre polynomials:

$$P_n(\xi) = \frac{1}{2^n n!}\left(\frac{d}{d\xi}\right)^n (\xi^2 - 1)^n \text{ or}$$

$$P_0(\xi) = 1, \qquad P_1(\xi) = \xi, \qquad P_2(\xi) = \tfrac{1}{2}(3\xi^2 - 1), \text{ etc.}$$

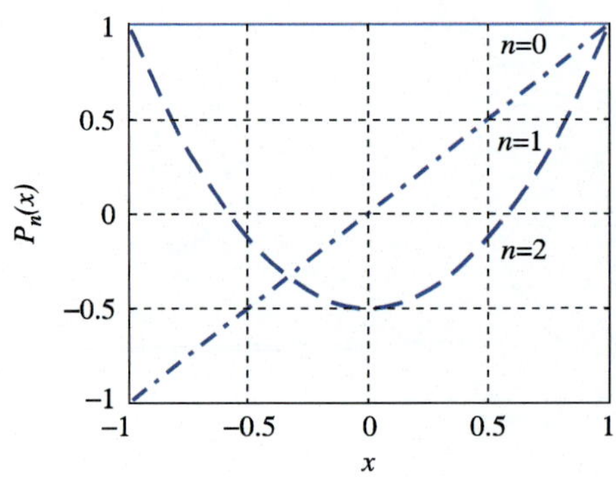

4.7.1. FEM-application (see Example 4–23)—with 16 triangular elements, 15 nodes.

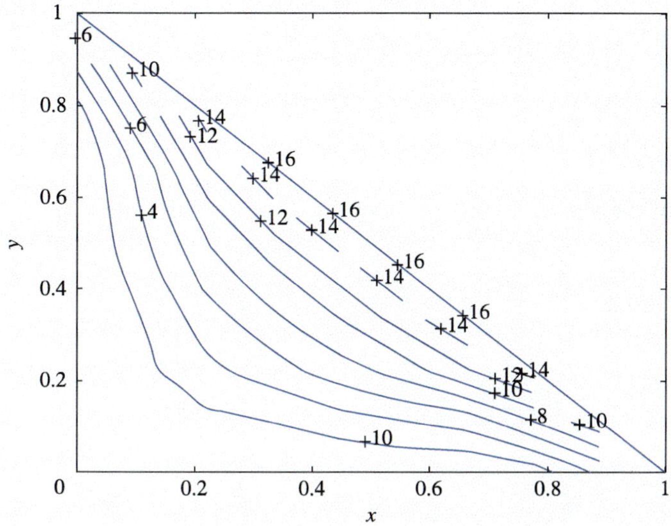

4.8.1. MoM-application (see Example 4–26) with $9 \times 9 = 81$ nodes in the grid.

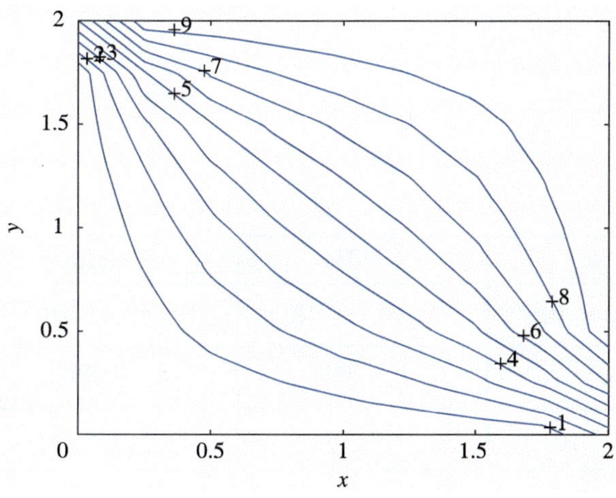

Chapter 5

5.1.1. The three components of the vector $\nabla \times \mathbf{B}$ are

$$(\nabla \times \mathbf{B})_x = \frac{\partial B_z}{\partial y} - \frac{\partial B_y}{\partial z} = -1; \qquad (\nabla \times \mathbf{B})_y = \frac{\partial B_x}{\partial z} - \frac{\partial B_z}{\partial x} = -1;$$

$$(\nabla \times \mathbf{B})_z = \frac{\partial B_y}{\partial x} - \frac{\partial B_x}{\partial y} = 0$$

$\Rightarrow$ the time derivative of the vector $\mathbf{E} \neq 0$ or this vector varies with time.

5.1.3. $V = \oint_{\mathbf{L}} (\mathbf{v}_0 \times \mathbf{B}) \bullet \mathbf{dl} = -0.2 \text{ V}$

5.1.5. $V = -6 \text{ V}$

5.1.7. $\Delta V = 1180 \text{ V}$

5.1.9. $I(t) = 2[\sin(1000t) - \sin(500t)] \text{ A}$

5.1.11. $V(t) = \dfrac{\mu_0 I(2ab)}{2\pi} \dfrac{1}{v_0 t(v_0 t + 2b)} \text{ V}$

5.2.1. $\left.\dfrac{\partial \rho_v}{\partial t}\right|_{x=1} = \pi \text{ C/m}^3\text{s}$

5.3.1. $r \equiv \dfrac{J_c}{J_d} = 18 \times 10^9 \dfrac{\sigma}{\varepsilon_r f};$

	60 Hz	1 MHz	1 GHz
Copper	$r = 17.4 \times 10^{15}$	$r = 10.4 \times 10^{11}$	$r = 10.4 \times 10^{8}$
Sea Water	$r = 14.8 \times 10^{6}$	$r = 889$	$r = 0.889$
Earth	$r = 3 \times 10^{4}$	$r = 1.8$	$r = 0.0018$

5.3.2. $J_d = \dfrac{\partial D}{\partial t} = 72.3 \times 10^{-6} \cos(2\pi 10^9 t) \text{ A/m}^2$

5.4.1. $k = \pm\frac{\omega}{c}$ rad/m

5.4.3. $(\nabla \times \mathbf{B})_y \neq \frac{1}{c^2}\frac{\partial E_y}{\partial t}$

5.4.5. $J_d(\rho, t) = -\dfrac{\varepsilon\omega V_0}{\rho\ln\left(\frac{b}{a}\right)}\sin\omega t$ A/m^2

5.4.7. $\frac{\partial \rho_v}{\partial t} = -\nabla \bullet \mathbf{J}$ A/m^3

5.4.8. Maxwell's equations in Cartesian coordinates are

$$(5.29) \Rightarrow \begin{cases} \dfrac{\partial E_z}{\partial y} - \dfrac{\partial E_y}{\partial z} = -\dfrac{\partial B_x}{\partial t} \\ \dfrac{\partial E_x}{\partial z} - \dfrac{\partial E_z}{\partial x} = -\dfrac{\partial B_y}{\partial t} \\ \dfrac{\partial E_y}{\partial x} - \dfrac{\partial E_x}{\partial y} = -\dfrac{\partial B_z}{\partial t} \end{cases}$$

$$(5.30) \Rightarrow \begin{cases} \dfrac{\partial H_z}{\partial y} - \dfrac{\partial H_y}{\partial z} = \dfrac{\partial D_x}{\partial t} + J_x \\ \dfrac{\partial H_x}{\partial z} - \dfrac{\partial H_z}{\partial x} = \dfrac{\partial D_y}{\partial t} + J_y \\ \dfrac{\partial H_y}{\partial x} - \dfrac{\partial H_x}{\partial y} = \dfrac{\partial D_z}{\partial t} + J_z. \end{cases}$$

$$(5.31) \Rightarrow \frac{\partial D_x}{\partial x} + \frac{\partial D_y}{\partial y} + \frac{\partial D_z}{\partial z} = \rho_v.$$

$$(5.32) \Rightarrow \frac{\partial B_x}{\partial x} + \frac{\partial B_y}{\partial y} + \frac{\partial B_z}{\partial z} = 0.$$

5.5.1. $\mathbf{S_{av}} = \frac{1}{2}\mathrm{Re}(\mathbf{E} \times \mathbf{H}^*) = \frac{|E_0|^2}{2}\mathrm{Re}\left\{\frac{1}{Z_c^*}\right\}\mathbf{u_z}$ W/m^2

5.5.3. (a) $W_{e,a} = 4.42 \times 10^{-4}$ J

(b) $W_{e,b} = 81\ W_{e,a}$

5.6.1. $\mathbf{E} = 120\pi e^{-j10z}\mathbf{u_x}$ V/m; $\mathbf{H} = 1e^{-j10z}\mathbf{u_y}$ A/m

5.6.3. (a) Copper at $f = 1$ MHz, $r = 10.4 \times 10^{11} >> 1$

(b) Quartz at $f = 1$ MHz, $r = 4.5 \times 10^{-14} << 1$

Therefore, copper is a good conductor at this frequency, and quartz is a good insulator at this frequency.

5.6.5. $f_c = 1.04 \times 10^{18}$ Hz

Chapter 6

6.1.1. $\left(\frac{F}{m} \bullet \frac{H}{m}\right)^{-1/2} = \frac{m}{s}$

6.1.3. $\mu_r = 3.183$, $\varepsilon_r = 1.257$

6.1.5. $\beta = 2085.6$ °/m, $\alpha = 130.8$ dB/m

6.2.1.

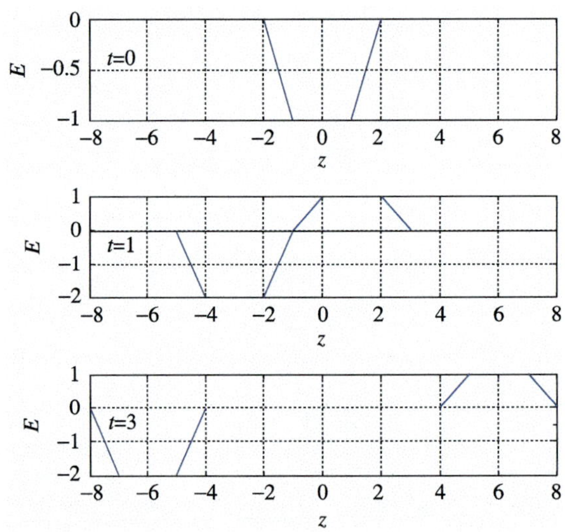

6.2.3. $\frac{\varepsilon_2}{\varepsilon_1} = \frac{1}{4}$

6.2.5.

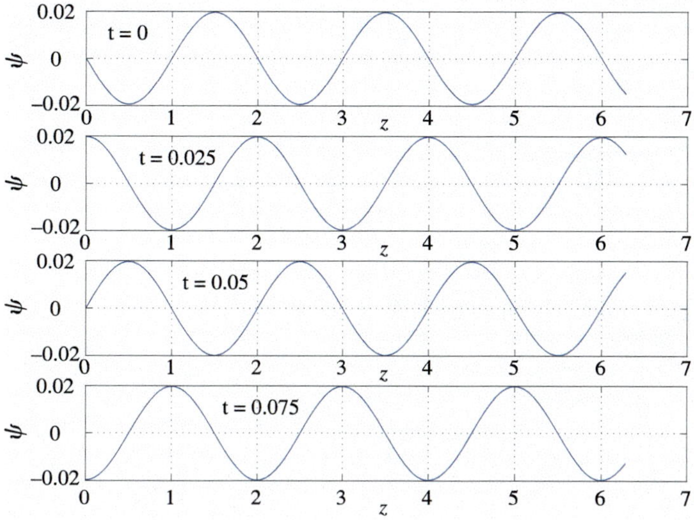

6.2.7. With $\frac{h}{c\tau} = \frac{1}{2}$, unstable

6.2.12. $c = 1$

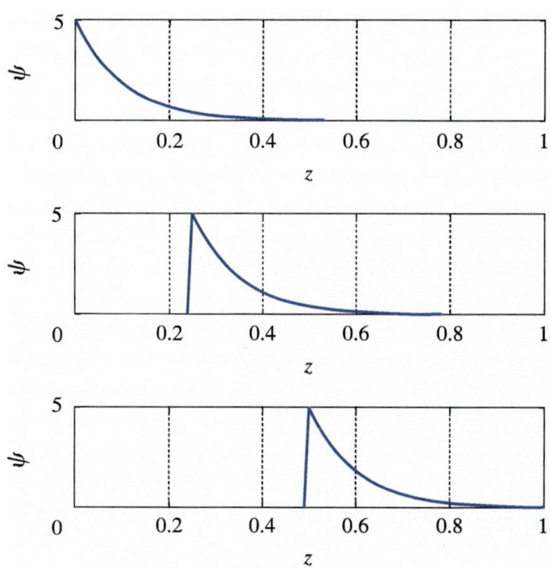

6.2.14. $c = 0.5$

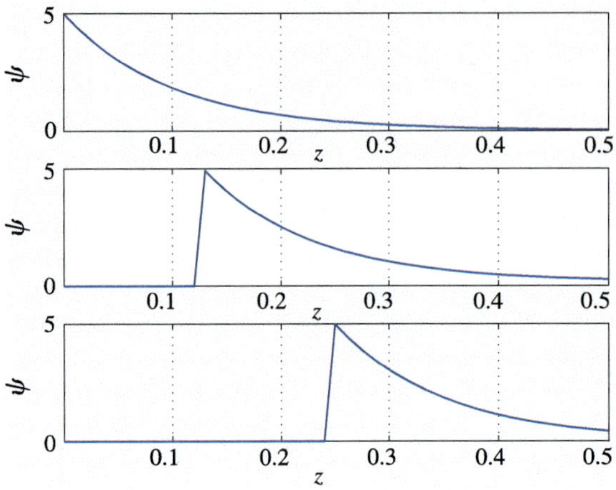

6.3.1. $E(z,t) = \sin\left[2\pi \times 75 \times 10^6 t - \frac{2\pi}{4} z\right]$ V/m

6.3.4. Circular polarization: $a = 1$, $\delta = \pi/2$; Linear polarization: $\delta = 0$

6.3.5. $\mathbf{S_{av}} = \frac{1}{2}\mathrm{Re}\{\mathbf{E} \times \mathbf{H}^*\} = S_{av}\mathbf{u_z}$, $S_{av} = \frac{1}{2} Z_0 H_0^2$ W/m^2

6.4.1. $v_z = 1.5 \times 10^8$ m/s, $k_z = 0.0419$ 1/m, $\omega = 6.28 \times 10^6$ rad/s,
$Z_c = 60\pi$ Ω, $H_x = -0.0069\cos(\omega t - k_z z)$ A/m

6.4.6. $\alpha \approx 0.333$ Np/m = 2.89 dB/m, $Z_c \approx 133$ Ω

6.4.8. (1) copper $\delta \approx 1.3$ μm, (2) graphite δ = 32 μm,
(3) seawater $\delta \approx 5.1$ mm

6.5.2.

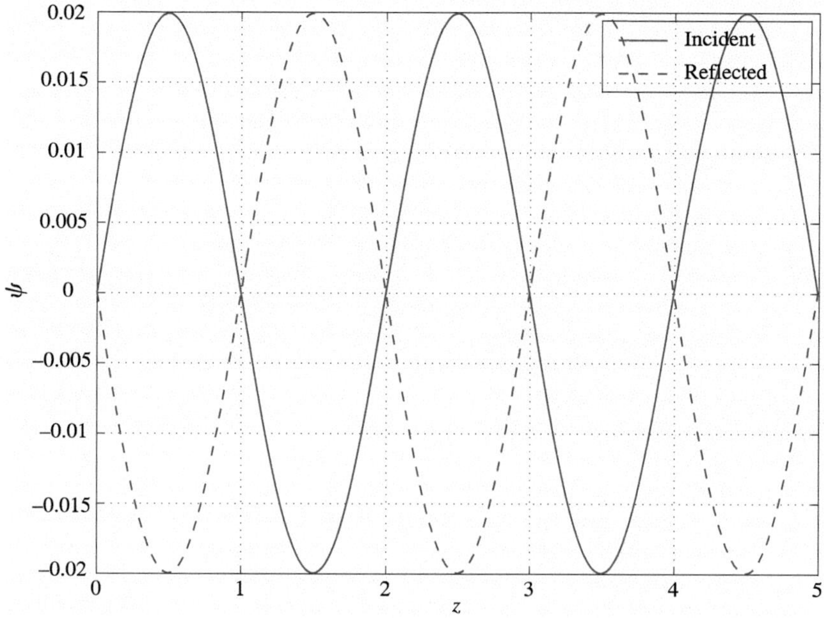

6.5.4. $H_i = 2.65$ mA/m, $H_r = 0.884$ mA/m, $H_t = 3.536$ mA/m

6.5.5. $E_r = \frac{1}{3}$ V/m, $E_t = \dfrac{4}{3}$ V/m, $p_i = 2.65$ mW, $p_r = \frac{1}{9}p_i$, $p_t = \frac{8}{9}p_i$

6.5.6. $\varepsilon_r = 1.5625$

6.5.8. $\Gamma = \dfrac{\Gamma_1(1 - e^{j2k_2d})}{1 - \Gamma_1^2 e^{j2k_2d}} = 0$ where $d = \dfrac{n\lambda}{2\sqrt{\varepsilon_r}}$ (n is an integer)

6.5.10. $\varepsilon_{r2} = \sqrt{\varepsilon_{r1}\varepsilon_{r3}}$

6.5.12. $\lambda = 0.6328\ \mu\text{m}$, $f = 474.8$ THz, $T = 0.0021$ ns, $k = 9.93 \times 10^{\circ}$ 1/m

6.5.13. $N \approx 1580000$

6.5.15. $\varepsilon_{\text{rav}} \approx 1.01$, $p = 98\%$

Chapter 7

7.1.1. $\hat{L}\hat{C} = \mu\varepsilon$

7.2.2. $\dfrac{1}{\hat{R}\hat{C}} = \dfrac{L^2}{T} \Rightarrow D$

7.2.3. $V(\psi) = V(z + vt)$ is a solution of the transmission line equation.

7.3.1. $Z_c = \sqrt{\dfrac{\mu_0}{\varepsilon}\dfrac{d}{w}}$

7.3.3. $Z_c = 133.3\ \Omega$, $v = 2.1 \times 10^8$ m/s

7.3.5. $\hat{C} = 27.8$ pF/m, $Z_c = 207.4\ \Omega$

7.4.1. $Z_L < Z_c \Rightarrow \Gamma = -\frac{1}{3}$, $Z_L > Z_c \Rightarrow \Gamma = +\frac{1}{3}$

7.4.3.

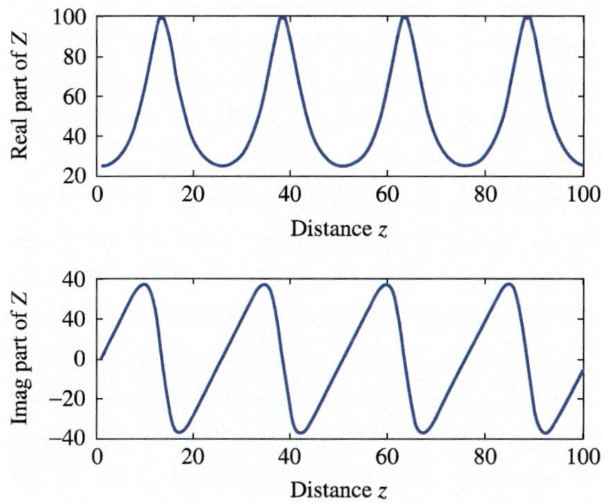

7.5.1. Periodic since $\tan\left[\frac{2\pi}{\lambda}\left(L+\frac{\lambda}{2}\right)\right] = \tan\left(\frac{2\pi L}{\lambda}\right)$

7.5.3. $Z_L = \infty$ & $\frac{\lambda}{4} < L < \frac{\lambda}{2} \Rightarrow$ inductive

7.5.4. $Z_{\text{in}} = Z_L = (25 + j25)\ \Omega$

7.5.6. Center of circles: $\left(\frac{r}{r+1}, 0\right)$ & $\left(1, \frac{1}{x}\right)$

Respective radii of circles: $\frac{1}{r+1}$ & $\frac{1}{|x|}$

7.6.1. $Z_{\text{in}} = (20 - j10)\ \Omega$

7.6.3. Two solutions: $+j1 \Rightarrow L_1 = \frac{\lambda}{8}$ & $-j1 \Rightarrow L_2 = \frac{3\lambda}{8}$

7.7.1. Reflection coefficient $\Gamma = -1$ at both ends

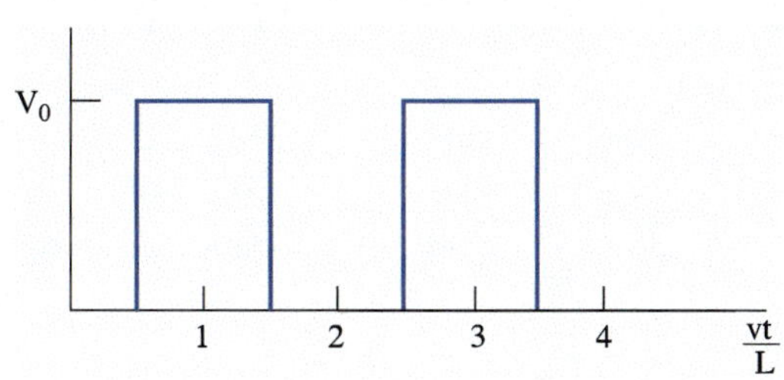

7.7.3. Reflection coefficient $\Gamma = +1$ at the load and $\Gamma = -1$ at the source

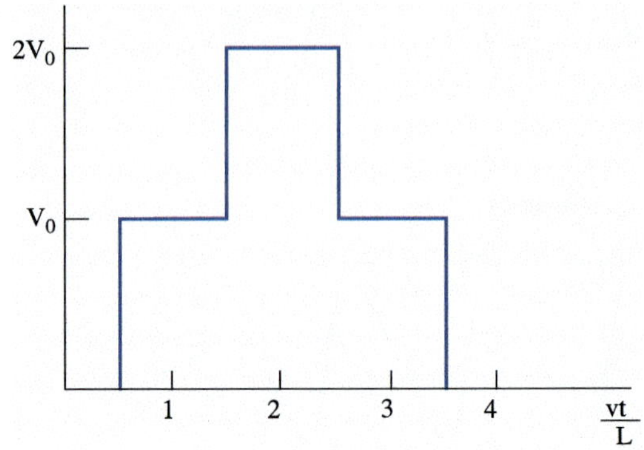

7.7.5. $V_T = \dfrac{Z_{c2}}{R_L + Z_{c2}}(1 + \Gamma)\, V_{\text{inc}}$

7.7.7. Reflection coefficient $\Gamma = -1$ at the load and $\Gamma = +1$ at the source

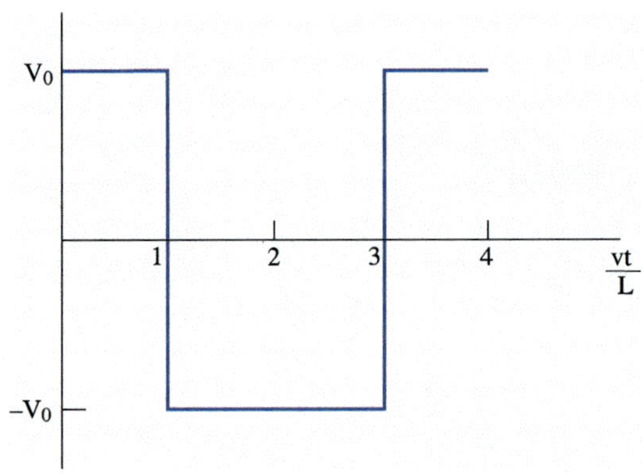

7.7.8. $T = 20$ ns, $V_{\text{inc}} = \frac{5}{8}$ V, $\Gamma_L = -\frac{3}{7}$, $\Gamma_g = -\frac{1}{4}$,

At the middle point:

t(ns)	10	30	50	70	90
amp(V)	$+\frac{5}{8}$	$-\frac{15}{56}$	$+\frac{15}{224}$	$-\frac{45}{1568}$	$+\frac{45}{6272}$

7.8.1. $\delta t < \dfrac{L}{v}$

7.9.1.

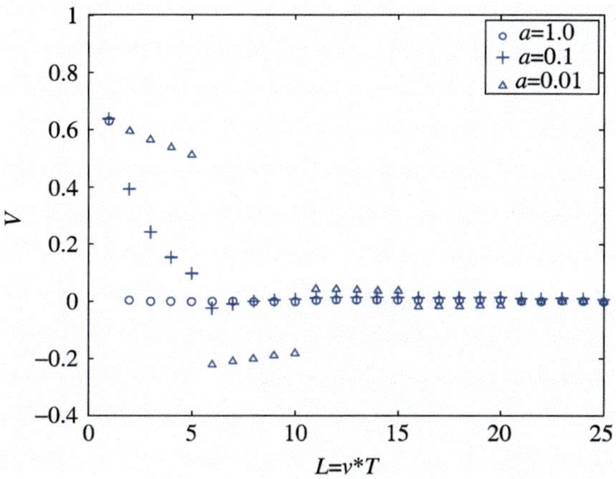

7.9.2. $\gamma = \alpha + j\beta = \sqrt{\dfrac{\hat{C}_1}{\hat{C}_2} - \omega^2 \hat{L}_1 \hat{C}_1}$; with $\dfrac{\hat{C}_1}{\hat{C}_2} = \hat{L}_1 \hat{C}_1 = 1$

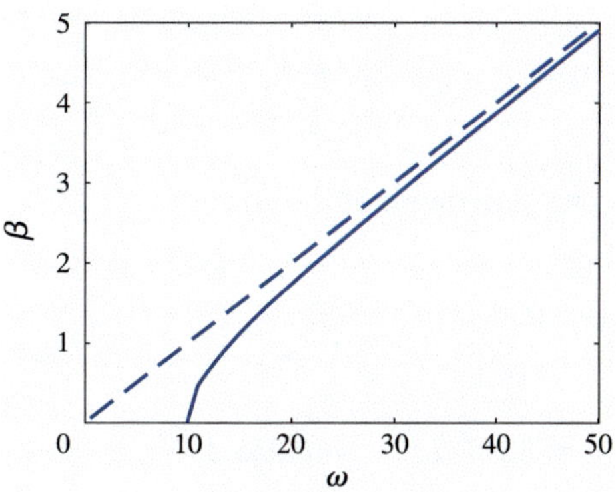

7.10.1. $\gamma = \alpha + j\beta = \sqrt{\dfrac{\hat{C}_1}{\hat{C}_2} - \omega^2 \hat{L}_1 \hat{C}_1 + j\omega \hat{R}_s \hat{C}_1}$, with

$\dfrac{\hat{C}_1}{\hat{C}_2} = \hat{L}_1 \hat{C}_1 = 1$ & $\hat{R}_s \hat{C}_1 = 2$, $\gamma = 1 + j\omega$, there is no dispersion

Chapter 8

8.1.1. $\dfrac{1}{4x^2}$

8.2.1. $D = \dfrac{1}{\displaystyle\int_0^{\pi/2} \sin^3\theta \cos^2\left(\frac{\pi}{2}\cos\theta\right) d\theta} = 3.62\ \text{dB}$

8.4.1. $D = \dfrac{1}{\displaystyle\int_0^{\pi/2} \sin^3\theta \sin^2\left(\frac{\pi}{2}\cos\theta\right) d\theta} = 4.31\ \text{dB}$

8.4.3. $D = \dfrac{1}{\displaystyle\int_0^{\pi/2} \sin^3\theta \cos^2\left(\frac{\pi}{2}\cos\theta\right) d\theta} = 3.62\ \text{dB}$

8.4.5. The radiation resistance decreases by a factor of $K = 2.88$.

8.4.7. $R_r = 120\displaystyle\int_0^{\pi/2} \frac{\cos^2\left(\frac{\pi}{2}\cos\theta\right)}{\sin\theta} d\theta = 73.1\ \Omega$

8.4.10. Assume that the current is confined within one skin depth of the surface.

This yields a resistance of $R_L = \dfrac{L}{\sigma(2\pi a)\delta} = 0.026\ \Omega$.

The radiation resistance of the antenna is $R_r = 80\pi^2(L/\lambda)^2 = 0.035\ \Omega$.

Then the radiation efficiency is $\eta_r = \dfrac{0.035}{0.035 + 0.026} = 57.4\%$.

8.4.11. $A_e = \dfrac{\lambda^2}{4\pi} D = \dfrac{1.5}{4\pi}\lambda^2 = 0.119\lambda^2$

8.4.14. (a) $R_1 + R_2 - R_0 = \frac{m\lambda}{2}$, m is an integer

(b) $R_1 + R_2 - R_0 = m\lambda$, m is an integer

The path difference is $R_1 + R_2 - R_0 = \frac{2h_1h_2}{d}$, where $h_2 = \frac{d\lambda}{2h_1}$.

The power that is received by the antenna is
$P_t = 500$ W, $R = d = 2000$ m, $\lambda = 1$ m, $p_r = 29.3\ \mu$W

8.4.15. $$\sigma_s \equiv \frac{4\pi r^2\left(\frac{|E_s|^2}{2Z_0}\right)}{\left(\frac{|E_i|^2}{2Z_0}\right)} = 4\pi r^2\left|\frac{E_s}{E_i}\right|^2 \text{ m}^2$$

8.6.1. Use of method of images and superposition.

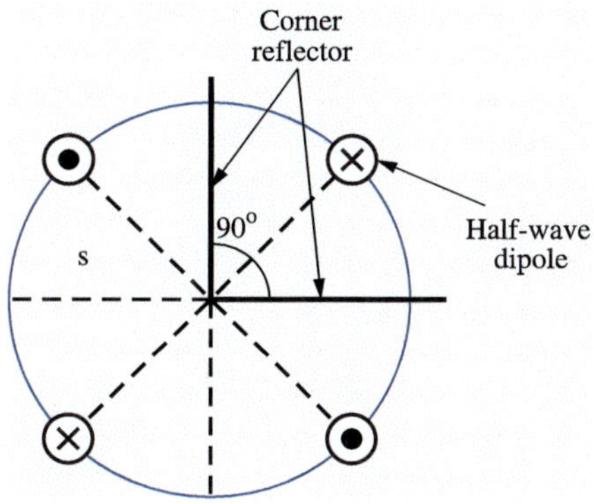

$$F(\theta, \phi) = \frac{\cos\left(\frac{\pi}{2}\cos\theta\right)}{\sin\theta}\frac{1}{4}\sum_{n=0}^{3}(-1)^n e^{jks\sin\theta\cos(n90^\circ - \phi)}$$. Choosing $s = \frac{\lambda}{2}$, $\phi = 0^\circ$, we obtain the array pattern below.

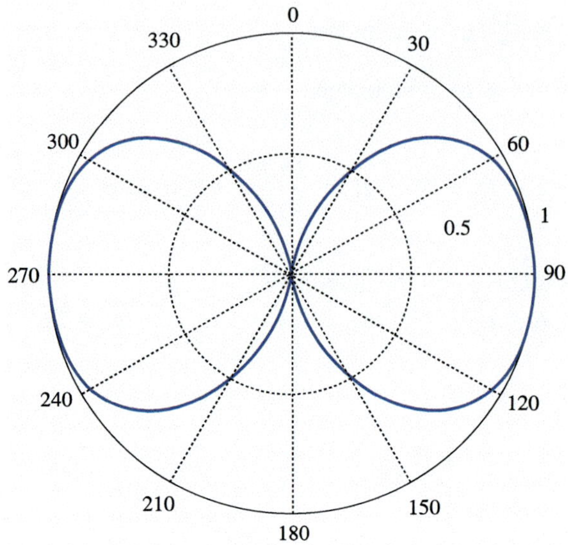

8.6.3. $\text{HPBW} \approx \dfrac{108°}{\sqrt{L/\lambda}}$

8.6.4.

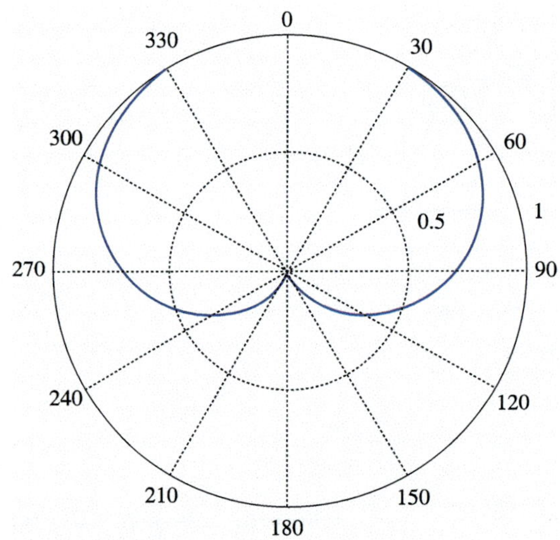

8.6.5. $Z_1 = 85.6 + j72.4\ \Omega$

8.6.7. (a) without a reflector: $R_r = 73.1\ \Omega,\qquad I_0 = 0.234$ A

(b) with a reflector: $R_r = 21.7\ \Omega,\qquad I_0 = 0.429$ A

8.6.9. The plots for (a) $\delta = 0$, (b) $\delta = \frac{\pi}{4}$, (c) $\delta = \frac{\pi}{2}$ are shown.

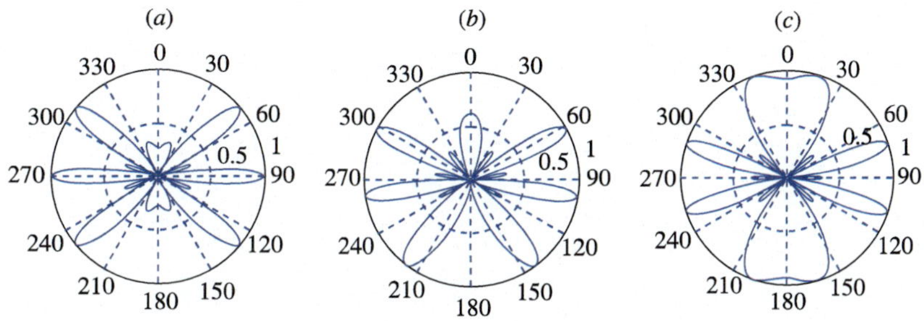

APPENDIX H

Greek Alphabet

Upper Case	Lower Case	Name
A	α	Alpha
B	β	Beta
Γ	γ	Gamma
Δ	δ	Delta
E	ε	Epsilon
Z	ζ	Zeta
H	η	Eta
Θ	θ	Theta
I	ι	Iota
K	κ	Kappa
Λ	λ	Lambda
M	μ	Mu
N	ν	Nu
Ξ	ξ	Xi
O	o	Omicron
Π	π	Pi
P	ρ	Rho
Σ	σ	Sigma
T	τ	Tau
Υ	υ	Upsilon
Φ	ϕ	Phi
X	χ	Chi
Ψ	ψ	Psi
Ω	ω	Omega

찾아보기

저자소개

김영학

부경대학교 전기제어공학부 교수

박익모

아주대학교 전자공학부 교수

신광호

경성대학교 멀티미디어통신공학과 교수

추호성

홍익대학교 전기전자공학부 교수

정가 29,000원

전자기학 with MATLAB (제2판)

Fundamentals of Electromagnetics with MATLAB

2009년 2월 27일 초판 인쇄
2009년 3월 7일 초판 발행

저 자 : Karl E. Lonngren · Sava V. Savov
Randy J. Jost
역 자 : 김영학 · 박익모 · 신광호 · 추호성
발행자 : 우명찬 · 송 준
발행처 : 홍릉과학출판사
주 소 : 서울시 강북구 인수동 455-60
142-885
등 록 : 1976년 10월 21일 제5-66호
전 화 : (02) 999-2274, 996-8341, 903-7037
팩 스 : (02) 905-6729
e-mail: hongpub@hongpub.co.kr
http://www.hongpub.co.kr
ISBN 978-89-7283-743-5

저자와의 협의하에 인지생략

Useful Integrals

$$\int u\,dv = uv - \int v\,du$$

$$\int \frac{dx}{x} = \ln x$$

$$\int e^x dx = e^x$$

$$\int \sin ax\,dx = -\frac{1}{a}\cos ax$$

$$\int \cos ax\,dx = \frac{1}{a}\sin ax$$

$$\int \frac{dx}{\sqrt{x^2 + a^2}} = \ln(x + \sqrt{x^2 + a^2})$$

$$\int \frac{dx}{(x^2 + a^2)^{3/2}} = \frac{x}{a^2\sqrt{x^2 + a^2}}$$

$$\int \frac{dx}{x^2 + a^2} = \frac{1}{a}\tan^{-1}\frac{x}{a}$$

$$\int e^{ax}\cos bx\,dx = \frac{e^{ax}}{a^2 + b^2}(a\cos bx + b\sin bx)$$

$$\int e^{ax}\cos(c + bx)dx =$$

$$\frac{e^{ax}}{a^2 + b^2}[a\sin(c + bx) - b\cos(c + bx)]$$

Trigonometric Relations

$$\sin(x \pm y) = \sin x\cos y \pm \cos x\sin y$$

$$\cos(x \pm y) = \cos x\cos y \mp \sin x\sin y$$

$$2\sin x\sin y = \cos(x - y) - \cos(x + y)$$

$$2\sin x\cos y = \sin(x + y) + \sin(x - y)$$

$$2\cos x\cos y = \cos(x + y) + \cos(x - y)$$

$$\sin 2x = 2\sin x\cos x$$

$$\cos 2x = 1 - 2\sin^2 x$$

$$\sin x + \sin y = 2\sin\left(\frac{x + y}{2}\right)\cos\left(\frac{x - y}{2}\right)$$

$$\sin x - \sin y = 2\cos\left(\frac{x + y}{2}\right)\sin\left(\frac{x - y}{2}\right)$$

$$\cos x + \cos y = 2\cos\left(\frac{x + y}{2}\right)\cos\left(\frac{x - y}{2}\right)$$

$$\cos x - \cos y = -2\sin\left(\frac{x + y}{2}\right)\sin\left(\frac{x - y}{2}\right)$$

$$\cos(x \pm 90°) = \mp\sin x$$

$$\cos(-x) = \cos x$$

$$\sin(x \pm 90°) = \pm\cos x$$

$$\sin(-x) = -\sin x$$

$$e^{jx} = \cos x + j\sin x$$

$$\sin x = \frac{e^{jx} - e^{-jx}}{2j}$$

$$\cos x = \frac{e^{jx} + e^{-jx}}{2}$$

Approximations for Small Quantities

For $|x| << 1$,

$$(1 \pm x)^n \simeq 1 \pm nx$$

$$(1 \pm x)^2 \simeq 1 \pm 2x$$

$$\sqrt{1 \pm x} \simeq 1 \pm \frac{x}{2}$$

$$\frac{1}{\sqrt{1 \pm x}} \simeq 1 \mp \frac{x}{2}$$

$$e^x = 1 + x + \frac{x^2}{2!} + \cdots \simeq 1 + x$$

$$\ln(1 + x) \simeq x$$

$$\sin x = x - \frac{x^3}{3!} + \frac{x^5}{5!} + \cdots \simeq x$$

$$\cos x = 1 - \frac{x^2}{2!} + \frac{x^4}{4!} + \cdots \simeq 1 - \frac{x^2}{2}$$

$$\lim_{x \to 0}\frac{\sin x}{x} = 1$$

Half-Angle Formulas

$$\sin^2\theta = \tfrac{1}{2}(1 - \cos 2\theta)$$

$$\cos^2\theta = \tfrac{1}{2}(1 + \cos 2\theta)$$

Hyperbolic Functions

$$\sinh x = \tfrac{1}{2}(e^x - e^{-x})$$

$$\cosh x = \tfrac{1}{2}(e^x + e^{-x})$$

$$\tanh x = \frac{\sinh x}{\cosh x}$$